业务化海洋监测预报系统构建

恩里克·阿尔瓦雷斯·范胡尔 主编
于福江 董剑希 刘仕潮 译

气象出版社
China Meteorological Press

内 容 简 介

本书介绍了业务化海洋监测预报系统的完整链条，包括海洋预报的目的和国际背景、海洋预报系统的定义、海洋监测预报系统的结构、不同变量的海洋预报系统、大气-波浪-海洋综合预报、从数据到产品的下游应用、海洋预测发展面临的挑战及其未来展望，阐述了建立海洋监测预报系统的国际标准和最佳做法，有助于促进全球海洋预报系统的发展和改进，形成能够应用于决策过程的信息，进而与广阔的海洋建立更加和谐和可持续发展的关系。本书由全球海洋观测系统及其业务化海洋预报系统专家编写，可为全球相关专业人员提供指导和启发，激励读者在这个广阔的领域研究更深层次的问题。

图书在版编目（CIP）数据

业务化海洋监测预报系统构建 / （西）恩里克·阿尔瓦雷斯·范胡尔主编 ； 于福江等译. -- 北京 ： 气象出版社, 2025. 1. -- ISBN 978-7-5029-8406-9

Ⅰ. P71-62

中国国家版本馆 CIP 数据核字第 2025RU4681 号

业务化海洋监测预报系统构建

Yewuhua Haiyang Jiance Yubao Xitong Goujian

出版发行：气象出版社
地　　址：北京市海淀区中关村南大街 46 号　　**邮政编码**：100081
电　　话：010-68407112(总编室)　010-68408042(发行部)
网　　址：http://www.qxcbs.com　　**E-mail**：qxcbs@cma.gov.cn
责任编辑：杨　辉　　**终　　审**：张　斌
责任校对：张硕杰　　**责任技编**：赵相宁
封面设计：艺点设计
印　　刷：北京建宏印刷有限公司
开　　本：787 mm×1092 mm　1/16　　**印　　张**：24.75
字　　数：620 千字
版　　次：2025 年 1 月第 1 版　　**印　　次**：2025 年 1 月第 1 次印刷
定　　价：260.00 元

本书如存在文字不清、漏印以及缺页、倒页、脱页等，请与本社发行部联系调换。

原版说明

IOC-UNESCO 出版物:GOOS-275

2022 年 6 月

仅限英文

第一版

本出版物中表达的观点和意见仅代表作者本人,并不必然反映全球海洋观测系统(GOOS)、联合国教科文组织政府间海洋学委员会(IOC-UNESCO)或麦卡托海洋国际(MOI)的立场。所使用的名称和材料呈现方式不代表 GOOS、IOC-UNESCO 或 MOI 对任何国家、领土、城市、地区或其当局的法律地位或其边疆、边界表达任何意见。

《业务化海洋监测预报系统构建》作者名单

编写：

Enrique Alvarez Fanjul(Mercator Ocean International, France-previously at Puertos del Estado, Spain)

Stefania Ciliberti(Ocean Predictions and Applications Division, Fondazione Centro Euro-Mediterraneo sui Cambiamenti Climatici, Lecce, Italy)

Pierre Bahurel(Mercator Ocean International, France)

编写支持：

Romane Zufic(Mercator Ocean International, France)

（以下作者名单按各章执笔顺序排序）

Enrique Alvarez Fanjul(Mercator Ocean International, France-previously at Puertos del Estado, Spain)

Pierre Bahurel(Mercator Ocean International, France)

Marcos Garcia Sotillo(Nologin Ocean Weather Systems, Spain-previously at Puertos del Estado, Spain)

John Wilkin(Rutgers University, USA)

Avichal Mehra(NWS/NOAA, USA)

Roland Aznar(Nologin Ocean Weather Systems, Spain)

Stefania Ciliberti(Ocean Predictions and Applications Division, Fondazione Centro Euro-Mediterraneo sui Cambiamenti Climatici, Lecce, Italy)

Laurence Crosnier(Mercator Ocean International, France)

Marie Drevillon(Mercator Ocean International, France)

Yann Drillet(Mercator Ocean International, France)

Begoña Pérez Gómez(Puertos del Estado, Spain)

Antonio Reppucci(Mercator Ocean International, France)

Joseph Sudheer(Indian National Centre for Ocean Information Services, India)

Marina Tonani(Mercator Ocean International, France-previously at Puertos del Estado, Spain)

P. N. Vinaychandranand(Indian Institute of Science,India)
Aihong Zhong(Bureau of Meteorology,Canada)
Nadia Ayoub(LEGOS, Université de Toulouse, CNRS, CNES, and IRD,France)
Jérôme Chanut(Mercator Ocean International,France)
Mauro Cirano(Federal University of Rio de Janeiro,Brazil)
Anne Delamarche(Mercator Ocean International,France)
Pierre De Mey-Frémaux (LEGOS, Université de Toulouse, CNRS, CNES, and IRD, France)
Helene Hewitt(Met Office,UK)
Simona Masina(Ocean modelling and Data Assimilation Division, Fondazione Centro Euro-Mediterraneo sui Cambiamenti Climatici,Bologna,Italy)
Clemente Tanajura(Federal University of Rio de Janeiro,Brazil)
Vassilios Vervatis(University of Athens, Department of Physics,Greece)
万莉颖(国家海洋环境预报中心,中国)
Laurent Bertino(Nansen Environmental and Remote Sensing Center,Norway)
Ed Blockley(Met Office,UK)
Johnny A. Johannessen(Nansen Environmental and Remote Sensing Center,Norway)
Einar Örn Ólason(Nansen Environmental and Remote Sensing Center,Norway)
于福江(国家海洋环境预报中心,中国)
董剑希(国家海洋环境预报中心,中国)
刘仕潮(国家海洋环境预报中心,中国)
David Byrne(National Oceanography Centre,UK)
Gabriel Diaz-Hernandez(IHCantabria-Instituto de Hidráulica Ambiental de la Universidad de Cantabria,Spain)
Lotfi Aouf(MeteoFrance,France)
Alexander Babanin(University of Melbourne,Australia)
Jean Bidlot(ECMWF,UK)
Andy Saulter(Met Office,UK)
Joanna Staneva(HEREON,Germany)
Elodie Gutknecht(Mercator Ocean International,France)
Pierre Brasseur(Institute for Geosciences and Environmental research,France)
Stefano Ciavatta(Plymouth Marine Laboratory,UK)
Gianpiero Cossarini(National Institute of Oceanography and Applied Geophysics,Italy)
Katja Fennel(Dalhousie University,Canada)
David Ford(Met Office,UK)
Marilaure Gregoire(Liege University,Belgium)
Diane Lavoie(Fisheries and Oceans Canada,Canada)
Patrick Lehodey(Collecte Localisation Satellites-CLS,France)
John Siddorn(National Oceanography Centre,UK)

Øyvind Breivik(Norwegian Meteorological Institute, Norway; University of Bergen, Norway)
Natacha B. Bernier(Environment and Climate Change, Canada)
Kai H. Christensen(Norwegian Meteorological Institute, Norway; University of Oslo, Norway)
Stephen G. Penny(NOAA Physical Sciences Laboratory (PSL), USA; Cooperative Institute for Research in Environmental Sciences (CIRES), University of Colorado, Boulder)
Keguang Wang(Norwegian Meteorological Institute, Norway)
Giovanni Coppini(Ocean Predictions and Applications Division, Fondazione Centro Euro-Mediterraneo sui Cambiamenti Climatici, Lecce, Italy)
José Chambel Leitão(Hidromod, Portugal)
Pierre Daniel(MeteoFrance, France)
Tomasz Dabrowski(Marine Institute, Ireland)
Svitlana Liubartseva(Ocean Predictions and Applications Division, Fondazione Centro Euro-Mediterraneo sui Cambiamenti Climatici, Lecce, Italy)
Gianandrea Mannarini(Ocean Predictions and Applications Division, Fondazione Centro Euro-Mediterraneo sui Cambiamenti Climatici, Lecce, Italy)
Glen Nolan(Marine Institute, Ireland)
Fraser Davidson(Dynamic Hydrographic Products with Fisheries and Oceans, Canada)
Alain Arnaud(Mercator Ocean International, France)
Ronan Fablet(IMT Atlantique, France)
Yosuke Fujii(MRI/JMA, Japan)
Isabel Garcia-Hermosa(Mercator Ocean International, France)
Stéphanie Guinehut(Mercator Ocean International, France)
Emma Heslop(IOC/UNESCO, France)
Villy Kourafalou(University of Miami, USA)
Julien Le Sommer(CNRS, France)
Matt Martin(Met Office, UK)
Andrew M. Moore(Ocean Sciences Department, Institute of Marine Sciences, USA)
Nadia Pinardi(University of Bologna, Italy)
Elizabeth Remy(Mercator Ocean International, France)
Paul Sandery(CSIRO Australia's National Science Agency, Australia)
Jun She(Danish Meteorological Institute, Denmark)
Joaquin Tintorè(SOCIB, Spain)

GOOS/ETOOFS 秘书处:Denis Chang Seng
通讯作者:Enrique Alvarez Fanjul (ealvarez@mercator-ocean.fr)

前言

海洋堪称地球生命的摇篮，其重要性无论怎样强调都不为过。作为覆盖地球表面71%的蓝色命脉，海洋不仅维系着全球气候系统的稳定，更为地球上超过80%的生物提供了生存空间。海洋经济在全球经济体系中扮演着举足轻重的角色，其产业规模和战略价值不容忽视。更为显著的是，海洋运输作为国际贸易的命脉，支撑着全球80%～90%的贸易量，每天约有5万艘商船穿梭于世界各大洋，维系着全球供应链的运转。此外，全球约40%的人口聚居在沿海地区，这些区域不仅是经济活动的核心地带，更是科技、旅游和能源开发的重要枢纽。然而，随着气候变化的加剧，海平面上升正日益威胁着这些经济重镇，凸显了海洋可持续发展问题的紧迫性。

作为一门兼具科学价值与实践意义的重要学科，海洋预报的重要性已通过翔实的数据和实际应用案例得到充分验证。为推动全球海洋预报体系的创新发展与持续优化，联合国教科文组织政府间海洋学委员会(IOC-UNESCO)与世界气象组织(WMO)联合发起重要倡议，由全球海洋观测系统(GOOS)及其业务化海洋预报系统专家组(ETOOFS)共同编制并发布了《业务化海洋监测预报系统构建》，全面阐述了业务化海洋监测预报系统(OOFS)的全价值链，并就建立OOFS服务提出了国际标准与最佳实践方案。本书的问世不仅为全球海洋预报系统的建设提供了标准化框架，更为各国海洋预报能力建设提供了关键技术支撑。

作为本书的核心编写单位之一，国家海洋环境预报中心非常荣幸承担了中文版的翻译工作，将国际前沿的业务化海洋预报系统建设理念、技术标准和方法体系完整呈现给国内同行。鉴于此书具有极强的专业性，我们花费了大量的时间，逐字逐句反复斟酌，最终形成此稿。我们期待这份凝聚国际前沿智慧的技术指南能够为中国海洋预报领域的技术人员、科研工作者及相关从业人员提供专业参考，激发读者对这一跨学科领域的深入探索，助力我国业务化海洋预报水平的提升，推动产生更具决策支持价值的海洋环境信息产品，为人类社会与海洋生态系统构建更加智慧、协调、可持续的发展新范式提供坚实支撑。

在气候变化加剧的当下，极端海洋事件频发且强度持续升级，正以前所未有的方式考验着人类的应对极限。历史从未像今天这样，让我们如此真切地面对来自海洋的重大自然灾害威胁。跨越国界、学科和部门的藩篱，构建全球技术协作网络，能够让我们共同提升抵御海洋灾害的韧性。

愿此书如灯塔，指引我们驶向与海洋和谐共生的蔚蓝明天。

国家海洋环境预报中心主任 于福江

2025 年 1 月

目录

第 1 章
本出版物的写作范围和目的

海洋对我们地球上的人类、动物等生命的重要性怎么估计都不为过。海洋覆盖了地球表面约 71%的面积，是地球上最主要的氧气来源，也是地球上最大的“碳库”，其储碳量达到大气的近 50 倍。气候受海洋热能传输的调节，使我们的地球成为一个宜居之地。

对于人类来说，海洋既是食物和经济资源的来源，也是旅行和休闲活动的场所。在全球消费的动物蛋白中，鱼类约占 17%(FAO,2020)。与海洋相关的经济活动有很多，且具有至关重要的意义。例如，联合国粮食及农业组织(FAO)估计，全世界有 5960 万人从事渔业活动。仅在欧盟，蓝色部门(在本书中特指与海洋有关的部门)雇用了近 350 万工人。世界贸易严重依赖海洋运输，大约有 5 万艘商船从事国际航运，占全球贸易的 80%～90%(Schnurr et al.，2019)。全球约 40%的人口居住在沿海地区，这些地区对世界经济活动至关重要，却因气候变化导致的海平面上升而处于危险之中。

这些事实和数据凸显了海洋预报是一项重要的工作。第一个成功的海洋预报科学方法是在第二次世界大战期间诞生的，目的是协助美国海军登陆。通过分析风速和风区范围来开展波浪预报。20 世纪 50 年代，第一个现代预报方法——数值模型创立(Pinardi et al.，2017)，奠定了风暴潮预报的基础(Hansen，1956)。其他相关的进展，包括首次三维模拟，发生在 20 世纪 60 年代。可以在河口(Shubinski et al.，1965)和大环流模拟(McWilliams，1966)中找到应用这些成果的精彩范例。

自早期数值预报成功发展以来，得益于计算机计算能力的不断提高，海洋预报技术发展到今天，已经建立了更加复杂的计算机程序和数据技术体系，能够处理海洋过程的非线性和混沌特性。今天，数值预报模型的开发者正致力于提高预报的可靠性，在数据同化、耦合预报和集合预报三个前沿领域取得显著进展。

计算机算力的提升在该学科的发展中起到了非常关键的作用。图 1.1 显示了过去几十年间超级计算能力的急剧增长，从最早的基于晶体管的机器到今天的千万亿次级计算机。

下面的例子说明了过去 30 年海洋预报技术的演变。图 1.2 显示了由同一个团队在同一地区进行的两次数值模拟的结果。图 1.2(a)是 1991 年最先进的三维斜压模拟的结果，覆盖了维哥湾，这是西班牙西北部河口地区的第一次模拟。图 1.2(b)是 30 年后 Portus 业务预报系统(Álvarez-Fanjul et al.，2018)在同一地理区域的一个模拟结果。

表 1.1 总结了两种模拟之间的差异，这些差异是惊人的，显示了该学科所取得的巨大进步。

---

* 本章作者：Enrique Alvarez Fanjul。

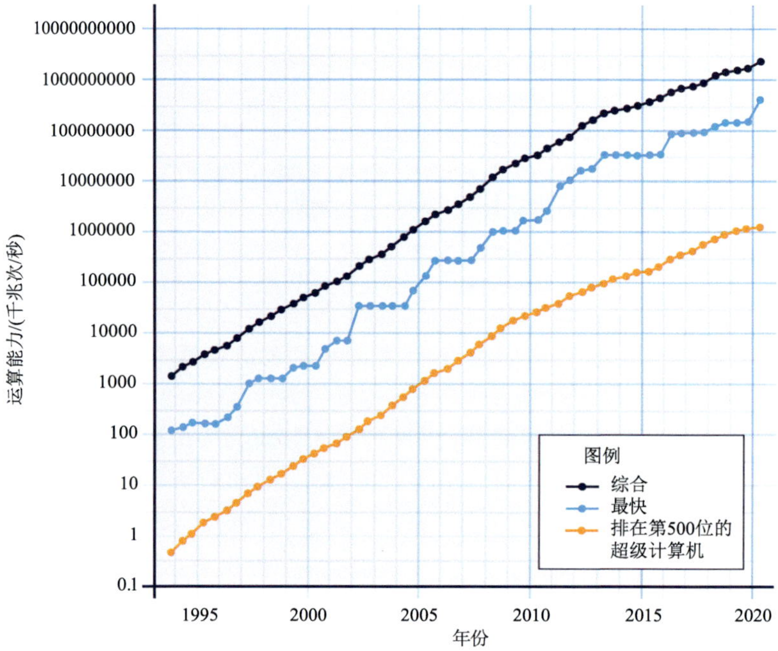

图 1.1 基于 www.top500.org 网站数据得到的超级计算机的性能演变

（改编自 https://en.wikipedia.org/wiki/History_of_supercomputing）

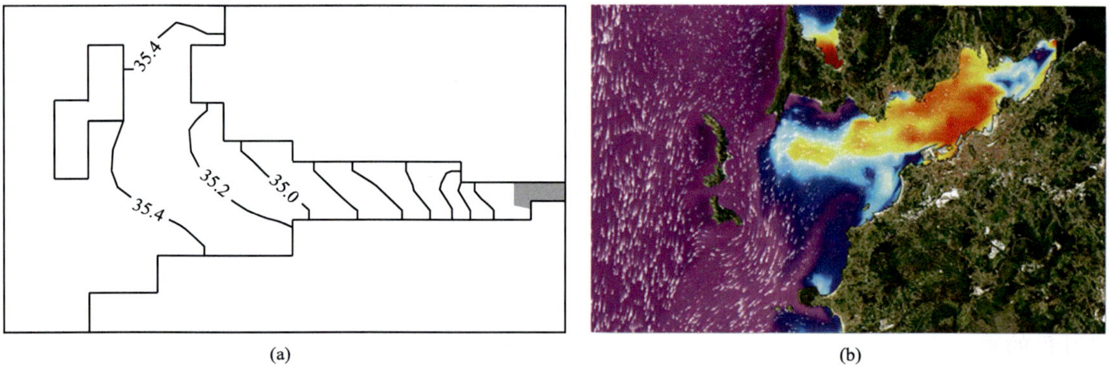

图 1.2 1991 年三维斜压模拟（单位为 cm）(a)和 2021 年 Portus 业务预报系统(b)所看到的维哥湾河口系统

（来源：https://portus.puertos.es/#/）

表 1.1 1991 年和 2021 年海洋预报系统技术水平对比（维哥湾）

	1991 年三维斜压模拟	2021 年 Portus 业务预报系统模拟
模拟的类型	离线模拟	7×24 h 实时业务化运行
空间分辨率	800 m	40 m
输入	采用气候态的风场、河流和边界条件	业务化每日更新的风场、河流和边界条件
运行时间（每日）	数小时	数分钟
存储方式	磁带	固态盘
输出	机械式绘图仪	互联网，在全球范围内立即可用
下游应用	没有	许多下游应用（警报系统、油品泄漏等）

海洋预报学科涵盖的内容远不止运行数值模型，还包括将生成的预报数据转化为可获取和可利用的信息，为各类最终用户提供定制服务，因为下游活动变得越来越频繁和重要。这就建立了一个由科学家、公共机构、私营公司和最终用户组成的网络，该网络由用户需求推动，并促使数值模型社区良性循环发展。

本书编写的主要目的是促进全球新的海洋预报系统的发展，同时改进现有系统，为负责开发的专业人员提供有价值的信息。在撰写各章时，作者假定读者具有海洋科学的基础知识，但很少或没有海洋模拟的背景。本书旨在概述业务化海洋监测预报系统（OOFS）的整个价值链，解释其基础。本书还将关注（尽管程度较低）该领域的最新技术进展。

本书后续章节结构如下。

- 第 2 章：海洋预报的目的和国际背景。该章介绍了业务化海洋监测预报系统专家组（ETOOFS）的活动及其与世界气象组织（WMO）、海洋学和海洋气象学联合技术委员会（JCOMM）的联系。特别聚焦了哥白尼海洋服务和其他成熟的倡议。介绍了开放数据政策方面的最新进展，如激励开放数据指令。海洋预报的社会经济影响由三大支柱来描述：应用、气候和海洋健康。
- 第 3 章：海洋预报系统的定义：海洋模拟系统所解决的时间和空间尺度问题。该章包括对海洋模拟所涉及的各种时间和空间尺度的描述，解释了从大时间尺度模型（如再分析和情景）中得到的产品与预报服务之间的区别。该章还涉及与不同空间尺度（全球、区域和沿海）相关的物理和数值方案中的重大差异。在第 5—9 章中，将进一步深入分析每个变量。
- 第 4 章：海洋监测预报系统的结构。该章包含了对所有海洋预报系统共性的一般描述。解释了与系统结构（输入、运行、输出等）、质量控制和产品有关的基本知识。该章内容是第 5—9 章的主题的模板。
- 第 5—9 章：不同变量海洋预报系统的详细描述（第 5 章为环流模型，第 6 章为海冰模型，第 7 章为风暴潮模型，第 8 章为波浪模型，第 9 章为生物地球化学模型）。第 5—9 章的写作目的是使非专业的读者也能理解所有的理论和实践基础，以便正确地为特定变量建立预报系统。这五章提供了该学科有关的物理背景。
- 第 10 章：耦合预报：大气-波浪-海洋综合预报。该章解释了以综合方式考虑前几章所述过程的重要性。
- 第 11 章：下游应用：从数据到产品。该章讨论了如何将模型的输出数据转化为针对终端用户的信息，例如网页和其他发布机制、溢油预报、警报系统、搜索和救援、导航援助和渔业。
- 第 12 章：海洋预测的挑战和未来展望。该章介绍了海洋预测领域的未来发展和期望。

没有一本专著能包含海洋模拟所有的知识和它的优点。希望本书能为全球专业人员提供灵感，激励读者对这一广阔领域进行更深入的研究。如果这一目标得以实现，本书将有望促进产生有价值的信息，并用于决策过程，从而倡导与我们一贯慷慨的海洋建立更明智、更可持续的关系。

参考文献[*]

Álvarez Fanjul, E., Sotillo, M.G., Perez Gomez, B., Valdecasas, M.G., Perez Rubio, S., Lorente, P., Dapena, A.R., Martinez Marco, I., Luna, Y., Padorno, E., Santos Atienza, I., Hernandez, G.D., Lopez Lara, J., Medina, R., Grifoll, M., Espino, M., Mestres, M., Cerralbo, P., Sanchez Arcilla, A. (2018.) Operational oceanography at the service of the ports. In "New Frontiers in Operational Oceanography", E. Chassignet, A. Pascual, J. Tintoré, and J. Verron, Eds., *GODAE OceanView,* 729-736, doi:10.17125/gov2018.ch27.

FAO (2020). The State of World Fisheries and Aquaculture 2020. Sustainability in action. Rome, https://doi.org/10.4060/ca9229en

Hansen, W. (1956). Theorie zur Errechnung des Wasserstandes und der StrÖmungen in Randmeeren nebst Anwendungen. *Tellus,* 8:3, 287-300, https://doi.org/10.3402/tellusa.v8i3.9023

McWilliams, J., C. (1966). Modeling the Oceanic General Circulation. *Annual Review of Fluid Mechanics,* 28:1, 215-248.

Pinardi, N., Cavaleri, L., Coppini, G., De Mey, P., Fratianni, C., Huthnance, J., Lermusiaux, P.F.J., Navarra, A., Preller, R., Tibaldi, S. (2017). From weather to ocean predictions: an historical viewpoint. *Journal of Marine Research,* 75 (3), 103-159, https://doi.org/10.1357/002224017821836789

Schnurr, Riley E.J., and Walker, T.R. (2019). Marine Transportation and Energy Use. Reference Module in Earth Systems and Environmental Sciences, ISBN 9780124095489, https://doi.org/10.1016/B978-0-12-409548-9.09270-8

Shubinski, R.P., McCarty, J.C., and Lindorf, M.R. (1965). Computer Simulation of Estuarial Networks. *Journal of the Hydraulics Division ASCE,* 92(3), https://doi.org/10.1061/JYCEAJ.0001470

* 参考文献直接引自原文件，格式未做调整，后续各章参考文献同此。

第 2 章
海洋预报的动机和国际背景

海洋预报在世纪之交形成了它的现代形式，当时，现场观测、卫星观测、数值模拟和数据同化等领域的海洋专家决定共同采用一种综合方法。从那时起，业务化海洋学的发展速度惊人，促进了社区的参与，为业务化带来了创新，并为用户构建了新的信息服务。

国际合作随即被采纳为发展海洋预报的天然框架，这在今天仍然是推动各大洲地区和国家合作不可或缺的动力。

全球海洋数据同化实验（GODAE）于 1997 年启动（Bell et al.，2010），在推动这场革命的最初阶段发挥了主导作用，它让全世界的利益相关者参与进来，建立"一个全球观测、通信、建模和同化系统，定期提供关于海洋状况的全面信息，促进和推动这一资源的广泛使用和可用性，使社会获得最大收益"。今天的大多数海洋预报中心都是为了响应这一国际呼吁而诞生的，并在符合这一框架的原则和方法的基础上直接建立的。

GODAE 确实为海洋预报的国际合作奠定了基础，其最初的成果之一是构建了开发和运行先进的海洋预报系统所需的科学和技术的"共性"，促进了基于开放和包容的合作，并以不断创新为动力。这一世界性的活动促进海洋知识发展，并为面向海洋可持续发展的决策行动提供了有用的工具。这些动机和原则至今仍在指导和激励着我们开展海洋预报方面的国际合作。

2.1 促进海洋可持续发展的国际合作

业务化海洋监测预报系统是在海洋科学和社会需求之间搭建桥梁的主要和更有力的工具之一，它对海洋环境状况有持续的和最先进的数字描述。在不到 20 年的时间里，海洋预报系统从科学中脱颖而出，获得了现实性和业务化的成熟性，并使用户相信其价值；如果国际合作从一开始就被确定为成功的关键条件，那么这并不是偶然的。今天，国际合作成为业务化海洋预报系统能力发展的天然基地。

由于其在社会经济和环境方面的重要性（见第 1 章），在当地通过专家服务、在全球通过国际协调行动，海洋观测系统的作用随着时间的推移而变得越来越重要。预报服务质量的不断提高、数据交换和标准建立方面的国际合作也进一步加强了这种重要性。

全球海洋观测系统（GOOS）的三大支柱有助于简要描述这种相关性（GOOS，2020）。它们是应用、气候和海洋健康。

---

* 本章作者：Pierre Bahurel，Enrique Alvarez Fanjul。

• 应用(蓝色经济)。海洋预报在为终端用户给出应用解决方案以促进蓝色经济良性发展方面获得了世界范围内的关注。公共机构和私营部门都在采取积极措施实施“价值链”,将海洋观测转化为终端用户应用的信息。这为经济活动注入了活力,创造了就业机会,并为环境问题提供了解决方案。本书第 11 章将详细介绍这方面的情况,并介绍几个相关的应用。其他一些杰出的例子可以参考网页 https://marine.copernicus.eu/services/use-cases。

• 气候。气候变化正威胁着我们的海洋,特别是我们的沿海地区。例如,海平面上升将导致海岸侵蚀和淹没事件的增加。如果没有对海洋气候的正确理解,就无法解释地球气候。用数值模型研究气候变化情景是我们评估危险性的最好工具,这是风险分析的关键因素之一,此外是脆弱性和暴露度。由海洋预报中心制作的海洋全球再分析产品作为过去几十年的参考模拟,是这个领域的关键因素。这些模拟,加上情景预测,使我们能够开展气候变化影响研究,这是制定减缓和适应策略的主要信息来源。在较短的时间尺度上,在不断变化的环境中动态的风险减轻活动对于持续活动是至关重要的。在这个意义上,随着极端事件的增加,海洋观测系统将变得更加不可或缺。OOFS 监测海洋气候的例子见网页 https://marine.copernicus.eu/access-data/ocean-monitoring-indicators,海洋气候的年度专家报告见网页 https://marine.copernicus.eu/access-data/ocean-state-report:它们是政策制定者使用的第一批 OOFS 产品中的一部分产品。

• 海洋健康。人类活动正在影响海洋健康,增加其温度和酸度。这个问题正在产生非常明显和重大的后果,如珊瑚白化、有害藻类繁殖的增加、物种的迁移和水母的扩散。海洋预测是了解这些过程内部动态的一个关键工具,所以,可以提供基于知识的解决方案。此外,OOFS 正在为战略行动领域提供重要的信息,以提高后代的可持续发展;食品、能源、旅游运输、海底采矿,正如可持续海洋经济高级别小组所述[①]。这些活动都受益于我们今天的系统所提供的准确预测。

海洋的运动不受我们国家边界的限制,所以在开展海洋预测时,国际合作是必要的。然而,将国际合作作为一项强制性的行动框架强加给海洋预报中心的另一个原因是,需要建立一个强大的社区声音,支持实现可持续海洋的政策努力。随着海洋在国际政治议程上的重要性日益突出(见联合国 2030 年议程、欧盟绿色协议和许多其他倡议),今天从 OOFS 中获得的知识是至关重要的,而实现这一目标的唯一途径是在全球框架下采取行动。即使 OOFS 的实施和海洋应用是地区性的,它们也为应对全球挑战做出了贡献。在当地,他们弥合了海洋观测和应用之间的差距,是繁荣的蓝色经济的积极参与者。但他们的影响是全球性的,通过支持评估研究和促进改善当地的可持续发展政策,最终对全球海洋产生影响。

由于上述原因,业务化海洋学社区的国际结构是海洋可持续发展的重要条件,海洋预报如今在国际海洋管理论坛中是一个公认的角色,例如在联合国海洋倡议中讨论海洋政策等。值得注意的是,海洋预报已被联合国确定为其第 14 个可持续发展目标(水下生物)的一个重要贡献者。

①详见 https://www.oceanpanel.org/。

2.2 国际合作，建立我们的“共同”

所有的海洋预报系统都有一个共同的特点，那就是依赖可靠的海洋观测和最先进的海洋模拟，以及设计、开发和运行这些系统的人员的专业知识和操作流程。因此，以 OOFS 为基础的海洋服务严重依赖用于开展能力建设和大型基础设施（如卫星、海洋观测网和超级计算机）研究所需的巨额投资。这种大规模的投资不是一个实体或一个国家所能承担的，国际合作是唯一能够确保在这一问题上做出持续努力的组织框架，并为 OOFS 全球社区建立这一不可或缺的框架。

图 2.1 即蝴蝶图显示了海洋预报在整个价值链中的位置，它连接着海洋观测和终端用户（Bahurel et al.，2010）。海洋预报存在于图 2.1 带有齿轮的两个步骤中。第一步称为“核心服务”，其任务是整合丰富多样的海洋观测数据，建立最先进的海洋环境信息描述，具有多变量、空间和时间上的一致性、可靠性，并可由专家服务机构在其专业领域中即时采取行动。到第二步，中间用户可以使用这种免费的信息描述，通过模型降尺度来进一步得到更丰富的数据，最终为决策提供定制的信息和指标。这是通过大量的下游服务完成的，如风暴潮预测预警系统或水质监测服务。

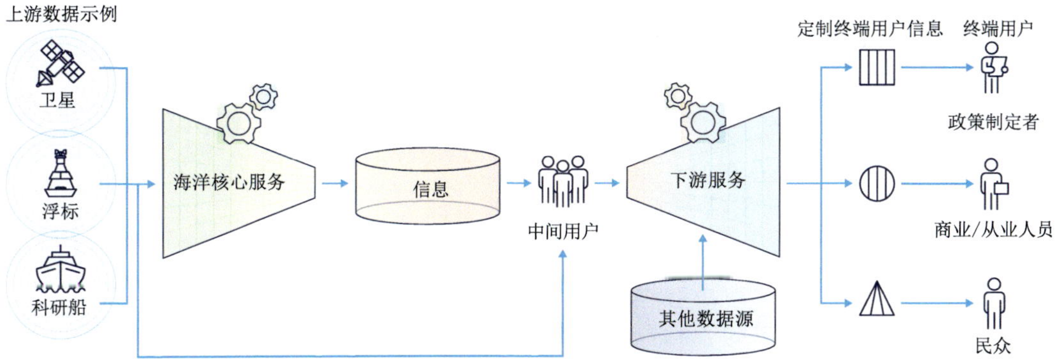

图 2.1　从观测到终端用户服务：海洋价值链

蝴蝶图的左翼（海洋核心服务）也说明了 OOFS 的“共同”——即通过国际合作开发并由 OOFS 社区作为共同利益共享——这是在 20 年前创建的 GODAE 倡议，国际合作通过不同的渠道得到发展。

这个 OOFS“共同”包括以下五个要素。

- 数据。通过卫星从太空观测的海洋观测数据，以及通过船只和自主网络在现场测量的数据，还有运行 OOFS 系统所需的不同强迫场或与大气和河流径流的耦合数据。国际合作不仅组织和简化了全球范围内对这些数据的获取方式，而且还加强了 OOFS 社区对持续观测工作的呼声。
- 工具。用于生成可靠的海洋环境四维描述和业务化海洋预报系统的工具，包括模式、数据同化系统和产品生成软件。全面集成系统及其参数化是针对其目的、地点和操作团队的，但它们是由单独的个体（如欧洲海洋模型中心（NEMO）建模工具）组成的，经常共享，为 OOFS 共同提供信息。

• 标准。数据共享或产品验证是由专家程序和标准驱动的，以达到高效的互操作性。最好的例子之一是采用共同的数据格式来促进交流。国际社会的工作从 GODAE 开始，在产品验证领域定义了通用协议（“度量”），现在被全世界的业务化海洋监测预报中心广泛采用。

• 产品。与 OOFS 的输入数据一起，这些系统产生的输出产品（如海洋预报、海洋模拟、海洋指标等）被广泛共享，以形成一套共同的产品，促进相互比较和各个系统的改进。

• 技术指导。科学家们在 OOFS 领域的研究成果当然是全世界社区的重要资产，科学界在这个问题上提出了富有成效的合作模式。随着 OOFS 的发展，通过在系统操作、市场开发和用户应用领域分享最佳实践，这一共同知识的范围不断扩大。

这是国际合作的核心，其内容也在不断演变。它展示了 OOFS 社区的力量和活力：我们准备在未来几年看到不断突破创新，以支持 OOFS 在沿海地区、海洋生物多样性、极地地区、气候适应方面的发展，所有这些都整合在数字孪生所提供的新模式中。

2.3 促进开放性和包容性的国际合作

开放性原则——自由和开放的数据共享、知识交流、跨学科合作——以及始终不渝地致力于随时尽可能提供最好的信息，以增进我们对海洋的了解并为可持续发展做出贡献，是这种原则的基本要素。这一原则是国际合作的基石，也是海洋预报发展成功的一个关键因素。

最具结构性的要素之一是在我们的社区中采用了开放和免费的数据政策。如前所述，数据共享是预测海洋的一个重要需求。世界气象组织关于气象数据交流的第 40 号决议是气象海洋学家确定的第一个模式。此后，一些国际倡议扩大了范围，在更大范围内促进数据交换和系统互操作性，推动跨学科的方法。例如，欧盟空间信息基础设施指令旨在为欧盟环境政策和可能对环境产生影响的活动创建一个欧盟空间数据基础设施[①]。

这个欧盟空间信息基础设施使公共部门组织之间能够共享环境空间信息，便于整个欧洲的公众访问，并协助跨国界的政策制定。除了其实施的简单性（开放共享意味着更少的精力用于控制，更多的精力用于创造价值），开放性是包容性的一个关键条件。包容性在现代海洋学领域被认为是特别重要的，因为该领域的利益相关者、动机和情况是特别多样和丰富的。欧洲的哥白尼海洋服务已经显示了由数百名专家和团队实施的最先进的业务化服务的力量，他们分布在欧洲各地，来自公共和私营部门，来自业务和研究组织，来自不同国家，来自不同的文化和与海洋的关系。开放性促进了包容性和多样性，汇集了最好的技术并促进了能力建设。这种包容性原则对于成功管理沿海中心在 OOFS 框架内的无缝整合尤为重要，在这里，首要任务是建设开放的、惠及所有人的全球能力。

2.4 支持 OOFS 发展的国际框架

在联合国框架内，联合国教科文组织政府间海洋学委员会（IOC-UNESCO）对建立世界海洋的“基础设施”，即观测、数据管理和预测，起着至关重要的作用。在政府间海洋学委员会（IOC）内部，GOOS 计划是这一共同体努力的一个关键内容，也是有力的工具，通过 GOOS 区

①详见 https://inspire.ec.europa.eu/。

域联盟，在不同的相关主题领域（例如从物理学到生物学）和不同区域组织专家合作。在这个框架内，业务化海洋预报系统专家组完全致力于海洋预报工作（见下文）。IOC 的国际海洋学数据和信息交换（IODE）计划是对这一工作的补充，特别注重建立海洋数据信息系统。

除了 IOC-UNESCO，全球海洋观测系统的其他发起者——世界气象组织、联合国环境规划署、国际科学理事会——都是这个领域的积极参与者。世界气象组织为天气预报提供了一种坚实的组织模式，一方面对基本的基础设施进行管理——例如世界气象组织的全球数据处理和预报系统（GDPFS），该系统一方面协调各成员准备和制作气象分析和预报产品，另一方面对天气服务进行管理，这些可以启发世界海洋社区，并提出直接的切入点来发展海洋/天气协同工作，正如在观测实现的那样。联合国环境署的全球环境监测系统（GEMS）的海洋部分是另一个例子，在这里海洋预测信息被确定为一个关键的信息来源。作为一个例子，我们可以观察到世界环境状况室——这是一个由联合国环境规划署为其成员国运行的环境平台——在其海洋/可持续发展目标 14（SDG14）部分中包括业务化的海洋预测产品。

ETOOFS 正是在这一框架下开展工作的：该机构由政府间海洋学委员会主办，政府间海洋学委员会、世界气象组织、联合国环境规划署和国际空间站共同赞助的全球海洋观测系统，汇集了代表各大洲的专家，他们积极分享和提高经验与技能，帮助发展中国家建立国家业务化海洋学中心。ETOOFS 使全球能够使用及时和可靠的海洋预报，应用于国家安全、环境保护和海洋经济，它是联系观测网络和海洋服务的一条重要业务化纽带。

其中，以下 ETOOFS 活动值得重点关注。

- 管理和维护提供海洋预报服务的各个国家的指南、范围和要求文件。
- 管理和维护现有的业务化海洋预报系统。
- 管理和推动采用统一的国际标准，以支持海洋预报产品和服务的互操作性和格式通用。
- 指导和发起有助于提高业务化海洋预报系统运行效率、精确性和服务质量的行动。
- 促进和推动对业务化预报系统的支持和发展，并在更广泛的社区内采用这些系统。
- 就业务化海洋预报系统相关事项提供咨询，并将各国业务化海洋预报系统的运行需求提交给其他国际团体。

多边倡议，如七国集团未来海洋倡议①或国际地球观测组织（CEO）计划的蓝色星球部分②是其他相关的框架倡议，在这些框架中，OOFS 的价值被逐步认识和进一步发展。例如，我们注意到七国集团未来海洋可持续倡议（FSOI）在数字海洋学方面（以及其他方面）和 GEO 蓝色星球在海洋应用方面所确定的优先事项都依赖于海洋预测。

还必须提到欧洲的欧盟委员会等大型组织的巨大贡献，该委员会在其空间计划哥白尼的框架下，创建并支持独特的哥白尼海洋预测服务（Le Traon et al.，2017）机构③。这项欧洲创建的服务遵循上述国际合作原则，以全球影响为第一驱动力，是设计、建设和运营遵循共同利益原则的“核心”服务的关键，也是在整个欧洲实施全面开放数据政策和包容性服务组织的关键。与其他大洲——美洲、亚洲、非洲——以及澳大利亚的联系是哥白尼海洋的核心所在。同样，我们可以看到非洲联盟是如何鼓励在整个非洲大陆与政府间海洋学委员会、全球环境展望

①详见 https://www.g7fsoi.org/。

②详见 https://geoblueplanet.org/。

③详见 https://marine.copernicus.eu/。

和其他项目一起构建一个繁荣的蓝色经济的举措，其中，海洋预报是至关重要的。ETOOFS在本书准备编写阶段组织的研讨会表明，各大洲对加强社区方式和全世界的OOFS能力发展都有明显的需求。

海洋预测（OceanPredict）①直接来自最初的GODAE倡议，这是发展海洋预报领域科技倡议的最佳国际框架。在科学层面上，得益于它的存在，建模界实际上是自发组织起来的。这是一个致力于GOOS及相关团体合作的团队，共同设计、共同开发未来的海洋观测和预报系统，目的是提供安全、安宁和繁荣所需的海洋基本信息。OceanPredict是一个充满活力和强大的国际协调机制，旨在建立未来的海洋预测能力，这将通过海洋预测系统的科学、能力、效果、使用和影响的提高来实现，同时有助于建立一个从观测到终端用户的无缝衔接的海洋信息价值链，以实现经济和社会效益。

IOC-UNESCO发起的"联合国海洋科学促进可持续发展十年"（简称"海洋十年"）计划提供了一个非常好的可以做得更多的机会，将进一步加强国际合作，丰富我们的社区和海洋预测领域的知识。未来，海洋预报系统的意义将更大，它将提供更可靠和可互操作的服务，能够为更广泛的终端用户服务。在这个过程中，"海洋十年"的实施行动将是最重要的（UNESCO-IOC，2021）。在"我们需要的科学，我们想要的海洋"的愿景下，"海洋十年"将为可持续发展实施变革性的海洋科学解决方案。以下成果描述了"我们想要的海洋"，这是该倡议的目的和最终目标。

- 一个清洁的海洋，污染源被识别并减少或清除。
- 一个健康和有韧性的海洋，海洋生态系统被理解、保护、恢复和管理。
- 一个高产的海洋，支持可持续的食物供应和可持续的海洋经济。
- 一个能够被预测的海洋，社会了解海洋并能对不断变化的海洋状况做出应对。
- 一个安全的海洋，保护生命和生计免受与海洋有关的危害。
- 一个无障碍的海洋，可以开放和公平地获取数据、信息、技术和开展创新。
- 一个鼓舞人心、引人入胜的海洋，社会理解并重视海洋与人类福祉和可持续发展的关系。

作为"海洋十年"行动的一部分，麦卡托海洋国际（MOI）将成立一个海洋预测十年协作中心（Ocean Prediction DCC）。该举措将提供以下支持：①一个全球论坛，聚焦和优化"海洋十年"各项计划以实现"海洋十年"的共同目标；②一个交流和协作中心，将"海洋十年"计划与海洋预测活动、机构以及"海洋十年"之外的组织联系起来；③建立全球技术和组织框架，在"海洋十年"计划（如CoastPredict、Foresea或海洋数字孪生（DTO）等）及其他国家、区域、国际和政府间合作伙伴所产生的创新基础上，建立全球海洋数据处理、建模和预报系统试点。

2.5 为下一步做好准备的业务化海洋预报系统国际共同体

OceanPredict网站介绍了一系列海洋预报系统、各类项目和各个中心，展示了这一科学与业务化领域在全球范围内的蓬勃活力。它们是澳大利亚的BLUElink系统，加拿大的耦合环境预报系统业务网（Concepts），美国的海洋与气候环流模型（ECCO）、混合坐标海洋模型（HYCOM）和美国国家环境预报中心（NCEP），设立在英国的欧洲中期天气预报中心（ECMWF）

①详见https://oceanpredict.org/。

和英国气象局(MO),印度国家海洋信息服务中心(INCOIS),法国 MOI,意大利的欧洲一地中海气候变化中心(CMCC),日本的海洋模型 MOVE/MRI,中国的国家海洋环境预报中心(NMEFC),巴西的区域气候模型 REMO,挪威的南森环境与遥感中心(NERSC)。这些模型或机构的共同点是都具有全球和海盆尺度的地理延伸及国际知名度。但是,在全球范围内,我们能描述出多少其他的 OOFS 呢?例如,西班牙的港口管理气象海洋支持系统(SAMOA)(Alvarez et al. ,2018)又如何呢?其中有多少个模型是沿着太平洋或非洲海岸的?根据 MonGOOS 网页(http://www. mongoos. eu/),仅在地中海,仅就海流而言,可以找到 32 个不同的预报系统:这些系统可能是局地的,可能有不同的目标、任务或成熟程度,但它们是全世界 OOFS 社区的丰富和充分准备的代表。现在,是我们大家进一步组织这个才华横溢的团体并让其崭露头角的时候了。一方面,“海洋十年”提供了新的国际动力;另一方面,数字孪生技术的融合带来了技术突破。海洋预测中心已经准备好在数字海洋学方面迈出新的一步,它们已经做好了充分的准备:致力于建设可持续发展的海洋,致力于建立一套最先进的由所有人共同奉献并从中受益的共同资源体系,并采用开放和包容的方法。

参考文献

Alvarez Fanjul, E., Sotillo Garcia, M., Perez, B., Garcia Valdecasas, J.M., Perez Rubio, S., Lorente, P., Dapena, A.R., Martinez, M., Luna, Y., Padorno, E., Santos Atienza, I., Diaz Hernandez, G., Lara, J.L., Medina, R., Grifoll, M., Espino, M., Mestres, M., Cerralbo, P., Sanchez Arcilla, A. (2018). Operational oceanography at the service of the ports. In: “New Frontiers in Operational Oceanography”, E. Chassignet, A. Pascual, J. Tintoré, and J. Verron, Eds., GODAE Oceanview, 729-736, doi:10.17125/gov2018.ch27

Bahurel, P., Adragna, F., Bell, M., Jacq, F., Johannessen, J., Le Traon, P.-Y., Pinardi, N., She, J. (2010). Ocean Monitoring and Forecasting Core Services, the European MyOcean Example. Proceedings of OceanObs'09: Sustained Ocean Observations and Information for Society, doi:10.5270/OceanObs09.pp.02

Bell, M., Lefebvre, M., Le Traon, P.-Y., Smith, N., Wilmer-Becker, K. (2009). GODAE: The global ocean data assimilation experiment. Oceanography, 22(3), 14-21, https://doi.org/10.5670/oceanog.2009.62

GOOS. (2020). A Roadmap for the Implementation of the Global Ocean Observing System 2030 Strategy. IOC, Paris, GOOS Report No. 249.

Le Traon et al. (2017). The Copernicus marine environmental monitoring service: main scientific achievements and future prospects. Special Issue Mercator Océan International #56. Available at: https://marine.copernicus.eu/it/node/594

UNESCO-IOC (2021). The United Nations Decade of Ocean Science for Sustainable Development (2021-2030) Implementation Plan. UNESCO, Paris (IOC Ocean Decade Series, 20).

第 3 章 海洋预报系统的定义：海洋建模系统解决的时间和空间尺度问题

3.1 业务化海洋学和海洋预报服务：定义和主要目的

业务化海洋学是指产生产品和服务的一系列活动，提供关于海洋和沿海环境的信息。业务化海洋学的目的是满足不同的社会、经济、科学和其他用户需求。按照欧洲全球海洋观测系统的定义，业务化海洋学服务有两个主要支柱：①监测部分，主要是对海洋和大气进行系统和长期的常规测量，并对其进行快速解译和分发。②预测部分，利用海洋模型生成各种产品，可以是由分析提供的对当前海洋状态的最准确描述（nowcasts）、预测未来尽可能长时间的海洋状态（forecasts）或由再分析提供的对过去状态的最完整描述（hindcasts）。

了解海洋和沿海地区的物理行为，为管理与人类影响和资源开发活动有关的问题提供了重要指导。各种各样的实用海洋模型已经并正在被用来解决不同的问题，并支持各种服务目的。这些不同类型海洋模型的应用，具体到每个要解决的问题，都是基于不同的计算机代码和参数化。它们利用多种多样的数据源（作为强迫的初始和边界条件）解决一系列空间和时间尺度的问题（不同的模型分辨率），并且可以依赖或不依赖数据同化方法来整合观测数据（Schiller et al.，2018）。

风、浪和海平面历来是海洋活动中最重要的气象海洋参数，因为它们对海洋安全及海上作业和航行条件有着很大的影响。因此，自早期以来，这些参数一直是最广泛的监测和预测对象，它们的预测经常是由气象部门负责。波浪和天气预报之间的传统紧密联系，由于波浪和风的直接相互作用而得到加强，这使得波浪成为一个特殊的情况，只与大气模型相耦合的特定模型（见第 10 章），导致海洋和波浪模型分离发展。然而，在过去的十年中，海洋和波浪模型之间的差距正在缩小，它们正逐渐被整合到更全面的海洋耦合业务系统中（在某些情况下还与大气耦合）。

海平面是另一个关键变量，它在基于特定模型的业务服务中有着悠久的传统。海平面预测服务支持了非常不同的人类活动，大多与浅水区的航行有关，包括港口、河口和其他受潮汐和明显的潮汐变化影响的沿海地区。对风暴潮影响下的海面高度预报是风暴潮预警系统的重要组成部分。最初，在海平面预报中只使用天文潮汐预测，但后来逐渐增加了风暴潮模型的使用，这些模型以单层均匀密度正压海洋模型为基础，但也包括非常详细的水深测量，以及天文潮汐强迫和气象残差贡献（见第 7 章）。目前，风暴潮预报也受益于由不同的海洋预报机构运

---

* 本章主编：Enrique Alvarez Fanjul；编写成员：Marcos Garcia Sotillo，John Wilkin。

行的高分辨率三维全球和区域斜压模型所提供的海面高度产品（Pérez et al.，2012）。

最近对欧洲在海洋和沿岸系统业务化建模方面能力的概述（Capet et al.，2020）全面介绍了与区域环境问题相关的最重要的海洋变量和现象，以及它们对不同经济部门的影响。为支持这项研究而开展了调查，从中得到一个有趣的结果，目前，绝大多数已确定的海洋预测服务都使用水动力模型（见第 5 章），波浪和生物地球化学模型（见第 8 章和第 9 章）也是如此，但程度较低。其他特定的模型，如粒子漂移预测和海冰（见第 6 章），在业务范围内比较稀少。本研究还揭示了几乎所有的业务化模型都解决了海流、盐度、温度和海面高度问题。相反，生物地球化学的基本变量（如氧气、营养物质、浮游植物生物量、悬浮物和有机物）在海洋预报服务中的体现却少得多。迄今为止，海洋安全、石油泄漏和海平面监测似乎是欧洲运行模型（有 40 多个实施方案）主要处理的现象。目前，风暴潮、水质和富营养化都得到了很好的考虑（15～25 个实施方案），并将在未来几年内受益于覆盖面的扩大（5 年内增加 30%～50%）。最后，必须指出的是，有害藻类水华、海岸线/水深变化和海洋酸化得到了一些关注，但其覆盖面仍然有限。

生物地球化学模型具有更大的复杂性，因为它们涉及更多的状态变量、参数、不确定过程、相互作用和驱动因素，这意味着它们可能还没有达到准确模拟和有用输出所需的成熟度；由于这些原因，目前它们在业务化系统中的应用是有限的。这也适用于数据同化在沿岸业务化应用或海冰耦合模型中的使用，尽管在过去的十年中，人们一直致力于开发和改进全球和区域综合业务化预报服务。一个例子是欧盟哥白尼计划的海洋部分提供的服务（Copernicus Marine Service，2021a），它根据适合于业务化预报的适当复杂度的模型应用，在全球和区域范围内提供关于蓝色（包括波浪在内的物理过程）、白色（海冰）和绿色（生物地球化学）海洋状况的免费、定期和系统的信息。最后，需要指出的是，全球和区域尺度的核心产品（如哥白尼海洋服务提供的产品）的持续供应，促进了专门用于沿海预报的特定“下游”服务的发展，有利于不同现有服务之间的协同作用（Sotillo et al.，2021）。

3.2 海洋监测预报系统所涵盖的基本海洋变量

海洋数值模型的输出是大量的变量和数据量。这些模型所处理的变量种类取决于所应用的模型类型、所包含的过程和所涉及的系统（例如，海洋模型可以与大气和表面波浪模型，以及海冰模型或生物地球化学模型相耦合）。在监测方面，自 20 世纪 80 年代以来，利用新技术和新工艺（与遥感和现场观测设备有关）测量海洋的能力也在不断提高，导致需要处理的海洋变量范围扩大。

气候和预报（CF）元数据约定①反映了用于监测和模拟海洋的变量的广泛多样性。这些约定旨在用于从大气、表层和海洋模型以及可比的观测数据集中获得的气候和预报数据，旨在通过广泛使用的格式（如 NetCDF 和 ZARR）和网络服务（如 THREDDS 和 ERDDAP）促进数据文件的处理和共享，它们的使用得到了广泛的软件支持。CF 标准名称表②是一个“活”的文件，根据对新变量的要求不断扩展。在 2021 年 1 月 19 日的第 77 版文件中，有 579 个标准名

①详见 http://cfconventions.org/latest.html。
②详见 http://cfconventions.org/standard-names。

称与“海水”或“海洋”字符串的查询相匹配。这个数字说明海洋气候和预测变量存在着广泛的应用前景。

由于海洋变量的广泛性和差异性，需要商定一些共同的关键变量来监测海洋。20 世纪 90 年代末，在联合国气候变化框架公约（UNFCCC）和联合国政府间气候变化专门委员会（IPCC）框架内的活动和谈判的要求下，出现了基本气候变量（ECV）的概念。一个 ECV 是一个物理、化学或生物变量（或一组相关的变量），它对描述地球气候的特征有重要贡献。此外，ECV 数据集也逐渐被广泛用于缓解和适应措施，以及评估风险和使气候事件归因成为根本原因。这就是 ECV 的根本重要性，也是气候服务部门集中资源监测和预测这些最小的“关键变量”的原因。目前，有 54 个确定的 ECV（ GCOS，2021）。由全球气候观测系统（GCOS）协调的全球专家小组负责维护系统观测地球变化气候所需的 ECV 的最新定义。ECV 规格表的目的是与观测平台无关，不关注任何特定的现有或新的观测技术所能提供的东西，而是关注协调系统的整个网络所能达到的最终分辨率和精度，以满足用户的要求。

世界气象组织针对海洋定义了以下 ECV（WMO，2021）。

- 与物理学相关的有 12 项：海洋表面热通量、海冰（包括密集度、范围/边缘、厚度和漂移）、海平面（全球平均和区域）、海况（波高）、海表面应力、海表面和次表层温度、盐度和海流。
- 与生物化学相关的有 6 项：无机碳、N_2O（包括海洋内部的 N_2O 和 N_2O 的海-气通量）、营养物质（包括海洋中的硅酸盐、磷酸盐和硝酸盐浓度）、海洋水色（叶绿素 a 浓度）、氧气和瞬时示踪剂（Chlorofluorocarbons、CFC 等）。
- 与生物/生态系统相关的有 2 项：海洋栖息地特性（珊瑚礁、红树林、海草床、大型藻类群落）和浮游生物（浮游植物和浮游动物）。

海洋监测和预报服务将资源集中在大部分的海洋基本气候变量（Ocean-ECV）上。实际上，GOOS 与海洋和气候观测委员会（OOPC）和国际海洋碳协调项目提供的专家小组合作，维护了一个更广泛的海洋观测要素（EOV）清单。GOOS 旨在定期重新评估和更新 EOV 清单。重要的是，EOV 包括海洋的可观测的生态系统和生物地球化学特征，这些特征对于理解目前正受到人类活动压力和气候变化影响的海洋环境状况和健康状况至关重要。虽然观测物理要素的 ECV/EOV 的网络已普遍建立起来，但那些致力于生物地球化学和生态系统 EOV 观测的网络大多数情况下仍处于概念或试点阶段。然而，区域和全球观测系统获取这些数据对于发展基于模型的预报能力至关重要。有关正在进行的行动及未来如何扩展海洋变量业务监测的更多详细信息，请参阅 Muller-Karger 等（2018）的研究。

一些海洋服务已经超越了 Ocean-ECV 和 EOV 清单，为更广泛的变量提供模型和观测产品。哥白尼海洋服务就是这样一个例子，它监测 Ocean-ECV（如其海洋状态报告（OSR）所述（Copernicus Marine Service，2021b），但比通用清单更进一步，通过其产品组合（Copernicus Marine Service，2021c）为广泛的终端用户群体提供更多其感兴趣的变量和指标。哥白尼海洋服务提供的海洋观测要素和参数的总结如图 3.1 所示。哥白尼海洋服务很好地体现了大多数跨国联盟、国家或区域海洋监测和预报服务所开展的工作。

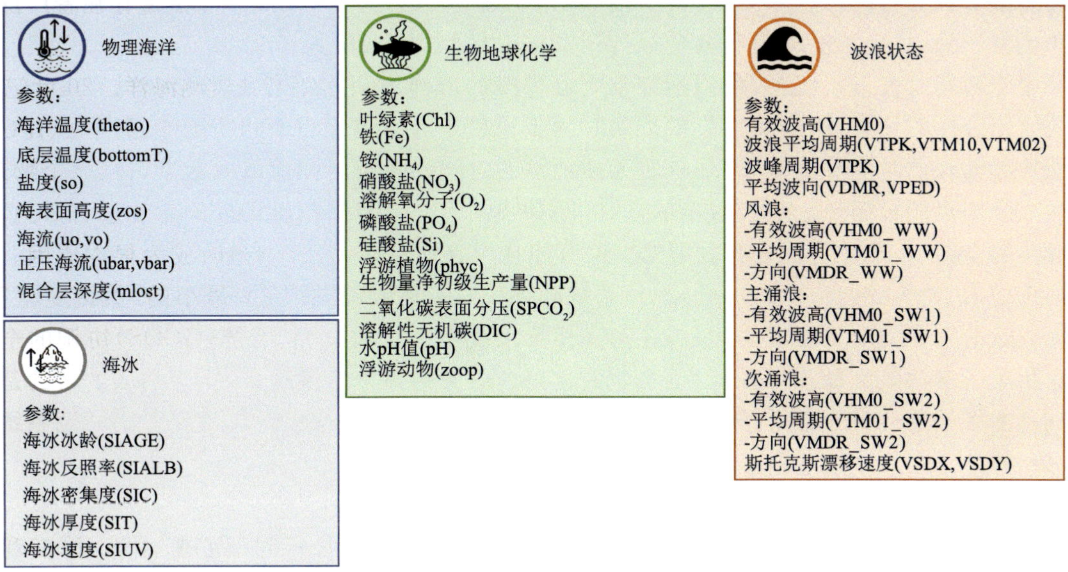

图 3.1 EOV:哥白尼海洋服务提供的物理海洋、生物地球化学、波浪状态和海冰的参数清单

3.3 空间尺度:降尺度以提高分辨率

海洋动力学是通过运动方程(纳维-斯托克斯方程)来描述的,这些方程在物理海洋学(质量、动量和热量)方面已得到广泛应用。然而,这些方程在形式上适用于连续介质水平,而在海洋预报中,它们是在具有有限单元数和离散分辨率的计算网格上求解的。此外,在几乎所有的计算环境流体动力学领域,都会对控制方程进行近似处理,以便使求解变得可行。Fox-Kemper(2018)巧妙地讨论了模型分辨率、解析的海洋动力过程和计算工作量之间的权衡。最初,海洋建模都面临的关键决策是为每个特定的海洋模型应用选择合适的空间分辨率。在全球业务化海洋模型应用中,通常使用 10~100 km 相对较低的分辨率,而在沿海模型中则需要更高的空间分辨率(可能达到几百米)。空间分辨率的选择不可避免地牺牲了亚网格尺度的动力学过程,这些动力学过程无法显式解析,必须以某种方式进行参数化。

在过去的 30 年里,随着计算资源的增加和可用性的提高,海洋模型分辨率稳步提升。这使得空间分辨率更加精细,显著改善了海洋流的模拟效果。海洋模拟发展的一个重要里程碑是引入了涡流解析模型。这类模型的空间分辨率(经纬度小于 1/4 °或约 25 km)足以允许海洋中尺度涡流自然出现,是海洋模型的一大成就,提高了全球模拟的质量,并为精确的区域海洋模拟打开了大门。然而,正如下一节所述,这种分辨率现在在全球业务系统中已被超越。

分辨率的持续提升以及模型的逐步改进,还得益于更高频过程更显式纳入,例如潮汐运动的表示以及浅水区湍流和混合过程的更好表示。这些改进将海洋模型的应用推向了中尺度解析和亚中尺度许可的领域,使其也能够用于沿岸地区。由于海洋模型的逐步发展,我们今天拥有了由全球、区域和局地(沿海、沿岸和河口)模型应用组成的海洋模型格局。

传统上,尽管在某种程度上是人为的空间域范围和模型分辨率之间的划分,也得到业务化海洋预报中心的青睐，这些中心通常采用典型的动态降尺度方法，生成沿海和区域海洋的特定海洋模型产品，将大尺度的信息从全球传递到嵌套区域域内部（Kourafalou et al.，2015）。空间尺度与时间尺度直接相关，模拟精细空间分辨率的海洋过程也需要适当的时间分辨率。由于数值稳定性的约束，流体动力学模型的时间步长总是与空间分辨率相匹配的，但也必须考虑增加外部输入的时间分辨率，例如以每天或更短的时间间隔指定河流流入数据，并以这种方式解析太阳加热的日循环。应该强调的是，时间和空间尺度对海洋模型的性能起着重要作用，对要解决的空间-时间尺度做出不适当的决策可能会导致建模误差。

正如 Holt 等（2017）所指出的，地球系统建模科学中更大的挑战之一是在全球海洋模型中准确表达沿海和大陆架海域。此外，在海洋模型系统中应用尖端科学进展解决气候系统中的海洋状态或支持监测和预报系统，也是业务化海洋服务的另一个挑战。

接下来的章节将介绍全球、区域和沿海范围内的海洋预报。

3.3.1　全球监测预报系统

许多海洋建模团队和独立研究人员通过运行准实时系统来分析和预测全球与流域尺度的海洋中尺度环流。他们均在海洋预测科学网络①框架下开展研究，该网络由 GODAE 小组发展而来。GODAE 小组建于 1999 年，是在 GOOS 赞助的 OOPC 小组要求下建立的。作为一个知识交流的论坛，OceanPredict 促进了全球海洋模拟的最佳实践和最新发展的交流，也参与了区域领域的活动和基于模型的信息产品的生成。这些活动的一个组成部分是对国家中心和跨国联盟运行的预报系统进行年度报告，这些系统保持了非常高的运行稳定性和可靠性，类似于国家气象服务。在许多情况下，这些海洋系统越来越多地与气象部门开展紧密合作，这种趋势随着季节性到亚季节性预测工作的出现而不断加强。从 OceanPredict 年度报告和系统描述可以看出，水平分辨率为 1/12 °，即在中纬度地区大约 9 km，被广泛认为能够提供对众多利益相关者和用户有用的预报，并为后续的降尺度工作提供参考②。以更高的分辨率进行全球模拟，如麻省理工学院开发的环流与海冰模型 MITgcm LLC4320（Su et al.，2020）已被证明是可行的，其分辨率为 1/48 °（2～3 km），这种分辨率改善了中尺度到亚中尺度湍流级联和亚中尺度调制的垂直混合等过程的表现。然而，对于全球预报系统来说，先进的数据同化（DA）的大量额外费用使分析/预报周期的计算需求增加了大约一个数量级，使得采用更高的分辨率在目前是不现实的。此外，有证据表明，现有的全球观测网络无法满足更高的分辨率。Jacobs 等（2019）认为，根据具体指标，现有持续观测有效约束的运动水平尺度为 36～54 km 或更大。在计算拉格朗日漂移者轨迹之前，从模型中过滤掉那些理论上模型可以解析（5～10 倍网格分辨率）但观测无法约束的较短尺度后，集合轨迹预测误差实际上有所下降。

3.3.2　区域监测预报系统

OceanPredict 网络中的许多小组还利用全球分析/预报系统的输出作为开放的边界条件，运行覆盖单一海盆或大型边缘海的区域域模型，其分辨率提高到约 4 km 甚至更精细。这种降尺度方法有很多原因。当地专家对区域海洋动力学的熟悉使他们能够在模型配置上做出选

①参见 https://oceanpredict.org。

②详见 https://oceanpredict.org/science/operational-ocean-forecasting-systems/system-descriptions。

择,从而产生更有技巧的结果。对于数据同化系统,也有机会纳入未由父模型使用的本地观测数据。此外,区域操作员往往更熟悉并能更积极地响应区域利益相关者的信息产品需求。

OceanPredict 内的一些典型区域系统的标称分辨率为:韩国周围海域 1～3 km,港口 300 m,地中海预报系统(MedFS)1/24 °(约 3.5 km),日本气象厅(JMA)约 2.5 km。由 INCOIS 运行的印度洋的许多子模型域(简称子域)也是类似的分辨率①。

其中一些系统在预报周期的初始化中包括先进的 DA,如 JMA 区域模型使用四维变分(4D-Var)同化,但这并不是常规做法。美国 IOOS 的几个地区协会使用 4D-Var 运行降尺度预报系统,以合并几百千米范围内来自自动驾驶车辆和表层海流测量高频雷达的本地高分辨数据,但模型分辨率在 4～10 km 范围。由美国国家海洋和大气管理局(NOAA)CO-OPS 运行的西海岸业务化预报系统(WCOFS)是一个大规模的区域预报系统,覆盖美国西海岸逾 3000 km。最初的设想是一个分辨率为 2 km 的模型(Kurapov et al.,2017),被证明对实时 DA 是不切实际的。运行的 WCOFS 采用分辨率为 4 km 的网格,在美国国家气象局高性能计算机的 480 个核上,4D-Var 的一个完整周期每天需要 5 h。

然而,计算成本仍然是制约区域模型分辨率的主要因素,沿海海洋观测系统是否有足够的分辨率为更精细的尺度提供信息,这个问题仍然没有答案。目前混合分辨率系统正在开发中,其中预报模型以比 DA 分析更高的分辨率运行。在实验系统中,有证据表明(Levin et al.,2021),亚中尺度分辨率的嵌套模型可以从密集分布的观测平台中提取额外的信息,这些平台可以捕捉到不平衡的亚中尺度非地转运动。

Sotillo 等(2021)描述了一个采用模型网格降尺度方法的业务系统。它采用了区域降尺度,将伊比利亚半岛大陆架海域的分辨率提高到 4 km,随后在选定的沿海地区降尺度到约 350 m,在港口进一步降到约 70 m。这种分层次的方法,在每个层次的细化中使用类似的模型,这便提出了一个问题:沿海和区域模型之间有什么区别?

上面提到的区域预报系统的例子,大多是在结构网格上求解静力基本方程。虽然过渡到很高的分辨率可能会引入亚中尺度分层动力学,但在沿岸浅水区域通常具有良好的垂直混合性,且与海上作业海洋预报相关的过程,其水平尺度相对于垂直尺度更大,因此,静力学近似仍然有效(Fringer et al.,2019)

我们在本节中所作的区分是,沿岸模型与区域模型的不同之处在于,亚中尺度过程受水深的影响很大,而海岸线尺度则小于罗斯贝波变形尺度。这些过程包括侧向和垂直的流动分离、次生流、岬角涡旋、尾流和锋面辐合。影响这些过程的地形特征的分辨率至关重要。

3.3.3 沿海监测预报系统

如前所述,Sotillo 等(2021)在其有限区域单向降尺度嵌套沿海模型中,对选定的港口和沿海岸段使用了一套结构化网格。这种策略的一个优点是,高分辨率要求的短时间步长的计算负担仅限于最精细的网格嵌套区域,而不会影响分辨率低的母网格的计算效率。

更复杂的嵌套系统在每个时间步长上采用父子嵌套的完全耦合方式,包括将细尺度的变异性双向传回父模型,这是一些模型支持的功能,如沿海和区域海洋社区模型(CROCO)②。

①详见 https://oceanpredict.org/science/operational-ocean-forecasting-systems/system-reports。

②详见 https://www.croco-ocean.org。

在海洋-大气-波浪-沉积物耦合传输系统(COAWST)(Warner et al.,2008)中的区域海洋模拟系统(ROMS)①模型中,也使用了类似的嵌套框架,还被用于开展大量的海岸和近岸环流及地貌研究,但在业务系统中应用这种方法的情况却很少。

NOAA CO-OPS在ROMS中采用正交曲线坐标,以更好地表示美国沿海地区一些河口的不规则海岸线形状和可变水深等细节。例如,特拉华湾业务化预报系统(DBOFS)②采用曲线网格,使模型域更好地适应河口的一般形状,并将网格分辨率从离岸4 km提高到潮汐河流附近的40 m(图3.2)。

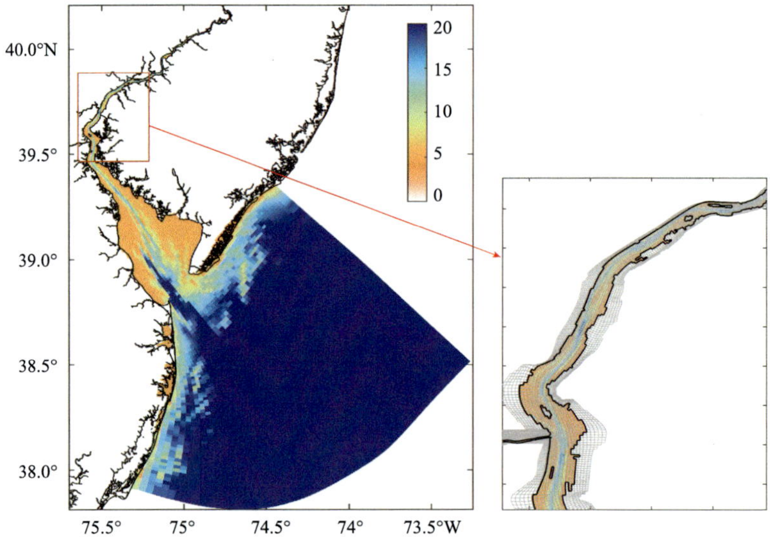

图3.2 NOAA CO-OPS特拉华湾业务化预报系统曲线网格域和水深及其局部区域放大图,显示河口盐楔和潮汐河流附近的网格约40 m分辨率

然而,曲线型结构网格模型在沿海应用中的能力和效率有明显的局限性。相比之下,非结构网格模型(如FVCOM、ADCIRC、SELFE、SUNTANS;关于这些模型的参考资料,见Fringer等(2019))在解决复杂水深特征方面具有巨大的灵活性。它们通过调整网格方向来适应海岸线或等深线,并调节分辨率以匹配预期的环流尺度,有效地解析多尺度特征。

传统的非结构网格模型配置在整个领域中使用相同的时间步长,因此低分辨率的区域往往以远远小于精度或稳定性所需的时间步长进行整合,从而造成效率的损失。但是,一个精心设计的网格会有相对较小比例的单元分辨率是低的。例如,Legrand等(2006)的大堡礁模型有82%的单元集中在珊瑚礁和岛屿附近,而远离海岸的领域有25%的面积被不到1%的单元占据。

顾名思义,Trotta等(2021)描述的SURF表明,这两种网格设计方法都可以在一个系统中实现,并充分利用其各自的优势。

斯坦福大学非结构网格、非静力学、平行沿海海洋模型(SUNTANS)在斯诺霍米什河口潮汐通道之间的汇合区实现了约1 m的水平分辨率,说明了非结构网格解决局部细节的能力

①详见https://www.myroms.org。

②详见https://tidesandcurrents.noaa.gov/ofs/dbofs/dbofs_info.html。

(Giddings et al.,2012)。在这种分辨率下,纳入 SUNTANS 计算内核的非静力动力学会变得很重要。然而,在包括更大区域的情况下,完全解决这种沿海亚中尺度的细节是不可行的,因此有必要进行一些参数化的尝试。

Fringer 等(2019)讨论了在较低分辨率模型中对极高分辨率地形参数化的方法,他们特别强调 Casulli(2009)提出的次网格地形方法,以改进沿海海水淹没时湿和干过程的表达。MacWilliams 等(2016)在使用 UnTRIM 模型(Casulli et al.,2005)对旧金山河口进行模拟时,采用了这种方法,基于比模型网格更精细的地形数据,保留了单元面的横截面积,取得了很好的效果(图 3.3)。准确度与高分辨率(约 10 m)版本的模型相似,但单元数少了一个数量级,运行时间加快了 40 倍。对于沿海淹没预报——沿海海洋业务化建模的一个重要应用——来说,遵循这些细致的步骤,以体现沿海亚中尺度地形细节,并实现可接受的运行时间以及时提供预报指导至关重要。

图 3.3 UnTRIM 模型中的海湾-三角洲模型网格在美国旧金山河口米尔德里德岛地区高分辨率(a)和低分辨率(b)的比较,显示应用次网格地形参数化后在节省分辨率的同时准确率损失很小(MacWilliams et al.,2016)

要在如此高分辨率下合理配置一个业务化系统,显然需要具有可比分辨率的地形数据。随着机载激光雷达使用的增加,以及将独立获取的数据集合并为具有统一垂直基准的网格化产品的多方合作,这些数据越来越容易获取。例如,在美国东海岸许多经常遭受风暴潮淹没或海啸风险的地区,沿海地形(包括水域和相邻陆地)的数字化分辨率为 1/3 角秒(约 10 m),而大多数河口地形数据的分辨率为 30 m。

与在沿海模型中充分体现水平细节的巨大挑战相比,垂直分辨率在业务模型中很少成为限制因素。沿海模型中广泛使用的地形追随坐标,保留了浅水区域的垂直分辨率;在 ROMS 和 CROCO 中,可以进一步向海面或海底延伸,以增加摩擦性边界层的分辨率。

用于沿海业务化模型的垂直湍流封闭方案已经成熟,其中包括对波-流相互作用过程的参数化,这些过程会改变表面应力、波浪辐射应力和斯托克斯漂移,如果波浪数据或波浪模型与环流模型结合使用，可以充分利用这些数据。在这一课题中，正在积极研究和开发水底植被（Kalra et al.，2020）和半多孔礁对阻力和环流的作用参数化，以便在异常严重的淹没事件中充分表征淹没区域的阻力。

总而言之，目前从全球到区域再到沿海的多尺度建模的最佳做法是，全球和流域的分辨率为 1/12 °，在区域海洋中降尺度至约 4 km，在沿海应用、河口和港口中降尺度至亚千米。Holt 等（2017）的评论也证实了典型应用中的这种尺度层次。

在沿海地区，非结构的网格模型仍然很受欢迎，因为它们在表现复杂的地形制约方面具有很大的灵活性。在区域范围内，对适当的模型的选择是广泛的，这反映在业务机构使用的模型代码的多样性。应该记住，分辨率只是模型保真度的一个制约因素。预报系统在分析步骤中受益于先进的数据同化，为预报的初始条件提供信息。虽然全球和流域尺度的高级数据同化已经成熟，并广泛用于业务系统，但这些方法还没有充分应用于业务化的沿海和河口环境。当这种情况发生时，在综合性高分辨率沿岸观测网络的支持下，它们会进一步增加计算负担，并可能需要重新评估满足利益相关者信息需求所需的分辨率。

尽管在短期内，非常小尺度的非流体静力学垂直过程似乎不太可能在业务化系统中得到解析，但在传统的原始方程模型中对其进行参数化的工作已经取得了进展（Dong et al.，2021）。此外，在沿海建模技术和其他过程的参数化方面都有进一步的研究（Fringer et al.，2019）提供了全面综述，预计其中许多发展将在适当时候从研究推进到业务应用。

3.4 时间尺度：数值模型在解决海洋问题上的不同应用

海洋在非常广泛的空间和时间尺度上显示出物理参数的变化，从几分钟到几个世纪和几千年、从几厘米到大洋盆地的尺度（Benway et al.，2019）。如图 3.4 所示，这一特点使海洋成为一个非常复杂的系统，其特点是大量的过程在许多不同的时间/空间尺度上相互作用（其中小尺度可以影响大尺度，反之亦然）。

正如第 3.1 节所定义的那样，业务化预报服务通常处理的是预测范围为几小时到几天的问题，而向用户提供解决方案的时间间隔可以从几小时到几分钟不等。然而，海洋模型也可用于更长时间尺度的其他目的，如季节性预测和气候建模。气候模型是建立在成熟的物理原理之上的，事实证明，它们可以重现近期气候和过去气候变化的观测特征。

有相当大信心的是，尽管仍然存在不确定性，但大气-海洋环流模型（AOGCMs）对未来的气候变化提供可靠的定量估计，特别是在大尺度上。正如 Randall 等（2007）在 IPCC 第四次评估报告第一工作组《自然科学基础》部分撰写的报告中所述，模型在模拟各种 ECV 方面有不同的能力水平。

长期气候变化预测反映了人类活动和（或）自然效应如何改变几十年乃至几个世纪的气候。长期变暖的主要驱动力是许多人为来源的 CO_2，随着时间的推移大量地累积排放。在这种情况下，重要的是定义情景，使用特定时间序列的排放、土地利用、大气浓度或多个模型的辐射作用力，这使得连贯的气候模型之间可以相互比较和综合使用。正如 Collins 等（2013）所说，为了上述目的，使用了来自一系列不同模型工具的信息，从简单的能量平衡模型到高度复杂的地球系统动态气候模型。耦合模型比较计划第五阶段（CMIP5）利用了前所未有的基础预测信息量，包括更为完整的强迫因子表达，并产生了新的典型浓度排放路径（RCP）情景（即

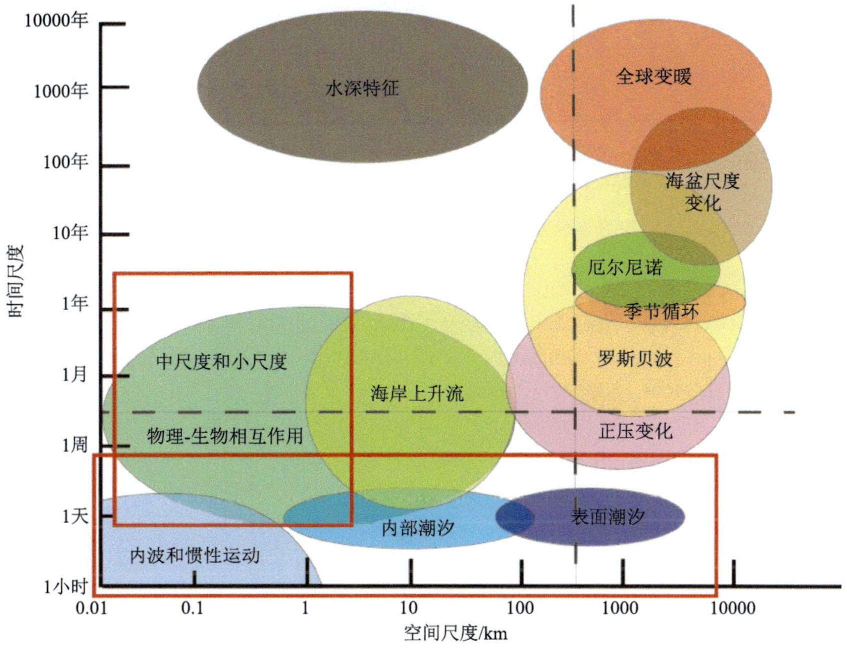

图 3.4　选定的海洋过程的时间和空间尺度(Dickey,1991)

RCP2.6、RCP4.5、RCP6 和 RCP8.5)。得益于 CMIP5 小组对模型实验和输出的协调,世界气候研究计划(WCRP)及其气候模型工作组能够加强努力,以评估模型模拟过去和当前气候的能力,并比较未来气候变化的预测能力。这种“多模型”方法现已成为气候科学界用于生成和评估特定气候变量预测的标准技术。

由于在理解气候尺度以及模拟重要的气候变异模型方面已经取得了实质性的进展,因此,对模型代表重要气候过程的能力的总体信心已经提高。AOGCMs 的这些改进在很大程度上在于近年来海洋模型部分的不断发展。在分辨率、计算方法和参数化方面都有改进;此外,在用于模拟多年期和气候预测的海洋模型中逐步增加了更多的新过程,增强了海洋气候模型方面的复杂性。

如前所述,海洋模型的分辨率已经提高(目前最先进的是涡分辨模型),海洋气候模型,特别是区域模型,正在放弃对海洋表面的“刚盖假定”处理,这种处理方式会过滤掉一些高频过程。新的物理数值参数,包括真实的淡水通量和(或)改进的河流与河口混合方案、更优的平流及混合方案现在被广泛使用。所有这些改进都使得与使用不太复杂参数有关的不确定性减少。最后,应该提到的是,AOGCMs 低温层部分的开发取得了实质性进展。几乎所有先进的 AOGCMs 现在都包括海冰,有更详细的海冰动力学,同时许多还包括几个海冰厚度类别,有相对先进的热力学和流变学。

提高气候预测质量的努力总是与专门用于海洋建模部分的计算资源有关,但目前对于将计算机资源分配给以下部分的最佳方式还没有达成共识:①更精细的数值网格,可以进行更好的模拟;②更多的集合成员,可以对不确定性进行更好的统计估计;③纳入更完整的过程(例如碳反馈)。最后,必须提到的是,在海洋气候区域化方面也有一项正在进行的重要活动,它是在国家和区域气候服务倡议的框架内开展的,特别强调沿海气候影响和应用。

参考文献

Benway, H., Lorenzoni, L., White, A., Fiedler, B., Levine, N., Nicholson, D., and DeGrandpre, M., Sosik, H., Church, M., O'Brien, T., Leinen, M., Weller, R., Karl, D., Henson, S., Letelier, R. (2019). Ocean Time Series Observations of Changing Marine Ecosystems: An Era of Integration, Synthesis, and Societal Applications. *Frontiers in Marine Science*, 6, 393, https://doi.org/10.3389/fmars.2019.00393

Capet, A., Fernández, V., She, J., Dabrowski, T., Umgiesser, G., Staneva, J., Mészáros, L., Campuzano, F., Ursella, L., Nolan, G., El Serafy, G. (2020). Operational Modeling Capacity in European Seas - An EuroGOOS Perspective and Recommendations for Improvement. *Frontiers in Marine Science*, 7, 129, https://doi.org/10.3389/fmars.2020.00129

Casulli, V. (2009). A high-resolution wetting and drying algorithm for free-surface hydrodynamics. *International Journal for Numerical Methods in Fluids*, 60(4), pp.391-408, https://doi.org/10.1002/fld.1896

Casulli, V., Zanolli, P. (2005). High resolution methods for multidimensional advection-diffusion problems in free surface hydrodynamics. *Ocean Modelling*, 10, 137-151, https://doi.org/10.1016/j.ocemod.2004.06.007

Copernicus Marine Service (2021a). EU Copernicus Marine Service, https://marine.copernicus.eu/

Copernicus Marine Service (2021b). Ocean State Report (OSR), https://marine.copernicus.eu/access-data/ocean-state-report

Copernicus Marine Service (2021c). Ocean Variables monitored by Copernicus Marine Service and Product Portfolio https://marine.copernicus.eu/services/monitoring-ocean.

Collins, M., Knutti, R., Arblaster, J., Dufresne, J.-L., Fichefet, T., Friedlingstein, P., Gao, X., Gutowski, W.J., Johns, T., Krinner, G., Shongwe, M., Tebaldi, C., Weaver, A.J., Wehner, M. (2013). Long-term Climate Change: Projections, Commitments and Irreversibility. In "Climate Change 2013: The Physical Science Basis. Contribution of Working Group I to the Fifth Assessment Report of the Intergovernmental Panel on Climate Change [Stocker, T.F., D. Qin, G.-K. Plattner, M. Tignor, S.K. Allen, J. Boschung, A. Nauels, Y. Xia, V. Bex and P.M. Midgley (eds.)]". Cambridge University Press, Cambridge, United Kingdom and New York, NY, USA.

Dong, J., Fox-Kemper, B., Zhu, J., and Dong, C. (2021). Application of symmetric instability parameterization in the Coastal and Regional Ocean Community Model (CROCO). *Journal of Advances in Modeling Earth Systems*, 13(3), https://doi.org/10.1029/2020MS002302

Fox-Kemper, B. (2018). Notions for the motions of the oceans. In "New Frontiers in Operational Oceanography", Editors: E. P. Chassignet, A. Pascual, J. Tintoré, and J. Verron (Exeter: GODAE OceanView), 811, https://doi.org/10.17125/gov2018.ch02

Fringer, O.B., Dawson, C.N., He, R., Ralston, D.K. and Zhang, Y.J. (2019). The future of coastal and estuarine modeling: Findings from a workshop. *Ocean Modelling*, 143, 101458, https://doi.org/10.1016/j.ocemod.2019.101458

GCOS Global Climate Observing System. (2021). Essential Climate Variables https://gcos.wmo.int/en/essential-climate-variables

Giddings, S.N., Fong, D.A., Monismith, S.G., Chickadel, C.C., Edwards, K.A., Plant, W.J., Wang, B., Fringer, O.B., Horner-Devine, A.R., Jessup, A.T. (2012). Frontogenesis and frontal progression of a trapping-generated estuarine convergence front and its influence on mixing and stratification. *Estuaries and Coasts*, 35, 665-681, https://doi.org/10.1007/s12237-011-9453-z

Holt, J., Hyder, P., Ashworth, M., Harle, J., Hewitt, H. T., Liu, H., New, A. L., Pickles, S., Porter, A., Popova, E., Allen, J. I., Siddorn, J., and Wood, R. (2017). Prospects for improving the representation of coastal and shelf seas in global ocean models, *Geoscientific Model Development*, 10, 499-523, https://doi.org/10.5194/gmd-10-499-2017

Jacobs, G.A., D'Addezio, J.M., Bartels, B. and Spence, P.L. (2019). Constrained scales in ocean forecasting. *Advances in Space Research*, 68(2), 746-761, https://doi.org/10.1016/j.asr.2019.09.018

Kalra, T.S., Ganju, N.K., and Testa, J.M. (2020). Development of a submerged aquatic vegetation growth model in the Coupled Ocean-Atmosphere-Wave-Sediment Transport (COAWST v3.4) model. *Geoscientific Model Development*, 13(11), 5211-5228, https://doi.org/10.5194/gmd-13-5211-2020

Kourafalou, V. H., De Mey, P., Staneva, J., Ayoub, N., Barth, A., Chao, Y., Cirano, M., Fiechter, J., Herzfeld, M., Kurapov, A., Moore, A. M., Oddo, P., Pullen, J., Van der Westhuysen, A., and Weisberg, R., (2015). Coastal Ocean Forecasting: science foundation and user benefits. *Journal of Operational Oceanography*, 8:sup1, s147-s167, https://doi.org/10.1080/1755876X.2015.1022348

Kurapov, A. L., Pelland, N. A., and Rudnick, D. L. (2017). Seasonal and interannual variability in along-slope oceanic properties off the US West Coast: Inferences from a high-resolution regional model. *Journal of Geophysical Research: Oceans*, 122(7), 5237-5259, doi:10.1002/2017JC012721

Legrand, S., Deleersnijder, E., Hanert, E., Legat, V. and Wolanski, E. (2006). High-resolution, unstructured meshes for hydrodynamic models of the Great Barrier Reef, Australia. *Estuarine, Coastal and Shelf Science*, 68(1-2), 36-46, https://doi.org/10.1016/j.ecss.2005.08.017

Levin, J., Arango, H., Laughlin, B., Hunter, E., Wilkin, J., Moore, A. (2021), Observation Impacts on the Mid-Atlantic Bight Front and Cross-Shelf Transport in 4D-Var Ocean State Estimates, Part II – The Pioneer Array. *Ocean Modelling*, 157, 101731, https://doi.org/10.1016/j.ocemod.2020.101731

MacWilliams, M., Bever, A.J. and Foresman, E. (2016). 3-D simulations of the San Francisco Estuary with subgrid bathymetry to explore long-term trends in salinity distribution and fish abundance. *San Francisco Estuary and Watershed Science*, 14(2), https://doi.org/10.15447/sfews.2016v14iss2art3

Muller-Karger, F.E., Miloslavich, P., Bax, N.J., Simmons, S., Costello, M.J., Sousa Pinto, I., Canonico, G., Turner, W., Gill, M., Montes, E., Best, B.D., Pearlman, J., Halpin, P., Dunn, D., Benson, A., Martin, C.S., Weatherdon, L.V., Appeltans, W., Provoost, P., Klein, E., Kelble, C.R., Miller, R.J., Chavez, F.P., Iken, K., Chiba, S., Obura, D., Navarro, L.M., Pereira, H.M., Allain, V., Batten, S., Benedetti-Checchi, L., Duffy, J.E., Kudela, R.M., Rebelo, L.-M., Shin, Y., Geller, G. (2018). Advancing Marine Biological Observations and Data Requirements of the Complementary Essential Ocean Variables (EOVs) and Essential Biodiversity Variables (EBVs) Frameworks. *Frontiers in Marine Science*, 5:211, https://doi.org/10.3389/fmars.2018.00211

Pérez, B., Brouwer, R., Beckers, J., Paradis, D., Balseiro, C., Lyons, K., Cure, M., Sotillo, M. G., Hackett, B., Verlaan, M., Alvarez-Fanjul, E. (2012). ENSURF: multi-model sea level forecast implementation and validation results for the IBIROOS and Western Mediterranean regions. *Ocean Science*, 8, 211-226, https://doi.org/10.5194/os-8-211-2012

Randall, D.A., Wood, R.A., Bony, S., Colman, R., Fichefet, T., Fyfe, J., Kattsov, V., Pitman, A., Shukla, J., Srinivasan, J., Stouffer, R.J., Sumicand, A.,Taylor, K.E. (2007). Climate Models and Their Evaluation. In "Climate Change 2007: The Physical Science Basis. Contribution of Working Group I to the Fourth Assessment Report of the Intergovernmental Panel on Climate Change [Solomon, S., D. Qin, M. Manning, Z. Chen, M. Marquis, K.B. Averyt, M. Tignor and H.L. Miller (eds.)]". Cambridge University Press, Cambridge, United Kingdom and New York, NY, USA.

Schiller, A., Mourre, B., Drillet, Y., Brassington, G. (2018). An overview of operational oceanography. In "New Frontiers in Operational Oceanography", E. Chassignet, A. Pascual, J. Tintoré, and J. Verron, Eds., GODAE OceanView, 1-26, https://doi.org/10.17125/gov2018.ch01

Sloyan, B.M., Wilkin, J., Hill, K.L., Chidichimo, M.P., Cronin, M.F., Johannessen, J.A., Karstensen, J., Krug, M., Lee, T., Oka, E. and Palmer, M.D. (2019). Evolving the physical global ocean observing system for research and application services through international coordination. *Frontiers in Marine Science*, 6, 449, https://doi.org/10.3389/fmars.2019.00168

Sotillo, M.G., Mourre, B., Mestres, M., Lorente, P., Aznar, R., García-León, M., Liste, M., Santana, A., Espino, M., Álvarez, E. (2021) Evaluation of the Operational CMEMS and Coastal Downstream Ocean Forecasting Services During the Storm Gloria (January 2020). *Frontiers in Marine Science*, 8:644525, https://doi.org/10.3389/fmars.2021.644525

Su, Z., Torres, H., Klein, P., Thompson, A. F., Siegelman, L., Wang, J., Menemenlis, D., and Hill, C. (2020). High-frequency Submesoscale Motions Enhance the Upward Vertical Heat Transport in the Global Ocean. *Journal of Geophysical Research: Oceans*, 125(9), id. e16544, https://doi.org/10.1029/2020JC016544

Trotta, F., Federico, I., Pinardi, N., Coppini, G., Causio, S., Jansen, E., Iovino, D. and Masina, S. (2021). A Relocatable Ocean Modeling Platform for Downscaling to Shelf-Coastal Areas to Support Disaster Risk Reduction. *Frontiers in Marine Science*, 8, 317, https://doi.org/10.3389/fmars.2021.642815

Warner, J.C., Sherwood, C.R., Signell, R.P., Harris, C.K., and Arango, H.G. (2008). Development of a three-dimensional, regional, coupled wave, current, and sediment-transport model. *Computers and Geosciences*, 34(10), 1284-1306, https://doi.org/10.1016/j.cageo.2008.02.012

WMO World Meteorological Organization (2021). Definitions, requirements, and network information of ECVs (ECV-Ocean matrix) https://public.wmo.int/en/programmes/global-climate-observing-system/essential-climate-variables.

第 4 章
海洋监测预报系统的构成

4.1 模型系统的构成

从全球到区域尺度的 OOFS，是以海洋动力学、生物地球化学、波浪和数据同化方案的数值模型为基础，将观测数据融入模型，为预报提供最准确的初始条件（Tonani et al.，2015）。沿海尺度的 OOFS 通常可以利用全球/区域尺度的初始条件和边界条件，在非常有限的区域内初始化和驱动其海洋模型核心，在不一定使用数据同化方法的情况下，提供非常精确的时空解决方案。

一般来说，我们需要以下条件来开展预报：

①知道海洋现在的情况（初始条件）；

②计算海洋在未来将如何变化（预报）；

③利用海洋学专业知识来验证和完善输出（产品）。

如图 4.1 所示，这 3 个步骤是基于几个基本的组成部分：观测、数值模型和海洋学专业知识。大多数系统依靠数据同化技术（参见第 4.4 节的一般介绍和第 5.5 节的数值方案的更多细节）来融合观测数据和模型结果；因此，可以把数据同化视为系统的基本组成部分之一。如第 5.4.4 节所述，在沿海预报系统中，从全球/区域降尺度是首选方法。

第 1 步是产生关于预报系统预测变量所需要的最准确的初始条件。这意味着我们需要对每个模型网格点上的每个变量的现状有最好的了解。这种信息很难从观测中获取，因为它们的空间/时间覆盖通常非常稀疏。模型模拟则提供了统一的空间和时间覆盖，而且由于数据同化技术，观测数据可以融合到模型模拟中，提高其精度。对于数据同化，通常使用多个来源的观测数据，最大限度地扩大数据覆盖范围和现场、卫星观测的变量类型。预报的初始条件通常是一组复杂的包含过去几小时或几天的数据同化的多次模拟的结果。对于全球和区域海洋系统来说，数据同化的周期通常为几天。这些对过去的模拟，不仅为初始化现在的预报提供了最好的数据，而且还提供了关于近期的宝贵信息，这些信息可以包括在交付给用户的最终产品中。

模型通常需要一些外部强迫因素作为输入。在其边界（如海洋/大气、横向边界、沿海地带等）位置需要的信息类型可能因模型而异。一个海洋动力学模型通常需要一个来自实时天气

---

* 本章主编：Avichal Mehra；编写成员：Roland Aznar，Stefania Ciliberti，Laurence Crosnier，Marie Drevillon，Yann Drillet，Begoña Pérez Gómez，Antonio Reppucci，Joseph Sudheer，Marcos Garcia Sotillo，Marina Tonani，P. N. Vinaychandranand，Aihong Zhong。

预报系统的大气强迫，以解决海洋/大气界面的过程。区域/海岸模型需要海岸交界处的河流径流数据和横向边界上的变量输入值。在耦合模型的情况下（例如本书第 5 章和第 10 章），可能不需要外部强迫场。

第 2 步是对未来的预测，即通过运行未来几小时、几天或几个月的数值模型来制作预报产品。预报时效可以从几小时到几天不等。许多系统的预报时效为 3～15 d。预报也需要步骤 1 中描述的相同的强迫场。强迫场可以来自另一个预报，如大气强迫，通常是来自天气预报系统，或者它们可以由气候学值或持续的最后的可用值提供。

第 3 步，一旦模型生成了预报，就要对其进行验证，并将其按标准格式进行后处理，以便提供给用户。预报的验证不能通过与观测值的直接相互比较来完成，而是基于对其初始条件的验证和对过去很长一段时间的模型性能研究。

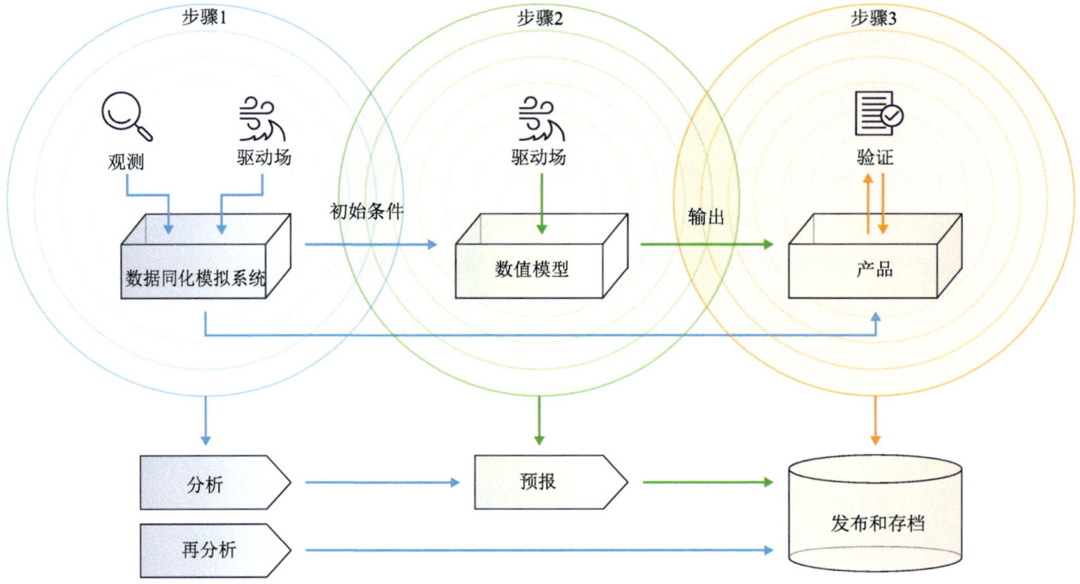

图 4.1　预报系统的步骤、主要组成部分及其结构

如前所述，观测是一个关键的组成部分，但必须提供实时数据和标准格式。实时的观测数据通常在获取后几小时内就可以使用，但有时也会有超过 24 h 的延迟。数据可用性的时间将影响生产周期的设计，必须在使用最大数量的观测数据和减少预报发布的延迟之间做出妥协。所做的选择还必须考虑新预报对外发布的时间需求，即使这可能意味着其准确性的下降。

强迫场的时效性是生产链设计中的另一个限制性因素。我们以波浪预报系统为例，其中预测场的准确性与风的准确性密切相关。我们必须等到最新的、更准确的风场预报出来后才能开始生产。可以根据每个系统的特点，实施不同的解决方案。执行上述 3 个步骤中的每个步骤所需的计算时间是非常重要的，因为根据运行特定系统的计算成本，计算时间可能是一个限制性因素。

时效性对用户来说是至关重要的，应该合理缩短生产时间，以避免预报结果失去参考价值。一个经验法则是，生产时间需要始终小于生产的频次。这意味着，对于一个日常周期（每天生产一次预报），生产时间应该是几小时量级。

即使本节提供的信息聚焦于预报系统，但只要稍加修改，也可以应用于多年期产品系统，产生再分析数据。主要区别在于，再分析产品不是预测未来，而是模拟过去的情景。这意味着你可以在每个时间步长中加入观测数据和模型模拟。模型不断被观测值修正，提高了模拟的准确性。大气强迫采用的是分析场而不是预报场，通常更为准确。同时，观测数据也比实时观测经过更严格的数据质量控制。

多年期产品只由步骤 1 和步骤 3 组成。在这种情况下，在步骤 1 中，覆盖几个小时或几天的模型和数据同化可跨越几十年的时间。由于多年期产品不受时效性的限制，通常它们的主要限制因素是计算时间，这可能非常昂贵，以及可用的强迫场来源也存在这样的问题。在设计生产周期时，必须考虑到这些与其他预报产品的差异。

在接下来的几个小节中，将介绍基于 OOFS 的构成细节。

4.1.1 步骤 1

4.1.1.1 数据访问和预处理

数据访问和预处理应提供用于分析和随后预报（步骤 2）所需要的所有数据集。自动获取数据对一个预报系统来说是必需的。根据数据集、参与数据生产和处理的中心（或数据提供者）以及连接各中心的可用网络，自动获取数据的要求可能相当高。对于 OOFS 中使用的大多数数据集，至少需要每天更新一次。

对于大气强迫来说，数据集的体积可能很大，与负责大气分析和预报业务生产的业务气象中心的有效连接至关重要。例如，在全球范围内，ECMWF 的每小时地表强迫场的数据量是每天 34 GB。随后，必须进行数据预处理，将大气场内插到海洋网格上，如果在特定的运行时间内，可用强迫场的时间间隔不一致，那么大气数据集也必须在时间上内插。当采用区域海洋模型而不是全球模型时，大气数据集的再处理可能会大大减小大气数据集的体积，并降低总体存储成本。

现场海洋观测数据可以通过 WMO 的全球通信系统（GTS）实时下载，也可以通过专门的接口下载，如哥白尼海洋服务中开发的服务（Le Traon et al.，2019），在将这些服务中的现场观测数据集同化到 OOFS 之前，数据的传输、记录、质量控制和标准化都是非常重要的。卫星观测需要由一个专门的中心进行预处理，然后才能在海洋业务系统中同化。卫星观测数据的处理级别从 0 级到 4 级不等，需要根据数据类型来选择。例如，哥白尼海洋服务也提供了一个独特的接入点，可以实时下载所有可用的卫星观测数据。

4.1.1.2 数据同化：分析场

海洋分析是以模型、观测和数据同化方案为基础，根据最小误差原则提供预报的初始状态，即数据同化模拟系统（图 4.1）。这个部分需要消耗中央处理单元（CPU）计算资源，因此应该在超级计算机上进行。高性能计算能力是确定分析系统分辨率的最重要的约束条件之一，同时还要考虑系统同化的观测数据数量以及分析周期的频率和长度。在业务化框架中，分析周期应在几分钟到几小时（最长）的范围内进行，在性能、分析质量和运行系统的稳定性之间选择最佳的折中方案。这部分将为海洋预报提供初始状态。将分析所得的海洋状态时间序列定义为最佳分析时间序列。

为了进行海洋分析，我们需要上一个分析周期结束时模型的初始状态、现场和卫星观测以及在前一个获取和预处理阶段收集和格式化的大气强迫分析场的模型初始状态（包括数据同化建模系统所必需的所有静态文件)。该部分的输出是用于更新最佳分析时间序列的三维场和用于初始化下一个海洋预报的重启文件。其他诊断、指标或后处理可以在分析周期内直接在线计算,以优化系统,并作为附加产品用于传输和存档。在模型验证阶段也会用到这些产品(如混合层深度、模型输出和观测之间的组合、传输等)。

请注意,在一些海岸预报系统中,没有直接的数据同化。如果模型域很小,在某些情况下,根本没有可用的同化数据。在这些情况下,系统完全依靠从大尺度模型中得到的边界条件和初始三维场(降尺度例子见第 5.4.4 节)。

4.1.2 步骤 2:预报

在一定范围内的海洋预报是基于由海洋分析初始化的数值模型,并由大气业务中心提供的大气预报场所驱动的。在大多数情况下,预报部分和分析部分使用的是同一个模型,即使在分辨率和物理参数方面存在差异,尤其是集合预报的架构。为了进行通常至少每天更新的预报,上面提到的关于高性能计算的限制也同样存在。预报范围也将取决于计算资源和主要的预报要素过程(由预报系统的开发者决定)。预报周期应该在几分钟到几小时的范围内进行。预报周期的输入包括数据同化模拟系统生成的初始场(如海洋分析)、整合模型所需的所有静态场及整个预报长度内的大气强迫。预报输出每天更新,由三维和二维海洋场组成;输出的数据可能包括诊断、指标和其他后处理数据集,这些数据集可用于评估产品的质量,突出海洋预报的具体特征,并最终交付给用户。

4.1.3 步骤 3

4.1.3.1 后处理

后期处理阶段专门用于生成交付给用户的所有产品。它包括按照以下方式提供的文件或数据集:①标准文件格式(如 CF 公约)[①];②基于特定网格;③相同结构的变量和元数据。这些产品可用于计算新的产品,如海洋监测指标(OMI)、集合预报框架中的集合平均值和标准偏差。后处理应在超级计算机上进行,分析和预报部分所提供的所有数据集都储存在超级计算机上,以节省计算中心的资源。这个步骤的计算成本可能非常高(例如,交付的产品需要插值到特定网格上),同时还包括大量的数据传输和输入/输出访问。后处理部分的输入是指在分析和预报周期中产生的所有数据集,而输出则是将交付给内部和外部用户的所有产品。

4.1.3.2 检验

检验的目的是提供关于业务化系统产品质量的信息。质量分析是与已知的或预期的结果(基于文献或气候学数据集)或与现有的观测数据进行比较。预报的质量是通过预报计算与延时观测的分析进行比较。最后一步是向预报员和用户提供所有这些信息。该部分的输入是模型产品、诊断和前几步计算的指标,输出可以是数值场、时间序列和(或)交互式地图,并允许通过网络接口或其他类型的应用程序直接查询、比较不同时期的检验产品。

4.1.3.3 发布

发布阶段的目标是使所有的产品通过专门的基础架构提供给用户。这个部分可能很复

①详见 https://cfconventions.org/。

杂，相关的费用也取决于目标和用户的需求。如果模型产品的发布只是在内部进行，可以通过内部网络，利用本地存储空间提供输出。对于提供非常庞大的数据集和长时间序列的更复杂的系统来说，必须采用其他的方法，这些方法的设计是为了让数千名用户访问，包括不断维护和更新的产品目录，以及用于查看、提取和下载数据的专门服务。云存储是目前发布海洋业务产品的最佳基础架构。

4.1.3.4 监控

监控部分是业务化系统的一个重要部分，因为它允许运营商和预报员监控所有生产阶段的性能，从数据访问到发布。在这个阶段，应该监控关键绩效指标，包括每个阶段的输入和输出的可用性，每个部分的及时性、交付时间和延迟，每个阶段的异常和(或)错误。监控阶段应用于向用户提供信息，并决定是否对外发布产品。监控情况应该在一个专门的仪表上进行显示。

4.2 输入要求

作为步骤 1 的一部分，运行 OOFS，需要以下信息来源。

- EOV 的观测对 OOFS 极为重要，它们被用于数据同化和模型验证。观测的主要来源如下。
  - 现场观测
    - 浮标，通常用于测量定向波、大气参数(风、大气压力和空气温度)、海洋观测要素(海流、温度和盐度)，少数用于测量生物地球化学参数。有些测站只观测水面情况，而其他台站则将其观测范围扩大到整个水柱。这些变量可用于所有类型的 OOFS：波浪信息对验证至关重要，偶尔也用于同化；海洋学数据广泛用于环流模型；稀缺的生物地球化学站对补充现有气候学数据至关重要。
    - 验潮仪，测量海面高度，验潮仪数据对验证风暴潮和环流模型非常有用，有时也用于数据同化。近来，随着现代验潮仪取样频率的提高，它们的用途也延伸到了沿海地区波浪模型的验证。
    - Argo 漂流器，通常用于测量盐度和温度分布。最近，生物地球化学参数也被纳入其中。这是大尺度环流建模的一个重要信息来源。
    - 志愿船，通常通过测温仪或释放一次性测温仪测量整个水柱的温度来测量海面温度(SST)和表层海水盐度(SSS)。这些数据通常被用于环流模型。
    - 滑翔机，可以提供海洋的三维结构场，对区域和沿海尺度环流模型的验证和同化非常有价值。滑翔机还可以提供宝贵的生物地球化学信息。
    - 高频雷达，表层海流场可用于环流模型的验证和数据同化。此外，波浪测量数据可用于波浪预报系统的验证。
    - 海洋哺乳动物温盐深仪(CTD)，与滑翔机类似，这是一个越来越重要的信息来源，使我们能够收集到小范围的海洋和近海特征的详细信息。
  - 卫星观测提供了关于以下变量的信息：
    - 海平面异常，这些数据是大尺度环流模型中数据同化的一个关键变量。
    - 海面温度，如前所述，它通常被用于数据同化以及海洋环流预报(OGCM)系统的验证。

- ▪ 海冰密度，用于与环流模型耦合的海冰模型的验证和数据同化。
- ▪ 波浪，这个变量被用于大尺度海浪预报系统中的数据同化，在某些情况下还用于验证。
- ▪ 海洋水色，主要用于生物地球化学模型的同化和验证。又因为其在近海的结构很明显，也可作为环流模型验证的辅助资料。

• 水深数据集，水深数据是每一个 OOFS 的基础，因此，它是所有系统不可缺少的。

• 海面强迫力，由业务化数值天气预报（NWP）系统提供。这些数据用于描述大气-海洋-海冰的相互作用。动量、热量和淡水通量对海上的所有过程都是至关重要的。因此，几乎所有的 OOFS 都需要这种强迫数据，只有少数例外（例如，一些分辨率很高的波浪传播系统可以在没有强制力的情况下运行，因为强制力的影响已经在其他更大的尺度上被考虑）。

• 陆地强迫场（即河流的流量和营养物质的排放），主要用于环流和生物地球化学模型。这一数据来源与在海岸线上提供准确的解决方案关系重大。遗憾的是，在某些情况下，无法获取实时数据，建模者必须依靠气候态数据。

• 海洋场，它们由更大范围的 OOFS 所提供，可作为初始和边界条件（例如在环流建模中用于降尺度的三维温度场）。在嵌套时，这些数据场是不可缺少的。这是在各种区域尺度和近海 OOFS 中经常使用的技术。

• 气候态数据，在没有其他数据可用时，气候态数据被用于验证或初始化。这些数据源也被用在验证过程中，以确保在不经常开展测量的区域，模型结果不会与实际值相差太多。

在下面的章节，将首先介绍从数据提供者的角度如何处理海洋数据，然后是对上述数据源的描述，包括国际上数据提供者的列表。

4.2.1 获取和准备海洋数据

OOFS 产品的质量在很大程度上取决于现场观测和卫星数据的可用性；这些数据被用来同化分析和预报系统，并验证其输出。然而，在使用这些观测数据之前，需要对其进行适当检索、有效组织和严格质量控制（Le Traon et al.，2009）。在 OOFS 的构成中，这是由所谓的数据管理系统（DMS）完成的。该系统的最终目标是简化海洋观测数据的使用，提供一致和协调的产品，以便用于数据同化和验证。

图 4.2 显示了 DMS 中的数据流是如何进行组织的。为了最大限度地利用信息，DMS 负责收集和组织高质量的海洋观测资料（卫星和现场）并及时传输，以满足模型和数据同化中心的要求。观测结果一旦获得，必须补充不确定性估计和质量标志（质量控制过程的一部分），这是验证和数据同化的关键。然后，根据特定的文件格式进行准备，并分发给用户。

4.2.1.1 数据检索和特征分析

DMS 的首要任务是收集来自选定的数据提供者（如空间机构、国际现场观测数据网络等）的可用观测数据。如何选择要检索、处理和提供的观测数据，取决于先前对预测系统的需求分析。总的来说，为了不断更新需求并确保及时提供所需的观测资料，必须在上游与数据提供者和下游与预测系统之间进行密切合作。

海洋观测是利用多种传感器共同进行的，包括现场和遥感传感器，涵盖了广泛的空间和时间尺度。遥感传感器进行的海洋观测通常包括监测 SST、SSS、表面风、海流、海冰和海洋水色的数据；这些观测是在全球范围内获得的，并分布在几个不同的处理层次上，范围从原始数据

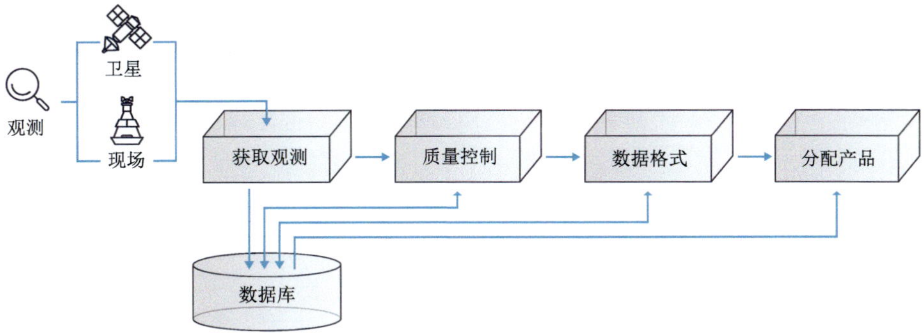

图 4.2　OOFS 中上游国际网络的 DMS 数据流

到探测到的地球物理变量。空间机构负责提供这些观测资料，如欧洲空间局（简称欧空局，ESAC）、美国国家航空与航天局（NASA）、欧洲气象卫星组织（EUMETSAT）、日本宇宙航空研究开发机构（JAXA）。

现场观测对 OOFS 极为重要，因为它们提供了无法从太空中观测到的海洋内部信息。现场观测可以在局部地区高频率和高分辨率地对海洋过程进行采样，特别是在沿海地区，这对模型和卫星验证工作至关重要。现场观测是通过全球和区域范围内的各种网络计划获得的。

来自全球预测系统的数据，将用于确定嵌套区域的边界条件，或者在某些情况下，地形/大气强迫将是输入预测系统的部分数据。

了解产生特定观测数据的过程及其特征是非常重要的，因为它允许用户决定产品是否适合于特定的应用。为此，必须确保与每个检索到的数据集相关的元数据包含适当的信息（如仪器/平台特征、所进行的测试和失败的测试、数据流的来源、数据处理历史及数据集的信息）。

4.2.1.2　质量控制

一般来说，预测系统需要两种类型的输入数据。首先，每小时到每周的预报工作所需要的准实时（NRT）数据；在接下来的阶段和需要长期稳定的应用中（如再分析、气候监测和季节性预报），延时（DM）数据开始发挥作用。由于它们的用途不同，这两类数据的质量控制程序以不同的方式和方法运行。

NRT 输入数据在采集后几小时至最多一周内交付，通常使用事先约定好的程序自动控制质量。对于现场观测，质量控制测试的主要目的是检测异常值；这些程序通常使用从类似的长期时间序列数据中建立的局部统计数据来检查测量中的不一致。遥感观测的质量控制是通过与现场观测的比较（如果有的话），或与同一产品的长期序列（即气候态）的比较来进行。这些程序的目的是确定产品的准确性和检测异常的观测。因此，对于现场和遥感的 NRT 产品，定位质量标志是为了告知用户置信度情况，并在可能的情况下，告知用户观测结果的准确度。

现场 DM 数据通常要进行离线质量控制，使用统计测试来检查空间一致性，并进行更精细的气候态测试，通常在质量控制过程中要有科学专家的大力参与。DM 中提供的卫星观测数据通常得益于检索过程中使用的改进的辅助数据（例如更精确的卫星星历、气象再分析等），这些数据用于反演过程从而产生更精确的产品。

除了旨在确定所需观测数据质量的工作外，DMS 还应当监测不同数据提供者在可用性、可能的采样劣化和及时性方面的表现。这种额外的信息也需要定期提供给使用这些观测资料的预测系统。

DMS还应该建立一个机制，以报告的形式定期收集预测系统未使用的数据信息，因为这些数据被认为质量不高；这个机制通常被称为“黑名单”，对于改进数据质量控制的自动化程序具有重要价值。

表4.1显示了哥白尼海洋服务的现场观测和卫星数据的标准质量控制(QC)指标。

表4.1　适用于全球海洋现场准实时观测产品的哥白尼海洋服务标准质量控制指标(INSITU_GLO_NRT_OBSERVATIONS_013_030)

代码	含义	注释
0	没有进行QC	—
1	良好的数据	通过所有的实时QC测试
2	可能的良好数据	这些数据应谨慎使用
3	可以被修正的不良数据	这些数据未经科学校正不宜使用
4	不良数据	数据未通过一个或多个测试
5	被改变的数据	数据在传输错误后被恢复
6	低于检测或量化的值	所测量的现象无法被现有测量技术检测或量化，所捕捉到的值是该测量技术检测或量化的极限，如果该值未知，则为0
7	标称值	—
8	插值的值	缺失的数据可以用邻近的数据通过在空间或时间上插值得到
9	缺失值	—

注：资料来源：https://doi.org/10.48670/moi-00036。

4.2.1.3　数据格式

观测数据通常以各种不同的格式到达DMS，这取决于用于获取和发布这些数据的平台或用于检索相关变量的软件。为了便于使用，DMS将把所有传入的观测数据格式化，以匹配OOFS要求的数据结构。数据格式通常在开发OOFS基础设施期间与预测系统共同定义的，并在专门的文件中详细说明。除了详细描述数据或产品的存储格式外，这种文件中需要解决的关键问题如下。

- 用于构建存储传入观测数据的数据结构的标准，例如网络通用数据格式(NetCDF)。
- 语义，由公认的通用惯例(如CF)提供，然后用来编写元数据。
- 对所有数据处理转换算法的描述(例如与标准的转换算法)。

为了提高数据的互操作性和共享性，在选择数据格式时，建议采用行业普遍使用的非专有解决方案。

4.2.1.4　数据交付

DMS的最终任务是向预测系统提供同化和验证所需的数据集，包括对有效利用数据至关重要的不确定性估计。为了更好地利用这些数据，必须部署一个易于访问和强大的服务，以可视化方式访问当前和过去的观测数据及相关元数据。作为数据流的一个关键参数，元数据包括关于数据可用性的延迟信息。重要的是，新的观测数据能以最短的延迟时间提供给预测系统使用。

数据访问的方式如下。

- 拉取式服务，用户能够根据他们的需要请求数据；这种类型的服务应该集成一些工具，以限制信息所覆盖的兴趣领域和时间范围。
- 推送式服务，通常是基于订阅，按照特定的要求向用户推送数据。

除了数据的可视化导航外，数据传递服务还应该包括转换（如格式转换和坐标转换）、聚合和整合特定变量的实用工具，而不论数据来源。

另一个被视为成功传递服务的关键，是具备根据不同的数据几何形状（如网格化数据集、非结构化网格数据、垂直剖面等）进行适当提取的能力。

4.2.2 现有现场观测海洋数据描述

接下来的章节将介绍 OOFS 使用的来自现场平台的主要观测海洋数据。第 5 章至第 9 章将详细介绍这些数据在数值模拟和验证中的使用情况，以及这些数据的提供者。

4.2.2.1 浮标

业务化漂流浮标是获取海洋表面状况数据的一个主要来源。在数据浮标合作专家组（DBCP）①的协调下，这类浮标由多个自治团体部署和维护，遵守不同的政府间协议，并在 DBCP 的协调下运作。全球漂流浮标计划（GDP）与各国气象或海洋机构合作，定期部署大量漂流浮标，以支持其研究和业务计划。因为高纬度部署的困难，保持漂流浮标的分布密度是一项重大挑战，而且拉格朗日漂流浮标跟随洋流移动，往往会聚集在辐合区域附近。

系泊浮标锚定在固定地点，报告海洋温度和盐度曲线，它们主要集中在热带海洋和巴西、欧洲、印度和美国的沿海地区②。负责管理热带系泊网络的不同计划或机构包括以下几个。

- 在赤道太平洋的热带大气-海洋/三角跨洋浮标网络（TAO/TRITON）（McPhaden et al.，1998）。
- 热带大西洋预测与研究系泊阵列（PIRATA）（Bourlès et al.，2008）。
- 印度洋的非洲—亚洲—澳大利亚季风分析和预测研究系泊阵列（RAMA）（McPhaden et al.，2009）。

TAO/TRITON、PIRATA 和 RAMA 系泊阵列是热带系泊浮标实施小组（TIP）建立的，属于 DBCP 系泊浮标网络的一部分。

DBCP 的全球浮标网（GBN）的数据通过 WMO 的 GTS 传输，并由业务机构存档。目前，GBN 有 1380 多个漂流浮标、260 个沿海/国家系泊浮标以及 70 个热带阵列。虽然 COVID-19 的限制对部署造成了压力，但随着浮标寿命的延长和性能的提高，漂流浮标和系泊浮标网络在数据数量、质量、覆盖面和及时性方面成功地保持了健康和弹性的状态③。

4.2.2.2 验潮仪

验潮仪是固定平台上的仪器，通常位于海岸线上，测量相对于当地高度基准的水位。潮汐观测的主要目的是支持沿海地区的监测和管理、潮汐预测、基准面定义、港口作业和导航；此外，还可用于海面灾害预警系统、气候监测、模型验证和同化，以及检测卫星测高的误差和漂

①详见 https://www.ocean-ops.org/board。

②详见 https://www.ocean-ops.org/dbcp/platforms/types.html。

③详见 https://public.wmo.int/en/media/news/ocean-observing-system-report-card-2020。

移。验潮仪数据是对空间高度计提供的海面高度数据的补充，在测高质量较低的沿海地区提供更高的采样频率（可达 1 min 或更短，可以探测更高分辨率的水位变化）。

全球海平面观测系统（GLOSS）①是负责验潮仪观测数据的收集、质量控制和存档的主要国际项目。下列数据中心为全球海平面观测系统的数据服务做出贡献。

- 平均海平面的永久服务（PSMSL）②，负责全球验潮仪月度和年度平均海平面数据库，用于进行长期海平面变化研究。
- 夏威夷大学海平面研究中心（UHSLC）③，高频验潮仪数据（每小时和每天）提供了两个数据集，有不同的质量控制水平：研究质量（每年更新）和快速传递（每 1～2 个月更新）。
- 国际海洋学委员会（IOC）海平面站点监测设施（IOC/SLSMF：http://www.ioc-sealevelmonitoring.org），由弗兰德斯海洋研究所（比利时）维护，提供实时原始验潮仪数据的访问，用于海啸监测的采样时间小于 1 min。
- 滨海地区新观测系统（SONEL）④，GLOSS 的数据中心，用于记录潮汐测量地点的 GNSS（全球导航卫星系统）时间序列数据（如果有）。该信息来源于该地点垂直地面变化，并提供验潮仪的椭球面高度参考。

图 4.3(a) 显示了由 PSMSL 收集的全球验潮仪的分布，图 4.3(b) 显示了从 1800 年到 2000 年部署的站点总数（Hamlington et al.，2016）。从图 4.3(a) 可以看出验潮站在一些地区分布稀疏，如非洲和南美洲。

欧洲全球海洋观测系统（EuroGOOS）通过其专门的验潮仪工作组（TGTT）发起了一项倡议⑤，利用其专业知识，使用和进一步改进大陆验潮仪网络。该工作组发起了若干行动，以加强 GLOSS 与欧洲数据门户网站（如欧洲海洋观测和数据网（EMODnet）和哥白尼海洋服务）之间的联系。这些数据门户网站将验潮仪数据与其他现场、卫星和模型数据整合在一起，并为业务和科学活动提供了大部分验潮仪数据的一站式访问。

4.2.2.3 Argo

Argo 是一个由大约 4000 个自由漂流的剖面浮子组成的全球阵列，旨在测量海洋上层 2000 m 的温度和盐度。该阵列较好地覆盖了全球海洋，是海洋数据同化和验证的主要现场观测数据来源之一。

每个标准浮子的静止深度为 1000 m，持续 9 d。每 10 天，它被设定为下降到 2000 m 深度，然后再上升到海面，以测量海洋水柱中的温度和盐度。数据通过卫星传输，并以二进制全称形式（BUFR）代码在 GTS 上发布。类似的实时质量控制过的 Argo 剖面图可以从两个全球数据集结中心（GDAC）获得，一个位于美国蒙特雷，另一个位于法国布雷斯特，这两个中心是作为国际 GODAE 的一部分建立的。为了进行实时分析，一些业务中心使用来自 GTS 和两个 GDAC 的实时 Argo 浮子数据。

截至 2020 年，Argo 每月收集 12000 份数据资料（每天 400 份）。图 4.4 显示了 2022 年 4

---

①详见 http://www.gloss-sealevel.org。

②详见 https://www.psmsl.org/。

③详见 http://uhslc.soest.hawaii.edu。

④详见 http://www.sonel.org。

⑤详见 https://eurogoos.eu/tide-gauge-task-team/。

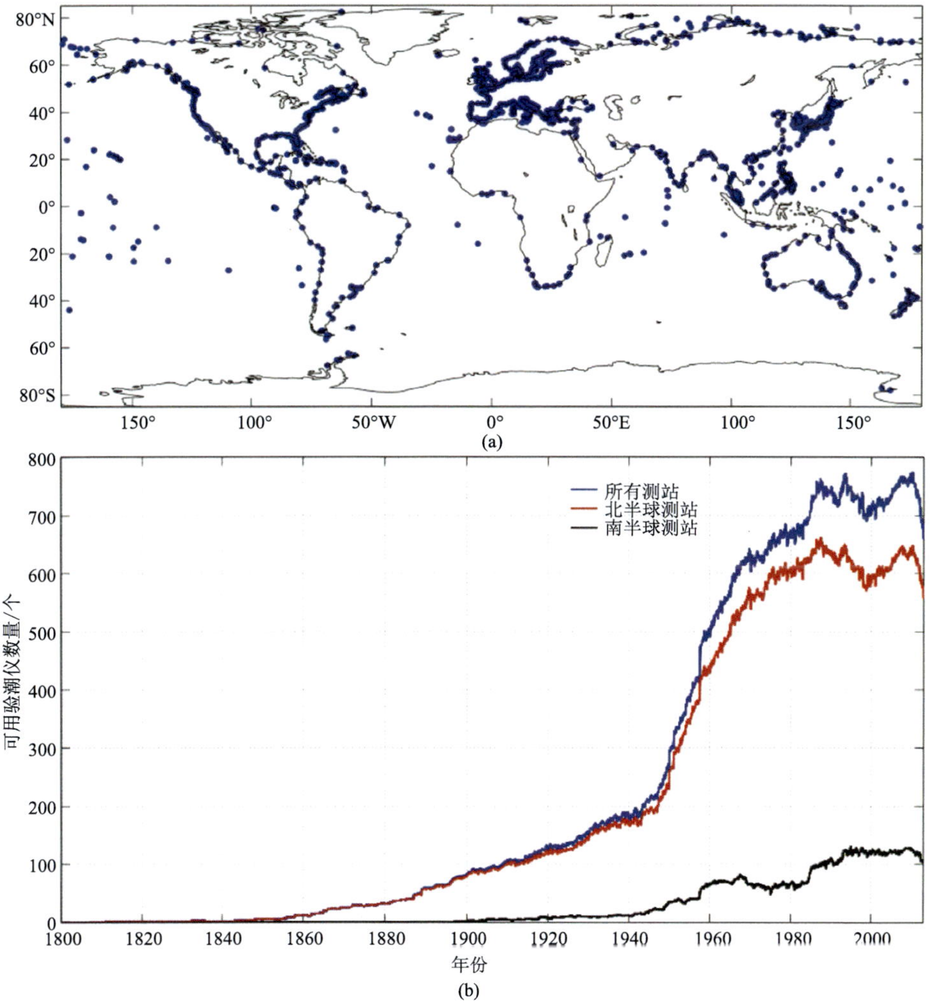

图 4.3　1800—2000 年 PSMSL RLR 数据集中的 1420 个验潮仪的全球空间分布(a)和 1800—2000 年可用验潮仪数量及北半球、南半球的可用验潮仪对比(b)

(来源:https://climatedataguide.ucar.edu/climate-data/tide-gauge-sea-level-data)

月全球范围内 Argo 运行情况,详情请浏览 https://argo.ucsd.edu。2021 年 1 月初,每天的数据流量略微减少了 10%,但自 2020 年以来,尽管面临全球疫情的挑战,但总体的空间-时间覆盖率还是取得了进展。

卫星跟踪的表面漂流浮标非常便宜,而且对测量混合层海流、海面温度、大气压力、风和盐度非常有用。它们是 GDP 的一部分,能够达到最大 15 m 的深度。图 4.5 显示了 2022 年 4 月在运行的海面漂流器的分布①。

4.2.2.4　志愿船计划

由 JCOMM 推动的志愿船计划(SOOP)是一个由商船和研究船组成的网络,配备了先进的工具和技术,使科学家能够探索海洋环境。通常使用的仪器有以下 5 种。

---

①更多信息请访问 https://www.aoml.noaa.gov/phod/gdp/index.php。

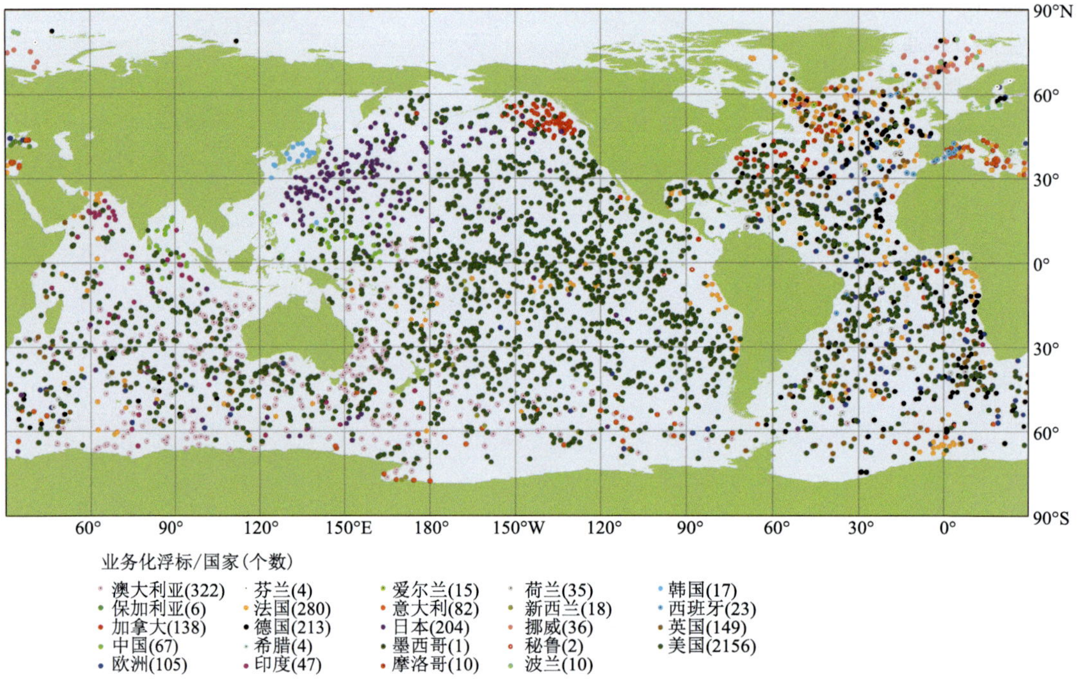

图 4.4　2022 年 4 月 Argo 网络的全球分布(来源:https://www.ocean-ops.org/board)

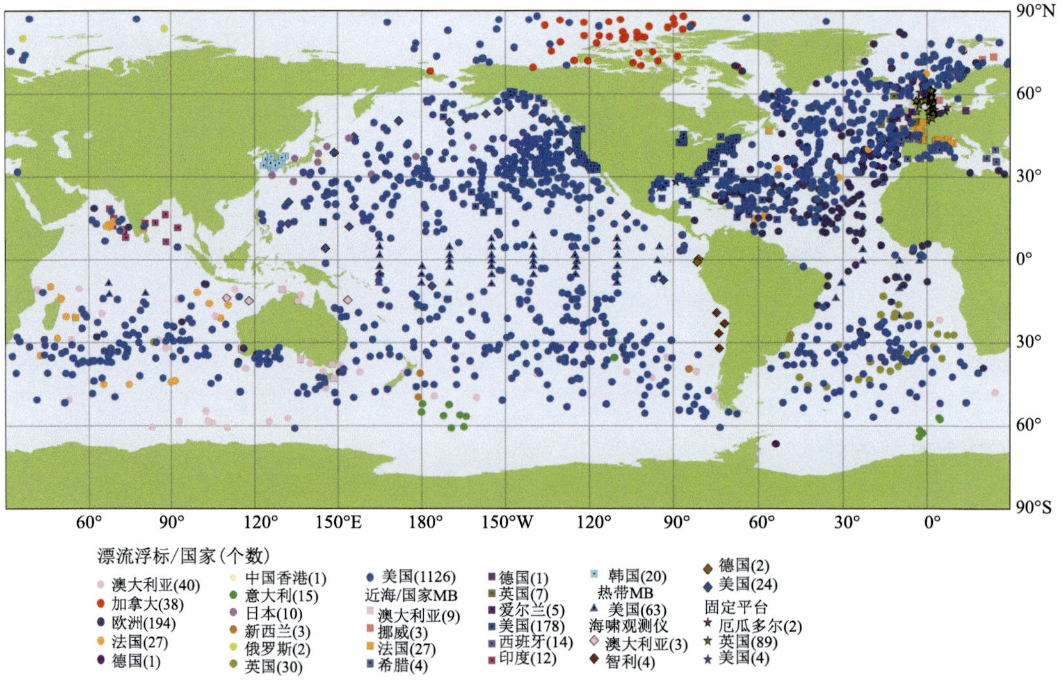

图 4.5　2022 年 4 月漂流浮标和系泊浮标的全球分布,主要集中在热带海洋和巴西、欧洲、印度和美国的沿海地区(来源:https://www.ocean-ops.org/board)

- 抛弃式温探计(XBT)①,用于收集海洋上层 1 km 的温度观测数据(图 4.6)。XBT 数据是自动生成的,通过卫星传输,并在 GTS 上以通用 BUFR 发布。为便于操作,这些来自全球各地的信息被解码,并由每个操作中心储存在实时数据库中。科学界和业务界每年部署约 20000 个 XBT。
- CTD②,检测水柱的电导率和温度相对于深度变化情况。电导率是衡量溶液导电程度的一种方法,它与盐度直接相关。通过测量海水的电导率,可以从同一位置的温度和压力中得出盐度。然后通过温度和盐度计算出水的密度,从压力测量中得出深度。CTD 连接在一个更大的被称为玫瑰结的金属框架上,它可以容纳用于收集不同深度的取样瓶,以及其他可以测量额外物理或化学特性的传感器。
- 温度盐度计(TSG)③,用于测量海表温度和盐度。
- 声学多普勒流速剖面仪(ADCP)④,利用多普勒效应的声波原理,测量整个水柱中水流速度。
- 研究船和志愿观测船,参加 SOOP 计划⑤。

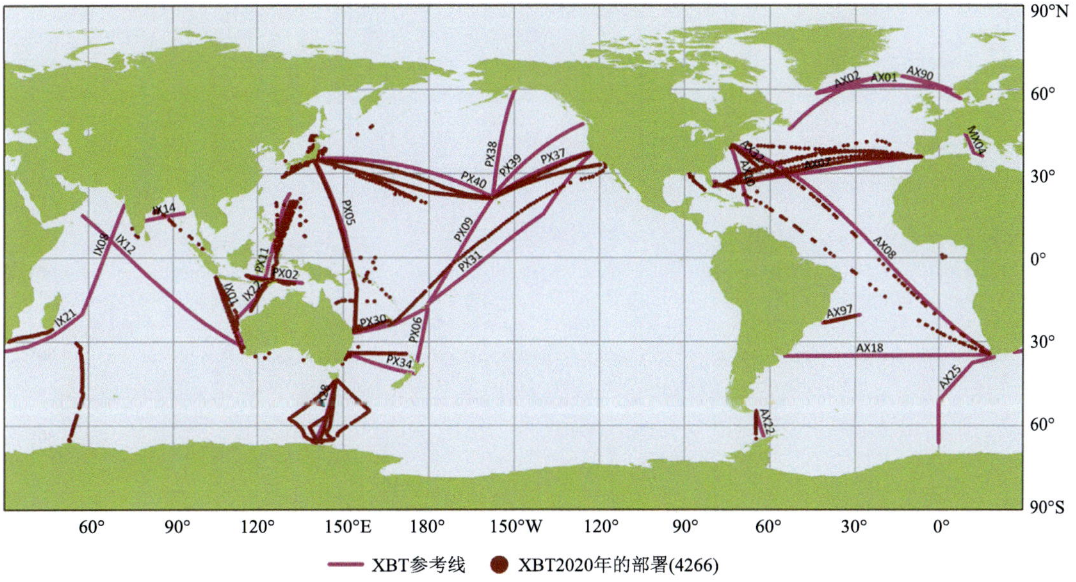

图 4.6　2020 年 12 月由 Ocean-OPS 提供的全球 XBT 线路的网络状态
(来源:https://www.ocean-ops.org/board)

SOOP 主要是负责 XBT 志愿船网络的持续运行维护和协调,但也在进行其他类型的测量,如 CTD 探测器。SOOP 的 XBT 计划受到了全球疫情的巨大影响。在 2020 年初,该计划被暂停。然而,2020 年 6 月后,几乎一半的航线恢复,到 2020 年 12 月,有 37 艘船在 25 条线路

①详见 https://www.aoml.noaa.gov/phod/goos/xbt_network/。

②详见 https://oceanexplorer.noaa.gov/facts/ctd.html。

③详见 https://www.aoml.noaa.gov/phod/tsg/background.php。

④详见 https://oceanexplorer.noaa.gov/technology/acoust-doppler/acoust-doppler.html#:~:text=An%20acoustic%20Doppler%20current%20profiler,physical%20properties%20of%20ocean。

⑤详见 https://www.ocean-ops.org/sot/soop/。

上活动(图 4.6),在 GTS 上可看见 4266 个剖面①。

4.2.2.5　水下滑翔机

海洋水下滑翔机是一种自主航行的水下航行器,随着浮力的变化在水体中上升和下降。近年来,海洋水下滑翔机观测资料已成为区域海洋资料同化系统的重要数据源。水下滑翔机可重复使用,并且可以远程控制,使其成为反复收集次表层海洋观测资料相对经济的方法。滑翔机还可以在恶劣的天气条件下获取数据。滑翔机配备了各种传感器,被设计用来测量海洋温度、盐度和海流剖面。此外,滑翔机的独特设计使它们能够在收集垂直剖面资料的同时在水中水平移动。

海洋水下滑翔机计划召集了 27 个国家,涵盖了 76 个国家和机构的水下滑翔机计划(图 4.7)。尽管受到了 2019 冠状病毒病疫情的限制,海洋水下滑翔机计划仍能够在 2020 年运行超过 200 架水下滑翔机②。大多数水下滑翔机小组通过 GTS 网络分享其实时数据。

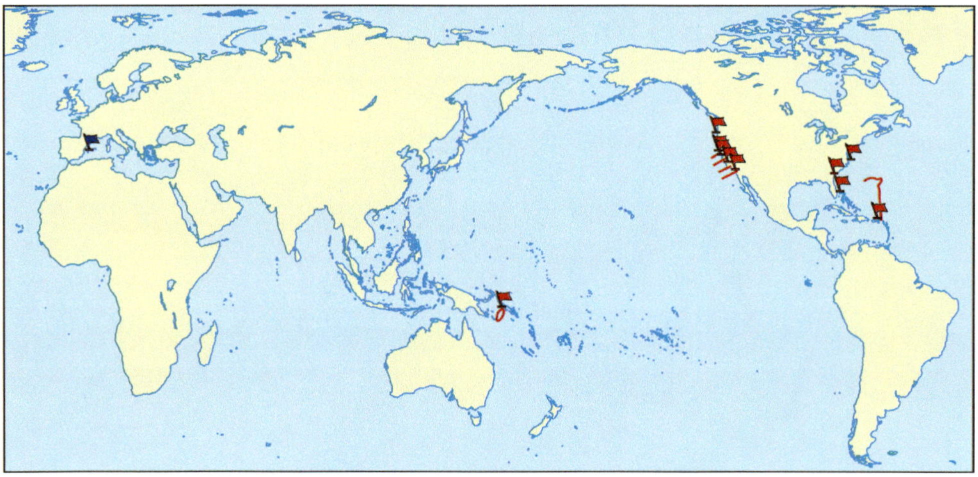

图 4.7　2020—2021 年活跃的滑翔机(来源:https://www.oceangliders.org/)

4.2.2.6　高频雷达

高频雷达系统可实时测量沿海地区海表海流的速度和方向。它们利用高频无线电波进行这种测量:一对雷达天线安置在岸上,可以测量离岸 200 km 以内的表层海流(水深 1～2 m),根据雷达的频率,分辨率从 500 m 到 6000 m 不等③。图 4.8 显示了一对天线(雷达 A 和雷达 B)相互作用的简图(Mantovani et al.,2020):它们测量径向分量(雷达 A 的矢量为蓝色,雷达 B 的矢量为绿色),可用于计算每个离散单元内的总速度(矢量为橙色)。这项技术在被越来越多地用于下游服务中,如海岸警卫队的搜索和救援活动、溢油应急、水质监测和海洋导航。此外,它们对于验证沿岸模型以及在区域范围内同化业务化海洋预报系统有非常大的帮助。

在国际层面上,全球高频雷达网(GHFRN)已经作为地球观测组织(GEO)的一部分而建立,以促进高频雷达技术用于沿海的科学和业务活动。Roarty 等(2019)将一份提供表层流信

①详见 https://public.wmo.int/en/media/news/ocean-observing-system-report-card-2020。

②详见 https://public.wmo.int/en/media/news/ocean-observing-system-report-card-2020。

③详见 https://tidesandcurrents.noaa.gov/hfradar/。

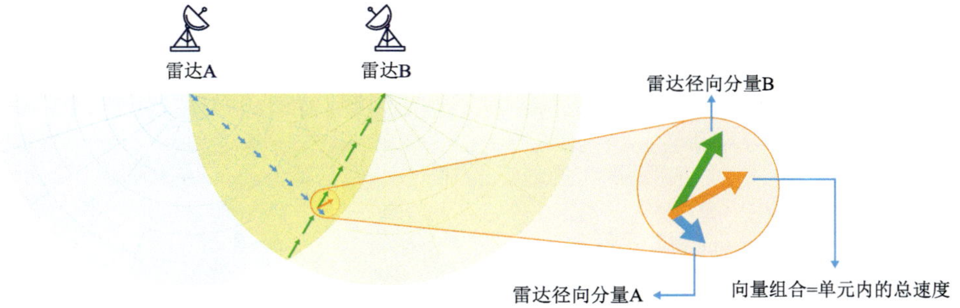

图 4.8　从两个高频雷达站点网络推导出的表层海流概念示意图(Mantovani et al.,2020)

息的国家和组织的最新名单提供给 GHFRN。图 4.9 显示了在国际电联(ITU)三个区域内高频雷达台站的全球分布。

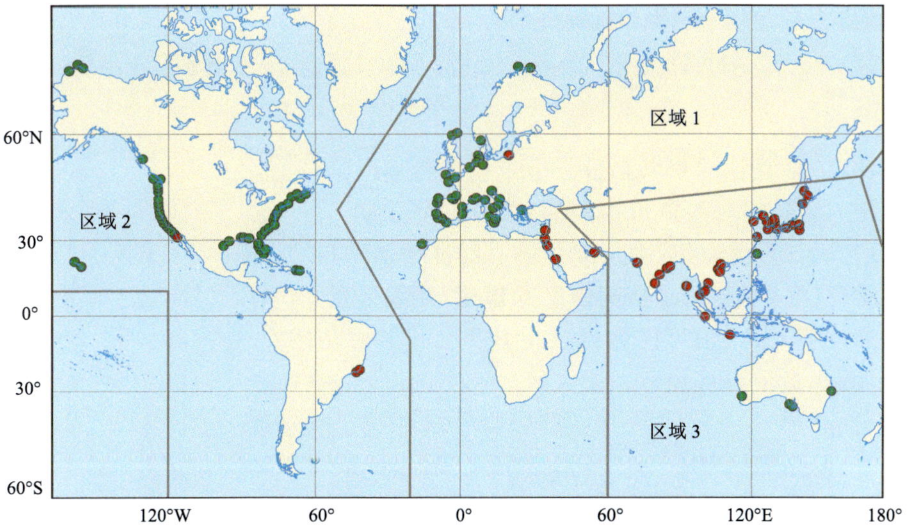

图 4.9　高频雷达台站的全球分布:绿色为与全球数据提供者共享数据的台站;红色为私人台站,不共享数据(Roarty et al.,2019)

一个业务化高频雷达网络的例子是由西班牙国家港口局管理的网络,用于监测沿海和港口区域。图 4.10 左边显示的是目前正在运行的高频雷达网络:选择红框中的一个区域——右边的埃布罗河三角洲——用户可以可视化参考观测期间收集的测量结果的动画。数据可以通过 EMODnet 物理学门户网站访问。

4.2.2.7　海洋哺乳动物 CTD

海洋哺乳动物 CTD 数据对于高纬度地区的海洋建模和海冰验证非常重要,特别是在边缘海冰区。自 2004 年以来,已经有几十万条温度和盐度曲线数据被携带仪器的动物收集(图 4.11)。使用象海豹对南大洋和北太平洋的采样特别有效。这些水文数据已被汇集到质量控制的数据库中,可以通过从北极到南极探索海洋哺乳动物(MEOP)联盟网站访问①。

①详见 http://www.meop.net/。

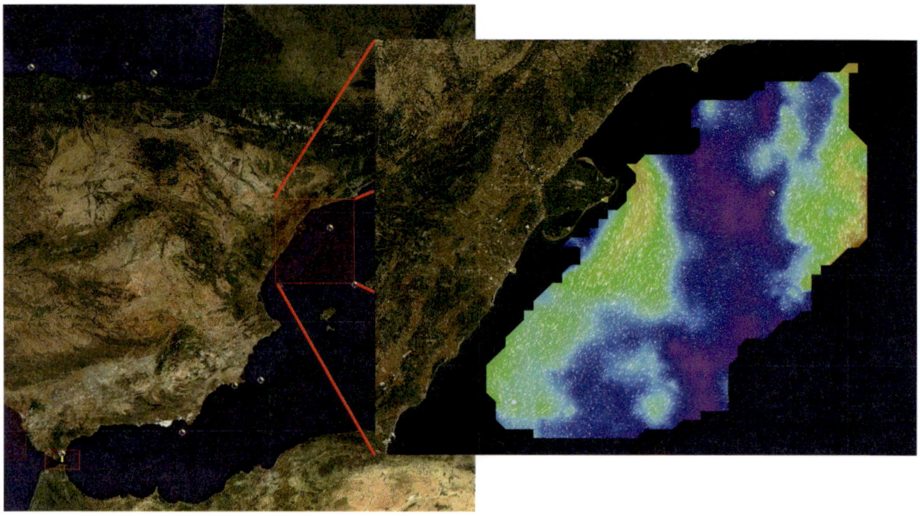

图 4.10　高频雷达网络的一个例子：由西班牙国家港口局监测的 Ebro Delta 案例
（来源：http://www.puertos.es/）

目前，MEOP 的数据门户网站分三个不同的数据库。

- MEOP-CTD 数据库：质量控制的 CTD 剖面数据。
- MEOP-SMS 数据库：亚中尺度分辨率的高密度 CTD 数据。
- MEOP-TDR 数据库：高空间密度的温度/光线数据。

实时的海洋哺乳动物 CTD 数据被上传到 GTS，可访问：http://www.meop.net/meop-portal/ctd-srdl-technology.html。

图 4.11　带有 CTD 标签的象海豹© JB Pons，in C. Guinet，2018，奇泽生物研究中心/法国国家科学研究中心
（来源：https://www.cebc.cnrs.fr/wp-content/uploads/publipdf/2019/GC124006.pdf）

4.2.2.8 自主水下航行器

自主水下航行器(AUV)是一种自主推进的、无人驾驶的、不受束缚的水下航行器,能够在很少或没有人的监督下进行简单的活动。采用 AUV 的原因包括能够获得高质量的数据(例如,获得深海海底的高分辨率地图),以及建立一个广阔的海洋状态(例如使用许多小型 AUV 观测海洋领域)(Bellingham,2009)。

4.2.2.9 最相关的国际现场观测数据提供者名单

表 4.2 列出了国际上用于同化/验证的现场观测数据提供者信息。

表 4.2 最相关的国际现场观测数据提供者信息

提供者	描述	网址及其标识
世界海洋数据库(WOD)	WOD 提供统一格式、质量控制、可公开的海洋数据	https://www.ncei.noaa.gov/products/world-ocean-database
Argo	Argo 数据通过位于布雷斯特(法国)和蒙特雷(美国)的全球数据集结中心提供数据访问	https://argo.ucsd.edu/about/status/
哥白尼海洋服务	哥白尼海洋服务通过 INS TAC 提供准实时和再处理的数据集,供 MFC(监测预报中心)用于同化和验证	https://marine.copernicus.eu/
海洋数据网(SeaDataNet)	SeaDataNet 基本架构,基于汇总数据集和外部数据源的数据,如欧洲所有海盆和全球海洋的再分析科里奥利海洋数据集(CORA)和 WOD 的数据,提供汇总数据集(海洋数据视图(ODV)收集所有无限制的 SeaDataNet 按海盆分类测量的温度和盐度数据)和气候学产品	https://www.seadatanet.org/
EMODnet	EMODnet Physics 是由欧洲海洋和渔业基金资助的一个长期的海洋数据倡议,它与哥白尼空间计划和渔业数据收集框架一起,实施欧盟的"海洋知识 2020"战略。EMODnet 提供了一个统一的访问入口,以获取经过验证的欧洲海洋和全球海洋的现场观测数据集、产品及其物理参数元数据。具体来说,是由固定平台(如系泊浮标、验潮仪、高频雷达等)、移动平台(Argo、拉格朗日浮标、渡轮箱等)和重复观测(CTD 等)记录的时间序列和数据集	https://www.emodnet.eu/ www.emodnet-physics.eu

4.2.3 卫星观测海洋数据

卫星测高是业务化海洋学的最重要技术之一。图 4.12 显示了从 20 世纪 90 年代初开始的雷达测高卫星和时间线，以及对 2030 年以后的展望：它显示了如何将测高技术视为一个成熟的空间地球观测平台，其演变有助于海洋动力学的科学进步（International Altimetry Team，2021）。图 4.12 特别报告了主要的国际任务运行时间框架：在 2020 年之前，有一些不再运行的卫星（橙色），但它们提供了大量宝贵的历史观测资料；然后是提供准实时测高数据的现代业务化卫星（黄色）：对于其中一些卫星，数据提供者还能够报告质量下降的时期；新的任务（如地表水和海洋地形（SWOT）、哨兵-6 号（Sentinel-6））计划从 2022 年开始发射。这些任务应该能够提供非常高质量和高分辨率的测高产品（图中浅黄色到绿色）。一些业务化卫星平台也是数据统一与高度计组合系统（DUACS）（图中深蓝色）的一部分：其中包括一个用于测量的多任务合并数据集，特别是用于海洋中尺度动力学①。

卫星测高技术通过对大于 200 km 尺度的表面地形进行前所未有的观测，大幅提高了人类对海洋的认识，从而增加了我们对全球海洋环流的了解，从中尺度涡流对海洋环流的作用到全球海平面上升。以下各节将介绍卫星测量的变量。

4.2.3.1 卫星探测 SST

SST 是海洋数据同化和监测海洋状况的另一个重要数据源。自 1981 年开始进行卫星 SST 观测以来，传感器的数量和种类都有了很大的增加，而且还在不断发展（O'Carroll et al.，2019）。红外线（低地轨道和静止轨道平台上）和被动微波（仅低地轨道）辐射计的组合提供了全面的全球 SST 覆盖，以满足业务化海洋模型的最低数据规格要求（由参与 GODAE 的 Bell 等（2009）定义）。

大多数同化到海洋预测系统中的卫星 SST 观测数据都是按照高分辨率海面温度小组（GHRSST）规定的准则和格式处理的（Donlon et al.，2009），如图 4.13 是一个多产品集合的例子。GHRSST 格式化产品提供的 SST 数据可以是卫星刈坐标 2 级预处理（L2P）或 3 级复合（L3）网格化的 netCDF4 格式文件。L2P 和 L3 数据产品以通用的 GHRSST netCDF 格式提供卫星 SST 观测数据以及每个观测数据的不确定性测量值（GHRSST Science Team，2012）。每个像素点还提供了辅助字段作为动态标志，以过滤和帮助解释 SST 数据。这些数据是数据同化系统的理想选择，也可作为分析系统的输入。对单个 L2P 文件进行网格化处理，可以产生一个“未整理”的 L3 文件（L3U）。对多个 L2P 文件进行网格化处理，可以产生来自单个传感器的“整合”L3 文件（L3C）或来自多个传感器的“超级整合”L3 文件（L3S）②。

各个 GHRSST 区域和数据汇编中心提供了大范围的 L2P 或 L3 格式的卫星 SST 产品。以下是各种海洋预测系统常用的来自不同卫星传感器的 SST 产品清单。

- 低地球轨道（LEO）极地轨道卫星上的被动微波辐射计提供了约 1 mm 深度的低空间分辨率的 SST，对地球赤道上的覆盖可达每天两次，在高纬度地区则更频繁。除了降水时，在晴天或多云的情况下，从被动微波辐射计获得的 SST 产品可以有效地检测到距离陆地至少 50 km 的区域的海洋锋面变化。大多数海洋预测系统同化了 JAXA 极地轨道卫星搭载的先进

①更多细节也可查询网页 https://duacs.cls.fr/。

②来源：https://www.ghrsst.org/ghrsst-data-services/products/。

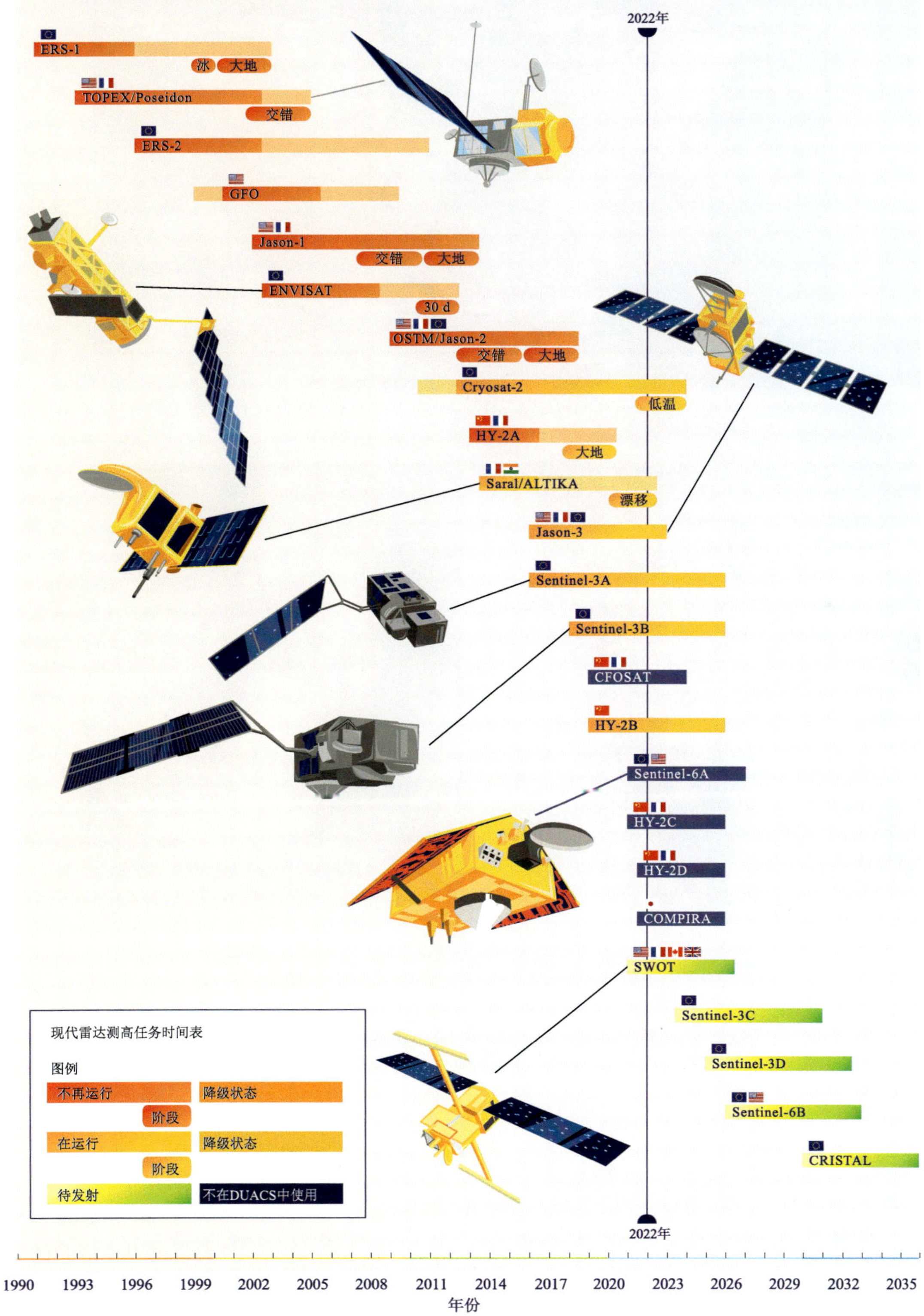

图 4.12　测高卫星时间表（International Altimetry Team，2021）

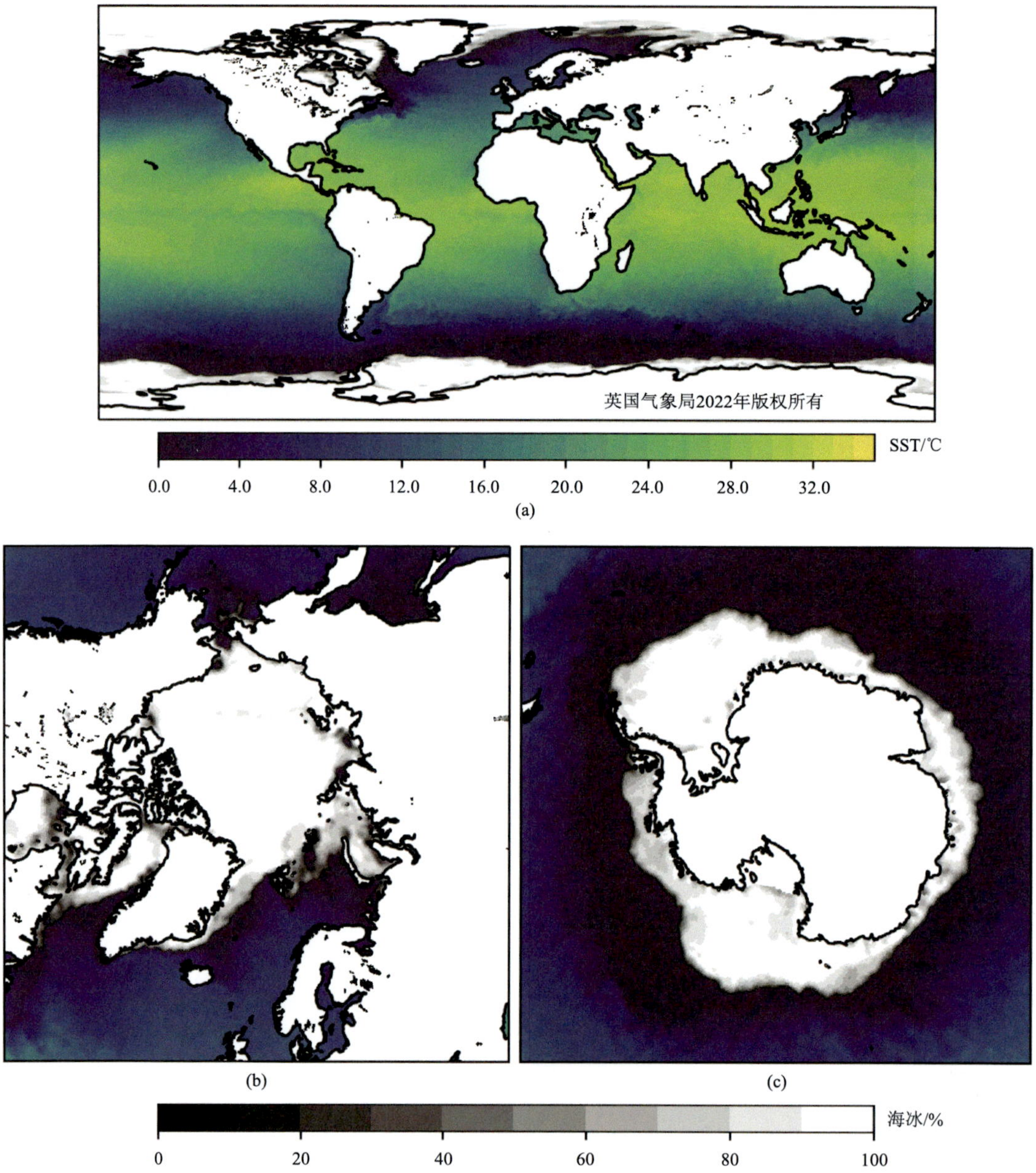

图 4.13　2022 年 5 月 27 日 GHRSST 多产品集合所提供的 SST 地图实例
（来源：https://www.ghrsst.org/latest-sst-map/）
(a)中位数集合海面温度；(b)北极中位数集合海面温度；(c)南极中位数集合海面温度

微波扫描辐射计(AMSR2)的约 25 km 空间分辨率的 SST 观测数据。这些数据可通过 JAXA 的地球观测研究中心(EORC)①和遥感系统②获得。

- 低地轨道卫星上的红外辐射计提供了约 10 μm 深度的高空间分辨率 SST，在晴朗天气

---

①详见 https://www.eorc.jaxa.jp/en/。

②详见 http://www.remss.com/missions/amsr/。

条件下，地球赤道地区每天可覆盖两次，高纬度地区则更频繁。常用的 SST 产品是由气象业务卫星(MetOp)系列极地轨道环境卫星搭载的先进高分辨率辐射计(AVHRR)测量的，这些卫星由欧洲航天局发射，由欧洲气象卫星组织运行。在海洋预测系统中使用的 AVHRR SST 产品有两种类型：①1.1～4 km 空间分辨率的 FRAC AVHRR L2P；②4.4～18 km 分辨率的 GAC AVHRR L2P。由欧洲气象卫星组织[①]、卫星和产品运营办公室(OSPO)[②]和美国海军海洋学办公室(NAVOCEANO)内部的海洋和海冰卫星应用设施(OSI SAF)制作。NAVOCEANO 的 FRAC 和 GAC AVHRR L2P SST 数据是由美国海军研究办公室(ONR)赞助的多传感器改善海面温度(MISST)项目提供[③]，物理海洋学分布式活跃档案中心(PO.DAAC)由 NASA 的喷气推进实验室(JPL)负责运行[④]。最新的 NOAA 联合极地卫星系统(JPSS)卫星(Suomi-NPP 和 NOAA-20)现在配备了可见光红外成像辐射计套件(VIIRS)传感器，它具有大范围的红外通道，并提供 0.75～1.5 km 分辨率的 SST。为了便于将其纳入实时海洋业务系统，VIIRS 的 3 级未整理(L3U)数据由 NOAA OSPO 制作[⑤]，并通过 NOAA OceanWatch[⑥] 和 PO.DAAC 公开提供。

• 赤道上空的地球静止卫星搭载的红外辐射计提供了固定地理区域内高空间(2～5 km)和时间(10～60 min)分辨率的 SST 观测。目前有多颗地球静止卫星分布在赤道周围，由不同的机构运营，如 ESA、印度空间研究组织(ISRO)、NOAA、JMA、JAXA、韩国气象厅(KMA)和 CMA(中国气象局)，它们提供高时间分辨率的 SST，可以通过时间信息将移动较快的云和其他大气特征的影响从缓慢变化的 SST 场中分离出来，从而改善晴空遮挡(O'Carroll et al.，2019)。其中一个例子是 JMA 静止卫星“Himawari-8”的 AHI 传感器，它可以对西太平洋大范围区域的 SST 进行相对高频的测量(每 10 分钟一次，水平分辨率 2 km)(Kurihara et al.，2016)。数据由 JAXA[⑦]、NOAA[⑧] 和澳大利亚气象局通过国家计算基础设施[⑨]提供。

海表日变暖事件发生在太阳辐射高、天空晴朗、海面平静的海洋区域。这种情况在热带地区更为常见(Zhang et al.，2016)，但在高纬度地区也可观测到(Eastwood et al.，2011)。变暖事件产生近地表热梯度，使白天近地表或暖层温度比夜间高 2～4 ℃(Donlon et al.，2002)。一些业务中心排除了白天的卫星 SST 观测，以减少日增温偏差，只使用夜间的卫星 SST 来同化到海洋分析和预报模型。大多数 GHRSST L2P 或 L3U 格式的 SST 数据都是通过减去与每个 SST 值相关的传感器特定误差统计(SSES)偏差值来校正偏差(GHRSST Science Team，2012)，而数据提供者利用最近漂流浮标和热带系泊浮标的 SST 观测值进行匹配(Petrenko et al.，2016)，得到约 0.2 m 深度的 SST 估计值。

4.2.3.2 卫星高度计

可以从卫星高度计得到的主要参数是相对于参考平均动态地形的海平面异常(SLA)。

---

①详见 http://www.osi-saf.org/? q=content/sst-products。

②详见 https://www.ospo.noaa.gov/。

③详见 https://www.nopp.org/projects/multi-sensor-improved-sea-surface-temperature-misst。

④详见 https://podaac.jpl.nasa.gov/。

⑤详见 https://www.ospo.noaa.gov/。

⑥详见 https://coastwatch.noaa.gov/cw/satellite-data-products/sea-surface-temperature.html。

⑦详见 http://suzaku.eorc.jaxa.jp/GHRSST/。

⑧详见 https://coastwatch.noaa.gov/cw/satellite-data-products/sea-surface-temperature/acspo-ahi.html。

⑨详见 https://nci.org.au/。

SLA 是海平面监测和海洋数据同化的基础。用于实时测高数据检索的两个免费的通用数据源分别是雷达高度计数据库系统(RADS)(由代尔夫特地球空间研究所(DEOS)和 NOAA 卫星测高实验室开发(Naeije et al.,2000;Scharroo,2012))和哥白尼海洋服务(图 4.14)。

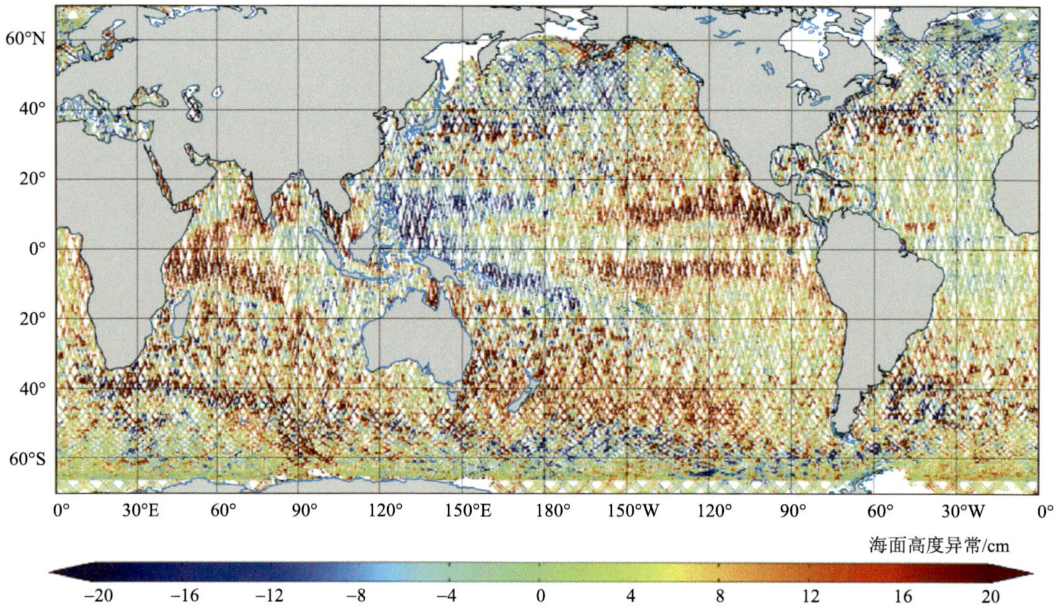

图 4.14 全球海洋沿轨道的海面高度异常(2016 年 2 月 23 日—3 月 3 日的 SARAL 和 Jason-2 测量)
(来源:https://datastore.cls.fr/catalogues/global-ocean-along-track-sea-level-anomalies/)

DEOS 正在建立和发展 RADS 数据库,其中包括经过验证和核实的测高数据产品。该数据库在精度、校正、格式和参考系统参数方面保持一致。这种有实力的数据库已经吸引了具备较少卫星测高仪专业知识的用户。目前,RADS 使用户能够从几个当前和过去的卫星测高任务中提取数据,如 GEOSAT、ERS1、ERS2、ENVISAT、TOPEX/Poseidon(T/P)、JASON1、JASON2、JASON3、CRYOSAT2、Sentinel-3A 和 SARAL①。

哥白尼海洋服务的 Level 3 SLA 产品是 SLA 的另一个可公开访问的数据源。它分享了 RADS 服务的许多最有用的特点,包括适应现有卫星群的变化和保持同质性。尽管从表面上看,RADS 和哥白尼海洋服务似乎提供了相同类型的 SLA 观测,但它们并不完全相同,对差异的详细解释也是非常重要的,因为 RADS 数据包括哥白尼海洋服务使用的许多修正,以及在其应用在自身处理过程中的修正。我们鼓励用户探索这两个数据流之间的差异,并为自己的数据同化系统选择合适的卫星高度计数据源。

4.2.3.3 卫星探测 SSS

从太空测量 SSS 是一项相对较新的技术,它依赖于 L 波段的辐射测量(已经发展到每隔几天就能提供有用的信息)。卫星 SSS 具有全球覆盖和获取数据空间、时间尺度的优势,这是现场平台(如船舶、系泊浮标和 Argo 剖面浮标)无法提供的。图 4.15 显示了欧空局的土壤湿度和海洋盐度任务(SMOS)、NASA Aquarius 和土壤水分主被动探测计划(SMAP)任务一年

①详见 http://rads.tudelft.nl/rads/data/authentication.cgi。

来的卫星 SSS 产品。值得注意的是，Argo 没有在 SSS 变化大于 0.2 psu 的高变化区域（包括近海海洋、西部边界流、印度尼西亚海域以及南大洋和北大洋）进行采样或采样效果不足（Vinogradova et al.，2019）。

来自 SMOS、Aquarius（“水瓶宫”）和 SMAP 卫星的各种时间和空间平均的 Level 3 观测（Level 3 在网格上提供，但没有填充），以及 Level 2 数据（Level 2 在原本刈分辨率下的 SSS 值）都可以获得。对于 SMOS 和 Aquarius 来说，Level 3 产品每天都有，轨道的上升和下降部分有单独的文件。SMOS 和 Aquarius 使用的产品分别来自海洋学和气候实验室：实验和数字方法（LOCEAN）①和 JPL②。虽然有每天的 Level 3 SMAP 产品，但它是基于 8 d 的观测结果，在数据同化中需要一个复杂的观测运算器。

SMOS、Aquarius 和 SMAP 的 SSS 数据可用性，使得海洋预报得以验证（Vinogradova et al.，2014；Martin，2016）。近年来，人们一直在努力同化卫星 SSS 数据，这是一项具有挑战性的工作。原因有几个，首要的是与数据中的误差大小有关，特别是在要求高时间分辨率的业务化预报系统中所需的 SSS 产品（Martin et al.，2019）。卫星 SSS 的质量控制已被证明是海洋数据同化中的一个重要过程。

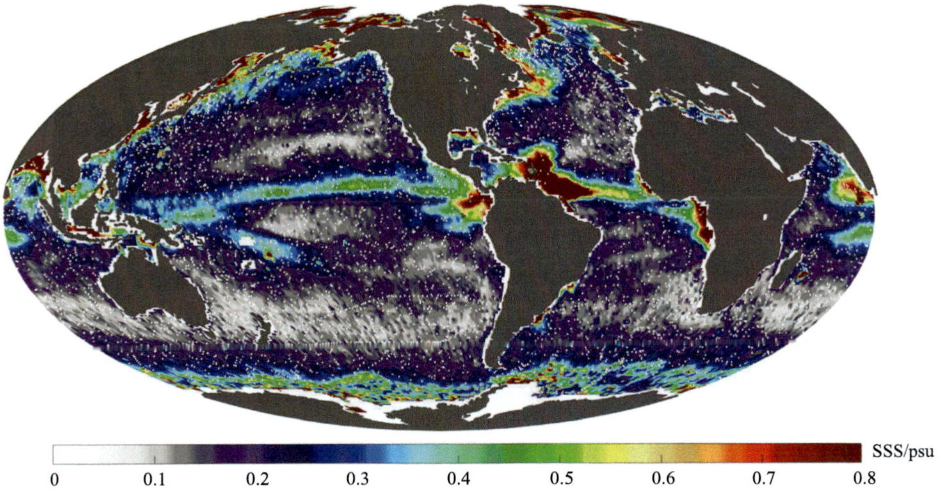

图 4.15　一年中卫星探测 SSS 的变化（颜色）与叠加目前正在运行的 Argo 浮标的位置（白点）（Vinogradova et al.，2019）

4.2.3.4　卫星探测海冰密集度

来自 Nimbus-7 的扫描多通道微波辐射计（SMMR）传感器和国防气象卫星计划（DMSP）的特殊传感器微波成像仪（SSM/I）的海冰密集度数据，可以从 NASA 存储在国家冰雪数据中心分布式活动档案中心（NSIDC DAAC）的数据③中获取（图 4.16）。这个海冰密集度数据集是由亮度、温度数据生成的，旨在提供一个跨越几个被动微波仪器覆盖范围的时间序列一致的海冰密集度。这些数据是以极地立体投影形式提供的，网格单元大小为 25 km×25 km。然后

①详见 www.catds.fr。

②详见 https://podaac.jpl.nasa.gov/。

③详见 https://doi.org/10.5067/8GQ8LZQVL0VL。

在极地立体网格[1]上内插到 10 km 分辨率，SSMIS level 2 数据合成 level 3 数据。每日文件在最后一次卫星采集后的 24～48 h 内提供。

同样的卫星海冰聚集度数据来自 DMSP 系列极轨太阳同步卫星上的 NSDIS SSM/I，由 OSI SAF[2] 提供。全球每日海冰聚集度由 OSI SAF 以 10 km 的分辨率处理，作为由 SSMIS level 2 数据在极地立体网格上合成的 level 3 数据。北半球和南半球的每日文件在最后一次卫星采集后 6 h 内提供。

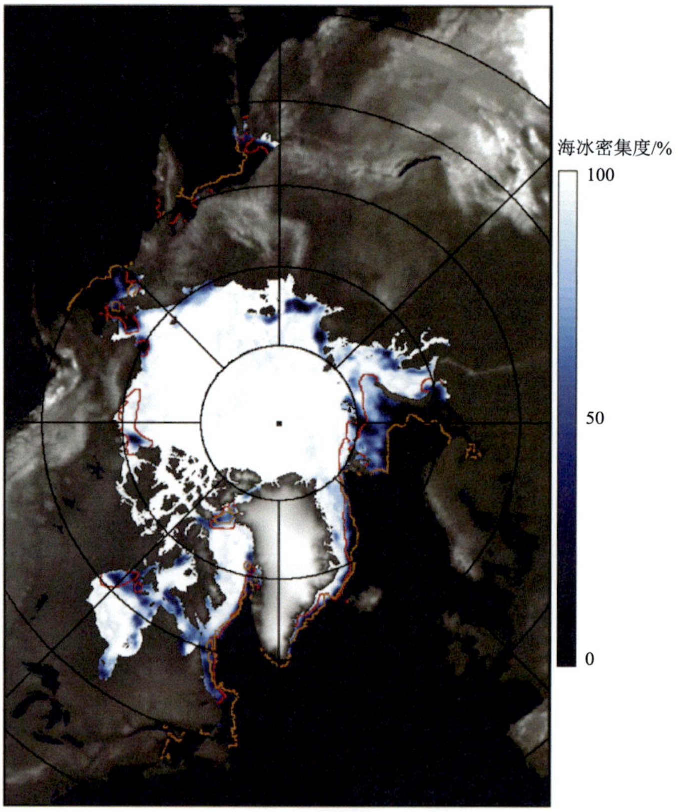

图 4.16　北半球 2022 年 5 月 25 日卫星海冰延伸产品的例子（目前的海冰面积：1.26×10^7 km²）（来源：https://earth.gsfc.nasa.gov/cryo/data/current-state-sea-ice-cover）

4.2.3.5　海洋水色

海洋水色测量包括检测离水辐射度（或反射率）的光谱变化，离水辐射度是阳光与水及其成分相互作用后从海洋中反散射出来的（Groom et al.，2019）。除了用于同化和验证外，这对监测海洋水质、海洋酸化或了解全球碳循环都是一个非常重要的测量。在开阔海域，该信号主要受浮游植物和溶解有机物的影响；在近海水域，它也受悬浮颗粒物和输送其他种类人为颗粒

---

①详见 https://nsidc.org/data/nsidc-0081。

②详见 http://www.osi-saf.org/?q=content/sea-ice-products。

物的河流径流的影响。在哥白尼海洋服务的框架内，海洋水色专题汇编中心（OC TAC）提供如下两种类型的产品①。

- 叶绿素（Chl）是浮游植物叶绿素浓度。对于全球和区域海洋，OC TAC 根据海盆的光学特性和循环程序选择了最先进的产品算法。对于区域海洋，通过对开阔海域（情况一）和近海水域（情况二）采用两种不同的算法产生每日叶绿素场。然后将这些数据合并成单一的叶绿素场，提供一个区域性产品，提高近海水域的估计精度。
- OPTICS 产品包括从海洋水色传感器获取的所有其他变量：固有光学特性（IOP，如：吸收和散射）、490 nm 处光漫反射衰减系数（Kd490）、水体透明度（Secchi 深度）、光谱遥感反射率（Rrs）、光合有效辐射（PAR）、有色可溶性有机物（CDOM）和悬浮颗粒物（SPM）。

图 4.17 显示了来自 MODIS（中分辨率成像光谱仪）Aqua 卫星全球范围的叶绿素浓度的例子。

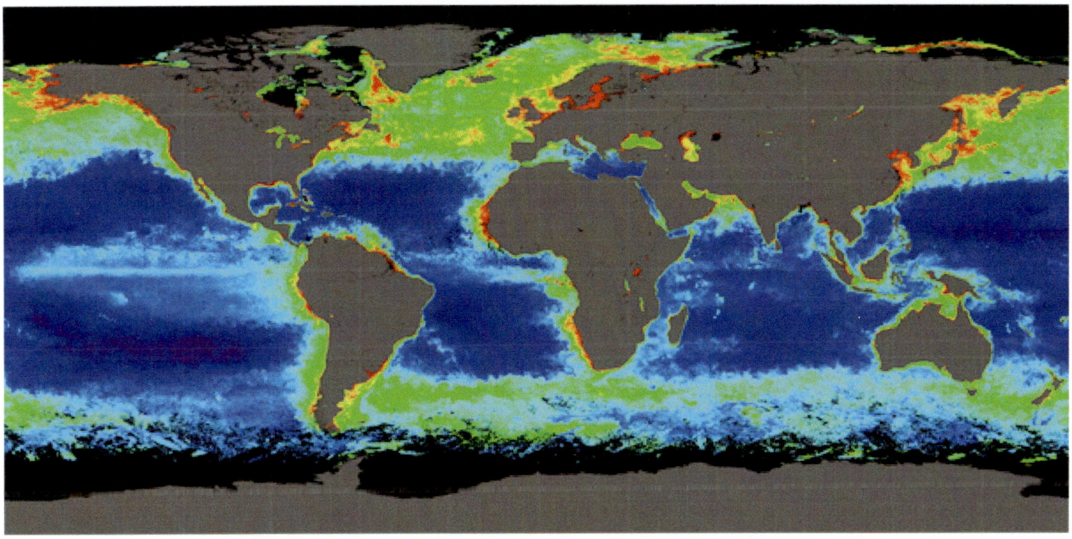

图 4.17　2014 年春季 MODIS Aqua chlor_a 季节性合成图
（来源：https://oceancolor.gsfc.nasa.gov/atbd/chlor_a/）

4.2.3.6　有效波高

有效波高（SWH）是在给定的采样期内最高的 1/3 波浪的平均高度（从波谷到波峰）。Sentinel-3 任务能够监测 0～20 m 的波高。海洋海况有效波高产品是所有海上安全和救援行动的关键产品②。

图 4.18 显示了来自 Sentinel-3A 测量的全球海洋有效波高的例子。

①详见 https://marine.copernicus.eu/about/producers/oc-tac。

②来自 https://sentinels.copernicus.eu/web/sentinel/user-guides/sentinel-3-altimetry/overview/geophysical-measurements/significant-wave-height。

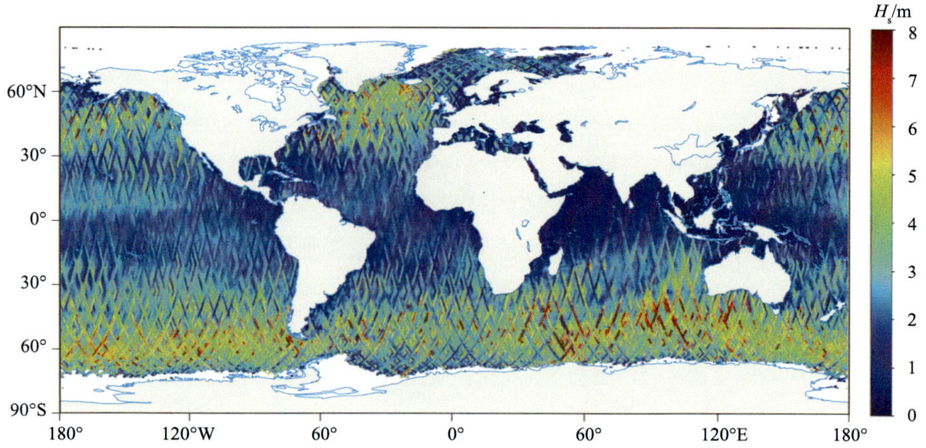

图 4.18 Sentinel-3 SRAL 有效波高 Level-2 全球图(欧洲气象卫星组织 2019 年 6 月 18 日 14 时 45 分①)
(来源:https://www.eumetsat.int/new-S3-sral-wave-products)

4.2.3.7 卫星数据的提供者

表 4.3 列出了国际上用于同化/验证的卫星观测数据提供者信息。

表 4.3 最相关的国际卫星观测数据提供者信息

提供者	描述	网址及其标识
哥白尼海洋服务	通过 SL、SST、OC、WAVE TAC,为监测和预报中心(MFCs)提供近乎实时和再处理的数据集,用于同化和验证	https://marine.copernicus.eu/
GHRSST	高分辨率海面温度小组为海洋学、气象学、气候学和一般科学界提供新一代的全球高分辨率(<10 km)SST 产品	https://www.ghrsst.org/
AVISO++	提供高度计数据	https://www.aviso.altimetry.fr/en/home.html
EUMETSAT	是欧洲从事空间监测天气、气候和环境业务的卫星机构。特别是,他们提供 SST 和高度计数据	https://www.eumetsat.int/
NOAA NSIDC	美国国家冰雪数据中心分布式活动档案中心提供极地地区的海冰聚集度数据	https://nsidc.org/

①本书所提及的时间均为 UTC(协调世界时),下同。

4.2.4 水深

英语单词“bathymetry”是指海洋相对于海平面的深度。它是所有海洋模型中的一个重要组成，因为它能够代表海底的地理和地形特点。它对环流有很大的影响，尤其是它的正压和深度平均特征，特别是（但不仅是）在山脊和海峡、近海和大陆架海域。因此，尽管存在需要通过特别的空间分析来解决的平滑网格错位的问题，它的准确性可以决定海洋模型的好坏。

水深数据集需要插值到模型的网格上。由于数值方面的原因，水深场的预处理是非常有必要的：由于水深数据集通常比模型网格更细，因此在插入模型网格之前可能需要对它们进行平滑处理。海洋模型的有效分辨率和垂直坐标也会制约水深的平滑度。

图 4.19 显示了由 EMODnet 提供的水深数据集的一个例子。

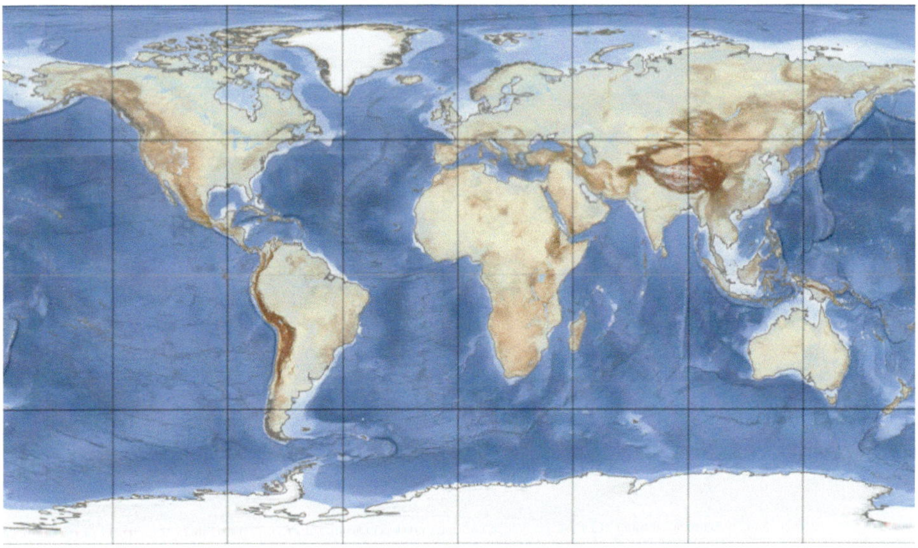

图 4.19 水深数据集的一个例子：EMODnet 水深数据
（来源：https://www.emodnet-bathymetry.eu）

表 4.4 列出了水深数据集产品及其公共提供者信息（Marks et al.，2006）。

表 4.4 水深数据集产品及其公共提供者信息

产品	描述	提供者网址及其标识
DBDB2	数字水深数据库（DBDB）是由美国海军研究实验室为海洋模型开发的 2 弧分×2 弧分的均匀网格全球水深和地形数据	https://www7320.nrlssc.navy.mil/DBDB2_WWW/ NAVAL RESEARCH LABORATORY WASHINGTON, DC
1 弧分地球高程数据（ETOPO1）	整合了陆地地形和海洋水深的 1 弧分全球地形模型。它是由许多全球和区域数据集构建而成。历史上的 ETOPO2v2 和 ETOPO5 全球地形网格已经淘汰，但仍可使用	http://www.ngdc.noaa.gov/mgg/global/ NOAA NATIONAL CENTERS FOR ENVIRONMENTAL INFORMATION

续表

产品	描述	提供者网址及其标识
全球海洋网格化水深数据(GEBCO)	分辨率为 15 弧秒。它在国际水文学组织(IHO)和 UNESCO-IOC 的联合主持下运作	https://www.gebco.net/
全球水深和地形数据(SRTM+)	SRTM15+是 15 弧秒分辨率的最新版本,建立在最新的船载探测和卫星衍生的预测深度的基础之上。V2.0 是 GEBCO_2020 的最新版本的一部分(Tozer et al.,2019)	http://topex.ucsd.edu/marine_topo/
EMODnet 水深数据	它是欧洲委员会资助的 EMODnet 项目的一部分,该项目将欧洲水域的所有海盆和全球海洋的海洋数据汇集成可互操作的、连续的和公开的水深数据集	https://www.emodnet-bathymetry.eu/

4.2.5 大气强迫

通常情况下,NWP 系统向 OOFS 提供表面大气强迫场,以计算水、热和动量通量。这种场也可以由实时或接近实时的观测和其他平均数据集(气候学)来补充。当然,在一个更复杂的模拟框架中,可以开发一个与海洋模型相同分辨率的专门大气模型,以提供高分辨率的大气场(耦合系统,更多细节见第 10 章)。

一般来说,NWP 模型提供的 OOFS 所需的典型海面数据输入包括:

- 海冰覆盖
- 向下的表面长波辐射
- 向上的表面长波辐射
- 向下的表面短波辐射
- 向上的表面短波辐射
- 2 m 处的露点差
- 海表潜热
- 平均海平面压力
- 表面感热
- 2 m 处的比湿度
- 2 m 处的空气温度
- 累计降水率
- 10 m 处纬向和经向风分量以及风速(或表面风应力)
- 穿透冰的短波辐射热通量
- 冰冻/融化的热通量

- 纬向和经向的冰应力
- 海冰基底盐通量

上述清单可能并不详尽，输入数据可以根据 OOFS 的需要而变化。例如，可以使用来自 OOFS 的 SST 和 2 m 处的空气温度来计算显热通量，而不是使用 NWP 提供的数据。关于海洋热力学和动量强迫的更多细节，可以在 Barnier(1998)、Barnier 等(1995)、Josey 等(1999)中找到。

图 4.20 显示了一个来自 ECMWF 综合预报系统(IFS)的海面大气强迫场的例子。

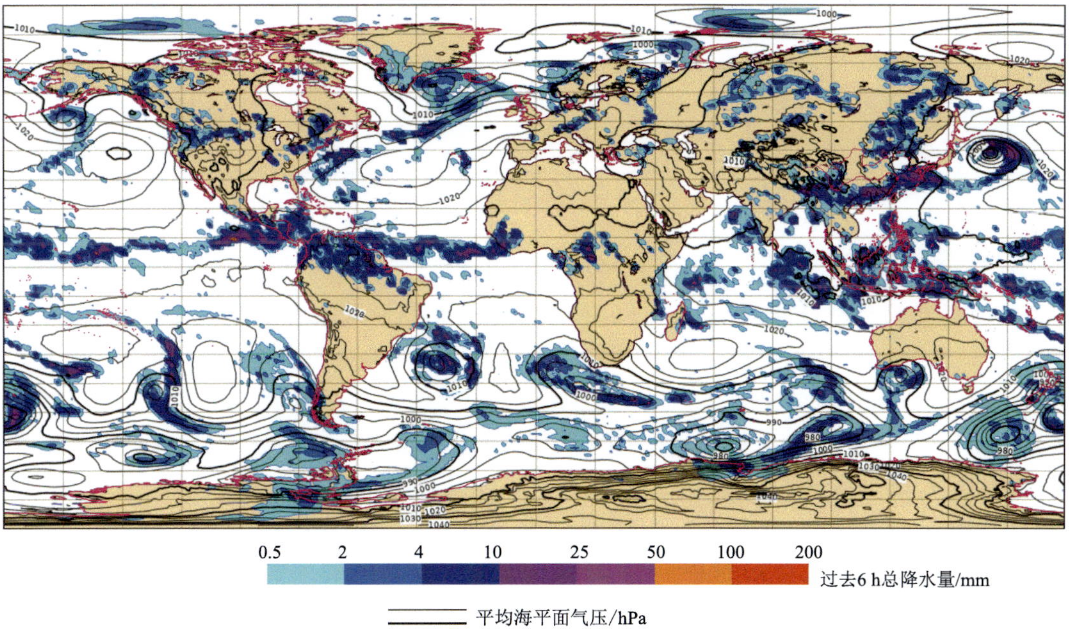

图 4.20　海面大气强迫场的一个例子，来自 ECMWF 全球尺度的降水量和平均海平面气压(2022 年 6 月 13 日 00—06 时)(来源：https://www.ecmwf.int/)

表 4.5 提供了一份全球 NWP 系统产品及其提供者信息。

表 4.5　大气强迫的产品及其提供者信息

产品	描述	提供者网址及其标识
全球预报系统(GFS)	由 NCEP 制作，提供全球海洋的分析和预测大气场，分辨率约为 28 km	https://www.ncdc.noaa.gov/data-access/model-data/model-datasets/global-forcast-system-gfs NOAA National Centers for Environmental Information NATIONAL OCEANIC AND ATMOSPHERIC ADMINISTRATION
海军全球环境模型(NAVGEM)	由美国海军舰队数值气象学和海洋学中心(FNMOC)运行	https://www.usno.navy.mil/FNMOC/meteorology-products-1

续表

产品	描述	提供者网址及其标识
ECMWF IFS 和 ERA5	ECMWF 提供的中期、中长期和长期再分析、分析和预报大气场	https://www.ecmwf.int/ ECMWF
Met Office UK	英国气象局制作的统一模型，用于天气和气候预测方面应用的大气数值模型	https://www.metoffice.gov.uk/ Met Office
GEM （全球环境多尺度模型）	一个综合预报和数据同化系统，由数字预测研究中心（RPN）、气象研究处（MRB）和加拿大气象中心（CMC）开发	https://collaboration.cmc.ec.gc.ca/ Environment Canada

4.2.6 陆地强迫

河流是通过海岸线连接陆地和海洋的自然要素。它们通过淡水径流影响沿海和整个海域的循环和动态。此外，它们还对生物多样性和富营养化起着重要作用，特别是在近海水域。

水流量、营养物质和有机物代表了 OOFS 淡水和生物地球化学通量的来源，一旦我们建立了数值模型，就必须考虑这些要素。这类数据可能来自观测或其他模型（水文或生物地球化学模型）。特别是，应提供给定坐标河口的流量信息，如果可能的话，还需要提供盐度和温度的信息。

例如，图 4.21 显示了在某一时间段内运行或正在运行的对全球径流数据中心（GRDC）有贡献的站点在全球的分布。一旦用户选择其中一个站点，网络服务就会给出流量的时间序列（图 4.22），用户可进行下载并将其作为海洋模型的输入数据集。

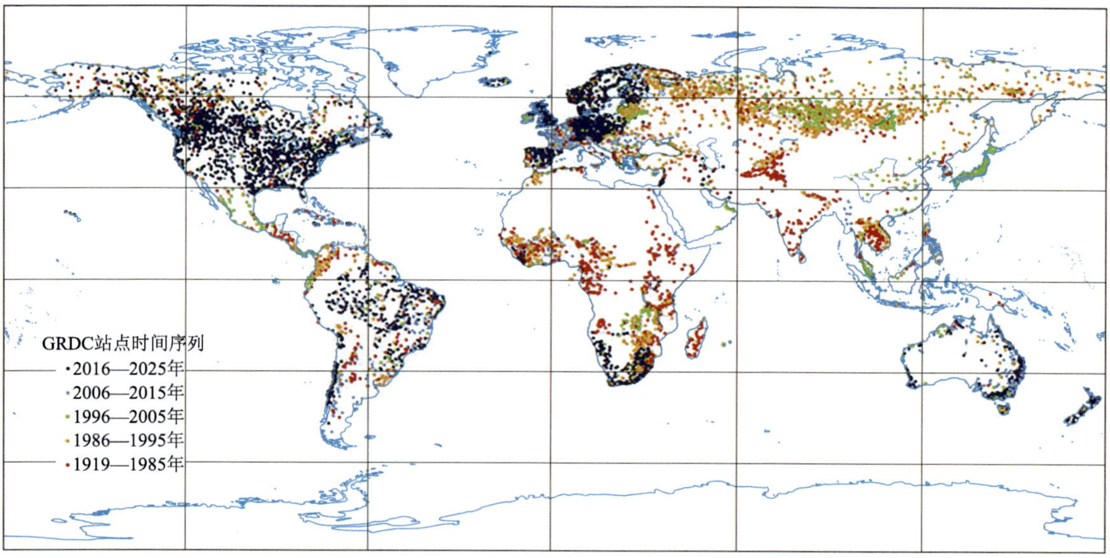

图 4.21 河流径流量数据提供者的一个例子：2022 年 3 月 22 日为 GRDC 提供数据的 10701 个站点在全球的分布情况（来源：https://www.bafg.de/GRDC/EN/Home/homepage_node.html）

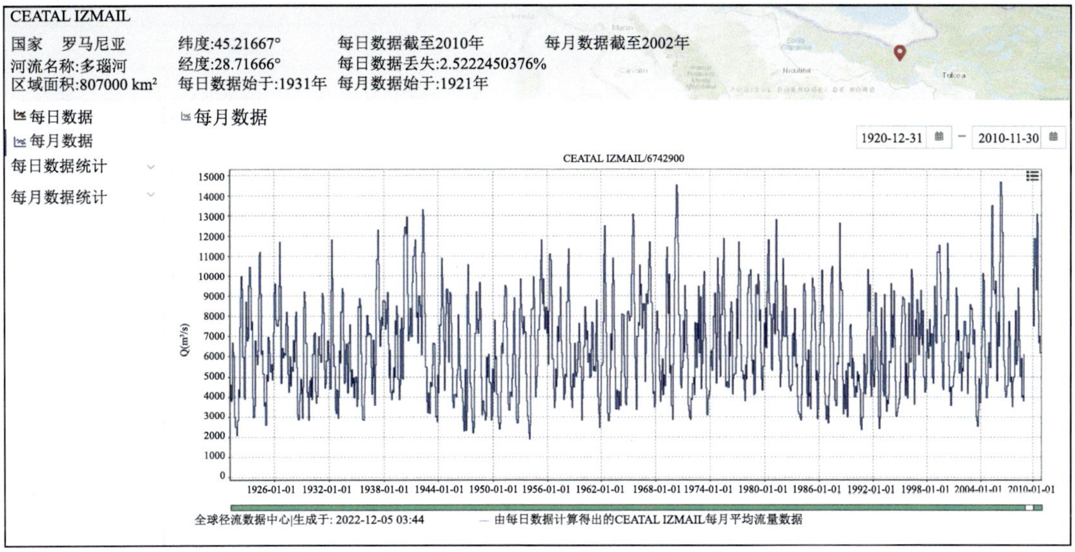

图 4.22 与监测多瑙河流域的罗马尼亚 Ceatal Izmail 站有关的 GRDC 河流径流量(月度数据)时间序列的一个例子(来源:https://www.bafg.de/GRDC/EN/Home/homepage_node.html)

表 4.6 列出了河流数据集产品及其提供者信息。

表 4.6 河流数据集产品及其提供者信息

产品	描述	提供者及其标识
GRDC	建立在 20 世纪 80 年代初收集的全球水文信息初始数据集的基础上,这些数据是世界气象组织要求其成员国提供的	https://www.bafg.de/GRDC/EN/01_GRDC/13_dtbse/database_node.html GRDC
全球河流流量和大陆流量数据集(Dai and Trenberth)	包含了世界上最大的 925 条河流在最远的下游站点观测到的所有可用的月度河流流量的时间序列,以及长期的平均河流流量和进入各个海洋和全球海洋的大陆流量。最初由 Dai 等(2002)、Dai 等(2009)和 Dai(2021)编制	https://rda.ucar.edu/datasets/ds551.0 NSF NCAR UCAR
欧洲洪水预警系统(EFAS)	在哥白尼应急管理服务中开发和运行。它提供了由气象观测值驱动的网格化每日水文时间序列。它包括河流流量、三个土壤层水分和雪水当量	https://www.efas.eu/ Emergency Management
全球洪水预警系统(GLOFAS)	在哥白尼应急管理服务中运行。它将最先进的天气预报与水文模型结合起来,并通过其大陆尺度的设置,为下游国家提供关于上游河流状况以及大陆和全球概况的信息	https://www.globalfloods.eu/ Emergency Management

续表

产品	描述	提供者及其标识
欧洲海洋观测和数据网络物理学（EMODnet Physics）	收集、协调并提供近乎实时的河流径流和现场观测河流径流趋势（月度和年度平均值）数据，可通过网站上的 MapViewer 控制器进行访问	https://map.emodnet-physics.eu/ EMODnet

下面列出了一些处理淡水输入的其他措施，重点是冰山和研发项目。

• Altiberg 是一个小型冰山（长度<3 km）的数据库，由使用高分辨率波形的高度计检测得到（Tournadre et al.，2016）①。

• BRONCO 是“动态模拟的河流流量输入对海洋和大气-陆地-海洋耦合系统的收益”的缩写：这是一个在哥白尼海洋服务框架内运行的服务进展项目，旨在改善和规范全球、区域和近海模型中的河流流量输入②。

• LAMBDA 是陆地-海洋边界发展与分析的缩写：它是在哥白尼海洋服务框架内运行的另一个服务进展项目。它的目的是通过更好地描述陆地-海洋边界条件，改善哥白尼海洋服务 MFC 在沿海地区的温盐环流结果③。

4.2.7 OOFS 数据作为降尺度输入场

一套 OOFS 也可以利用其他 OOFS 的数据：这就是所谓的嵌套模型（主要细节见第 5.4.4 节）。例如，父模型（全球海洋预报系统，GLO-PHY）为子模型（MedFS）提供侧向开边界条件。这两个系统都是哥白尼海洋服务目录的一部分。图 4.23 显示了 GLO-PHY 在全球范围内的典型海洋场（这里我们显示海面温度预报产品）。父模型通过位于大西洋的 3 个开边界向地中海提供温度、盐度、海面高度、纬向和经向速度分量。来自父模型的海洋场在空间和时间上对开边界部分进行内插，提供给子区域的海洋环流模型。图 4.24 显示了整合 GLO-PHY 海洋场作为侧向开边界条件后，地中海数值模型的表层海流预报产品。

有关这两个系统设置的主要细节，请参考哥白尼海洋服务部专门针对这两个产品的网页。

4.2.8 气候学观测

为了描述不同时间尺度和空间分辨率下的一般海洋状况，可以使用从观测中计算出来的气候学场。气候学场被定义为某一时期（如月、季等）某个变量的平均值。它们可用于创建海洋模型的初始和（或）边界条件，以及验证数值结果和进行数据同化。

由于观测数据在空间上的分布是不规则的，因此需要进行客观的分析（Chang et al.，2009），以产生易于被数值模型使用的空间网格化的数据集。数值模型的结果是网格化的，可以很容易地在时间上进行聚合，从而生成一个作为初始或边界条件使用的气候学场。

①详见 http://cersat.ifremer.fr/user-community/news/item/473-altiberg-a-database-for-small-icebergs。

②详见 https://www.mercator-ocean.fr/en/portfolio/bronco-2。

③详见 http://www.cmems-lambda.eu/。

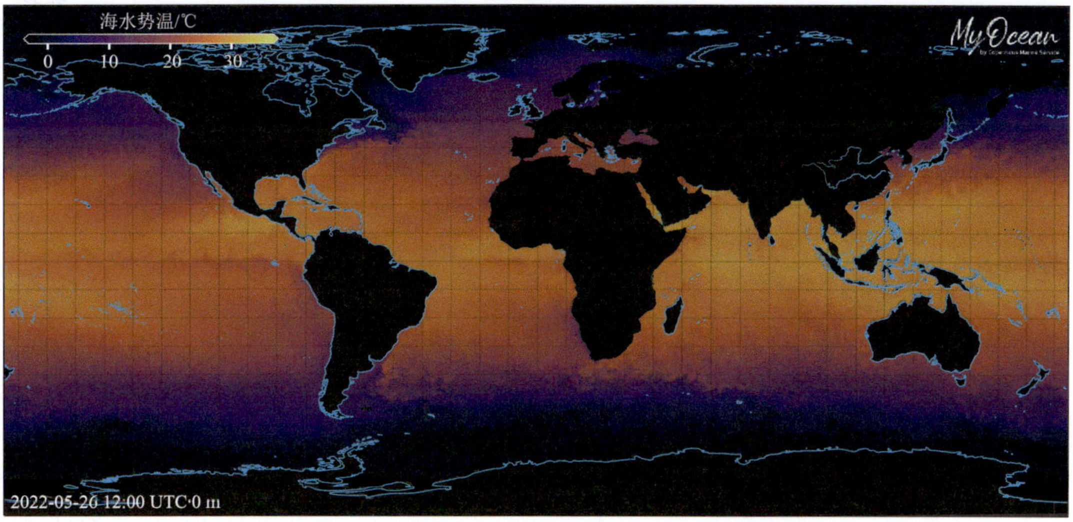

图 4.23　2022 年 5 月 26 日的 GLO-PHY 海面温度
（来源：https://marine. copernicus. eu/ 通过海洋浏览器 https://myocean. marine. copernicus. eu/）

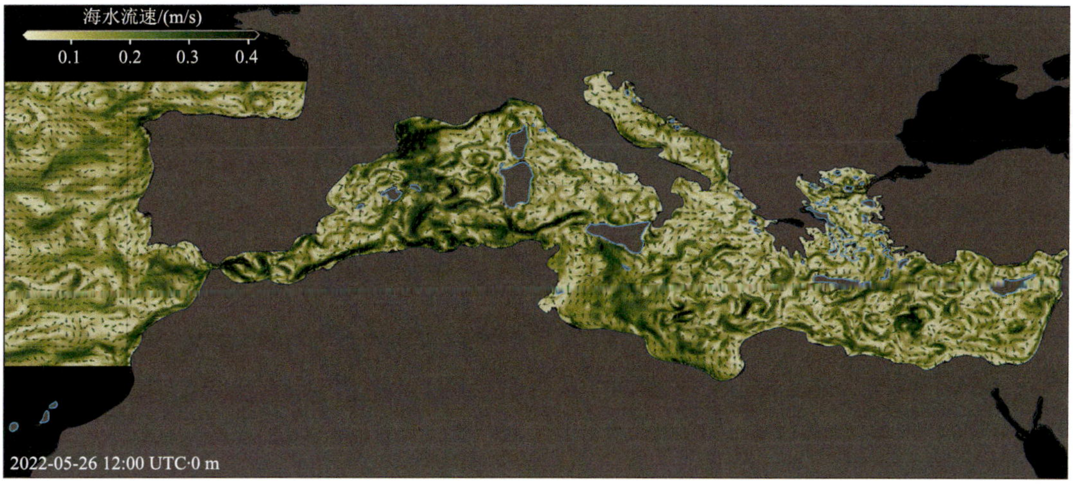

图 4.24　2022 年 5 月 26 日的 MedFS 海面洋流
（来源：https://marine. copernicus. eu/ 通过海洋浏览器 https://myocean. marine. copernicus. eu/）

气候学资料也可以从 NWP 产品中计算出来，利用来自再分析产品（如 ECMWF ERA5 等）的平均动量条件与来自 NWP 场的变化叠加，来修改或形成海洋表面通量。此外，还可以采用 SSS 和 SST 等观测数据来补充表面通量松弛的气候学数据，以控制模型的漂移。最后，还可以从其他海洋模型中计算出气候数据，以提供侧向开边界条件（数值和方法将在第 5 章中介绍）。

图 4.25 展示了世界海洋图集（WOA）基于 1955—2017 年数据计算的全球海洋年度海面温度，作为气候学研究的一个例子。

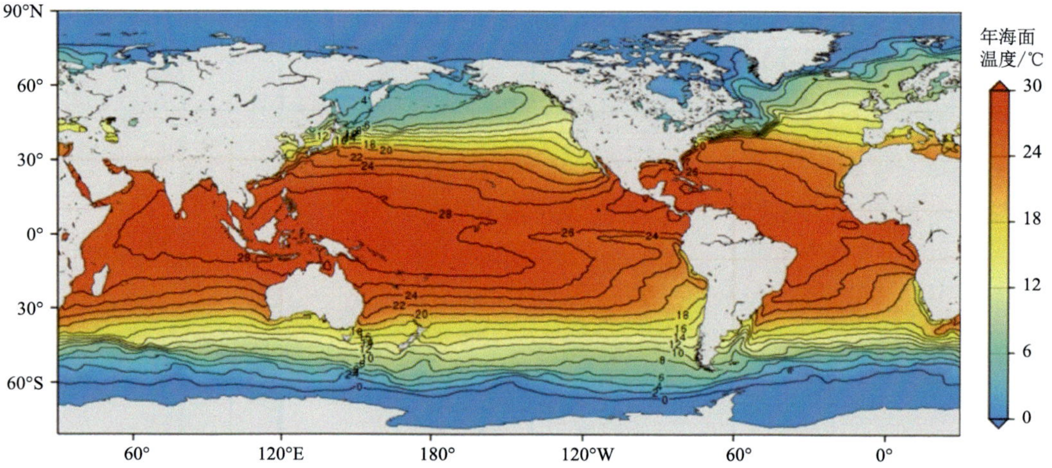

图 4.25　气候学的例子：WOA 气候学温度场（WOA 基于 1955—2017 年数据计算的全球海洋年度海面温度，1/4 °网格，等值线间隔＝2）（来源：https://www.ncei.noaa.gov/）

表 4.7 列出了国际通用的气候图集清单。

表 4.7　气候学产品及其数据提供者信息

产品	描述	提供者及其标识
WOA	WOA（Boyer et al.，2019）提供了气候学温度（单位是℃）、盐度、密度（单位是 kg/m^3）、混合层深度（单位是 m）和其他生物地球化学参数（对于后者，主要细节详见第 9 章）	https://www.ncei.noaa.gov/products/world-ocean-atlas
WOD	WOD（Boyer et al.，2019），是 WOA（Levitus，1982）的延续，目前是世界上最大的格式统一的、质量控制的和公开的海洋剖面数据集之一	https://www.ncei.noaa.gov/products/world-ocean-database
SeaDataNet	SeaDataNet 是一个分布式的海洋数据基础设施，用于管理来自海洋现场大量和多样的数据集。它提供了对区域气候学产品数据的在线访问（网格化的海温和盐度场），为欧洲海域（北冰洋、波罗的海、黑海、地中海、北海、北大西洋）和全球海洋提供数据	https://www.seadatanet.org/Products/Climatologies

4.3　数据同化

OOFS 通过数据同化，将观测数据和数值模型的结果结合起来，目的是生成最佳修正的海洋状态，作为预报周期的初始条件。根据 Moore 等（2019）的研究，我们可以假设从数值模型计算出的海洋先验状态估计（图 4.26 中的蓝线）与来自海洋观测的直接但不完整的先验状态估计(图 4.26 中的圆圈)结合,产生一个后验状态估计。该状态"结合"所有可用信息(图 4.26 中的绿线)包括模型和观测的不确定性。图 4.27 也可以提供参考。

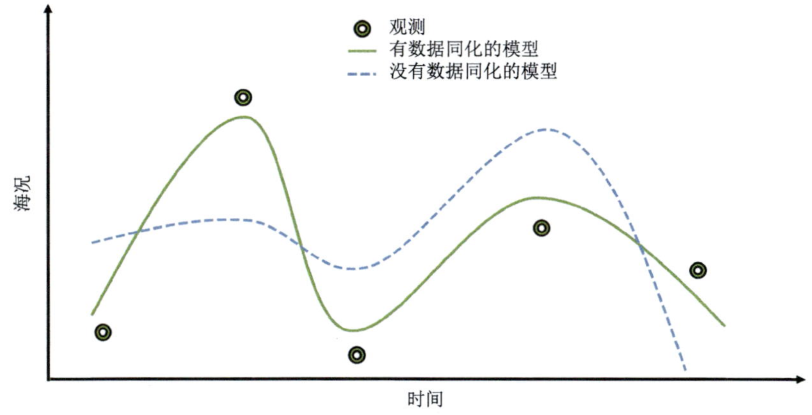

图 4.26 数据同化模拟(绿色)在观测的帮助下产生更真实的预报,更接近真实的观测
(来源:MEDCLIC 项目、SOCIB-La Caixa 基金会)

海洋数据同化在数学上定义为,通过严格的程序将海洋观测统计与海洋模型行为统计结合起来,以提取最有用的信息,这些信息可能来自随时间变化的海洋环流零星观测(Cummings et al.,2009)。扩展图 4.1 中的步骤 1,数据同化模拟系统的主要特征如图 4.27 所示,该图显示了数据同化模拟系统的主要组成部分,定义为:

- 获取观测数据;
- 数据质量控制;
- 数据同化方案。

第 4.2 节介绍了观测数据的获取、质量、提供者和实例。数据质量控制由一个自动程序执行,该程序在同化方案的本地执行,或在分析周期提交时以离线方式执行,它从获取的数据中选择最佳观测数据集。为了进行数据选择,该程序将与每个具体观测值相关的质量标志值作为输入(见图 4.3):通常,QC 标志=1 和(或)2 的观测被选中,并使其符合数据同化方案的使用条件。

根据系统工作海域的具体特点,数据质量控制可能包括进一步的检查,以阻止那些不够好的数据被同化。这种标准可以在离线模式下实现,并作为数据访问和管理的预处理步骤。例如,在哥白尼海洋服务框架内提供的 MedFS 就是这种情况:该系统根据表 4.8 所列的具体标准,对 Argo 和 SLA 观测进行额外检查。

数据同化方案实际上是系统的核心,因为它执行的是将模型状态和观测数据结合起来的数学工作。现有的数据同化方法分为如下两大类(Bouttier et al.,2002)。

- 顺序法,考虑过去的观测,直到分析的时候:这就是 NRT 产品采用的方法(分析)。
- 非序列法,使用"未来"观测:这是多年期产品(如再分析)采用的方法。

还有一种区分方式是看其在时间上是连续同化的还是间歇同化的。

- 连续同化:在一定时间内收集观测数据,并在特定的同化窗口内对分析状态的修正进行平滑处理。
- 间歇同化:在一定时间内,在特定同化窗口内收集观测数据,以计算出校正结果。

表 4.8 MedFS 对 Argo 和 SLA 采用的质量控制标准

Argo QC1	检查日期和地点的质量标志：只有两个标志都等于 1 的断面资料才会被考虑在内
Argo QC2	超出地中海地区范围
Argo QC3	只保留上升断面（排除下降断面资料）
Argo QC4	检查每个深度的压力、温度和盐度的质量标志值：如果其中一个标志值不等于 1，则删除该层数据
Argo QC5	检查温度和盐度的数值，超出以下范围的数据被排除：$0<T<35$；$0<S<45$
Argo QC6	检查温跃层数据：如果在前 300 m 的两个温度和盐度测量值之间的距离大于 40 m，则排除该断面数据
Argo QC7	排除 0～2 m 的测量数据
SLA QC1	检查日期、纬度、经度、海平面异常和 DAC（动态大气校正）的值：如果其中一个值等于缺失值，则排除海平面异常的测量数据。检查海平面异常值的质量标志：如果该标志不等于 1，海平面异常值的测量将被排除

注：MedFS 参见网页 https://medfs.cmcc.it/。

Carrassi 等（2018）和 De Mey（1997）更详细地介绍了物理、生物地球化学、海冰和波浪预报系统中使用的同化方案的性质，描述了问题架构和数值近似。这些概念将在第 5—9 章中进行详细介绍，专门展示这些方法是如何用于建立一个 OOFS 的。

从图 4.27 的方案中，我们可以得出同化周期基础上的一些关键定义：创新，定义为第一猜测（或预报）和观测之间的差异。数据同化方法试图以比模型预测或观测更小的不确定性进行估计：它处理增量的计算，定义为分析值减去模型结果的初始猜测。数据同化系统本身已用于

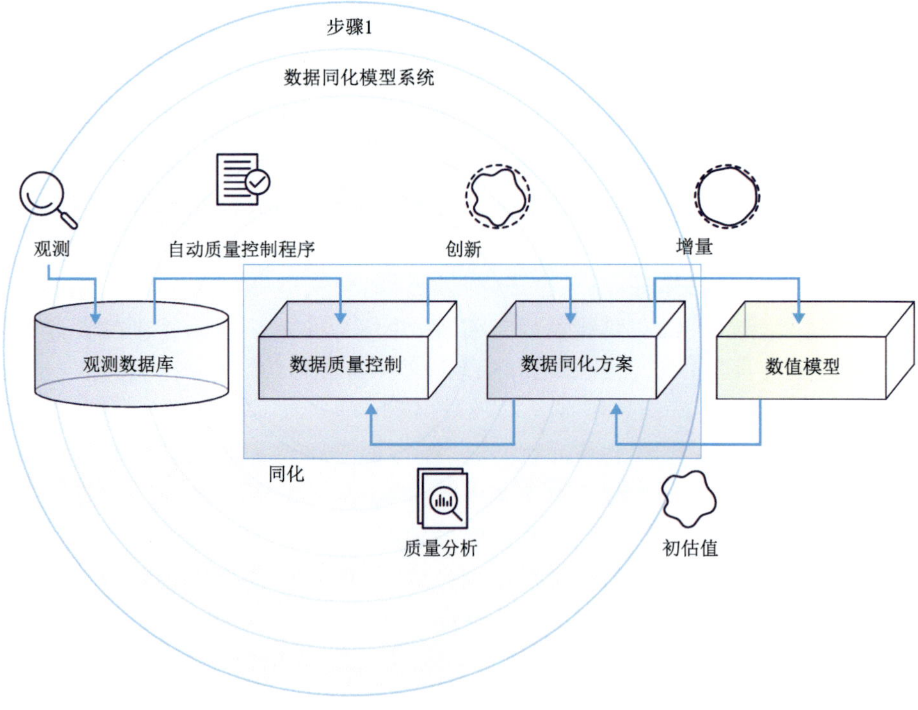

图 4.27 数据同化模型系统的主要组成部分

监测观测和数据质量控制(Hollingsworth et al.,1986),其方法是计算涉及观测的统计数据,如用于建立黑名单的观测增量;这是一份被数据同化排除的观测清单,也是与数据提供者共享的宝贵信息,以解决观测数据集的潜在问题或漏洞。

4.4 海洋数值模型

4.4.1 模型的定义和类型

海洋数值模型是 OOFS 的核心(见图 4.1)。海洋数值模型是一种用于理解和预测海洋变量的计算工具(Griffies, 2006)。对控制海洋动力学和热力学的一组方程进行数值求解,以获得模拟变量的三维数据集,这些变量通常包括任意时刻的 EOV,如波浪场、速度分量、温度、盐度和海平面。

根据要处理的问题和变量,采用如下不同的数值模型。

- 温度、盐度和海流场是通过海洋环流模型来解决的(见第 5 章)。
- 海冰模型(见第 6 章)。
- 风暴潮研究使用简化方程的海洋环流模型(见第 7 章)。
- 风引起的波浪生长、传播和衰减是由波浪模型计算出来的(见第 8 章)。波浪谱的变化率受来自风的能量、波与波的相互作用和耗散的制约。在高分辨率的近岸过程中,与海底的相互作用是至关重要的,不同的模型,有不同的物理学特性,用来解决这一尺度的问题(缓坡方程、布辛尼斯克方程(BE)等)。
- 海洋中的生物地球化学过程可以通过生物地球化学模型(见第 9 章),用耦合微分方程来表示。这类过程包括碳、氮、铁等的循环。额外方程用于表示不同复杂程度的浮游植物、浮游动物等随时间的变化。化学和生态系统方程与物理 OGCM 相结合,用于随时间变化变量的估算。

4.4.2 耦合模型

地球系统的各种动力学组成部分,如数值天气预报系统、业务化海洋预报系统、海冰预报系统、波浪预报系统、陆地/水文预报系统等,都可以耦合在一起(见第 10 章)。通过使用一个通用框架,如 ESMF(地球系统模型框架),来辅助进行耦合,使各种动力学要素与其他要素进行强迫数据交换。根据需要,耦合器被设计成在每个时间步长提供模型网格适当的输出/输入信息。这提供了一种更为“紧密”的强迫数据交换,若使用传统的文件 I/O,将非常昂贵。不同的耦合器允许在不同的时间尺度上进行数据交换,例如,大气和海冰可以在较小的时间间隔内进行耦合,而在同一耦合环境中,海洋和海冰可以在更长的时间间隔内进行信息交换。

这种“紧密”耦合的一个重要应用场景是风浪模型。来自波浪模型的辐射应力,可用于修正计算风应力的拖曳力系数,这对于受飓风影响的复杂海域特别有用。

4.5 验证和确认

业务化海洋服务为不断扩大的用户和利益相关者群体提供常规的海洋产品,所提供的一部分产品是通过海洋模型生成的(即预测、分析或再分析)。海洋模型是强大的计算工具,能够在缺少地面实况信息的情况下(或间隔期间)产生有用的信息。这些信息的可靠性取决于模型本身的真实性,也取决于初始条件和边界条件的准确性,以及用同期高质量的观测资料来约束这个模型的能力。这些关于模型质量和性能的信息对终端用户来说,几乎比模型解决方案本身更为关键。因此,必须对模型解的可靠性进行评估,在分析、预报和再分析阶段必须对模型产品质量(MPQ)进行量化,还必须为终端用户提供适当的文档。

本节的目的是对现有的业务化海洋服务机构,为检验和验证其海洋模型产品所采用的常用方法和流程进行总体概述。特别是为海洋学模型的分析和预报设计了标准检验指标和协议,并在 OceanPredict 预报员中达成一致(Hernandez et al. ,2015,2018)。本节主要描述这些模型产品的检验方法和标准。关于业务化海洋学中每一种模型(即海洋环流、海冰、风暴潮、波浪、生物地球化学等)用途的专题验证的具体细节(面向过程的),以及例子、说明和用例,可以在第 5—9 章找到。

4.5.1　时间序列检验的基础统计工具

为了对模型的时间序列结果数据验证进行定量分析,可以计算几个指标:偏差、最大误差 MaxErr、均方根误差(RMSE)、皮尔逊(Pearson)相关系数(R)或散点指数(SI)等常见指标计算方式如下:

$$\text{bias} = \sum_{i=1}^{N}(O_i - P_i) \tag{4.1}$$

$$\text{MaxErr} = \text{Max}(O_i - P_i) \tag{4.2}$$

$$\text{RMSE} = \sqrt{\frac{\sum_{i=1}^{N}(P_i - O_i)^2}{N}} \tag{4.3}$$

$$R = \frac{\sum_{i=1}^{N}(P_i - \bar{P})(O_i - \bar{O})}{\sqrt{\sum_{i=1}^{N}(P_i - \bar{P})^2 \sum_{i=1}^{N}(O_i - \bar{O})^2}} \tag{4.4}$$

$$\text{SI} = \sqrt{\frac{\sum_{i=1}^{N}[(P_i - \bar{P}) - (O_i - \bar{O})]^2}{\sum_{i=1}^{N}O_i^2}} \tag{4.5}$$

式中:P_i 和 O_i 分别指预测信号和观测信号;N 是记录的数量。还可以使用其他类型的评分方式,如有效系数(COE)(Legates et al. ,1999,2013)

$$\text{COE} = 1 - \frac{\sum_{i=1}^{N}|O_i - P_i|}{\sum_{i=1}^{N}|O_i - \bar{O}|} \tag{4.6}$$

一个完美的模型的 COE=1.0;若 COE=0,这意味着模型对测量值的预测能力不优于测量的平均值;若 COE 为负值,表明计算结果表现比测量的平均值差。

4.5.2 用于检验和相互对比的海洋预报标准指标

有不同类型的模型产品(即预报、分析、再分析)和不同类型的模型评价方法,这些方法大多基于与参考值的比较,目的是建立性能和技能评分。其中,应用最多的评估业务化海洋学模型的方法有以下 5 种。

(1)分析(或在不同时效上的预报)值与同期观测数据(现场、卫星)进行比较

这种与观测数据的比较也是由数据同化系统进行的,所以通常在业务化海洋学中被广泛使用。由于海洋现场观测数据稀少且分布不均,因此经常出现代表性问题。根据观测的覆盖范围,要么是比较局部的(在一个给定的观测地点),要么是在相当大的区域或长时间内计算模型结果和观测数据之间的差异统计。

(2)模型预报与模型分析(或仅观测)对比

在这种情况下,假设分析结果是对该日海洋状态的最佳估计,将某一天的模型预报与同一天的分析结果进行比较。这种方法只能在延迟模式下应用,因为需要等待分析结果。预报也可以与网格化的观测数据进行比较(仅对分析的观测数据,例如卫星 L4 观测数据)。

(3)预测与持续性对比

将不同预报时长的模型场与它们的初始条件进行比较。预报与最后一次分析(或观测)的持续性进行比较,换句话说,是与在没有模型预测的情况下对该日海洋状态的最佳估计进行比较。进行这种比较,是希望模型预报比持续性更准确,并能够量化预报技能。

(4)分析(或预报)与气候学或与文献估计值对比

对于观测数据较长的量(如海流或输送量)将模型结果与气候学数据或文献估计值进行比较。

(5)观测与模拟的特征结构对比

在这种情况下,采用观测到的特征(如海洋锋或涡流)结构(位置或强度)与模拟的特征相比较。这种类型的模型检验中可以定义分类的得分,以引入空间和(或)时间的滞后。

模型输出和参考值之间的这些比较结果可以以不同的方式组合起来,得出 MPQ 监测分数或指标。在数值天气预报领域,模型预报的验证方法有着悠久的传统,并随着概率方法进入业务化数值天气预报,验证方法也有了积极的进展(Jolliffe et al.,2003;Nurmi,2003)。同时,由于海洋观测资料数量有限,且分布不均(主要是海面观测资料),业务化海洋学界认为质量评估必须包括四类指标(图 4.28),以正确评估海洋模型输出的一致性、代表性、准确性、性能和稳健性(Crosnier et al.,2007;Hernandez et al.,2009)。这四类指标被 GODAE OceanPredict 采用,它们已被广泛用于不同的业务化海洋学计划中。例如,这四类指标(具有特定的计算方法和参考地理区域的定义)允许全球和区域海洋预报之间定期进行相互比较,关于全球海洋预报的相互比较见 Ryan 等(2015)。最后一种指标是根据用户反馈定义的,称为"面向用户"(如分类得分 5),有助于量化特定应用的不确定性(Maksymczuk et al.,2016)。正如 Crocker 等(2020)所指出的,使用空间和时间滞后或具体案例研究的分类分数,也有助于考虑在比较高分辨率模型输出和观测时降低统计性能的双重惩罚效应。

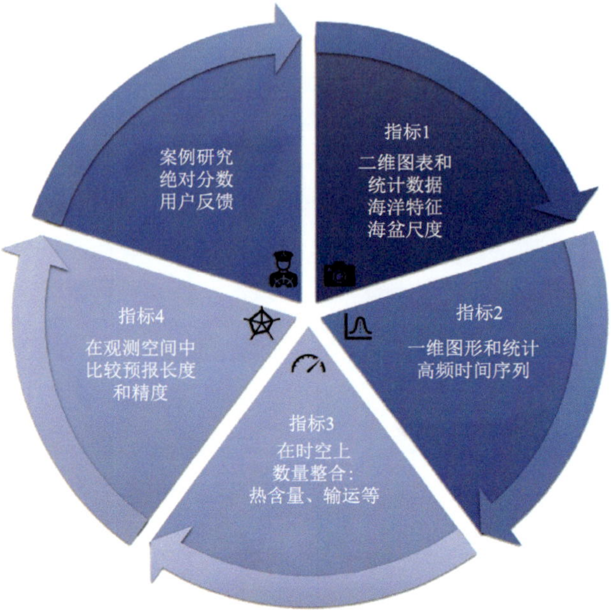

图 4.28 目前 OceanPredict 用于监测海洋分析和预报质量的指标类别:为了评估海洋模式输出的一致性、代表性、准确性、性能和稳健性,有必要在空间和时间上进行全面的统计和比较

4.5.3 支持业务化海洋模型生产的资格、检验和验证过程

资格、检验和验证是业务化海洋学模型产品质量控制中的常用术语。通常,资格是指模型开发阶段的质量评估,在此期间对模型参数进行优化。在业务化海洋学服务中,如哥白尼海洋服务,资格阶段指的是对任何新的或更新的业务化海洋模型应用进行全面科学评估,这是在拟建的系统进入服务之前进行的(Sotillo et al.,2021)。这个阶段通常用于量化更新后的模型系统相对于现有版本的附加值,对照明确规定的指标清单,使用相同的参考观测数据,比较两个系统版本(V_{n+1}与 V_n)的性能。检验是指在运行中的业务化海洋分析和预报性能评估。Hernandez 等(2015)将验证定义为对业务化海洋预报技能的后验量化,并优先基于独立数据,这意味着不使用观测产品来约束模型产品(如任何类型的数据同化)。

实现最佳的 MPQ 是业务化海洋学中心的一个主要目标,MPQ 本身是任何业务化海洋学服务的一个关键性能指标。在一个业务化海洋学模型产品的生命周期中,可以定义几个模型质量评估阶段。图 4.29 展示了业务化海洋学服务为确保和量化其模型产品的质量而采用的典型 MPQ 保证循环。这种方法在各业务化海洋学服务机构中变得越来越主流,在业务化海洋学模型开发的每个主要阶段(即开发、过渡到运行、常规运行和"售后服务",包括延迟模式验证和专业知识),使用专门的模型评估程序来处理 MPQ,在业务化气象学和气候学界有着悠久的传统。

如图 4.29 所示,MPQ 保证过程可以分为六个主要步骤或阶段。第一个阶段,重点是研究和开发活动,支持实施/更新/现有的模型产品,以便业务化交付。在这个研究和开发阶段,相关的科学的质量信息被开发出来,这些信息以后也可以在同行评审的出版物上发表,但主要是确保海洋模型的应用是最先进的,并尽可能地基于最前沿的科学。为了支持这个预报系统的开发阶段,可以进行模型与观测资料的比较,以及与其他可用的模型解决方案相互比较(模型-

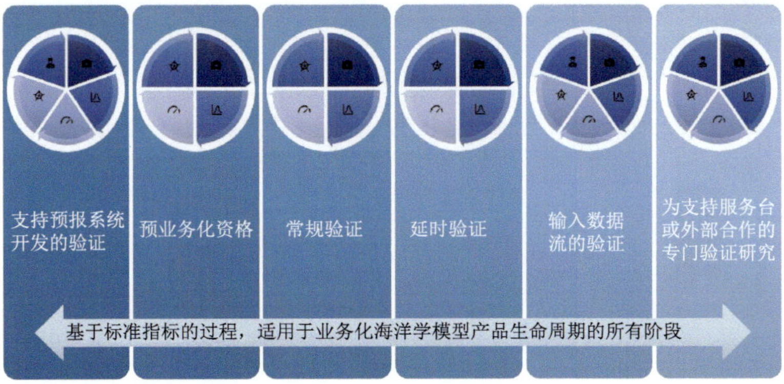

图 4.29 在业务化海洋学服务产品的开发和推广阶段，不同的模型产品质量评估过程示意图(所有过程都依赖于质量评估四类指标，将模型产品与观测结果以及其他模型解决方案进行比较)

模型相互比较)，它们是评估模型敏感性测试和情景的基础。面向用户的指标，如分类评分或拉格朗日漂移评估，Drévillon 等(2013)可用于具体的案例研究，以量化模型系统变化的影响，无论是在系统开发阶段还是在准备具体的观测系统实验(OSE)和观测系统仿真实验(OSSE)阶段。

当新的模型设置应用经过科学测试后，在模型系统计划投入使用之前，有一个运行前的资格认定阶段，在这个阶段，预期(参考)产品的质量被确立。在此阶段，至关重要的是所测试的模型方案是在一个预操作环境中产生的，以确保与今后应用于操作的条件相类似(即相同的模型应用、相同类型的强迫数据和类似的观测数据源)。将产品的质量与以前的版本进行比较也很重要，以确保在 MPQ 方面没有退步。模型性能的稳定性也要进行评估，使用至少一年的数据记录进行评估。最后，作为这一阶段的成果，业务化海洋学服务可以使用计算出的不同评估指标，发布关于产品质量的"静态"参考文件。该文件可以在以后与产品一起交付终端用户。例如，与任何哥白尼海洋服务海洋产品一起交付的质量信息文件(QUID)。

一旦模型系统投入运行，业务化海洋学中心将在常规在线准实时的基础上，对所提供的模型产品进行科学检验和验证，同时控制业务化生产。这种在线检验通常包括用现有的观测数据源(特别是来自 NRT 业务化产品的数据)或其他模型解(更多最新的可用分析，或在区域模型中，与嵌套上一级模型解进行比较)对预报模型进行评估。第一个在线检验过程将在通过延迟模式的额外评估后完成。这种延迟模式的检验，通常每月进行一次，可以产生更完整和更可靠的验证指标，利用来自额外数据源或更多质量控制的观测信息以及更完整的分析和预报周期系列，扩大观测和模型的比较。

最后，聚焦于特定过程、领域或事件的用户反馈，以及由生产者自身或生产者在合作框架(如科学研究项目或针对特定最终用户的其他计划)内进行的额外模型产品评估，可以显著提升人们对模型产品的认知。

尽管在评估模型解决方案的业务能力方面仍有差距，主要由于海洋观测资料的可用性方面仍有不足，特别是在 NRT 方面，但业务化海洋学服务正不断朝着定期提供最新的高质量信息的方向发展。用于模型技能评估和检验的观测数据主要来自漂流剖面仪、固定系泊平台、验潮仪和遥感数据。Capet 等(2020)在对欧洲海洋的业务化模拟能力进行回顾时指出，只有20%的业务化模型服务与预报产品一起提供了动态不确定性。对于提供与预报有关的实时置信度来说，必须有这种不确定性信息，这在天气预报中是通常的做法。这种不确定性信息的缺乏，与缺乏观测有关，也影响了数据同化能力，Capet 等(2020)指出，数据同化只在 23%的模型中实施，除了生物地球化学系统。集合预报和概率不确定性信息的发展可能有助于在未来填补这一空白。Peng 等(2021)强调了地球科学数据集信息 FAIR(可查找性、可访问性、互操作性和可重用性(数据原则)的必要性。这更明确了相关的产品质量信息必须作为业务化海洋学服务的一部分来进一步进行开发。

4.6 输出准备

4.6.1 介绍

OOFS 的目的是通过海洋数值模型，向广大的利益相关者和用户提供关于海洋状况的基本信息。

为了满足用户的需求，必须在 OOFS 产生的大量数据中仔细选择要提供的变量。此外，获得的这些变量的空间和时间分辨率也必须有明确的规定。除了这些规定外，有效地存储和传递由 OOFS 提供的信息是至关重要的，以便进行后期处理。为此，从模型系统获得的输出结果应以标准格式保存，使其易于使用、处理和交换。

本节的目的是提供 OOFS 框架内输出特点的信息和建议，以最大限度地提高其效用，并确保它们满足用户的要求。

4.6.2 产品和数据集

与预报系统有关的数据是通过产品和数据集的形式提供的。

“产品”是一组可用的数据(也可以是一个或多个数据集)及其描述性信息(元数据)。产品是一个或几个数据集与一些静态和(或)动态元数据的关联。

“数据集”是具有相同地理空间结构或特征类型的分析和预报数据的汇总:剖面、点序列、轨迹、点、网格、网格序列等。一个数据集是由一个或几个数据文件组成。汇总的目的是使数据集的内容对用户来说是可预见的(变量列表、预定义的地理边界框)，并且在产品更新时可以扩展(时间轴)。数据集可以通过“访问服务”来获取。当数据存储在栅格数据文件(如 NetCDF 格式)中，并且数据集的每个文件都包含相同地理范围内的一些变量时，数据集就是网格化的。构成网格化数据集的两个文件之间的差异应是变量的时间覆盖范围。

4.6.3 变量

GOOS 专家小组确定的 EOV 是解决当前与海洋有关的科学和社会问题所需的基本度量方式，将最相关的海洋信息纳入 OOFS 最终输出产品，可以发挥至关重要的作用。

这些变量提供了海洋状态的最佳全球描述(Lindstrom et al.，2012)，它们所提供的经济实惠、技术可行的信息对主要的海洋主题如海洋健康或气候特别有意义。

在这些 EOV 中，与物理海洋学最相关的主要是表层和次表层温度、盐度、海流、海面高度、海冰和表面应力。在生物地球化学中，一些最相关变量的是营养物质、氧气、溶解的有机碳和颗粒物质，而浮游植物、浮游动物和藻类覆盖则是生物和生态系统的主要变量。

4.6.4 空间分辨率

通常，最常用的水平网格是结构化的 Arakawa B 或 C 网格，它通过将北网格极点设在陆地上来避免计算域中奇异点的存在。这种特殊性导致这些模型产生的数据为非规则网格，处理起来可能更加复杂。其他模型也可以产生由简单形状(如三角形或四面体)组成的不规则网格的非结构化数据，这些网格可以适应更复杂的地理区域。同样，通过嵌套技术，空间分辨率可以在特定区域(如沿海地区)得到提高，呈现特别关心的特征或事件，嵌套技术允许在模型的大区域和子区域之间动态交换信息。

海洋环流模型的三维网格是按照不同的垂直坐标系进行垂直离散的。这些坐标系是基于不同的离散化方式，如笛卡尔深度跟踪 Z 坐标、等密度 ρ 坐标、地形跟踪 σ 坐标或压力 p 坐标。垂直坐标系的选择特别重要，因为它们在准确表达不同海洋层特征方面各有优缺点。

为了略微简化模型用户的输出管理，可以在后期进行一些水平插值，以便在更便捷的常规用户定义的坐标系中生成最终输出，但这必须始终确保信息损失最小，并达到尽可能高的产品质量。

4.6.5 时间分辨率

最终的模型输出通常是以时间平均的均值或瞬时值的形式分布，这包含了广泛的时间频率。所选择频率可能取决于每个变量的变化性和被输出结果的研究范围，但每小时、每天或每月的平均值是最需要的输出。无论如何，这一特征在模型中是可配置的，因此可以根据需要进行修改。为了保持一致性，空间分辨率的提高通常应与时间分辨率的提高同时进行。在任何情况下，后处理程序都可以应用于组织最终的输出结果，如分割或收集不同数据集中产生的变量，或计算特定时间段的平均值。

4.6.6 数据格式

输出格式是 OOFS 生产的一个重要方面。格式在很大程度上取决于用于生成输出结果的模型。从这个意义上说，标准格式的使用，对简化特定软件的数据读取和处理或改善不同系统之间的数据交换特别重要，人们根据良好的数据定义规则，来构建易于使用的结构数据。

在这些格式中，最值得推荐的当然是 NetCDF，这是一套在气象学、海洋学和地球科学中广泛应用的免费软件库和数据接口，专门用于创建、访问和共享面向数组的科学数据①。

NetCDF 格式的特点如下。

- 自我描述：NetCDF 文件显示所含数据的信息(元数据)。
- 可追加：数据可以被添加到一个已经存在的 NetCDF 文件中而不改变其结构。
- 可扩展：来自 NetCDF 文件的数据集可以通过接口轻松地进行子集。
- 可移植：NetCDF 文件可以有效地从不同架构的计算机上检索。
- 可共享：NetCDF 文件允许同时访问。
- 可归档：较新的版本支持访问早期形式的 NetCDF 数据。

NetCDF 还包括用于 Fortran、Java、C、C++等编程语言的数据访问库，以及用于打开和

①网址为 https://www.unidata.ucar.edu/software/netcdf/。

操作数据文件的功能程序。

NetCDF 文件中包含的元数据是一个关键部分，因为它们提供了关于数据特征的主要信息。为了促进这些文件的共享，出现一些专门为定义通用气候和预报元数据而设计的规范，如合作海洋/大气研究数据服务(COARDS) CF 规范。这些规范允许 NetCDF 文件准确描述每个变量数据，以及定义它们的空间和时间属性。因此，它们简化了不同来源之间的数量比较过程，增强了具体应用的设计。

特别是，CF 元数据规范是 COARDS 规范的延伸，特别是针对模型生成的数据。根据这一规范，特定的属性提供了对 NetCDF 文件内容的一般解释，而其他属性则提供了对文件中每个变量的相关描述。此外，当遵循 CF 规范时，对基本的模型输出坐标(纬度、经度、垂向坐标和时间)给予特殊处理。关于 CF 惯例的更多信息可以访问 https://cfconventions.org。

4.6.7 显示和分析工具

有许多工具可用于显示、分析和处理海洋模型的输出数据，特别是当数据是按照 NetCDF 等通用格式构建的时候。它的库中包括一些有用的命令行，如：命令“ncdump”，可以快速查看文件中包括的数据和元数据信息文本；命令“ncgen”，用来生成 NetCDF 文件或者从之前用编译器描述语言(CDL)的小语言获得的 NetCDF 文件的描述中生成创建该文件所需的 C 语言或 Fortran 程序。

除了前面提到的 NetCDF 库命令外，许多著名的软件包和编程语言都可以对 NetCDF 文件进行打开、操作(例如用于修改信息、算术运算、计算统计数据等)或将文件可视化。其中，最受欢迎的有：

- Ferret(https://ferret.pmel.noaa.gov/Ferret)；
- NCO(http://nco.sourceforge.net)；
- CDO(https://code.mpimet.mpg.de/projects/cdo)；
- Python (https://www.python.org/)；
- Matlab (https://www.mathworks.com/)；
- GrADS(http://cola.gmu.edu/grads)；
- IDL(https://www.harrisgeospatial.com/Software-Technology/IDL)；
- IDV(https://www.unidata.ucar.edu/software/idv)；
- Panoply(https://www.giss.nasa.gov/tools/panoply)；
- NCL(http://www.ncl.ucar.edu)；
- ncview(http://cirrus.ucsd.edu/ncview)；
- ncBrowse(https://www.pmel.noaa.gov/epic/java/ncBrowse)。

4.6.8 产品分发

OOFS 需要一个可访问且可靠的服务来有效地分发所生成的数据。这种服务必须实现与海洋学界互通的接口(遵循 CF 规范的 NetCDF 输出、质量控制程序等)，并使用通用的工具和协议(如 Thredds-OpenDAP)来访问数据。

所提到的服务应基于多年来有效服务于用户的系统，确保提供的产品考虑到用户的需求。此外，所有的服务内容都应该得到适当的管理和维护。

模型的输出应该归档在易于访问的服务中，用户可以通过专门的接口（拉取服务）获取它们，或者对于订阅的用户，通过任何常用的协议（如 FTP、SSH 等）接收文件。这些服务还应该允许用户从原始输出中提取所请求的数据子集。

4.7 用户管理和推广

海洋服务是提供海洋信息从而协助决策。这种服务必须满足用户的需求，必须以科学上可靠的信息和专业知识为基础，并需要用户和提供者之间的适当参与。它应该是一种综合服务，将所有的海洋产品收集到一个单一的目录中，并长期保持下去。

第一个必要性步骤是定义要提供的服务并回答以下问题。

- 该服务的目标受众有哪些？它可以包括以下一个或全部用户：国家/地方公共环境机构、科学家和学术界、公民、私营公司等。
- 应用于服务的数据策略是什么？可以是一个开放的服务（向所有用户开放，无论是否注册），也可以是一个限制访问的服务。同时，它也可以是一个免费的或付费的服务。
- 哪些运营承诺和服务水平协议可以提供给用户？为了通过透明和信任的关系与用户接触，应该公开服务承诺。

根据上述 3 个问题的答案，该服务将开发出下列资源组合。

- 信息资源（包括线上和线下）、海洋专业知识工具和社会意识可以包括在以下活动。这些活动旨在通过为不同的目标受众翻译科学语言和研究结果，向更多的受众提供业务化海洋学服务的专业知识，并分发工具以推动其采用。
    - 数字网站、数字工具、社会媒体（Twitter、Linkedin、Youtube 等）。
    - 社论（新闻、活动网络版等）和新闻关系（新闻通讯等）。
    - 海洋知识和推广活动（推广活动、合作伙伴倡议、博物馆展览等）。
- 建立包括海洋产品目录在内的海洋数据门户网站，供人们在线下载和可视化海洋数据。
    - 应提供可搜索的在线产品目录，包括产品元数据描述和搜索参数，例如自由文本、地理区域、海洋参数、模型或观测（卫星或现场）、分辨率（空间和时间）、覆盖范围（空间和时间）、更新频率等。它还应允许用户下载所选的数据产品（无论是否注册，也无论是否收费，取决于服务的定义）。在线目录应符合可用性和互操作性的最高标准。
    - 另一个主要资源包括查看工具，以直观地探索不同的海洋产品。这些工具可以包括创建二维地图、横断面、选择区域，以及用选定的变量生成图表的能力。可以实现不同透明度的分层和叠加，使用户可以比较多个数据集。此外，选定的地图和时间框架可以导出为视频、图像或嵌入其他地方。
    - 这样的海洋数据门户需要包含产品管理活动，以仔细和密切管理产品组合和每个产品的生命周期。产品管理允许密切跟踪所有影响用户的产品变化，以及产品元数据的更新和同质化，而这些又需要认真地传达给用户。
- 用户支持台是用户所有问题和意见的联系点，其目标是优化整个服务的用户体验。可以使用各种方式来发起或进行与用户的交流（例如聊天框、电子邮件地址、在线表格、电话、视频会议等）。用户支持台还负责向用户通报产品和服务的操作问题，如事件、维护和改进。此外，它还提供用户和科技专家之间的内部联系。最后，它还积极加入下文所述的培训活动，并参加所有此类活动。如果需要，可以为特定的账户制定一个面向客户的通道。

• 用户学习服务或培训活动可以加强用户的理解：其目的是培训、回答问题、促进用户体验、分享知识和收集需求。培训研讨会是为了培训现有的、新的或初级的用户。需要明确目标受众，并相应地开发培训资源。例如，参与者可以在全体会议和实践培训课程中了解产品、服务及其在广泛主题上的可能应用。参与者应该能够分享他们的经验，以及表达他们对未来将被纳入的新产品的需求和要求。最后，可以与参与者分享教程视频和 jupyter notebooks（即允许专家创建实践练习和分享代码的开源网络应用），以帮助他们进行自己的代码编程和了解如何使用产品。

• 服务监控：应通过关键绩效指标对服务进行监控，每季度和每年报告一次。这种关键绩效指标根据运营承诺和服务水平协议（及时性、稳健性等）评估服务的可靠性。为了指导服务及其使用，服务监控包括许多关键绩效指标。例如，提供有关产品组合演变、订阅者数量变化及其详细特征的数据，以及监控服务可用性和产品及时性。

• 应该测量、监测和分析用户反馈和用户满意度，并通过实施新的或更新的产品和服务，以更好地满足用户需求。

• 可以开展用户参与和市场拓展活动，以促进用户对海洋产品的掌握。开展市场调查，并为新社区的数据使用寻求新机会。这些活动包括瞄准发展中的“蓝色市场”，向新的受众解释海洋产品，通过使用案例展示数据的使用，发起营销活动，组织或参与宣传海洋服务的活动，并与新的合作伙伴和社区进行联络。

参考文献

Barnier, B., Siefridt, L., and Marchesiello, P. (1995). Thermal forcing for a global ocean circulation model using a three-year climatology of ECMWF analyses. Journal of Marine Systems, 6(4), 363-380, https://doi.org/10.1016/0924-7963(94)00034-9

Barnier, B. (1998). Forcing the ocean. In “Ocean Modeling and Parameterization”, Editors: E. P. Chassignet and J. Verron, Eds., Kluwer Academic, 45-80.

Bell, M.J., Lefèbvre, M., Le Traon, P.-Y., Smith, N., Wilmer-Becker, K. (2009). GODAE the global ocean data assimilation experiment. *Oceanography, 22, 14-21,* https://doi.org/10.5670/oceanog.2009.62

Bellingham, J. (2009). Platforms: Autonomous Underwater Vehicles. In “Encyclopedia of Ocean Sciences”, Editors-in-Chief: J. K. Cochran, H. Bokuniewicz, P. Yager, ISBN: 9780128130827, doi:10.1016/B978-012374473-9.00730-X

Bourlès, B., Lumpkin, R., McPhaden, M.J., Hernandez, F., Nobre, P., Campos, E., Yu, L. Planton, S., Busalacchi, A., Moura, A.D., Servain, J., and Trotte, Y. (2008). The PIRATA program: History, accomplishments, and future directions. *Bulletin of the American Meteorological Society*, 89, 1111-1125, https://doi.org/10.1175/2008BAMS2462.1

Boyer, T.P., Baranova, O.K., Coleman, C., Garcia, H.E., Grodsky, A., Locarnini, R.A., Mishonov, A.V., Paver, C.R., Reagan, J.R., Seidov, D., Smolyar, I.V., Weathers, K.W., Zweng, M.M. (2019). World Ocean Database 2018. A. V. Mishonov, Technical Editor, NOAA Atlas NESDIS 87.

Bouttier, F., and Courtier, P. (2002). Data assimilation concepts and methods. Meteorological training course lecture series, ECMWF, 59. Available at https://www.ecmwf.int/en/elibrary/16928-data-assimilation-concepts-and-methods

Capet, A., Fernández, V., She, J., Dabrowski, T., Umgiesser, G., Staneva, J., Mészáros, L., Campuzano, F., Ursella, L., Nolan, G., El Serafy, G. (2020), Operational Modeling Capacity in European Seas - An EuroGOOS Perspective and Recommendations for Improvement. *Frontiers in Marine Science*, 7:129, https://doi.org/10.3389/fmars.2020.00129

Carrassi, A., Bocquet, M., Bertino, L., Evensen, G. (2018). Data assimilation in the geosciences: An overview of methods, issues, and perspectives. *Wiley Interdisciplinary Reviews: Climate Change*, 9(5), e535, https://doi.org/10.1002/wcc.535

Chang, Y.-S., Rosati, A. J., Zhang, S., and Harrison, M. J. (2009). Objective Analysis of Monthly Temperature and Salinity for the World Ocean in the 21st century: Comparison with World Ocean Atlas and Application to Assimilation Validation. *Journal of Geophysical Research: Oceans*, 114(C2), https://doi.org/10.1029/2008JC004970

Crocker, R., Maksymczuk, J., Mittermaier, M., Tonani, M., and Pequignet, C. (2020). An approach to the verification of high-resolution ocean models using spatial methods. *Ocean Science*, 16, 831-845, https://doi.org/10.5194/os-16-831-2020

Crosnier, L., and Le Provost, C. (2007). Inter-comparing five forecast operational systems in the North Atlantic and Mediterranean basins: The MERSEA-strand1 Methodology. *Journal of Marine Systems*, 65(1-4), 354-375, https://doi.org/10.1016/j.jmarsys.2005.01.003

Cummings, J., Bertino, L., Brasseur, P., Fukumori, I., Kamachi, M., Martin, M.J., Mogensen, K., Oke, P., Testut, C.-E., Verron, J., Weaver, A. (2009). Ocean data assimilation systems for GODAE. *Oceanography*, 22, 96-109, https://doi.org/10.5670/oceanog.2009.69

Dai, A., and Trenberth, K. E. (2002). Estimates of freshwater discharge from continents: Latitudinal and seasonal variations. *Journal of Hydrometeorology*, 3(6), 660-687, https://doi.org/10.1175/1525-7541(2002)003<0660:EOFDFC>2.0.CO;2

Dai, A., Qian, T., Trenberth, K. E., Milliman, J. D. (2009). Changes in continental freshwater discharge from 1948-2004. *Journal of Climate*, 22(10), 2773-2791, https://doi.org/10.1175/2008JCLI2592.1

Dai, A. (2021). Hydroclimatic trends during 1950–2018 over global land. *Climate Dynamics*, 4027-4049, https://doi.org/10.1007/s00382-021-05684-1

De Mey, P. (1997). Data assimilation at the oceanic mesoscale: A review. Journal of Meteorological of Japan, 75(1b), 415-427, https://doi.org/10.2151/jmsj1965.75.1B_415

Carrassi, A., Bocquet, M., Bertino, L., Evensen, G. (2018). Data assimilation in the geosciences: An overview of methods, issues, and perspectives. Wiley Interdisciplinary Reviews: Climate Change, 9(5), e535, https://doi.org/10.1002/wcc.535

Donlon, C, Minnett, P., Gentemann, C., Nightingale, T.J., Barton, I., Ward, B., Murray, M. (2002). Toward improved validation of satellite sea surface skin temperature measurements for climate research. Journal of Climate, 15:353-369, https://doi.org/10.1175/1520-0442(2002)015<0353:TIVOSS>2.0.CO;2

Donlon, C., Casey, K., Robinson, I., Gentemann, C., Reynolds, R, Barton, I., Arino, O., Stark, J., Rayner, N., Le Borgne, P., Poulter, D., Vazquez-Cuervo, J., Armstrong, E., Beggs, H., Llewellyn-Jones, D., Minnett, P., Merchant, C., Evans, R. (2009). The GODAE High-Resolution Sea Surface Temperature Pilot Project. *Oceanography*, 22, 34-45, https://doi.org/10.5670/oceanog.2009.64

Drévillon, M., Greiner, E., Paradis, D., et al. (2013). A strategy for producing refined currents in the Equatorial Atlantic in the context of the search of the AF447 wreckage. *Ocean Dynamics*, 63, 63-82, https://doi.org/10.1007/s10236-012-0580-2

Eastwood, S., Le Borgne, P., Péré, S., Poulter, D. (2011). Diurnal variability in sea surface temperature in the Arctic. *Remote Sensing of Environment*, 115(10), 2594-2602, https://doi.org/10.1016/j.rse.2011.05.015

GHRSST Science Team (2012). The Recommended GHRSST Data Specification (GDS) 2.0, document revision 5, available from the GHRSST International Project Office, available at https://www.ghrsst.org/governance-documents/ghrsst-data-processing-specification-2-0-revision-5/

Griffies, S. M. (2006). Some ocean model fundamentals. In "Ocean Weather Forecasting", Editoris: E. P. Chassignet and J. Verron, 19-73, Springer-Verlag, Dordrecht, The Netherlands, doi:10.1007/1-4020-4028-8_2

Groom, S., Sathyendranath, S., Ban, Y,. Bernard, S., Brewin, R., Brotas, V., Brockmann, C., Chauhan, P., Choi, J-K., Chuprin, A., Ciavatta, S., Cipollini, P. Donlon, C., Franz, B., He, X., Hirata, T., Jackson, T., Kampel, M., Krasemann, H., Lavender, S., Pardo-Martinez, S., Mélin, F., Platt, T., Santoleri, R., Skakala, J., Schaeffer, B., Smith, M., Steinmetz, F., Valente, A., Wang, M. (2019). Satellite Ocean Colour: Current Status and Future Perspective. *Frontiers in Marine Science*, 6:485, https://doi.org/10.3389/fmars.2019.00485

Hamlington, B.D., Thompson, P.,. Hammond, W.C., Blewitt, G., Ray, R.D. (2016). Assessing the impact of vertical land motion on twentieth century global mean sea level estimates. Journal of Geophysical Research, 121(7), 4980-4993, https://doi.org/10.1002/2016JC011747

Hernandez, F., Bertino, L., Brassington, G.B., Chassignet, E., Cummings, J., Davidson, F., Drevillon, M., Garric, G., Kamachi, M., Lellouche, J.-M., et al. (2009). Validation and intercomparison studies within GODAE. *Oceanography*, 22(3), 128-143, https://doi.org/10.5670/oceanog.2009.71

Hernandez, F., Blockley, E., Brassington, G B., Davidson, F., Divakaran, P., Drévillon, M., Ishizaki, S., Garcia-Sotillo, M., Hogan, P. J., Lagemaa, P., Levier, B., Martin, M., Mehra, A., Mooers, C., Ferry, N., Ryan, A., Regnier, C., Sellar, A., Smith, G. C., Sofianos, S., Spindler, T., Volpe, G., Wilkin, J., Zaron, E D., Zhang, A. (2015). Recent progress in performance evaluations and near real-time assessment of operational ocean products. *Journal of Operational Oceanography*, 8(sup2), https://doi.org/10.1080/1755876X.2015.1050282

Hernandez, F., Smith, G., Baetens, K., Cossarini, G., Garcia-Hermosa, I., Drevillon, M., ... and von Schuckman, K. (2018). Measuring performances, skill and accuracy in operational oceanography: New challenges and approaches. In "New Frontiers in Operational Oceanography", Editors: E. Chassignet, A. Pascual, J. Tintoré, and J. Verron, GODAE OceanView, 759-796, doi:10.17125/gov2018.ch29

Hollingsworth, A., Shaw, D. B., Lönnberg, P., Illari, L., Arpe, K., and Simmons, A. J. (1986). Monitoring of Observation and Analysis Quality by a Data Assimilation System. *Monthly Weather Review*, 114(5), 861-879, https://doi.org/10.1175/1520-0493(1986)114<0861:MOOAAQ>2.0.CO;2

International Altimetry Team (2021). Altimetry for the future: building on 25 years of progress. Advances in Space Research, 68(2), 319-363, https://doi.org/10.1016/j.asr.2021.01.022

Kurihara, Y., Murakami, H., and Kachi, M. (2016). Sea surface temperature from the new Japanese geostationary meteorological Himawari-8 satellite. *Geophysical Research Letters*, 43(3), 1234-1240, https://doi.org/10.1002/2015GL067159

Josey, S.A., Kent, E.C., Taylor, P.K. (1999). New insights into the ocean heat budget closure problem from analysis of the SOC air-sea flux climatology. *Journal of Climate*, 12(9), 2856-2880, https://doi.org/10.1175/1520-0442(1999)012<2856:NIITOH>2.0.CO;2

Jolliffe, I.T., and Stephenson, D.B. (2003). Forecast Verification: A Practitioner's Guide in Atmospheric Sciences, John Wiley & Sons Ltd., Hoboken, 296 pages, ISBN: 978-0-470-66071-3

Legates, D.R., McCabe, G.J. Jr. (1999). Evaluating the use of "Goodness of Fit" measures in hydrologic and hydroclimatic model validation. *Water Resources Research*, 35, 233-241, https://doi.org/10.1029/1998WR900018

Legates, D., and Mccabe, G. (2013). A refined index of model performance: A rejoinder. *International Journal of Climatology*, 33(4), 1053-1056, https://doi.org/10.1002/joc.3487

Le Traon, P.Y., Larnicol, G., Guinehut, S., Pouliquen, S., Bentamy, A., Roemmich, D., Donlon, C., Roquet, H., Jacobs, G., Griffin, D., Bonjean, F., Hoepffner, N., Breivik, L.A. (2009). Data assembly and processing for operational oceanography 10 years of achievements. Oceanography, 22(3), 56-69, https://doi.org/10.5670/oceanog.2009.66

Levitus, S. (1982). Climatological Atlas of the World Ocean. NOAA/ERL GFDL Professional Paper 13, Princeton, N.J., 173 pp. (NTIS PB83-184093).

Lindstrom, E., Gunn, J., Fischer, A., McCurdy, A. and Glover L.K. (2012). A Framework for Ocean Observing. IOC Information Document;1284, Rev. 2, doi:10.5270/OceanObs09-FOO

Maksymczuk J., Hernandez, F., Sellar, A., Baetens, K., Drevillon, M., Mahdon, R., Levier, B., Regnier, C., Ryan, A. (2016). Product Quality Achievements Within MyOcean. *Mercator Ocean Journal #54*. Available at https://www.mercator-ocean.eu/en/ocean-science/scientific-publications/mercator-ocean-journal/newsletter-54-focusing-on-the-main-outcomes-of-the-myocean2-and-follon-on-projects/

Mantovani C., Corgnati, L., Horstmann, J. Rubio, A., Reyes, E., Quentin, C., Cosoli, S., Asensio, J. L., Mader, J., Griffa, A. (2020). Best Practices on High Frequency Radar Deployment and Operation for Ocean Current Measurement. Frontiers in Marine Science, 7:210, https://doi.org/10.3389/fmars.2020.00210

Marks, K., and Smith, W. (2006). An Evaluation of Publicly Available Global Bathymetry Grids. Marine Geophysical Researches, 27, 19-34, https://doi.org/10.1007/s11001-005-2095-4

Martin, M.J. (2016). Suitability of satellite sea surface salinity data for use in assessing and correcting ocean forecasts. *Remote Sensing of Environment*, 180, 305-319. https://doi.org/10.1016/j.rse.2016.02.004

Martin, M.J, King, R.R., While, J., Aguiar, A.B. (2019). Assimilating satellite sea-surface salinity data for SMOS Aquarius and SMAP into a global ocean forecasting system. *Quarterly Journal of the Royal Meteorological Society*, 145(719), 705-726, https://doi.org/10.1002/qj.3461

McPhaden, M. J., Busalacchi, A.J., Cheney, R., Donguy, J.R., Gage, K.S., Halpern, D., Ji, M., Julian, P., Meyers, G., Mitchum, G.T., Niller, P.P., Picaut, J., Reynolds, R.W., Smith, N., Takeuchi, K. (1998). The Tropical Ocean-Global Atmosphere (TOGA) observing system: A decade of progress. *Journal of Geophysical Research*, 103, 14169-14240, https://doi.org/10.1029/97JC02906

McPhaden, M. J., Meyers, G., Ando, K., Masumoto, Y., Murty, V. S., Ravichandran, M., Syamsudin, F., Vialard, J., Yu, L., and Yu, W. (2009). RAMA: The Research Moored Array for African-Asia-Australian Monsoon Analysis and Prediction. *Bulletin of the American Meteorological Society*, 90, 459-480, https://doi.org/10.1175/2008BAMS2608.1

Moore, A.M., Martin, M.J., Akella, S., Arango, H.G., Balmaseda, M., Bertino, L., Ciavatta, S., Cornuelle, B., Cummings, J., Frolov, S., Lermusiaux, P., Oddo, P., Oke, P.R., Storto, A., Teruzzi, A., Vidard, A., Weaver, A.T. (2019). Synthesis of Ocean Observations Using Data Assimilation for Operational, Real-Time and Reanalysis Systems: A More Complete Picture of the State of the Ocean. Frontiers in Marine Science, 6:90, https://doi.org/10.3389/fmars.2019.00090

Naeije, M., Schrama, E., and Scharroo, R. (2000). The Radar Altimeter Database System project RADS. Published in "IGARSS 2000. IEEE 2000 International Geoscience and Remote Sensing Symposium. Taking the Pulse of the Planet: The Role of Remote Sensing in Managing the Environment", doi:10.1109/IGARSS.2000.861605

Nurmi P. (2003). Recommendations on the verification of local weather forecasts (at ECMWF member states). Consultancy report to ECMWF Operations Department. Available at https://www.cawcr.gov.au/projects/verification/Rec_FIN_Oct.pdf

O'Carroll, A.G., Armstrong, E.M., Beggs, H., Bouali, M., Casey, K.S., Corlett, G.K., Dash, P., Donlon, C.J., Gentemann, C.L., Hoyer, J.L., Ignatov, A., Kabobah, K., Kachi, M. Kurihara, Y., Karagali, I., Maturi, E., Merchant, C.J., Minnett, P., Pennybacker, M., Ramakrishnan, B., Ramsankaran, R., Santoleri, R., Sunder, S., Saux Picart, S., Vazquez-Cuervo, J., Wimmer, W. (2019). Observational needs of sea surface temperature, *Frontiers in Marine Science*, 6:420, https://doi.org/10.3389/fmars.2019.00420 .

Peng, G., Downs, R.R., Lacagnina, C., Ramapriyan, H., Ivánová, I., Moroni, D., Wei, Y., Larnicol, G., Wyborn, L., Goldberg, M., Schulz, J., Bastrakova, I., Ganske, A., Bastin, L., Khalsa, S.J.S., Wu, M., Shie, C.-L., Ritchey, N., Jones, D., Habermann, T., Lief, C., Maggio, I., Albani, M., Stall, S., Zhou, L., Drévillon, M., Champion, S., Hou, C.S., Doblas-Reyes, F., Lehnert, K., Robinson, E. and Bugbee, K., (2021). Call to Action for Global Access to and Harmonization of Quality Information of Individual Earth Science Datasets. *Data Science Journal*, 20(1), 19, http://doi.org/10.5334/dsj-2021-019

Petrenko, B., Ignatov, A., Kihai, Y., Dash, P. (2016). Sensor-Specific Error Statistics for SST in the Advanced Clear-Sky Processor for Oceans. Journal of Atmospheric and Oceanic Technology, 33(2), 345-359, https://doi.org/10.1175/JTECH-D-15-0166.1

Roarty, H., Cook, T., Hazard, L., George, D., Harlan, J., Cosoli, S., Wyatt, L., Alvarez Fanjul, E., Terrill, E., Otero, M., Largier, J., Glenn, S., Ebuchi, N., Whitehouse, Br., Bartlett, K., Mader, J., Rubio, A., Corgnati, L., Mantovani, C., Griffa, A., Reyes, E., Lorente, P., Flores-Vidal, X., Saavedra-Matta, K. J., Rogowski, P., Prukpitikul, S., Lee, S-H., Lai, J-W., Guerin, C-A., Sanchez, J., Hansen, B., Grilli, S. (2019). The Global High Frequency Radar Network. *Frontiers in Marine Science*, 6:164, https://doi.org/10.3389/fmars.2019.00164

Ryan, A. G., Regnier, C., Divakaran, P., Spindler, T., Mehra, A., Smith, G. C., et al. (2015). GODAE OceanView Class 4 forecast verification framework: global ocean inter-comparison. *Journal of Operational Oceanography*, 8(sup1), S112-S126, https://doi.org/10.1080/1755876X.2015.1022330

Scharroo, R. (2012). RADS version 3.1: User Manual and Format Specification. Available at http://rads.tudelft.nl/rads/radsmanual.pdf

Sotillo, M. G., Garcia-Hermosa, I., Drévillon, M., Régnier, C., Szczypta, C., Hernandez, F., Melet, A., Le Traon, P.Y. (2021). Communicating CMEMS Product Quality: evolution & achievements along Copernicus-1 (2015-2021). *Mercator Ocean Journal #57*. Available at https://marine.copernicus.eu/it/node/19306

Tonani, M., Balmaseda, M., Bertino, L., Blockley, E., Brassington, G., Davidson, F., Drillet, Y., Hogan, P., Kuragano, T., Lee, T., Mehra, A., Paranathara, F., Tanajura, C., Wang, H. (2015). Status and future of global and regional ocean prediction systems. *Journal of Operational Oceanography*, 8, s201-s220, https://doi.org/10.1080/1755876X.2015.1049892

Tournadre, J., Bouhier, N., Girard-Ardhuin, F., Remy, F. (2015). Large icebergs characteristics from altimeter waveforms analysis. *Journal of Geophysical Research: Oceans*, 120(3), 1954-1974, https://doi.org/10.1002/2014JC010502

Tozer, B., Sandwell, D.T., Smith, W.H.F., Olson, C., Beale, J. R., and Wessel, P. (2019). Global bathymetry and topography at 15 arc sec: SRTM15+. *Earth and Space Science*, 6, 1847-1864, https://doi.org/10.1029/2019EA000658

Vinogradova, N.T., Ponte, R.M., Fukumori, I., and Wang, O. (2014). Estimating satellite salinity errors for assimilation of Aquarius and SMOS data into climate models. *Journal of Geophysical Research: Oceans*, 119(8), 4732-4744, https://doi.org/10.1002/2014JC009906

Vinogradova N., Lee, T., Boutin, J., Drushka, K., Fournier, S., Sabia, R., Stammer, D., Bayler, E., Reul, N., Gordon, A., Melnichenko, O., Li, L., Hackert, E., Martin, M., Kolodziejczyk, N., Hasson, A., Brown, S., Misra, S., and Linkstrom, E. (2019). Satellite Salinity Observing System: Recent Discoveries and the Way Forward. *Frontiers in Marine Science*, 6:243, https://doi.org/10.3389/fmars.2019.00243

Zhang H., Beggs, H., Wang, X.H., Kiss, A. E., Griffin, C. (2016). Seasonal patterns of SST diurnal variation over the Tropical Warm Pool region. Journal of Geophysical Research: Oceans, 121(11), 8077-8094, https://doi.org/10.1002/2016JC012210

第 5 章
环流模型

5.1 环流模型介绍

5.1.1 目标、应用和受益者

业务化海洋监测预报系统的主要目标是为用户提供最可靠的、易于获取的、准实时的海洋状态信息。这项服务面向任何用户，特别是在这些信息基础上进一步提供服务的用户。

预报系统依赖海洋数值模型，在许多情况下，依赖能够同化现有观测资料的数据同化模块，提供完整的数据集作为海洋环流模型的初始条件。观测资料的利用，对于海洋观测系统的应用 、模型和数值技术的发展，以及考虑到观测和模型的不确定性而综合多信息的数据同化方案，都是至关重要的。

环流模型是业务化海洋监测预报系统的主要核心之一：它为海洋预测和支持气候研究提供了海洋物理基本变量（即温度、盐度、海流、海面高度等）。海洋模型能够描述从全球到区域尺度的海洋状态，并预测其随时间（从短期到中期再到长期）的演变。这是通过对一组偏微分方程的数值求解来实现的，该方程是基于纳维-斯托克斯（Navier-Stokes）方程的近似。

20 世纪初，Bjerknes（1914）提出了一种可行的方法，可以求解一段有限时间的数学动力和热力学方程。他定义了两个必要因素使预测成为现实：一是尽可能准确地了解初始条件，二是开发一个准确的预测模型。后者包括离散化方程和使用数值方法来求解时间导数。基于这种方法，第一个成功的气象预报开始于 20 世纪 60 年代末，而海洋预报则在 20 世纪 80 年代开始；美国哈佛大学和蒙特雷海军研究生院的一个联合项目首次成功开展了有限区域的中尺度海洋预报（Pinardi et al. ，2017）。早期的波浪预报实例是在第二次世界大战期间，源于登陆行动对海况的需求（O'Brien et al. ， 1947）。

在 20 世纪的后几十年和进入 21 世纪以来，海洋预报已经成为一项常规业务，特别是由于计算能力的提高，现在我们能够采用高分辨率数值模型研究多尺度的海洋过程、物理特性及其对气候的影响，以及可能对环境造成影响的人类活动。在现代海洋预测中，考虑到来源不同的不确定性（如初始条件、强迫函数、数值模型的物理过程和水深测量的误差），而这些不确定性不可避免地影响到最终求解结果，并在预测期间误差趋于增大，因此采用了随机方法和集合方

---

* 本章主编：Stefania Ciliberti；编写成员：Nadia Ayoub， Jérôme Chanut， Mauro Cirano， Anne Delamarche， Pierre De Mey-Frémaux， Marie Drevillon， Yann Drillet， Helene Hewitt， Simona Masina， Clemente Tanajura， Vassilios Vervatis， 万莉颖。

法，作为对确定性方法的补充。

为了提高预测精度，数据同化和集合技术被广泛使用，主要是将现有的观测资料(现场和卫星)与海洋数值模型有机结合，以提供最优预测结果。然而，在数值模型分辨率非常高，同时观测资料有限的情况下，OOFS系统并不使用数据同化程序。如果可能，该系统应从各种观测平台和系统中获取预测所需要的观测数据。基于卫星的观测系统也为海洋观测系统提供了大量的观测数据。

OOFS需要从数值天气预报系统中获取信息，以提供表面边界强迫场。OOFS还需要影响海洋的其他参数的信息，如河流径流等。根据所关注的领域，OOFS可能还需要海冰的信息(见第4.2节讲述的输入数据要求和第6章的海冰模拟基础知识)。观测也被用来检验海洋模型，了解模型的预测能力，从而衡量预报产品的准确性(见第4.5节)，常规的验证和检验能够了解一个模型什么时候表现得不好。通过实测检验发现的误差，可以用来确定进一步发展OOFS的优先次序。尽管现在从全球到区域范围的OOFS得到了巨大的发展，但仍然需要大量的研究来进一步推动海洋预报的发展。包括自动化多尺度观测技术的创新，远程和现场观测(Le Traon et al.，2019)等，新的模型开发(Fox-Kemper et al.，2019)，以及机器学习支持的新一代计算方法和数据同化方案(De Mey-Frémaux et al.，2019)。

OOFS的最终目的是制作和分发业务化海洋预报产品，以满足用户需求。依靠业务化海洋预报产品和服务的用户越来越多，海洋预报将继续提供越来越多的产品和服务：如用于海洋安全、海洋资源、沿海和海洋环境(见第11章)。这是因为新的系统在精度可控的情况下，能够采用更高的时空分辨率，从而做出更好的管理和应急决策。提供实时预报和分析的业务化组织的出现，将鼓励进一步开发产品，包括对极端天气驱动的海洋事件(如风暴潮)、污染、溢油、声学特性(如声速)、海冰、生态系统管理、近海活动、搜救行动、最优能源开采以及海上安全和航运的预报 。此外，海洋预报产品也服务于水产养殖、渔业研究和区域渔业组织，为海洋生物资源的保护和可持续管理做出贡献。海洋预报有助于减少洪水、风暴潮、热浪和其他海洋灾害的损失。此外，详细和准确的预测也有助于制定长期规划等辅助决策措施，旨在管理气候变化导致海洋和海岸带面临的风险，如海平面上升和海洋热浪。

海洋预报使得社会有能力了解当前和未来的海洋状况，是“联合国海洋科学促进可持续发展十年”提出的七个成果之一。

本章的范围是介绍构成OOFS的所有要素，并详细介绍主要的环流模型组成。对于每一个组成部分，本章都有专门的小节进行全面描述，包括介绍一些目前在业务化框架中运行的海洋模型的最先进的例子。此外，还将介绍数据同化系统和验证方法的基本概念，因为运行模型的一个重要部分是进行必要的验证和检验，以保证模型输出的质量。

5.1.2 环流物理学

海洋的物理过程、特性和环流由近似的纳维-斯托克斯方程进行数值描述(详见第5.4.1节)。这些方程可以描述温度、盐度、密度、压力和海流的空间和时间分布。海洋数值模型是业务化海洋学的基础，是准实时到季节性到年季预报和气候预测的基础。在业务化海洋学中，数值模型与数据同化技术一起使用，以准确地表示某一特定时间和空间的海洋状态，并制作预报系统的初始条件。

实际流体的控制方程是纳维-斯托克斯方程，还有盐分和热量的守恒关系以及状态方程；

这些方程支持快速声学模态，并在许多项中涉及非线性问题，使得求解方程既困难又费时。一系列的近似值被用来简化成“原始方程”，这是多数通用模型的基础。第 5.4 节介绍了海洋模型中的假设。

海洋环流模型的目的是描述关键过程。这些过程包括：①海洋热量的传输；②蒸发、降水和径流对海洋盐度和密度的影响；③洋流的作用，它与风浪和潮汐一起，影响海洋混合和水体质量转化。海洋环流模型将控制方程离散在水平和垂直格点上（第 5.4 节对此进行了阐述）。这些过程是可以通过模型求解，还是必须通过参数化来解决，取决于用于求解近似数值系统的网格分辨率。

图 3.4 显示了不同海洋过程的空间和时间尺度的量级。如果模型分辨率达到 100 km，海洋模型可求解开尔文波和罗斯贝波；事实上，赤道动力学已被证明对预测厄尔尼诺的季节性演变非常重要（Latif et al.，1994）。在较短的时间尺度，但同样的空间尺度上，表面潮汐是需要被描述的关键过程。在 10～100 km 的空间尺度上，可以描述中尺度海洋过程；这一尺度包括边界流和中尺度涡流（Hewitt et al.，2020）。在更精细的尺度上，可以描述沿海上升流、内潮波和内波。在水深尺度上，水深分辨率应很重要。例如，阻塞点可以决定深海和内陆海之间的海上交换，如直布罗陀海峡。水平分辨率的选择将在第 5.4 节进一步讨论。

虽然主要考虑的是水平尺度（图 3.4），但垂直分辨率和坐标的选择也是一个重要考虑因素。这些选择将在第 5.4 节进一步讨论，同时还将讨论用于解决方程的数值方法和一些参数化的选择。

海洋与地球系统的其他方面有着密切的联系，如海冰，它对调节高纬度地区的温度和盐度尤为重要。全球海洋模型包括海冰部分。最先进的海冰模型描述了海冰融化的热力学和海冰动力学，并包括海冰流变学。许多海冰模型还能捕捉到特定海洋网格内的冰层厚度或冰龄变化。Hunke 等（2020）讨论了海冰模型的现状和模型对业务预报的适用性。

本章提供了关于如何设置 OOFS 的补充信息，其核心是环流模型。第 5.3 节将提供建立海洋模型所需的输入数据清单，从静态数据集（如水深）到动态产品（如大气强迫场），再到为区域/近海模型提供初始/边界条件的其他 OOFS，以及用于同化和验证的观测数据。第 5.4 节重点介绍基本方程的数学公式，提供一些关于方程的离散化和积分数值方法。第 5.5 节专门介绍全球和区域海洋预报系统中常用的数据同化方案的基本数学原理。第 5.6 节是集合模型，第 5.7 和 5.8 节提供了关于验证方法和 OOFS 输出的主要细节。本章的最后部分提供了一份从全球到区域范围内的国际水平上的 OOFS 清单，包括多年期系统。

5.2 环流预报和多年期系统

5.2.1 OOFS 的基础海洋-地球系统

海洋是一个与其他系统相互作用的系统。图 5.1 简要表示了地球系统中天气和海洋预报的相互作用。以海洋为重点，我们可以确定（Madec et al.，2022）如下几方面的联系。

- 海洋与陆地的联系：特别是与海洋交换淡水流量的河流和湖泊。
- 海洋与大气层的联系：海洋接收降水并返回蒸发。大气层和海洋还交换水平动量（风应力）和热量。

• 海洋与海冰的联系：海洋与海冰交换热量、盐分、淡水和动量。海面温度被限制在界面的冰点上。海冰的盐度(4～6psu)与海洋的盐度(约 34psu)相比非常低，海水冻结/融化的周期与淡水和盐的通量有关，不能被忽视。

• 海洋与固体地球的联系：通过海底的热和盐的通量很小，因此不考虑跨固体边界的热和盐的通量。对于动量，我们用运动学边界条件来代替。此外，海洋通过摩擦与地球交换动量，这需要用底部和侧面的边界条件参数化湍流通量。

这些联系将在本章中详细介绍，这也是下一小节中介绍的 OOFS 的核心。

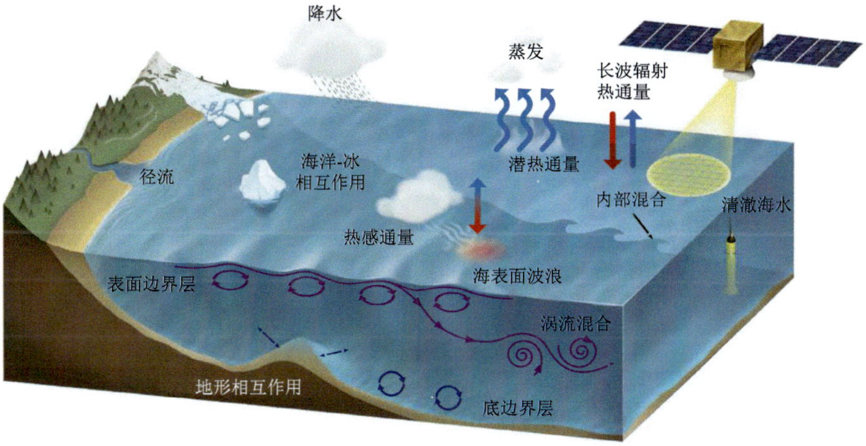

图 5.1　海洋过程和与地球联系的示意图
(来源：https://www.mercator-ocean.eu/en/oofs-guide/)

5.2.2　结构特征

一个能够提供预测以及重构历史海洋状态的 OOFS，离不开几个紧密联系的系统组成。第 4 章对 OOFS 结构的特点进行了概括介绍，其中包括每个系统组成、输入和输出数据，以及一些系统之间的联系。系统的复杂性、系统组成、基本结构、代码的维护以及整个数据流的监控都应该根据需求、稳定性和可操作性来决定。当然，系统的开发、维护和发展取决于业务化发展要求。

5.3　输入数据

环流模型业务化预报所需的要素如下。

• 观测。用于：
  ◦ 验证(包括预报验证)和校准，将在第 5.7 节进一步说明。
  ◦ 数据同化，基本概念将在第 5.5 节介绍。

观测来源：
  ◦ 对以下要素进行定点观测：温度、盐度、海面高度和海面洋流。关于定点海洋观测的更多信息，见第 4.2.2 节。
  ◦ 卫星观测的变量清单有：海平面异常、海面温度和海冰密集度。最近，遥感用于表层海水盐度和海冰厚度等参数观测。关于定点海洋观测的更多信息，见第 4.2.2 节。

• 水深测量。水深是 OGCM 系统中不可缺少的地形数据。在建立环流模型的过程中，水深的分辨率与模型尺度、分辨率密切相关。例如，在区域海洋模型中，我们可能需要分辨率高于 100 m 的水深数据，以准确刻画海岸线和大陆架地区的物理结构，并能够描述小尺度物理过程。关于水深数据集的更多信息，见第 4.2.4 节。

• 大气强迫。由数值天气预报系统生成，它对 OOFS 提供的动量、热量和淡水通量至关重要。关于大气强迫的更多信息可以在第 4.2.5 节中找到。

• 陆地强迫。提供来自河流的淡水通量。关于这一数据源的更多细节，见第 4.2.6 节。

• 来自其他 OOFS 的初始和边界条件。当采用降维方法获得更高的分辨率时，需要来自其他或本模型的三维场(更多信息见第 4.2.7 节和 5.4.4 节)。

• 气候学领域。这些数据是对其他数据源的补充，或者在没有其他数据的情况下，可以用来替代之前的数据。关于气候学的更多信息，见第 4.2.8 节。

5.4 建模部分:通用环流模型

海洋模型是一种用于理解和预测海洋变量的数值和计算工具(Griffies, 2006)，它提供了地球物理流体动力学方程的离散解。它代表了一种严谨的方法，通过描述海洋的物理学的数学方程来得到海洋状态参数。

在接下来的小节中，我们将介绍作为海洋预报系统一部分的海洋环流模型的不同组成部分(如图 4.1 中的步骤 1 和步骤 2)，重点是数学方程、数值方法和空间离散化技术。第 5.4.3 节中的表 5.1 提供了可用的海洋数值模型的清单。而在第 5.5 节中，将介绍用于 OOFS 的数据同化方法。

5.4.1 数学模型

纳维-斯托克斯方程代表了流体动力学的基本定律；它们基于动量守恒、质量守恒和状态方程。

海洋也可用以下公式表示(尽管有一些重大的简化)(Madec et al. ,2022)。

• 球形地球近似:假设地势面是跟随地球隆起的扁球形，并由球体近似，其重力是局部垂直的(与地球半径平行)，并且与纬度无关。

• 薄壳近似:与地球半径相比，海洋深度被忽略了。

• 湍流封闭假说:湍流通量——代表小尺度过程对大尺度的影响——以大尺度特征表示。

• 布辛尼斯克(Boussinesq)假说:除对浮力的贡献外，密度变化被忽略

$$\rho = \rho(T, S, p) \tag{5.1}$$

式中:ρ 是原位密度;T 是位温;S 是盐度;p 是压力。

• 静水假设:垂直动量方程被简化为垂直压力梯度和浮力之间的平衡(这从初始的纳维-斯托克斯方程中删除了对流过程，因此对流过程必须被参数化)

$$\frac{\partial p}{\partial z} = -\rho g \tag{5.2}$$

式中:z 是垂直坐标，g 是重力加速度。

- 不可压缩性假设：速度矢量 $\boldsymbol{U}$ 的三维散度被假定为 0

$$\nabla \cdot \boldsymbol{U} = 0 \tag{5.3}$$

- 忽略附加科里奥利项：随纬度余弦变化的科里奥利项被忽略了。

由于引力在大尺度运动方程中占主导地位，选择一组正交的单位向量 $(\boldsymbol{i},\boldsymbol{j},\boldsymbol{k})$ 与地球相连是很有用的，以便 $\boldsymbol{k}$ 是本地向上的矢量，而 $(\boldsymbol{i},\boldsymbol{j})$ 是与地球正交的两个矢量。让我们进一步定义：$\boldsymbol{U}$（矢量速度）、T（位温）、S（盐度）、ρ（原位密度）。矢量系统 $(\boldsymbol{i},\boldsymbol{j},\boldsymbol{k})$ 中原始方程的矢量不变形式提供了以下方程。

- 动量平衡

$$\frac{\partial \boldsymbol{U}_{\mathrm{h}}}{\partial t} = -\left[(\nabla \times \boldsymbol{U}) \times \boldsymbol{U} + \frac{1}{2} \nabla (\boldsymbol{U}^2) \right]_{\mathrm{h}} - f\boldsymbol{k} \times \boldsymbol{U}_{\mathrm{h}} - \frac{1}{\rho_0} \nabla_{\mathrm{h}} \rho + \boldsymbol{D}^{\mathrm{U}} + F^{\mathrm{U}} \tag{5.4}$$

- 热量和盐分守恒方程

$$\frac{\partial T}{\partial t} = -\nabla \cdot (\mathrm{T}\boldsymbol{U}) + \boldsymbol{D}^{\mathrm{T}} + F^{\mathrm{T}} \tag{5.5}$$

$$\frac{\partial S}{\partial t} = -\nabla \cdot (\mathrm{S}\boldsymbol{U}) + D^{\mathrm{S}} + F^{\mathrm{S}} \tag{5.6}$$

式中：∇ 是广义的 $(\boldsymbol{i},\boldsymbol{j},\boldsymbol{k})$ 方向的导数向量算子；t 是时间；ρ 是由式(5.1)给出的原位密度；ρ_0 是参考密度；$f = 2\boldsymbol{\Omega} \cdot \boldsymbol{k}$（其中，$\boldsymbol{\Omega}$ 是地球的角速度矢量，$\boldsymbol{k}$ 是科里奥利加速度）；g 是重力加速度；D^{U}、D^{T} 和 D^{S} 是小尺度物理学的动量、温度和盐度的参数化，而 F^{U}、F^{T} 和 F^{S} 是表面强迫项。

海洋环流模型能够解决某些地区的中尺度问题，但不能解决其他地区的问题；此外，一旦应用于气候研究，它们不能完全再现我们在现实中观测到的丰富的中尺度涡流活动。由于这个原因，与次网格尺度湍流相关的混合需要被参数化。

在处理原始方程时，面临的一个共同问题是空间和时间上的数值离散化。如 Hallberg (2013)所述，海洋数值模型需要表示中尺度涡流的影响，其典型的水平尺度小于 100 km，时间尺度在 1 个月左右。在为基本方程的数值积分定义空间网格时，必须考虑到模型的网格间距与变形半径的比例，定义为

$$L_{\mathrm{Def}} = \sqrt{\frac{c_{\mathrm{g}}^2}{f^2 + 2\beta c_{\mathrm{g}}}} \tag{5.7}$$

式中：c_{g} 是第一模型的内部重力波速度；f 是科里奥利参数；β 是其经向梯度(Chelton et al.,1998)。

图 5.2 显示了巴氏变形半径为网格间距 2 倍所需的海洋模型分辨率，这是基于一个从气候学启动 1 年后的涡相容海洋模型(Hallberg,2013)。

5.4.2 基本离散化技术

建立数值模型的下一步是离散化阶段，这包括空间离散化和方程离散化。

空间离散化包括定义一个结构网格或非结构网格，用有限数量的点代表空间连续体，物理变量的数值必须由这些点决定。在第 5.4.2.1 和 5.4.2.2 节，将介绍处理水平网格和垂直离散化的基本概念。一旦定义了网格，我们就进入最后一步，通过使用数值方法进行原始方程离散化，这包括将数学模型转化为与网格有关的未知量的代数、非线性方程组。第 5.4.2.3 节对基于时间步长的概念进行了解释，在定义了随时间变化的数值公式后，我们最终选择了用于方

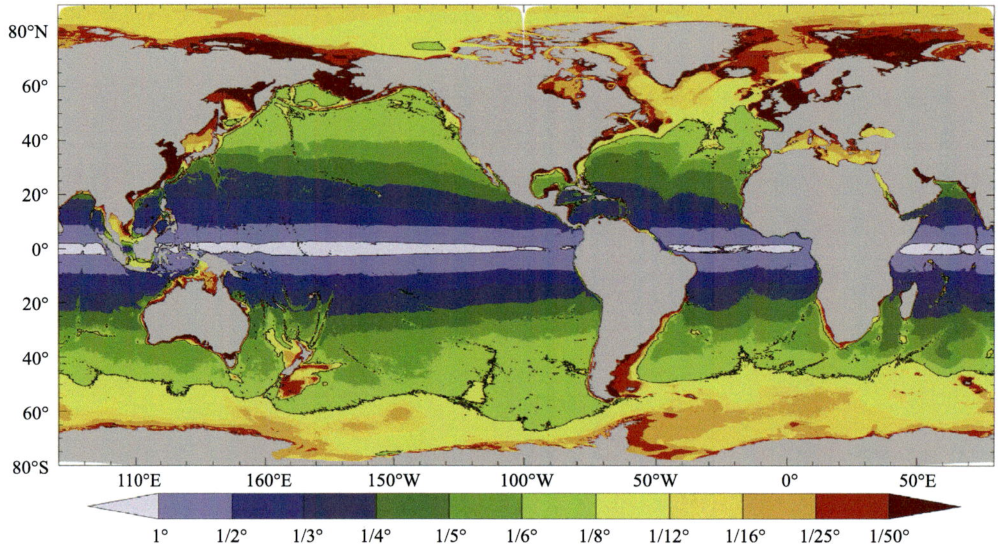

图 5.2 用两个网格点解析第一斜压变形半径所需的水平分辨率,基于1月1日从气候学启动1年后的 Mercator 网格上的 1/8 °模型(Hallberg, 2013)

程的离散化方法,详见第 5.4.2.4 节。

5.4.2.1 水平网格

在数值方法中,我们可以使用:

- 结构化的网格;
- 非结构化的网格。

当网格单元具有相同的边数和相同数量的相邻单元时,网格就是结构化的。通常,在海洋模型中可以使用三种网格:Arakawa A 网格、Arakawa B 网格和 Arakawa C 网格(图 5.3)。在 Arakawa A 网格中,所有变量都在同一位置进行评估(图 5.3a),Arakawa B 和 Arakawa C 网格分别用于粗分辨率和细分辨率模型。例如,在 Arakawa-B 网格中,北向海流分量 u(橙色)和东向海流分量 v(绿色)在同一个点上进行评价,速度点位于与 4 个最近的高程点等距的点(顶点,蓝色)上(图 5.3b)。在 Arakawa C 网格中,速度点位于高程点的东西两侧,u 点位于高程点的东部和西部,而 v 点位于高程点的北部和南部(图 5.3c)。

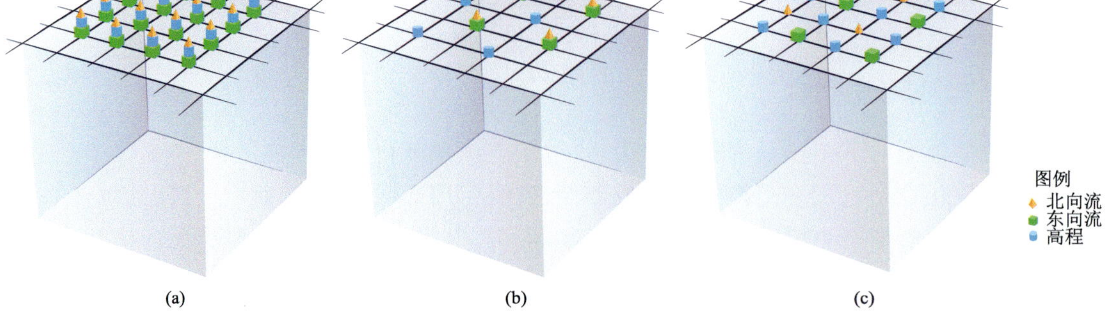

图 5.3 Arakawa 的三种网格类型(Dyke, 2016)

(a) Arakawa A 网格;(b) Arakawa B 网格;(c) Arakawa C 网格

非结构化网格可以使用更普遍的几何形状（最常见的是三角形）对区域进行划分，这些形状被拼在一起，以最佳方式适应几何结构的细节（图 5.4c）。对于海洋模型，特别是区域模型，这种网格方式具有极大的吸引力，因为在这些模型中，能够更好地刻画既定区域的特征是至关重要的，而且从数值的角度看，它们也可以达到相当高的复杂程度（Griffies et al.，2000）。

除了能够更好地拟合海岸线，非结构化网格方法还可以在关注的区域或根据物理参数的需要提高模型分辨率（Sein et al.，2017）。结构化网格也可以做到这一点，例如，可以参考 Brassington 等（2005）的 BLUElink 澳大利亚预测模型网格及图 5.4a，不过对网格变形的要求可能更多。然而，一个困难是，两种情况中的任何一种，数值稳定性都是由最小的网格单元决定的，这大幅增加了计算问题。另一个困难是，无论网格大小和涡流分辨状态如何，次网格参数化必须在整个领域内有效（Hallberg，2013）。在结构化网格的情况下，块状网格细化技术可以通过空间和时间分辨率的逐步变化（通过整数，图 5.4b）来避免上述的一些难点，参数化和数值方案也可以相应改变。如果较细的网格只从外层网格的动态边界接收信息，网格交换可以是“单向”的，如果需要将信息反馈给下一层网格，也可以是“双向”的，在后一种情况下，在每个模型时间步长上传输的数据可以在界面上实现近乎无缝的转换，并可能保证预测量完美保存（Debreu et al.，2012）。

有几个库确实有助于实现块状结构的细化。其中，网格自适应加密（Fortran AGRIF）库（Debreu et al.，2008）已成功用于 HYCOM、MARS、NEMO 和 ROMS 模型。值得注意的是，细化技术最终可以是自适应的，因此细化区域可以在模型积分的过程中移动（Blayo et al.，1999）。在这种情况下，分辨率只在需要时提高，这取决于局部数值或物理要求，以节省计算资源。然而，在实际的海洋模型中较少看到使用自适应网格细化（AMR）技术的相关文件。

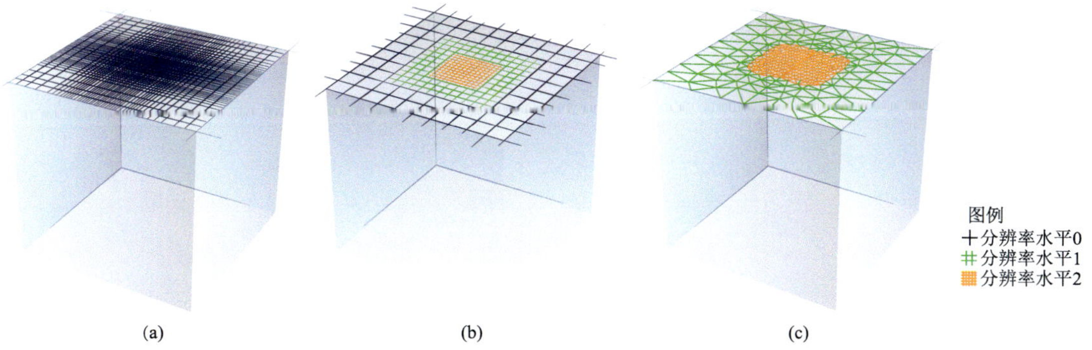

图 5.4 提高局部分辨率的方法（Gerya，2019）
（a）结构化网格的渐进变形；（b）块状结构细化；（c）非结构化网格单元的拉伸

5.4.2.2 垂直离散化

垂直离散化问题与建模者希望解决的物理过程有关，必须解决与下列有关的问题：①压力梯度的表示；②次网格尺度过程的表示；③将分辨率集中在特定区域（例如陆架、沿海地区等）的需要；④与观测结果的比较。Griffies 等（2000）对比了三种传统方法（图 5.5）：

- 深度/位势垂直坐标；
- 地形跟随；
- 位势密度（等密度）垂直坐标。

因为表面边界层参数化简单且直观，位势(z)坐标(图 5.5a)在海洋和大气模型中被广泛使用，相反，它们不能充分体现地形对大尺度海洋模型的影响。地形跟随坐标系特别适用于沿海地区的应用，因为底部边界层和地形需要得到很好的解决(图 5.5b)。作为 z 坐标，它们由于数值平流的问题而受到虚假的跨密度面混合的影响。在等密度纵坐标中，位势密度是指一个给定的压力(图 5.5c)。这个系统基本上把水体分为不同的均质层，其厚度可以因地制宜，从一个时间步长到另一个时间步长。这种坐标的选择对于建立示踪剂传输的模型很有效，因为示踪剂传输往往是沿着密度恒定的表面。虽然分层模型和等值模型都使用密度作为垂直坐标，但这两种类型之间有细微的差别。Griffies 等(2000)和 Chassignet 等(2006)对每种垂直坐标系统的优缺点进行了讨论。

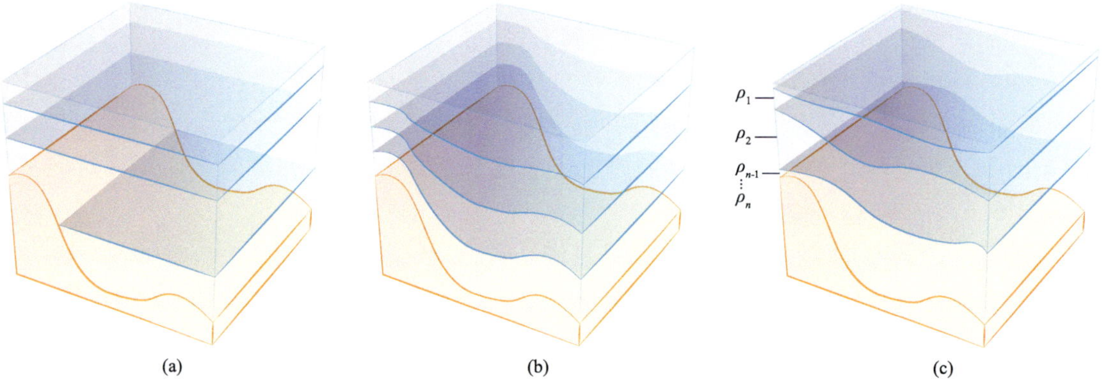

图 5.5　垂直网格类型

(a)深度/位势垂直坐标；(b)地形跟随坐标；(c)位势密度(等密度)垂直坐标

5.4.2.3　时间步长

一旦从空间角度设定了模型并确定了水平和垂直离散化，就需要考虑计算的时间步长。在用于积分基本方程的数值方案中，时间步长必须足够小，以保证计算的稳定性。库朗准则(CFL 准则)是稳定性条件，它规定信息在时间步长 Δt 时传播的速度必须小于水平网格间距 Δx，即

$$C = \frac{u\Delta t}{\Delta x} \leqslant C_{\max} \tag{5.8}$$

式中：C 是库朗数；u 是特征速度；$C_{\max}$ 取决于具体使用的方案：显式方案允许将解提前到下一个时间层，每次一个空间网格点，而且实现起来非常简单(Kantha et al.，2000)；在隐式时间步进方案中，必须同时为所有网格点得出下一个时间层的解。这些方案在计算上更加集中，但无条件地稳定，因此允许采取比其他方式更大的时间步长。

5.4.2.4　数值技术

有三种方法可用于离散化输入基本方程的空间导数。

- FDM(有限差分方法)。
- FVM(有限体积方法)。
- FEM(有限元方法)。

这里我们对每种方法进行介绍，但更详细的解释请参考 Hirsch(2007)的论述。

FDM 是基于泰勒扩展的特性：根据导数的理论定义，它对应于通过两个差值的比率来估

计导数，如式(5.9)所示

$$u_x = \frac{\partial u}{\partial x} = \frac{u(x+\Delta x)-u(x)}{\Delta x} \tag{5.9}$$

式中：u 是待求解函数；Δx 是空间步长。

如果我们去掉式(5.9)中的极限，就会得到一个有限差分：另外，如果 Δx 是“小”而有限的，则式(5.9)的右端项(RHS)上的表达式是精确值的近似 u_x。由于 Δx 是有限的，就会引入一个误差，称为截断误差，在 Δx 趋向于 0 时，截断误差趋于 0。使误差趋于 0 的 Δx 的幂，称为差分近似的精度阶数，可以通过泰勒级数得到 x 点周边的 $u(x+\Delta x)$

$$u(x+\Delta x) = u(x) + \Delta x\frac{\partial u}{\partial x} + \frac{\Delta x^2}{2!}\frac{\partial^2 u}{\partial x^2} + \frac{\Delta x^3}{3!}\frac{\partial^3 u}{\partial x^3} + \cdots \tag{5.10}$$

$$\frac{u(x+\Delta x)}{\Delta x} = \frac{\partial u}{\partial x} + \frac{\Delta x}{2}\frac{\partial^2 u}{\partial x^2} + \frac{\Delta x^2}{6}\frac{\partial^3 u}{\partial x^3} + \cdots \tag{5.11}$$

式(5.11)表明：

- 式(5.9)的 RHS 是第一导数在点 x 的一个近似值u_x；
- RHS 中的其余项代表与此公式相关的误差。

如果我们把截断误差限制在它的主导项上，也就是说，Δx 的一次幂，可以看到，$u(x)$ 的近似值像 Δx 的一次幂一样趋于 0，并被称为 Δx 的一阶

$$\frac{u(x+\Delta x)}{\Delta x} \cong \frac{\partial u}{\partial x} + \frac{\Delta x}{2}\frac{\partial^2 u}{\partial x^2} = u_x(x) + O(\Delta x) \tag{5.12}$$

式中：$O(\Delta x)$ 是截断误差。

FVM 是一种数值技术，通过这种技术，守恒定律的积分被直接离散在物理空间中。它基于单元平均值，与 FDM 和 FEM 完全不同，后者的主要数值量是网格点的局部函数值。对于每个单元，一个局部有限体积，也称为控制体积，与每个网格点相关联，并对这个局部体积应用积分守恒定律。由于这个原因，FVM 被认为是一种守恒的方法。这个公式的基本属性是表面积分的存在，以及一个通用变量 u 在体积内的时间变化只取决于通量的表面值。

FVM 要求：

- 将从空间离散化得到的网格细分为有限的小体积，每个网格点都有一个控制体积。
- 将积分守恒定律应用于这些有限体积中的每一个。

FEM 起源于结构分析领域，它与 FVM 有两个共同点：

- 空间离散化被认为是一组体积或单元，称为元素。
- 它需要一个积分公式作为起点，这被认为是 FVM 的普遍原理。

FEM 要求：

- 将空间域具体化为一组任意形状的元素。
- 在每个元素中，基于插值或形状函数的族，定义了与每个元素或单元相关的未知变量的参数化表示。

FEM 具有很好的特性，比如能量守恒是所有求解微分方程的变分法的共同特性，边界条件的处理和不规则网格的灵活性使其具有相当的吸引力，因为它们也很适合并行计算。由于这些原因，它被认为是海洋建模中常用的 FDM 的一个有吸引力的可选方案(Danilov et al.，2004)。

5.4.3 海洋一般环流模型清单

表 5.1 总结了一些最常用的海洋环流模型，这些模型以数值方式整合了从全球海洋到区域尺度的各种空间域的基本方程。

表 5.1 从全球到沿岸范围内使用的现有海洋环流模型清单

模型	网格拓扑结构	数值方法	嵌套能力	网址
MaCOM	非结构化网格	有限体积、有限差分混合	是，可直接输出小区域侧边界场实现单向嵌套	http://macom.oceanguide.org.cn/
NEMO	结构化网格	有限差分	是，使用 AGRIF	https://www.nemo-ocean.eu/
HYCOM	结构化网格	有限体积	是，使用 AGRIF	https://www.hycom.org/
MITgcm	结构化网格	有限体积	是	https://mitgcm.org/
ROMS	结构化网格	有限差分	是，使用 AGRIF	https://www.myroms.org/
CROCO	结构化网格	有限差分	是，使用 AGRIF	https://www.croco-ocean.org/
FVCOM	非结构化网格	有限体积	是，使用 AGRIF	http://fvcom.smast.umassd.edu/
SHYFEM	非结构化网格	有限元		https://sites.google.com/site/shyfem/project-definition
SCHISM	非结构化网格	有限元		http://ccrm.vims.edu/schismweb/
FESOM	非结构化网格	有限元		https://fesom.de/
MPAS	非结构化网格	有限元		https://mpas-dev.github.io/
MOM	结构化网格	有限体积		https://www.gfdl.noaa.gov/ocean-model

5.4.4 将大尺度解决方案降维到区域或沿岸环流模型中

由于需要解决沿岸小尺度的海洋环流问题，以及在全球范围内采用足够高的分辨率和详细的物理过程运行模型是不可行的，因此在建模和数据同化问题上都发展了降尺度的方法。

可以区分两类建模方法：①在全球范围内运行的模型，在关注的沿岸地区进行网格细化；②将沿岸模型单向或双向嵌套到区域或全球模型中。在实践中，第一种情况是通过设置可变网格来实现的，如非结构化或曲线结构化网格（如 5.4.2.1 所述）。据我们所知，只有专门用于风暴潮和（或）潮汐模拟的二维（即各向同性）非结构网格模型，如潮汐模型 FES2014（Lyard et al.，2021），能够运行全球模型，并满足浅水区的分辨率要求。在第二种方法中，大尺度全球（或区域）模型，即父模型，为沿岸子模型提供开放的边界条件；在双向嵌套的情况下，两个模型是耦合的，子模型返回其边界的海洋状态估计值，用于父模型模拟。Greenberg 等（2007）讨论了这两种方法的分辨率问题和一些实际的考虑。

然而，嵌套方法并不仅仅是以更多的细节来复制大尺度的解决方案。事实上，子模型可能代表了与父模型所解决的不同过程（如潮汐、表面重力波等），或者可能依赖于不同的参数化或参数。此外，洋流具有很强的非线性，子模型的内部变化可能与父模型的内部变化是不耦合的，导致解决方案的差异（Katavouta et al.，2016）。图 5.6 是 Katavouta 等（2016）在缅因湾使用谱逼近的一个例子。空间区域在图 5.6a 中给出：黑框代表区域模型 GoMSS（NEMO，水平分辨率 1/36 °）的边界框，它被嵌套在海军耦合海洋数据同化（HYCOM＋NCODA）1/12 °全球分析系统中。GoMSS＋是带有谱逼近的区域配置，其中温度和盐度变量被直接更新。通过采用这种嵌套方法，区域设置显著改善了解决方案的效果，如图 5.6 所示：它表示 2012 年 7 月 22

日基于观测(Obs)、全球系统(Global system)、区域系统(GoMSS)和采用谱逼近(GoMSS+)的海面温度快照。GoMSS+展示了一个改进的沿岸海面温度表示法,这是考虑到沿岸过程(如潮汐)的较高分辨率模型的典型特征。同时,它能够捕捉到观测中显示的暖坡水和冷架水,由于数据同化,这些特征在全球模型中得到了很好地体现。进一步的细节,请参考 Katavouta 等(2016)的论述。

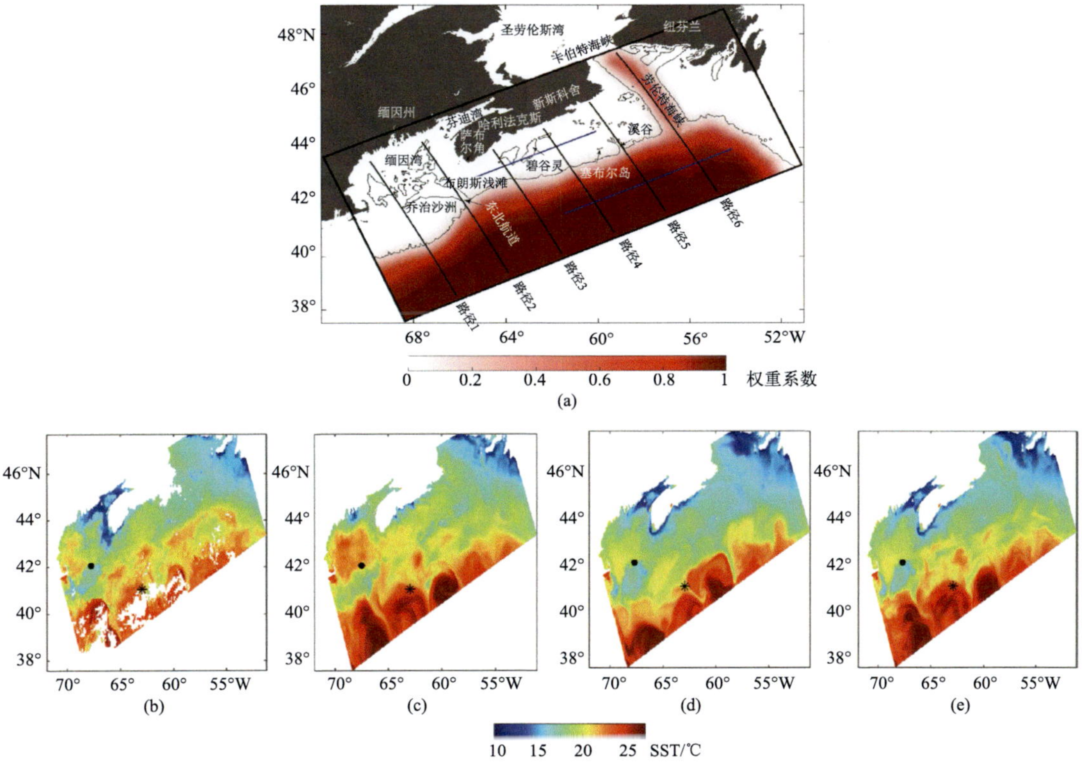

图 5.6 缅因湾的谱逼近同化(Katavouta et al.,2016)

(a)空间区域;(b)—(e)2012 年 7 月 22 日的 SSS 快照,分别来自观测数据(b)、全球系统(c)、区域系统(d)、采用谱逼近方法的区域系统(e)

2007 年,GODAE 沿岸和大陆架海域工作组(De Mey et al.,2007)指出:"越来越清楚的是,通过使用来自流体力学大尺度海洋模型的预报来给定沿岸模型的近海边界条件,有可能做到:①通过增加 GODAE 产品的价值来提供更好的局部估计;②扩大陆架的可预测性;③增强局部观测的代表性。"尽管自 2007 年以来,在沿岸模拟能力和嵌套方法方面做出了巨大的努力,但降尺度仍然引起了明显的数字和物理问题。在以下段落中,我们试图介绍出现的各种困难,以及在文献中发现的解决这些问题的办法,但并不详尽。

沿岸海域既受本地(如大气、河口)的影响,也受远程的作用力(如天文势、沿岸波导、风区、生物地球化学连通性)的影响。因此,区域模型的边界,也是水深梯度大的地方,起着关键作用。此外,用开边界条件(OBC)在有限的区域上求解原始方程,并不能得到一个唯一的物理的实际解。因此,Blayo 等(2005)回顾说,已经开发了各种独特的方法来设置可行的 OBC,这些方法取决于流体力学、模型分辨率、开边界条件等。对 OBC 问题的一个简单看法是,由于父模型和子模型之间的不一致而产生的问题,如前所述,由于模型的不同物理特性、不同的作用力(如大气、径流、水深)以及开边界而产生。最后一个原因是,父模型的信息是以空间和时间的离散场提供的(如日或小时平均值),因此,高频的波动被过滤掉或混淆了。

潮汐的例子对这些限制特别有启发性。尽管父模型可以解决潮汐问题,但用父模型的潮汐(无论是正压或既是正压又是斜压)来做子模型的强迫场,意味着要在非常高的频率(几分钟)上提供大规模的强迫场。在实践中,特别是对于业务化系统,这一点很难实现,因为它需要巨大的存储能力。因此,区域模型通常是由低频动力学和潮汐分潮来强迫的,这两种不一定来自同一个父模型(潮汐分潮通常从精确的全球潮汐图谱中选择)。Herzfeld 等(2015)指出,对于低频外部数据来说,入射潮汐波的条件可能是反射性的,并提出了基于双松弛时间尺度的 OBC。此外,父模型和子模型之间水深和海岸线描述的差异可能导致两个模型的潮汐解决方案之间存在很大的不一致,有可能在靠近开边界的沿海区域形成虚假模型(如边缘流)。Toublanc 等(2018)提出了一个简单的方法,通过使用专门的二维潮汐模型进行二维模拟来预处理潮汐强迫,从而减少这种不一致的情况。最后,例如通过使用父模型输出的逐小时或日均值来滤除高频三维输入信息,可能会导致沿岸区域的能量损失,特别是在缺少内波强迫的情形下,近来 Mazloff 等(2020)证明了这一点。

单向嵌套的另一个困难来自子模型发展出与父模型不同的内部变异的可能性。在许多业务系统中,全球或大尺度的解决方案来自数据同化系统,其中中尺度动力学受到卫星数据(如测高)的制约。如果在沿海地区没有进行数据同化,发展中尺度(更不用说亚中尺度)可能会偏离实际,导致出现父模型方案比子模型方案更接近大尺度和中尺度观测的不理想情况。Sandery 等(2017)报告说,即使有数据同化,提高分辨率也不会自动提高预报能力,因为不受约束的亚中尺度向中尺度的逆向信息传递。因此诸如谱逼近等方法被开发用以确保大尺度模型,例如在父模型中被准确表达的涡流或射流折射,在子模型中得到保持;这种方法的个例可以在 Katavouta 等(2016)的论述中找到。

最后但并非最不重要的一个问题是量化由于嵌套过程造成的子模型中的误差。这些误差来自 OBC 方案(数值实现和物理假设)和父模型强迫场的不确定性。在后一种情况下,问题在于父模型的误差如何降尺度。集合方法可以帮助描述和估计父模型降尺度误差,例如 Ghantous 等(2020)所探讨的那样。

图 5.7 是一个集合区域模型中(NEMO,1/36 °)集合降尺度到比斯开湾东南湾沿岸海洋模型(Symphonie 模型,500 m 分辨率)的例子。图 5.7a 显示了区域模型范围,特别是图上的父模型区域(简称父域),而蓝色方框是子模型域(简称子域)的范围。图 5.7b、图 5.7c 和图 5.7d 显示了 50 个成员的集合体在子域中的海面高度(SSH)的集合离差(标准偏差)。特别是,图 5.7b 是通过扰动父域中的风产生的父集合,图 5.7c 是通过扰动子域中的风产生的子集合,图 5.7d 是通过扰动风和 OBC 条件产生的子集合(OBC 扰动源于父集合)。数值试验表明,在研究期间,平均而言,在存在中尺度涡流的地方(在区域的较深处),SSH 的离差最大。它还显示,来自 OBC 不确定性的影响比本地风不确定性的影响更大。这是对下一代集合数据同化系统的一个有价值的结果。

图 5.8 是短期预报中环流模型嵌套能力的一个例子。这是哥白尼海洋服务伊比利亚—比斯开—爱尔兰监测和预报中心(IBI-MFC)①产品在更细空间网格上降尺度的结果,可以看到

①详见 https://resources.marine.copernicus.eu/product-detail/IBI_ANALYSISFORECAST_PHY_005_001/INFORMATION。

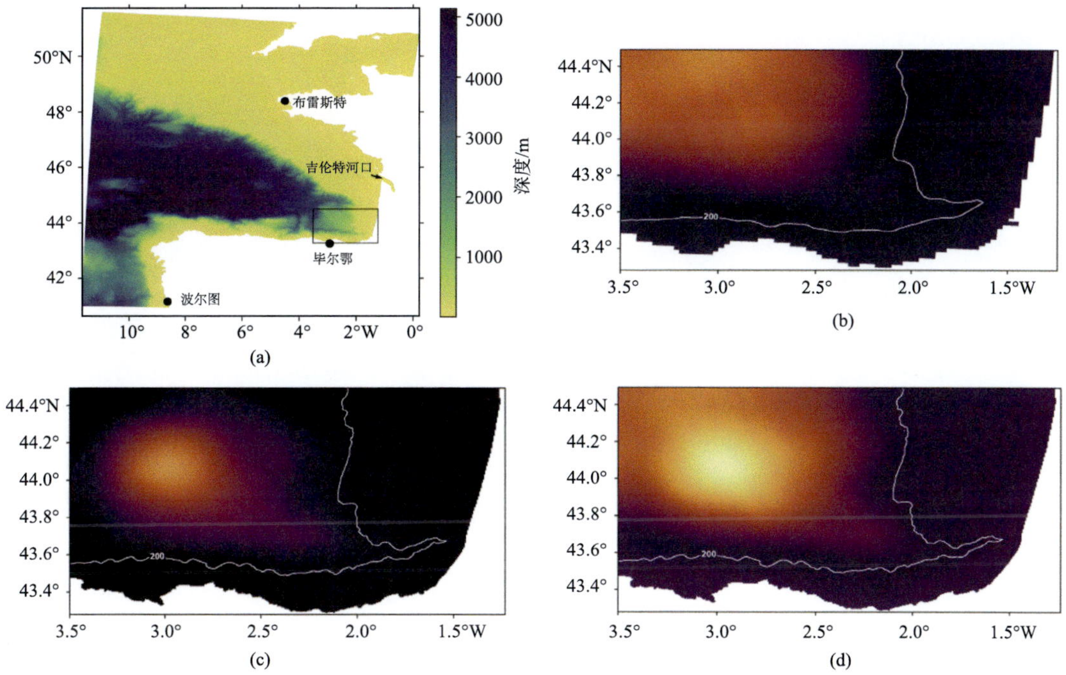

图 5.7 比斯开湾东南湾的案例研究(Ghantous et al. ,2020)

(a)父域的水深和子域的边界框(黑框);SSH 的集合离差;(b)50 个成员的集合体扰动父域的风产生的 SSH 的集合离差;(c)50 个成员的集合体在 1—3 月扰动子域的风产生的 SSH 的集合离差;(d)50 个成员的集合体在 1—3 月扰动子域的风和 OBC 产生的 SSH 的集合离差

加的斯湾和阿尔伯兰海的表面海流细节。

降尺度方法是非常强大的,能够建立高分辨率业务化海洋模型,每一个海洋模型都可以被用来以无缝的方式建立另一个模型。在第 5.9 节中,可以找到一个初步的但详尽的业务化海洋监测预报系统提供者的清单,建模者可以从中选择嵌套新的 OOFS。

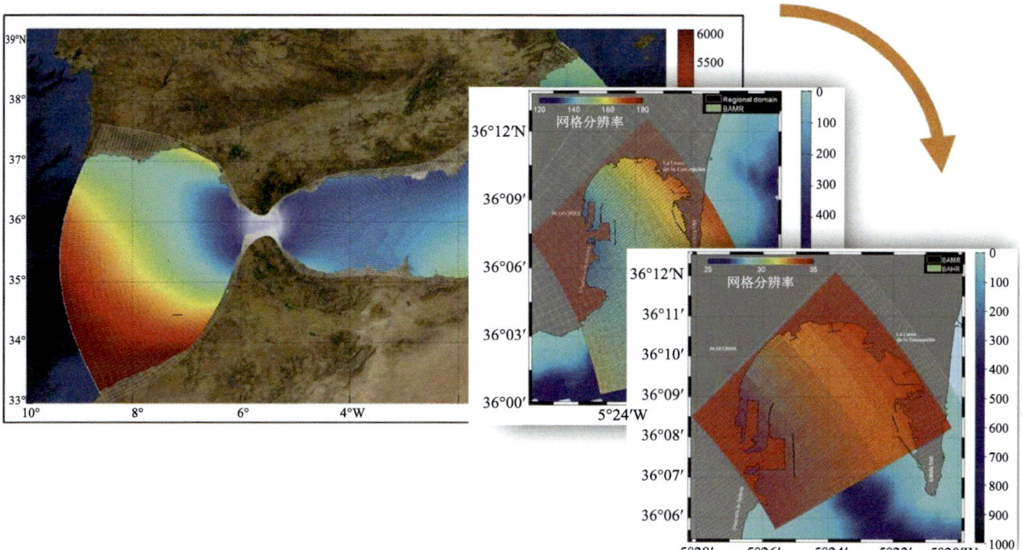

(a)

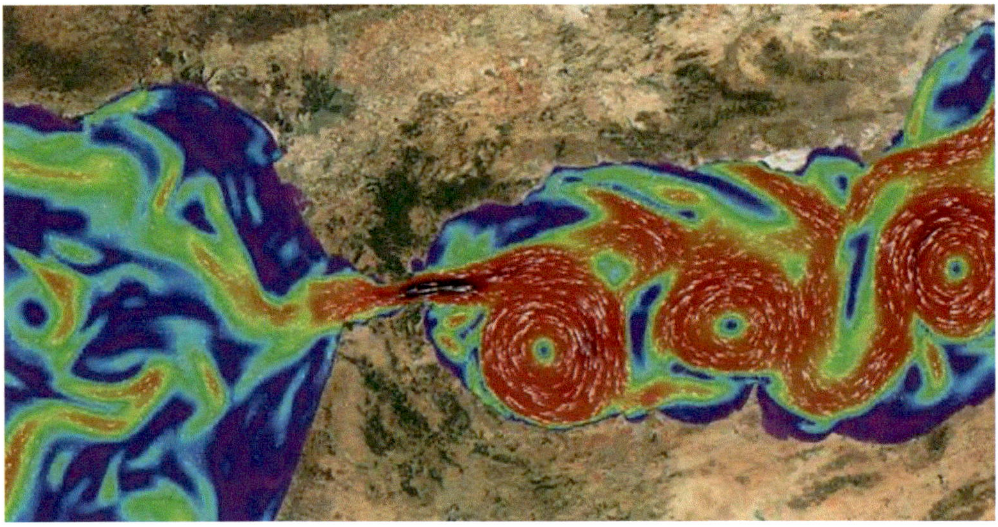

(b)

图 5.8 加的斯湾(a)和阿尔伯兰海(b):模型降尺度案例(来源:西班牙国家港口局和马拉加大学)

5.5 数据同化系统

对数据同化概念的介绍可在本书第 4.3 节找到。本节重点介绍主要用于环流模拟的数据同化系统的数值特性。

5.5.1 基本概念

在海洋预报中,目标是产生初始时间的海洋真实状态 Xt 的估计 Xa,以初始化预报。Ide 等(1997)、De Mey-Frémaux 等(1998)和 Bouttier 等(2002)对 DAS 的基本概念进行了广泛的介绍,在此回顾和总结一下。

DA 包括计算一个物理系统状态的“最佳”估计及其在时间上的演变,给定的观察和一个预测数值模型。

可用于生成分析的基本客观信息是由对真实状态的观测所提供的观测值的集合。如果模型状态是由观测值超定的,那么分析简化为一个内插问题。在大多数情况下,分析问题是欠定的,因为数据是稀疏的,而且只与模型变量间接相关。为了使其成为一个适定问题,有必要依靠一些背景信息,即对模型状态的先验估计。

海洋演变的离散模型从 t_i 到t_{i+1} 由式(5.13)给出

$$x^{\mathrm{f}}(t_{i+1}) = M_i[x^{\mathrm{f}}(t_i)] \tag{5.13}$$

式中:x 被称为状态向量(模型网格点的速度、温度、盐度等),而 M 是相应的动力学算子。状态向量的维度为 n 。式(5.13)中的动态算子通常是非线性和确定性的,而真实的海洋状态可能因随机和系统误差而与式(5.13)不同。

观测 y_i° 在时间 t_i 由式(5.14)定义

$$y_i^{\circ} = H_i[x^{\mathrm{t}}(t_i)] + \varepsilon_i \tag{5.14}$$

式中：H 是一个观测算子；ε 是一个噪声过程。观测向量的维度为 p_i 。数据同化的一个主要问题是，通常 $p_i \ll n$ 。观测算子 H 也可以是非线性的，如 M 而且除了通过状态向量 $x_i^{\mathrm{f}} \equiv x^{\mathrm{f}}(t_i)$ 隐性依赖外，两者还可以包含显性的时间依赖。噪声过程 ε 通常使用零均值，我们用以下方式表示其协方差矩阵 $\boldsymbol{R}$ ：它由仪器误差和代表性误差组成，其协方差矩阵为 $\boldsymbol{E}$ 和 $\boldsymbol{F}$，分别为 $\boldsymbol{R} = \boldsymbol{E} + \boldsymbol{F}$ 。

分析的关键是利用观测和状态矢量之间的差异，即

$$y^{\circ} - H(x) \tag{5.15}$$

当用背景 x_b 计算时被称为修正值，而用分析 x_a 分析残差。

在下文中，我们将介绍两种数据同化的方法：顺序法和变异法。

5.5.2 顺序方法

有几个方案已经被证明是有用的，并采用了顺序估计的方法，包括 BLUElink 海洋数据同化方案（BODAS）（Oke et al.，2008）和奇异演化扩展卡尔曼滤波（SEEK）（Pham et al.，1998）。相关的方法有大量的文献，如最优插值（OI）（Daley，1991）、集合最优插值（EnOI）和集合卡尔曼滤波（EnKF）（Evensen，2003）。

根据 Ide 等（1997）的观点，假定真实的海洋流体 x^{t} 与数值模型（式（5.13））有随机扰动的差异

$$x^{\mathrm{f}}(t_{i+1}) = M_i[x^{\mathrm{f}}(t_i)] + \eta(t_i) \tag{5.16}$$

式中：η 是一个均值为 0 和协方差矩阵为 $\boldsymbol{Q}$ 的噪声过程。扩展卡尔曼滤波（EKF）包括一个基于先前获得的状态变量的预测步骤，其中包括先前的同化步骤，$x^{\mathrm{f}}(t_{i+1})$ 和一个更新的概率函数表示为 $P^{\mathrm{f}}(t_i)$

$$x^{a}(t_i) = M_i[x^{a}(t_{i-1})] \tag{5.17}$$

$$P^{\mathrm{f}}(t_i) = M_{i-1}P^{a}(t_{i-1})T_{i-1}^{\mathrm{T}} + \boldsymbol{Q}(t_{i-1}) \tag{5.18}$$

卡尔曼滤波方法的核心是一个更新步骤，在这一步中，i 时的观测与以前的信息相混合，考虑到它们的联合概率分布，由预测步骤继续进行。

$$x^{a}(t_i) = x^{\mathrm{f}}(t_i) + K_i\boldsymbol{d}_i \tag{5.19}$$

$$P^{a}(t_i) = (I - K_iH_i)P^{f}(t_i) \tag{5.20}$$

其中，观测残差或修正值向量 $\boldsymbol{d}_i$ 的定义是

$$\boldsymbol{d}_i = y_i^{\circ} - H_i[x^{\mathrm{f}}(t_i)] \tag{5.21}$$

卡尔曼增益 K_i 的定义为

$$K_i = P^{\mathrm{f}}(t_i)H_i^{\mathrm{T}}[H_iP^{\mathrm{f}}(t_i)H_{i-1}^{\mathrm{T}} + R_i]^{-1} \tag{5.22}$$

修正值向量 $\boldsymbol{d}_i$ 显然是模型预测向观测数据的偏移，以卡尔曼增益为尺度。卡尔曼增益说明了模型和观测变量的联合概率函数所需要的加权。在实践中，引入了各种简化方法来描述 P 以减少矩阵计算中的计算量（Oke et al.，2008；Pham et al.，1998）。

另一个例子是海洋学和气象学中经常使用的 OI，它是一个特殊的次优滤波器，其中 EKF 的误差协方差矩阵 $\boldsymbol{P}^{\mathrm{f}}$ 被一个近似值所取代，$\boldsymbol{B}$ 由一个对角矩阵 $\boldsymbol{D}$ 中的方差和单位对角线矩阵 $\boldsymbol{C}$ 中的相关系数的乘积计算得到（Ghil et al.，1991）

$$\boldsymbol{B} = \boldsymbol{D}^{\frac{1}{2}}\boldsymbol{C}\boldsymbol{D}^{\frac{1}{2}} \tag{5.23}$$

状态向量仍由式（5.13）给出。OI 增益写为

$$K_i^{\mathrm{OI}} = B^{\mathrm{f}}(t_i)H_i^{\mathrm{T}}[H_iB^{\mathrm{f}}(t_i)H_i^{\mathrm{T}} + R_i]^{-1} \tag{5.24}$$

式(5.24)中 $H_i B^{\mathrm{f}}(t_i) H_i^{\mathrm{T}}$ 是由相关模型评估出来的,而状态更新由式(5.25)给出

$$x^a(t_i) = x^{\mathrm{f}}(t_i) + K_i^{\mathrm{OI}}d_i \tag{5.25}$$

5.5.3 变量方法

已有几个同化方案基于变分方法(如三维变分(3D-Var))实现应用,如 NCODA(Cummings,2005)和预测海洋同化模型(FOAM)(Martin et al.,2007)。4D-Var 方法在数值天气预报中被广泛使用,是海洋预报系统的未来发展方向之一。变分同化(NEMOVAR)系统能够处理 NEMO 建模系统的两类变分方法(Mogensen et al.,2012)。

按照 Ide 等(1997)的说法,4D-Var 最小化了目标函数 J ,衡量分布在时间区间内 $[t_0, t_n]$ 内,J^b 与背景状态 x^b 的距离和 J° 到观测 y° 的距离的加权和为

$$J[x(t_0)] = \frac{1}{2}[x(t_0) - x^b(t_0)]^{\mathrm{T}}\boldsymbol{B}_0^{-1}[x(t_0) - x^b(t_0)] + \frac{1}{2}\sum_{i=0}^{N}[y_i - y_i^{\mathrm{o}}]^{\mathrm{T}}R_i^{-1}[y_i - y_i^{\mathrm{o}}] \tag{5.26}$$

式中:$y_i \equiv H_i[x(t_i)]$ 。这里 $\boldsymbol{B}^{-1}$ 是一个先验的权重矩阵,其中 $\boldsymbol{B}$ 是为了近似误差协方差矩阵 x^b ,并对初始状态 (t_0) 做最小化处理。

式(5.25)反映了强约束的施加(Sasaki, 1970)。Bennett(1992)、Menard 等(1996)给出了基于弱约束的替代公式。实施最小化 J 的有效方法要求它对 $x(t_0)$ 求偏导数

$$\left[\frac{\partial J}{\partial x(t_0)}\right] = B_0^{-1}[x(t_0) - x^b(t_0)] + \sum_{i=0}^{N}M(t_{i+1}, t_0)^{\mathrm{T}}H_i^{\mathrm{T}}R_i^{-1}(y_i - y_i^{\mathrm{o}}) \tag{5.27}$$

其中

$$M(t_i, t_0)^{\mathrm{T}} = \prod_{j=0}^{i-1}M(t_{j+1}, t_j)^{\mathrm{T}} \tag{5.28}$$

来自

$$\left[\frac{\partial J}{\partial x_{i+1}^{\mathrm{f}}}\right]^{\mathrm{T}} = M(t_{i+1}, t_i)^{\mathrm{T}}\left[\frac{\partial J}{\partial x_i^{\mathrm{f}}}\right]^{\mathrm{T}} \tag{5.29}$$

$$\left[\frac{\partial J}{\partial x_i}\right]^{\mathrm{T}} = H_i^{\mathrm{T}}\left[\frac{\partial J}{\partial y_i}\right]^{\mathrm{T}} \tag{5.30}$$

$M(t_{i+1}, t_i)^{\mathrm{T}}$ 通常被称为伴随模型,而 H_i^{T} 是伴随观测算子。如果去掉时间维度,4D-Var 可简化为 3D-Var。

图 5.9 是一个 4D-Var 间歇同化的例子。x_a 被用作预测的初始状态,那么通过 4D-Var 的构造,可以确保预测将与模型方程和观测的 4D 分布完全一致,直到 4D-Var 时间段 n 的结束(截止时间)。

5.5.4 模拟误差

正如 Bouttier 等(2002)所报告的,为了表示背景和分析中存在一些不确定性的事实,我们需要假设这些向量之间的误差的一些模型。

在做分析之前给定一个背景场 x_b,我们定义了将其与真实状态分开的误差向量。

$$\epsilon_b = x_b - x_t \tag{5.31}$$

如果我们能够在完全相同的条件下大量重复每个分析实验,但由未知原因产生的误差不

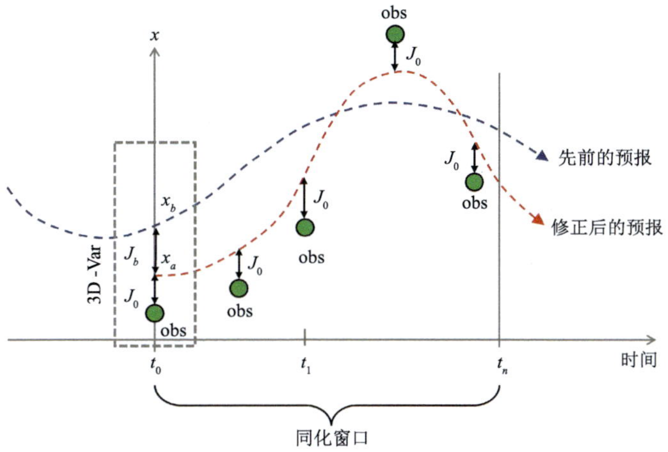

图 5.9　数值预报系统中 4D-Var 间歇同化的例子（Bouttier et al.，2002）

同，b 每次都会不同。它可以通过概率密度函数（PDF）来表示，能够提供所有的统计数据，包括平均数（或期望值）——b 和方差。一个常用的标量 PDF 模型是高斯函数，它可以被推广到多变量 PDF。

背景和观测中的误差被模拟为：

- 背景误差。它们是背景状态的估计误差，由背景状态向量和其真实值之间的差异给出。
- 观测误差。它们包含观察过程中的误差（即仪器误差）、观测算子 H 设计中的误差和代表性误差（即离散化误差），这些误差使得 x^t 无法完美反映真实状态。
- 分析误差。通过协方差矩阵 $\boldsymbol{A}$ 的跟踪来定义

$$Tr(\boldsymbol{A}) = \overline{\| \epsilon_a - \bar{\epsilon}_a \|^2} \tag{5.32}$$

它们是分析状态的估计误差，而我们的目标是最小化这些误差。在标量系统中，背景误差协方差就是方差

$$\boldsymbol{B} = \mathrm{var}(\epsilon_b) = \mathrm{var}\,\overline{| \epsilon_b - \bar{\epsilon}_b |^2} \tag{5.33}$$

在一个多维系统中，$\boldsymbol{B}$ 是一个正方形对称矩阵，维数为 $n \times n$ 维。矩阵的对角线 B 包含方差，而非对角线则包含模型中一对变量之间的交叉协方差。非对角线项可以转化为误差相关性

$$\rho(e_i, e_j) = \frac{\mathrm{cov}(e_i, e_j)}{\sqrt{\mathrm{var}(e_i)\mathrm{var}(e_j)}} \tag{5.34}$$

误差统计是控制气象或海洋状态的物理过程和观测网络的函数。它们取决于对误差的先验知识：方差反映了我们对背景或观测结果特征的不确定性。为了估计统计值，有必要假定它们在某一时期内保持平稳且在某一范围内均匀分布，从而可以通过多次误差进行经验统计。

在构建 DAS 时，估计统计值非常困难，我们可以依赖现有数据同化系统的诊断方法，利用观测方法来估计。

5.5.5 目前业务化预报中的数据同化系统概述

对于数据同化技术，本书 4.3 节已作了简要介绍，在 Daley(1991)、Evensen(2003)和 Zaron(2011)也有广泛的记载，它代表了用于业务预报和再分析的通用环流模型的基准模型框架。在国际层面上，GODAE 的 OceanView(Bell et al.，2015)和 OceanPredict 的倡议推动了与 GOOS、ETOOFS 和国际倡议地球蓝色星球(GEO Blue Planet)的密切合作，有助于形成从观测、数据、信息系统、预测和科学评估到终端用户的价值链，旨在促进观测和海洋预测的使用和影响，为社会造福，并提高业务化海洋学进展的可见度。

Martin 等(2015)介绍了每个 GODAE OceanView 系统中数据同化的主要特征，以下是数值技术的清单。

- BLUElink 采用了 MOM4 海洋模型和 EnOI 算法(Oke et al.，2013)。
- GIOPS 在海洋部分使用海洋模型 NEMO 和 SEEK(有固定基数)，在海冰部分使用 3D-Var 进行同化(Smith et al.，2016)。
- ECMWF 使用 NEMO 海洋模型和 3D-Var 数据同化方案(＋偏差校正技术)(Balmaseda et al.，2013)。
- FOAM 使用 NEMO 海洋模型和 3D-Var 数据同化方案(＋偏差校正技术)(Waters et al.，2014)。
- GOFS 使用 HYCOM 海洋模型和 3D-Var 数据同化方案(Cummings et al.，2013)。
- 麦卡托海洋国际使用 NEMO 海洋模型与 SEEK-FGAT(有固定基数)和 3D-Var 数据同化方案(＋偏差校正技术)(Lellouche et al.，2013)。
- MOVE 使用 MRI COM 模型和 3D-Var 数据同化方案(Usui et al.，2006)。
- 北大西洋和欧洲沿海海冰/海洋业务化预报(TOPAZ)使用 HYCOM 海洋模型与 EnKF 技术(Sakov et al.，2012)。

在 GODAE OceanView 网站(https://www.godae-oceanview.org/)和 OceanPredict 网站(http://oceanpredict19.org)上也有相关业务举措的描述。

5.6 集合建模

由于计算机能力的限制，要解决整个地球物理过程的问题，应用于海洋等非线性动力系统的数值模型不可避免地近似求解纳维-斯托克斯(Navier-Stokes)浅水方程。此外，数值模拟受制于与模拟参数、强迫函数、初始和边界条件有关的许多固有的不确定性。这就是为什么单一的预测在某种程度上是不确定的，而我们使用集合建模的方法来解决预测的不确定性。

集合预测系统(EPS)在大气科学界已经有超过 25 年的历史(Palmer，2018)，但在业务化海洋学中则是最近才出现的，且在过去 10 年中取得了明显的进展，例如 TOPAZ 系统(Sakov et al.，2012)。EPS 使用集合建模的方式，并增加了其他模块，如以预测为目标的不同需求的概率输出和快速机器学习。在大多数情况下，EPS 还结合了基于集合的 DA，以减少预测误差。

由于海洋的混沌性，概率方法是经典的确定性方法之外的一个最佳的选择，它可以通过补充模型的不确定性帮助用户解释模型预测。集合建模包括各种可能的海洋状态，其使用蒙特卡罗技术对模型预测的 PDF 进行采样，每个模型模拟被称为一个集合体成员，图 5.10a 说明了这种方法。集合体由不同初始条件的样本初始化(例如 DA 中的扰动分析)，然后用模型运算器(在集成过程中也可以进行扰动)将每个成员的时间提前，并产生一个模型模拟的集合成员。集合体成员可能会发生根本性的分歧，也可能保持大体相似，从而产生预测 PDF。图 5.10b 描述了对集合的定量评估。集合平均和扩散(估计模型的不确定性)是根据成员的一阶和二阶统计矩计算出来的，可以与未扰动的确定性模拟和气候学(如果有的话，也可以与观测值)进行比较。集合扩散与流依赖有关，对不同的状态变量而言也有所不同。集合预报的目的是对这种随流变化的不确定性进行量化。EPS 是对计算资源要求很高的系统，可以在 HPC(高性能计算)设施中有效运行。下一代业务化海洋预报系统面临的主要挑战是通过在其系统中集成集合能力来改善其服务。

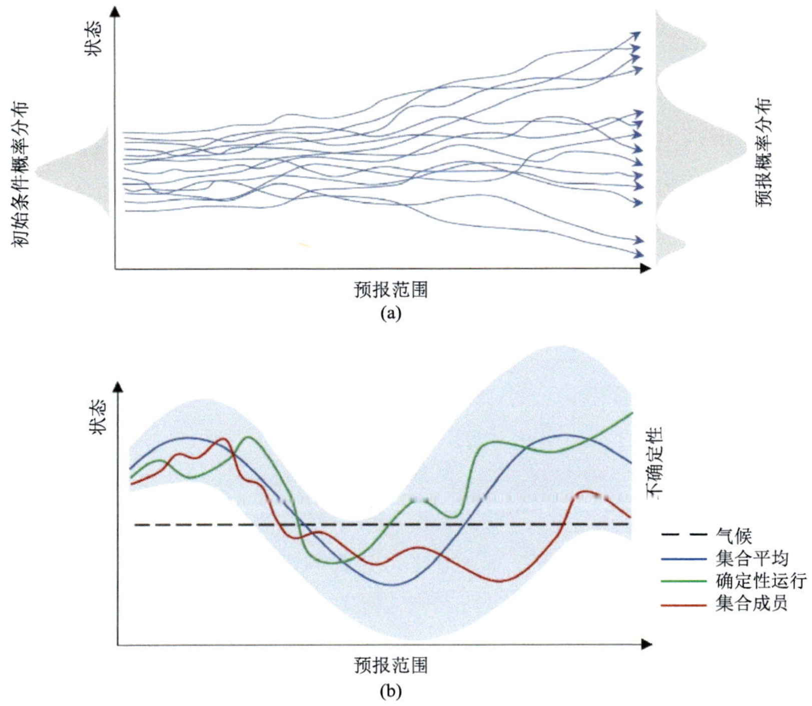

图 5.10 概率预报示意图(来源：https://confluence.ecmwf.int/)
(a)等概率预报(蓝色轨迹)集合模拟示意图，预报 PDF 表明了不同状态发生的可能性；
(b)与集合平均值、单个成员、未受干扰的确定性运行和气候学相关的流依赖集合扩散示意图

5.6.1 基本概念

海洋模型集合主要有三类：①多模型集合，例如哥白尼海洋服务多模型产品和用于气候研究的 CMIP6 耦合模型①；②随机模型集合，主要用于研究，例如 OCCIPUT 项目(Penduff et al.,2014)，但由于其计算成本，在业务化海洋学中较少使用；③海洋模型对大气 EPS 的响应，

①详见 https://www.wcrp-climate.org。

例如使用 ECMWF-EPS 大气强迫[①]。

这里的重点是针对中短期预报，随机海洋模型的实际实施。对于表现出混沌行为的系统，“随机模型”的概念可以由偏微分 Fokker-Planck 方程来定义，该方程描述了状态 PDF 的时间演变，由随机扩散和平流过程以及局部模型趋势控制。随机建模被用来表示模型误差，作为后续步骤，可以被集成到基于集合的 DA 中。在下一代模型应用中的随机同化（SANGOMA）项目[②]之后，文献中讨论了几种产生随机模型集合的方法和工具。

（集合）随机建模的主要目标是：①估计模型的不确定性，为海洋预测提供实用的误差范围和置信区间；②在 DA 框架中使用模型的不确定性，用与流依赖有关的误差丰富背景误差协方差，并改善 DA 方案外循环范围内的模型预测。最有用的统计特征是集合平均值、协方差和协方差矩阵对角线给出的离散度，有时还包括高阶矩（Quattrocchi et al.，2014）。随机集合不只用于 DA，还可以作为人工智能应用的机器学习基础，指导基于阵列设计的观测策略（Charria et al.，2016；Lamouroux et al.，2016），并支持概率预测（Cheng et al.，2020），例如海洋上升流或藻华事件的发生、海平面和超过特定阈值的风暴潮的发生、海冰密集度等。

在生成海洋模型集合成员时，需要决定和确定的主要内容是：①扰动的相关数量；②随机参数化；③必须保留的动态平衡（如果有的话）（这反过来又影响到扰动相关数量的选择）。这些概念经常被合并在“随机物理学”这个术语下。

集合验证是集合建模和 EPS 开发过程中的一个重要组成部分。集合经验一致性的目的是根据现有的观测数据和它们的 PDF，对集合预报近似得到的模型 PDF 进行后验验证。其基本概念是贝叶斯定理中等号右侧所表示的模型和数据联合概率。经验一致性可以通过特定的标准和分析工具来探索，例如，从最简单的衡量“可靠性”的秩次直方图（Candille et al.，2005）到 Desroziers 等（2005）提出的创新一致性诊断再到 Vervatis 等（2021a）提出的集合模型选择的一致性分析。其中，“可靠性”衡量的是预测概率与结果频率之间的吻合程度，是开发概率评分的一个重要属性。这些评分包括连续分级概率评分（CRPS）（Hersbach，2000；Candille et al.，2005）和布里尔（Brier）评分，除了“可靠性”之外，还衡量“分辨率”的属性。对于可靠的 EPS 来说，“分辨率”是指区分事件是否发生的能力，即概率接近于 0 或 1。集合一致性评价框架提供了重要的信息，以测试系统设置时 EPS 的相关性（例如集合规模）。

5.6.2 海洋模型的不确定性

海洋模型的不确定性来自与海洋状态有关的误差，包括物理、生物地球化学和海冰，以及初始状态和边界条件（即大气强迫和侧开边界条件）的误差。海洋物理学方面的模型不确定性对所有其他系统组成部分都有重大影响，例如生物地球化学和海冰。扰动模型数量的选择取决于：①海洋应用，例如全球与区域和沿海配置，以及短期到中期或季节性预报；②模型解决的过程（或不解决，例如次网格尺度过程）；③DA 框架的选择，例如变分和卡尔曼滤波方法、控制矢量中的变量和参数、同化观测等；④用户希望在扰动空间中保持的动力学平衡，例如保持速度不受干扰，以保持海洋状态的地球物理特性。

NEMO 的最新进展引入了一个易于使用的建模框架，用于生成海洋模型集合（Brankarter

①详见 https://www.ecmwf.int/en/forecasts。

②参见 http://www.data-assimilation.net。

et al.,2015),包括以下同样可应用于 NWP 系统的方案:随机扰动参数化倾向(SPPT)方案(Buizza et al.,1999)、无解波动的随机参数化(SPUF)(Brankart,2013)、随机参数扰动(SPP)(Ollinaho et al.,2017)和随机动能后向散射(SKEB)(Berner et al.,2009)。所有方案中的随机参数化都是通过一阶自回归马尔科夫过程实现的,即基于过去的不确定性值在一定误差内决定当前的假设的统计模型。多项研究扩展了 NEMO 集合框架(Bessières et al.,2017;Vervatis et al.,2021b),并引入了随机海洋物理包(Storto et al.,2021)。

SPPT 对净参数化的模型趋势进行扰动,假定包含了由于次网格参数化而产生的放大的海洋模型误差。SPUF 方案是基于随机漫步,从状态向量中取样梯度(代表次网格未解决的尺度),并将其添加到模型的解决方案中;随机漫步由各个方向的独立连续步骤组成。SPP 在每个时间步长上对模型参数化方案中的参数引入扰动。SKEB 将扰动添加到各向异性流函数中,将一部分消散的能量上溯到已解决的流动中,假设在海洋模型中由于未解决的次网格过程而低估了能量的反向级联,这通常是有用的。

选择适当的扰动方案和适当调整自回归过程的随机参数化(对于每个被扰动的模型量)是产生有意义的随机集合的重要步骤。所有的随机扰动方案都有其优点和缺点(如能量和质量守恒定律,产生过度/低度离散集合等),尽管 SPPT 方案对于许多模型量来说似乎是最有效的(在产生足够的模型离散度方面)且最容易使用的(在随机参数化方面)。

产生随机海洋模型集合的常见方法是使用 EOFs(多变量经验正交函数)的伪随机组合来扰动风强迫(Vervatis et al.,2016)。风对上层海洋模型的不确定性有很大影响,因为它控制着斯维尔德鲁普(Sverdrup)动力学中的埃克曼(Ekman)和地转部分;除潮汐外,它还在很大程度上是陆架海洋运动的驱动力。总的来说,所有的表层大气强迫变量都构成了海洋模型不确定性的主要来源。动量、热量和淡水通量是连接海-气过程的关键量,并以体积系数进行参数化处理。这些模型参数也可以用时空变化模式随机扰动(除了大气强迫之外)(如果没有关于其尺度的信息,也可以通过应用简单的高斯噪声来实现)。

作为对随机方法的补充,可以通过利用大气集合来引入海洋模型的不确定性。就海洋模型离散而言,使用大气 EPS 不一定比随机建模方法更出色。一般来说,这需要更长的启动时间并增加其离散,而且该方法还需要大量的数据来处理。另一方面,使用大气 EPS 的主要优点是在守恒量方面场的真实性。由大气 EPS 产生的海洋 EPS 的一个常见方法是海洋风浪集合预报,在业务中心得到了成功应用(Janssen, 2004)。

在季节性温跃层以下的海洋内部,通过扰动海洋边界条件和水体特性,可以有效地引入模型的不确定性。由于需要保证水体的物理一致性,而且规定的边界场的误差通常是未知的,所以这种扰动通常很难实施。开边界的一个有利的解决方案是有一个粗网格模型集合可以为嵌套的子模型提供不确定性估计(Ghantous et al.,2020)。

将多项式混沌扩展与基于 EOF 的等轴坐标空间的温度和盐度剖面扰动结合起来的方法,可以有效地应用于估计模型误差在开边界的传播(Thacker et al.,2012)。

影响水体属性的模型不确定性也可以通过扰动温度和盐度状态来应用于状态方程,使用 SPUF 方案,旨在代表未解决的次网格尺度。其他可以在海洋内部及其边界进行扰动的量是影响气压和气压状态的模型水深(Lima et al.,2019),影响陆架海底部埃克曼流传输和潮汐混合的底拖系数(Vervatis et al.,2021b),以及潮汐开边界的 SSH 与深度积分速度(Barth et al.,2009)。

短期海洋预报系统的膨胀算法和繁殖向量方法可用于初始化预报的集合。扰动初始条件的选择也与 DA 有关，例如使用基于集合的混合变分方法，如 4D-EnsVar 控制初始条件（可能还包括其他量）。

基于集合的 DA 方法被用来提高生物地球化学和海冰模型的预测能力。在这些地球系统组成部分中，模型误差来自未解决的多样性、未解决的尺度和多种模型参数化。例如，未解决的多样性指的是生物多样性的限制，在生物地球化学模型中只包括少数物种，以及为了减少复杂性和状态变量而对海冰分类的限制。这些多样性的限制往往导致模型过程的缺失，而被参数化所近似。同时，未解决的尺度取决于模型的分辨率（与物理学的未解决尺度相似）。

在这种情况下，生物地球化学模型中最常见的扰动量是源和汇（如光合作用、呼吸作用、死亡和放牧等），以及控制其中一些过程的生物地球化学参数（如生长和死亡率、营养限制、摄食等）（Santana-Falcón et al.，2020）。其他生物地球化学模型状态的不确定性取决于水体光学特性和太阳辐射穿透力，影响光合作用和初级生产（Ciavatta et al.，2014）。对于涉及高斯分布的随机生物地球化学输出的任何使用，如方差分析或 DA，都需要在对数正态空间进行拟态转换（Simon et al.，2009）。选择正态分布函数引入模型不确定性这一特性也适用于浮冰扰动，例如对海冰强度变量使用伽马分布，以改善海冰密集度和海冰厚度的 DA 和模型性能（Juricke et al.，2013）。

5.6.3 迈向海洋 EPS

对下一代业务化海洋预报系统实现海洋概率预报路线图的实践和挑战总结如下。初始阶段，应在不使用 DA 的情况下开发和测试集合预报。这将使业务中心能够协调其活动，例如：①准备 OGCM 平台以产生集合体（如在区域中心中调整随机参数化的几种选择）；②将集合体纳入其业务链，评估计算成本（DA 会使成本加倍）以及哪些变量对存档至关重要；③为解释不确定性估计提供工具，以及指导用户从集合体中提取信息，例如用于事件概率监测的海洋指数。在没有 DA 的情况下，第一步的一个开放性问题是如何在操作中初始化集合体。第二阶段，在 DA 框架内，集合体的初始化是 DA 过程的一部分。

5.7 验证策略

如第 4.5.2 节所述，GODAE OceanPredict 定义并采用了四类指标（图 4.28），自第一次验证和相互比较工作以来，已广泛用于验证业务化海洋学模型产品（Crosnier et al.，2007；Ryan et al.，2015）。在空间和时间上使用完整的统计和比较是必要的，以便正确评估海洋模型输出的一致性、代表性、准确性、性能和稳定性。在验证过程的各个阶段，通常的首要步骤是将 SST（包括分析温度和不同预报长度的温度）与同期的卫星观测数据进行对比，这是 CLASS1 指标的一个很好例证（图 5.11）。SST 是海洋-大气相互作用的标志，它对许多海洋应用至关重要，同时也是海洋模型分析和预报的主要不确定性来源之一。这种类型的比较可以对大气强迫的不一致性进行日常控制，也可以对系统偏差的大尺度特征进行长期监测。

另一个重要步骤是利用固定浮标观测来检验模型分析和预报多个时间频率（潮汐）、非潮汐的局地能力，例如对照验潮仪检验海面高度（CLASS2 指标，见图 5.12）。这类指标对于全面评估物理模型解决方案的代表性至关重要。在 CLASS1 和 CLASS2 框架内，可以使用许多

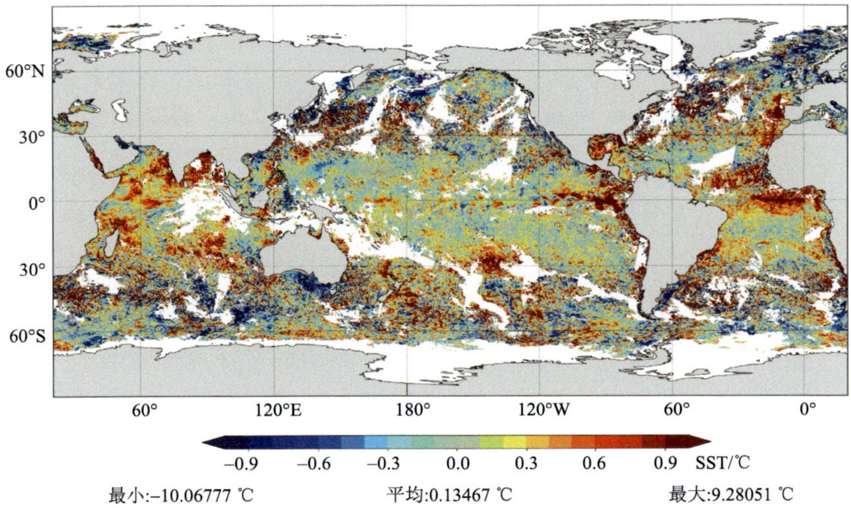

图 5.11　哥白尼海洋服务全球模型 SST 分析减去 2021 年 3 月 30 日网格化增强海平面观测数据

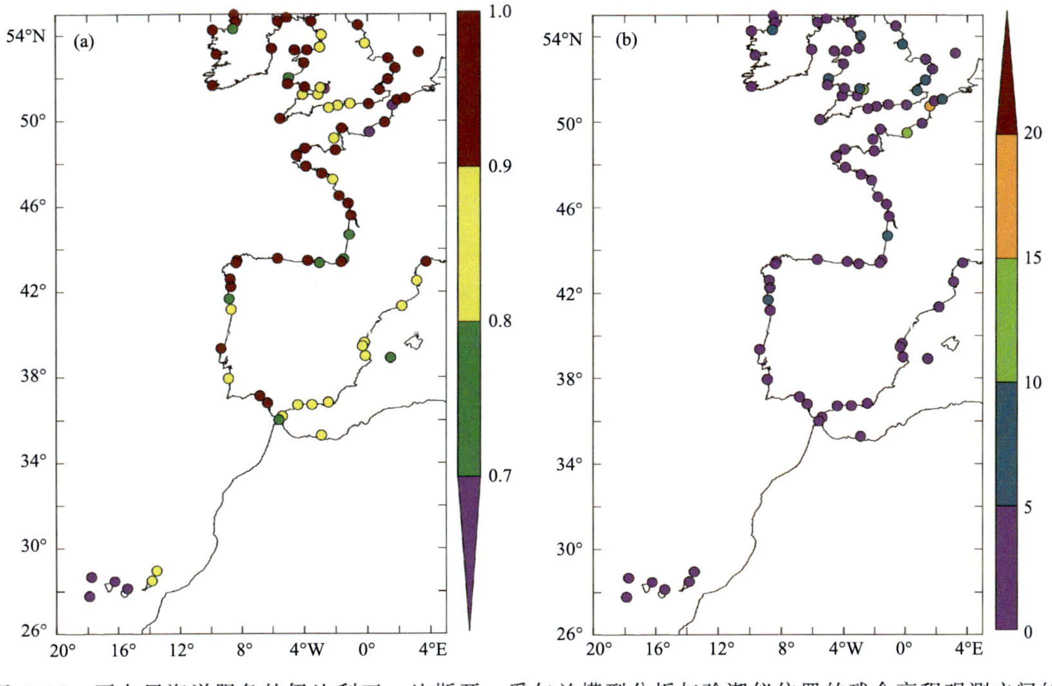

图 5.12　哥白尼海洋服务的伊比利亚—比斯开—爱尔兰模型分析与验潮仪位置的残余高程观测之间的相关性(a)和均方根差值(单位为 cm)(b)(由 Bruno Levier、Mercator Océan 提供)

统计估计量来比较模型和观测数据,也可以在这个阶段进行频谱分析、极端事件特征分析和中尺度特征检测。这种表面“卫星”方法(二维时间)和局部方法(一维时间)必须与监测海洋的流域尺度或全球尺度行为相结合,在空间(三维)和(或)时间上集成,如海洋监测指标的验证和相互比较。将综合热传输(CLASS3 指标,见图 5.12)与文献中的值相互比较(Lumpkin et al.,2007)是一个很好的诊断例子,它可以帮助识别模型对海洋环流的表述中的偏差、漂移或局限性，同时也提供了关于海洋状态和变率的有价值信息。此外，只要有可能，对多个模型的估计进行相互比较，就可以得出海洋监测指标的可能值范围，并评估模型解的稳定性。在图 5.13 中，基于同一模型(NEMO)的四个海洋再分析(其配置和数据同化设置各不相同)之间的标准差，被用来推导与每个热传输估计值相关的不确定性。

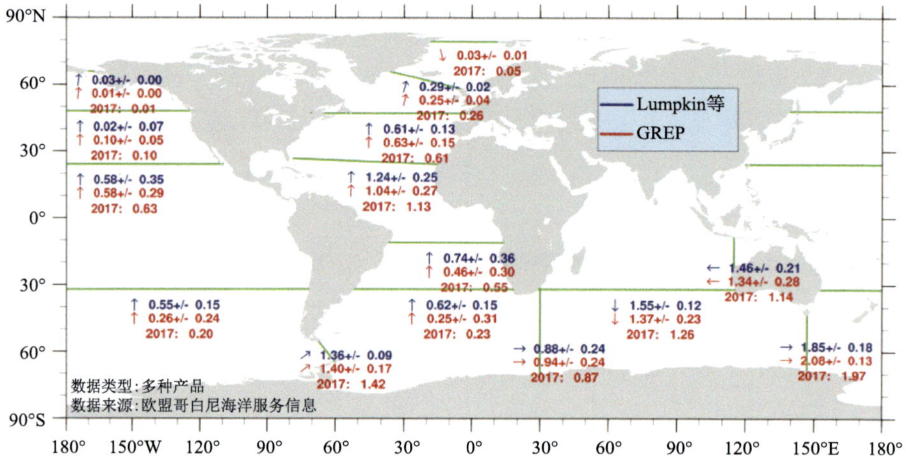

图 5.13　来自哥白尼海洋服务 GREP(全球再分析集合产品)的热传输(单位:PW)与 Lumpkin 等(2007)的估计值的比较(不确定性范围源自集合标准差，箭头指示了通过各断面的平均流动方向
(来源:https://marine.copernicus.eu/access-data/ocean-monitoring-indicators/mean-heat-transport-across-sections)

最后，为了监测和量化模型解的个体性能，CLASS1-CLASS2-CLASS3 必须与空间上(盆地尺度)和时间上平均的质量指标相结合。为此，数据同化的拟合误差(修正值和残差)被广泛使用，因为在数据同化方案中开发的观测算子，通常能将模型解最充分地转换到观测空间。CLASS4 指标可以在数据同化过程之外的以延迟时间中离线计算，以便比较不同预报长度下与一个给定观测值的残差差异，与气候学和持久性进行比较，并最终得出预报技能评分。因此，独立的观测数据(未被同化)可用于计算 CLASS4 指标，并可定义参考数据集以建立稳健的相互比较框架。例如，Argo 浮标的测量数据只被 GODAE OceanPredict 使用，以评估盐度预报能力(Ryan et al.,2015)，见图 5.14。统计数据中的一个峰值与 2018 年北极地区的一次海上活动相对应，这表明，尽管观测网络不断扩大，但这些统计数据仍然存在代表性问题。

当分辨率较高(几千米或更低)时，小尺度现象不受观测限制，此时通过直接与观测进行比对或通过统计方法与观测进行比对来衡量性能，可能不如分辨率较低的模型表现得好，这被称为“双重惩罚”效应(Ebert,2009)。邻域指标(Mittermaier et al.,2013,2021)侧重于模型在空间和时间上预测邻域内一系列事件的能力，对于这些事件，在所有时间和空间尺度上直接与观测进行比对或通过统计方法与观测进行比对都无法提供有用的信息。

此外，关注过程或使用下游应用的“用户导向”指标可以减少这种影响，并可以更好地评估海洋分析和预报的适用性，其中我们可以列举涡流(Mason et al.,2014)、锋面探测(Ren et al.,2021)和拉格朗日漂移分数。在研究观测网络变化的影响时，拉格朗日分离距离分数和分布(图 5.15)是一种主要的验证诊断方法(Tchonang et al.,2021)。图 5.15 特别显示了拉格朗日实验的结果，其中粒子在每个模型网格单元(1/12 °分辨率)中释放，并在自然运行和三种

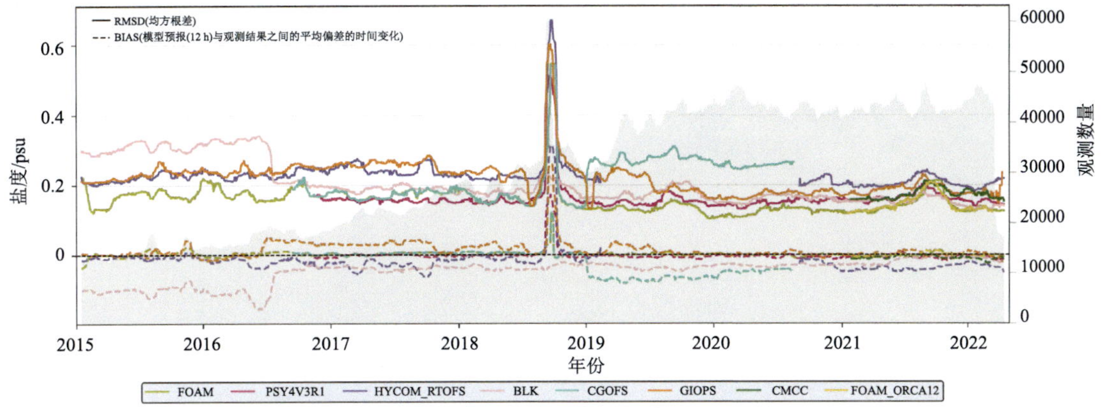

图 5.14 从 0～500 m 层与现场盐度剖面观测值(均方根差)的全球平均偏差分析 GODAE OceanPredict 全球预报系统预报能力(由 Charly Régnier、Mercator Ocean 提供)

不同的 OSSE 表面流场中平流 7 d(OSSE1 收集并同化 3 个天底类卫星高度计和 OSSE2 SWOT 类卫星高度计,以及 OSSE3 天底类和 1 个 SWOT 类卫星高度计)。

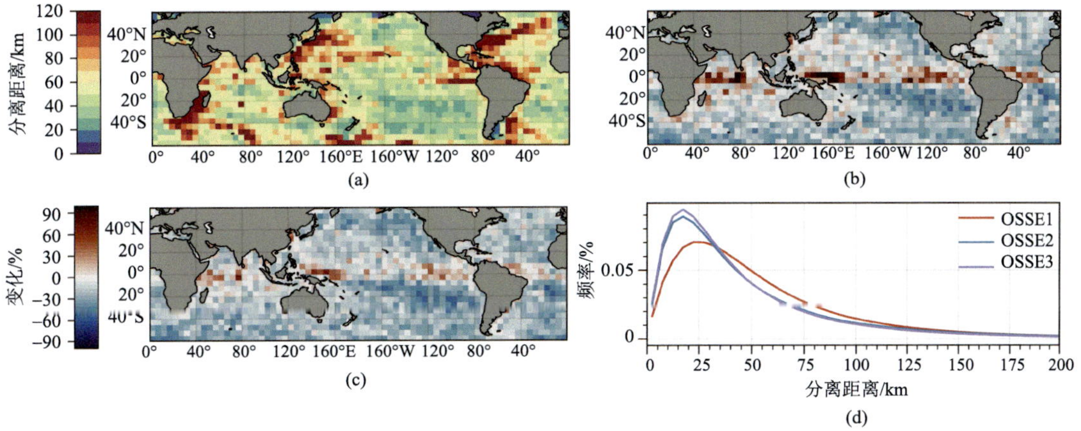

图 5.15 拉格朗日实验的结果(由 Simon van Gennip 提供,Mercator 海洋)

(a)指标对应的是 7 d 后 NR 中颗粒的真实位置与 OSSE1(3Nadir)的分离距离,以 5°为单位进行平均;(b)使用 OSSE2 表面流时获得的分离距离的平均变化;(c)使用 OSSE3 表面流时获得的分离距离的平均变化(蓝色的减少),总体上有改善;(d)每个实验中分离距离的全球分布

应用于集合预报的集合评分(见第 5.6 节)也能够更好地研究可预报性,并最终验证和量化预报能力。这对于中尺度特征来说尤为重要(Thoppil et al.,2021)。在不久的将来,将此类验证和量化不确定性纳入验证指标体系中是非常重要的。图 5.16 展示了在开发阶段和生产过程中集合诊断的示例(Vervatis et al.,2021a),以验证集合模型分布和观测之间的一致性。图 5.16a 比较了观测值(浅灰色)和两个集合模拟(深灰色)的分布,一个良好的质量评判标准是集合成员的分布与观测值的分布重叠程度。图 5.16b 展示了在特定时间段内,集合成员与观测值在观测空间中的偏差。如图 5.16c、图 5.16d、图 5.16e 所示,误差也可以在物理一致性的领域内进行量化,通过这些图可以评估集合成员分布的盒须图和误差条之间的一致性,这些

是针对同一区域的观测值进行的。

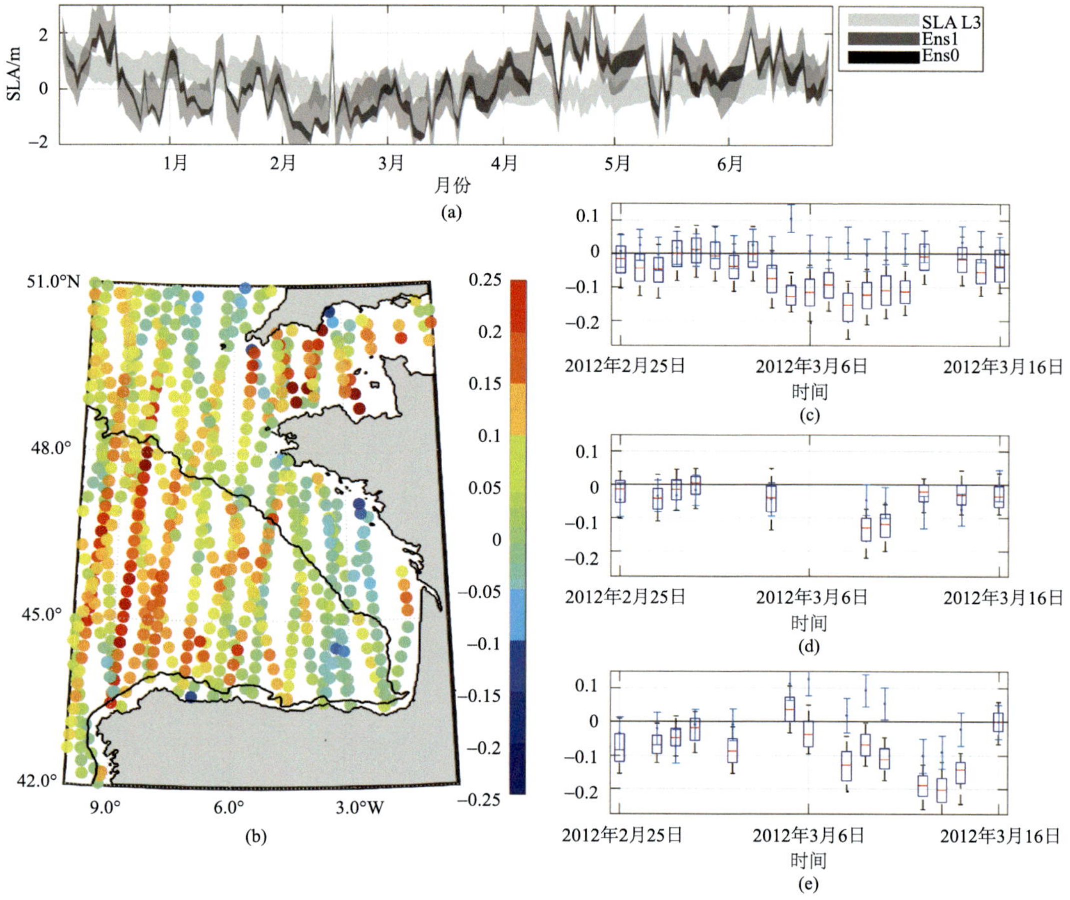

图 5.16　集合诊断示例

(a)2012 年 1—6 月沿轨 L3 的 SLA(海平面异常高度)观测分布和数据空间中的两个模型集合;(b)从 2012 年 2 月 25 日开始连续 3 周的观测值减去集合值;(c)深海平原平均盒须图和观测误差条;(d)Armorican 大陆架平均盒须图和观测误差条;(e)英吉利海峡平均盒须图和观测误差条

5.8　输出

有关各种 OOFS 输出的格式和类型的信息可以在本书第 4 章中找到。下面的章节只处理与环流建模有关的一些具体问题。

环流模型变量描述了任何与三维海洋动力学变量运动相关的系统。

主要的物理学变量(有它们的缩写或简称)如下。

- 温度
  - 温度(T)
  - 海面温度(SST)
  - 底层温度(bottomT)

- 密度(D)
- 盐度(S)
- 海面高度(SSH)
    - 海平面以上
    - 大地水准面以上
    - 地势高度
- 速度
- 速度(UV/W)
    - 地转速度(UV/UVG)
    - 正压速度(UVB)
- 混合层深度(MLD)
- 海冰
    - 海冰密集度(SIC)
    - 海冰边缘(SIE)
    - 海冰面积(SIE)
    - 海冰厚度(SIT)
    - 海冰速度(SIUV)
    - 海冰漂移 (SIUV)
    - 雪(SNOW)
    - 冰山(ICBG)
    - 海冰时代(SIAGE)
    - 海冰反照率(SIALB)
    - 海冰温度(IST)

这些变量遵循 CF 标准。CF 元数据约定是大气、海洋和气候数据广泛使用的标准。标准名称是在 CF 标准名称表中定义的①。

5.9 清单

本节的目的是提供目前运行的具有国际水平的 NRT(准实时)和 MY(多年期)系统的初步清单,包括系统名称、分辨率、运行的环流模型和数据同化的相关细节,以及用于同化和评估的观测数据、主要提供的产品目录摘要,以及在现有情况下直接链接到系统产品和其他相关信息的网站地址,都在下面的清单中提供。

5.9.1 从全球到区域到沿海到地方的业务化预报系统清单

表 5.2 列出了目前从全球到地方规模的 NRT 产品的最新业务系统。这份清单是与海洋预测工作组之一的沿海和大陆架海域工作组(COSS-TT)合作编制的。区域/沿海海洋预报系

①详见 http://cfconventions.org/standard-names.html。

统(R/COFS)的渐进式清单由 COSS-TT 在系统信息表(SIT)中维护①。由于沿海系统的运行期较短,与全球和流域尺度的系统相比,更新更为频繁,因此,SIT 经常更新,请参考最新的在线版本以获得最新的信息。除了业务化/NRT 系统外,在线 SIT 还包括工具(如用于应用、危机时的情景等)、研究和业务化前的模型等。

5.9.2 多年期系统清单

借鉴 Balmaseda 等(2015)的清单,我们编制了一份最新的海洋 MY 系统的初步清单(表 5.3)。与表 5.2 类似,每个系统都提供了规模(从全球到区域)、系统名称、地区、分辨率、环流模型、数据同化方案等,同时提供了相关网页链接,读者可查阅这些链接以获取更多详细信息。

①最新版本见 https://oceanpredict.org/science/task-team-activities/coastal-ocean-and-shelf-seas/#section-sit。

表 5.2 全球(G)-区域(R)-沿海(C)-地方(L)准实时业务化预报系统的初步清单

规模	系统	地区	网格类型和分辨率	环流模型	用于同化和评估的数据	降维/嵌套	产品	网址
G	MaCOM-globle（全球海洋动力环境数值预报系统，中国）	全球海洋	水平分辨率 1/12°	MaCOM	集合方法同化 INS、SLA、SST 的观测数据	不适用	每日 T、S、SSH 和 UV	https://macom.oceanguide.org.cn/
G	OceanMAPS，BLUElink(气象局)	全球海洋	澳大利亚地区的 0.1°网格间距	MOM4	BODAS 是一个集合优化插值系统，用于同化现有的现场和卫星观测数据	不适用	每日 T、S、SSH 和 UV	https://research.csiro.au/bluelink/global/forecast/
G	CONCEPTS GIOPS (加拿大)	全球海洋	水平分辨率 1/4°	NEMO	SEEK 方案，使用 INS、SLA、SST 观测	不适用	每日 10 d 的 T、S、SSH、UV、海冰密集度预报	https://science.gc.ca/eic/site/063.nsf/eng/h _ 97631.html
G	ECCO(海洋环流和气候估算系统)	全球海洋	水平分辨率在空间上从 22 km 到 110 km 不等	MITgcm	同化 INS、SLA、SST 的观测数据	不适用	T、S、SSH、UV、通量、海冰的每日预报	https://ecco-group.org/products-ECCO-V4r4.htm
G	FOAM(海洋预报同化模式系统)	全球海洋	水平分辨率 1/4°	NEMO	NEMOVAR(3D-Var 方案)使用 INS、SLA、SST 观测。	不适用	T、S、SSH、UV、海冰的日平均值、分析和 5 d 预报	https://www.metoffice.gov.uk/research/weather/ocean-forecasting
G	NAVOCEANO（美国海军海洋学办公室）	全球海洋	水平分辨率 1/12°	HYCOM	混合数据同化方案	不适用	海洋领域的每日预报	https://www.hycom.org/
G	INCOIS(印度国家海洋信息服务中心)	全球海洋	水平分辨率 1/4°，垂直方向 40 层	ROMS	不适用	不适用	每日 5 d 的表面紫外线、SST、MLD、波浪和风的预报	https://incois.gov.in/
G	GOFS16 CMCC(全球海洋预报系统)	全球海洋	水平分辨率 1/16°，垂直方向 98 层	NEMO	OceanVar(3D-Var 方案)使用 INS、SL、SST、SICE 观测数据	不适用	T、S、SSH、UV、海冰的每日分析和 7 d 预报	https://gofs.cmcc.it/
G	Global MFC，哥白尼海洋服务(麦卡托海洋国际，法国)	全球海洋	水平分辨率 1/12°，垂直方向 50 层	NEMO	SAM2(SEEK 方案)使用 INS、SLA、SST 观测数据	不适用	T、S、SSH、UV、海冰的每日分析和 10 d 预报	https://marine.copernicus.eu

续表

规模	系统	地区	网格类型和分辨率	环流模型	用于同化和评估的数据	降维/嵌套	产品	网址
G/R	MOVE/MRI. COM-JPN (MRI，日本)	全球、北太平洋、日本	由全球(GLB)、北太平洋(NP)和日本地区(JPN)模式组成的双嵌套系统，海洋模型：MRI. COM，分辨率：(日本)1/33 °×1/50 °，60 层；(荷兰)1/11 °×1/10 °，60 层；(美国)1°×2°(三级网格)，60 层	MRI. COM	4D-VAR(应用于 NP 模型的简化网格版本)。评估验潮仪、现场观测(浮标、T-S 剖面)、高频雷达、卫星(SST、SSH、海冰密集度)、重复水文断面的体积输送	降尺度：采用 IAU 初始化进行单/双向嵌套	实时监测和预测，再分析：*T*、*S*、UV、SSH、海冰密集度、热带气旋热势(TCHP)	https://ds. data. jma. go. jp/tcc/tcc/products/elnino/move_mricom-g2_doc. html
R	Arctic MFC，哥白尼海洋服务(NERSC，挪威)	北极地区	在北极 12.5 km	HYCOM	EnKF 同化方案，使用 INS、SLA、SST 和 SICE 观测数据	不适用	*T*、*S*、SSH、UV、海冰的每日分析和 10 d 预报	https://marine. copernicus. eu
R	Baltic MFC，哥白尼海洋服务(瑞典气象水文局，瑞典)	波罗的海	水平分辨率 0.028°×0.017°，垂直方向 56 层	NEMO	SST 的 PDAF LESTKF 单变量	单向嵌套到 NWS-MFC 哥白尼海洋服务区域产品中	每日分析和 6 d 的 *T*、*S*、SSH、MLD、UV 预报	https://marine. copernicus. eu
R	Mediterranean Sea MFC，哥白尼海洋服务(CMCC，意大利)	地中海	水平分辨率 1/24 °，垂直方向 141 分层，WW3 波浪模型双向耦合	NEMO	OceanVar(3D-Var 方案)，使用 INS、SL、SST 观测	单向嵌套到 GLO-MFC 哥白尼海洋服务产品中(水平分辨率 1/12 °，垂直方向 50 层)	*T*、*S*、SSH、UV、MLD、流量、海冰的分析和 10 d 预测	https://marine. copernicus. eu，https://medfs. cmcc. it/
R	Irish-Biscay-Iberian shelves MFC，哥白尼海洋服务(麦卡托海洋国际，法国/西班牙)	爱尔兰—比斯开—伊比利亚大陆架	水平分辨率 1/36 °，垂直方向 50 层	NEMO	SEEK 方案，使用 INS、SL、SST 观测	单向嵌套到 GLO-MFC 哥白尼海洋服务产品中(水平分辨率 1/12 °，垂直方向 50 层)	*T*、*S*、SSH、UV、MLD 的分析和 5 d 预测	https://marine. copernicus. eu

续表

规模	系统	地区	网格类型和分辨率	环流模型	用于同化和评估的数据	降维/嵌套	产品	网址
R	North-West shelf MFC，哥白尼海洋服务（英国气象局）	欧洲西北大陆架海域	水平分辨率 1.5 km，垂直方向 51 层	NEMO	NEMOVAR（3D-Var 方案）使用 INS、SL、SST 观测	单向嵌套到 Met Office FOAM NATL（1/12 °，6 h 场）和哥白尼海洋服务提供的波罗的海洋服务产品中（2 km，1 h 场）	对 T、S、SSH、UV、MLD 的分析和 5 d 预测	https://marine.copernicus.eu
R	Black Sea MFC，哥白尼海洋服务（欧洲地中海气候变化中心，意大利）	黑海	水平分辨率 1/40 °，垂直方向 121 层	NEMO	OceanVar（3D-Var 方案）使用 INS、SL、SST 观测	非结构土耳其海峡系统（U-TSS）（Ilicak et al.，2021）的侧向边界条件	对 T、S、SSH、UV、MLD 的分析和 10 d 预测	https://marine.copernicus.eu
R	中国沿海和大陆架海域高分辨率数据同化模型（中国科学院大气物理研究所，中国）	西北太平洋、中国周边沿海海域			评估 SST、SLA、温度、浮标、船舶巡航观测	双向嵌套	紫外线、T、S 的日平均三维场	
R/C	MARC：沿海研究的模拟和分析以及 ILICO：沿海海洋和近岸观测研究基础设施（法国海洋开发研究院，法国）	比斯开湾—英吉利海峡—地中海西北部海域	水平分辨率 2.5 km，垂直方向 40 层	MARS3D	SST、高频雷达（海况＋海流）、系泊浮标（T、S）	与 GLO-MFC 产品和潮汐的二维模型进行光谱嵌套、单向嵌套	比斯开湾每小时、地中海每 3 小时输出产品，高频观测，20 min）	Marc：http://marc.ifremer.fr；ilico：https://www.ir-ilico.fr/en
R/C	SOMISANA（南非环境观测网络/林业、渔业和环境部，南非）	阿尔戈阿湾、南部海岸，南非	水平分辨率，外海 3 km 到海湾内 500 m	CROCO	没有 DA。评估是基于水下温度记录器（UTR）和 ADCP 数据	与 GLO-PHY（水平分辨率 1/12 °，垂直方向 50 层）单向嵌套	SSH、三维 T、S 和 UV，假设的石油泄漏轨迹	http://ocimstest.ocean.gov.za/aloga_bay_model

续表

规模	系统	地区	网格类型和分辨率	环流模型	用于同化和评估的数据	降维/嵌套	产品	网址
R/C	CNAPS 西北大西洋耦合预测系统(美国北卡罗来纳州立大学)	西北大西洋沿岸海洋,包括美国东海岸、墨西哥湾和加勒比海	水平分辨率<7 km	ROMS	高频雷达、浮标、船舶、卫星观测	与墨卡托海洋 GLO-PHY、全球 HyCOM,WWIII 单向嵌套	紫外线、T、S、海浪和大气变量的每日临近预报和 3 d 预报	http://omgsrv1.meas.ncsu.edu:8080/CNAPS/
R/C	REMO 海洋学模拟和观测网络(巴西海军水文中心,巴西)	南纬 35.5°至北纬 7°、西经 20°至巴西海岸之间海域	2 类网格,水平分辨率分别为 1/12 °和 1/24 °,用于东部、东南部和南部区域	HYCOM	该系统同化了 ARGO 系统、XBT、CTD、海平面异常、SST 的温度(T)和盐度(S)垂直剖面数据;使用 AVISO SL、SST、INS 进行评估	潮汐的 TPXO 7.1,水平分辨率从 1/12 °到1/24 °网格的单向嵌套	4 d 的预报(T、UV 和 SSH,2 类网格每日每隔 6 h 更新	https://www.marinha.mil.br/chm/dados-do-smm-modelagem-numerica-tela-de-chamada/modela-gem-numerica
R/C	DREAMS:东亚海洋系统的数据同化研究(RIAM,日本九州大学)	西北太平洋、重点区域边缘海	DREAMS_边缘海模型水平分辨率约 7.4 km,分辨率约 1.5 km 的日本海海岸模型嵌套在 DRE-AMS_边缘海模型中	RIAM	评估:对马海峡的输运量,渔船的 U、V 和 T 测量	来自气候学的 OBC	T、S、U、V、海平面,混合层深度,密度	https://dreams-c1.riam.kyushu-u.ac.jp/vwp
R—L	BSH 运行模型系统(BSH,德国)	北海和波罗的海、德国沿海	北海和波罗的海的水平分辨率为 3 km,德国沿海水平分辨率为 0.5 km	HBM	利用 AVHRR SST/Sen-tinel-3 SST 的 PDAF 方案进行同化,并利用哥白尼海洋服务数据进行验证	区域和沿海模型之间的双向嵌套	水位、T、S、紫外线、海冰产品和生物地球化学变量,00 时、12 时起报的 120 h 预报和 06 时、18 时起报的 78 h 预报	https://www.bsh.de/EN/DATA/Predictions/predic-tions_node.html

续表

规模	系统	地区	网格类型和分辨率	环流模型	用于同化和评估的数据	降维/嵌套	产品	网址
R—L	COSYNA	北海、德国海湾、德国瓦登海	3个嵌套模型：①北海波罗的海模型(水平分辨率5 km)；②德国海湾模型(变化的非结构网格，水平分辨率1 km)；③河口模型(变化的非结构网格，水平分辨率20～200 m)	GERM	采用独立的ADCP观测数据、FerryBox数据、专用剖面测量数据进行评估，与其他业务化系统的产品进行相互比较	MyOcean ECOOP，OSTIA，MERIS水色数据。使用3类不同的网格进行降维	德国海湾的表面紫外线、T、S、悬浮物、风浪特征	http://codm.hzg.de/codm
C	PCOMS，葡萄牙海岸业务化模型系统(海洋环境和技术中心，葡萄牙)	西伊比利亚地区和次区域	水平分辨率5.6 km，垂直方向50层	MCHID 3D	不适用	在北大西洋单向嵌套到Mercator-Ocean PS-Y2V4；潮位由FES2004驱动的二维MOHID模型计算，在更大的区域内运行。来自WOA09的营养物质气候剖面	SSH和三维UV、T、S和生物地球化学模型的后报和3 d预报	http://forecast.maretec.org
C	SANIFS(欧洲地中海气候变化中心，意大利)	南亚得里亚海北部爱奥尼亚海沿岸预报系统	水平分辨率：开阔海3 km，沿岸地区100～20 m	SHYFEM	没有数据同化。利用哥白尼海洋服务、EMODnet和国家观测网络的现有观测数据进行评估	使用哥白尼海洋服务地中海MFC区域预报产品(水平分辨率1/24°)进行单向嵌套	SSH、3D UV、T、S的短期(3 d)预测	http://sanifs.cmcc.it
C/L	SAMOA(国家港口局，西班牙)		区域的分辨率约为2 km，模型应用中包括2个嵌套的规则网格，在沿海和港口区域的空间分辨率分别约为350 m和70 m	ROMS	没有数据同化。评估数据：泊系浮标、ADCPs、验潮站和漂流浮标的现场观测以及SST卫星数据和高频雷达的表层海流数据	使用IBI-MFC区域预报产品进行单向嵌套(水平分辨率1/36°)	每日运行的短期(未来72 h)气象海洋预报	http://opendap.puertos.es/thredds/catalog.html；http://www.puertos.es/es-es/proyectos/Paginas/SAMOA.aspx

续表

规模	系统	地区	网格类型和分辨率	环流模型	用于同化和评估的数据	降维/嵌套	产品	网址
C/L	NYHOPS:纽约港观测和预测系统(美国朱庇特情报公司)	纽约和美国东海岸	水平分辨率:开阔海 7.5 km、近岸小于 50 m	POM	不适用	近海边界潮汐、涌浪、海浪。实时数据来自 Ntl 海洋服务,Adv. 水文预测服务,Ntl. 气候数据中心	72 h 预报,临近预报,每 6 小时启动一次 24 h 后报;变量包括:SSH、T、S、UV、风、浪高、周期和方向、生物地球化学变量	https://hudson.dl.stevens-tech.edu/maritimeforecast/index.shtml
C/L	SWITCH-佐海岸(欧洲地中海气候变化中心/佐治亚理工学院,意大利/美国)	美国佐治亚州海岸	水平分辨率:开阔海 1 km,沿海地区 100 m、河道 10 m	SHYFEM	没有数据同化,基于沿海和沿河的潮位站开展评估	单向嵌套到 GLO-PHY(水平分辨率 1/12 °、垂直方向 50 层)	SSH、3D UV、T、S 的 3 d 预报	https://savannah.cmcc.it
L	塔古斯河口的业务化模式(海洋环境和技术中心/高等科技学院,葡萄牙)	塔古斯河口地区	可变的水平分辨率,从沿海 2 km 到河口内 400 m、垂直方向 50 层	MOHID 3D	没有数据同化。评估数据:来自 IBI-ROOS 和葡萄牙水文研究所的 Argo 和浮标数据,卫星图像(ODYSSEA、海洋水色和高频雷达)	使用 PCOMS 进行单向嵌套	SSH 和三维紫外线、T、S 和生物地球化学模型的后报和 3 d 预报	http://forecast.maretec.org/tagus-mouth

注:表中 MaCOM-globle 系统信息为在原版基础上补充的内容。

表 5.3　全球(G)-区域(R)-沿海(C)-局地(L)多年期系统的初步清单

规模	系统	地区	分辨率	环流模型	数据同化方案	降维/嵌套	时间序列	网址
G	气候预测中心的 CFSR	全球海洋	水平分辨率约 38 km，垂直方向 64 层	MOM4	同化 SST、INS、SICE 观测数据的 3D-Var 方案	不适用	1979—2010 年	https://rda.ucar.edu/#!lfd?nb=y&b=proj&v=NCEP%20Climate%20Forecast%20System%20Reanalysis
G	欧洲—地中海气候变化中心基金会的 C-GLORS	全球海洋	水平分辨率 1/4°，垂直方向 50～75 层	NEMO	OceanVar(3D-Var 方案)，同化 INS、SLA、SST 和 SICE 观测数据	不适用	1990—2016 年	http://c-glors.cmcc.it/index/index.html
G	JPL-NASA 的 ECCO	全球海洋	水平分辨率 22 km 到 110 km 不等	MitGCM	同化 SLA、SST 和 INS 观测数据的 4D-Var 方案	不适用	1992—2017 年	www.ecco-group.org
G	汉堡大学的 GECCO	全球海洋		MitGCM	同化 SLA、SST 和 INS 观测数据的 4D-Var 方案	不适用	1948—2018 年	www.ecco-group.org
G	地球物理流体动力学实验室的 ECDA	全球海洋	水平分辨率 1°，垂直方向 50 层	MOM4	使用 INS、SST 和 SLA 观测数据的 EnKF 方案	不适用	面向 20 世纪的整合	http://www.gfdl.noaa.gov/ocean-data-assimilation
G	GloSea5（英国气象局）	全球海洋	水平分辨率 1/4°，垂直方向 75 层	NEMO	使用 SLA、SST、INS 和 SICE 观测数据的 3D-Var 方案	不适用	1993—2015 年	https://www.metoffice.gov.uk/research/
G	K7-ODA(日本海洋地球科学与技术机构)	全球海洋	水平分辨率 1°，垂直方向 45 层	MOM3	4D-Var adjont 方案，同化 INS、SLA、SST 观测数据	不适用	1957—2009 年	http://www.godac.jamstec.go.jp/estoc/e/
G	PEODAS(澳大利亚天气和气候研究中心-气象局)	全球海洋	水平分辨率 1°×2°	MOM2	同化 INS 和 SST 观测数据的 EnKF	不适用	2000—2010 年	https://www.cawcr.gov.au/

续表

规模	系统	地区	分辨率	环流模型	数据同化方案	降维/嵌套	时间序列	网址
G	ORAS5（ECMWF，英国）	全球海洋	水平分辨率 1°	NEMO	3D-Var 方案，同 SLA、INS 和 SST 观测数据	不适用	1979 年至今	https://www.ecmwf.int/en/research/climate-reanalysis/ocean-reanalysis
G	MOVE-C RA（日本气象厅）	全球海洋	水平分辨率 1°	MRI.COM2	3D-Var 方案，同化 SLA、INS 和 SST 观测数据	不适用	1950—2011 年	https://www.mri-jma.go.jp/
G	SODA（美国国家大气研究中心）	全球海洋	水平分辨率 1/4°	POP2.1	OI 方案，同化 INS 和 SST 观测数据	不适用	1869—2010 年	https://climatedataguide.ucar.edu/climate-data/soda-simple-ocean-data-assimilation
G	哥白尼海洋服务的全球海洋 MFC（MOI，法国）	全球海洋	水平分辨率 1/12°，垂直方向 50 层	NEMO	降阶卡尔曼滤波，同化 SLA、SST、INS 和 SICE 观测数据	不适用	1993—2019 年	https://marine.copernicus.eu
R	哥白尼海洋服务的 MFC（NERSC，挪威）	北极地区	水平分辨率 12.5 km，垂直方向 12 层	HYCOM	DEnKF 方案，同化卫星和 INS 观测数据	不适用	1991—2019 年	https://marine.copernicus.eu
R	哥白尼海洋服务的波罗的海 MFC（SHMI，瑞典）	波罗的海	水平分辨率 0.05556°×0.03333°，垂直方向 56 层	NEMO	LSEIK 方案	在英吉利海峡西部的侧边界和沿苏格兰—挪威边界，采用低分辨率（24 n mile①）风暴潮模型预测海平面，模型名称 NOAMOD（北大西洋模型）。边界使用盐度和温度的气候学月均值，并假定没有海冰	1993—2019 年	https://marine.copernicus.eu

①1 n mile=1.852 km。

续表

规模	系统	地区	分辨率	环流模型	数据同化方案	降维/嵌套	时间序列	网址
R	哥白尼海洋服务的西北大陆架 MFC(英国气象局)	西北大陆架海域	水平分辨率 7 km,垂直方向 24 层	NEMO	NEMOVAR(3D-Var 方案),使用 SST 和 INS 观测数据	单向嵌套到全球海洋 MFC 和波罗的海 MFC 再分析产品中	1993—2019 年	https://marine.copernicus.eu
R	哥白尼海洋服务的爱尔兰—比斯开—伊比利亚大陆架 MFC(Puertos del Estado,西班牙)	爱尔兰—比斯开—伊比利亚大陆架	水平分辨率 1/12°	NEMO	SEEK 方案,使用 INS、SL、SST 观测	单向嵌套到全球海洋 MFC 1/4° 水平分辨率的再分析产品中	1993—2019 年	https://marine.copernicus.eu
R	哥白尼海洋服务的地中海 MFC(CMCC,意大利)	地中海	水平分辨率 1/24°,垂直方向 141 层	NEMO	OceanVar(3D-Var 方案)使用 INS、SLA、SST 观测	单向嵌套到 C-GLORS 中	1993—2019 年	https://marine.copernicus.eu
R	哥白尼海洋服务的黑海 MFC(CMCC,意大利)	黑海	水平分辨率 3 km,垂直方向 31 层	NEMO	OceanVar(3D-Var 方案)使用 INS、SLA、SST 观测	不适用	1993—2019 年	https://marine.copernicus.eu

参考文献

Balmaseda, M. A., Mogensen, K., and Weaver, A.T. (2013). Evaluation of the ECMWF ocean reanalysis system ORAS4. Quarterly Journal of the Royal Meteorological Society, 139, 1132-1161, https://doi.org/10.1002/qj.2063

Balmaseda, M.A., Hernandez, F., Storto , A., Palmer, M.D., Alves, O., Shi, L., Smith, G.C. Toyoda, T., Valdivieso, M., Barnier, B., Behringer, D., Boyer, T., Chang, Y-S., Chepurin, G.A., Ferry, N., Forget, G., Fujii, Y., Good, S., Guinehut, S., Haines, K., Ishikawa, Y., Keeley, S., Köhl, A., Lee, T., Martin, M.J, Masina, S., Masuda, S., Meyssignac, B., Mogensen, K., Parent, L., Peterson, K.A., Tang, Y.M., Yin, Y., Vernieres, G., Wang, X., Waters, J., Wedd, R., Wang, O., Xue, Y., Chevallier, M., Lemieux, J.F., Dupont, F., Kuragano, T., Kamachi, M., Awaji, T., Caltabiano, A., Wilmer-Becker, K., Gaillard, F. (2015). The Ocean Reanalyses Intercomparison Project (ORA-IP). Journal of Operational Oceanography, 8(sup1), s80-s97, https://doi.org/10.1080/1755876X.2015.1022329

Barth, A., Alvera-Azcárate, A., Beckers, J.M., Weisberg, R. H., Vandenbulcke, L., Lenartz, F., and Rixen, M. (2009). Dynamically constrained ensemble perturbations–application to tides on the West Florida Shelf. Ocean Science, 5, 259-270, https://doi.org/10.5194/os-5-259-2009

Bell, M., Schiller, A., Le Traon, P-Y., Smith, N.R., Dombrowsky, E., Wilmer-Becker, K. (2015). An introduction to GODAE OceanView. Journal of Operational Oceanography, 8, 2-11, https://doi.org/10.1080/1755876X.2015.1022041

Bennett, A.F. (1992). Inverse Methods in Physical Oceanography, Cambridge University Press, Cambridge, UK.

Berner, J., G. Shutts, M. Leutbecher, and T. Palmer. (2009). A spectral stochastic kinetic energy backscatter scheme and its impact on flow-dependent predictability in the ECMWF ensemble prediction system. Journal of the Atmospheric Sciences, 66, 603-626, https://doi.org/10.1175/2008JAS2677.1

Bessières, L., Leroux, S., Brankart, J.M., Molines, J.M., Moine, M.P., Bouttier, P.A., Penduff, T., Terray, L., Barnier, B., Sérazin, G. (2017). Development of a probabilistic ocean modelling system based on NEMO 3.5: Application at eddying resolution. Geoscientific Model Development, 10, 1091-1106, https://doi.org/10.5194/gmd-10-1091-2017

Bjerknes, V. (1914). Meteorology as an exact science. Monthly Weather Review, 42(1), 11-14, https://doi.org/10.1175/1520-0493(1914)42<11:MAAES>2.0.CO;2

Blayo, E., and Debreu, L. (1999). Adaptive mesh refinement for finite-difference ocean models: first experiments. Journal of Physical Oceanography, 29(6), 1239-1250, https://doi.org/10.1175/1520-0485(1999)029<1239:AMRFFD>2.0.CO;2

Blayo, E., and Debreu, L. (2005). Revisiting open boundary conditions from the point of view of characteristic variables. Ocean Modelling, 9(3), 231-252, https://doi.org/10.1016/j.ocemod.2004.07.001

Bouttier, F., and Courtier, P. (2002). Data assimilation concepts and methods, March 1999. ECMWF Education material, 59 pp., https://www.ecmwf.int/en/elibrary/16928-data-assimilation-concepts-and-methods

Brankart, J.-M., (2013). Impact of uncertainties in the horizontal density gradient upon low resolution global ocean modelling. Ocean Modelling, 66, 64-76, http://dx.doi.org/10.1016/j.ocemod.2013.02.004

Brankart, J.-M., Candille, G., Garnier, F., Calone, C., Melet, A., Bouttier, P.-A., Brasseur, P., Verron, J., (2015). A generic approach to explicit simulation of uncertainty in the NEMO ocean model. Geoscientific Model Development, 8, 1285-1297, https://doi.org/10.5194/gmd-8-1285-2015

Brassington, G.B., Warren, G., Smith, N., Schiller, A., Oke, P.R. (2005). BLUElink> Progress on operational ocean prediction for Australia. Bulletin of the Australian Meteorological and Oceanographic Society, Vol.18 p. 104.

Buizza, R., Miller, M., Palmer, T.N. (1999). Stochastic representation of model uncertainties in the ECMWF ensemble prediction system. Quarterly Journal of the Royal Meteorological Society, 125, 2887-2908, http://dx.doi.org/10.1002/qj.49712556006

Candille, G., and Talagrand, O. (2005). Evaluation of probabilistic prediction systems for a scalar variable. Quarterly Journal of the Royal Meteorological Society, 131, 2131-2150, https://doi.org/10.1256/qj.04.71

Charria, G., Lamouroux, J., De Mey, P. (2016). Optimizing observational networks combining gliders, moored buoys and FerryBox in the Bay of Biscay and English Channel. J. Mar. Syst., 162, 112-125. http://dx.doi.org/10.1016/j.jmarsys.2016.04.003

Chassignet, E. P., Hurlburt, H. E., Smedstad, O. M., Halliwell, G. R., Hogan, P. J., Wallcraft, A. J., and Bleck, R. (2006). Ocean prediction with the hybrid coordinate ocean model (HYCOM). In "Ocean weather forecasting", 413-426, Springer, Dordrecht, doi:10.1007/1-4020-4028-8_16

Chelton, D. B., DeSzoeke, R. A., Schlax, M. G., El Naggar, K., and Siwertz, N. (1998). Geographical variability of the first baroclinic Rossby radius of deformation. Journal of Physical Oceanography, 28(3), 433-460, https://doi.org/10.1175/1520-0485(1998)028<0433:GVOTFB>2.0.CO;2

Cheng, S., Aydoğdu, A., Rampal, P., Carrassi, A., Bertino, L. (2020). Probabilistic Forecasts of Sea Ice Trajectories in the Arctic: Impact of Uncertainties in Surface Wind and Ice Cohesion. Oceans, 1, 326-342, https://doi.org/10.3390/oceans1040022

Ciavatta, S., Torres, R., Martinez-Vicente, V., Smyth, T., Dall'Olmo, G., Polimene, L., and Allen, J. I. (2014). Assimilation of remotely-sensed optical properties to improve marine biogeochemistry modelling. Progresses in Oceanography, 127, 74-95, https://doi.org/10.1016/j.pocean.2014.06.002

Crosnier, L., and Le Provost, C. (2007). Inter-comparing five forecast operational systems in the North Atlantic and Mediterranean basins: The MERSEA-strand1 Methodology. Journal of Marine Systems, 65(1-4), 354-375, https://doi.org/10.1016/j.jmarsys.2005.01.003

Cummings, J. A. (2005). Operational multivariate ocean data assimilation. Quarterly Journal of the Royal Meteorological Society, 131(613), 3583-3604, https://doi.org/10.1256/qj.05.105

Cummings, J.A., and Smedstad, O.M. (2013). Variational data analysis for the global ocean. In: S.K. Park and L. Xu (Eds.), Data Assimilation for Atmospheric, Oceanic and Hydrologic Applications Vol. II., doi:10.1007/978-3-642-35088-7_13, Springer-Verlag Berlin Heidelberg.

Daley, R. (1991). Atmospheric Data Analysis. Cambridge University Press. 457 pp.

Danilov, S., Kivman, G., and Schröter, J. (2004). A finite-element ocean model: principles and evaluation. Ocean Modelling, 6(2), 125-150, https://doi.org/10.1016/S1463-5003(02)00063-X

Debreu, L., Marchesiello, P., Penven, P., and Cambon, G. (2012). Two-way nesting in split-explicit ocean models: Algorithms, implementation and validation. Ocean Modelling, 49, 1-21, https://doi.org/10.1016/j.ocemod.2012.03.003

Debreu, L., Vouland, C., and Blayo, E. (2008). AGRIF: Adaptive grid refinement in Fortran. Computers & Geosciences, 34(1), 8-13, https://doi.org/10.1016/j.cageo.2007.01.009

De Mey-Frémaux and the Groupe MERCATOR Assimilation (1998). Scientific Feasibility of Data Assimilation in the MERCATOR Project. Technical Report, doi: https://doi.org/10.5281/zenodo.3677206

De Mey P., Craig P., Kindle J., Ishikawa Y., Proctor R., Thompson K., Zhu J., and contributors (2007). Towards the assessment and demonstration of the value of GODAE results for coastal and shelf seas and forecasting systems, 2nd ed. GODAE White Paper, GODAE Coastal and Shelf Seas Working Group (CSSWG), 79 pp. Available online at: http://www.godae.org/CSSWG.html

De Mey-Frémaux, P., Ayoub, N., Barth, A., Brewin, R., Charria, G., Campuzano, F., Ciavatta, S., Cirano, M., Edwards, C.A., Federico, I., Gao, S., Garcia-Hermosa, I., Garcia-Sotillo, M., Hewitt, H., Hole, L.R., Holt, J., King, R., Kourafalou, V., Lu, Y., Mourre, B., Pascual, A., Staneva, J., Stanev, E.V., Wang, H. and Zhu X. (2019). Model-Observations Synergy in the Coastal Ocean. Frontiers in Marine Science, 6:436, https://doi.org/10.3389/fmars.2019.00436

Desroziers, G., Berre, L., Chapnik, B., Poli, P. (2005). Diagnosis of observation, background and analysis-error statistics in observation space. Quarterly Journal of the Royal Meteorological Society, 131, 3385-3396, http://dx.doi.org/10.1256/qj.05.108

Dyke, P. (2016). Modelling Coastal and Marine Processes. 2nd Edition, Imperial College Press, https://doi.org/10.1142/p1028

Ebert, E. E. (2009). Neighborhood verification - a strategy for rewarding close forecasts. Weather and Forecasting, 24(6), 1498-1510, https://doi.org/10.1175/2009WAF2222251.1

Evensen, G. (2003). The ensemble Kalman filter: Theoretical formulation and practical implementation. Ocean dynamics, 53, 343-367, https://doi.org/10.1007/s10236-003-0036-9

Fox-Kemper, B., Adcroft, A., Böning, C.W., Chassignet, E.P., Curchitser, E., Danabasoglu, G., Eden, C., England, M.H., Gerdes, R., Greatbatch, R.J., Griffies, S.M., Hallberg, R.W., Hanert, E., Heimbach, P., Hewitt, H.T., Hill, C.N., Komuro, Y., Legg, S., Le Sommer, J., Masina, S., Marsland, S.J., Penny, S.G., Qiao, F., Ringler, T.D., Treguier, A.M., Tsujino, H., Uotila, P., and Yeager, S.G. (2019). Challenges and Prospects in Ocean Circulation Models. Frontiers in Marine Science, 6:65, https://doi.org/10.3389/fmars.2019.00065

Gerya, T. (2019). Introduction to Numerical Geodynamic Modelling. 2nd edition, Cambridge University Press, https://doi.org/10.1017/9781316534243

Ghantous, M., Ayoub, N., De Mey-Frémaux, P., Vervatis, V., Marsaleix, P. (2020). Ensemble downscaling of a regional ocean model. Ocean Modelling, 145, http://dx.doi.org/10.1016/j.ocemod.2019.101511

Ghil, M., and Melanotte-Rizzoli, P. (1991). Data Assimilation in Meteorology and Oceanography. Advances in Geophysics, 33, 141-266, https://doi.org/10.1016/S0065-2687(08)60442-2

Greenberg, D.A., Dupont, F., Lyard, F., Lynch, D., Werner, F. (2007). Resolution issues in numerical models of oceanic and coastal circulation. Continental Shelf. Research, 27(9), https://doi.org/10.1016/j.csr.2007.01.023

Griffies, S. M., Pacanowski, R. C., and Hallberg, R. W. (2000). Spurious diapycnal mixing associated with advection in a z-coordinate ocean model. Monthly Weather Review, 128, 538-564, https://doi.org/10.1175/1520-0493(2000)128<0538:SDMAWA>2.0.CO;2

Griffies, S. M. (2006). Some ocean model fundamentals. In "Ocean Weather Forecasting", Editoris: E. P. Chassignet and J. Verron, 19-73, Springer-Verlag, Dordrecht, The Netherlands, doi:10.1007/1-4020-4028-8_2

Hallberg, R. (2013). Using a resolution function to regulate parameterizations of oceanic mesoscale eddy effects. Ocean Modelling, 72, 92-103, https://doi.org/10.1016/j.ocemod.2013.08.007

Hersbach H. (2000). Decomposition of the continuous ranked probability score for ensemble prediction systems. Weather and Forecasting, 15(5), 559-570, https://doi.org/10.1175/1520-0434(2000)015<0559:DOTCRP>2.0.CO;2

Herzfeld, M., and Gillibrand, P.A. (2015). Active open boundary forcing using dual relaxation time-scales in downscaled ocean models. Ocean Modelling, 89, 71-83, https://doi.org/10.1016/j.ocemod.2015.02.004

Hewitt, H.T., Roberts, M., Mathiot, P. et al. (2020). Resolving and Parameterising the Ocean Mesoscale in Earth System Models. Current Climate Change Reports, 6, 137-152, https://doi.org/10.1007/s40641-020-00164-w

Hirsch, C. (2007). Numerical Computation of Internal and External Flows - The Fundamentals of Computational Fluid Dynamics. 2nd Edition, Butterworth-Heinemann.

Hunke, E., Allard, R., Blain, P., Blockey, E., Feltham, D., Fichefet, T., Garric, G., Grumbine, R., Lemieux, J.-F., Rasmussen, T., Ribergaard, M., Roberts, A., Schweiger, A., Tietsche, S., Tremblay, B., Vancoppenolle, M., Zhang, J. (2020). Should Sea-Ice Modeling Tools Designed for Climate Research Be Used for Short-Term Forecasting? Current Climate Change Reports, 6, 121-136, https://doi.org/10.1007/s40641-020-00162-y

Ide, K., Courtier, P., Ghil, M., and Lorenc, A. C. (1997). Unified notation for data assimilation: Operational, sequential and variational (Special Issue Data Assimilation in Meteorology and Oceanography: Theory and Practice). Journal of the Meteorological Society of Japan, Ser. II, 75(1B), 181-189, https://doi.org/10.2151/jmsj1965.75.1B_181

Janssen, P.A.E.M., Abdalla, S., Hersbach, H., Bidlot, J.R. (2007). Error estimation of buoy, satellite, and model wave height data. Journal of Atmospheric and Oceanic Technology, 24(9), 1665-1677, https://doi.org/10.1175/JTECH2069.1

Juricke, S., Lemke, P., Timmermann, R., Rackow, T. (2013). Effects of Stochastic Ice Strength Perturbation on Arctic Finite Element Sea Ice Modeling. Journal of Climate, American Meteorological Society, 26(11), 3785-3802, https://doi.org/10.1175/JCLI-D-12-00388.1

Kantha, L. H., & Clayson, C. A. (2000). Numerical models of oceans and oceanic processes. Elsevier, 1-940, ISBN: 978-0-12-434068-8.

Katavouta, A., Thompson, K.R. (2016). Downscaling ocean conditions with application to the Gulf of Maine, Scotian Shelf and adjacent deep ocean. Ocean Modelling, 104, 54-72, https://doi.org/10.1016/j.ocemod.2016.05.007

Lamouroux, J., Charria, G., Mey, P. De, Raynaud, S., Heyraud, C., Craneguy, P., Dumas, F., Le Hénaff, M. (2016). Objective assessment of the contribution of the RECOPESCA network to the monitoring of 3D coastal ocean variables in the Bay of Biscay and the English Channel. Ocean Dynamics, 66(4), 567-588, http://dx.doi.org/10.1007/s10236-016-0938-y

Latif, M., Barnett, T.P., Cane, M.A. et al. (1994). A review of ENSO prediction studies. Climate Dynamics, 9, 167-179.

Le Traon, P. Y., Reppucci, A., Alvarez Fanjul, E., Aouf, L., Behrens, A., Belmonte, M., ... and Zacharioudaki, A. (2019). From observation to information and users: the Copernicus Marine Service perspective. Frontiers in Marine Science, 6, 234, https://doi.org/10.3389/fmars.2019.00234

Lellouche, J.-M., Le Galloudec, O., Drévillon, M., Régnier, C., Greiner, E., Garric, G., Ferry, N., Desportes, C., Testut, C.-E., Bricaud, C., Bourdallé-Badie, R., Tranchant, B., Benkiran, M., Drillet, Y., Daudin, A., De Nicola, C. (2013). Evaluation of global monitoring and forecasting systems at Mercator Océan. Ocean Science, 9, 57-81, 2013, https://doi.org/10.5194/os-9-57-2013

Lima, L.N., Pezzi, L.P., Penny, S.G., and Tanajura, C.A.S., (2019). An investigation of ocean model uncertainties through ensemble forecast experiments in the Southwest Atlantic Ocean. Journal of Geophysical Research: Oceans, 124, 432-452. https://doi.org/10.1029/2018JC013919

Lumpkin, R., and Speer, K. (2007). Global Ocean Meridional Overturning. Journal of Physical Oceanography, 37(10), 2550-2562, https://doi.org/10.1175/JPO3130.1

Lyard, F. H., Allain, D. J., Cancet, M., Carrere, L., and Picot, N. (2021). Fes2014 global ocean tides atlas: design and performances. Ocean Science, 17, 615-649, https://doi.org/10.5194/os-17-615-2021

Madec, G., and NEMO System Team, (2022). "NEMO ocean engine", Scientific Notes of Climate Modelling Center (27) – ISSN 1288-1619, Institut Pierre-Simon Laplace (IPSL), doi:10.5281/zenodo.6334656

Martin, M. J., Hines, A., and Bell, M. J. (2007). Data assimilation in the FOAM operational short-range ocean forecasting system: a description of the scheme and its impact. Quarterly Journal of the Royal Meteorological Society, 133(625), 981-995, https://doi.org/10.1002/qj.74

Martin, M. J., Balmaseda, M., Bertino, L., Brasseur, P., Brassington, G., Cummings, J., ... and Weaver, A. T. (2015). Status and future of data assimilation in operational oceanography. Journal of Operational Oceanography, 8(sup1), s28-s48, https://doi.org/10.1080/1755876X.2015.1022055

Mason, E., Pascual, A., and McWilliams, J.C. (2014). A new sea surface height–based code for oceanic mesoscale eddy tracking. Journal of Atmospheric and Oceanic Technology, 31(5), 1181-1188, https://doi.org/10.1175/JTECH-D-14-00019.1

Mazloff, M. R., Cornuelle, B., Gille, S. T., Wang, J. (2020). The importance of remote forcing for regional modeling of internal waves. Journal of Geophysical Research: Oceans, 125, e2019JC015623, https://doi.org/10.1029/2019JC015623

Menard, R., and Daley, R. (1996). The application of Kalman smoother theory to the estimation of 4DVAR error statistics. Tellus A: Dynamic Meteorology and Oceanography, 48, 221-237, https://doi.org/10.3402/tellusa.v48i2.12056

Mittermaier, M., Roberts, N., and Thompson, S.A. (2013). A long-term assessment of precipitation forecast skill using the Fractions Skill Score. Meteorological Applications, 20(2), 176-186, https://doi.org/10.1002/met.296

Mittermaier, M., North, R., Maksymczuk, J., Pequignet, C., & Ford, D. (2021). Using feature-based verification methods to explore the spatial and temporal characteristics of forecasts of the 2019 Chlorophyll-a bloom season over the European North-West Shelf. Ocean Science, 17, 1527-1543, https://doi.org/10.5194/os-17-1527-2021

Mogensen, K, Balmaseda, A., Alonso, W.M. (2012). The NEMOVAR ocean data assimilation system as implemented in the ECMWF ocean analysis for System 4. Technical memorandum, doi:10.21957/x5y9yrtm

O'Brien, M.P., and Johnson, J.W. (1947). Wartime research on waves and surf. The Military Engineer, 39, pp. 239-242.

Oke, P. R., Brassington, G. B., Griffin, D. A., and Schiller, A. (2008). The Bluelink ocean data assimilation system (BODAS). Ocean Modelling, 21(1-2), 46-70, https://doi.org/10.1016/j.ocemod.2007.11.002

Ollinaho, P., Lock, S., Leutbecher, M., Bechtold, P., Beljaars, A., Bozzo, A., Forbes, R.M., Haiden, T., Hogan, R.J., Sandu, I. (2017). Towards process-level representation of model uncertainties: stochastically perturbed parametrizations in the ECMWF ensemble. Quarterly Journal of the Royal Meteorological Society, 143, 408-422, http://dx.doi.org/10.1002/qj.2931

Palmer, T. (2018). The ECMWF ensemble prediction system: Looking back (more than) 25 years and projecting forward 25 years. Quarterly Journal of the Royal Meteorological Society, 145, 12-24, https://doi.org/10.1002/qj.3383

Penduff, T., Barnier, B., Terray, L., Sérazin, G., Gregorio, S., Brankart, J.-M., Moine, M.-P., Molines, J.-M., Brasseur, P. (2014). Ensembles of eddying ocean simulations for climate. In: CLIVAR Exchanges, 65(19), 26-29. Available at: https://www.clivar.org/sites/default/files/documents/exchanges65_0.pdf

Pham, D. T., Verron, J., and Roubaud, M.C. (1998). A singular evolutive Kalman filters for data assimilation in oceanography. Journal of Marine Systems, 16(3-4), 323-340, https://doi.org/10.1016/S0924-7963(97)00109-7

Pinardi, N., Lermusiaux, P.F.J., Brink, K.H., Preller, R. H. (2017). The Sea: The science of ocean predictions. Journal of Marine Research, 75(3), 101-102, https://doi.org/10.1357/002224017821836833

Quattrocchi, G., De Mey, P., Ayoub, N., Vervatis, V., Testut, C.-E., Reffray, G., Chanut, J., Drillet, Y., (2014). Characterisation of errors of a regional model of the bay of biscay in response to wind uncertainties: a first step toward a data assimilation system suitable for coastal sea domains. Journal of Operational Oceanography, 7(2), 25-34, https://doi.org/10.1080/1755876X.2014.11020156

Ren, S., Zhu, X., Drevillon, M., Wang, H., Zhang, Y., Zu, Z., Li, A. (2021). Detection of SST Fronts from a High-Resolution Model and Its Preliminary Results in the South China Sea. Journal of Atmospheric and Oceanic Technology, 38(2), 387-403, https://doi.org/10.1175/JTECH-D-20-0118.1

Ryan, A. G., Regnier, C., Divakaran, P., Spindler, T., Mehra, A., Smith, G. C., et al. (2015). GODAE OceanView Class 4 forecast verification framework: global ocean inter-comparison. Journal of Operational Oceanography, 8(sup1), S112-S126, https://doi.org/10.1080/1755876X.2015.1022330

Sakov, P., Counillon, F., Bertino, L., Lisæter, K.A., Oke, P.R., Korablev, A., (2012). TOPAZ4: an ocean-sea ice data assimilation system for the north atlantic and arctic. Ocean Science, 8 (4), 633–656, http://dx.doi.org/10.5194/os-8-633-2012

Sandery, P.A., and Sakov, P. (2017). Ocean forecasting of mesoscale features can deteriorate by increasing model resolution towards the submesoscale. Nature Communications, 8, 1566, http://dx.doi.org/10.1038/s41467-017-01595-0

Santana-Falcón, Y., Brasseur, P., Brankart, J.M., and Garnier, F. (2020). Assimilation of chlorophyll data into a stochastic ensemble simulation for the North Atlantic Ocean. Ocean Science, 16, 1297-1315, https://doi.org/10.5194/os-16-1297-2020

Sasaki, Y. (1970). Some basic formalisms in numerical variational analysis. Monthly Weather Review, 98(12), 875-883.

Sein, D.V., Koldunov, N.K., Danilov, S., Wang,Q., Sidorenko, D., Fast, I., Rackow, T., Cabos, W., Jung, T. (2017). Ocean Modelling on a Mesh With Resolution Following the Local Rossby Radius. Journal of Advances in Modelling Earth Systems, 9:7, 2601-2614, https://doi.org/10.1002/2017MS001099

Simon, E., and Bertino, L. (2009). Application of the Gaussian anamorphosis to assimilation in a 3-D coupled physical-ecosystem model of the North Atlantic with the EnKF: a twin experiment. Ocean Science, 5, 495-510, 2009, https://doi.org/10.5194/os-5-495-2009

Smith, G.M., Roy, F., Reszka, M., Surcel Colan, D., He, Z., Deacu, D., Belanger, J.-M., Skachko,S., Liu, Y., Dupont, F., Lemieux, J.-F., Beaudoin, C., Tranchant, B., Drévillon, M., Garric, G., Testut, G.-E., Lellouche, J.-M., Pellerin, P., Ritchie, H., Lu, Y., Davidson, F., Buehner, M., Caya, A., Lajoie, M. (2016). Sea ice forecast verification in the Canadian Global Ice Ocean Prediction System. Quarterly Journal of the Royal Meteorological Society, 142(695), 659-671, https://doi.org/10.1002/qj.2555

Storto, A., and Andriopoulos, P., (2021). A new stochastic ocean physics package and its application to hybrid-covariance data assimilation. Quarterly Journal of the Royal Meteorological Society, 147, 1691-1725, https://doi.org/10.1002/qj.3990

Tchonang, B.C., Benkiran, M., Le Traon P.-Y., Van Gennip, S.J., Lellocuhe, J.M., Ruggiero, G. (2021). Assessing the impact of the assimilation of SWOT observations in a global high-resolution analysis and forecasting system. Part 2: Results. Frontiers in Marine Science, 8:687414, https://doi.org/10.3389/fmars.2021.687414

Thacker, W.C., Srinivasan, A., Iskandarani, M., Knio, O.M., Le Hénaff, M., (2012). Propagating boundary uncertainties using polynomial expansions. Ocean Modelling, 43-44, 52-63, http://dx.doi.org/10.1016/j.ocemod.2011.11.011

Thoppil, P.G., Frolov, S., Rowley, C.D. et al. (2021). Ensemble forecasting greatly expands the prediction horizon for ocean mesoscale variability. Communications Earth & Environment, 2, 89, https://doi.org/10.1038/s43247-021-00151-5

Toublanc, F., Ayoub, N.K., Lyard, F., Marsaleix, P., Allain, D.J., 2018. Tidal downscaling from the open ocean to the coast: a new approach applied to the Bay of Biscay. Ocean Modelling, 214, 16-32. http://dx.doi.org/10.1016/j.ocemod.2018.02.001

Usui, N., Ishizaki, S., Fujii, Y., Tsujino, H., Yasuda, T., Kamachi, M. (2006). Meteorological Research Institute multivariate ocean variational estimation (MOVE) system: Some early results. Advances in Space Research, 37(4), 806-822, https://doi.org/10.1016/j.asr.2005.09.022

Vervatis, V. D., Testut, C.E.. De Mey, P., Ayoub, N., Chanut, J., Quattrocchi, G. (2016). Data assimilative twin-experiment in a high-resolution Bay of Biscay configuration: 4D EnOI based on stochastic modelling of the wind forcing. Ocean Modelling, 100, 1-19, https://doi.org/10.1016/j.ocemod.2016.01.003

Vervatis, V.D., De Mey-Frémaux, P., Ayoub, N., Karagiorgos, J., Ciavatta, S., Brewin, R., Sofianos, S., (2021a). Assessment of a regional physical-biogeochemical stochastic ocean model. Part 2: empirical consistency. Ocean Modelling, 160, 101770, http://dx.doi.org/10.1016/j.ocemod.2021.101770

Vervatis, V. D., De Mey-Frémaux, P., Ayoub, N., Karagiorgos, J., Ghantous, M., Kailas, M., Testut, C.-E., and Sofianos, S., (2021b). Assessment of a regional physical-biogeochemical stochastic ocean model. Part 1: ensemble generation. Ocean Modelling, 160, 101781, https://doi.org/10.1016/j.ocemod.2021.101781

Waters, J., Lea, D.L., Martin, M.J., Mirouze, I., Weaver, A., While, J. (2014). Implementing a variational data assimilation system in an operational 1/4 degree global ocean model. Quarterly Journal of the Royal Meteorological Society, 141(687), 333-349, https://doi.org/10.1002/qj.2388

Zaron, E.D. (2011). Introduction to Ocean Data Assimilation. In: Schiller, A., Brassington, G. (eds) "Operational Oceanography in the 21st Century". Springer, Dordrecht. https://doi.org/10.1007/978-94-007-0332-2_13

第 6 章
海冰模型

6.1 海冰模型概述

6.1.1 目标、应用和受益者

一个业务化的海冰预报系统的主要目标是向用户提供对冰覆盖状态及其时间变化的可靠预估。为了达到这一目的，该系统需要与海洋和大气预报系统耦合，或使用海洋和大气预报系统的数据。还需要某种形式的数据同化，以抵消由于大气-海洋-海冰系统的混沌性造成的误差。海冰预报系统的用户要么是在北极地区作业的对预报有需求的人员，要么是将信息作为其自身服务的输入信息的下游服务提供者。随着气候的变化和北极的变暖，有兴趣在该地区作业的人员数量正在增加。

北极正变得越来越热，其温度上升的速度大约是全球平均水平的两倍（Overland et al.，2016），但对商业也更有吸引力，因为其自然资源在历史上首次可供开采和运输。这些资源包括美国地质调查局估计的占全球约 13％的石油和天然气资源（Gautier et al.，2009）、黄金和其他金属，以及格陵兰岛上储存的 5.5％的淡水资源（Kundzewicz et al.，2007）。不断变化的环境条件正以不同的方式改变着生态系统。在巴伦支海，由于变暖，鳕鱼正在蓬勃生长（Kjesbu et al.，2014）。在白令海，人们也观察到寒带广适性鱼类向更冷水区的迁移行为（Mueter et al.，2008）。这些变化对渔业管理和更广泛的北极生态系统具有重要影响。北极的邮轮旅游也在快速发展，因为运营商可以提供舒适的直达北极的破冰船航行。

沿着俄罗斯北极海岸的北方海航道（NSR），在 20 世纪 90 年代之前一直被苏联广泛使用，如今可以再次成为从西欧到达东亚的一条有吸引力的可选航线。这条路线确实比穿越苏伊士海峡的路线短（鹿特丹—上海的航程为 17000 km，而不再是 22000 km），而且可以节省燃料。然而，一旦发生事故，货物和燃料将对北极环境构成严重威胁。因此，北极国家的海岸警卫队和海军必须准备好协助船只，执行搜索和救援行动，并在有海冰的海域处理石油泄漏，同时还要应对的挑战是北极通信能力往往较差，影响新信息的获取。

石油和天然气勘探与生产需要海冰预报，既要在局部范围内模拟其作业区域的单个浮冰，又要在大范围内预测冰层冻结和解冻的时间。在相对温和的海冰条件下，勘探和生产活动将比在恶劣的海冰条件下更加活跃，这意味着对海冰边缘线（MIZ）的预报价值将高于对浮冰的预报价值。MIZ 被定义为在来自开阔海域的表面波浪影响下的海冰覆盖区域，对它的预报是

---

* 本章主编：Laurent Bertino；编写成员：Ed Blockley，Johnny A. Johannessen，Einar Örn Ólason。

特别需要的，以防止浮冰在波浪作用下凸起等风险。

由于南大洋的商业活动减少，该地区的预报需求较少。然而，海冰预报可以为该地区的旅游或科学行动提供信息，包括为进入南极研究站和科学考察船航行提供支持。2013 年 12 月，一艘旅游-研究联合船被困在南极海冰中，两艘破冰船和一架直升机相互协助，开展了复杂的救援①，强化了即使在这样一个偏远地区也需要可靠预报的需求。在更长的时间尺度上，不断变化的海冰条件对该地区依赖海冰生存的野生动物，如帝企鹅（Jenouvrier et al.，2012）产生影响，这引发了相关的野生动物管理问题。

航运业主要关注的是非常详细的海冰密集度、厚度和压缩率（以及少量的雪深，因为深雪也会阻碍破冰船的前进）。同时，在冰雪覆盖的海域发生石油泄漏后，搜救行动和预测都取决于海冰的运动和扩散性，随着时间的推移，搜索半径会增大。由于海冰变形率具有很强的尺度依赖性，空间和时间分辨率的问题对后一种情况尤为关键（Rampal et al.，2008）。此外，无序的 MIZ 处的海冰扩散比浮冰中的扩散要显著（图 6.1）。石油工业最终需要对其作业周围的每块浮冰的位置进行详细预测，以便对其活动进行日常管理，而这只能由离散元素模型提供（Herman，2015；Rabatel et al.，2015）。如何将离散元素模型嵌套到本章所考虑的连续海冰模型中，仍然是一个有待讨论的问题。

(a) (b)

图 6.1 不同情形下的海冰扩散（照片提供：E. Storheim，INTAROS/NERSC）
(a)冰脊处浮冰扩散；(b)边缘冰处浮冰扩散

6.1.2 基本理论背景

海冰模型模拟的物理过程通常分为两种：与热力学增长和融化有关的垂直过程，以及引起海冰水平运动的机械和动力过程（图 6.2）。

海冰的热力学增长和融化可以被认为是海洋和大气之间热量通过海冰扩散的结果，增加

①参见 BBC（英国广播公司）2014 年 1 月 21 日新闻，网址为 https://www.bbc.com/news/science-environment-25833307。

的复杂情况主要是由于冰中存在盐或盐胞，以及雪的存在。盐胞影响冰的导热性和热容量，而雪的导热性和热容量以及它的密度都受到雪的状态和类型以及雪的变态的影响。

海冰热力学模型的基础知识自20世纪70年代初就已确立(Maykut et al.，1971)，将糊状层理论应用于海冰带来了理论认识上的明显提高(Feltham et al.，2006)，开展了与卤水排放动力学和海冰的多相性质有关的大量工作(Vancoppenolle et al.，2007；Nutz et al.，2009；Griewank et al.，2013)。模型发展方面，主要是在提高数值能力和技术上取得了进展，如热、能量和焓守恒等(Semtner，1976；Bitz et al.，1999；Winton，2000；Huwald et al.，2005)。最近，更先进的多相物理学也引入了大尺度海冰模型(Turner et al.，2013，2015)。

海冰动力学建模的基本原理在基本理论理解中的根基并不牢固。虽然动量方程的大部分表达都很好理解，并遵循旋转球体上的纳维-斯托克斯方程的基本表述，但内应力的表述却不那么确定。这部分描述了海冰对外部压力的反应，因此是海冰动力学模型的核心。

海冰是一种固体材料，因此，只有在断裂或破碎后才能移动。在大多数海冰模型中，通过假设与速度无关的(冯·米塞斯)塑性来考虑这一问题。这种方法最初是由Coon等(1974)提出的，但在Hibler(1979)提出的黏性-塑性模型中被重塑为一种更易于计算的形式，其中假定冰以线性-黏性方式变形，直到达到一个塑性阈值，代表冰的断裂或破裂。因此，断裂过程是在网格范围内明确模拟的。

然而，冰层断裂的过程已被证明是断裂事件从小空间尺度向大空间尺度发展的结果(Weiss et al.，2004)。这导致了变形率的分形特征(Marsan et al.，2004；Rampal et al.，2008；Stern et al.，2009；Schulson et al.，2017)。这意味着想要正确捕捉海冰变形的海冰模型必须考虑到这种从小尺度到大尺度的断裂事件的传播。由于传播是从非常小的空间和时间尺度开始的(Oikkonen et al.，2017)，地球物理尺度模型必须通过次网格尺度参数化来考虑这一点。

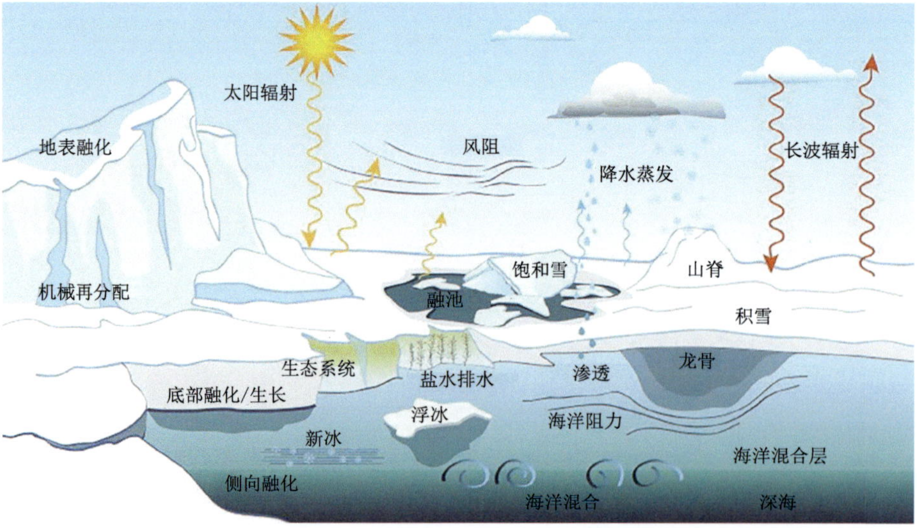

图6.2　基于海冰物理学的海冰模型图显示出变量的复杂性和广泛性
(来源：https://www.lanl.gov/discover/science-briefs/2021/March/0322-cice.php)

断裂动力学的作用和重要性在海冰模型界仍然是一个激烈的争论话题。海冰变形的分形性被普遍接受，变形速率的标度被认为是模型评估和改进的潜在工具和标尺(Rampal et al.，

2016；Spreen et al.，2017；Hutter et al.，2018；Rampal et al.，2019；Bouchat et al.，2021）。同时，是在很高的分辨率下模拟断裂过程（Hutter et al.，2019），还是在更适度的分辨率下使用次网格参数化断裂过程，这个问题仍未解决（Dansereau et al.，2016；Rampal et al.，2016）。

6.2 海冰预报和多年期系统

6.2.1 架构特征

本节和下一节的重点是讨论图 4.1 所示的“前向积分”模块（即图 4.1 中的步骤 2“预报”），即设计一个业务化海洋监测预报系统的架构。

海冰漂移预测受到多种不确定因素的影响。地表风是驱动北极中部海冰运动的最重要的外力之一（Thorndike et al.，1982）。此外，北极地区大气再分析的不确定性高于中纬度地区，而且观测数据不足以估计误差的统计特征（范围、振幅）。Rabatel 等（2018）利用 neXtSIM-EB 研究了海冰漂移对地表风不确定性的敏感性。他们得出的结论是，在冰盖高度密集的地区，表面强迫风的准确性和海冰流变学对海冰漂移轨迹的概率预报都很重要。

冰层下面的海洋含有大量的热能和动能，足以融化海冰并导致冰层漂移和变形。因此，海洋温度、垂直混合和海流的不确定性对海冰来说非常有意义。海洋表面的盐度很重要，因为这决定了融点温度。然而，测量海洋特性，特别是海冰下面的海流是具有挑战性的，不确定性非常高。

不确定的初始条件，特别是海冰厚度，会持续很长时间（Chevallier et al.，2012）。Blockley 等（2018）表明，春季的海冰通常会持续到夏季的几个月，是大尺度可预测性的一个重要因素。在预测开始时，冰缘位置的误差通常在整个预测过程中持续存在，应该对其进行后处理，以便实际使用。

最后，海冰模型依赖于众多的模型参数，包括海冰动力学和热力学（Urrego-Blanco et al.，2016）。

6.2.2 输入数据：可用来源和数据处理

初始化预报在很大程度上取决于初始化的观测。为了对业务系统有用，短期预报需要近乎实时的观测，季节性和长期预报则可以一定程度的时间滞后。由于极地地处偏远、条件恶劣和长极夜，极地观测存在着独特的挑战。然而，预报系统正在利用卫星观测进行初始化，最常规的是海冰密集度。此外，新的产品，如海冰厚度和漂移状态也逐渐能获取，这有助于提高预报能力。

飞行监测海冰大多是偶尔进行的，直到第二次世界大战之后才逐渐增加，只有 1929 年苏联开始了系统的极地飞行，以监测北方海航道。美国和日本在 20 世纪 50 年代初逐渐增加了飞行频率，并采用了 1952 年世界气象组织提出的海冰制图标准（WMO，1970）。现在，飞行监测仍被采用，但主要是在加拿大，在其他地方已被卫星数据所取代。

今天，定期和常规的海冰观测是由多个空间机构提供的各种基于卫星的测量手段开展的（如表 6.1，按卫星传感器类别分类）。这要归功于最近 40 多年来取得的大量的重大技术进展和具有里程碑意义的科学成就，下面将进一步讨论。值得注意的是，光谱仪和辐射计只在无云条件下进行传感。

表 6.1 用于海冰观测的正在运行与已获批运行的卫星传感器概览

被动微波	散射计	合成孔径雷达	高度计	光谱仪	红外辐射计
SMOS	Metop-B/CASCAT	Sentinel-1A/B	CRYOSAT-2	Sentinel-3A/B	Sentinel-3A/B
			Sentinel-3A/B	Sentinel-2A/B	Metop AVHRR
AMSR-2	CFOSAT	Radarsat2	Altika	Aqua MODIS	Aqua MODIS
SMAP	Oceansat2	Radarsat constellation	ICESat/ICESat2		
		CFOSAT*	CFOSAT*		
CIMR	Metop second generation	Sentinel-1C/D	SWOT	Sentinel-3C/D	Sentinel-3C/D
		Rose-L	CRISTAL	Sentinel-2C/D	
		HARMONY**			
		BIOMASS			

注：①表中英文名称代表意义分别如下。SMOS：土壤湿度和海洋盐度卫星；AMSR-2：先进微波扫描辐射计 2；SMAP：土壤湿度主-被动遥感卫星；CIMR：哥白尼成像微波辐射计；MetOp-B/CASCAT：欧洲气象业务卫星计划系列卫星上的高级散射计；CFOSAT：中法海洋卫星；Oceansat2：海洋卫星 2 号；MetOp second generation：欧洲第二代气象卫星；Sentinel-1 A/B：哨兵-1 号系列卫星；Radarsat2：高分辨率商用雷达卫星；Radarsat constellation：新一代 C 波段合成孔径雷达；Sentinel-1 C/D：哨兵-1 号系列卫星；Rose-L：欧洲 L 波段雷达观测系统；HARMONY：和谐卫星，BIOMASS：第七颗“地球探索者”卫星，CRYOSAT-2：极地测高卫星；Sentinel-3 A/B：哨兵-3 号系列卫星；Altika：Ka 波段高度计；ICESat/ICESat2：冰、云和陆地高程卫星；SWOT：宽刈幅干涉高度计；CRISTAL：哥白尼极地冰雪地形高度计；Sentinel-2 A/B：哨兵-2 号系列卫星；Aqua MODIS：搭载 Aqua 卫星的中分辨率成像光谱仪；Metop AVHRR：欧洲气象卫星先进的超高分辨率辐射计。

②黄色为 ESA 和 EUMETSAT 任务，绿色为第三方任务，蓝色为 ESA 和 NASA/CNES 新批准的任务；光谱仪和红外辐射仪只在无云条件下进行感应。

③ * 表示 CFOSAT 搭载了一个组合式高度计和真实孔径雷达，能够在五个不同的入射角下运行，最大入射角为 10°。

④ ** 表示 HARMONY 由两颗双静态卫星组成，将与 Sentinel-1 卫星编队飞行。

始于 1978 年，覆盖整个北极地区的最长卫星记录来自扫描多通道微波辐射计(SMMR)、特殊传感器微波成像仪(SSM/I)、对地观测系统的先进微波扫描辐射计(AMSR-E)和 AMSR2 卫星上的极轨被动微波传感器(Cavalieri et al.，2012)，它们提供了海冰的面密集度。其主要优点是可以透过云层，但仍然存在一些问题，特别是对于夏季的冰层，因为传感器不能正确区分开放水域和湿雪及融池的信号。这个问题和其他技术问题在众多的算法中得到了不同的解决，这些算法从原始的被动微波反演中计算出海冰密集度(Ivanova et al.，2014，2015)。这是数据同化的一个重要问题，我们将在第 6.2.5 节看到这部分内容。被动微波的分辨率取决于所使用的频段，最精确的低频通道具有最大的覆盖范围(约 60 km)。然而，网格化的海冰密集度数据可以在 6～25 km 的分辨率下获得，这与目前整个北极地区的作业模式是一致的，但就任何在冰雪覆盖水域航行的作业用户的需求而言，还是比较粗糙的。合成孔径雷达和可见光频道的卫星数据(可见红外成像辐射计套件(VIIRS)、先进超高分辨率辐射计(AVHRR)、中分辨率成像光谱仪(MODIS)、地球观测卫星(SPOT))提供了更多的细节，空间分辨率优于 1 km，这也是船长所需要的，例如用于探测和沿冰间水道航行。然而，这两种类型的数据都存在覆盖面差的问题，合成孔径雷达图像因为采集频率可能受限，而可见光数据则因为频繁的云层覆盖和北极冬季的黑暗而受到影响。

对于短期预报来说，评估海冰的移动情况是很重要的。各种海冰漂移产品是从不同的卫星上获得的,可以分成两种类型:①使用被动微波辐射计和散射计的低分辨率、全空间覆盖的产品,由于上述被动微波数据在夏季的局限性,冬季的反演最为准确(Sumata et al.,2014);②高分辨率但覆盖范围较小的基于合成孔径雷达(SAR)的产品(Kwok,2006)。最近,欧空局Sentinel-1 A/Sentinel-1 B任务的发射大幅度改善了合成孔径雷达的覆盖范围,提供了高纬度地区的全日覆盖(Korosov et al.,2017)。相比之下,海冰上的漂流浮标仍然提供了"国际北极浮标计划(IABP)"的最长(超过40年)数据记录,但空间覆盖有限。

来自卫星的海冰厚度观测最近已经实现常规化。这些卫星使用不同的原理来获得数据:例如厚冰的海冰干舷高,从卫星测高任务ICESat、ICESat2(Kwok et al.,2007)、CryoSat-2(Laxon et al.,2013)和Sentinel-3中获得,而薄冰的厚度从SMOS(Tian-Kunze et al.,2014)获得。这些观测结果相当复杂,并带有相对较高的不确定性(Zygmuntowska et al.,2014;Tian-Kunze et al.,2014)。如上所述,海冰厚度是季节性和较长时间尺度上海冰可预测性的一个重要来源。海冰的其他方面,如雪盖、雪厚和融池特征,也可能对季节性和较长时间尺度的海冰预测很重要,遥感技术被用来表征海冰的这些方面的特征。例如,通过NASA的"冰桥行动"(Operation IceBridge)机载活动提供雪的深度信息(Kurtz et al.,2013),并从可见光频道的卫星数据中得出融池的比例(Rösel et al.,2012)。结合使用IceSAT-2、CryoSat-2和Altika也展示了在冬季恢复可靠的积雪深度评估的良好能力(Guerreiro et al.,2016)。冰块浮标也在提供雪深和其他海冰特征的现场测量(Richter-Menge et al.,2006;Perovich et al.,2008)。然而,在量化这些类型的观测对预报系统可能的影响方面,只做了有限的工作。

如表6.1所示,已批准的未来卫星任务如欧空局正在准备的CIMR、Cristal和ROSE-L的哥白尼哨兵卫星扩展任务,确实保证了卫星对海冰观测的连续性。然而,仍然需要开展更多专门的野外活动,以评估基于卫星反演的不确定性,并利用多传感器的协同作用,如表6.2所示。反过来,这将提高卫星数据的质量和使用,并有望提高海冰在季节和年际时间尺度上的预报能力。

表6.2 在表6.1中列出的每组卫星传感器所观测到的海冰变量概况

卫星传感器	范围和密集度	海冰类型	海冰厚度	积雪深度	海冰漂移	开放水道	融池	冰内波
被动微波	X	初冰和多年冰	L波段厚度小于50 cm		X			
散射计	(X)	(X)			X			
合成孔径雷达	(X)	(X)			X	X	X	X
高度计(激光、雷达)			厚度小于50 cm	X		X		
光谱仪*	(X)	冰脊、粗糙和平坦的冰			(X)	X	X	(X)
红外辐射计*	(X)					X	(X)	

注:①X表示观测海冰变量的主要方式。

②(X)表示观测海冰变量的方式。

③*表示光谱仪和辐射计只在无云条件下进行感应。

6.2.3 建模部分

6.2.3.1 基本方程和建模选择

大多数现代大尺度海冰模型都建立在非常相似的基础上。一般来说，海冰是采用欧拉观点的连续模型，海冰在水平面上运动，受到外部和内部的作用力。海冰覆盖层的动态演变是用两个连续性方程和动量方程来描述的。热力学演化是在网格的每一列中模拟的，被模拟为海冰板内的热扩散过程。热力学过程的处理有很大的复杂性，从将所有的海冰视为单一厚度(Hibler，1979)，在不解决温度曲线的情况下处理热扩散(Semtner，1976)，到使用多个厚度类别(Hibler，1979)及后来的许多变化，并使用黏性层动力学处理热扩散(Feltham et al.，2006)。

两种类型(冰和开放水域)海冰的简化动力模型的主要方程是两个连续性方程和一个动量方程。质量的连续性方程是

$$\frac{\partial m}{\partial t}+\nabla\cdot(vm)=S_m \tag{6.1}$$

式中：m 是单位面积的海冰质量；S_m是热力学源/汇项；t 是时间；v 是速度。在单一海冰类别的情况下，海冰分布的连续性方程采取基本形式

$$\frac{\partial A}{\partial t}+\nabla\cdot(vA)=S_A \tag{6.2}$$

式中：A 是海冰密集度；S_A是热力学源/汇项。此外，符合 $A\leqslant 1$ 的条件。这可以解释为成脊条件，因为即使 A 不增加，m 也可以增加(Hibler，1979)。这些方程共同描述了海冰在特定速度场中的平流情况。

动量方程一般写成(Connolley et al.，2004)

$$m\frac{\partial v}{\partial t}=A(\tau_a+\tau_w)-mf\hat{k}\times v-mg\nabla\cdot H-\nabla\cdot\sigma \tag{6.3}$$

式中：$\hat{k}$ 是对表面的单位向量法线；τ_a 和 τ_w 是空气和水的压力；f 是科里奥利参数；g 是重力加速度；$\nabla\cdot H$ 是海面高度梯度；σ 是海冰应力张量。左边的加速度项可以设置为 0，这取决于模型的具体实施。右边的最后一个项$\nabla\cdot\sigma$，描述了由于内部应力引起的力，而其他项都是外部因素。风和水的压力通常被视为二次阻力(McPhee，1975)。在没有内应力的情况下，海冰处于“自由漂移”状态，模型就会被大大简化。因此，自由漂移预报已经使用了很长时间(Grumbine，1998)，现在仍然在实际中使用。

热力学方程是热扩散方程

$$\rho c\frac{\partial T}{\partial t}=k\frac{\partial^2 T}{\partial t^2} \tag{6.4}$$

式中：ρc 是海冰或雪的热容量；T 是冰温；t 是时间；k 是导热系数。这个方程可以用各种方法解决(Maykut et al.，1971；Semtner，1976；Bitz et al.，1999；Winton，2000；Huwald et al.，2005)，在垂直方向上进行离散(图 6.3)。这些都考虑到了不同的物理特性和求解方程时的数值解决方案。

除了这些网格尺度的数量之外，许多模型还考虑了各种次网格尺度的信息和参数化。其中最重要的可以说是 ITD(冰厚分布)。假定模型的每个网格单元包含的不是均匀的厚度，而是由冰厚分布 g 描述的不同的厚度(图 6.4)。原则上这是一个连续的厚度分布，通过动力和

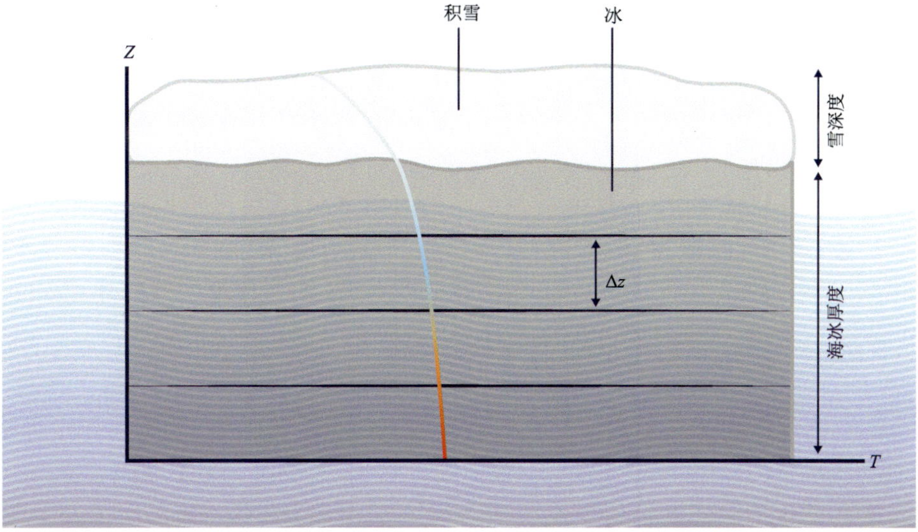

图 6.3　垂直温度廓线示意图，热传导方程在垂直方向以 Δz 厚度离散化(Lisaeter，2009)

热力学过程进行修改。冰层厚度分布的控制方程是(Thorndike et al.，1975)

$$\frac{\partial g}{\partial t} = -\nabla \cdot (vg) - \frac{\partial}{\partial h}(fg) + \Psi \tag{6.5}$$

式中：g 是冰厚分布；t 是时间；f 是热力学增长或融化率；h 是冰的厚度，Ψ 是机械再分配函数。

在实践中，海冰模型必须使用冰层厚度分布的离散版本，导致模型具有几个不同的厚度类别(图 6.4b 是一个网格单元的俯视图)，厚度分布就成为下式(Bitz et al.，2001)

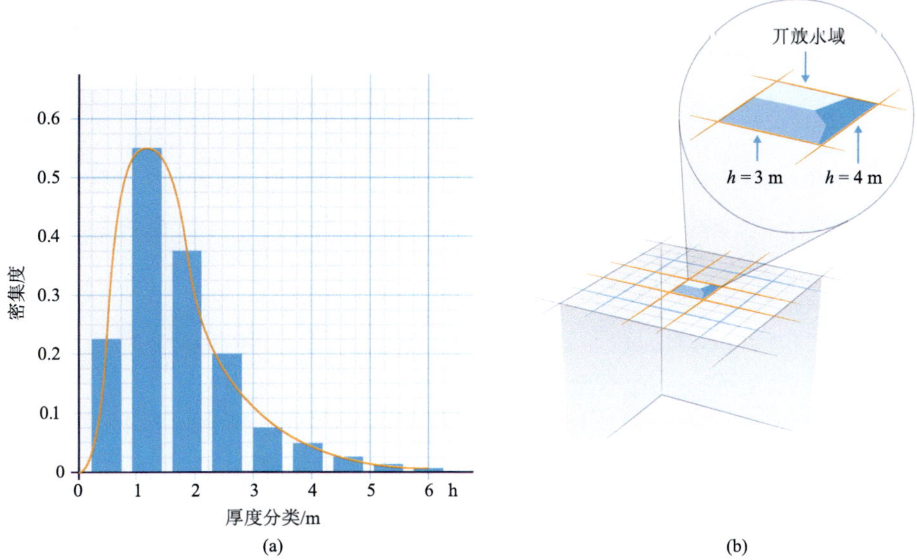

图 6.4　海冰厚度分布示意图

(a)冰厚分布示意图(实线表示连续分布，填充柱状图表示离散化分布)；(b)海冰模型中次网格尺度冰厚分布图(仅为说明，给出厚度分类为 3 m、4 m 的分布示意)(Lisaeter，2009)

$$g(h) = g_0\delta(h) + \sum_{i=1}^{M} g_i\delta(h - H_i) \tag{6.6}$$

式中：$g(h)$是一定类别厚度的冰厚分布；M 是厚度类别的数量；H_i是第 i 类的厚度；$\delta(h)$是狄拉克 δ 函数。虽然存在多种实现方式，但 Bitz 等(2001)提出的具有 5 个厚度类别的实现方式仍然是一个常用的选择。

除了这两个基本组成部分外，根据每个模型的使用情况，大量的次网格尺度过程能够被描述也应该被描述，其中包括模拟融点(Flocco et al.，2010；Hunke et al.，2013)，海冰粗糙度导致的大气和海洋阻力的变化(Tsamados et al.，2014)，以及冰冻海冰的脱盐率(Vancoppenolle et al.，2009)。

6.2.3.2 海冰流变学

内部应力和由此产生的变形之间的关系被称为流变学。基本上，目前所有的连续体、地球物理尺度的海冰模型都采用 Hibler(1979)提出的黏塑性(VP)流变学或在此方法的延伸。VP 流变学将海冰视为一个连续体，并假定它以高黏度的方式变形，直到内部应力达到塑性阈值，该阈值由通常具有椭圆形状的收益曲线决定(图 6.5)。对最初的 VP 流变学进行了一些重要的改进(Hunke et al.，1997；Lemieux et al.，2010；Bouillon et al.，2013；Kimmritz et al.，2017)，但物理原理仍然相同。

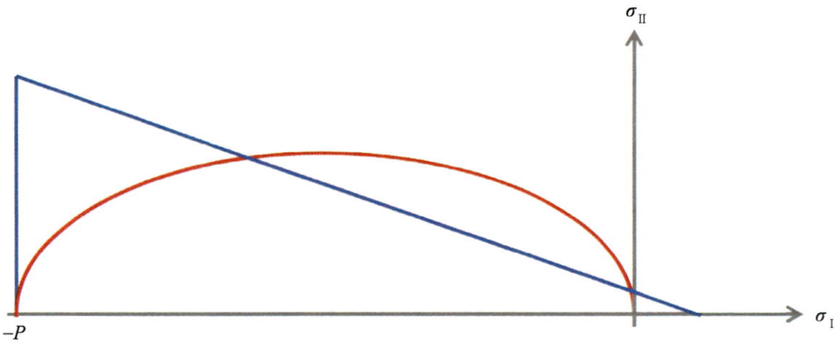

图 6.5 两条通常与海冰流变学有关的收益曲线

VP 流变学取得了巨大的成功，被用于从几天到几个世纪的时间尺度和从几十千米到海盆尺度的空间尺度。然而，VP 流变学在其基本假设(Coon et al.，2007)及其产生的结果方面并非没有缺陷。在模型的相互比较研究中，在海冰厚度、密集度和漂移等关键预测变量方面，通常存在非常大的差异——远远超出观测到的变率(Chevallier et al.，2017；Tandon et al.，2018)。速度的急剧梯度被称为线性运动学特征(LKFs)，与海冰脊和冰间水道的形成有关，在任何基于 VP 的模型中，在比 2 km 左右更粗的分辨率下运行时，也很难再现——这个分辨率比观测数据高一个数量级(Spreen et al.，2017；Hutter et al.，2019)。

因此，一些作者，如 Tremblay 等(1997)、Wilchinsky 等(2004)、Schreyer 等(2006)、Girard-Ardhuin 等(2012)、Dansereau 等(2016)和 Ólason 等(2022)，提出了 VP 流变学的替代方法。Wilchinsky 等(2004)的弹性各向异性塑性(EAP)流变学在洛斯阿拉莫斯海冰(CICE)模型中实现(Tsamados et al.，2013)，并在一些研究中使用，尽管它还没有被广泛采用(Bouchat et al. ,2021;Hutter et al. ,2021)。Girard 等(2011)、Dansereau 等(2016)和 Ólason 等(2022)的脆性流变学都已在 neXtSIM 模型中实现(Bouillon et al. ,2015;Rampal et al. ,2019;Ólason et al. ,2022),并由参与该模型的团队用于预测和科研工作。当前 neXtSIM 版本使用 Ólason 等(2022)的宾汉姆-麦克斯韦脆性(BBM)流变学模型。

6.2.3.3 海冰模型

实际上,现代预报平台中使用的所有海冰模型都是基于上述原则。它们使用欧拉参考系,并使用 VP 或弹性-黏性-塑性(EVP)流变学的某个版本。海冰的热力学增长和融化是通过海洋和大气之间的热量扩散,通过冰来描述。因此,它们都遵循相同的一般设计理念,主要区别在于参数化的不同选择和数据同化方法的不同。

今天,CICE 模型(Hunke et al. ,2021)可能是最广泛使用的用于业务预报的海冰模型。这个模型是由洛斯阿拉莫斯国家实验室开发的,最初被设计为社区气候系统模型(CCSM)的一部分。由于其简洁和模块化的设计,该模型已被用于其他多种模拟系统,作为一个独立的模型、海冰模型的一部分,以及气候和地球系统模型的一部分。作为 NEMO 模拟系统一部分的 LIM 和 SI3 模型(Rousset et al. ,2015)也得到了非常广泛的应用,但只在 NEMO 模拟系统中使用。其他海冰模型包括海冰模拟器(SIS)(Adcroft et al. ,2019),是地球物理流体动力学实验室(GFDL)海洋模拟系统模块化海洋模型(MOM)的一部分,还包括麻省理工学院通用环流模型(MITgcm)海冰模型(Losch et al. ,2010)和有限元/体积海冰-海洋模型(FESOM)海冰模型(FESIM),(Danilov et al. ,2015)。

相比之下,只有少数独立的海冰模型使用了移动拉格朗日坐标(Hopkins 2004),其中包括 neXtSIM 模型(Rampal et al. ,2016;Rampal et al. ,2019;Ólason et al. ,2022)和 DEMSI 模型(Turner et al. ,2022)。neXtSIM-F 在预测模型中是独一无二的,因为它同时使用了移动拉格朗日网格和新开发的脆性流变学,即 Brittle Bingham-Maxwell(Williams et al. ,2021;Ólason et al. ,2022)。这种设置得到的结果与经典系统明显不同,可以说更加真实(Rampal et al. ,2016;Rampal et al. ,2019;Ólason et al. ,2020;Ólason et al. ,2022)。关键是改进更真实地表现了冰盖的变形统计,在模型中给出了更真实的水道和山脊。neXtSIM 模拟的海冰漂移也非常真实,泛北极冰厚分布也相当好(Williams et al. ,2021)。

6.2.3.4 海冰与大气和海洋的耦合作用

海冰模型是地球系统模型的组成部分。其原因是,在高纬度地区海冰将相对温暖的海洋与寒冷的大气隔开。因此,在不间断的海冰覆盖下,大气的温度比没有海冰分隔的情况下要低得多。这对极地地区的所有海洋-大气相互作用都有影响,因此,没有海冰模型的全球气候或地球系统模型根本无法发挥作用。

海冰通过热量、水分和动量交换与大气相互作用。在夏季,进入的短波辐射会融化冰面,但在没有海冰的情况下,会使海洋表面变暖。在冬季,来自海洋和通过冰的热传导仅仅使得非常少量的热通量进入大气。然而,最主要的热通量来源是通过表面的长波辐射进行辐射冷却。这是因为通过长波辐射的表面冷却比通过海冰的热传导要有效得多,导致表面比大气最底层更冷,其结果是主要的逆温现象和稳定的大气边界层。这进一步减少了表面的潜热和显热通量。然而,冰层中的开口(导流洞和多裂缝)将相对温暖的海洋表面暴露在大气边界层中,这将引起混合并打破稳定的边界层。

海冰和大气之间的动量转移是通过海冰表面的风应力发生的。这是冰运动的主要驱动力，并对大气产生阻力，使风速减慢。冰和大气之间的动量转移主要由大气边界层的稳定性(Gryanik et al. ,2017)和冰的粗糙度决定。虽然已经提出了关于冰面粗糙度的参数化和研究(Lüpkes et al. ,2012;Castellani et al. ,2014)，但目前还没有关于海冰上空大气拖曳系数的持续的和海盆尺度的观测(Petty et al. ,2017)。在模拟方面，我们预测冰面粗糙度的能力是非常有限的，因为大多数冰-大气耦合模型在计算大气-冰动量交换时都没有考虑到表面粗糙度。

海冰通过热量、淡水和盐的交换以及动量交换与海洋相互作用。在夏季，短波热辐射通过冰的缺口使得海水混合层可能升温。这导致冰从下面融化，淡水和盐分释放到海洋中。在冬季，大气通过冰层从海洋中吸取热量，使新的冰层在现有冰层的底部形成，净热量和淡水流出海洋。然而，由于冰比海洋含盐量要少很多(例如，北极地区新形成的实用盐度标度(PSS)约为 15，而海水盐度约为 30)，海洋中的大部分盐分无法进入冰中。这就导致了在冰层下面形成一层非常咸的水，然后沉入混合层。由此产生的盐雾一般会到达卤水层的底部，但在有湍流的情况下也可能会混入混合层。

海冰和海洋之间的动量传递是通过海洋和海冰之间的表面应力发生的。冰和海洋的动量耦合比冰和大气的动量耦合要强得多，海冰可以被认为是海洋埃克曼螺旋的第一层。冰-海应力驱动着冰覆盖区的大部分地转流，以及一些更大范围的环流模型。

还值得一提的是，海冰和波浪之间存在相互作用。波浪进入冰群后，可能会使冰群机械性地断裂成更小的浮冰，这样可以扩大海冰边缘线(MIZ)，也可以看作是冰块被波浪击碎的区域。将冰裂成更小的浮冰，增加了冰盖的流动性，增加了大气、海洋和冰之间的动量传递，可能导致海冰通过横向融化而加强融化。冰反过来又抑制了波浪，造成了波幅的衰减，因此波浪只能穿透冰层有限的距离，这取决于波浪的大小和冰层的紧凑程度。波浪与冰的相互作用在南大洋是非常重要的，但在北极地区就不那么重要了，因为分布在开阔海洋中的冰裂要少得多。

今天，几乎所有的气候或地球系统模型都包括上述经典物理过程描述的海冰模型，即欧拉参考系、VP 或 EVP 流变学，以及不同复杂度的热力学和柱物理学。它们通常包括大气、海洋和海冰之间的动量传递的非常简单的公式，而且没有冰波的相互作用。所有的 CMIP6 模型都是如此。事实上，今天预测模型中使用的海冰模型都是为气候模拟设计的，目前唯一的例外是上面提到的 neXtSIM 模型。目前还不清楚模型的这种脉络对其短期预测的质量有何影响。可以说，一个好的大尺度海冰模型应该能够代表从约 1 km 到海盆的尺度、从几小时到几个世纪的尺度。目前的情况并非如此，但关于为什么会这样以及如何解决这个问题的讨论仍处于起步阶段(Hunke et al. ,2020;Blockley et al. ,2020)。

6.2.3.5 模型设置

在几乎所有的预报平台中，海冰模型都与海洋模型相耦合。有的平台使用完全耦合的大气-海洋-海冰模型，只有少数平台使用独立的海冰模型，这有一部分是历史原因：大多数海冰模型是作为海洋模型的一部分编写的，海洋预报和再分析平台从一开始就倾向于包括海冰模型，使得专门的海冰预报平台显得多余。此外，海冰和海洋之间的耦合非常紧密，所以运行一个单独的海冰预报平台会带来一系列的挑战。与此同时，独立的海冰预报平台可以在更高的分辨率下运行，并可以作为技术预览使用，如同 neXtSIM-F 平台。

6.2.4 集合建模

广泛用于天气预报的概率预报(Molteni et al.,1996;Leutbecher et al.,2008),在海冰预报中仍处于起步阶段。概率预测依赖于模型模拟的集合(如蒙特卡罗模拟),用于描述因模型参数、初始和边界条件以及任何外部强迫因素的误差而产生的预测不确定性,由此产生的模型输出范围被用来检索统计信息,如集合平均数及其分布(即标准差),从而代替确定性预报来估计相关不确定性(图 6.6)。尽管当误差源没有全部得到充分考虑时,概率分布往往低估了实际的预测误差(Buizza et al.,2005),但多个同时存在的误差源通常使集合平均数的预测精度超过单一的确定性预测(Leith,1974)。蒙特卡罗技术已经是不同领域的普遍做法(Dobney et al.,2000;Hackett et al.,2006;Breivik et al.,2008;Melsom et al.,2012;Motra et al.,2016;Duraisamy et al.,2017),是敏感性分析的常用工具。

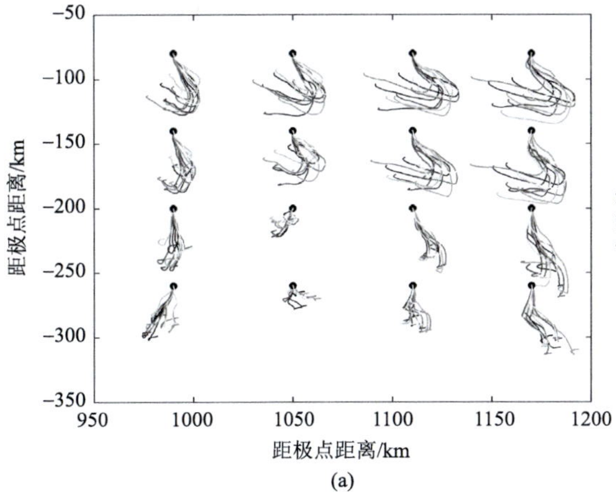

图 6.6 海冰集合漂移预报

(a)使用随机扰动风的 TOPAZ 系统在巴伦支海某区域漂移 7 d 的 10 个合成浮子集合冰轨迹示例,海冰平均厚度为 0.48 m;(b)端点位置的集合扩散随着预报时长的增加而增加,不确定性的增长在很大程度上取决于区域(Bertino et al.,2015)

6.2.5 数据同化系统

正如上一节所介绍的,海冰预报需要定期同化业务化观测资料,目前这些资料主要是卫星数据。最受关注的方法是将卫星观测到的海冰密集度和厚度数据直接用于模型。然而,在一个复杂的海冰代码中,这并不像它听起来那么容易,因为大量的模型变量是相互依赖的。因此,各种数据同化方法被用于海冰模型,与用于海洋物理、生物地球化学模型或天气模型的方法相似。最常见的方法是牛顿松弛逼近法(Nudging),它比直接插入法的破坏性要小:在一定的时间范围内逐步引入数据(Lindsay et al., 2006),然后假设使用牛顿松弛逼近法的模型会逐步利用其自身的方程进行调整。但我们能在多大程度上依赖这种调整?

当海洋混合层过于温暖,无法维持海冰,但观测结果显示有海冰存在时,一个只更新海冰的数据同化系统会在温暖的水面上增加海冰,但此时海洋巨大的热容量几乎会立即融化增加的海冰。海洋混合层的温度和盐度必须做相应的调整。这表明,当用于冰海耦合系统时,海冰观测数据的同化应该是耦合的，即它应该持续更新海冰和海洋属性。在数据同化的术语中，这意味着海冰观测应通过多变量预报误差协方差矩阵向下投影到海洋柱体中。

6.2.5.1 集合方法

动态模型集合是估计上述协方差的一个实用方法。在数据同化术语中，状态向量必须包括耦合模型的所有预测变量（海洋和海冰变量），模型运行的集合可以用来经验性地计算海冰和海洋变量之间的交叉协方差。同样地，对海洋的观测也被用来更新海冰变量，不过这种情况不太常见。Lisaeter 等(2003)使用 EnKF(见第 5.5.2 节)，证明了海冰属性的耦合同化可以以相当系统的方式改变海洋表面温度（增加海冰会使海水降温），但不能改变海洋盐度。然而，根据海冰卤素动力学，海冰的冻结会向海洋混合层注入盐水，而融化则会释放出更多的淡水，但这些简单的关系只能解释海冰-盐度交叉协方差的一部分，在没有海冰热力学干预的情况下，其他情况也可能出现这样的关系：风可能偶尔会把海冰吹到更多盐水之上。Sakov 等(2012)展示了在巴伦支海的海冰边缘两侧，海冰-盐度交叉协方差是如何发生变化的：海冰-盐度相关性在海洋一侧变为负值，这是因为融化的主要过程是近表面大西洋暖盐水的平流，因此海冰-盐度相关性是通过表面温度变量的中间作用而产生的。最后的这一发现在海冰与大西洋隔离的地方不成立，但如果开阔水域流动到达这些暖水区，这种隔离可能不会永远存在(Rippeth et al.，2015)。Lisaeter 等(2003)描述了用 EnKF 同化海冰密集度的方法，该方法已在 2003 年被纳入准实时 TOPAZ 预报。

6.2.5.2 变量方法

集合方法的一个替代方法是使用伴随模型，如 4D-Var 数据同化方法。伴随模型和切线性模型在同化窗口期内计算观测变量对控制变量的敏感性。如果海洋和海冰模型都有切线性模型和伴随模型，它们可以交换有关接口变量的信息，如热量、盐分和动量通量。由于这些关联在同化窗口开始时通常是单变量的，所以同化窗口的长度应尽可能长。最近的实验报告显示，4D-Var 方法在北极区域配置中成功应用，持续时间为 1 年或更长(Fenty et al.，2013；Fenty et al.，2015)；后来还引入了 EVP 海冰流变学的辅助模型(Toyoda et al.，2019)。4D-Var 方法的优点是它能返回一个优化的模型轨迹，这对海洋学解释(Kauker et al.，2009)和定量网络设计(Kaminski et al.，2015)非常有用，但据我们所知，4D-Var 方法没有用于业务化的海冰预报。

4D-Var 方法的一个计算上的简化变形被称为 3D-Var，它是使用相同的增量来计算在同化过程中任何时刻观测-参考状态差异的模型等效值。由于该方案与完整的 4D-Var 方法相比成本相对较低，3D-Var 方法被世界各地的业务预报中心普遍采用(Usui et al.，2006；Mogensen et al.，2012；Hebert et al.，2015；Tonani et al.，2015；Waters et al.，2015；Smith et al.，2016)，详见表 6.3。

6.2.5.3 耦合数据同化的挑战

耦合的多变量协方差不一定能解决海冰观测数据同化的所有问题。问题的另一个来源是缺乏对传统高斯-线性假设的尊重，那是经典数据同化方法的基础。根据定义，海冰密集度的值在 0～1，而其他海冰示踪变量（厚度、雪深）只能取正值。海洋温度不允许低于冰点，虽然基于启发式协方差函数的单变量同化方法很容易保持单调性，从而保持变量的界限(Wackernagel，2003)，但基于集合的协方差（或切线性模型）可能产生超出界限的值。可以通过不同的方式强制界定边界，或者通过变量的非线性转换（在地质统计学中称为高斯变形的方法）(Bertino et al.,2003,Barth et al.,2015),也可以通过在代价函数中加入不等式约束(Lauvernet et al.,2009;Simon et al.,2012;Janjic et al.,2014)。总的来说,多变量流依赖协方差的好处仍然胜过了数值出界带来的不便。

混沌的高维系统中的数据同化方法在不断改进,例如冰海洋耦合模型。但新的模型和新的观测结果总是要求数据同化的进一步发展。特别是对于数据同化,以自动重构的拉格朗日网格表示的海冰模型是不常见的。集合卡尔曼滤波技术依赖于观测变量和非观测变量之间的交叉协方差,这意味着网格单元必须在不同的集合成员中被唯一地识别。当开启自适应重塑时会很困难,除非拉格朗日模型的输出是在固定网格上插值的,否则就有可能平滑将要模拟的非常局部的运动特征(长裂缝、山脊和引线)(Aydoğdu et al.,2019)。拉格朗日模型不提供任何简单的微分/自动伴随能力,因此无法使用变量技术。还应注意的是,像 CESM 这样的耦合框架具有足够的灵活性,允许一个模块的几个实例(例如大气)为另一个实例(例如海洋)运行,从而允许对海冰、海洋、陆地和大气模块使用不同的数据同化方法。耦合数据同化和集合预报的一个重要方面是,相关模块之间的不确定性是一致的;大气底部的误差统计与海冰表面的误差统计一致,同样,海冰底部和海洋表面的误差统计也一致。如果耦合系统的所有模块都使用集合来表示误差,这一点即可能实现。

6.2.6 验证策略

由于对海冰密集度的均方根误差的衡量取决于评分者的任意选择(验证区域开阔海洋面积越大,误差随之减少),更有针对性的海冰验证指标为预测与观测冰外缘线的距离(Dukhovskoy et al.,2015)。在北极地区,TOPAZ 的海冰外缘线 24 h 预报的水平约为 50 km(包括季节性偏差和均方根误差,更新于 http://cmems. met. no/ARC-MFC/)、40 km 到 30 km,具体取决于 ACNFS(北极冰盖临近预报系统)的输入数据源(Hebert et al.,2015;Posey et al.,2015),两种方法可能有所不同,并对冰边缘线的特殊配置很敏感。在 Goessling 等(2016)提出的综合冰缘误差(IIEE)中,差异面积被认为是一个客观指标。使用分数技巧评分(FSS)(Melsom et al.,2019)和 Goessling 等(2018)提出的用于评价海冰边缘线集合预报的 IIEE 度量的扩展,可以进一步将这种度量对空间尺度的依赖纳入评价。图 6.7 给出了使用 IIEE(图 6.7a)和 FSS(图 6.7b)的例子。

应该指出的是,与等值线有关的指标(如冰外缘线,通常定义为 15%的冰密集度等值线,或其他关键值,如 50%和 85%)也适用于其他等值线,如当年冰(FYI)和多年冰(MYI)之间的边界,或 MIZ/浮冰边界。列联表也是验证海冰密集度的重要方法(Smith et al.,2016),以及威胁分数或 Heidke 技巧分数等方法。

相对而言,海冰漂移的预报技术受到的关注较少,但是因为它们对海冰边缘位移的贡献和对海冰厚度分布的累积性贡献,海冰漂移的误差是很重要的。长时间的气候模拟提示了漂移预测技术的季节性依赖,在自由漂移模拟中也注意到了这一点(Grumbine 1998)。海冰漂移的偏差已经在 IPCC 模拟中被揭示出来(Tandon et al.,2018),与季节性周期有关。尽管对全球再分析系统的评估表明,一些模型正确地模拟了 3 月份的最小海冰漂移(Chevallier et al.,2017),但据我们所知,在最近的预报模型中,海冰漂移预报的缺陷并没有得到纠正(如 Xie 等(2017)针对 TOPAZ 系统,Hebert 等(2015)针对北极帽临近预报系统(ACNFS))。Hebert 等(2015)还指出,虽然漂移对象位置的预测优于持续性,但漂移速度的预测却没有这种优势,这表

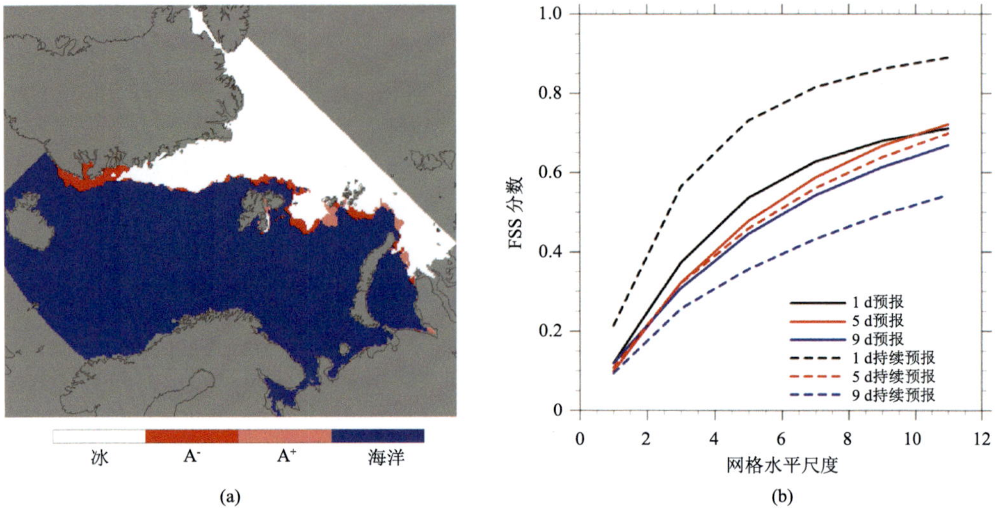

图 6.7 欧洲北极地区海冰预报示意图(均来自哥白尼海洋服务的 https://cmems.met.no/ARC-MFC/)
(a)一次 TOPAZ 海冰预报冰量过剩(A^+)和冰量缺失(A^-)区域的个例,验证数据来源于挪威冰图,预报时间为 2021 年 11 月 9 日;(b)相关的 FSS 分数表明无论特定预报的空间尺度如何,未来 5 d 和未来 9 d 的预报都优于持续性预报(网格尺寸 12.5 km)

明漂移方向的预测比漂移速度更好。如何弥补这些缺陷?虽然通过调整阻力系数可以很容易地调整海冰的平均速度,但没有一种简单的调整可以使海冰逐年加速或改变其季节性周期。

到目前为止,海冰漂移数据的同化不如海冰密集度的同化成功:Stark 等(2008)研究表明,海冰速度的误差减小了 50%,但海冰密集度误差没有改进,Sakov 等(2012)研究表明,海冰漂移对风强迫的外部扰动的敏感性很低,这说明 TOPAZ4 版本的 EVP 海冰流变学存在缺陷。从定性上来说,这种模型可以再现海冰漂移的大尺度模型(见图 6.8 的典型例子),但是该模式对低海冰漂移区(格陵兰岛以北)和强海冰漂移区(巴伦支海以北)之间的观测梯度进行了

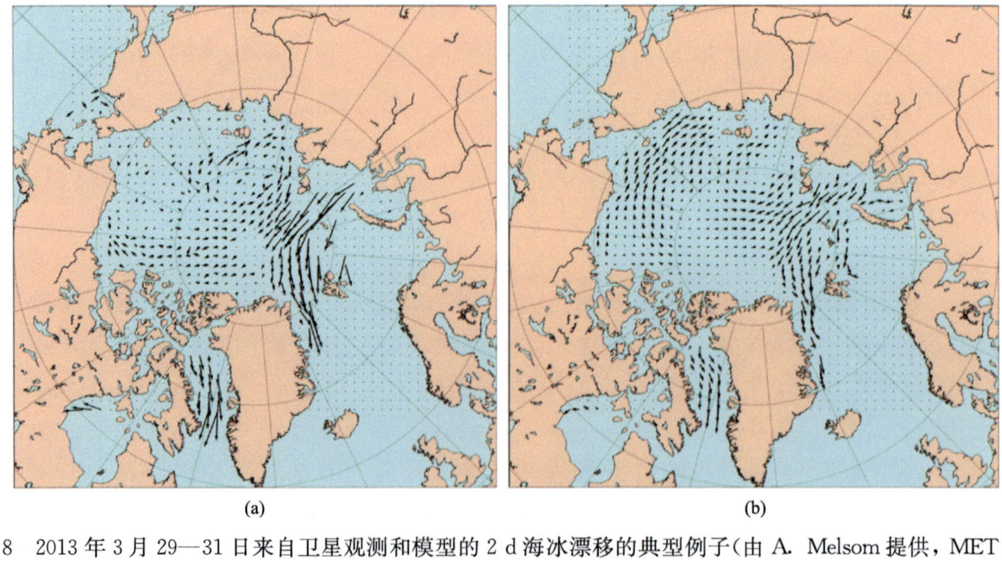

图 6.8 2013 年 3 月 29—31 日来自卫星观测和模型的 2 d 海冰漂移的典型例子(由 A. Melsom 提供,MET 挪威)
(a)卫星观测(OSI-SAF)的海冰漂移;(b)TOPAZ4 模型模拟的海冰漂移

平滑处理，它倾向于模拟海冰漂移速度的中间值。TOPAZ4(Melsom et al.，2015)的冰轨迹和位置的 24 h 预报均方根误差为 6.3 km，这似乎没有超过简单的自由漂移预测器(Grumbine，1998)中的 5 km。应该注意的是，验证是针对不同的数据来源(来自卫星 SAR 图像的海冰漂移与 IABP 浮标)和不同时期(2012—2015 年与 20 世纪 80—90 年代的几十年)进行的。SIDFEx(海冰漂移预报试验)(Goessling et al.，2020)是在 MOSAiC(北极气候研究多学科漂流观测计划)冰冠框架下开展的，首次从国际系统收集预报，并表明可以成功利用集成预报提前订购冰冠的详细卫星图像。除了使用均方根误差外，Grumbine(2013)还回顾了海冰漂移验证的几个替代指标。Rabatel 等(2018)提出了海冰漂移概率预报的集合轨迹的验证指标，Cheng 等(2020)根据与搜索和救援行动的类比对其进行了完善，其中集合轨迹定义了一个搜索椭圆；预报的成功是目标控制在椭圆内的概率。

海冰厚度的预测也存在过度平滑的问题：厚海冰太薄，薄海冰太厚(Johnson et al.，2012)，误差很容易达到 1～2 m。格陵兰岛以北的海冰漂移速度过快，夸大了厚海冰向波弗特流涡的输送，对这些误差有动态的贡献。然而，也不能排除热力学的贡献(特别是来自雪和融化池)。更为普遍的是，模型初始条件、大气和海洋边界条件或其固有参数中的任何误差最终都会累积在海冰厚度偏差中，这意味着不同的误差可以相互抵消，并以错误的理由产生正确的海冰厚度。值得强调的是，海冰上的雪作为一个有效的绝缘体具有重要作用，它的存在可以抑制海冰的生长和融化，从而减少其季节性循环。海冰-海洋模型中的积雪预测非常依赖于天气分析和预报的降水质量，而这些分析和预测很难验证，在不同的产品中通常也会有差异(Lindsay et al.，2014)。

6.2.7 结果输出

关于各类 OOFS 输出的格式和类型的信息可在本书第 4 章中找到。在本节中，我们将列出与海冰预报有关的变量：

- 海冰密集度(SIC)；
- 海冰厚度(SIT)；
- 海冰在 X 和 Y 方向的漂移速度(SIUV)；
- 雪深 (SNOW)；
- 海冰冰龄；
- 海冰反照率(SIALB)；
- 海冰温度。

海冰预报系统一般符合 CF 标准。CF 元数据公约是一个广泛使用的大气、海洋和气候数据标准。标准名称是在 CF 标准名称表中定义的①。来自 CMIP 命名法的标准变量名称可以在 Notz 等(2016)中找到。

6.2.8 海冰业务化预报系统的实例

目前大多数短期预报系统(表 6.3)都同化了海冰密集度，因此预期在海冰外缘线预报方面表现良好。这些系统包括加拿大的区域冰海洋预报系统(RIOPS)(Smith et al.，2021)、美

---

①详见 http://cfconventions.org/standard-names.html。

国的 ACNFS/GOFS3.1(Hebert et al.,2015)、意大利的 GOFS16(Iovino et al.,2016)、哥白尼海洋服务的全球和北极海洋预报系统(Sakov et al.,2012)。独立的海冰模型如 neXtSIM-F (Williams et al.,2021)也被用于预测,鉴于其控制矢量不包括海洋,这些模型可以比冰海耦合系统更灵活地进行初始化。为了简洁起见,省略了波罗的海预报系统。表 6.3 也省略了同化的海洋数据。

表 6.3 目前全球和北极短期预报系统清单

规模	系统	分辨率	模型	数据同化(方法和海冰数据)	变量	网址
北极	ArcIOPS	18 km	MITgcm	LESTKF SIC, SIT	SIC、SID、SIT	http://www.oceanguide.org.cn/IceIndexHome/ThicknessIce
北极	NOAA (Bob Grumbine)	不适用	Free drift	不适用	SIUV	https://mag.ncep.noaa.gov/model-guidance-model-parameter.php? group=Model%20Guidance&model=ICE-DRIFT&area=POLAR&ps=area#
全球	RTOFS	3.5 km	HYCOM-CICE5	3D-VAR SIC	SIC、SIT、SIUV	https://polar.ncep.noaa.gov/global/
北极	TOPAZ4	12.5 km	HYCOM-CICE3	EnKF SIC, SIUV, SIT	SIC、SIT、SIUV、SNOW、SIALB	https://marine.copernicus.eu/
北极	neXtSIM-F	7.5 km*	neXtSIM	Nudging SIC	SIC、SIT、SIUV、SNOW	https://marine.copernicus.eu/
全球	MOi	3.5 km	NEMO-LIM2	SEEK SIC	SIC、SIT、SIUV	https://marine.copernicus.eu/
全球	GIOPS	12 km	NEMO-CICE4	3D-VAR SIC	不适用	CONCEPTS-Science.gc.ca
北极	RIOPS	3.5 km	NEMO-CICE4	3D-VAR SIC	不适用	https://science.gc.ca/eic/site/063.nsf/eng/h_97620.html
全球	GOFS3.1	3.5 km	HYCOM-CICE4	3D-VAR SIC	SIC、SIT、SIUV	https://www7320.nrlssc.navy.mil/GLBhycomcice1-12
全球	ECMWF	12 km	NEMO-LIM2	3D-VAR SIC	SIC、SIT	https://www.ecmwf.int/en/forecasts/datasets/set-i
北极	DMI	10 km	HYCOM-CICE4	Nudging SIC	不适用	http://ocean.dmi.dk/models/hycom.uk.php
全球	气象局耦合 DA	12 km	NEMO-CICE5	3D-VAR SIC	SIC、SIT、SIUV	https://marine.copernicus.eu/
全球	气象局 FOAM	3.5 km	NEMO-CICE5	3D-VAR SIC	不适用	—
北极**	VENUS	2.5 km	IcePOM	不适用	SIC、SIT	https://ads.nipr.ac.jp/venus.mirai/#/mirai

注:①输出的空间分辨率可能与本地分辨率不同。

②*表示拉格朗日三角形网格的分辨率不能与方形网格相比,因此输出分辨率为 3 km。

③**表示 VENUS 是按需部署的。

参考文献

Adcroft, A., Anderson, W., Balaji, V., Blanton, C., Bushuk, M., Dufour, C. O., et al. (2019). The GFDL global ocean and sea ice model OM4.0: Model description and simulation features. *Journal of Advances in Modelling Earth Systems,* 11, 3167-3211, https://doi.org/10.1029/2019MS001726

Aydoğdu, A., Carrassi, A., Guider, C.T., Jones, C. K. R. T., and Rampal, P. (2019). Data assimilation using adaptive, non-conservative, moving mesh models. *Nonlinear Processes in Geophysics,* 26(3), 175-193, https://doi.org/10.5194/npg-26-175-2019

Barth, A., Canter, M., Van Schaeybroeck, B., Vannitsem, S., Massonnet, F., Zunz, V., Mathiot, P., Alvera-Azcárate, A., Beckers, J.-M. (2015). Assimilation of sea surface temperature, ice concentration and ice drift in a model of the Southern Ocean. *Ocean Modelling,* 93, 22-39, https://doi.org/10.1016/j.ocemod.2015.07.011

Bertino, L., Bergh, J., and Xie, J. (2015). Evaluation of uncertainties by ensemble simulation, ART JIP Deliverable 3.3. NERSC, Bergen, Norway.

Bertino, L., Evensen, G., Wackernagel, H. (2003). Sequential Data Assimilation Techniques in Oceanography. *International Statistical Review* 71(2), 223-241, http://www.jstor.org/stable/1403885

Bitz, C. M. and Lipscomb, W. H. (1999). An energy-conserving thermodynamic model of sea ice. *Journal of Geophysical Research: Oceans,* 104(C7), 15669-15678, https://doi.org/10.1029/1999JC900100

Bitz, C. M., Holland, M. M., Weaver, A. J., and Eby, M. (2001). Simulating the ice-thickness distribution in a coupled climate model. *Journal of Geophysical Research: Oceans,* 106(C2), 2441-2463, https://doi.org/10.1029/1999JC000113

Blockley, E. W. and Peterson, K. A. (2018). Improving Met Office seasonal predictions of Arctic sea ice using assimilation of CryoSat 2 thickness. *The Cryosphere,* 12, 3419-3438, https://doi.org/10.5194/tc-12-3419-2018

Blockley, E., Vancoppenolle, M., Hunke, E., Bitz, C., Feltham, D., Lemieux, J., Losch, M., Maisonnave, E., Notz, D., Rampal, P., Tietsche, S., Tremblay, B., Turner, A., Massonnet, F., Ólason, E., Roberts, A., Aksenov, Y., Fichefet, T., Garric, G., Iovino, D., Madec, G., Rousset, C., Salas y Melia, D., Schroeder, D. (2020). The future of sea ice modeling: Where do we go from here? *Bulletin of the American Meteorological Society*, 101, E1302-E1309, https://doi.org/10.1175/BAMS-D-20-0073.1

Bouchat, A., Hutter, N.C., Chanut, J., Dupont, F., Dukhovskoy, D. S., Garric, G., Lee, Y. J., Lemieux, J.-F., Lique, C., Losch, M., Maslowski, W., Myers, P. G., Ólason, E., Rampal, P., Rasmussen, T.A.S., Talandier, C., Tremblay, B. (2021). Sea Ice Rheology Experiment (SIREx), Part I: Scaling and statistical properties of sea-ice deformation fields. Journal of Geophysical Research: Oceans, 127(4), e2021JC017667, https://doi.org/10.1029/2021JC017667

Bouillon, S., Fichefet, T., Legat, V., and Madec, G. (2013). The elastic-viscous-plastic method revisited. *Ocean Modelling,* 71, 2-12, https://doi.org/10.1016/j.ocemod.2013.05.013

Bouillon, S., and Rampal, P. (2015). On producing sea ice deformation data sets from SAR-derived sea ice motion. *The Cryosphere,* 9, 663-673, https://doi.org/10.5194/tc-9-663-2015

Breivik, Ø. and Allen, A. A. (2008). An operational search and rescue model for the Norwegian Sea and the North Sea. *Journal of Marine Systems,* 69(1-2), 99-113, https://doi.org/10.1016/j.jmarsys.2007.02.010

Buizza, R., Houtekamer, P. L., Pellerin, G., Toth, Z., Zhu, Y., and Wei, M. (2005). A Comparison of the ECMWF, MSC, and NCEP Global Ensemble Prediction Systems. *Monthly Weather Review*, 133(5), 1076-1097, https://doi.org/10.1175/MWR2905.1

Castellani, G., Lüpkes, C., Gerdes, R., Hendricks, S. (2014). Variability of Arctic sea ice topography and its impact on the atmospheric surface drag. *Journal of Geophysical Research: Ocean*, 119(10), 6743-6762, https://doi.org/10.1002/2013JC009712

Cavalieri, D. J., Parkinson, C. L. (2012). Arctic Sea ice variability and trends, 1979-2010. *The Cryosphere*, 6, 881-889, https://doi.org/10.5194/tc-6-881-2012

Cheng, S., Aydoğdu, A., Rampal, P., Carrassi, A., Bertino, L. (2020). Probabilistic Forecasts of Sea Ice Trajectories in the Arctic: Impact of Uncertainties in Surface Wind and Ice Cohesion. *Oceans*, 1(4), 326-342, https://doi.org/10.3390/oceans1040022

Chevallier, M., and Salas-Melia, D. (2012). The role of sea ice thickness distribution in the Arctic sea ice potential predictability: A diagnostic approach with a coupled GCM. *Journal of Climate*, 25(8), 3025-3038, https://doi.org/10.1175/JCLI-D-11-00209.1

Chevallier, M., Smith, G. C., Dupont, F., Lemieux, J.-F., Forget, G., Fujii, Y., et al. (2017). Intercomparison of the Arctic sea ice cover in global ocean-sea ice reanalyses from the ORA-IP project. *Climate Dynamics*, 49, 1107-1136, https://doi.org/10.1007/s00382-016-2985-y

Connolley, W. M., Gregory, J. M., Hunke, E., McLaren, A. J. (2004). On the Consistent Scaling of Terms in the Sea-Ice Dynamics Equation. *Journal of Physical Oceanography*, 34(7), 1776-1780, https://doi.org/10.1175/1520-0485(2004)034<1776:OTCSOT>2.0.CO;2

Coon, M. D., Maykut, G. A., Pritchard, R. S., Rothrock, D. A., Thorndike, A. S. (1974). Modeling the pack ice as an elastic-plastic material. *AIDJEX Bulletin*, 24, 1-106, Univ. of Wash., Seattle, 1974.

Coon, M., Kwok, R., Levy, G., Pruis, M., Schreyer, H., Sulsky, D. (2007). Arctic Ice Dynamics Joint Experiment (AIDJEX) assumptions revisited and found inadequate. *Journal of Geophysical Research: Ocean*, 112, C11S90, https://doi.org/10.1029/2005JC003393

Danilov, S., Wang, Q., Timmermann, R., Iakovlev, N., Sidorenko, D., Kimmritz, M., Jung, T., and Schröter, J. (2015). Finite-Element Sea Ice Model (FESIM), version 2. Geoscientific Model Development, 8, 1747-1761, https://doi.org/10.5194/gmd-8-1747-2015

Dansereau, V., Weiss, J., Saramito, P., and Lattes, P. (2016). A Maxwell elasto-brittle rheology for sea ice modelling. *The Cryosphere*, 10, 1339-1359, https://doi.org/10.5194/tc-10-1339-2016

Dobney, A., Klinkenberg, H., Souren, F., and Van Borm, W. (2000). Uncertainty calculations for amount of chemical substance measurements performed by means of isotope dilution mass spectrometry as part of the PERM project. *Analytica chimica acta*, 420, 89-94.

Dukhovskoy, D. S., Ubnoske, J., Blanchard-Wrigglesworth, E., Hiester, H. R., and Proshutinsky, A. (2015). Skill metrics for evaluation and comparison of sea ice models. *Journal of Geophysical Research: Oceans*, 120(9), 5910-5931. https://doi.org/10.1002/2015JC010989

Duraisamy, K. A., and Iaccarino, G. (2017). Assessing turbulence sensitivity using stochastic Monte Carlo analysis. Physical Review Fluids, https://arxiv.org/abs/1704.05187

Feltham, D. L., Untersteiner, N., Wettlaufer, J. S., and Worster, M. G. (2006). Sea ice is a mushy layer. *Geophysical Research Letters,* 33(14), L14501, ISSN 0094-8276, https://doi.org/10.1029/2006GL026290

Fenty, I., and Heimbach, P. (2013). Coupled sea ice–ocean state estimation in the Labrador Sea and Baffin Bay. *Journal of Physical Oceanography,* 43(5), 884-904, https://doi.org/10.1175/JPO-D-12-065.1

Fenty, I., Menemenlis, D., and Zhang, H. (2015). Global coupled sea ice-ocean state estimation. *Climate Dynamics,* 49, 931-956, https://doi.org/10.1007/s00382-015-2796-6

Flocco, D., Feltham, D., Turner, A. (2010). Incorporation of a physically based melt pond scheme into the sea ice component of a climate model. Journal of Geophysical Research: Oceans, 115, C08012, https://doi.org/10.1029/2009JC005568

Gautier, D. L., Bird, K. J., Charpentier, R. R., Grantz, A., Houseknecht, D. W., Klett, T. R., ... Wandrey, C. J. (2009). Assessment of Undiscovered Oil and Gas in the Arctic. *Science,* 324, 1175-1179, https://doi.org/10.1126/science.1169467

Girard, L., Bouillon, S., Weiss, J., Amitrano, D., Fichefet, T., and Legat, V. (2011). A new modeling framework for sea-ice mechanics based on elasto-brittle rheology. *Annals of Glaciology,* 52, 123-132, doi:10.3189/172756411795931499

Girard-Ardhuin, F., and Ezraty, R. (2012). Enhanced Arctic Sea Ice Drift Estimation Merging Radiometer and Scatterometer Data. IEEE Transactions on Geoscience and Remote Sensing, 50(7), 2639-2648, doi:10.1109/TGRS.2012.2184124

Goessling H., Tietsche, S., Day, J.J., Hawkins, E., Jung, T. (2016). Predictability of the Arctic sea ice edge. *Geophysical Research Letters,* 43(4), 1642-1650, https://doi.org/10.1002/2015GL067232

Goessling, H. F., and Jung, T. (2018). A probabilistic verification score for contours: Methodology and application to Arctic ice-edge forecast. *Quarterly Journal of the Royal Meteorological Society,* 144, 735-743, https://doi.org/10.1002/qj.3242

Goessling, H. F. and the SIDFEx Team (2020). Making Use and Sense of 75,000 Forecasts of the Sea Ice Drift Forecast Experiment (SIDFEx), EGU General Assembly 2020, Online, 4-8 May 2020, EGU2020-18867, https://doi.org/10.5194/egusphere-egu2020-18867

Griewank, P. J., Notz, D. (2013). Insights into brine dynamics and sea ice desalination from a 1-D model study of gravity drainage. *Journal of Geophysical Research: Oceans,* 118, 3370-3386, doi:10.1002/jgrc.20247

Grumbine, R. W. (1998). Virtual Floe Ice Drift Forecast Model Intercomparison. *Weather and Forecasting,* 13, 886-890, https://doi.org/10.1175/1520-0434(1998)013<0886:VFIDFM>2.0.CO;2

Grumbine, R. W. (2013). Long Range Sea Ice Drift Model Verification. Camp. Springs, Maryland.

Guerreiro, K., Fleury, S., Zakharova, E., Rémy, F., and Kouraev, A. (2016). Potential for estimation of snow depth on Arctic sea ice from CryoSat-2 and SARAL/AltiKa missions. *Remote Sensing of Environment,* 186, 339-349, https://doi.org/10.1016/j.rse.2016.07.013

Gryanik, V. M., and Lüpkes, C. (2017). An Efficient Non-iterative Bulk Parametrization of Surface Fluxes for Stable Atmospheric Conditions Over Polar Sea-Ice. *Boundary-Layer Meteorology*, 166, 301-325, https://doi.org/10.1007/s10546-017-0302-x

Hackett, B., Breivik, Ø., Wettre, C. (2006). Forecasting the drift of objects and substances in the ocean. In E.P. Chassignet and J. Verron (ed.s) "Ocean Weather Forecasting, An Integrated View of Oceanography", 507-524, Springer, Dordrecht.

Hebert, D. A., Allard, R. A., Metzger, E. J., Posey, P. G., Preller, R. H., Wallcraft, A. J., Phelps, M. W., and Smedstad, O. M. (2015). Short-term sea ice forecasting: An assessment of ice concentration and ice drift forecasts using the U.S. Navy's Arctic Cap Nowcast/Forecast System. *Journal of Geophysical Research: Oceans*, 120, 8327-8345, https://doi.org/10.1002/2015JC011283

Herman, A. (2015). Discrete-Element bonded particle Sea Ice model DESIgn, version 1.3a - model description and implementation. *Geoscientific Model Development*, 9, 1219–1241, https://doi.org/10.5194/gmd-9-1219-2016

Hibler, W. D. (1979). A dynamic thermodynamic sea ice model. *Journal of Physical Oceanography*, 9, 817-846.

Hopkins, M. (2004). A discrete element Lagrangian sea ice model. *Engineering Computations*, 21, 409-421, https://doi.org/10.1108/02644400410519857

Hunke, E., and Dukowicz, J. (1997). An elastic-viscous-plastic model for sea ice dynamics. *Journal of Physical Oceanography*, 27(9), 1849-1867, https://doi.org/10.1175/1520-0485(1997)027<1849:AEVPMF>2.0.CO;2

Hunke, E., Hebert, D., Lecomte, O. (2013). Level-ice melt ponds in the Los Alamos sea ice model, CICE. *Ocean Modelling*, 71, 26-42, https://doi.org/10.1016/j.ocemod.2012.11.008

Hunke, E., Allard, R., Blain, P. et al. (2020). Should Sea-Ice Modeling Tools Designed for Climate Research Be Used for Short-Term Forecasting? *Current Climate Change Reports*, 6, 121-136, https://doi.org/10.1007/s40641-020-00162-y

Hunke, E., Allard, R., Bailey, D.A., Blain, P., Craig, A., Dupont, F., DuVivier, A., Grumbine, R., Hebert, D., Holland, M., Jeffery, N., Lemieux, J.F., Osinski, R., Rasmussen, T., Ribergaard, M., Roberts, A., Denise, W. (2021). CICE Version 6.3.0. http://doi.org/10.5281/zenodo.1205674

Hutter, N., Losch, M., and Menemenlis, D. (2018). Scaling properties of Arctic sea ice deformation in a high-resolution viscous-plastic sea ice model and in satellite observations. *Journal of Geophysical Research: Oceans*, 123, 672-687, https://doi.org/10.1002/2017JC013119

Hutter, N., Zampieri, L., Losch, M. (2019). Leads and ridges in Arctic sea ice from RGPS data and a new tracking algorithm. *The Cryosphere*, 13, 627-645, https://doi.org/10.5194/tc-13-627-2019

Huwald, H., Tremblay, L.-B., Blatter, H. (2005). A multilayer sigma-coordinate thermodynamic sea ice model: Validation against Surface Heat Budget of the Arctic Ocean (SHEBA)/Sea Ice Model Intercomparison Project Part 2 (SIMIP2) data. *Journal of Geophysical Research: Oceans*, 110, C05010, https://doi.org/10.1029/2004JC002328

Iovino, D., Masina, S., Storto, A., Cipollone, A., and Stepanov, V. N. (2016). A 1/16° eddying simulation of the global NEMO sea-ice–ocean system. *Geoscientific Model Development*, 9, 2665–2684, https://doi.org/10.5194/gmd-9-2665-2016

Ivanova, N., Johannessen, O. M., Pedersen, L. T., and Tonboe, R. T. (2014). Retrieval of Arctic Sea Ice Parameters by Satellite Passive Microwave Sensors: A Comparison of Eleven Sea Ice Concentration Algorithms, IEEE Transactions on Geoscience and Remote Sensing, 52, 7233-7246, doi:10.1109/TGRS.2014.2310136

Ivanova, N., Pedersen, L. T., and Tonboe, R. T. (2015). Inter-comparison and evaluation of sea ice algorithms: towards further identification of challenges and optimal approach using passive microwave observations. *The Cryosphere*, 9, 1797-1817, https://doi.org/10.5194/tc-9-1797-2015

Janjić, T., McLaughlin, D., Cohn, S. E., and Verlaan, M. (2014). Conservation of Mass and Preservation of Positivity with Ensemble-Type Kalman Filter Algorithms. *Monthly Weather Review*, 142(2), 755-773, https://doi.org/10.1175/MWR-D-13-00056.1

Jenouvrier, S., Holland, M., Strœve, J., Barbraud, C., Weimerskirch, H., Serreze, M., Caswell, H. (2012). Effects of climate change on an emperor penguin population: analysis of coupled demographic and climate models. Available at https://core.ac.uk/download/pdf/9584173.pdf

Johnson, M., Proshutinsky, A., Aksenov, Y., Nguyen, A.T., Lindsay, R., Haas, C., Zhang, J., Diansky, N., Kwok, R., Maslowski, W., Häkkinen, S., Ashik, I., de Cuevas, B. (2012). Evaluation of Arctic sea ice thickness simulated by Arctic Ocean Model Intercomparison Project models. *Journal of Geophysical Research: Oceans*, 117(C8), https://doi.org/10.1029/2011JC007257

Kaminski, T., Kauker, F., Eicken, H., and Karcher, M. (2015). Exploring the utility of quantitative network design in evaluating Arctic sea ice thickness sampling strategies. *The Cryosphere*, 9, 1721-1733, https://doi.org/10.5194/tc-9-1721-2015

Kauker, F., Kaminski, T., Karcher, M., Giering, R., Gerdes, R., and Voßbeck, M. (2009). Adjoint analysis of the 2007 all time Arctic sea-ice minimum. *Geophysical Research Letters*, 36, L03707, doi:10.1029/2008GL036323

Kimmritz, M., Losch, M., Danilov, S. (2017). A comparison of viscous-plastic sea ice solvers with and without replacement pressure. *Ocean Modelling*, 115, 59-69, https://doi.org/10.1016/j.ocemod.2017.05.006

Kjesbu, O.S., Bogstad, B., Devine, J.A., Gjøsæter, H., Howell, D., Ingvaldsen, R.B., Nash, R.D. M., and Skjæraasen, J. E. (2014). Synergies between climate and management for Atlantic cod fisheries at high latitudes. *Proceedings of the National Academy of Sciences of the United States of America*, 111(9), 3478-3483, https://doi.org/10.1073/pnas.1316342111

Korosov, A. A., and Rampal, P. (2017). A Combination of Feature Tracking and Pattern Matching with Optimal Parametrization for Sea Ice Drift Retrieval from SAR Data. *Remote Sensing*, 9(258), https://doi.org/10.3390/rs9030258

Kundzewicz, Z. W., Mata, L. J., Arnell, N. W., Doll, P., Kabat, P., Jimenez, B., Miller, K., Oki, T., Zekai, S. and Shiklomanov, I. (2007) Freshwater resources and their management. In: Parry, M. L., Canziani, O. F., Palutikof, J. P., van der Linden, P. J. and Hanson, C. E. (eds.) "Climate Change 2007: Impacts, Adaptation and Vulnerability. Contribution of Working Group II to the Fourth Assessment Report of the Intergovernmental Panel on Climate Change". Cambridge University Press, 173-210, ISBN 9780521880091

Kurtz, N., Farrell, S. L., Studinger, M., Galin, N., Harbeck, J. P., Lindsay, R., Onana, V. D., Panzer, B., and Sonntag, J. G. (2013). Sea ice thickness, freeboard, and snow depth products from Operation IceBridge airborne data. *The Cryosphere*, 7, 1035-1056, https://doi.org/10.5194/tc-7-1035-2013

Kwok, R. (2006). Contrasts in sea ice deformation and production in the Arctic seasonal and perennial ice zones. *Journal of Geophysical Research: Oceans*, 112(C2), https://doi.org/10.1029/2005JC003172

Kwok, R., Cunningham, G. F., Zwally, H. J., and Yi, D. (2007). Ice, Cloud, and land Elevation Satellite (ICESat) over Arctic sea ice: Retrieval of freeboard. *Journal of Geophysical Research: Oceans*, 112(C12), https://doi.org/10.1029/2006JC003978

Lauvernet, C., Brankart, J.-M. M., Castruccio, F., Broquet, G., Brasseur, P., and Verron, J. (2009). A truncated Gaussian filter for data assimilation with inequality constraints: Application to the hydrostatic stability condition in ocean models. *Ocean Modelling*, 27(1-2), 1-17. https://doi.org/https://doi.org/10.1016/j.ocemod.2008.10.007

Laxon S. W., Giles, K. A., Ridout, A. L., Wingham, D. J., Willatt, R., Cullen, R., Kwok, R., Schweiger, A., Zhang, J., Haas, C., Hendricks, S., Krishfield, R., Kurtz, N., Farrell S., and Davidson, M. (2013). CryoSat-2 estimates of Arctic sea ice thickness and volume. *Geophysical Research Letters*, 40, 732-737, https://doi.org/10.1002/grl.50193

Leith, C. E. (1974). Theoretical skill of Monte Carlo forecasts. *Monthly Weather Review*, 102(6), 409-418, https://doi.org/10.1175/1520-0493(1974)102<0409:TSOMCF>2.0.CO;2

Lemieux, J.-F., Tremblay, B., Sedlácek, J., Tupper, P., Thomas, S., Huard, D., and Auclair, J.-P. (2010). Improving the numerical convergence of viscous-plastic sea ice models with the Jacobianfree Newton Krylov method. *Journal of Computational Physics*, 229(8), 2840-2852, https://doi.org/10.1016/j.jcp.2009.12.011

Leutbecher, M., and Palmer, T. N. (2008). Ensemble forecasting. *Journal of Computational Physics*, 227(7), 3515-3539, https://doi.org/10.1016/j.jcp.2007.02.014

Lindsay, R. W., and Zhang, J. (2006). Assimilation of Ice Concentration in an Ice-Ocean Model. *Journal of Atmospheric and Oceanic Technology*, 23(5), 742-749, https://doi.org/10.1175/JTECH1871.1

Lindsay, R., Wensnahan, M., Schweiger, A., and Zhang, J. (2014). Evaluation of seven different atmospheric reanalysis products in the Arctic. *Journal of Climate*, 27(7), 2588-2606, https://doi.org/10.1175/JCLI-D-13-00014.1

Lisæter, K. A., Rosanova, J., Evensen, G. (2003). Assimilation of ice concentration in a coupled ice-ocean model, using the Ensemble Kalman filter. *Ocean Dynamics*, 53, 368-388, https://doi.org/10.1007/s10236-003-0049-4

Lisæter, K. A. (2009). A multi-category sea-ice model. Technical report 304. NERSC, Thormøhlensgt. 47, N-5006 Bergen, Norway.

Losch, M., D. Menemenlis, J.-M. Campin, P. Heimbach, and C. Hill, 2010. On the formulation of sea-ice models. Part 1: Effects of different solver implementations and parameterizations. *Ocean Modelling*, 33(1-2), 129-144, https://doi.org/10.1016/j.ocemod.2009.12.008

Lüpkes, C., Gryanik, V. M., Hartmann, J., Andreas, E. L. (2012). A parameterization, based on sea ice morphology, of the neutral atmospheric drag coefficients for weather prediction and climate models. *Journal of Geophysical Research: Atmospheres*, 117(D13), https://doi.org/10.1029/2012JD017630

Marsan, D., Stern, H., Lindsay, R., Weiss, J. (2004). Scale Dependence and Localization of the Deformation of Arctic Sea Ice. *Physical Review Letter*, 93(17), https://link.aps.org/doi/10.1103/PhysRevLett.93.178501

Maykut, G. A., and Untersteiner, N. (1971). Some results from a time-dependent thermodynamic model of sea ice. *Journal of Geophysical Research (1896-1977)*, 76, 1550-1575, https://doi.org/10.1029/JC076i006p01550

McPhee, M. G. (1975). Ice-ocean momentum transfer for the AIDJEX ice model. *AIDJEX Bullettin*, 29 , 93-111.

Melsom, A., Counillon, F., LaCasce, J. H., Bertino, L. (2012). Forecasting search areas using ensemble ocean circulation modeling. *Ocean Dynamics*, 62(8), 1245-1257, https://doi.org/10.1007/s10236-012-0561-5

Melsom, A., Palerme, C., Müller, M. (2019). Validation metrics for ice edge position forecasts. *Ocean Science*, 15(3), 615-630, https://doi.org/10.5194/os-15-615-2019

Mogensen, U. B., Ishwaran. H., Gerds, T. A. (2012). Evaluating Random Forests for Survival Analysis using Prediction Error Curves. *Journal of Statistical Software*, 50(11), 1-23, doi: 10.18637/jss.v050.i11

Molteni, F., Buizza, R., Palmer, T. N., Petroliagis, T. (1996). The ECMWF Ensemble Prediction System: Methodology and validation. *Quarterly Journal of the Royal Meteorological Society*, 122, 73-119, https://doi.org/10.1002/qj.49712252905

Motra, H. B., Stutz, H., Wuttke, F. (2016). Quality assessment of soil bearing capacity factor models of shallow foundations. *Soils and Foundations*, 56(2), 265-276, https://doi.org/10.1016/j.sandf.2016.02.009

Mueter, F. J., Litzow, M. A. (2008). Sea ice retreat alters the biogeography of the Bering Sea continental shelf. *Ecological Applications*, 18(2), 309-20, https://doi.org/10.1890/07-0564.1

Notz, D., and Worster, M. G. (2009). Desalination processes of sea ice revisited. *Journal of Geophysical Research: Oceans*, 114(C5), https://doi.org/10.1029/2008JC004885

Notz, D., Jahn, A., Holland, M., Hunke, E., Massonnet, F., Stroeve, J., ... Vancoppenolle, M. (2016). The CMIP6 Sea-Ice Model Intercomparison Project (SIMIP): Understanding sea ice through climate-model simulations. *Geoscientific Model Development*, 9(9), 3427-3446, https://doi.org/10.5194/gmd-9-3427-2016

Oikkonen, A., Haapala, J., Lensu, M., Karvonen, J., Itkin P. (2017). Small-scale sea ice deformation during N-ICE2015: From compact pack ice to marginal ice zone. *Journal of Geophysical Research: Oceans*, 122(6), 5105-5120, https://doi.org/10.1002/2016JC012387

Ólason, E., Rampal, P., and Dansereau, V. (2021). On the statistical properties of sea-ice lead fraction and heat fluxes in the Arctic. *The Cryosphere*, 15, 1053-1064, https://doi.org/10.5194/tc-15-1053-2021

Ólason, E., Boutin, G., Korosov, A., Rampal, P., Williams, T., Kimmritz, M., Dansereau, V. (2022). A new brittle rheology and numerical framework for large-scale sea-ice models. Submitted to Journal of Modelling the Earth System (JAMES), https://doi.org/10.1002/essoar.10507977.2

Overland, J.E, Dethloff, K., Francis, J.A., Hall, R.J., Hanna, E., Kim, S.-J., Screen, J.A., Shepherd, T.G., Vihma, T. (2016). Nonlinear response of mid-latitude weather to the changing Arctic. *Nature Climate Change*, 6, 992-999, https://doi.org/10.1038/nclimate3121

Perovich, D. K., Richter-Menge, J. A., Jones, K. F., Light, B. (2008). Sunlight, water, and ice: Extreme Arctic sea ice melt during the summer of 2007. *Geophysical Research Letters*, 35(11), https://doi.org/10.1029/2008GL034007

Petty, A. A., Markus, T., Kurtz, N. (2017). Improving our understanding of Antarctic sea ice with NASA's Operation IceBridge and the upcoming ICESat-2 mission. *US CLIVAR Variations*, 15(3), doi:10.5065/D6833QQP

Posey, P. G., Metzger, E.J., Wallcraft, A.J., Hebert, D.A., Allard, R.A., Smedstad, O.M., Phelps, M.W., Fetterer, F. , Stewart, J.S., Meier, W.N., and Helfrich, S.R. (2015). Improving Arctic sea ice edge forecasts by assimilating high horizontal resolution sea ice concentration data into the US Navy's ice forecast systems. *The Cryosphere*, 9, 1735-1745, https://doi.org/10.5194/tc-9-1735-2015

Rabatel, M., Labbé, S., and Weiss, J. (2015). Dynamics of an Assembly of Rigid Ice Floes. J. *Journal of Geophysical Research: Oceans*, 120(9), 5887-5909, https://doi.org/10.1002/2015JC010909

Rabatel, M., Rampal, P., Carrassi, A., Bertino, L., and Jones, C.K.R T. (2018). Impact of rheology on probabilistic forecasts of sea ice trajectories: Application for search and rescue operations in the Arctic. *The Cryosphere*, 12, 935-953, https://doi.org/10.5194/tc-12-935-2018

Rampal, P., Weiss, J., Marsan, D., Lindsay, R., and Stern, H. (2008). Scaling properties of sea ice deformation from buoy dispersion analysis. *Journal of Geophysical Research: Oceans*, 113(C3), C03002, https://doi.org/10.1029/2007JC004143

Rampal, P., Bouillon, S., Ólason, E., and Morlighem, M. (2016). NeXtSIM: A new Lagrangian sea ice model. *The Cryosphere*, 10, 1055-1073, https://doi.org/10.5194/tc-10-1055-2016

Rampal, P., Dansereau, V., Olason, E., Bouillon, S., Williams, T., Korosov, A., and Samaké, A. (2019). On the multi-fractal scaling properties of sea ice deformation. *The Cryosphere*, 13, 2457-2474, https://doi.org/10.5194/tc-13-2457-2019

Richter-Menge, J. A., Perovich, D. K., Elder, B. C., Claffey, K., Rigor, I., Ortmeyer, M. (2006). Ice mass-balance buoys: a tool for measuring and attributing changes in the thickness of the Arctic sea-ice cover. *Annals of Glaciology*, 44(1), 205-210, doi:10.3189/172756406781811727

Rippeth, T.P. et al. (2015). Tide-mediated warming of Arctic halocline by Atlantic heat fluxes over rough topography. *Nature Geoscience*, 8(3), 191-194, https://doi.org/10.1038/ngeo2350

Rousset, C., Vancoppenolle, M., Madec, G., Fichefet, T., Flavoni, S., Barthélemy, A., Benshila, R., Chanut, J., Levy, C., Masson, S., and Vivier, F. (2015). The Louvain-La-Neuve sea ice model LIM3.6: global and regional capabilities. *Geoscientific Model Development*, 8, 2991-3005, https://doi.org/10.5194/gmd-8-2991-2015

Rösel, A., Kaleschke, L., and Birnbaum, G. (2012). Melt ponds on Arctic sea ice determined from MODIS satellite data using an artificial neural network. *The Cryosphere*, 6, 431-446, https://doi.org/10.5194/tc-6-431-2012

Sakov, P., Counillon, F., Bertino, L., Lisæter, K. A., Oke, P., and Korablev, A. (2012). TOPAZ4: an ocean-sea ice data assimilation system for the North Atlantic and Arctic. *Ocean Science*, 8, 633-656, https://doi.org/10.5194/os-8-633-2012

Schreyer, H. L., Sulsky, D. L., Munday, L. B., Coon, M. D., Kwok, R. (2006). Elastic-decohesive constitutive model for sea ice. *Journal of Geophysical Research: Oceans*, 111(C11), https://doi.org/10.1029/2005JC003334

Schulson, E. M., Hibler, W. D. (2017). The fracture of ice on scales large and small: Arctic leads and wing cracks. *Journal of Glaciology*, 27(127), 319-322, https://doi.org/10.3189/S0022143000005748

Semtner, A. J. (1976). A Model for the Thermodynamic Growth of Sea Ice in Numerical Investigations of Climate. *Journal of Physical Oceanography,* 6(3), 379-389. https://doi.org/10.1175/1520-0485(1976)006<0379:AMFTTG>2.0.CO;2

Simon, E., Samuelsen, A., Bertino, L., and Dumont, D. (2012). Estimation of positive sum-to-one constrained zooplankton grazing preferences with the DEnKF: a twin experiment. *Ocean Science,* 8(4), 587-602, https://doi.org/10.5194/os-8-587-2012

Smith, G. C., Roy, F., Reszka, M., Surcel Colan, D., He, Z., Deacu, D., Belanger, J.-M., Skachko, S., Liu, Y., Dupont, F., Lemieux, J.-F., Beaudoin, C., Tranchant, B., Drévillon, M., Garric, G., Testut, C.-E., Lellouche, J.-M., Pellerin, P., Ritchie, H., Lu, Y., Davidson, F., Buehner, M., Caya, A. and Lajoie, M. (2016). Sea ice forecast verification in the Canadian Global Ice Ocean Prediction System. *Quarterly Journal of the Royal Meteorological Society,* 142(695), 659-671, https://doi.org/10.1002/qj.2555

Smith, G. C., Liu, Y., Benkiran, M., Chikhar, K., Surcel Colan, D., Gauthier, A.-A., Testut, C.-E., Dupont, F., Lei, J., Roy, F., Lemieux, J.-F., and Davidson, F. (2021). The Regional Ice Ocean Prediction System v2: a pan-Canadian ocean analysis system using an online tidal harmonic analysis. *Geoscientific Model Development,* 14, 1445-1467, https://doi.org/10.5194/gmd-14-1445-2021

Spreen, G., Kwok, R., Menemenlis, D., and Nguyen, A. T. (2017). Sea-ice deformation in a coupled ocean–sea-ice model and in satellite remote sensing data. *The Cryosphere,* 11, 1553-1573, https://doi.org/10.5194/tc-11-1553-2017

Stark, J. D., Ridley, J., Martin, M., and Hines, A. (2008), Sea ice concentration and motion assimilation in a sea ice-ocean model. *Journal of Geophysical Research: Oceans,* 113(C5), https://doi.org/10.1029/2007JC004224

Stern, H., Lindsay, R. (2009). Spatial scaling of Arctic sea ice deformation. *Journal of Geophysical Research: Oceans,* 114(C10), https://doi.org/10.1029/2009JC005380

Sumata, H., Lavergne, T., Girard-Ardhuin, F., Kimura, N., Tschudi, M. A., Kauker, F., Karcher, M., Gerdes, R. (2014). An intercomparison of Arctic ice drift products to deduce uncertainty estimates. *Journal of Geophysical Research: Oceans,* 119(8), 4887-4921, https://doi.org/10.1002/2013JC009724

Tandon, N. F., Kushner, P. J., Docquier, D., Wettstein, J. J., and Li, C. (2018). Reassessing sea ice drift and its relationship to long-term Arctic sea ice loss in coupled climate models. *Journal of Geophysical Research: Oceans,* 123, 4338-4359. https://doi.org/10.1029/2017JC013697

Thorndike, A. S., Rothrock, D. A., Maykut, G. A., Colony, R. (1975). The thickness distribution of sea ice. *Journal of Geophysical Research: Oceans,* 80(33), 4501-4513, https://doi.org/10.1029/JC080i033p04501

Thorndike, A. S., Colony, R. (1982). Sea ice motion in response to geostrophic winds. *Journal of Geophysical Research: Oceans,* 87(C8), 5845-5852, https://doi.org/10.1029/JC087iC08p05845

Tian-Kunze, X., Kaleschke, L., Maaß, N., Mäkynen, M., Serra, N., Drusch, M., and Krumpen, T. (2014). SMOS-derived thin sea ice thickness: algorithm baseline, product specifications and initial verification. *The Cryosphere,* 8, 997-1018, https://doi.org/10.5194/tc-8-997-2014

Tonani M., et al. (2015). Status and future of global and regional ocean prediction systems. *Journal of Operational Oceanography,* 8(sup2), s201-s220, http://doi.org/10.1080/1755876X.2015.1049892

Toyoda, T., Hirose, N., Urakawa, L. S., Tsujino, H., Nakano, H., Usui, N., Fujii, Y., Sakamoto, K., and Yamanaka, G. (2019). Effects of Inclusion of Adjoint Sea Ice Rheology on Backward Sensitivity Evolution Examined Using an Adjoint Ocean-Sea Ice Model. *Monthly Weather Review,* 147(6), 2145-2162, https://doi.org/10.1175/MWR-D-18-0198.1

Tremblay, L.-B., and Mysak, L. A. (1997). Modeling Sea Ice as a Granular Material, Including the Dilatancy Effect. *Journal of Physical Oceanography,* 27(11), 2342-2360. https://doi.org/10.1175/1520-0485(1997)027<2342:MSIAAG>2.0.CO;2

Tsamados, M., Feltham, D. L., and Wilchinsky, A. V. (2013). Impact of a new anisotropic rheology on simulations of Arctic sea ice. *Journal of Geophysical Research: Oceans,* 118, 91-107, https://doi.org/10.1029/2012JC007990

Tsamados, M., Feltham, D. L., Schroeder, D., Flocco, D., Farrell, S. L., Kurtz, N., Bacon, S. (2014). Impact of Variable Atmospheric and Oceanic Form Drag on Simulations of Arctic Sea Ice. *Journal of Physical Oceanography,* 44, 1329-1353, https://doi.org/10.1175/JPO-D-13-0215.1

Turner, A. K., and Hunke, E. C. (2015). Impacts of a mushy-layer thermodynamic approach in global sea-ice simulations using the CICE sea-ice model. *Journal of Geophysical Research: Oceans,* 120, 1253-1275, https://doi.org/10.1002/2014JC010358

Turner, A. K., Hunke, E. C., and Bitz, C. M. (2013). Two modes of sea-ice gravity drainage: A parameterization for large-scale modeling. *Journal of Geophysical Research: Oceans,* 118, 2279-2294, https://doi.org/10.1002/jgrc.20171

Turner, A. K., Peterson, K. J., and Bolintineanu, D. (2022). Geometric remapping of particle distributions in the Discrete Element Model for Sea Ice (DEMSI v0.0). *Geoscientific Model Development,* 15, 1953-1970, https://doi.org/10.5194/gmd-15-1953-2022

Urrego-Blanco, J. R., Urban, N. M., Hunke, E. C., Turner, A. K., and Jeffery, N. (2016). Uncertainty quantification and global sensitivity analysis of the Los Alamos sea ice model. *Journal of Geophysical Research: Oceans,* 121, 2709-2732, https://doi.org/10.1002/2015JC011558

Usui, N., Ishizaki, S., Fujii, Y., Tsujino, H., Yasuda, T., Kamachi, M. (2006). Meteorological Research Institute multivariate ocean variational estimate (MOVE) system: Some early results. *Advances in Space Research,* 37/4), 806-822, https://doi.org/10.1016/j.asr.2005.09.022

Vancoppenolle, M., Bitz, C. M., and Fichefet, T. (2007). Summer landfast sea ice desalination at Point Barrow, Alaska: Modeling and observations. *Journal of Geophysical Research: Oceans,* 112(C4), https://doi.org/10.1029/2006JC003493

Vancoppenolle, M., Fichefet, T., Goosse, H., Bouillon, S., Madec, G., and Maqueda, M. A. M. (2009). Simulating the mass balance and salinity of Arctic and Antarctic sea ice. 1. Model description and validation. *Ocean Modelling,* 27(1-2), 33-53, https://doi.org/10.1016/j.ocemod.2008.10.005

Wackernagel, H. (2003). Multivariate Geostatistics. An Introduction with Applications. Springer Science & Business Media, 12 feb 2003 - 388 pp.

Waters, J., Lea, D.J., Martin, M.J., Mirouze, I., Weaver, A., and While, J. (2015). Implementing a variational data assimilation system in an operational 1/4 degree global ocean model. *Quarterly Journal of the Royal Meteorological Society,* 141(687), 333-349, https://doi.org/10.1002/qj.2388

Weiss, J., and Marsan, D. (2004). Scale properties of sea ice deformation and fracturing. *Comptes Rendus Physique,* 5(7), 735-751, https://doi.org/10.1016/j.crhy.2004.09.005

Wilchinsky, A. V., and Feltham, D. L. (2004). A continuum anisotropic model of sea-ice dynamics. *Proceedings of the Royal Society A,* 460(2047), https://doi.org/10.1098/rspa.2004.1282

Williams, T., Korosov, A., Rampal, P., Ólason, E. (2021). Presentation and evaluation of the Arctic sea ice forecasting system neXtSIM-F. *The Cryosphere,* 15, 3207-3227, https://doi.org/10.5194/tc-15-3207-2021

Winton A. (2000). A Reformulated Three-Layer Sea Ice Model. *Journal of Atmospheric and Oceanic Technology,* 17(4), 525-531, https://doi.org/10.1175/1520-0426(2000)017<0525:ARTLSI>2.0.CO;2

WMO (1970). Sea-ice nomenclature, terminology, codes and illustrated glossary. WMO Rep. WMO/OMM/BMO 259, 121 pp.

Xie, J., Bertino, L., Counillon, F., Lisæter, K. A., and Sakov, P. (2017). Quality assessment of the TOPAZ4 reanalysis in the Arctic over the period 1991–2013. *Ocean Science,* 13(1), 123-144, http://doi.org/10.5194/os-13-123-2017

Zygmuntowska, M., Rampal, P, Ivanova, N., and Smedsrud, L. H. (2014). Uncertainties in Arctic sea ice thickness and volume: new estimates and implications for trends. *The Cryosphere,* 8, 705-720, https://doi.org/10.5194/tc-8-705-2014

第 7 章
风暴潮模型

7.1 风暴潮介绍

许多自然现象都会引起海面的上升和下降，如风、气压、天体引力、地震等。不同现象引起的海面变化有着不同的周期。例如我们较为熟知的风浪，周期为数秒钟，海啸波的周期为几分钟至数十分钟，风暴潮和天文潮的周期为数小时至数天。其中，由风和气压引起的风暴潮，每年都会给沿海国家带来巨大的经济损失和人员伤亡（Murty，1988）。为了减小风暴潮灾害对沿海居民的影响，了解和预测风暴潮一直是海洋预报人员的重要工作。

本章将介绍风暴潮建模的概述和内容，指导更多的技术人员从事相关的工作，充分发挥风暴潮数值模型在各领域的作用。

7.1.1 风暴潮灾害概述

7.1.1.1 灾害和预测

风暴潮指由强烈大气扰动，如热带气旋（台风、飓风）、温带气旋、冷锋的强风作用和其气压骤变等强烈的天气系统引起的沿海或内陆体的水位异常上升的现象。

风暴潮作为沿海主要海洋灾害的复杂近海动力过程，一直以来受到全球主要受灾国家的重视。风暴潮灾害主要是由异常的风暴增水使得潮位大幅升高而导致海水漫滩，从而形成灾害，致灾因子不仅包括风暴潮，还包括天文大潮、近岸浪及三者之间的耦合作用。风暴潮灾害不仅包括港口、码头、堤坝等遭受的毁损，而且包括堤坝被冲垮后，海水漫滩使得房屋、农田、养殖等受淹而发生的灾害（图 7.1、图 7.2、图 7.3）。

在全球，风暴潮影响严重的地区主要有以下几个：位于北美洲的墨西哥湾沿岸和美国东部沿岸，常年受到大西洋飓风产生的风暴潮影响；位于欧洲的北海沿岸，则经常由于温带气旋的影响，带来风暴潮灾害；位于印度洋的孟加拉湾沿岸，会受到印度洋台风引起的风暴潮威胁；位于西太平洋沿岸的中国、日本和菲律宾等国家，则频繁遭受台风引起的风暴潮的影响，而且中国北部沿海还会受到温带气旋引起的风暴潮影响（图 7.4）。

除了上述这些受风暴潮影响严重的地区外，其他国家或地区也可能受到风暴潮的影响。地势较低的地区可能面临被风暴潮淹没的威胁，进港航道可能会因为水位降低而不满足通航要求等。例如，荷兰有 20%的陆地是在平均海平面以下，不需要非常严重的风暴潮就可能导

---

* 本章主编：于福江；编写成员：董剑希，刘仕潮，David Byrne，Begoña Pérez Gómez。

图 7.1　2013 年 11 月 11 日，菲律宾塔克洛班，超强台风“海燕”过后，一艘被冲上岸的船只
（图片来源：国际劳工组织，2013 年 11 月）

图 7.2　超强台风“海燕”引起的风暴潮造成菲律宾塔克洛班的沿海村庄被摧毁
（图片摄影：Marcel Crozet，国际劳工组织，2013 年 11 月）

图 7.3　超强台风“海燕”引起的风暴潮造成菲律宾塔克洛班的沿海村庄被水淹没
（图片摄影：Marcel Crozet，国际劳工组织，2013 年 11 月）

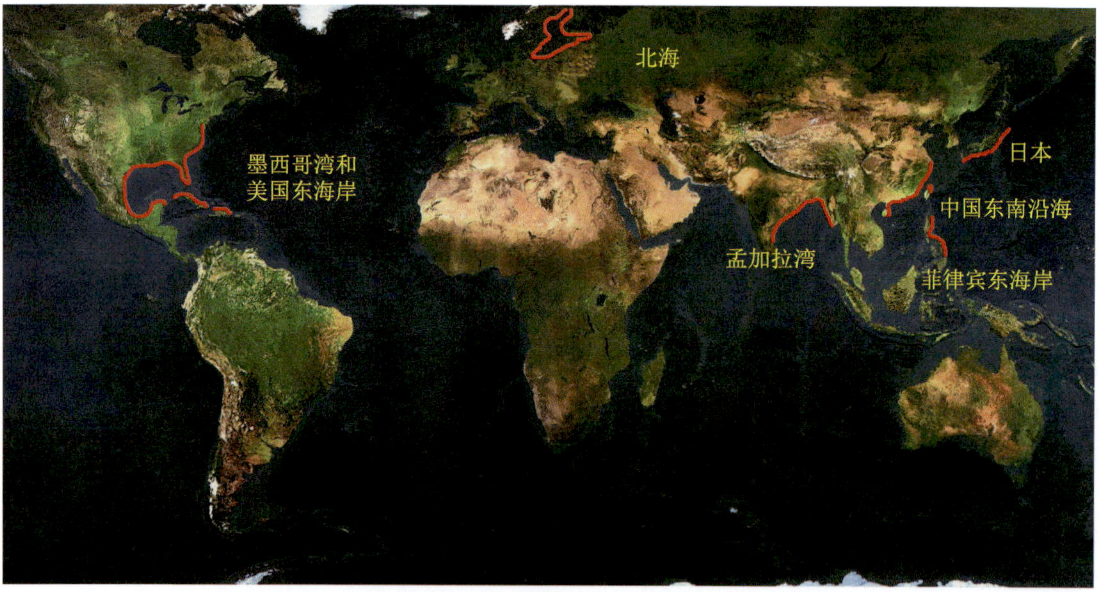

图 7.4　风暴潮影响严重的地区

致大面积被淹没，为此，他们建造了著名的风暴潮屏障(Mooyaart et al.，2017)；而在西班牙，60 cm 的风暴潮增水就能带来严重的淹没。

风暴潮预报是减轻灾害损失的重要手段，也是防灾减灾中非常必要的一个环节。风暴潮的预报方法可分为两大类：经验统计预报方法和数值预报方法。随着计算机技术的高速发展，数值预报在风暴潮预报中发挥着越来越重要的作用。风暴潮数值模型的建立将为风暴潮预报提供强有力的支持。除了为防灾减灾提供帮助外，风暴潮数值模型还可用于海上工程设计和沿海城市的海洋灾害风险评估。

近年来，随着沿海城市经济的快速发展及其对防灾减灾的迫切需求，越来越多的国家、地区和国际组织的海洋预报部门开始建设业务化风暴潮预报系统(更多信息见 7.2.8 节)，为涉海活动提供相关预报服务。

7.1.1.2 气候变化对风暴潮的影响

沿海城市受到全球气候变暖的直接影响，海温持续升高，海平面不断波动上升，风暴潮、巨浪等自然灾害呈现增强的趋势。有统计数据表明：全球超强台风(或 4 级和 5 级飓风)有明显增多的趋势，20 世纪 70 年代超强台风占总热带气旋数的 20%，而 20 世纪 90 年代则升为 35%，其中在北太平洋、印度洋、西南印度洋增加最明显，而北大西洋增加最少(Webster et al.，2005)。因此，由台风引发的风暴潮灾害呈增加趋势，沿海城市的风暴潮灾害危险性呈现显著增加趋势，潮位观测数据也表明这一特征。2017 年台风“天鸽”与 2018 年台风“山竹”风暴潮影响中国珠海、深圳等沿海城市后，沿海潮位重现期发生明显变化。位于中国珠江口西岸的横门站原先 200 年一遇的潮位重现期降为 50 年一遇，三灶站原先 100 年一遇的潮位重现期降为 50 年一遇；珠江口东岸的赤湾站原先 100 年一遇潮位的重现期降为 50 年一遇。

海平面上升直接导致了风暴潮淹没区的扩大，增加了平均海平面，以及各种特征潮位。水深的增加和近岸波浪的增强进一步加强了风暴潮的影响。

7.1.2 风暴潮现象的基本描述

风暴潮具有数小时至数天的周期，通常叠加在正常潮位之上，而风浪、涌浪(具有数秒的周期)叠加在前二者之上。由天文潮、风暴潮和波浪结合引起的沿岸海水暴涨常常酿成巨大潮灾。但是，有时也能遇到相反的情况：背离开阔海岸方向的大风长时间吹刮，致使岸边水位急剧下降，暴露出大片海滩，严重影响舰船特别是大型油轮的正常航行和锚泊。这种海面异常下降现象被称为“负风暴潮”或“风暴减水”。

风暴潮的空间范围一般为几十千米至上千千米，时间尺度或周期为数小时至 100 h，介于地震海啸和天文潮波之间。由于风暴潮的影响区域是随大气的扰动因子的移动而移动，因此有时一次风暴潮过程往往可影响 1000～2000 km 的海岸区域，影响时间可多达数天之久。另外，水面的变化周期为数小时至数天，这就排除了诸如假潮、风浪等自然现象。

从风暴潮的定义可以看出，引发风暴潮的原因是大气扰动，具体说是强风和气压变化引发的水面(内陆湖泊也可以发生风暴潮，如美国的五大湖①均有风暴潮发生)异常变动。近些年的研究表明，波浪在近岸的破碎也可导致水面抬升，其幅度为几十厘米到几米级，我们称为波浪增水。

---

①五大湖指苏必利尔湖、密歇根湖、休伦湖、伊利湖、安大略湖。

所以，从现代风暴潮的角度讲，风暴潮的定义应修改为“风暴潮指由强烈大气扰动，如热带气旋(台风、飓风)、温带气旋、冷锋的强风作用和其气压骤变等强烈的天气系统和波浪增水叠加引起的海面异常升高现象”为妥(Yu et al.,2020)。图 7.5 描绘出了风暴潮的组成和驱动要素。

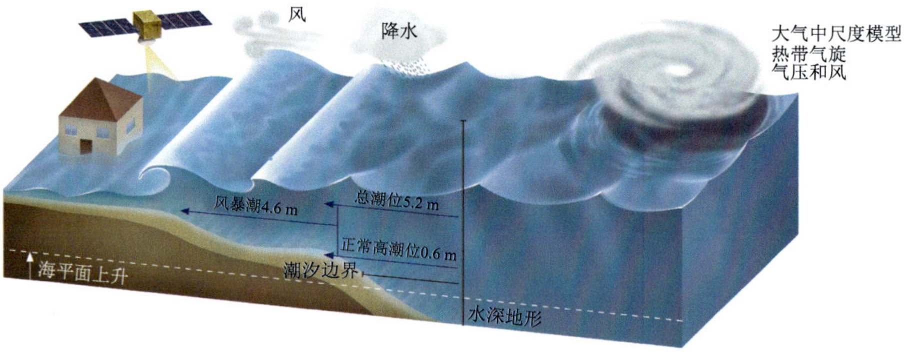

图 7.5 风暴潮的组成和驱动要素
(来源：https://www.mercator-ocean.eu/en/oofs-guide/)

有一类由于强风和气压骤变引发的周期和海啸相当的现象，国际上称为气象海啸。在IOC 的国际海啸情报中心(ITIC)的《海啸词汇》中，气象海啸被定义为：气象或大气扰动引发的类似海啸的现象①。大气重力波、气压突变、锋面过境、飑、大风台风、飓风和其他大气源都可生成这种波。气象海啸拥有与海啸波相同的时间和空间尺度，能够毁灭沿海地区，特别是具备较强特征放大和良好共振效应的海湾和入海口(例如巴列克群岛的休达德亚湾；日本的长崎湾；中国的龙口港；克罗地亚的韦拉卢卡、斯塔里格勒和马里斯通湾)。

沿海验潮站或河口水位站所记录的潮位变化，通常包含了天文潮、风暴潮、海啸及其他长波所引起海面变化的综合值。一般的验潮装置均过滤掉了数秒级的短周期波浪引起的海面波动。风暴潮的分离是从逐时验潮资料中线性地减去天文潮调和分析预报值而得。图 7.6 和图 7.7 分别为 8007 号台风“乔伊”影响期间，中国沿海的湛江潮位站和南渡潮位站的潮位过程曲线，其中，风暴潮位等于观测潮位减去天文潮位。

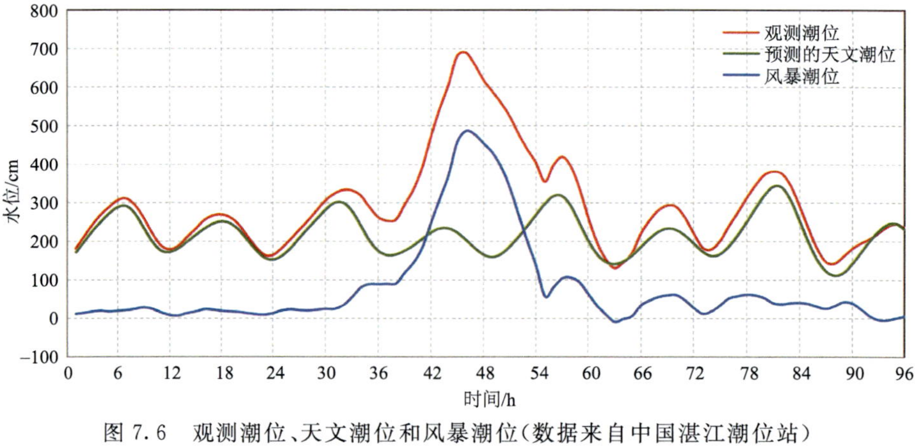

图 7.6 观测潮位、天文潮位和风暴潮位(数据来自中国湛江潮位站)

①详见 http://itic.ioc-unesco.org/index.php? option=com_content&view=category&id=2339&Itemid=2433。

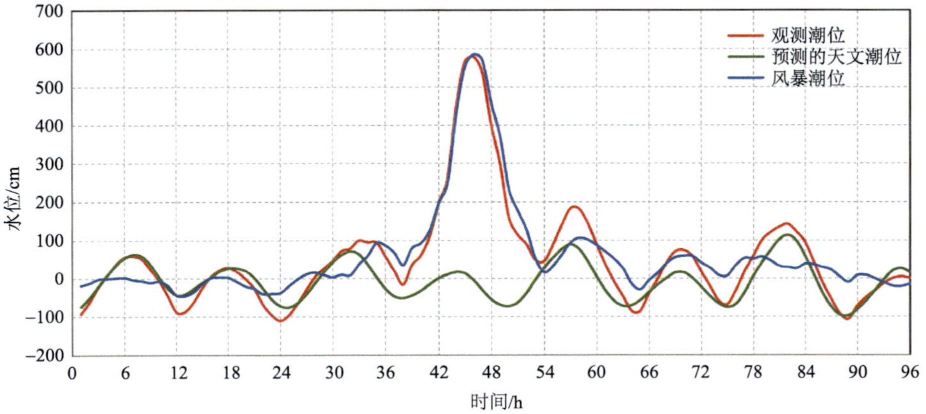

图 7.7　观测潮位、天文潮位和风暴潮位(数据来自中国南渡潮位站)

7.1.3　风暴潮的物理机制

7.1.3.1　气象强迫

气象强迫力是形成风暴潮的主要驱动力。在开阔海域,当一个风暴经过海面时,风暴中心的低气压会引起海面水位的抬升。海面的抬升高度与气压的下降程度有关,即气压下降 1 hPa,海面抬升 1 cm,海面的抬升会随着风暴的移动,以孤立波的形式进行传播(Schalkwijk, 1948; Myers, 1954; Pore, 1964)。与此同时,海面的抬升还会引起自由波,从风暴中心向外传播,这种波以长波的形式传播,传播速度由水深决定。当风暴移动的速度与浅水波移动的速度相当时,水位的上升会被共振放大(Harris,1957)。

在近岸和河口浅水区域,除了有外海传播而来的长波外,风应力是风暴潮的主要强迫力(Miller, 1958; Pore, 1964)。由于水深较浅,在风的不断作用下,水体在近岸不断堆积,造成水位上涨。这种现象在半封闭海域尤为明显,例如中国渤海沿岸。风增水的量值与水深呈反比。

7.1.3.2　地形和水深影响

风暴潮不仅受到潮汐和波浪的影响,还会受到地形和水深的影响。地形对风暴潮的影响主要归纳为以下两类。

①岸线形状对风暴潮增水的影响。当风暴潮由外海传播至近岸时,由于岸线的阻隔,水体会在岸线处堆积,产生风暴增水。而岸线的形态会左右增水的大小,在风向有利于增水的情况下,半封闭的海湾或者河口比平直岸线的增水值要更大,究其原因,在半封闭海湾或者河口地区,水体进入海湾或者河口后,不易流出,会在内部不断堆积,产生较大增水。

②水下地形同样会对风暴增水带来不小的影响。一般来说,河口和海岸水深要比外海大陆架要浅,而风暴潮波的传播速度近似于与水深的平方根呈正比,因此,波在河口和海岸传播的速度比在外海大陆架的速度要慢,这就导致了外海传播过来的波在河口和海岸汇合,使得水位增长。此外,风暴潮波传播的过程中,波峰的水深要大于波谷的水深,波峰的移动速度更快,因此,越往内陆移动,波峰之间的间隔越小。大陆架越长,这种情况就越明显,例如在北海,由于大陆架很长,会引起较大的风暴潮。

风暴潮波以重力波的形式进入河口，其传播速度随深度增加而增加。因此，它在高潮时比在低潮时移动得更快。风效应与总水深呈反比，给定的风在低潮时比在高潮时产生更大的水位上升。结合上述两种作用，入海口在潮汐上升阶段的风暴潮往往更大(Doodson, 1929; Doodson, 1956; Rossiter, 1961)。

因此，极其准确的地形和水深测量，特别是对浅水区地形和水深的准确测量，是风暴潮建模的关键。

7.2 风暴潮建模

7.2.1 概述

风暴潮模型一般是基于二维浅水方程求解水位和流速问题，根据建模目的不同，风暴潮数值模型可分为单纯风暴增水模型、包含天文潮的总潮位风暴潮模型和考虑淹没的风暴潮漫滩模型。

单纯风暴增水模型中只需要考虑气象强迫场的作用，得到的结果仅仅是在气压和风速作用下的水位抬升。这种模型的作用一般是在进行风暴潮预报时，为预报员提供风暴增水量级的参考，并不能真实反映海水的起伏变化。

包含天文潮的总潮位风暴潮模型在前者的基础上引入了潮汐边界条件和引潮势作用，模型中可以充分考虑风暴潮和天文潮的非线性相互作用。这种模型可用于生成对外发布的风暴潮数值预报产品，为沿海应对风暴潮灾害提供参考，也可为沿海工程(如港口码头、海堤、防波堤和海上风电场等)提供极端天气条件影响下的工程区域水位变化情况。

考虑淹没的风暴潮漫滩模型相较于前面两种模型更为复杂，模型中同时考虑了风暴潮和天文潮相互作用、风暴潮和波浪相互作用。通过计算可以得到一次风暴潮过程中沿海陆地区域的淹没范围和淹没深度。利用这些结果，结合陆地上的承灾体脆弱性，便可以开展沿海地区的风暴潮风险评估工作。

图 7.8 给出了风暴潮模型的建模流程及其组成要素，部分要素将在接下来的章节中详细介绍。

7.2.2 输入数据:可用来源和数据处理

7.2.2.1 岸线和水深数据

可靠和准确的岸线和水深数据是建立风暴潮模型的基础。在开展模型建设工作时，首先要根据需求确定计算网格的位置和范围，再根据位置和范围，收集岸线和水深数据。

水深数据的来源可以在 4.2.4 节中找到。在建立高分辨率风暴潮模型时，需要谨慎地使用这些数据。由于近岸或者河口地区的地形随时间变化较快，这些全球水深地形数据可能无法及时更新某些局部数据，因此，在使用这些数据之前需要对数据的正确与否进行验证。在公开的全球数据无法满足要求的情况下，最好使用海图数据或者高分辨率的数字高程模型(DEM)数据，具体情况需要咨询当地测绘相关部门。此外，需要确认数据的基准面，因为数据来源的不同，基准面可能不同。为了真实反映水深对风暴潮的影响，不同来源的数据需要统一到同一基准面。

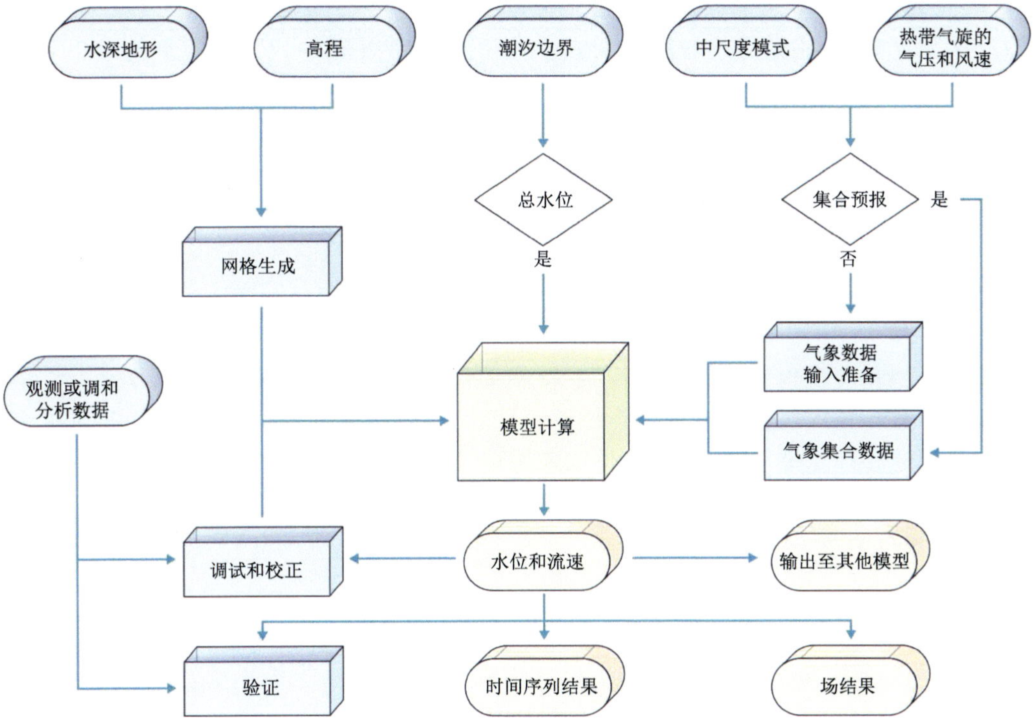

图 7.8　风暴潮建模流程图

7.2.2.2　潮汐边界条件

在需要考虑潮汐作用的风暴潮和风暴潮漫滩模型建设中，一般采用潮汐作为开边界条件。对于大部分模型来说，开边界条件可以是流速、水位或潮汐调和常数。

在任何地点和任何时间的潮汐可以通过以下含有调和常数的方程来表示

$$H(t) = H_0 + \sum_{n=1}^{N} f_n H_n \cos[a_n t + (V_0 + u)_n - g_n] \tag{7.1}$$

式中：$H(t)$ 是任意时刻 t 的潮位高度；H_0 是基于某个基准面的平均水位，如平均海平面；H_n 是分潮 n 的平均振幅；f_n 是用于调整平均振幅 H_n 的交点因子；a_n 是分潮 n 的角速度，单位表示为度/单位时间；t 是从某个初始时刻开始测量的时间，即 $t=0$ 为 t_0；$(V_0+u)_n$ = 平衡潮分潮 n 的在格林尼治时间和 $t=0$ 的初相角；g_n = 分潮 n 的时区迟角，即从 t_0 时刻到极大值的迟角。

在式(7.1)中，对于一个特定的分潮，交点因子 f_n 和初相角 $(V_0+u)_n$ 将随时间变化，而分潮平均振幅 H_n 和迟角 g_n 将随着地理位置而变化。因此，需要根据模拟的开始时间，在模型中设定拟采用分潮的 f_n 和 $(V_0+u)_n$，根据边界条件的位置，给出每一个边界网格节点的 H_n 和 g_n。

潮汐开边界的位置选取十分关键。首先，要保证网格可以完全覆盖目标区域；其次，开边界最好设置在验潮站的附近，因为验潮站附近的潮汐数据相对更准确；最后，开边界最好不要设置在无潮点附近，因为无潮点附近振幅过小，会给计算带来不确定性。

潮汐边界条件数据可以通过下载覆盖全球的潮汐数据得到。TPXO(Egbert et al.,1994,2002)是一个被广泛使用的全球潮汐数据。它是由一系列完整的全球海洋潮汐模型组成,从最小二乘法的角度来看,它最符合拉普拉斯潮汐方程和测高数据。TPXO 模型包括 8 个主要的分潮(M2、S2、N2、K2、K1、O1、P1、Q1),2 个长周期分潮(Mf、Mm)和 3 个非线性分潮(M4、MS4、MN4)(在 TPXO9 中有 2N2 和 S1 分潮)。更多详细信息可以访问网址 https://www.tpxo.net/global。此外,NAO.99b 潮汐模型(Matsumoto et al.,2000,2001)同样可以提供全球潮汐数据,该模型是通过将 TOPEX/POSEIDON 高度计数据同化到水动力学模型中而开发的。可提供 16 个短周期分潮(M2、S2、K1、O1、N2、P1、K2、Q1、M1、J1、OO1、2N2、Mu2、Nu2、L2 和 T2)和 7 个长周期分潮(Mf、Mm、Msf、Msm、Mtm、Sa、Ssa)数据,分辨率为 0.5°,并提供日本周边 16 个短周期分潮,分辨率为 5′①。

风暴潮模型和潮汐边界搭建完成后,在使用前需要对其进行调整和校准。潮汐结果对模型底部摩擦系数和地形水深的变化较为敏感。因此,通过对潮汐模拟结果的校正,可以为模型设置较为合理的底部摩擦系数。同时,不同来源的地形水深数据会给潮汐计算带来差别,这种差别有助于为计算区域找到更合适的地形水深数据。

7.2.2.3 气象强迫场

风暴潮模型建模中,气象强迫场输入主要包括海面风应力和海平面气压值。在水深较大的大洋中,海水的上升主要由海平面气压降低所引起。在水深较浅的河口近岸地区,风应力是风暴潮的主要强迫力,并且海水上升幅度和风速的平方呈正比。因此,准确的气象输入,尤其是海面风应力,对风暴潮计算至关重要。风暴潮结果的精度,在很大程度上依赖于海平面气压和风应力的准确性。

针对不同的风暴潮建模目标,所采用的气象强迫场也会有所不同。目前风暴潮计算所需要的风场来源主要有两种:大气数值模型和经验公式。大气数值模型可提供全球或者区域的气象要素,而风暴潮计算所需的要素主要为海平面气压和海面以上 10 m 高度的风速。这些数据的水平分辨率在十至数十千米,预报数据的时效超过 240 h。这种气象强迫场主要用于温带风暴潮的计算。相比于温带气旋,台风的尺度小,但是强度更强,大气数值模型并不能很好地刻画出热带气旋的结构。因此,这种气象强迫场并不适用于台风风暴潮的计算。

在台风风暴潮的计算中,更多采用的是基于热带气旋特征参数的经验公式气象强迫场。由于热带气旋的风速和气压结构接近轴对称,因此,可以利用经验公式构建出风速和气压在径向上的分布。

目前常用的气压分布经验公式主要有以下几种。

高桥(1939)

$$\frac{P(r)-P_0}{P_\infty-P_0}=1-\frac{1}{1+\frac{r}{R}} \tag{7.2}$$

藤田(1952)

$$\frac{P(r)-P_0}{P_\infty-P_0}=1-\frac{1}{\sqrt{1+2\left(\frac{r}{R}\right)^2}} \tag{7.3}$$

---

①更多详细信息可以访问网址 https://www.miz.nao.ac.jp/staffs/nao99/index_En.html。

Myers(1954)

$$\frac{P(r)-P_0}{P_\infty-P_0}=e^{\frac{-R}{r}} \tag{7.4}$$

Jelesnianski(1965)

$$\frac{P(r)-P_0}{P_\infty-P_0}=\frac{1}{4}\left(\frac{r}{R}\right)^3, 0\leqslant r<R$$
$$\frac{P(r)-P_0}{P_\infty-P_0}=1-\frac{3R}{4r}, R\leqslant r<\infty \tag{7.5}$$

V. Bjerknes(1921)

$$\frac{P(r)-P_0}{P_\infty-P_0}=1-\left[1+\left(\frac{r}{R}\right)^2\right]^{-1} \tag{7.6}$$

Holland(1980)

$$\frac{P(r)-P_0}{P_\infty-P_0}=e^{-\frac{A}{R^B}} \tag{7.7}$$

式中：P_∞ 是台风外围气压(正常气压)；P_0 是台风中心气压；$P(r)$ 是距台风中心 r 距离处的气压；R 是台风最大风速半径；A 和 B 是控制台风大小的经验参数。

台风域中的风场由两个矢量场叠加而成(Ueno,1981)，其一是相对台风中心对称的风场，其风矢量穿过等压线指向左方，偏角(流入角)为 20°。

风速与梯度风呈正比，可以用以下公式表示

$$V_v=V_r\frac{2Rr}{R^2+r^2} \tag{7.8}$$

式中：V_r 是最大风速；R 是台风最大风速半径；r 是任意点至台风中心距离。

其二是基本风场，假定其速度取决于台风移速。风速分布如下

$$\mathbf{V}_f=\mathbf{V}_t e^{\left(-\frac{\pi}{4}\frac{|r-R|}{R}\right)} \tag{7.9}$$

式中：$\mathbf{V}_t$ 是台风的速度；R 是最大风力的半径。

因此，风速 $\boldsymbol{W}$ 为

$$\boldsymbol{W}=\mathbf{V}_v+\mathbf{V}_f \tag{7.10}$$

台风海面中心气压强度、最大风速和移动速度等参数，可以从各个国家气象部门网站获取。

7.2.3 模型组成

7.2.3.1 控制方程

风暴潮数值模型中的控制方程是根据水流的动力理论所确定的。根据静压假定和不可压缩假定，三维水流方程组的一般形式如下。

- 连续性方程

$$\frac{\partial u}{\partial x}+\frac{\partial v}{\partial y}+\frac{\partial w}{\partial z}=0 \tag{7.11}$$

• 动量方程

$$\left.\begin{aligned}&\frac{\partial u}{\partial t}+\frac{\partial(uu)}{\partial x}+\frac{\partial(uv)}{\partial y}+\frac{\partial(uw)}{\partial z}-fv=-\frac{1}{\rho}\frac{\partial p}{\partial x}+\frac{1}{\rho}\left(\frac{\partial\tau_{x,x}}{\partial x}+\frac{\partial\tau_{x,y}}{\partial y}+\frac{\partial\tau_{x,z}}{\partial z}\right)\\&\frac{\partial v}{\partial t}+\frac{\partial(vu)}{\partial x}+\frac{\partial(vv)}{\partial y}+\frac{\partial(vw)}{\partial z}-fu=-\frac{1}{\rho}\frac{\partial p}{\partial y}+\frac{1}{\rho}\left(\frac{\partial\tau_{x,y}}{\partial x}+\frac{\partial\tau_{y,y}}{\partial y}+\frac{\partial\tau_{y,z}}{\partial z}\right)\\&\frac{\partial p}{\partial z}=-\rho g\end{aligned}\right\}\tag{7.12}$$

其中，$\tau_{x,x}=2\mu\frac{\partial u}{\partial x}$；$\tau_{y,y}=2\mu\frac{\partial v}{\partial y}$；$\tau_{x,y}=\mu\left(\frac{\partial u}{\partial y}+\frac{\partial v}{\partial x}\right)$；$\tau_{x,z}=\mu\left(\frac{\partial u}{\partial z}+\frac{\partial w}{\partial x}\right)$；$\tau_{y,z}=\mu\left(\frac{\partial v}{\partial z}+\frac{\partial w}{\partial y}\right)$。

式中：u 是 x 方向流速；v 是 y 方向流速；w 是 z 方向流速；t 是时间；ρ 是水的密度；f 是科氏力系数；p 是压力；g 是重力加速度；μ 是紊动黏滞系数。

基于流体的静力学近似和不可压缩的假设，通过沿水深方向积分得到二维风暴潮方程组：

• 连续性方程

$$\frac{\partial\xi}{\partial t}+\frac{\partial}{\partial x}[(\xi+h)u]+\frac{\partial}{\partial y}[(\xi+h)v]=0\tag{7.13}$$

• 动量方程

$$\left.\begin{aligned}&\frac{\partial u}{\partial t}+u\frac{\partial u}{\partial x}+v\frac{\partial u}{\partial y}-fv+g\frac{\partial\xi}{\partial x}\pm\frac{\tau_{x,s}-\tau_{x,b}}{\rho H}+\frac{1}{\rho}\frac{\partial P}{\partial x}=\varepsilon\left(\frac{\partial^2 u}{\partial x^2}+\frac{\partial^2 u}{\partial y^2}\right)\\&\frac{\partial v}{\partial t}+u\frac{\partial v}{\partial x}+v\frac{\partial v}{\partial y}-fu+g\frac{\partial\xi}{\partial y}\pm\frac{\tau_{y,s}-\tau_{y,b}}{\rho H}+\frac{1}{\rho}\frac{\partial P}{\partial y}=\varepsilon\left(\frac{\partial^2 u}{\partial x^2}+\frac{\partial^2 u}{\partial y^2}\right)\end{aligned}\right\}\tag{7.14}$$

式中：ξ 是水位变化；h 是水深；f 是科氏力系数；ρ 是水的密度；H 是总水深；g 是重力加速度；$\tau_{x,s}$，$\tau_{x,b}$ 分别是 x 和 y 方向的海面切应力，$(\tau_{x,s},\tau_{y,s})$ 是 $C_d\rho_a|\underline{W}|(W_x,W_y)$，$\rho_a$ 是空气密度；$\underline{W}$ 是海面上 10 m 处的风速；W_x，W_y 分别是 x 和 y 方向的风速分量；C_d 是风阻系数，与风速大小有关；$\tau_{x,b}$，$\tau_{y,b}$ 分别是 x 和 y 方向的底部摩擦力，$(\tau_{x,b},\tau_{y,b})=\frac{\rho g\sqrt{u^2+v^2}}{C^2}(u,v)$；$C$ 是谢才系数，$C=\frac{h^{\frac{1}{6}}}{n}$，$n$ 是糙率；u，v 分别表示 x 和 y 方向的水深平均流速，$u=\frac{1}{\xi+h}\int_{-h}^{\xi}u\,\mathrm{d}z$，$v=\frac{1}{\xi+h}\int_{-h}^{\xi}v\,\mathrm{d}z$；$P$ 是大气压力；ε 是水平紊动黏滞系数；z 是水深。

7.2.3.2 风暴潮的二维和三维模型

水动力模型一般分为垂向平均的二维正压模型、三维正压模型或者三维斜压模型三类，这三类模型都可以被用来进行风暴潮建模。Minato(1998)最早研究了三维模型对风暴潮结果的影响，模拟了编号 7010 的台风在托萨湾引起的水位变化，结果显示，三维模型与二维模型的差别约为 2%～10%。Weisberg 等(2008)在研究飓风“伊万”风暴潮中发现，在设置相同的底摩擦系数的情况下，三维模型相比于二维模型，模拟的水位极值要更大。随后，Zheng 等(2013)在模拟墨西哥湾飓风“艾克”风暴潮的研究中发现，二维模型和三维模型在水位变化趋势和极值上存在差异，但是模型底摩擦的校正更为重要。Ye 等(2020)研究了斜压作用对风暴潮模拟结果的影响，敏感性试验显示，斜压模型对于风暴潮水位的影响不大，但是对于流速的影响较大。

由于二维模型相比于三维模型的垂向流速分布结构不同，在近底层，二维模型的垂向平均流速要大于三维模型的底层流速，因此二维模型的底部切应力会更大。因此，通过校正底摩擦，两类模型都可以得到满意的结果。

对于业务化风暴潮模型来说，计算效率是必须考虑的因素。三维模型一般会在垂向上将水体分为多层，因此相对于二维模型，需要更多的计算时间。如果风暴潮建模的目的是得到水位结果，而不是流速的话，二维模型是平衡计算效率和结果准确性后的最佳选择。因此，目前大部分业务化风暴潮模型都是采用二维模型。

7.2.3.3 干湿网格

在进行风暴潮漫滩模拟时，模型中靠近海岸线的网格点会由于水位的波动而出现干、湿两种情况，因此，模型在计算时需要根据某个网格点的干湿状态或者周围网格点的干湿情况来判断这个网格点的干湿状态。

假设某个网格点为湿网格点，如果计算所得的水位值使得水体体积小于 0，那么这个网格点就会变为干网格点，不参与下一步计算。在实际计算中，为了防止网格点的水体体积出现负值，使得动量方程和连续方程失去意义，通常选用一个大于 0 的预设值，当水体体积小于预设值，就定义这个网格点变干。

假设某个网格点为干网格点，则需要完成以下两步工作：第一步，检查周围网格点中有几个是湿网格点，如果有一个以上是湿网格点，那么，将这些湿网格点的水位进行平均，当平均水位值大于这个点的预设水位值，则该干网格点可能变成湿网格点，否则仍然是干网格点；第二步，需要进一步检查，该网格点和周围湿网格点之间的输运断面面积，如果这些输运断面面积均为正值，那么该干网格点变为湿网格点，参与下一步计算，否则，仍然为干网格点。

7.2.3.4 网格类型

目前大部分模型所采用的网格主要分为两类：结构化网格和非结构化网格。结构化网格节点位置排列有序，相邻节点间的连接关系固定不变；非结构化网格节点位置排列无序，相邻节点没有固定的连接关系。如图 7.9 所示，非结构化网格与结构化网格相比，非结构化网格能更加灵活地进行网格分辨率和边界形状的变化，以适应复杂多变的岸线形状。

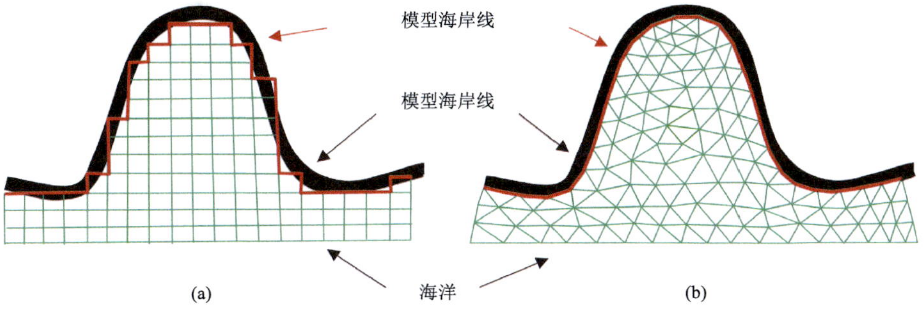

图 7.9 结构化网格(a)和非结构化网格(b)在岸线位置对比

结构化网格主要有矩形网格和正交曲线网格两种形式。相对来说，正交曲线网格能够更加适应复杂的岸线形状，还可以实现网格分辨率的变化，在开展河口地区的风暴潮模拟时更具优势(图 7.10)。

非结构化网格主要以三角形网格为主，但是近几年出现了一种新的无结构网格形式——球面质心泰森多边形网格(SCVTs)(Ringler et al.，2013)。这种网格形式和三角形网格一样，可以很好地适应复杂的海岸线，平滑地从低分辨率网格单元向高分辨率网格单元过渡，此外，它还解决了三角形网格中较小锐角引起的计算不稳定问题(图 7.11)。目前，这种六边形网格

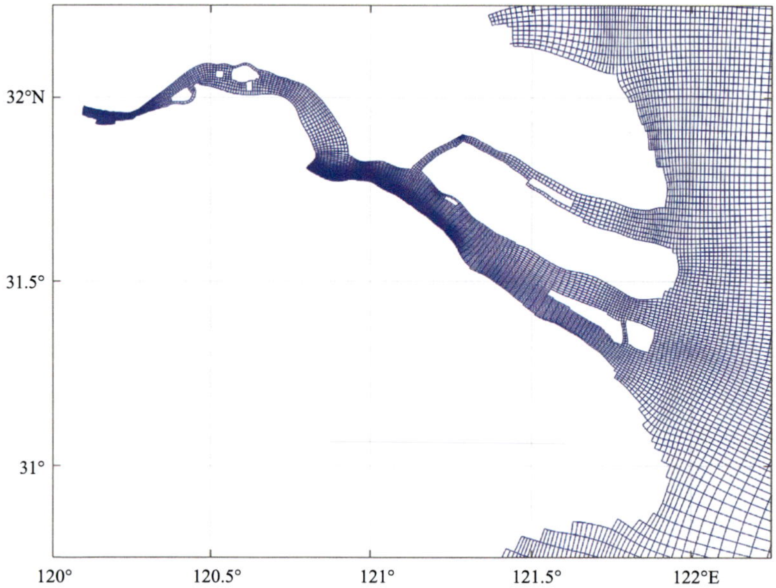

图 7.10　曲线型网格的实际应用

的模型已经在中国沿海开展了相关应用(图 7.12)。

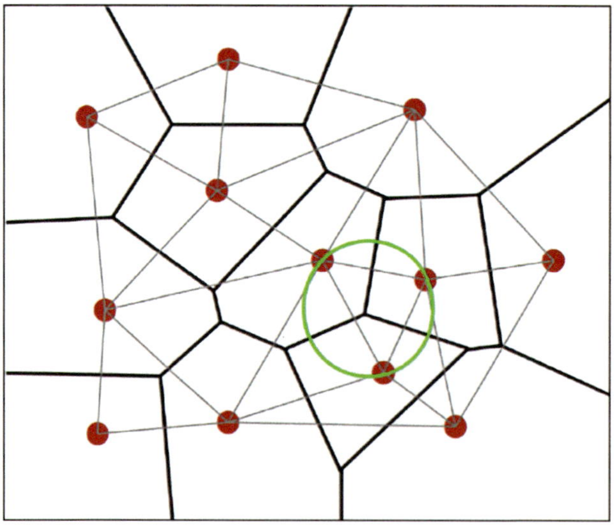

图 7.11　SCVTs 网格示意图

7.2.3.5　离散方法

目前主流的离散方法主要有:有限差分法(FDM)、有限元法(FEM)和有限体积法(FVM)。离散方法与采用的网格类型也有对应关系,结构化网格一般采用有限差分法,非结构化网格一般采用有限元法和有限体积法。

FDM 是求解潮汐和风暴潮问题最早采用的方法,至今仍被广泛运用。该方法将求解域划分为差分网格,用有限个网格节点代替连续的求解域。有限差分法以泰勒级数展开等方法,把控制方程中的导数用网格节点上的函数值的差商代替进行离散,从而建立以网格节点上的值

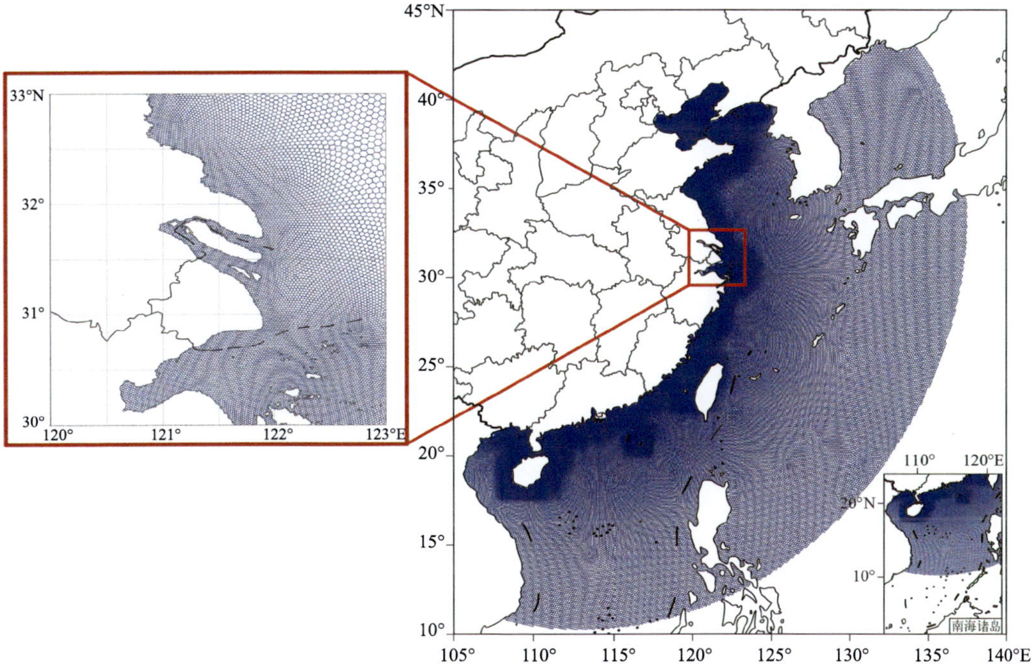

图 7.12　基于 SCVTs 的中国海风暴潮模型网格

为未知数的代数方程组。该方法是一种直接将微分问题变为代数问题的近似数值解法，数学概念直观，表达简单，是发展较早且比较成熟的数值方法。

其基本的差分表达式主要有三种形式：向前差分、向后差分、中心差分，其中前两种格式为一阶计算精度，后一种格式为二阶计算精度（图 7.13）。通过对时间和空间这几种不同差分格式的组合，可以组合成不同的差分计算格式。

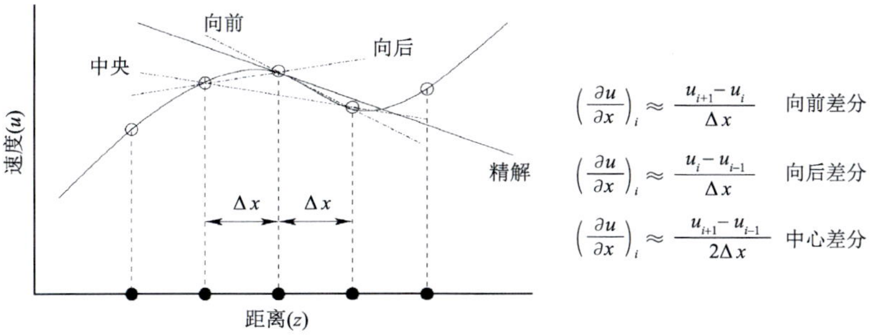

图 7.13　有限差分表达式的几何解释

从格式的精度来划分，有一阶格式、二阶格式和高阶格式。考虑时间因子的影响，差分格式还可以分为显格式、隐格式、显隐交替格式等。

FEM 的基础是变分原理和加权余量法，其基本求解思想是把计算域划分为有限个互不重叠的单元，在每个单元内，选择一些合适的节点作为求解函数的插值点，将微分方程中的变量改写成由各变量或其导数的节点值与所选用的插值函数组成的线性表达式，借助于变分原理或加权余量法，将微分方程离散求解。

根据所采用的权函数和插值函数的不同，有限元法也分为多种计算格式。从权函数的选择来说，有配置法、矩量法、最小二乘法和伽辽金法；从计算单元网格的形状来划分，有三角形网格、四边形网格和多边形网格，潮汐风暴潮计算普遍采用的三角形网格；从插值函数的精度来划分，又分为线性插值函数和高次插值函数等。不同的组合同样构成不同的有限元计算格式。

FVM 又称为控制体积法。其基本思路是：将计算区域划分为一系列不重复的控制体积，并使每个网格点周围有一个控制体积；将待解的微分方程对每一个控制体积积分，便得出一组离散方程。其中的未知数是网格点上的因变量的数值。为了求出控制体积的积分，必须假定值在网格点之间的变化规律，即假设值的分段的分布剖面（连续或分段）。从积分区域的选取方法看来，有限体积法属于加权剩余法中的子区域法；从未知解的近似方法看来，有限体积法属于采用局部近似的离散方法。离散方程的物理意义，就是因变量在有限大小的控制体积中的守恒原理，如同微分方程表示因变量在无限小的控制体积中的守恒原理一样。有限体积法得出的离散方程，要求因变量的积分守恒对任意一组控制体积都得到满足，对整个计算区域，自然也得到满足。这是有限体积法吸引人的优点。有一些离散方法，例如有限差分法，仅当网格极其细密时，离散方程才满足积分守恒；而有限体积法即使在粗网格情况下，也显示出准确的积分守恒。就离散方法而言，有限体积法可视作有限元法和有限差分法的中间物。

7.2.3.6 可用于风暴潮建模的模型

风暴潮的数值模拟始于 20 世纪 50 年代，经过几十年的发展，已经形成了很多可用于风暴潮计算的数值模型。商业模型包括 MIKE21 和 TuFlow 等，而免费模型有 ADCIRC、Delft3D-FLOW、POM、FVCOM、ROMS 和 SCHISM 等。免费的数值模型一般可提供模型的源代码，因此采用这类模型时可以自行修改代码，以适应业务化运行的需要。表 7.1 列出的模型可以建立起完整的业务化风暴潮预报系统。

表 7.1 可用于风暴潮建模的模型

模型	网格拓扑结构	数值方法	嵌套能力	网址
MIKE21	结构化曲线网格和非结构化的网格	结构化网格采用交替方向隐式方法，非结构化网格采用单元中心有限体积法	无	https://www.mikepoweredbydhi.com/products/mike-21-3
TuFlow	结构化网格和非结构化网格	结构化网格采用二阶半隐式矩阵求解器，非结构化网格采用有限体积法	子网格	https://www.tuflow.com/
ADCIRC	非结构化网格	空间上采用有限元法，时间上采用有限差分法	无	https://adcirc.org/
Delft3D-FLOW	结构化曲线型网格	交替方向隐式方法	嵌套边界条件	https://oss.deltares.nl/web/delft3d/
POM	结构化曲线型网格	有限差分法	无	http://www.ccpo.odu.edu/POM-WEB/index.html
FVCOM	非结构化网格	有限体积法	边界嵌套	http://codfish.smast.umassd.edu/fvcom/
ROMS	结构化曲线型网格	二阶有限差分法	单向嵌套	https://www.myroms.org/
SCHISM	非结构化混合三角形/四角形网格	半隐式伽辽金有限元方法	单向嵌套	http://ccrm.vims.edu/schismweb/

7.2.4 数据同化系统

数据同化技术结合模型和观测数据，以获得系统状态的最佳预测(详见第 4.3 节)。通常采用统计技术来寻找一个理想的解决方案，使某些误差指标最小化。对于风暴潮来说，这样做是为了获得海面高度场，以帮助我们更好地理解过去的事件或提高预报的质量。本节将介绍数据同化在风暴潮建模和预报中的应用。此后，提到的误差是指模型结果和观测数据之间的差异。

7.2.4.1 风暴潮模型的误差来源

为了减少风暴潮模型的误差，特别是在预报方面，其准确性可能影响实时决策，了解误差的来源显得尤为重要。以下是一些主要的来源。

(1)输入数据集的质量

这里包括大气表面强迫和边界的潮汐强迫(见第 7.2.2 节)。风暴潮在很大程度上是一种强迫现象，因此，强迫场的准确性是关键，相关数据集的误差可能会传导至模拟海面高度的风暴潮部分。输入数据集的误差来源可能与风暴潮模型类似，包括模型和仪器误差。

例如，边界处的潮汐振幅和相位的误差会随着潮波传播到计算区域。正如第 7.2.1 节所讨论的，与潮汐的相互作用可以影响风暴潮的相位和大小，所以在模型中拥有准确的潮汐边界是很重要的。海面大气强迫的准确性也很重要，特别是海面风和气压要素。由于风暴潮的受强迫性质，这是风暴潮预测中最大的误差来源之一(Horsburgh et al.，2011)。

(2)模型参数的调整

调整各种模型参数以获得更好的解决方案是一种常见的做法。例如，它可以包括对海底和海面摩擦系数的调整。要找到一个完美的参数集是极其不可能的，而且经常使用的迭代过程会导致获得非最佳的解决方案。关于风暴潮模型参数的更多信息，见本节下文。

(3)代表性误差

代表性误差来自模型展现变量和过程的能力，如分辨率(Daley，1991)。例如，一个粗糙的模型可能无法解决更精细的特征，而这些特征在观测中是存在的。对于风暴潮，这在复杂的海岸线和河口附近尤为重要。同样，较粗的模型可能意味着这些地区的水深较光滑，这可能会大大影响风暴潮的模拟。

一个模型可能无法准确模拟风暴潮的所有过程。例如，如果潮汐不包括在模型中，就只能生成大气强迫导致的海面高度变化，而缺少潮汐-风暴潮的相互作用。其他的例子包括如缺乏自吸引和负荷的潮汐过程，或在模型中不包括逆气压效应。

7.2.4.2 用于风暴潮建模的同化数据源

可以利用数据同化来尝试减少上一节所述错误的影响。对于风暴潮建模，观测数据的同化可以直接进入模型或通过输入数据集间接开展。

用作大气强迫的数据集通常包含同化的观测数据。风暴潮的产生在很大程度上取决于模型与这些数据集的相互作用，它们的准确性至关重要。例如，英国气象局使用的预报大气场就使用了大气观测资料进行同化。还有许多再分析数据集，如 ECMWF ERA5 数据集(Hersbach et al.，2020)，它同化了多种来源的观测数据，生成大气数据。虽然这些例子适用于温带风暴潮，但它们可能不足以刻画强烈的热带气旋，这意味着参数化的模型风场可能是一个更好的选择(见第 7.2.2.3 节)。还有一些同化方法，如多平台热带气旋地面风分析(MTCSWA)

数据集(Knaff et al.,2011),它将模型风场和观测数据混合在一起。这些已被证明对预报有一些提升(Byrne et al.,2017)。用于生成模型边界的潮汐数据集也是如此,这类数据集的例子包括 TPXO(Egbert et al.,2002)和 FES(Lyard et al.,2021),它们包含了来自卫星高度计和验潮站的数据。关于这些潮汐数据集的更多信息,见第 7.2.2.2 节。

海面高度资料也可以直接被同化到模拟的海面中。资料有两个来源:验潮仪和卫星高度计,它们都有优点和缺点。验潮仪(潮汐测量仪和其他固定仪器,如底层压力记录仪)提供的信息在时间上是高频连续的,因此它们对捕捉各种频率的海洋过程(包括风暴潮)很有用。然而,它们通常在空间分布上是稀疏的。卫星高度计数据提供了良好的空间覆盖,但在时间上不连续,因为卫星每隔若干天才返回同一地点一次。这使得数据对较长时期的周期性海洋过程有用。

目前,一些机构将验潮仪数据同化用于风暴潮预报(见第 7.2.4.4 节)。在使用这些数据时,必须考虑代表性。最重要的是,模拟的海面高度变量和观测的变量必须代表相同的物理量,例如,两个数据集是否包含相同的潮位组成部分,如潮汐和反气压计效应。还必须考虑数据所依据的基准面。如果有足够长的记录,潮位异常值可以用来克服这些问题。

7.2.4.3 数据同化在实时预报系统中的应用

对于实时预报,数据同化被用来为预报模型提供一个改进的初始条件。通过创造一个更真实的初始条件,可以减少误差向前传导。这对缩短提供良好预报的时间十分重要。使用数据同化技术进行风暴潮预报已被证明可以缩短提供结果的时间(Heemink,1986;Verlaan et al.,2005;Madsen et al.,2015;Zijl et al.,2015;Byrne,2021)。然而,由于风暴潮的强迫性质,这些改进的持续时间可能只限于预报的几个小时。

这种改进的初始条件可以通过模型从某个历史时刻运行到当前时刻来产生,包括用同化观测数据的强迫场和可能的海面高度直接同化。这个模型的运行可以有效地看作是一个连续的模拟,以某种预定的频率进行同化,例如每 6 小时一次。当需要进行预报时,可以将该模型的最新状态作为初始条件来使用。然后,在没有同化的情况下进行预报模拟,因为在未来没有观测数据可用。这意味着所使用的大气强迫也是一种预测。图 7.14 说明了这个过程。

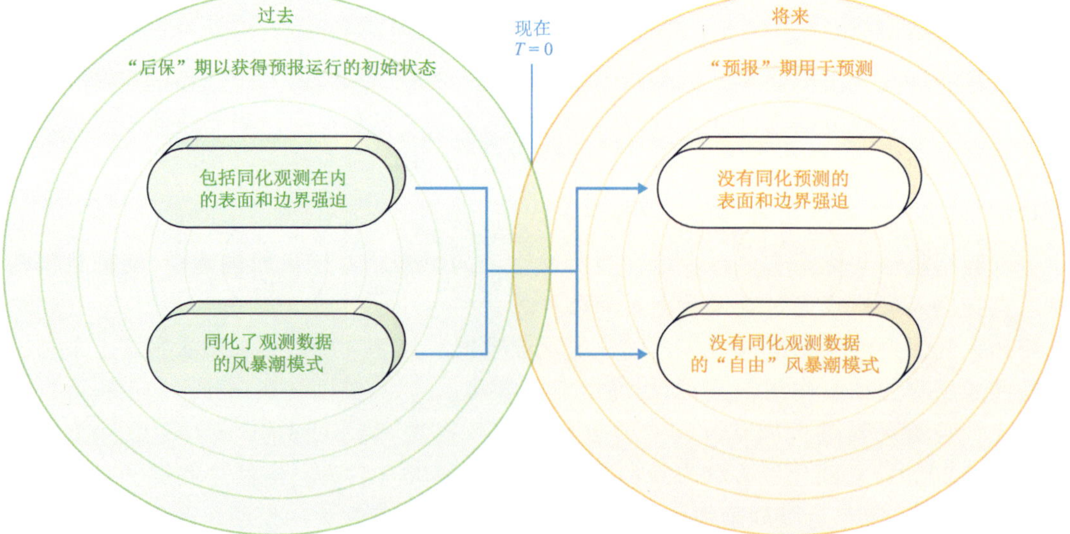

图 7.14 用于预报风暴潮的连续数据同化的两个不同阶段

有几种同化方法已经成功地用于风暴潮建模，包括最优插值(Gandin，1966；Lorenc，1981 和 1986；Daley，1991)、变分同化(Lorenc，1986)、卡尔曼滤波(Kalman，1960)和集合卡尔曼滤波(Evensen，2004)。在所有的方法中，一个关键步骤是对模型和观测数据的空间误差协方差进行估计。这可以是参数化的，如图 7.15 中的例子所示，或者通过从模型状态的集合中得出协方差。后者的例子将在第 7.2.4.4 节描述。

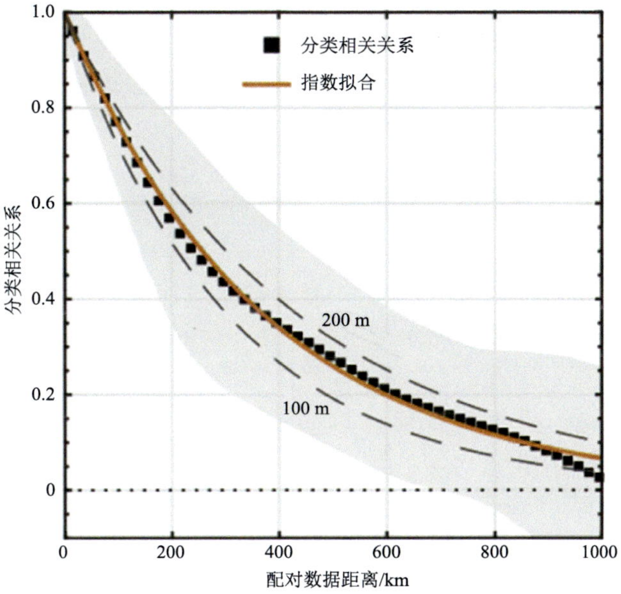

图 7.15　海面高度同化到北海正压风暴潮模型的相关关系估算示例，这种关系可以在验潮仪观测数据的同化中使用(Byrne et al.，2021)

数据同化有可能大大增加所需的计算量和时间，特别是对于集合系统。如前所述，对于实时预报系统来说，在准确性和速度之间取得平衡至关重要，即需要及时提供有用的预报(Horsburgh et al.，2011)。

7.2.4.4　来自真实运行系统的例子

下面的例子在编写本书时正在实施。

(1)英国气象局(UKMO)

UKMO 为英国提供风暴潮预报。其二维业务模型目前没有将任何数据同化到模型的海面高度中。使用的大气强迫包括同化的观测数据，由系统决定选择来自 UKMO 或 ECMWF 模型的数据。他们也有更普遍的业务化三维模型，同化温度、盐度和海面异常，但最后一项只在深水区进行。

(2)荷兰水运局

荷兰水运局为荷兰提供风暴潮预报。其系统采用了来自西北欧大陆架，特别是北海的验潮仪信息(Verlaan et al.，2005；Zijl et al.，2015)。他们使用的是稳态卡尔曼滤波器(SSKF)，该滤波器从状态集合中获得的平稳卡尔曼增益，例如可能用于 EnKF。SSKF 比 EnKF 具有更高的计算效率，并且可能比标准卡尔曼滤波器更好地表示误差协方差。额外的定位步骤也被应用于同化，以限制被同化信息与观测之间的距离。

7.2.5 集合建模

像其他任何预报一样，潮位预报也有一定的不确定性。极端潮位事件对生命和财产的威胁，使得这种不确定性的估计和可能的潮位范围（概率分布）的预测对风险管理者和决策者尤为重要。单一预报时间序列的误差可以通过特定地点的验潮仪和网格点进行比较来评估。然而，预报的不确定性及其对强迫场、模型特征和参数设置的依赖性通常是未知的。

潮位预报的不确定性取决于几个因素，可能包含潮汐和非潮汐残差（风暴潮）两个部分的误差。在风暴期间，风暴潮主要由海面上的天气状况所驱动。这被认为是潮位预报中不确定性的主要来源，并可能根据气象条件的变化而发生重大变化。因此，基于气象 EPS 的风暴潮集合预报是进行概率预报（预报加置信区间）最常用的方法。

天气是一个对初始状态高度敏感的混沌系统（Lorenz，1965），只能确定地预测 10 d 左右。因此，处理预报不确定性的标准程序，即不同模型解决方案的组合或集合建模，最初被应用于气象预报（Leith，1974；Hamill et al.，2000）。集合概念的背景是混沌理论，它们是处理存在几个非线性过程和相互作用变量方程的重要工具。这不仅适用于气象模型，也适用于海洋模型，特别是潮汐和风暴潮模型。因此，强烈建议在当今的海洋学中应用该技术。

EPS 是基于初始条件、模型物理或开边界条件下具有不同控制变化的一组预报组合（Palmer et al.，2010；Flowerdew et al.，2010）。所有这些修改都是为了表示天气状态认知中的不确定性。例如，不同的初始条件允许包括那些随时间增长最快的扰动，在这种情况下，初始条件的轻微变化可能导致显著不同的预报（Buizza et al.，1995）。对方程组的轻微修改（包括代表不同过程的参数化常数）也造成了模型预报误差的不确定性。

风场和海面压力场与实际演变的偏差将决定潮位预报的偏差。因此，气象 EPS 产生的不确定性将导致潮位变化的不确定性，而气象强迫主要影响风暴潮部分。如果用不同的天气预报来驱动模型，预报潮位值的概率分布函数可以估算出潮位预报的不确定性和超过特定潮位阈值的概率。

ECMWF 的 EPS 自 1992 年开始运行（Molteni et al.，1996）。Flowerdew 等（2010，2013）首次将其应用于北海的风暴潮业务预报，他们提供了成熟的潮位概率预报，并表明集合幅度是大型风暴潮事件不确定性的一个可靠指标。

Mel 等（2014a）使用风暴潮集合预报来预测威尼斯的潮位。他们用 50 个集合成员模拟了 10 个事件，结果显示 EPS 比确定性预报略微增加了准确性，EPS 产生的最高潮位的概率分布是可以接受的。他们还表明，风暴潮的峰值与不确定性的最大值相对应，这种最大值的不确定性随着预报范围的扩大而线性增加。Mel 等（2014b）用同样的程序模拟了 3 个月（2010 年秋季）的业务预报测试。结果显示，预报的短周期和长周期的不确定性主要是由初始条件和气象强迫的不确定性分别引起的。基于这种集合技术的概率预报在预测潮位的实际概率分布方面有明确的技巧。Mel 等（2016）提出了一种计算成本低廉的替代方法，称为集合包装法。它用经验估计代替了集合预报对不确定性的计算，该程序不是进行多次预测，而是用误差分布形式对潮位的预报进行“包装”，其中一方面包括不确定性对风暴潮和出现时间的依赖性，另一方面包括气象强迫的不确定性。这种经济的计算替代方法也提供了可接受的结果。

除了气象输入外，海面预报的其他误差来源可归因于海洋模型的特性和（或）系统的设置：水深、空间分辨率、计算区域、潮汐强迫、气象输入的时间分辨率、正压或斜压模型、海洋开边界条件等。目前，数小时或数日的海面变化在操作上是通过不同的正压和斜压模型来预报的，甚至有时是在同一地区开展。因此，另一个选择是将现有的具有不同特征、强迫力以及物理过程的业务模型结合起来(多模型预报)。

2008 年，德尔塔雷斯(一家独立的荷兰机构)结合了北海不同国家的现有风暴潮预报结果，首次开展了多模型风暴潮预报。该系统使用贝叶斯模型平均(BMA)统计技术对不同成员进行验证，并生成具有置信区间的综合改进预测(Beckers et al.，2008)。同年，西班牙国家港口局对这一方法进行了测试(Pérez et al.，2012)，将现有风暴潮预报系统 Nivmar(Álvarez-Fanjul et al.，2001)的输出与已经在该地区运行的环流(斜压)模型相结合。现在，在西班牙国家港口局正在运行一个名为集合风暴潮预报(ENSURF)的多模型风暴潮预报系统，它将 Nivmar 与两个哥白尼海洋服务区域业务化模型 IBI-MFC(Sotillo et al.，2015)和 MedFS(Clementi et al.，2021)相结合。

BMA 技术需要近乎实时地获取潮汐测量数据，并对这些数据进行自动质量控制(Nivmar 系统也有此要求)，且对模型输出进行具体的数据调整。它适用于风暴潮或无潮汐残差部分，因为这可以用正态分布来近似(包括潮汐在内的总潮位不是这样的，特别是对于典型的半日潮)。因此，必须事先确定验潮仪的观测结果和提供总潮位的模型数据。这可能被认为是一种限制，但实际上，这是利用每个站点验潮仪观测所得的历史潮汐来优化最终总潮位预报的最佳方法。ENSURF 也是一个有价值的业务化验证工具，可以详细评估不同模型对沿海潮位的预报水平。每天清晨，由过去的 Nivmar 解决方案提供第一次确定性预报，之后当哥白尼海洋服务预报可用时，将其与验潮仪数据整合，通过 BMA 技术为每个港口生成一个概率预报范围(Pérez-González et al.，2017，Pérez-Gómez et al.，2019)(图 7.16)。

一般来说，使用概率方法可以改善预报，并给现有的业务系统带来巨大的附加值，因为没有一个单一的模型在所有潮汐站和天气条件下都能表现出色。然而，必须进一步利用 BMA 技术来预测风暴潮的峰值，在某些天气条件下，单一系统可以更好地捕获峰值。

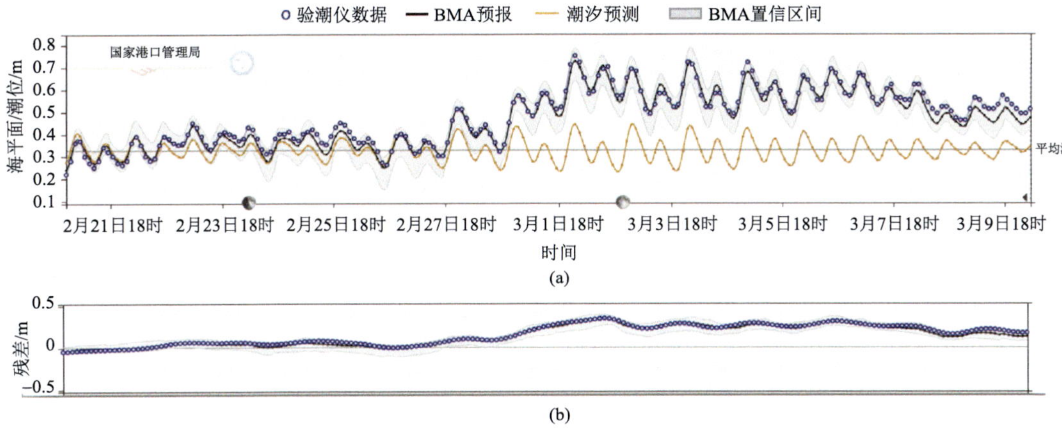

图 7.16　由多模型 ENSURF 生成的巴塞罗那港潮位概率预报实例(根据巴塞罗那 2 号验潮仪每小时海平面数据进行验证，基准面：NMMA1995)

(a)总潮位；(b)浪涌成分(无潮汐残差)

Ferrarin 等(2020)最近为亚得里亚海开发了一个多模型集合预报系统，结合了 10 个预报潮位高度(风暴潮或总水位)的模型和 9 个预报波浪要素的模型。在纽约(Di Liberto et al.，

2011)和北海(Siek et al.,2011)可以找到这种技术的其他例子。

7.2.6 验证方法

传统上,风暴潮模型是通过验潮仪测量的沿海潮位时间序列数据来验证的。这些数据可以评估模型在海岸线特定点上再现观察到的水位高度的能力。请注意,这种应用与来自卫星高度计的海面高度数据相比是具有优势的,后者在沿海地带的可靠性较差,时间分辨率也较低。幸运的是,世界各地有数百个验潮仪,提供非常有价值和可靠的数据集来进行风暴潮验证(Muis et al.,2016,2020;Fernández-Montblanc et al.,2020)。在某些情况下,这些站点提供辅助的气象数据,如风和大气压,也可以用来验证模型的气象强迫场。此外,验潮仪传输的数据接近实时,可以整合到预报系统的业务化验证中(Álvarez-Fanjul et al.,2001)。

在大多数情况下,预报结果提供潮汐和风暴潮信号(每小时到每天的时间尺度),这些要素通常在验潮仪记录中占主导地位,但不能再现周期为几分钟左右的较高频率的海平面振荡,如次重力波、假潮或气象海啸。重要的是,根据系统中包含的物理过程,确定哪种观测的"潮位"产品最符合验证目标。对于现有的风暴潮预报系统来说,最合适的标准产品是来自验潮仪的过滤后的每小时数值。随着新的模型包括更多的过程(如包括波浪作用的完全耦合模型)、更高分辨率的水深和强迫场,使用较短时间的采样数据将变得更加重要,验证过程也更具挑战性。

通常情况下,会选择离验潮仪较近的模型网格点输出。然而,验证结果将取决于水深数据的分辨率和质量,以及验潮仪的位置:如果它在一个开放的地点或在一个具有重要局部影响的港口或海湾内,它可能无法在模型中体现。

潮汐和风暴潮要素必须进行仔细验证,不仅要验证最终的总潮位预报,还要验证模型中潮汐的质量,因为潮汐可能是一个重要的误差来源,特别是在潮差范围大的浅水区。基于上述原因,必须将模型和验潮仪数据中的潮汐去除,对两个时间序列进行调和分析,并计算分析期间的潮汐变化,最后得到减去潮汐的风暴增水或非潮汐残差。然后可以通过比较模型和观测的调和常数(振幅和相位)以及模型数据时间序列中的潮汐、风暴增水和总潮位来进行性能评估。

值得一提的是,由验潮仪测量的潮位值与当地、区域或国家基准面有关。模型的预报值理论上是基于平均海平面,尽管这个平均海平面可能受到模型设置实施和区域等的影响。因此,在比较之前应统一每个地点的两个时间序列数据的基准面。

时间序列验证的指标可以在第 4.5.1 节找到。这些指标大多描述了模型在几天(风暴持续时间)、几个月或几年的时间段内的整体性能。然而,它们并没有反映出对极端风暴潮事件的预测能力。例如,可以用最高百分位数(如第 95、99 百分位数)或最大观测值和模拟值的差异来更好地评估。对于长时间序列的验证(数十年的后报),可以使用通过极端潮位分析获得的年度最大值、年度百分位数和特定重现期的极端潮位资料来验证(Muis et al.,2020)。

泰勒图可以用图形来表示不同竞争模型或解决方案的性能,提供每个验潮仪的皮尔逊相关系数、标准差和均方根误差信息。

随着风暴潮模型逐渐开始考虑淹没问题,需要对淹没范围进行额外的验证。这就不那么简单了,需要其他类型的数据来进行验证,比如被淹没点的位置、水留下的痕迹或关于洪水年表的报告(Le Roy et al.,2015)。这些信息通常在事件发生后可用于模型的延迟验证,例如,为了验证淹没情况,Loftis 等(2017)使用了众包的 GPS 数据和无人机获得的淹没区地图。

7.2.7 输出

风暴潮模型输出结果的形式主要包括某些关注点位的时间序列水位值、最大水位场、集合预报的场、动画输出。

7.2.7.1 时间序列输出

时间序列输出通常将结果绘于二维直角坐标系中，横坐标为时间，而纵坐标为水位值。风暴潮模型输出的时间序列结果为某个关注点的增水变化情况。为了方便将多次计算的结果与观测数据进行比较，也可将多条结果曲线绘于同一坐标系中。

通常，风暴潮模型计算结果(不含天文潮)可以直接用于绘制风暴增水时间序列图，但是某些时候，人们需要关注某个点总水位变化情况，因此，还有一种输出时间序列总潮位的办法，即采用单纯计算风暴增水的数值模拟结果直接叠加关注点调和分析预测的天文潮，从而得到总潮位的时间序列结果。图 7.17 和图 7.18 分别显示了时间序列风暴潮结果和风暴潮增水叠加在调和分析潮位上的例子。

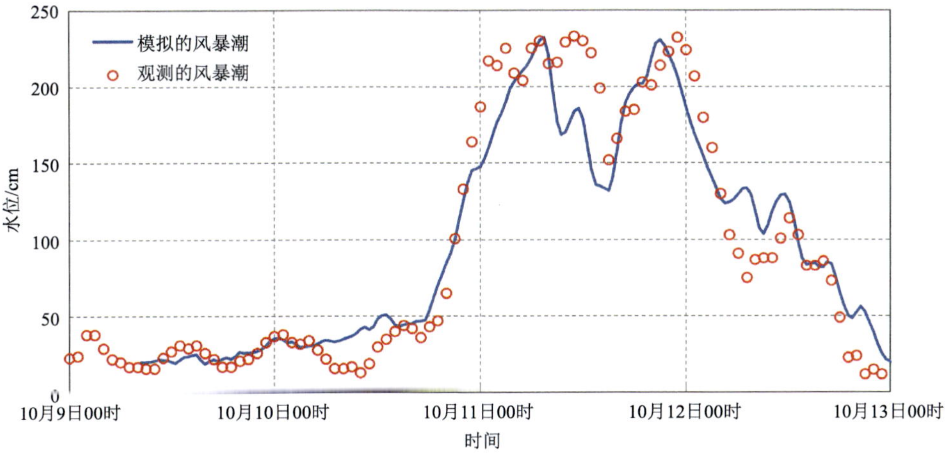

图 7.17 时间序列风暴潮增水模拟值和观测增水对比

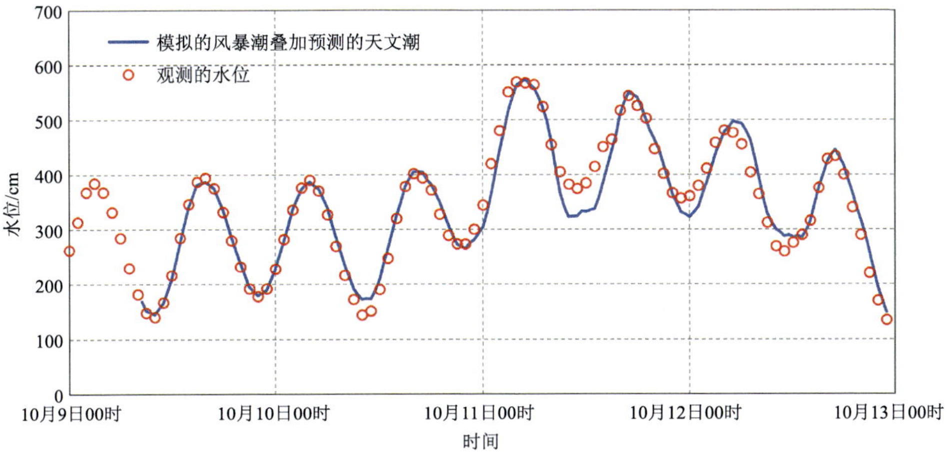

图 7.18 时间序列风暴潮增水叠加调和分析天文潮和观测水位对比

7.2.7.2 最大水位场

在风暴潮模型结果输出中，有一种被称为最大水位场的输出方式。这种场输出并不是某一时刻的水位场，而是提取每个网格点在计算过程中的最高水位值，组成最大水位场。最大水位场可以用来掌握一次风暴潮过程中最高潮位的分布情况，从而了解沿岸受灾较为严重的区域。图 7.19 是 2019 年台风“米娜”（国际编号：1918）影响期间的最大风暴增水场。

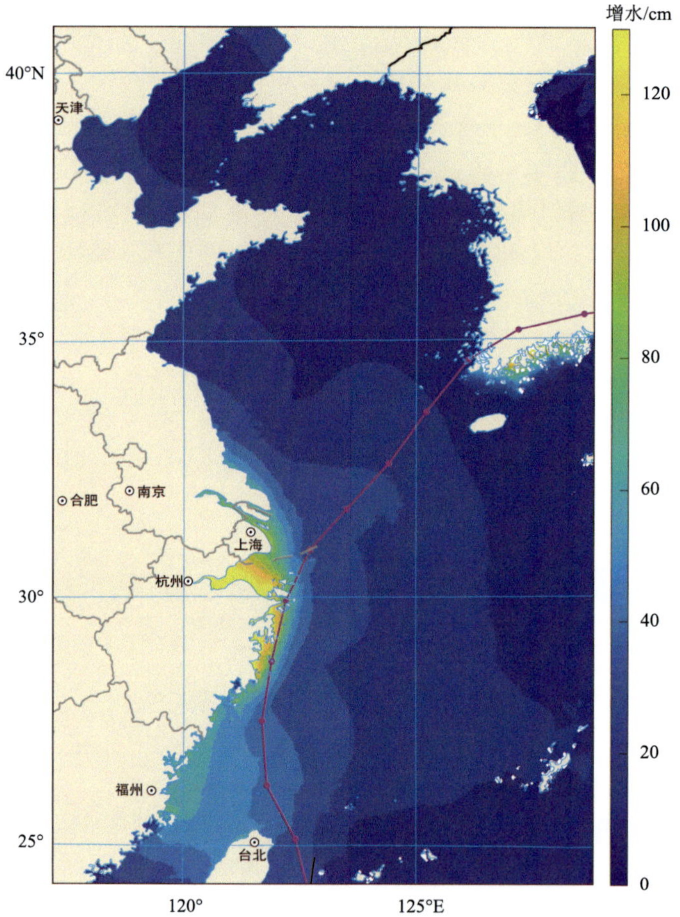

图 7.19　2019 年台风“米娜”影响期间的最大风暴增水场

7.2.7.3 集合预报输出

风暴潮集合预报通常采用集合成员各自的气象强迫场分别进行风暴潮计算。集合预报场的输出形式主要有三种：加权平均的水位场、概率预报场、邮票图。

（1）加权平均的水位场

为了得到一个确定的预报结果，需要将集合成员各自的计算结果进行合成。目前一般采用给每个集合成员的结果赋予不同的权重，最后将所有成员的结果进行叠加的方法，即加权平均法（Wang et al.，2010）。将这个叠加的结果以水位场的形式输出，便得到了集合预报场结果。

以台风“米娜”为例，集合预报路径见图 7.20。分别用中间路径、偏快路径、偏慢路径、偏左路径和偏右路径的风暴潮计算结果，利用加权平均法，合成了集合预报水位场(图 7.21)。在这个例子中，主观预报台风路径的风暴潮结果权重为 60%，而其他路径的风暴潮结果权重均为 10%。

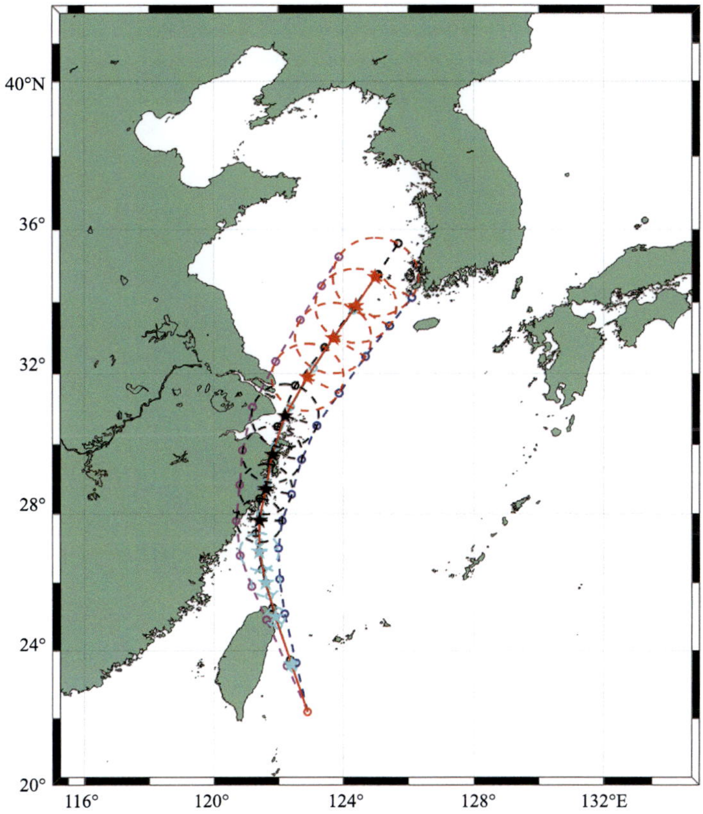

(— 中间路径，— 偏快路径，— 偏慢路径，— 偏左路径，— 偏右路径)

图 7.20　台风"米娜"集合预报路径图

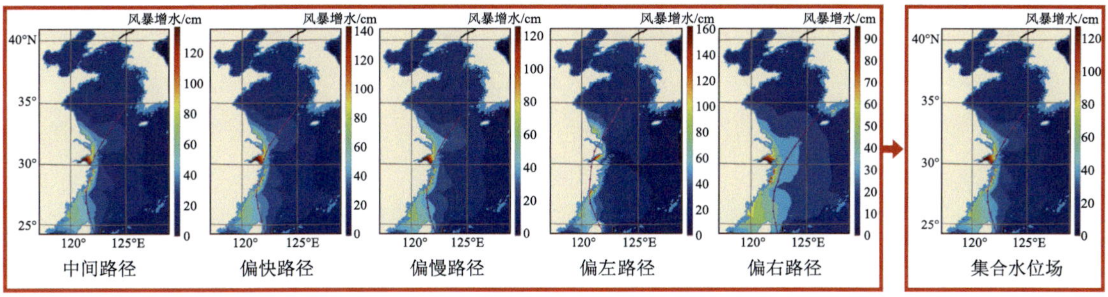

图 7.21　台风"米娜"集合预报水位场合成示意图

(2)概率预报场

采用台风集合路径进行风暴潮数值计算，得到不同台风路径场景下的风暴增水场，针对不同路径增水场进行等份分配权重，可以清晰地展示不同风暴潮极值下的概率场分布图，更直观展现沿海风暴潮的强度概率(Liu et al.，2020)。图 7.22、图 7.23、图 7.24 显示了台风"米娜"风暴潮过程，预报增水超过 0.5 m、1.0 m 和 2.0 m 的概率分布。

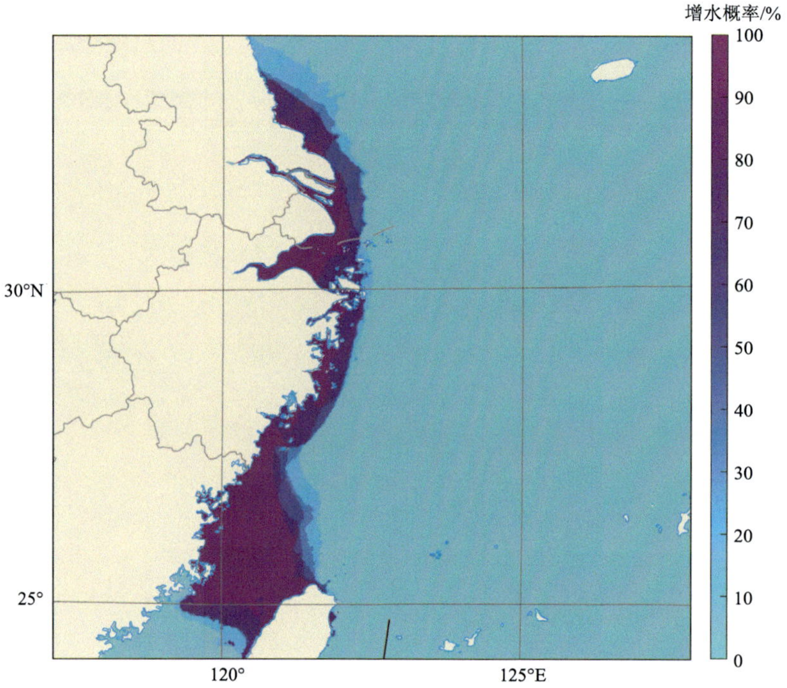

图 7.22　超过 0.5 m 的风暴增水概率预报分布图

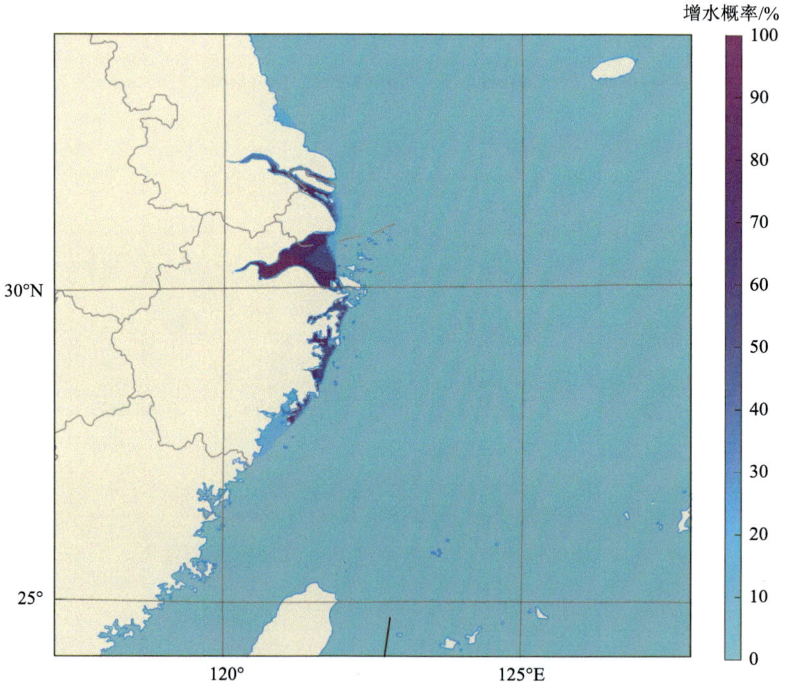

图 7.23　超过 1.0 m 的风暴增水概率预报分布图

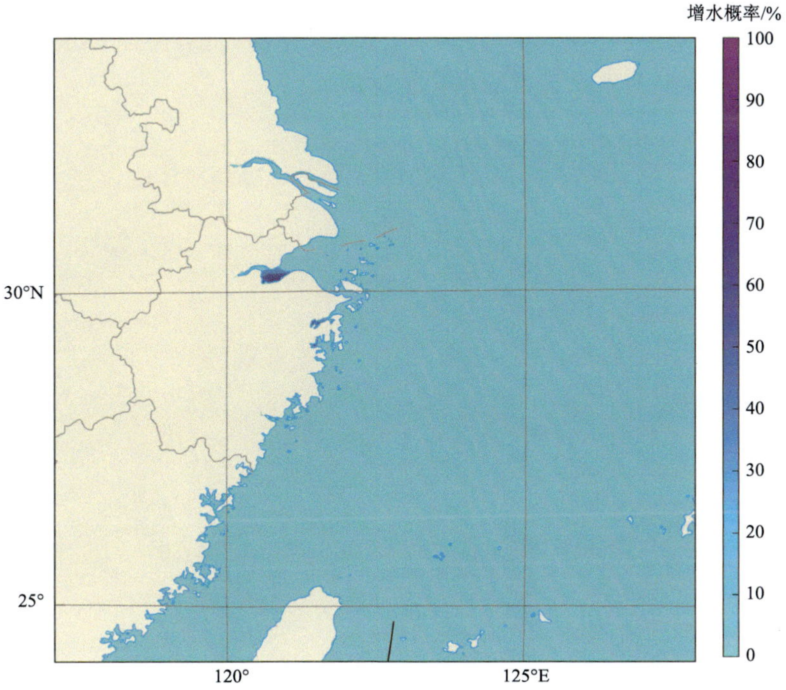

图 7.24 超过 2.0 m 的风暴增水概率预报分布图

(3)邮票地图

邮票地图由一系列预报成员的预报结果图组成(图 7.25)。预报员可以通过邮票地图了解到各个集合成员的预报情况,从而估计出风暴潮的量值和影响范围(WMO, 2012)。

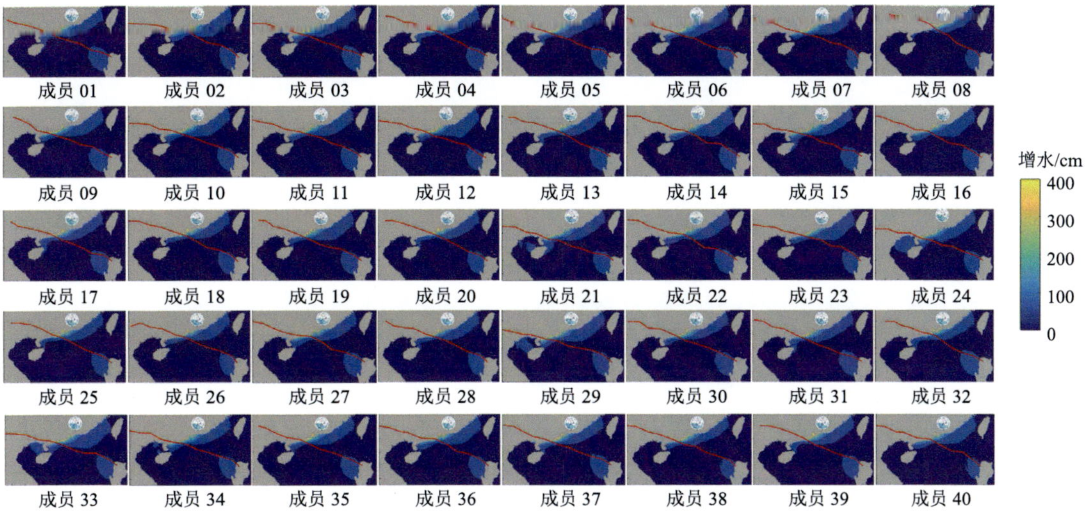

图 7.25 台风“山竹”的风暴潮邮票地图

7.2.7.4 动画输出

风暴潮水位场是指某个时刻所有计算网格点上的水位值,这对于掌握风暴潮过程在大面上的分布情况十分有帮助。输出风暴潮模拟结果中每个时刻的水位场，将每个时刻的水位场图片作为动画的一帧，把所有帧衔接起来，便形成了水位场动画(图 7.26)。水位场动画可以直观地反映风暴潮影响期间整个区域的水位变化情况。

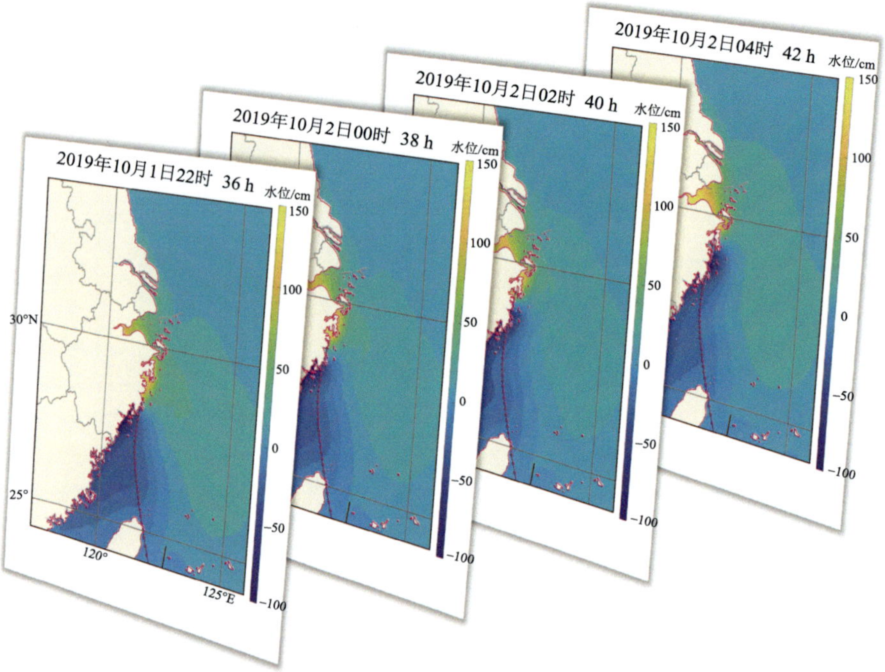

图 7.26 水位场动画合成示意图

7.2.8 全球业务化风暴潮预报系统

风暴潮数值模型经过几十年的发展，许多国家都已经建立了自己的业务化风暴潮预报模型。例如，美国的风暴潮预报系统采用海洋、湖泊和陆地飓风风暴潮(SLOSH)模型建立，在模型中根据气旋路径、最大风速半径、风暴中心和环境气压差建立模型风场，并能提供业务化预报产品和风暴潮淹没指导产品(Jarvinen et al.，1985)。中国建立了沿海风暴潮预报系统 PMOST3.0，该系统模型基于矢量不变形式的深度平均二维浅水方程，并采用六边形非结构网格，能够在关键区域加密并较好地拟合海岸线信息。该系统具备耦合天文潮和模拟漫滩过程的能力，配合 GPU 加速技术，中国沿海风暴潮计算的速度可达 60 s/d。该系统还可进行基于多台风事件的集合预报和风暴潮增水概率预报。印度理工学院(IIT)风暴潮模型于 20 世纪 80 年代开始研发，后应用于印度洋阿拉伯海的风暴潮预报，采用直角笛卡尔坐标，计算时水陆分开，现已在整个北印度洋得到应用(Dube et al.，1984，1985)。日本气象厅研发的二维风暴潮模型也是采用直角坐标(Hasegawa et al.，2015)，数值计算中将水陆分离，采用的网格点是可变的，即在浅水区采用细网格，深水区采用粗网格，系统还可以提供集合预报产品。荷兰从 20 世纪 80 年代中期开始，研发了数值流体动力学模型——荷兰大陆架模型(DCSM)，该模型是深度积分浅水方程，模型驱动场由高分辨率有限区域气象模型提供，20 世纪 90 年代早期开始利用卡尔曼滤波(KF)方法同化潮汐观测资料，预报荷兰沿岸水位及其概率(Verlaan et al.，

2005;de Vries,2009)。英国气象局风暴潮业务预报模型 CS3X 采用潮汐-风暴潮模型,在业务的风暴潮模型系统中考虑潮汐和风暴潮相互作用,近年来发展了风暴潮集合预报系统(Flowerdew et al. ,2013)。法国风暴潮模型是基于球面非线性浅水方程建立的,为了解决岸界问题,采用 C 网格差分格式,强迫风场采用 Holland 模型(见 7.2.2.3 节),模型从 20 世纪 90 年代开始业务化运行(Daniel et al. ,2009)。表 7.2 列出了目前在一些国家或地区运行的风暴潮预报模型及其特点。

表 7.2　一些国家或地区业务化风暴潮预报模型及其特点

模型	地区	类型	网格类型和分辨率	国家或地区
PMOST 3.0	中国海 10°—45°N、105°—140°E	二维深度平均正压模型	SCVTs 非结构化网格,边界 10 km,沿海岸线 500 m	中国
HAMSOM, Nivmar	地中海和伊比利亚半岛	垂向平均的正压模型	10 min	西班牙
Mike 21 pre-operational 3-D 2-D finite element MOG2D	北海、波罗的海	二维水动力模型	有限差分格式,水平分辨率 9 n mile、3 n mile、1 n mile、1/3 n mile	丹麦
Coupled ice-ocean NPAC	纽芬兰省大浅滩、拉布拉多省东北太平洋,120°—160°W、40°—62°N	基于 POM 的三维环流模型	约 20 km×20 km、1/8 °的有限差分曲线 C 网格	加拿大
JMA Storm Surge	23.5°—46.5°N、122.5°—146.5°E	二维线性浅水模型	交错 Arakawa C 网格,经纬度 1 min	日本
KMA Storm Surge	20°—50°N、115°—150°E	基于 POM 的二维正压风暴潮和潮流模型	约 8 km×8 km、1/12 °的有限差分曲线 C 网格	韩国
NIVELMAR	葡萄牙大陆沿海	浅水方程模型	1 min 纬度×1 min 经度	葡萄牙
SMARA storm surge	南纬 32°—55°、西经 51°—70°的大陆架海域里约-德拉普拉塔	水深平均二维模型	Arakawa C 网格,1/3 °纬度×1/3 °经度、1/20 °纬度× 1/20 °经度	阿根廷
BSH circulation (BSHcmod)、BSH surge (BSHsmod)	东北大西洋、北海、波罗的海	三维静压环流模型 二维正压风暴潮模型	球体坐标区域,北海、波罗的海 6 n mile,德国湾西波罗的海 1 n mile,北海风暴潮 6 n mile,东北大西洋 24 n mile	德国
Caspian Storm Surge	里海 36°—48.5°N、45°—58°E,北里海 44.2°—48°N、46.5°—55.1°E	基于 MIKE 21(DHI 水与环境)的二维水动力模型	10 km × 2 km	哈萨克斯坦

续表

模型	地区	类型	网格	国家或地区
HIROMB/NOAA	东北大西洋、波罗的海	三维斜压模型	Arakawa C 网格，24 n mile	瑞典
WAQUA-in-Simona/DCSM98	大陆架 48°—62°N、12°—13°E	二维浅水模型、ADI 方法、卡尔曼滤波数据同化	1/8 °经度×1/12 °纬度	荷兰
Derived from MOTHY oil spill drifts model	近欧洲大西洋（比斯开湾、海峡和北海），8.5°—10°E、43°—59°N 西地中海盆地（从直布罗陀海峡到西西里岛），海外省和地区的限制区域	浅水方程模型	Arakawa C 网格，5 min 纬度×5 min 经度	法国
SLOSH	香港以南 130 km 内的海域	有限差分格式	中国南海，近岸 1～7 km	中国香港
Short-term sea-level and current forecast	里海和近海低洼地带	三维斜压水动力模型	水平分辨率 3 n mile，19 个级别	俄罗斯
IIT-Delhi, IIT-Chennai, NIOT-Chennai	印度的东、西海岸和高分辨率地区	非线性、有限元、显式有限元	对于淹没模型，平均间距为离岸方向 12.8 km、沿岸方向 18.42 km	印度
CS3 tide surge	西北欧大陆架水域	有限差分、垂直平均模型	Arakawa C 网格，12 km，可嵌套更细的分辨率	英国
SLOSH	大西洋和墨西哥湾沿岸	二维水深平均模型	625 m	美国

参考文献

Álvarez-Fanjul, E., Perez Gomez, B., Sanchez Arevalo, I.R. (2001). Nivmar: A storm surge forecasting system for Spanish Waters. *Scientia Marina*, 65(S1), https://doi.org/10.3989/scimar.2001.65s1145

Beckers J. V. L., Sprokkereef, E., and Roscoe, K. L. (2008). Use of Bayesian model averaging to determine uncertainties in river discharge and water level forecasts, Proceeding of "4th International Symposium on Flood Defence: Managing Flood Risk, Reliability and Vulnerability", Toronto, Ontario, Canada, 6–8 May, 2008.

Bjerknes, V. (1921). On the dynamics of the circular vortex with applications to the atmosphere and atmospheric vortex and wave motions. *Quarterly Journal of the Royal Meteorological Society*, 48(204), 375-376. https://doi.org/https://doi.org/10.1002/qj.49704820414

Buizza, R., and Palmer, T.N. (1995). The Singular-Vector Structure of the Atmospheric Global Circulation. *Journal of the Atmospheric Sciences*, 52(9), 1434-1456, https://doi.org/10.1175/1520-0469(1995)052<1434:TSVSOT>2.0.CO;2

Byrne, N. J. (2017). Deterministic models of Southern Hemisphere circulation variability. Ph.D. thesis, University of Reading, 105 pp.

Byrne, D., Horsburgh, K., and Williams, J. (2021). Variational data assimilation of sea surface height into a regional storm surge model: Benefits and limitations. *Journal of Operational Oceanography*, 1-14, https://doi.org/10.1080/1755876X.2021.1884405

Clementi, E., Aydogdu, A., Goglio, A. C., Pistoia, J., Escudier, R., Drudi, M., Grandi, A., Mariani, A., Lyubartsev, V., Lecci, R., Cretí, S., Coppini, G., Masina, S., and Pinardi, N. (2021). Mediterranean Sea Physical Analysis and Forecast (CMEMS MED-Currents, EAS6 system) (Version 1) set. Copernicus Monitoring Environment Marine Service (CMEMS), https://doi.org/10.25423/CMCC/medsea_analysisforecast_PHY_006_013_EAS6

Daley, R. (1991). Atmospheric Data Analysis. Cambridge University Press: Cambridge, UK

Daniel, P., Haie, B., and Aubail, X. (2009). Operational Forecasting of Tropical Cyclones Storm Surges at Meteo-France. *Marine Geodesy*, 32(2), 233-242. https://doi.org/10.1080/01490410902869649

de Vries, H. (2009). Probability Forecasts for Water Levels at the Coast of The Netherlands. Marine Geodesy, 32(2), 100-107, https://doi.org/10.1080/01490410902869185

Di Liberto, T., and Colle, B.A. (2011). Verification of a Multimodel Storm Surge Ensemble around New York City and Long Island for the Cool Season. *Weather and Forecasting*, 26, 922-939.

Doodson, A. T. (1929). Report on Thames Floods. *Geophysical Memoirs*, Great Britain Meteorological Office, 5(47), 1-26.

Doodson, A. T. (1956). Tides and storm surges in a long uniform gulf. Proceedings of the Royal Society of London. Series A. *Mathematical and Physical Sciences*, 237(1210), 325-343.

Dube, S. K., Sinha, P. C., Rao, A. D., and Rao, G. S. (1985). Numerical modelling of storm surges in the Arabian Sea. *Applied Mathematical Modelling*, 9(4), 289-294, https://doi.org/https://doi.org/10.1016/0307-904X(85)90067-8

Dube, S. K., Sinha, P. C., and Roy, G. D. (1984). Numerical simulation of storm surges induced by tropical storms impinging on the Bangladesh coast. *Coastal Engineering Proceedings*, 1(19), https://doi.org/10.9753/icce.v19.13

Egbert, G. D., Bennett, A. F., and Foreman, M. G. G. (1994). TOPEX/POSEIDON tides estimated using a global inverse model. *Journal of Geophysical Research*: Oceans, 99(C12), 24821-24852, https://doi.org/https://doi.org/10.1029/94JC01894

Egbert, G. D., and Erofeeva, S. Y. (2002). Efficient Inverse Modeling of Barotropic Ocean Tides. *Journal of Atmospheric and Oceanic Technology*, 19(2), 183-204, https://doi.org/10.1175/1520-0426(2002)019<0183:Eimobo>2.0.Co;2

Evensem, G. (2004). Sampling strategies and square root analysis schemes for the EnKF. *Ocean Dynamics*, 54, 539-560, https://doi.org/10.1007/s10236-004-0099-2

Fernández-Montblanc, T., Vousdoukas, M.I., Mentaschi, L., Ciavola, P. (2020). A Pan-European high resolution storm surge hindcast. *Environment International*, 135, 105367, https://doi.org/10.1016/j.envint.2019.105367

Ferrarin, C., Valentini, A., Vodopivec, M., Karic, D., Massaro, G., Bajo, M., De Pascalis, F., Fadini, A., Ghezzo, M., Menegon, S., Bressan, L., Unguendoli, S., Fettich, A., Jerman, J., Licer, M., Fustar, L., Papa, A.. Carraro, E. (2020). Integrated sea storm management strategy: the 29 October 2018 event in the Adriatic Sea. *Natural Hazards and Earth System Sciences*, 20, 73-93, https://doi.org/10.5194/nhess-20-73-2020

Flowerdew, J., Horsburgh, K., Wilson, C., and Mylne, K. (2010). Development and evaluation of an ensemble forecasting system for coastal storm surges. *Quarterly Journal of the Royal Meteorological Society*, 136(651), 1444-1456, https://doi.org/10.1002/qj.648

Flowerdew, J., Mylne, K., Jones, C., and Titley, H. (2013). Extending the forecast range of the UK storm surge ensemble. *Quarterly Journal of the Royal Meteorological Society*, 139(670), 184-197, https://doi.org/https://doi.org/10.1002/qj.1950

Fujita, T. (1952). Pressure distribution within typhoon. *Geophysical Magazine*, 23, 437-451.

Gandin, L.S. (1963). Objective analysis of meteorological fields. Translated from Russian.

Hamill, T. M. , Snyder, C., and Morss, R.E. (2000). A comparison of probabilistic forecasts from bred, singular vector, and perturbed observation ensembles. *Monthly Weather Review*, 128(6), 1835-1851, https://doi.org/10.1175/1520-0493(2000)128<1835:ACOPFF>2.0.CO;2

Harris, D.L. (1957). The Effect of a Moving Pressure Disturbance on the Water Level in a Lake. In: "Interaction of Sea and Atmosphere". Meteorological Monographs, vol 2. American Meteorological Society, Boston, MA. https://doi.org/10.1007/978-1-940033-15-0_4

Hasegawa, H., Kohno, N., and Itoh, M. (2015). Development of Storm Surge Model in Japan Meteorological Agency. Available at http://www.waveworkshop.org/14thWaves/Papers/JCOMM_2015_J4.pdf

Heemink, A.W. (1986). Storm surge prediction using Kalman filtering. Dissertation TU Twente, Hydraulic Engineering Reports. Available at http://resolver.tudelft.nl/uuid:8a7c65f5-f8f5-4033-b796-adaef2eb39a7

Hersbach, H. Bell, B., Berrisford, P., Hirahara, S., Horányi, A., Muñoz-Sabater, J., Nicolas, J., Peubey, C., Radu, R., Schepers, D., Simmons, A., Soci, C., Abdalla, S., Abellan, X., Balsamo, G., Bechtold, P., Biavati, G., Bidlot, J., Bonavita, M., De Chiara, G., Dahlgren, P., Dee, D., Diamantakis, M., Dragani, R., Flemming, J., Forbes, R., Fuentes, M., Geer, A., Haimberger, L., Healy, S., Hogan, R.J., Hólm, E., Janisková, M., Keeley, S., Laloyaux, P., Lopez, P., Lupu, C., Radnoti, G., de Rosnay, P., Rozum, I., Vamborg, F., Villaume, S., Thépaut Hersbach, J.N. (2020). The ERA5 global reanalysis. *Quarterly Journal of the Royal Meteorology Society*, 146(730), 1999-2049, https://doi.org/10.1002/qj.3803

Holland, G. J. (1980). An Analytic Model of the Wind and Pressure Profiles in Hurricanes. *Monthly Weather Review*, 108(8), 1212-1218. https://doi.org/10.1175/1520-0493(1980)108<1212:Aamotw>2.0.Co;2

Horsburgh, K., and de Vries, H. (2011). Guide to Storm Surge Forecasting. WMO-No. 1076. ISBN 978-92-63-11076-3

Jarvinen, B. R., and Lawrence, M. B. (1985). An evaluation of the SLOSH storm-surge model. *Bulletin of the American Meteorological Society*, 66(11), 1408-1411.

Jelesnianski, C. P. (1965). A numerical calculation of storm tides induced by a tropical storm impinging on a continental shelf. *Monthly Weather Review*, 93(6), 343-358. https://doi.org/10.1175/1520-0493(1993)093<0343:Ancos>2.3.Co;2

Kalman, R. E. (1960). A New Approach to Linear Filtering and Prediction Problems. *Journal of Basic Engineering*, 82(1), 35-45. https://doi.org/10.1115/1.3662552

Knaff, J.A., De Maria, M., and Molenar, D.A. (2011). An automated, objective, multiple satellite platform tropical cyclone surface wind analysis. *Journal of Applied Meteorology and Climatology*, 50(10), pp. 2149-2166, https://doi.org/10.1175/2011JAMC2673.1

Le Roy, S., Pedreros, R., André, C., Paris, F., Lecacheux, S., Marche, F., and Vinchon, C. (2015). Coastal flooding of urban areas by overtopping: dynamic modelling application to the Johanna storm (2008) in Gâvres (France). *Natural Hazards and Earth System Sciences*, 15, 2497-2510, https://doi.org/10.5194/nhess-15-2497-2015

Leith, C.E. (1974). Theoretical Skill of Monte Carlo Forecasts. *Monthly Weather Review*, 102 (6), 409-418, https://doi.org/10.1175/1520-0493(1974)102<0409:TSOMCF>2.0.CO;2

Liu, Q., Jiang, J., Yu, F., Zhang, C., Dong, J., Song, X., and Wang, Y. (2020). Typhoon storm surge ensemble forecast based on GPU technique. *Acta Oceanologica Sinica*, 39(5), 77-86, https://doi.org/10.1007/s13131-020-1570-8

Loftis, J.D., Wang, H., Forrest, D., Rhee, S., Nguyen, C. (2017). Emerging flood model validation frameworks for street-level inundation modeling with StormSense. SCOPE '17: Proceedings of the 2nd International Workshop on Science of Smart City Operations and Platforms Engineering, April 2017, 13-18, https://doi.org/10.1145/3063386.3063764

Lorenc, A. (1981). A global three-dimensional multivariate statistical interpolation scheme. *Monthly Weather Review*, 109, 701-721.

Lorenc, A. (1986). Analysis methods for numerical weather prediction. *Quarterly Journal of the Royal Meteorology Society*, 112, 1177-1194.

Lorenz, E.N. (1965). A study of the predictability of a 28-variable atmospheric model. Massachusetts Institute of Technology, Cambridge, Massachusetts. *Tellus*, 17(3), 321-333.

Lyard, F.H., Allain, D.J., Cancet, M., Carrere, L., Picot, N. (2021). FES2014 global ocean tide atlas: design and performance. *Ocean Science*, 17, 615-649, https://doi.org/10.5194/os-17-615-2021

Madsen, K.S., Hoyer, J., Fu, W., Donlon, C. (2015). Blending of satellite and tide gauge sea level observations and its assimilation in a storm surge model of the North Sea and Baltic Sea. *Journal of Geophysical Research: Oceans*, 20(9), 6405-6418, https://doi.org/10.1002/2015JC011070

Matsumoto, K., Sato, T., Takanezawa, T., and Ooe, M. (2001). GOTIC2: A program for computation of oceanic tidal loading effect. *Journal of the Geodetic Society of Japan*, 47(1), 243-248, https://doi.org/10.11366/sokuchi1954.47.243

Matsumoto, K., Takanezawa, T., and Ooe, M. (2000). Ocean Tide Models Developed by Assimilating TOPEX/POSEIDON Altimeter Data into Hydrodynamical Model: A Global Model and a Regional Model around Japan. *Journal of Oceanography*, 56(5), 567-581, https://doi.org/10.1023/A:1011157212596

Mel, R., and Lionello, L. (2014a). Storm Surge Ensemble Prediction for the City of Venice. *Weather and Forecasting*, 29(4), 1044-1057, https://doi.org/10.1175/WAF-D-13-00117.1

Mel, R., and Lionello, P. (2014b). Verification of an ensemble prediction system for storm surge forecast in the Adriatic Sea. *Ocean Dynamics*, 64(12), 1803-1814, https://doi.org/10.1007/s10236-014-0782-x

Mel R. and Lionello, P. (2016). Probabilistic Dressing of a Storm Surge Prediction in the Adriatic Sea. *Advances in Meteorology*, 3764519, 8, https://doi.org/10.1155/2016/3764519

Miller, A. R. (1958). The Effects of Winds on Water Levels on the New England Coast 1. *Limnology and Oceanography*, 3(1), 1-14.

Minato, S. (1998). Storm surge simulation using POM and a revisitation of dynamics of sea surface elevation short-term variation. *Oceanographic Literature Review*, 7(45), 1103.

Molteni, F., R. Buizza, T. N. Palmer, and T. Petroliagis (1996). The ECMWF Ensemble Prediction System: Methodology and validation. *Quarterly Journal of the Royal Meteorological Society*, 122, 73-119, https://doi.org/10.1002/qj.49712252905

Mooyaart, L., and Jonkman, S. N. (2017). Overview and design considerations of storm surge barriers. *Journal of Waterway, Port, Coastal, and Ocean Engineering*, 143(4), 06017001.

Muis, S., Verlaan, M., Winsemius, H.C., Aerts, J.C.J.H., Ward, P.J. (2016). A global reanalysis of storm surges and extreme sea levels. *Nature Communications*, 7, 11969, https://doi.org/10.1038/ncomms11969

Muis, S., Irazoqui Apecechea, M., Dullaart, J., de Lima Rego, J., Madsen, K.S., Su, J., Yan, K., and Verlaan M. (2020). A High-Resolution Global Dataset of Extreme Sea Levels, Tides, and Storm Surges, Including Future Projections. *Frontiers in Marine Science*, 7(263), https://doi.org/10.3389/fmars.2020.00263

Murty, T. (1988). List of major natural disasters, 1960-1987. *Natural Hazards*, 1(3), 303-304.

Myers, V.A. (1954). Characteristics of United States hurricanes pertinent to levee design for Lake Okeechobee, Florida. US Government Printing Office.

Palmer, T., and Williams, P. (2010). Stochastic Physics and Climate Modelling. Cambridge University Press.

Pérez, B., Álvarez Fanjul, E., Pérez, S., de Alfonso, M., Vela, J. (2013). Use of tide gauge data in operational oceanography and sea level hazard warning systems, *Journal of Operational Oceanography*, 6(2), 1-18, https://doi.org/10.1080/1755876X.2013.11020147

Pérez, B.,Brouwer, R., Beckers, J., Paradis, D., Balseiro, C., Lyons, K., Cure, M., Sotillo, M.G., Hackett, B., Verlaan, M., Fanjul, E.A. (2012). ENSURF: Multi-model sea level forecast-implementation and validation results for the IBIROOS and Western Mediterranean regions. *Ocean Science*, 8(2), 211-226, https://doi.org/10.5194/os-8-211-2012

Pérez-Gómez, B., Pérez González, I., Sotillo, M. G., and Álvarez-Fanjul, E. (2019). Retos de los sistemas de observación y predicción en los riesgos asociados al nivel del mar. *Ribagua*, 6, 1-5, https://doi.org/10.1080/23863781.2019.1595212

Pérez González, I., Pérez-Gómez, B., Sotillo, M. G., and Álvarez-Fanjul, E. (2017). Towards a new sea level forecast system in Puertos del Estado. In Proceedings of the 8th EuroGOOS Conference, Bergen.

Pore, N. A. (1964). The relation of wind and pressure to extratropical storm surges at Atlantic City. *Journal of Applied Meteorology and Climatology*, 3(2), 155-163.

Ringler, T., Petersen, M., Higdon, R. L., Jacobsen, D., Jones, P. W., and Maltrud, M. (2013). A multi-resolution approach to global ocean modeling. *Ocean Modelling*, 69, 211-232, https://doi.org/10.1016/j.ocemod.2013.04.010

Rossiter, J. R. (1961). Interaction between tide and surge in the Thames. *Geophysical Journal International*, 6(1), 29-53.

Schalkwijk, W.-F. (1948). A contribution to the study of storm surges on the Dutch coast. *Ciel et Terre*, 64, 188.

Siek, M., and Solomatine, D. (2011). Real-time Data Assimilation for Chaotic Storm Surge Model Using NARX Neural Network. *Journal of Coastal Research*, 1189-1194, https://www.jstor.org/stable/26482362

Sotillo, M.G., Cailleau, S., Lorente, P., Levier, B., Aznar, R., Reffray, G., Amo-Baladron, A., Chanut, J., Benkiran, M., Alvarez-Fanjul, E. (2015). The MyOcean IBI Ocean Forecast and Reanalysis Systems: operational products and roadmap to the future Copernicus Service. *Journal of Operational Oceanography*, 8(1), https://doi.org/10.1080/1755876X.2015.1014663

Takahashi, K. (1939). Distribution of pressure and wind in a typhoon. *Journal of the Meteorological Society of Japan*, 17(2), 417-421.

Ueno, T. (1981). Numerical computations of the storm surges in tosa bay. *Journal of the Oceanographical Society of Japan*, 37(2), 61-73, https://doi.org/10.1007/BF02072559

Verlaan, M., Zijderveld, A., de Vries, H., and Kroos, J. (2005). Operational storm surge forecasting in the Netherlands: developments in the last decade. *Philosophical Transactions of the Royal Society A: Mathematical, Physical and Engineering Sciences*, 363(1831), 1441-1453, https://doi.org/doi:10.1098/rsta.2005.1578

Wang, P., Yu, F., Liu, Q., and Dong, J. (2010). Research and application of fine ensemble numerical forecasting technology for typhoon storm surge in Fujian coastal. *Marine Forecasts* (in Chinese), 27(05), 7-15.

Webster, P. J., Holland, G. J., Curry, J. A., and Chang, H.-R. (2005). Changes in Tropical Cyclone Number, Duration, and Intensity in a Warming Environment. *Science*, 309(5742), 1844-1846, https://doi.org/10.1126/science.1116448

Weisberg, R. H., and Zheng, L. (2008). Hurricane storm surge simulations comparing three-dimensional with two-dimensional formulations based on an Ivan-like storm over the Tampa Bay, Florida region. *Journal of Geophysical Research: Oceans*, 113(C12), https://doi.org/10.1029/2008JC005115

WMO. (2012). Guidelines on Ensemble Prediction Systems and Forecasting.

Ye, F., Zhang, Y. J., Yu, H., Sun, W., Moghimi, S., Myers, E., Nunez, K., Zhang, R., Wang, H. V., and Roland, A. (2020). Simulating storm surge and compound flooding events with a creek-to-ocean model: Importance of baroclinic effects. *Ocean Modelling*, 145, 101526, https://doi.org/10.1016/j.ocemod.2019.101526

Yu, F., Fu, C., Guo, H., and Liu, Q. (2020). Modern technologies and Application in storm surge forecasting. Science Press (in Chinese).

Zheng, L., Weisberg, R. H., Huang, Y., Luettich, R. A., Westerink, J. J., Kerr, P. C., Donahue, A. S., Crane, G., and Akli, L. (2013). Implications from the comparisons between two- and three-dimensional model simulations of the Hurricane Ike storm surge. *Journal of Geophysical Research: Oceans*, 118(7), 3350-3369, https://doi.org/10.1002/jgrc.20248

Zijl, F., Sumihar, J., Verlaan, M. (2015). Application of data assimilation for improved operational water level forecasting on the northwest European shelf and North Sea. *Ocean Dynamics*, 65, 1699-1716, https://doi.org/10.1007/s10236-015-0898-7

第 8 章
波浪模型

8.1　波浪表征的一般介绍

波浪在 OOFS 中是非常重要的。本节将阐述 OOFS 所预见的主要挑战，以便能够在数值上描述一些相关的过程(图 8.1)。

图 8.1　海浪全景图(来源：Gabriel Barajas Ojeda，埃塔布里亚水资源研究所)

8.1.1　目标、应用和受益者

8.1.1.1　为什么全面和可靠的波浪预报如此重要？

在过去的十年中，全世界的海域都受到了严重的风暴袭击(ECMWF，2020)，给近海和沿岸地区造成了严重的损失，并引起了公众对拥有可靠和全面的波浪预报重要性的关注，特别是

* 本章主编：Gabriel Diaz-Hernandez，Lotfi Aouf；编写成员：Alexander Babanin，Jean Bidlot，Andy Saulter，Joanna Staneva。

在极端事件发生时(图 8.2)。此外,人类活动,如海上风电产业、石油产业和沿海休闲活动,也需要定期提供空间和时间分辨率高的海况信息。

(a)　　　　(b)

图 8.2　海浪灾害图

(a)2017 年 9 月,飓风“厄玛”袭击大西洋圣马丁岛后引发的大浪淹没景象(来源:加勒比国际广播电台-瓜德罗普岛);(b)2018 年 3 月 15 日,热带气旋“埃利亚基姆”袭击印度洋留尼汪岛大浪预警发布后的景象(版权归留尼汪岛 IPR Imaz Press 所有)

此外,极端波浪会对沿海环境和基础设施造成严重破坏。沿海和近海结构的设计需要对最大波高进行可靠的估算。海况信息的作用是为了改善船舶或结构(如风能涡轮机或石油和天然气平台)使用寿命的环境负荷定义。例如,对有效波高的长期统计和高分辨率预测对于规划海上风电场的维护操作是必要的。根据波浪预报,在任务之前的几天和几个小时,对海上风电场的操作和维护活动做出“去或不去”的决定。事实上,减小海洋环境的不确定性将对结构和系泊载荷产生直接影响,无论是对船舶的极限状态和疲劳设计,还是对船舶的预警标准。这些结果可以通过包括最大波浪参数的后报和预报研究获得,其目的也是通过提供新的波浪诊断方法,扩大哥白尼海洋服务产品目录①。

波浪预报产品的性能水平是至关重要的。全球海洋监测和预报中心对新型卫星数据同化表明,在产生巨浪的风暴期间,这些系统具有很高的技术水平(Aouf,2018)。联合卫星和模型分析也证明了波浪预报产品覆盖从全球到区域范围的能力(哥白尼海洋服务,OSR②),以及融合哥白尼海洋服务的观测和模型产品(图 8.3)的潜在好处。

8.1.1.2　监测和预报

在大多数情况下,对风浪的监测和预报与海洋和大气的观测和建模密切相关。系统提供准实时海洋观测是保证天气和海洋状况预报质量的先决条件。新型的卫星波浪观测对于减小波浪模拟预测的不确定性至关重要。鉴于大多数浮标观测都分布在沿海,需要遥感数据来调整和验证海上的模型。与此同时,海浪在大多数海洋遥感技术中都有明显的特征,要么增大噪声,要么增大偏差,稳定校正和检测来自高度计的海平面和速度估计非常重要(Climate Change Initiative Coastal Sea Level Team,2020;Marti et al.,2021)。需要强调的是,未来对最大浪高的定期监测将增进对全球海洋中利于产生巨浪条件的了解。

①详见 https://myocean.marine.copernicus.eu/data? view=catalogue&initial=1。

②详见 https://marine.copernicus.eu/access-data/ocean-state-report。

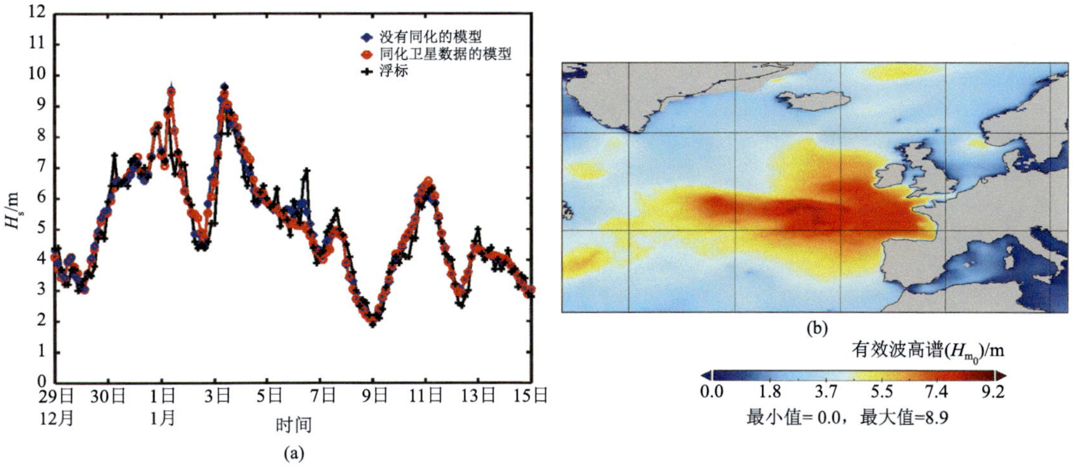

图 8.3 波浪预报产品图

(a)2017 年 12 月 29 日—2018 年 1 月 15 日，风暴“卡门”发生期间法国布列塔尼浮标位置的有效波高时间序列(法国气象局波浪模型(MFWAM))；(b)在 2018 年 1 月 1 日事件 09 时高峰期，哥白尼海洋服务的全球波浪再分析的有效波高图(来源：哥白尼海洋服务)

8.1.1.3 海况信息的应用

人们对沿海地区不同时间尺度上的波浪状况已经产生了浓厚的兴趣，并在稳步增长。越来越多的海上交通、娱乐活动、城市发展、生态系统恢复、可再生能源产业、近海管理，都在朝这个方向推动(Cavaleri et al.，2018)。事实上，海况影响着海上(航运、石油和天然气工业、渔业、近海水产养殖等)、沿海(海洋保护区、港口、海洋可再生能源、旅游业等)的大部分活动。这些活动需要关于海况的精确信息(后报、现报和预报)，特别是关于极端波浪的信息。除了与海洋直接相关的活动外，风浪对地球系统也具有普遍意义。

8.1.1.4 极端事件

风浪是影响人类活动和近岸环境的最相关的海洋过程。海况及其相关的时空变化极大地影响了海洋活动和近海水域与沿海生态系统之间的物理连接，也影响了海洋保护区的生物多样性(Hewitt，2003；González-Marco et al.，2008)。鉴于其对海岸线环境和人类基础设施的破坏性影响，人们在预测极端波浪高度事件方面做了大量工作，促使人们采取广泛的适应策略来应对沿海地区的自然灾害(Hansom et al.，2015)。此外，还有一个新出现的问题，即人为的全球气候变化对现在和未来海况的影响。

热带气旋通常与飓风、风暴潮和强降雨的破坏性有关。它们还引起上层海洋和大气中的大量热量交换，以及水从海洋到陆地的运输。然而，人们对这些极端情况的动态变化的样本和理解都很少。合成孔径雷达克服了这些情况，但它只能恢复一维信息，这限制了风速、表面总流和波谱等估计量的准确性。在热带气旋中，波谱(例如来自 Sentinel 或中法海洋卫星(CFOSAT))只能部分被恢复，因为快速变化的海面限制了合成孔径雷达的分辨率(Ardhuin et al.，2020)和 CFOSAT 任务的 SWIM 仪器的分辨率(图 8.4)。

8.1.1.5 与环流的耦合

大浪和风暴潮的共同作用加剧了风暴的潜在风险。局地波浪和海平面预报系统的整合

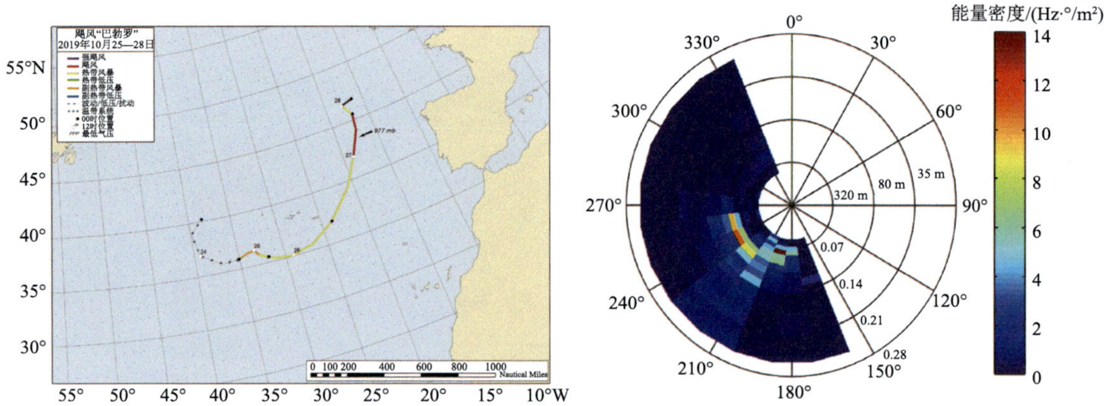

(a) (b)

图 8.4 飓风“巴勒罗”轨迹图和波浪方向谱图

(a)NHC-NOAA 热带气旋报告,2019 年 10 月 25—28 日飓风“巴勒罗”的轨迹;(b)2019 年 10 月 27 日 18 时,CFOSAT 在飓风“巴勒罗”轨迹附近(17°W,45°N)观测到的波谱(Beven,2019)

(Álvarez-Fanjul et al. ,2018;Staneva et al. ,2020)及其相关警报显示了对这种服务的迫切需求。关于深海开放水域,海流的相关性是一个经常出现的差异。在过去,特别是在深海,表层海流的速度没有达到对波浪状况产生实质性影响的程度,这导致在海洋预报中忽略了波浪引起的海流。然而,在靠近海岸的地方,海流(正压和斜压)在地理上得到加强,达到了一定的数值,如果不加以考虑,会导致波浪模型结果的巨大误差(Cavaleri et al. ,2018)。风浪和环流模型之间的耦合也会影响水位的预测,从而通过上层海洋混合和环流应力影响风暴潮的预测(Thomas et al. ,2008;Staneva et al. ,2021),提供更准确的近海波谱(Cavaleri et al. ,2018)。此外,预测表层海流的拉格朗日运动是确定沿海地区污染、搜救、海洋塑料或者量化幼虫和其他浮游生物运输和滞留等高风险情况的关键,这对渔业和海洋保护区管理会有影响。

8.1.1.6 混合作用

发生在大气和海洋混合层的人类活动(如海上风能部门),主要是由空气-海洋的动量、热量和气体转移的交换所驱动。大气和海洋之间的通量通常使用整体公式进行参数化,其中系数通常仅是风速的函数。例如,海浪在很大程度上决定了海-气通量和上层海洋的混合(Babanin et al. ,2012;Veron,2015)。从大气到波浪场的动量转移在海况增长(年轻海)期间显著增强(Janssen, 1989)。Janssen(1991)提出了一种取决于风应力和释放到海洋中的风浪动量的风应力公式。在运行独立的海洋或大气模型时,代表海-气界面的表面波没有被考虑在内,这可能会导致对上层海洋的偏差,原因是混合不足或在某些情况下混合太强(Breivik et al. ,2015),甚至是因为动量传递在时间和空间上与有波浪存在时的通量表现相比有所变化。最近的分析表明,尽管预期波浪造成的表面粗糙度(Donelan,2004)通常与风速相关联,但对于中等风速来说影响不大(Edson et al. ,2013)。波浪对上层海洋混合和海面温度的影响,特别是对浅水混合层的影响,在全球和区域尺度上更为明显(Janssen,2012;Staneva et al. ,2017;Law Chune et al. ,2018),见图 8.5。

8.1.1.7 工程和近海应用

为了设计和运行海洋和沿海基础设施(如堤坝、港口等),波浪气候数据和波浪统计数据是

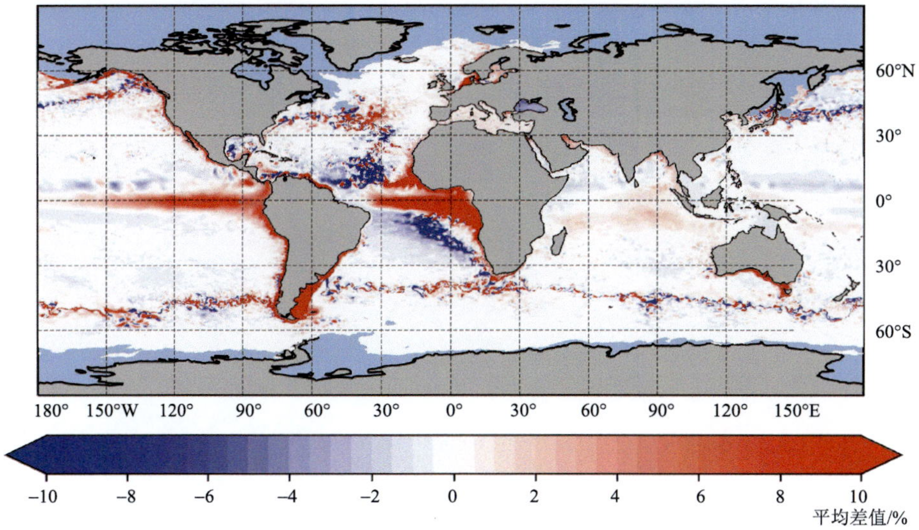

图 8.5　2020 年 1—3 月南方夏季(海面应力、斯托克斯漂移和波浪破碎引起的海洋混合层湍流)波浪作用引起的 SST 与参考 NEMO 的平均差值(百分比)比较(Aouf et al.,2021)

关键。由于波浪会破坏海洋基础设施,影响航运、港口和海上作业的安全,因此,高分辨率、高技术水平的波浪预报对沿海和海洋工程非常重要。波浪在很大程度上造成了海岸线的侵蚀和洪水,从而影响沿海生态系统及沿海社区。对历史上的波浪气候进行实际的评估和良好的理解,对于成功地应对当前和未来的气候变化所带来的挑战和机遇非常重要,如对河流采砂供应的减少、港口和其他结构对沿岸泥沙输运的阻挡、海平面上升(特别是在潮汐河口附近)和地面沉降。风浪迫使沿海水深变化,在海岸线演变中,特别是在极端事件或大浪事件中,波浪会破坏海滩、沙丘和(或)堤坝。

8.1.1.8　预警系统和风险

综合高分辨率风浪风暴潮预报系统可提前向用户发出预警,从而使用户采取一些行动来减轻极端水文气象事件的影响,例如,港口停止运作,以防止事故,保证安全。在一些事件中,物质损失可能相当大,但由于采取了预防措施,可以避免人身伤害。得益于免费的卫星图像(如 Sentinel),现在有可能从最低点高度计观察到有效波高带来的海岸线变化,这种设备具有良好的准确性、能采集更多的样本,如图 8.6 所示。

在风浪模型中同化新获得的卫星波浪数据,可以更准确地后报和预报偏远地区和未测量区域的海岸演变,并评估海岸管理策略的有效性。风浪预报可以直接提高海上作业人员的安全性,如石油平台上的人员、渔民等。专业的水手们一直在寻找能够提高他们对海况的认识的波浪预报产品,以便能够在为期一个月的比赛中对航线和行动做出最佳决策。

8.1.1.9　海况和沿海生态系统

一些沿海生态系统,如盐沼、珊瑚礁、红树林和海草床,在塑造世界大部分海岸线的近岸过程中发挥着基础作用。由于这些生态系统具有自然缓解海岸洪水和侵蚀的能力,在基于自然的海岸保护倡议中,对这些生态系统的管理和保护越来越受到提倡。人们越来越意识到,基于自然解决方案(NBS)可以通过在脆弱性和风险评估过程中使用环境安全的操作来应对社会挑

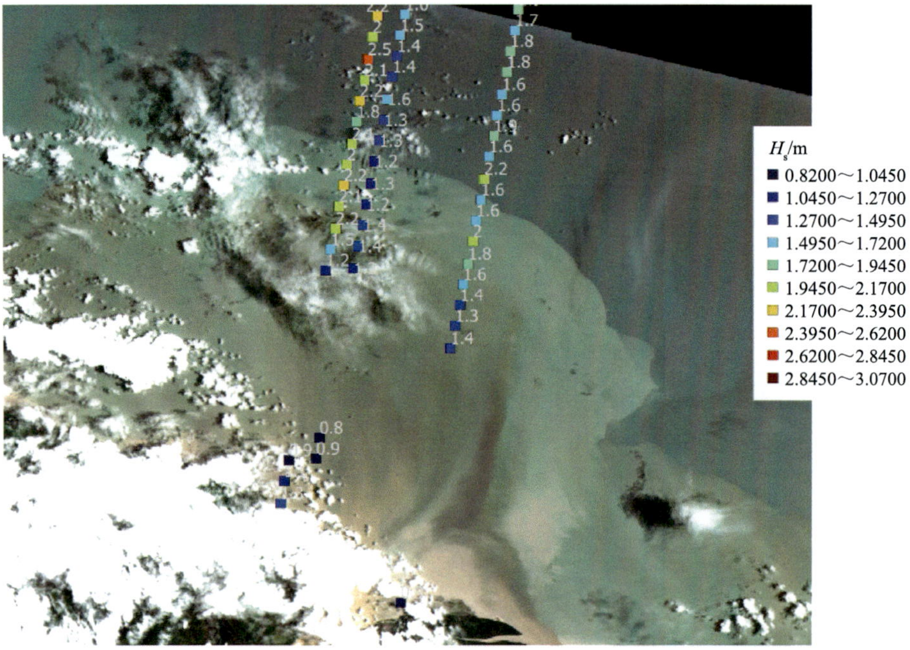

图 8.6　2021 年 3 月，Sentinel-2 图像观察到马罗尼河口（法属圭亚那）的海岸变化，并叠加 CFOSAT 天底轨道上的高分辨率（1 km）有效波高，CFOSAT 捕捉到非常浅的水深过程所引起的有效波高的降低（来源：法国气象局 A. Dalphinet）

战。例如，海洋海草床被高度认为是一种有用的 NBS，因为它能够减轻风暴潮和海岸侵蚀的影响。生态系统模型通常在预测中具有很大的不确定性。了解和更好地预测波浪驱动的近岸过程，将有助于提高我们对不同时间和空间的水动力与生态系统相互作用的认识。此外，涉及保护、开发和改善沿海和海洋环境的活动也需要波浪预报数据。而且，海况信息可以为政策制定者和利益相关者提供环境治理方面的技术和科学支持。

8.1.1.10　波浪数据和行业（如海洋能源部门、航运业务、应急反应等）

波浪数据对于海洋能源部门资产的安全和高效设计、安装、运行至关重要。高分辨率的区域和沿海波浪模型有助于改善一般海况预报的降尺度，确定不同波高特性的热点，以及确定海上风力涡轮机维护工作的优先次序，减少其维护成本。还可进一步应用于包括初始资源评估（波浪能）、环境评估和规划（例如安装和执行、运行和维护）。

海况条件对船舶的设计和建造结构有很大的影响。海况的变化对船舶的操作产生影响，对海员来说一直是一个挑战，他们必须不断地适应。此外，航运和货运业务也受到海况和天气条件的高度影响。并且，溢油和应急反应也需要波浪预报。该行业已经开发了各种方法来适应海洋的强度。不断发展的设计和商业需求，推动了船舶尺寸和容量的界限，对准确的海况信息的需求也随之增加。

8.1.1.11　气候和波浪是地球系统模型的一部分

在我们的“蓝色”星球上，大气和海洋之间的相互作用对气候至关重要，与海洋有关的研究对可持续发展的未来起着关键作用（Visbeck，2018），这正是“联合国海洋科学促进可持续发展十年”等国际倡议所倡导的。最近的研究表明，海-气相互作用与各种现象（例如热带或温带气旋生成、风暴路径和全球能量或辐射平衡)都有关联(Hewitt et al.,2017)。此外,IPCC 已经认识到海浪与沿海地区自然灾害的相关性,并指出需要进行更成熟的区域(耦合)降尺度。此外,由于界面瞬变、温度梯度和可能的其他因素的加强,海-气输运在未来将变得更加关键。为了解决全球变暖导致的未来预测的不确定性和敏感性,有必要填补与海-气反馈有关的知识空白,这也限制了目前的气象模型,从半经验(大量)公式推进到具有强化过程基础的海况依赖方程。同时,还迫切需要推进对海-气边界的理解并提高建模能力,其中风浪起着关键作用。

大气-海洋反馈现在已经成为天气预测的最先进技术,但它们在气候模拟中的作用有限,需要进行更详细的评估(Breivik et al.,2015)。活跃的海-气界面的调节改变了大气和海洋动力,以及相关的生物-地理-化学通量(如 CO_2 通量及其在海中的储存)。在预报或预估中应考虑到海况耦合,这样才能正确地再现波浪对天气和气候演变的调节作用(Parkinson et al.,2012)。在适当的耦合和降尺度或嵌套策略下,了解海-气相互作用将减小预测的不确定性,并成为气候预测的一个重要进展。海-气界面的作用可能远远超过传统上接受范围,在不断变化的气候下,非线性反馈应该变得更加重要。

因此,必须在全球和区域气候预测模型中引入海况的作用,解决由此产生的对生物地球化学和边界(海冰和陆地)过程的影响。增强新卫星(如 CFOSAT、Sentinel 数据等)对地球系统模型(ESM)的支持,以实现对高能环境(如热带气旋或地中海热带气旋,通常被称为 medicanes)的预测和预估。在 ESM 中,需要在全球和区域范围内考虑海况,以确保一致性,并有助于克服短期和长期时间尺度上预测的不确定性。耦合模型(包括陆地边界)中空气-波浪-冰的相互作用方面的进展将有助于缩小预测或预估之间的差距。

8.1.2 波浪的一般特征

8.1.2.1 一般概念

在任何海洋观测预报系统提供的物理气象海洋学变量和过程目录中,波浪可以被认为是最相关的要素之一。波浪与位于海岸(或港口、河口等)的人类活动具有高度的相互作用,因为它们具有能量重要性,并且它们在自然界中周期性和持续存在。图 8.7 显示了与海洋物理环境中其他振荡变量相比,风成浪(典型周期在 1~30 s)的能量相关性。

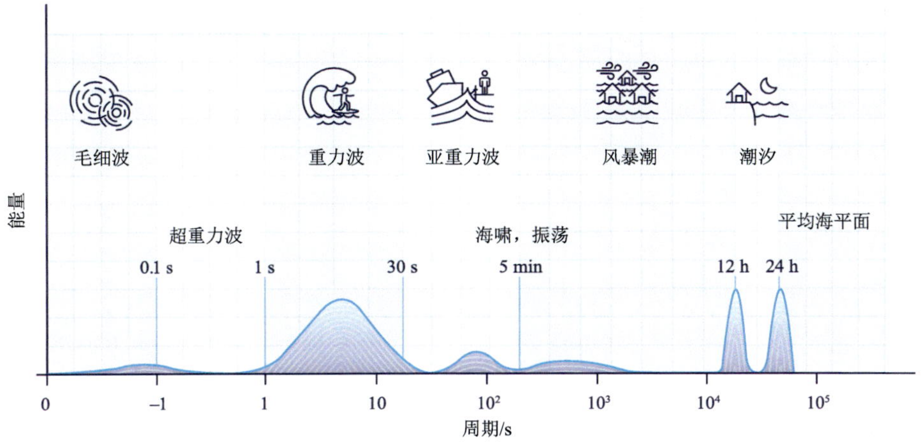

图 8.7 海洋表面垂直运动的频率和周期(Munk,1950;Pérez et al.,2013;Holthuijsen,2007))

传统上，对海浪的观测是通过视觉数据库(Gulev et al. ,2003)获得的，在空间和时间上都很有限，而且对其成因具有很高的不确定性。同样，在海洋和沿海地区的离散点获得的仪器波浪数据库(Chelton et al. ,1985)，对于理解、量化和利用这一变量也很有意义。然而，只有持续时间不超过 20 年的记录，一般都是不连续的，而且是由具有非标准化硬件特征的设备获取的。

最近，由于有了卫星技术，可以依靠更广泛的、连续的、准确的和标准化的波浪数据库(Barstow et al. ,2004;Ribal et al. ,2019)，经过近 20 年的发展，达到了最先进的水平。这类数据的主要缺点在于卫星自身平移所带来的空间不连续性，它只能覆盖狭窄的轨迹(见第 4.2.3 节)。

同样，由于计算机技术的进步，近年来已经有可能获得覆盖全球的连续、标准和真实的波浪数据库(Saha et al. ,2010;Reguero et al. ,2012;Perez et al. ,2017)，符合对此类序列进行后处理的定向校准技术。这些新的数据库又被全球气候模型的风、压力、冰盖和其他变量所反馈(Tolman,2010)。图 8.8 展示了风成浪特征变量和过程的一般体系。

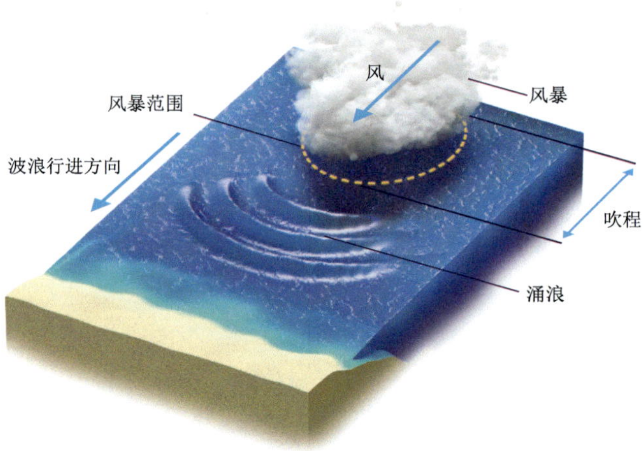

图 8.8　从近海到沿海地区的风成浪特征变量和过程的一般体系

由于波浪的能量以及与外海和沿海地区的自然和人类活动的相互作用，波浪变量代表了气象海洋学知识的基础之一。因此，从统计(长期或多年/后报数据库)或预测(中短期/预报策略)的角度，对波浪特征进行良好的量化是很重要的。从沿海地区到暴露于极端事件的近海地区，以及环境管理、气候分析和所有发生波浪变形复杂过程的情况，都需要这种信息来设计、建造和进行海洋活动。

目前的技术最需要相关的波浪变量的长期(历史)序列，与全球覆盖的海况(通常是每小时)相关联。通过世界各地不同机构的重要技术突破，这些数据库已经可以使用，通常还是免费的(Rascle et al. ,2008;National Centers for Environmental Prediction,2012;Le Traon et al. ,2019)。这种可靠的信息要经过仪器数据的验证、同化和校准(Thomas, et al. , 2008; Stopa, 2018)，但由于它只限于开放水域，通常不包括波浪在中间水域到浅水的变形过程。那么，为了包括这些相关过程，有必要明确波浪降尺度的概念，还需要额外的物理学来细化，包括高分辨率地描述沿海地区、港口、海滩等的波浪特征。

现代的降尺度几乎完全依赖于数值模型的支持，在过去十年中，数值模型在分辨率方面有了很大的发展，包括物理过程和空间扩展，所获得的变量也超过了基本的波浪变量。然而，要获得的新过程或变量，加上新的数值工具，往往会增加解决方案的复杂性，因为它们需要越来越复杂的数学公式，增加计算方案的体积（从二维到三维范围），因此，增加了解决这些问题的计算时间。

这种趋势代表了在获得波浪变量的数值解决方案集合中的一个重要的技术限制，从每小时到多年度的统计分析，以及在预测或预报环境中的任何分析项目，在这些项目中，计算结果预期在每天的基础上，在几分钟或几小时的计算窗口内得到。

一些文献提出了不同的方法来克服这个问题，目的是更好地理解与波产生或传播有关物理过程的复杂性，而不支付使气候解决方案偏离其实际和有效目标的计算成本（Gaslikova et al.，2005；Camus et al.，2011；Camus et al.，2013）。

本章讨论了气象海洋学领域波浪变量量化的最相关概念，重点是如何在多年度领域（后报）和预测领域获得该变量的时间序列（小时），这些都是海洋观测预报系统的一部分。基本概念包括：

- 波浪的理论定义；
- 目前全世界普遍使用的技术、工具和数字模型；
- 解决方案中的结构和特点，以工具的充分利用的一般近似方法和组合；
- 可在不同地理区域获得与波浪相关的基本和高级变量；
- 目前在全球范围内运行的多年度和预报系统的一些例子。

根据“联合国海洋科学促进可持续发展十年”的十大挑战，本章旨在使读者能够获得波浪气候的一般和基本知识，使他们能够建立自己的多年度统计预测和解释系统，用于沿海工程、近海海洋工程、海滩设计、沿海综合管理、港口搅拌、极端事件的法医学分析、沿海工程的设计方案、海洋建设辅助系统等方面的研究和项目实施。

8.1.2.2 定义

本节将介绍海浪物理特征的一般术语。理论上水波是由其长度（L）、高度（H）、振幅（a）或高度（H）及传播深度（d）来描述的。其他变量，如速度、压力和加速度，可以明确地从三个基本量（振幅 a、波长 L 和周期 T）进行数学计算得出，波周期为两个连续的波峰分别从空间或时间的固定点通过所需的时间。传统上，二维波浪示意图是可视化的（Dean et al.，1991），以更好地理解波浪的主要特征（图 8.9）。

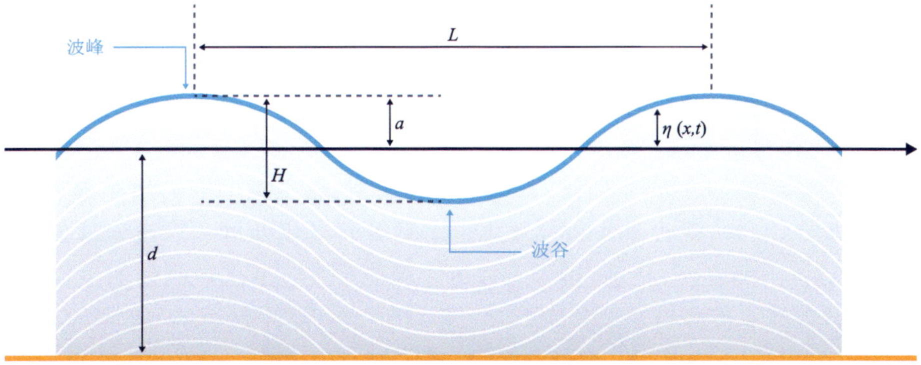

图 8.9　二维线性水波的特征

这个方案将海浪作为简单的正弦波，其中 a 代表平均水位和波峰高度之间的振荡和循环的垂直距离，$\eta(x, t)$代表自由表面在特定位置 x 和时间的垂直位置，用于描述波浪运动的坐标轴位于静水线 $z=0$ 和水底 $z=d$ 上。在给定一个水深下，波长(L)可以用色散关系来定义(如式(8.1))，定义为两个连续的波峰或波谷(波的最低点)之间的水平距离，并与波周期(T)直接相关。

随着波的传播，水质点在轨道上移动。另外，波的相位速度或速度(C)，相当于 $C=L/T$。

这种理想化的情况在自然界中很少出现，无论是在频率上还是方向上。因此，不规则波或实际的波场可以由向多个方向前进的大量正弦波分量(单色波)的叠加构成，每个分量都有不同的频率或周期、振幅和随机相位。这种观点允许使用经典的傅里叶分析、统计技术和众所周知的能量谱技术来充分理解和描述存在于任何地点和时间窗口(一般在 1 h 内作为海况的定义)的海浪。

随机或不规则的海浪作为独立谐波的整体，可以用表面重力波的线性理论进行详细描述，只对小振幅波有效。线性理论(也叫 Airy 理论或 Airy 波)，在明确定义了基本控制方程和轮廓条件后，给出了一个长峰谐波在 x 方向传播的解

$$\eta(x,t) = a\sin(\omega t - kx) \tag{8.1}$$

这就得到了一般的色散方程，它与角频率 $\omega=2\pi/T$ 和波数 $k=2\pi/L$ 有关

$$\omega^2 = gk\tanh(kd) \tag{8.2}$$

所以，只根据波的周期和频散条件可以计算任何深度的波的传播速度。因此，与短波相比，长波的传播速度更快。这些波的传播速度取决于波长和频率，被称为色散波。

当波在海洋中传播时，它们会形成不同成分的波群。由于海况波谱频率之间的差异是无限小的(相邻波数之间的差异也是无限小的)，所以可以根据相位速度(C)计算出波群速度(C_g)

$$C_g = \frac{1}{2}\left[1 + \frac{2kd}{\sinh(2kd)}\right] \tag{8.3}$$

这表明，相位速度(单个波的速度)总是等于或大于波群的速度。波群速度对频率的依赖性导致了波群的解体：这在物理上是显而易见的，因为长波在短波前面走得更快，波能在海洋上分散开。其结果是，由风暴造成的不规则波浪(称为 SEA 型)转变为更有规律和相位有序的波浪(或 SWELL 型)。

在基本的线性理论中，这些变量可以定义三个区域，明确区分波浪产生和向海岸传播的整体行为，具体如下。

- 深水：受 $d>0.5\ L$ 的限制，波浪引起的速度随着与海面的距离增加而呈指数级下降。水粒子以半径递减的圆向海底移动。最终，波的振幅等于自由表面上最大圆圈的半径。群波中的单个波比群波传播得更快。
- 浅水：限于 $d<0.05\ L$，对于浅水，粒子运动学表明，水平速度的振幅在垂直轴上是恒定的，它不依赖于深度；同时，垂直速度的振幅从海底到海面呈线性增加。浅水区的粒子轨道是椭圆的。速度(C)仅由深度(d)计算，波长(L)与波周期(T)呈正比。单独的波以相同的速度在波群里行进，并保持它们在群里的位置。
- 中间深度：所有其他情况下，水深和周期(或波长)都对线性波理论的解有很大影响。此外，波群中的单个波比波群的速度快(与在深水中一样)。

将波浪定义为不同的理论区域，可以将振荡流的物理行为分为三类：

①风的作用在深水中产生的波浪；

②从深海到中层水域的波浪传播和弥散；

③波浪向海岸带传播的变形和消散，以及它与水深、自然和人工结构的相互作用。

这些过程的一般知识使我们可以理解它们的复杂程度、重要性以及在统计或预测气候系统中的应用。当务之急是正确确定要选择的实验、数学或数字工具来解决过程(基于最相关的波浪变形特征)，生成要考虑的变量和过程的层次，并在组建气候系统中建立假设。

以下各节将讨论上述的主题，目的是根据用户需要包括的过程，考虑每个数值模块的优点和缺点，以及综合系统内在的和连续的不确定性，建立一个从深水到海岸的海浪气候(多年期)或预测系统。

8.1.3 深海风成浪理论

海洋中风产生的波浪是气象海洋物理学中最具挑战性的研究对象之一。它们是由作用于全球尺度的风场产生和强迫的(Janssen，2004；Chalikov，2016)，并受到重要的耗散和强非线性效应的影响(Babanin，2011)，这些效应驱动着数万个波周期尺度的波谱演变(Hasselmann，1962；Zakharov，1968)。产生、消散和相互作用动力学是任何波浪模型的三个不可分割的主要支柱：一旦风产生了波浪，不管它们有多小，它们的衰减和与波谱内其他波浪成分的能量交换机制就会立即启动。此外，每个支柱都不是一个单一的物理过程，而是大量的各种过程，在波浪的演变过程中，这些过程往往是同时发生的，并且具有不同的相对重要性。

三种主要的动力过程总是存在的，但在特殊情况下，或者从特定应用的角度来看，其他过程可能变得相关，甚至占主导地位。例如，表层海流(Babanin et al.，2017)、海冰(Thomson et al.，2018)或表面张力，以及其他因素的各种影响(Cavaleri et al.，2007)。

在浅水环境和极端大风的情况下，波浪成为一个不同的物理对象，其各自的波浪模型因较少的物理特性和较大程度的参数化和特别的优化方案而引人注目。对于有限水深，色散性降低甚至停止，非线性增长，但主动非线性机制改变，能量输入和耗散之间不再保持平衡，由于各种波底相互作用和沉积物响应而产生各种新的物理过程(Young，1999；Holthuijsen，2007)。

当风速超过 30 m/s 时，所有的三个海-气环境，即大气边界层、海面和上层海洋，都会同时发生物理机制的变化(Babanin，2018)。对于海洋表面的波浪来说，这改变了风的输入过程，其中频繁的流动分离和大量产生的水花改变了风浪交换，导致了已知的海面拖曳的饱和效应。现在，波浪的破碎和消散是由完全不同的动力驱动的，即由直接的风驱动而不是非线性的波浪演变。

8.1.4 波浪的近岸变形

任何以沿海地区浅水为重点的海浪再分析(多年期数据库)或预测系统，都需要有关源于深水的海洋波浪特性转变所涉及的最重要过程的详细信息。本小节对这些过程的基本方程和需要考虑的物理问题作了全面的描述。

必须强调的是，这里提出的理论将每个过程作为一个孤立的实体，但实际上，所有这些过程都是一起出现的，并同时发挥作用。因此，有必要为波浪向海岸传播的每个子区域建立一个相关过程的层次结构，以便气候和预报系统的开发者能够意识到并适当考虑它们。

8.1.4.1 浅水变形

当波浪开始与海底或海底结构相互作用时，就会发生浅水变形现象。当波浪在中、浅水区传播时，它的速度会降低，并保持其频率不变（线性理论主要假设）；波长和相速度都会降低，而波幅则有增长的趋势（图 8.10）。换句话说，在浅水区，海浪的分散性变小了，也就是说，相速度对波频的依赖性变小。

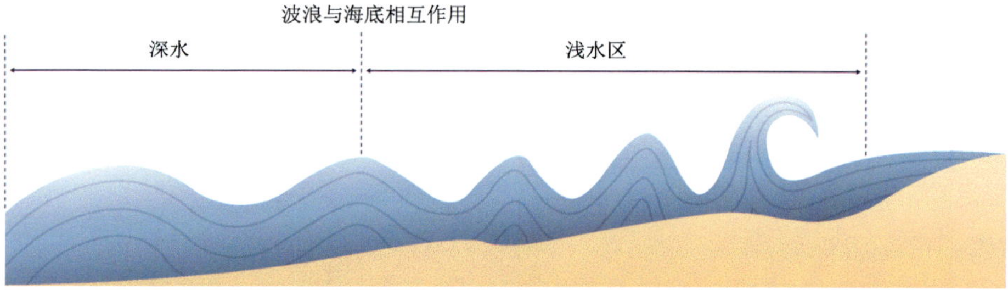

图 8.10 海浪浅水变形的主要特征

浅水变形导致的波高变化可以通过以下的一般关系计算出来

$$H_2 = H_1\sqrt{\frac{C_{g1}}{C_{g2}}} = H_1 \cdot K_S \tag{8.4}$$

式中：H_2 是变形后波高；H_1 是变形前波高；C_{g1} 是变形前波速；C_{g2} 是变形后波速；K_s 是浅水变形系数。

在实际中，可以观察到波浪浅水变形现象是由水深剖面或深度的减少导致的局部波高增加。也可以以相反的形式出现，即被浅水变形的波浪进入逐渐变深的水域，导致波长增加的效果（波速也增加），而波高减少。

8.1.4.2 折射

当海浪从底部或因水深的相互作用而改变其传播方向时，就会发生折射，主要原因是在不同水深处行进的同一波前端发生变化导致其速度部分减慢。行进中的波浪的一个部分比另一个部分移动得快，导致波浪前端转向海岸（图 8.11）。海浪总是会转向传播速度较慢的区域。在物理学上，波的折射满足斯涅尔定律

$$\frac{\sin\theta}{C} = \frac{\sin\theta_0}{C_0} \tag{8.5}$$

式中：C 是折射后波速；C_0 是入射前波速。

当波浪向海岸线传播时，波峰趋向于与海岸线平行。折射可以被看作是当波浪以 0°角接近海岸线时，波浪方向逐渐改变，称为斜向入射。

此外，折射可以产生重要的影响（部分波高降低或增加），用折射系数（K_R）计算如下

$$K_R = \sqrt{\frac{\cos\alpha_0}{\cos\alpha}} \tag{8.6}$$

式中：$\cos\alpha_0$ 是折射前角度；$\cos\alpha$ 是折射后角度。

最后，综合波的折射和浅水变形总是同时存在，对波高的影响为

$$H_2 = H_1\sqrt{\frac{C_{g1}}{C_{g2}}}\sqrt{\frac{\cos\alpha_0}{\cos\alpha}} = H_1 \cdot K_S \cdot K_R \tag{8.7}$$

式中：H_1 是折射和浅水变形前波高；H_2 是折射和浅水变形后波高。

8.1.4.3　衍射

当海浪到达并与任何结构（自然或人工的，完全或部分出现的）相互作用时，会发生波的衍射，这被描述为垂直于波浪传播的主要方向的能量的阻挡和扩散。其结果是，波峰、角度和能量在障碍物后面（所谓的背风面）扩散，波高在避风区显得较低（图8.12）。同时，波峰重新排列成更有结构性的辐合或辐散传播模式。

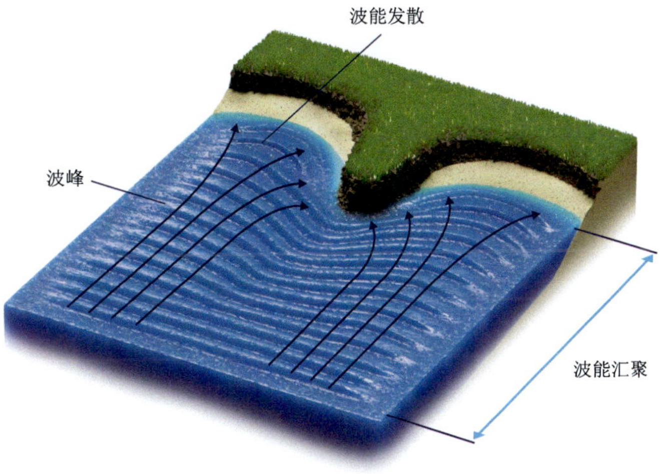

图8.11　海浪折射的主要特征

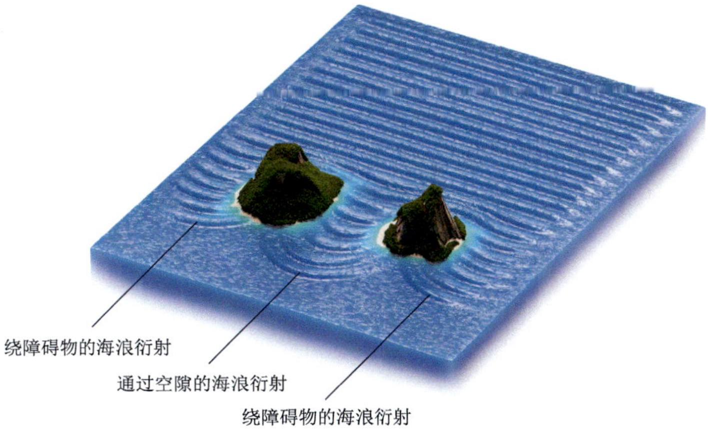

图8.12　半无限障碍物后面的海浪衍射

衍射波峰在穿透障碍物的背风面时采用的圆形模式，随着波在障碍物后面的进一步衍射而迅速减弱。这种行为可能与海湾、港湾、岛屿和半岛地区附近的所有海洋观测预报系统相关。

衍射波也仍然受到折射和搁浅效应的影响，特别是对于有相关水深变化的大型遮蔽区。另外，对于那些半淹没的结构（防波堤和（或）陡峭的测深设备），也会出现半折射效应，具有明显的折射-衍射综合效应。

衍射波的分析解决方案可以通过理想化的恒定水深和半无限浮体的衍射系数来处理(CERC,1984),忽略波的反射作用,而使用图表作为波长、浮体入射角和防波堤头与计算点之间距离的函数(Koutitas,1990)。对于更实际的配置,应该引用数值方法(相位平均或解析方法)。

8.1.4.4 波浪-海流相互作用

波浪也会受到海流(潮汐、风暴潮、河道径流、周围水流等)的影响。预计入射波的振幅、频率和方向会发生变化(Dean et al.,1991)。

如果波浪被海流阻挡,可能会发生海流引起的局部浅水变形。另外,海流引起的折射可以引起速度或波浪传播方向的变化,以及海流和波浪之间的能量交换,可以在沿海或河口地区和一些受沿岸海流影响的港口入口处出现(图 8.13)。

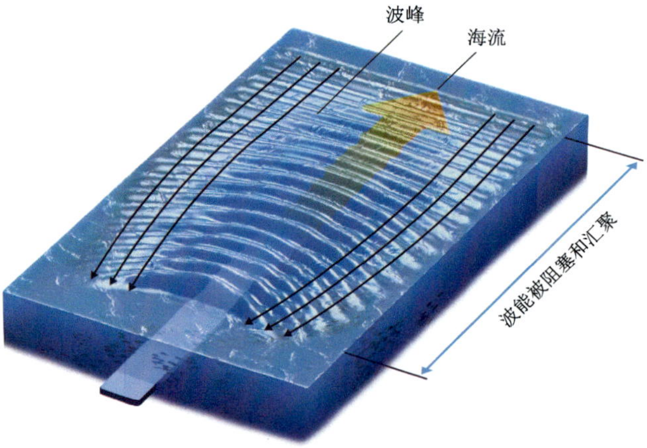

图 8.13 波浪-海流相互作用的例子

这里线性理论仍然有效,弥散方程可以进行调整,以考虑到海流(垂直平均深度),具体为

$$\omega = \sigma + kU_n \tag{8.8}$$

式中:ω 是作用后的角频率;σ 是作用前的角频率;k 是波数;U_n是水流在波浪方向的分量。

8.1.4.5 消散(破碎和底部摩擦)

破浪也许是波浪所能经历的最消减能量的现象之一。当一个浅滩/增长波在有限的深度剖面上传播,达到其自身的水量稳定时,就会发生这种情况。当波浪向浅水区传播时,它们变得更加陡峭,直到达到稳定极限时才会破碎,产生一个与流体湍流和涡流有关的复杂机制。

根据水波传入的特征,如频率、方向和高度,以及水深特征(坡度),预计会出现不同类型的破浪。一个叫作伊里巴伦数的参数(Iribarren number,也称碎波相似参数)可用于这些分类(图 8.14),它被定义为底部坡度和波浪陡度的函数,即

$$\xi = \frac{\tan\alpha}{\sqrt{\dfrac{H}{L_0}}} \tag{8.9}$$

式中:α 是底部坡度;H 是入射波高;L_0是深水波长。

McCowan(1984)建立了一种估算破碎极限深度的简单方法,即破碎高度等于水深的一小部分

$$H_b = k \cdot h_b \tag{8.10}$$

式中：H_b 是破碎波高；h_b 是水深；$k=0.78$。

对于沿海地区的波浪气候或预报应用，波浪破碎的现实特征可能是最具挑战性的问题之一，在处理海滩剖面上破碎线、破波带内波浪破坏结构物的预测时，应进行数值处理。

此外，当波浪传播到浅水区时，由于底部摩擦引起的波浪耗散可能是相关的。底部和水波粒子的轨道运动之间的摩擦会消散波能，它取决于轨迹速度和底部的粗糙度。

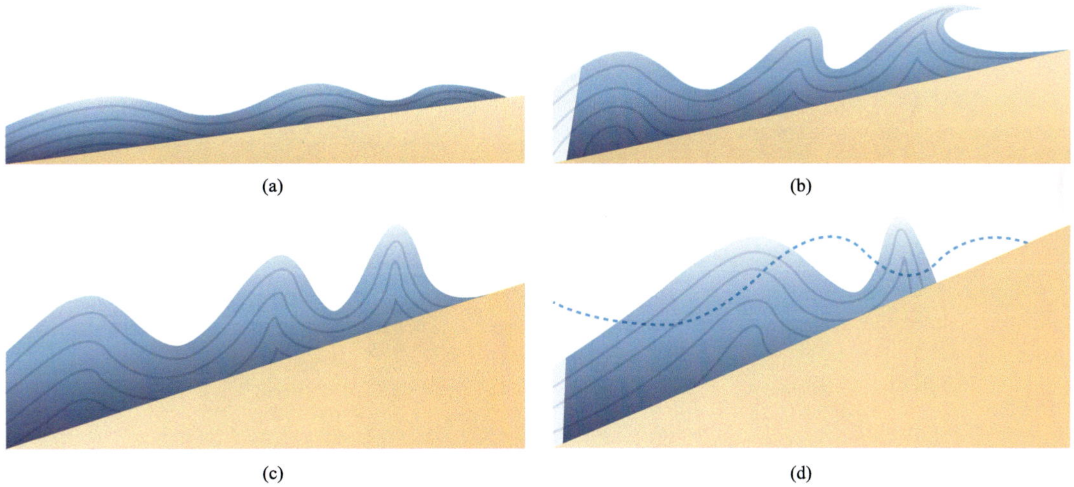

图 8.14　基于伊里巴伦数参数的破波类型

(a)崩破波(在整个平缓斜坡海滩的破波区中出现溢出破碎)；(b)卷破波(波浪向前卷曲并撞击形成部分管状而破碎)；(c)滚破波(由卷破波和激破波叠加形成的破碎(Dean et al.，1991))；(d)激破波(在非常陡峭的海滩上形成非常狭窄甚至不存在的破波线或破波区，这种情况与波浪反射相关)

8.1.4.6　波浪与结构物的相互作用

当波浪前沿到达任何沿海障碍物时，部分总入射波能返回到外海、海盆或遮蔽区域(图 8.15)。部分原始波浪能量被反射，部分被消散。被反射的能量(称为反射系数或 K_f)取决于垂直结构类型(天然悬崖、海滩、人工防波堤、码头等)和入射波特性(主要是波浪频率)。

理想化的垂直结构可以 100% 地反映传入的波浪能量($K_f=1$)，但在实际不完美的海岸周边地区，由于在结构-水界面发生的复杂物理过程(如破浪、摩擦、渗流、上升等)的结合，这个值通常低于 1($K_f<1$)。

对于邻近海岸结构的浅水区，必须将波浪反射纳入相关的波浪转换过程列表，特别是对于那些需要对研究区的入射波和反射波进行良好表征的波浪气候或预报系统(即来自港口、悬崖、暗礁、防波堤、港口波动等远处地区的附带反射效应的传播)。

波浪反射的数学描述涉及将波浪运动计算为入射波和(部分)反射波的线性总和，作为瞬时或驻波效应(对于恒定深域和一维方法)。对于真实的水深和海岸周边配置来说，这可能是复杂的，当不规则的波浪列与不同的结构和海岸类型相互作用时，在这种情况下，应该使用一个专门的数值方法。

部分波反射也可能与半淹没结构和(或)陡峭的水深变化(如疏浚的航道)有关，因为它与波的浅水变形、衍射和折射效应相互作用。例如，港口波动现象涉及衍射和部分反射波形的复

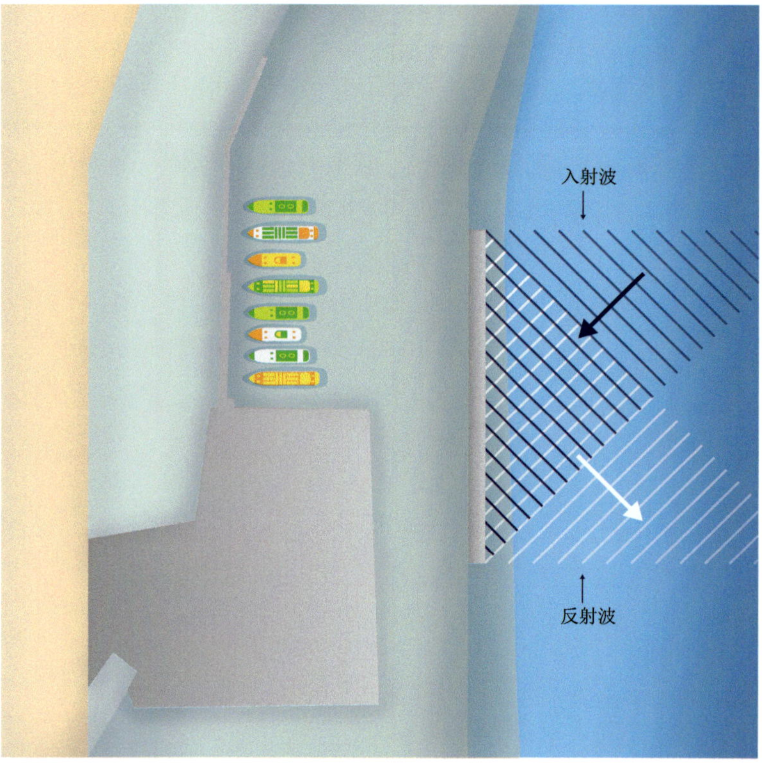

图 8.15　海浪的反射

杂计算。

随着波浪反射作用和波浪对海岸和碎石结构的破坏，波浪的能量和频率可以越过这些元素、潮汐时刻和每个特定结构的类型和特征。

在波浪气候或预报系统中，为了详细定义波浪与沿海结构（天然或人工）的相互作用，有两个要素非常重要：①波浪爬高高度，定义为波浪高度（Ru2%），从静水线垂直测量，超过入射波数的 2%；②波浪越浪量，定义为结构每米宽度的平均水流量（图 8.16）。

图 8.16　沿海周边地区的波浪越浪实例

近年来，世界各地都有处理行人海岸地区波浪越浪问题的预报系统。这些早期预警系统的精确性取决于对入射水波和结构的几何形状（干舷、波峰宽度、粗糙度、坡度、渗透性和孔隙率）的良好再现。为了计算这些衍生变量，EurOtop 手册（Van der Meer et al.，2016）收集了一些经验公式，以方便获得这些变量。另外，一些先进的数值模型（基于计算流体力学）可以很好地获得越浪量和流量（Losada et al.，2008）。

8.2 波浪预报和多年期系统

波浪预报包括描述浪在海面上风的作用下的演变，以及它们与洋流、海冰和障碍物相互作用后的传播。波浪模型以数值方式求解来自能量平衡方程的波谱变化，同时考虑到能量增益和损失项。波浪模型的演变是随着风浪增长、涌浪消散和非线性波浪相互作用等关键过程的改进而进行的。实验工作（Mitsuyasu，1970；Hasselmann et al.，1973）强调了非线性波浪相互作用和风浪增长的重要性。这促进了波浪模型的改进，例如，更好地模拟描述波浪能量从高频率向低频率过渡的现象。波浪模型必须考虑计算时间，以确保在接近实时的条件下进行业务预报。到目前为止，非线性波浪的相互作用在模型中是以近似的方式模拟的，这有时会产生误差。

波浪预测主要是一个短期过程，以确保人员、财产的安全，以及维护需要准确描述海况的业务活动。此外，波浪预报对于长期分析波浪气候、从极端波浪事件中吸取教训以及升级和改进业务化波浪预报系统是必要的。这些行动是波浪再分析或所谓的多年期产品的一部分，其中用户最熟悉的是 ERA5、全球海洋波浪再分析（WAVERYS）和气候预报系统再分析（CFSR）。

8.2.1 从深水到浅水的复杂程度

每一个旨在为历史（多年）和未来预测提供海浪相关产品的 OOFS，都需要一个模块化的架构和通用的方法（见第 4 章）。

预报系统及其结构的主要组成部分（见图 4.1）可被认为对几乎所有的 OOFS 结构都有效，因为它们基于三个一般步骤：

①用于数据同化的强迫力和观测；

②数值模型；

③后处理工具和最终产品信息（包括验证、监控和传播）。

当波浪 OOFS 用于深海时，应遵循上述这些步骤。然而，当在海洋观测系统中要评估的主要过程是沿海地区的海浪时，如果没有很好地概念化，第二步可能是一个大问题。原因是要使用的数值模型无法有效或快速地获得结果，特别是对于那些需要强大的、循环的体系以获得 7×24 h（全天候）输出的预报系统。此外，沿海地区的数值波浪传播可能会迅速变成一个高 CPU 要求的问题，特别是当需要解决单波物理问题时，如波浪反射、波流相互作用、结构越浪等。

通常情况下，深水区的波浪 OOFS 只提供基本变量的简单预测（这里称为第 1 级）。在沿海地区，降尺度方法无法获得涉及派生变量的更复杂的解决方案（第 2 级和第 3 级），因为它们不能基于直接或琐碎的解决方案，而是需要复杂的数值计算，以及使用对 CPU 时间要求较高的先进工具。图 8.17 显示了在一个海浪 OOFS 中，每个级别(从第 1 级到第 3 级)的复杂程度所要考虑变量的一般清单。

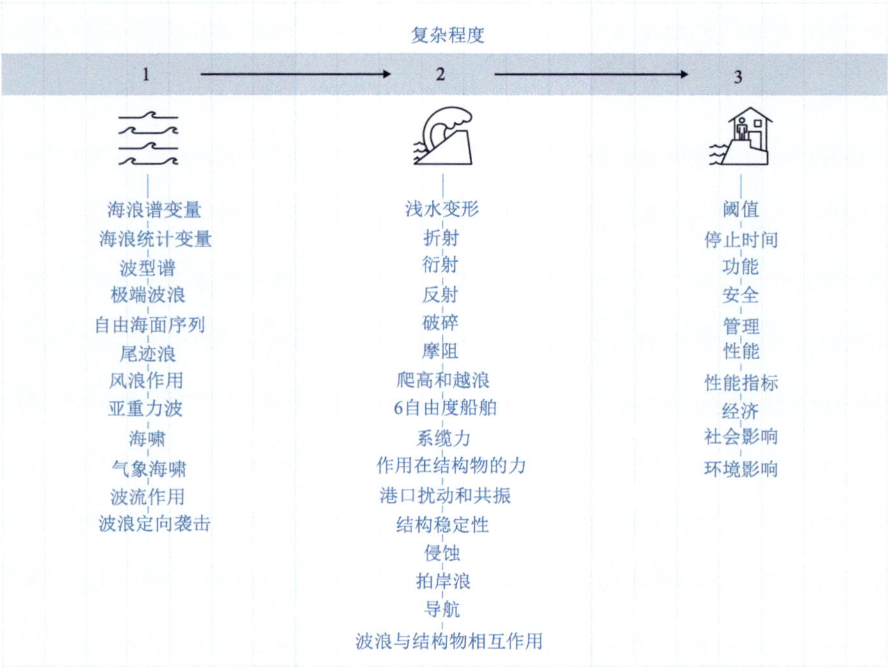

图 8.17　海浪 OOFS 中包括的变量，根据他们的复杂性和依赖性分为 1～3 级

所包括的变量将定义 OOFS 的主要架构，其中，通过一种方法，将效果、物理行为和最终预测联系起来，但允许未来以简单和直接的方式交换或替换变量和方法。

现代海浪 OOFS 总体架构需要满足质量、互用性、可操作性和可靠性的特征。这些特征应防止可能导致严重操作缺陷的异常情况，例如：

- 没有任何质量控制协议的不真实的结果，只有通过动态方法(实时逐个海况的数值运行，如 Rusu 等(2008)的解释)才能找到解决方案；
- 日常 CPU 可用时间上的局限性；
- 无学习(反馈)；
- 空间受限的，几何上不变的(非进化)；
- 未知的不确定性(没有误差控制或措施)；
- 模块之间没有通信，只基于确定性本质。

为了克服这些可能的缺点，有必要确定一些体系结构特性，下面将对其进行描述。

①预测的效率和速度。需要建立一个足够敏捷和高效的系统，能够在未来使用预先确定的时间窗口内提供结果。一般来说，这个窗口被减少到非常有竞争力的 1 h 左右的时间，这是触发所有进程、获得结果和发布结果所必需的。因此，应该引用基于结合聚类方法的混合架构的总装配方法，特别是对于浅水区的高 CPU 建模。

②鲁棒性(7×24 h)。工作流程必须是轻量级的，并且在计算上是有序的，以保证过程的充分触发和结果的获得。

③模块化设计。这是指系统能够直接交换方法和工具，而不需要对系统的主干架构进行重大修改(即插即用)。这种工作方式需要对模块之间的通信格式(输入和输出，I/O)进行充分的标准化，以便每个部分的连接与一般系统的编码兼容。

④可靠的和真实的结果。这是一个波浪 OOFS 最重要的特征之一，因为它涉及工具的可靠性、所采用的一般方法的可信度，以及终端用户的满意度。为此，应该提出用现场测量的信息来验证该工具及其结果的方法。开发这种方法的一个常见做法是准备一份文件，说明如何开展实地活动，指出地点、要测量的变量和要使用的设备类型、建议的时间表、建议的后处理理算法和最终验证产品。需要注意的是，测量结果将反映出研究区域在业务系统中的逻辑演变或增长情况(水深测量的修改、演变的遮蔽要素等)。

⑤专门的数学和数值工具。这与上面提到的模块化系统的想法密切相关，它是基于那些旨在解决特殊关注的物理过程工具的精确整合。它是通过适当使用和调整波浪传播工具(如计算流体力学(CFD)模型、非线性浅水方程、布辛尼斯克方程、缓坡方程、第三代波浪生成和传播模型等)来实现的。

⑥结果的自我诊断。这一特点是基于统计方法的使用，可以对系统每天提供的结果进行详细诊断，以识别和量化在整个系统执行过程中引发的错误和不确定性。这一概念与“不确定性级联”理论(Wilby et al.，2010)密切相关，使得优化每个方法并减少错误和不确定性成为可能。

⑦临近预报一体化。这指的是波浪 OOFS 的能力，即利用在系统运行阶段连续和平行提供的现场测量。应该开发出访问、读取、后处理和同化观测信息的算法，将其与系统提供的预测进行比较，最终能重新调整某些控制参数，从而对预测进行调整。该系统的这种自学能力保证了使用者将在几个月内达到一个成熟的操作水平。

⑧量身定制的结果。这是 OOFS 为适当的决策过程正确准备结果格式(汇总表、电子邮件公告和网页)的能力，使格式适应用户需求，并显示预测的一般不确定性。

这里提出的结构特点能够提供：多年的波浪(后报)、业务化或预测的产品。

8.2.2 混合和聚类技术

当波浪传播评估所涉及的物理复杂性条件出现时，建议采用混合方法(Groeneweg et al.，2006；Stansby et al.，2006)，考虑：①要使用的数值模型(CPU 时间)；②要考虑的区域的空间分辨率；③要包含在最终系统或解决方案中的新变量(如第 1 级以上的变量)的时间相关性。

这种方法允许对第 2 级到第 3 级的变量进行快速评估，无论执行评估工具的复杂程度如何。这要归功于“预先执行案例目录”或聚类技术的概念(也被称为预设目录)，它负责同化所有包含过程的案例统计，从涉及的强迫力到最终的响应。

各种文章中描述的混合方法(Gaslikova et al.，2006；Breivik et al.，2009，Herman et al.，2009)，总是遵循相同的步骤：

- 获取原始强迫数据库(一般在深水、海况、风和海平面系列)；
- 应用预选的 N 个算例族的自选算法来运行，这将涵盖外部点气候的所有物理量(图 8.18)；
- 通过使用主要的数学或数值工具执行 N 个案例，将 1 级变量转换为 2 级和 3 级；
- 在完成转换过程后，对迁移点的原始数据库进行统计重构(Kalra et al.，2005；Browne et al.，2007)，例如从外港区到码头区，利用一种算法，从统计上将 N 个案例的预运行目录与外港区强迫力的完整统计数据相互关联；

- 诊断数据，用于历史诊断。

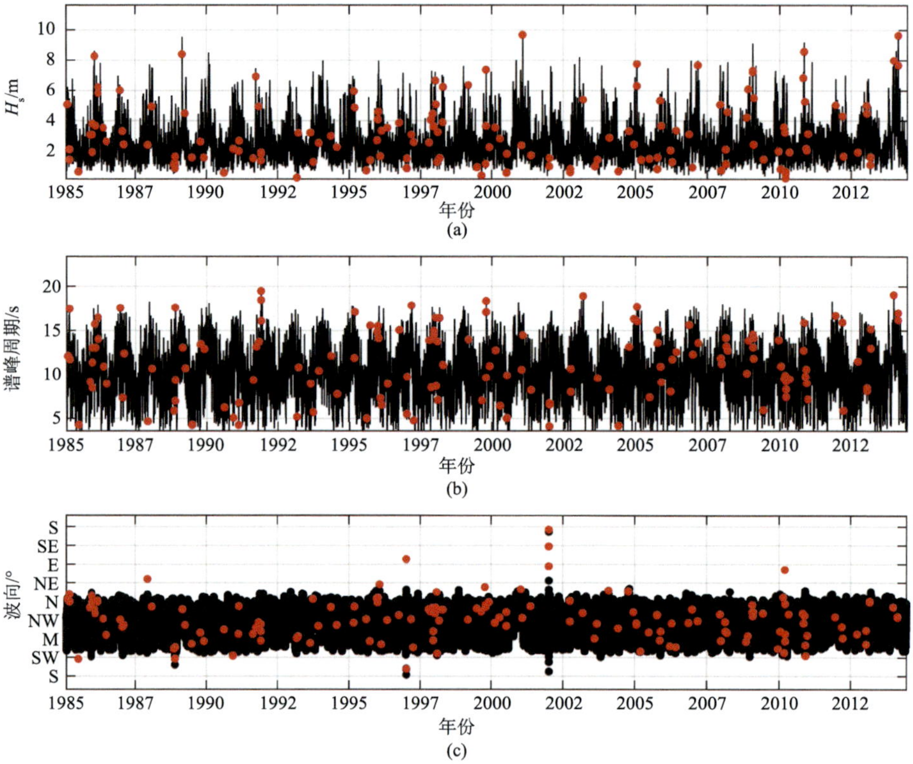

图 8.18　使用 Max-Diss 算法进行波浪气候聚类(来源:坎塔布里亚大学)
(a)有效波高;(b)谱峰周期;(c)波向

8.3　输入数据、可用来源、数据处理和模型预处理

8.3.1　水深和地形

任何全球海浪 OOFS 都需要准确的水深数据(有关水深数据来源的信息见第 4.2.4 节)。对于面向沿海或港口区降尺度的系统，建议使用分辨率为 5～20 m 的详细水深数据。

沿着海浪 OOFS 策略开发的一些解决方案和模型还需要 DEM。推荐主要海滩地形、人工结构剖面和高程，分辨率网格优于 5 m。此外，垂直基准面应是已知的，并用于整合所有不同的测深、剖面、地形参考，以及海平面时间序列。

8.3.2　强迫场

深海波浪 OOFS 通常需要以下气象海洋变量强迫力：

- 风场；
- 压力场；
- 冰覆盖场。

浅水、沿海、降尺度波浪 OOFS 通常需要以下气象海洋变量强迫力(一般从以前的深水模块或其他后报、预报全球供应商处获得)。

- 波谱的形式:
  - 综合变量(H_{m_0}、T_p、Dir);
  - N 模态的综合变量(即 2 个 SWELL 和 1 个 SEA);
  - 频谱实形(如有)。
- 海平面的时间序列(包括风暴潮和天文潮)。
- 中高分辨率的风场。
- 自由表面高度的时间序列。

8.3.3 观测

观测是验证和校准的主要数据来源。需要进行以下观测。

适用于深水的方法:

- 卫星观测的 H_{m_0}、T_p 和 Dir;
- 方向性波谱定义(浮标)。

适用于浅水的方法:

- 方向性波谱定义(浮标);
- 压力计时间序列(长度超过 20 min);
- 无方向性的波浪浮标;
- 波浪越浪测量(非侵入式相机)(如有)。

8.3.4 预处理和数值问题的定义

现代海浪 OOFS 采用数值模型策略来模拟海洋(深水)和沿海地区(浅水)主要现象的产生和传播。这些数值代码通常包含三个主要元素:前处理、数学求解器、后处理。

第一步发生在模型执行之前,它包括在预处理阶段。在这个阶段,应该完成以下几个子部分。

- 定义计算域的地形形状,被方程应用和求解。这个区域通常被离散为单元、控制体积或单元(取决于求解器类型),所有这些都符合网格区域;
- 将水深数据与生成的网格进行整合和调整(这与变量的适当的物理表示和模型的稳定性有关)。

一般来说,准确度随着单元数量的增加而增加,但需要更长的计算时间。如何进行选择,主要取决于可用的计算机能力、体系结构范围的类型和要使用的方法(例如,混合方法可以帮助最小化所需的 CPU 时间)。一般来说,CPU 成本或物理定义的平衡可以通过使用非均匀网格来解决,这些网格的节点位于特别关注的区域或物理特性发生高度变化的地方。

最近开发的数值波浪模型已经加入了自适应网格。这意味着网格会自动调整其分辨率(根据一些用户定义的公差标准或物理网格设计)。

8.3.5 边界和初始条件

边界条件是任何波浪数值模型所需的计算域周边的强迫值。在某些情况下,是在任何其他主体或其他模型域的附近。

初始条件通常是指定义海况模拟的水波值(通常用区域 OOFS 的 1 h 频率数据)。

应考虑以下建议。

- 选择模型的输入强迫(边界条件),调整格式,并将输入数据同化为解算方程可以使用的形式(数据规范化阶段)。注意建立正确的海平面和基准高程。
- 定义任何对称和循环的边界条件。
- 定义任何开放的边界条件,使水波在无限范围内自由辐射。
- 对于波浪反射模型,考虑定义每个单独的反射系数。

8.4 建模部分:一般波的产生和传播模型

8.4.1 模型的类型

海浪建模工作和应用大致可分为两大类:相位解析(或直接)模型、相位平均(通常是谱)模型。直接模型可以明确地模拟水、空气,甚至两相介质的流体力学基本方程,从而将分析研究扩展到这些方程的近似解和渐近解的传统范围之外。然而,在海洋尺度上,这种模型并不实用,也不可行,因此,在风浪预报中采用谱模型。

在接下来的小节中,对深水和浅水分析都给出了一般描述、数学模型、局限性和每种类型模型的主要应用。

8.4.1.1 深水区

这里主要介绍谱模型。

风产生的波浪在有限深度 d 的水中的演变可以用波浪作用 $N=F/\omega$ 平衡方程来描述

$$\frac{\partial N}{\partial t}+\boldsymbol{\nabla}_x\cdot[(\boldsymbol{c}_g+\boldsymbol{U})N]+\boldsymbol{\nabla}_k\cdot[\boldsymbol{c}_k N]=\frac{I+L+D+B}{\omega} \tag{8.11}$$

式中:$F(\omega,\boldsymbol{k})$ 是波能密度谱;ω 是固有的(相对于任何局部海流的参考系)角频率;$\boldsymbol{k}$ 是波数(黑体表示矢量特性)。在线性情况下,波的时间和空间尺度是通过色散关系联系起来的(见式(8.2))。式(8.11)的左边表示波浪作用密度的时间空间演变,而右边是能量源项。在左边,$\boldsymbol{c}_g$ 是波群速度,$\boldsymbol{c}_k$ 是指频谱平流速度,$\boldsymbol{U}$ 是流速,我们注意到 $\boldsymbol{c}=\omega/\boldsymbol{k}$ 是波的相速度。$\boldsymbol{\nabla}$ 在这里是水平散度算子,$\boldsymbol{\nabla}_k$ 是频谱空间的算子。I 为源项在物理上表现为来自风的能量输入;L 表示波谱内各种阶数的非线性相互作用,其作用是重新分配波谱内的能量;D 是耗散能量汇相;B 是波底相互作用过程;在特定情况下可能有更多的源。请注意,所有的源项,以及波群速度和平流速度,以及平流本身就是频谱。更多细节请参考 Cavaleri 等(2007)的论述。

在源函数中,L 是一个保守项,即它的积分为 0,但其他积分定义了进出波系统的能量通量

$$E_{\mathrm{I}}=\int I(\omega,\boldsymbol{k})\,\mathrm{d}\omega\,\mathrm{d}\boldsymbol{k} \tag{8.12}$$

这是指从风到波浪的总能量通量。请注意,根据风的相对速度 $\boldsymbol{U}_{10}$ 和波浪速度 $\boldsymbol{c}(\omega,\boldsymbol{k})=\omega/\boldsymbol{k}$,对总通量的贡献既可以是正的(如果 $\boldsymbol{U}_{10}>\boldsymbol{c}$,从风到波浪),也可以是负的(如果 $\boldsymbol{U}_{10}<\boldsymbol{c}$,从波浪到风)。例如,在热带地区,波浪气候由高纬度地区产生的波浪主导,当地的风通常很轻,因此风气候实际上可以由波浪引起的风主导(Hanley et al.,2010)。

应该指出的是，对波浪的能量输入通常被认为是一种纯粹的大气交换。然而，原则上，从海洋一侧输入到式(8.11)所示尺度的表面波的能量是可以感知的。例如，上层海洋的海流、潮汐或内波可以提供这种动力。考虑到海洋运动中储存的能量，这可能会对表面波浪场产生很大的影响，即使是局部的影响，但可以说波浪-海洋模型在实际工作中还没有考虑过这个问题。

对动量输入谱进行积分，可以得到总的动量通量

$$\tau_{\mathrm{w}}=\int\frac{I(\omega,\boldsymbol{k})}{c(\omega,\boldsymbol{k})}\mathrm{d}\omega\mathrm{d}\boldsymbol{k}=\int I(\omega,\boldsymbol{k})\frac{\boldsymbol{k}}{\omega}\mathrm{d}\omega\mathrm{d}\boldsymbol{k} \tag{8.13}$$

动量通量是衡量风浪相互作用的一个重要指标(Tsagareli et al.,2010)。它与切向黏性应力τ_{v}，构成海洋表面的总风应力

$$\tau=\tau_{\mathrm{w}}+\tau_{\mathrm{v}} \tag{8.14}$$

而这个应力是独立的(通常通过所谓的阻力系数的经验参数化)，因此可以作为一个约束条件或用于验证风输入项 I。除了微风情况外，波浪引起的形式阻力(式(8.12))对总应力有主要贡献(Kudryavtsev et al.,2001)，因此，如果波浪模型的物理学特性得到很好的定义和验证，当这些模型与波浪模型适当地耦合，就可以为一般环流模型提供明确而不是经验性的通量估计。

耗散函数 D 在波浪-海洋动态交换的背景下具有类似的意义，但有一些本质的区别。首先，积分

$$E_D=\int D(\omega,\boldsymbol{k})\mathrm{d}\omega\mathrm{d}\boldsymbol{k} \tag{8.15}$$

是流出波浪场的总能量通量。传递给海洋的能量主要用于在海面附近产生湍流，以及对破浪时注入的气泡的浮力做功。

然而，与只发生在界面空气一侧的输入不同，能量损失(式(8.15))既可以进入下面的海洋，也可以进入海洋表面的大气。Iafrati 等(2013)的数值模拟表明，由于破碎而产生的波浪能量，实际上有80%可以通过大气湍流而消散。

消散函数的动量损失积分给出了所谓的辐射应力

$$\tau_{\mathrm{r}}=\int D(\omega,\boldsymbol{k})\frac{\boldsymbol{k}}{\omega}\mathrm{d}\omega\mathrm{d}\boldsymbol{k} \tag{8.16}$$

辐射应力被假定为流向海流(尽管有些辐射应力实际上可能回到风中，或在浅水区回到海底)。在目前的波浪模型中，辐射应力是以沿传播方向的波高差为参数的。显然，这种参数化确实描述了能量耗散，然后可以用来估计动量损失，但只是在耗散远大于能量输入(式(8.14))的地区，即通常在浅水区。在深水区，平均波高不是能量损失的代表。事实上，在风的作用下，它可能会增长，或者这种作用被白浪消散所平衡而不发生变化，但积分(式(8.16))和辐射应力不为0。

由式(8.11)中的 B 项描述的无限深度的波-海底相互作用是非常丰富的。有限深度的特点是 kd 约等于1(波长与水深 d 相当)，而浅层非弥散环境的特点是 kd 远小于1。弥散波的非线性动力在有限深度和浅水中放缓、减弱或停止，但其他非线性现象会出现。

波浪与海底的交换包括底部摩擦、形成波纹、泥沙的悬浮和输运(如果海床是沙质的)、产生底部波(如果底层是泥质的)及渗透。沿岸流、向岸流和裂流由辐射应力造成(式(8.15))，次重力波是由破碎和非线性波群的共同作用产生的，随后可反射回深海或被沿海海湾捕获。

这种深水方法的一个例子是波浪预测模型(WAM)(Hasselmann et al.,1988)，它可能是

第一个作为第三代模型提出的模型，能够明确地表示与二维海况发展有关的所有物理现象，如风的产生、白帽、四波相互作用和底部耗散。这种模型主要是由二维海浪波谱驱动的，波谱自由发展，对波谱形状没有约束，因此，首先需要建立一个与波谱本身相同自由度的传递源函数，其次是能量平衡必须通过定义耗散源函数来实现。Hasselmann 等(1985)和 Komen 等(1984)分别对这些方面进行了研究。选择耗散的目的是复现观测到有限吹程的波浪增长和充分发展的皮尔逊-莫斯科维茨(Pierson-Moskowitz)谱(WAMDI group，1988)。

不断地改进和更新促进了第三代 WAM 模型的出现。第三代波浪模型明确地代表了与二维海况发展相关的所有物理学。在 Janssen 等(1989)和 Janssen(1991)的一系列研究中，已经提出了气流在不断增长的表面重力波上的动量平衡的数值解决方案。主要结论是，风产生的波的增长速度取决于摩擦速度和相位速度的比值及其他一些因素，如大气密度分层、阵风和波龄。这项工作还介绍了表面应力与海况的关系，以及波浪引起的应力对大气边界层中的风廓线的反馈。

WAM 是一个欧拉相位平均模型。作为一个深水模型，它可以用来预测方向性波谱和波浪特性(有效波高、平均波向和频率、涌浪波高)。通过引入底部耗散源函数和折射过程，该模型也可用于有限深度。该模型运行在一个球形经纬度网格上。

第一个 WAVEWATCH 模型是由代尔夫特理工大学(TU Delft)开发的(Tolman，1989，2014)，随后是 1992 年由 NASA Goddard(太空飞行中心)进行开发。最近，WAVEWATCH III 作为全球使用的全波谱第三代风浪模型被提出。它是基于第一个 WAM 模型的原理在 NOAA/NCEP 开发的。这个最新的版本包括在控制方程、模型结构、数值方案和物理参数化方面的许多改进。该模型求解波数-方向频谱的随机相位作用密度平衡方程。介质特性，即水深和海流特性，以及波场在时间和空间上的变化尺度远远大于单波。WAVEWATCH 是一个开源的模型，可以免费使用①，包括整个源代码和所有文档。

所有方向的波能谱离散化是通过使用一个恒定的方向增量和一个空间变化的波数网格来实现的，这相当于一个不变的对数固有频率。为了达到较高的精度，波的传播采用一阶和三阶方案。对于源项的时间积分，采用了与 WAM 类似的半隐式方案，其中包括一个动态调整的时间步进算法。

在 Battjes 等(1978)的工作之后，WAM 和 WAVEWATCH III 模型得到了升级，以考虑破波带深度所引起的破浪破碎。然而，波浪模型在处理发生在有限深度和浅水区的强三波相互作用方面仍有困难。这导致了简化的经验计算有很大的误差，特别是对于具有多模型频谱的复杂波列。此外，这两种模型都缺乏衍射过程，这意味着只有开阔的海岸带可以准确求解，另外只能评估波浪传播的线性行为，并且应该通过波浪破碎的浅水中的三波和四波相互作用对线性波进行非线性修正(Booij et al.，1999)。

8.4.1.2 浅水区

(1)谱模型

对于浅水区域的波浪传播(Eckart，1952)，模拟近岸波浪(SWAN)模型可能是一个不错的选择。这也是代尔夫特理工大学开发的第三代波浪模型，目的是根据给定的风、底部和海流

①网址为 https://polar.ncep.noaa.gov/waves/wavewatch/wavewatch.shtml。

条件获得沿海地区、湖泊和河口的波浪参数的真实估计。SWAN 模型也可用于任何尺度有关风产生的表面重力波。该模型的方程是基于带有源和汇的波浪作用平衡方程。

SWAN 已经被开发用于模拟沿海的波浪条件(包括摩擦、破碎、白帽、三波和四波的相互作用)。SWAN 也可以与以前的模型如 WAM 或 WAVEWATCH III 耦合,并获得其边界条件。SWAN 可以在一个点上提供有方向性和无方向性波谱的计算表示,以及波的几个谱和随时间变化的参数,如有效波高、峰值或平均周期、波向和能量传输方向。SWAN 是一个免费提供的开源软件①。

SWAN 模型基于谱作用平衡方程,它描述了波谱的演变过程(Booij et al.,1999)。

在直角坐标中,作用密度的演变由以下平衡方程控制

$$\frac{\partial N}{\partial t}+\frac{\partial(C_x N)}{\partial x}+\frac{\partial(C_y N)}{\partial y}+\frac{\partial(C_\theta N)}{\partial \theta}+\frac{\partial(C_\sigma N)}{\partial \sigma}=\frac{S_{\text{total}}(x,y,t,\theta,\sigma)}{\sigma} \tag{8.17}$$

式中:σ 是波的频率;θ 是波的方向分量;t 是时间;x 和 y 是空间的二维坐标;N 是波的作用密度谱,定义为

$$N(x,y,t,\theta,\sigma)=\frac{E(x,y,t,\theta,\sigma)}{\sigma} \tag{8.18}$$

式中:E 是波能密度谱;S_{total} 是源项;C、S 分别是波在空间的传播速度和波数,由以下公式给出

$$C_x = C_g\cos\theta + U_x \tag{8.19}$$

$$C_y = C_g\sin\theta + U_y \tag{8.20}$$

$$C_\sigma = -\frac{\partial\sigma}{\partial h}\frac{\partial h}{\partial s} - k\frac{\partial U}{\partial s} \tag{8.21}$$

$$C_\theta = -\frac{\partial\sigma}{\partial h}\frac{\partial h}{\partial m} - k\frac{\partial U}{\partial m} \tag{8.22}$$

式中:k 是波数;C_g 是波群速度;s 是在 θ 方向的坐标;m 是垂直于 s 的坐标;h 是平均水深。

式(8.17)的左侧对应于运动项,作为空间传播的导数,是传播速度。对 θ 求导的项是折射项。关于 σ 的项引起频率的变化。右侧是源项,包含了风的产生、白帽、消散、底部摩擦、波浪破碎和非线性波浪相互作用的影响。这个方程在时间、地理空间和频谱空间的所有方向上用有限差分格式实现。

运行该模型的基本输入数据是一个足够大的区域的水深、入射波场和风场。根据高分辨率数据的可用性和计算效率,可以选择各种一般网格和嵌套网格。嵌套是一个非常重要的方式,可以节省计算时间并提高精度。该模型通过分析方案、现场观测和实验测量进行了验证,并显示出良好的一致性(Booij et al.,1999)。此外,SWAN 模型也可以在非结构化网格中运行。Zijlema(2009)提出了一种基于顶点、完全隐含和有限差分的方法,该方法是为地理分辨率变化较大的非结构化网格设计的。它适用于浅水区和不规则海岸线的复杂底部地形。

SWAN 模型基本上是为开放海岸尺度的应用而设计的,没有衍射效应。这意味着,该模型应该用于在几个波长的水平范围内波高变化较大的地区。

SWAN 模型以表格、场图(图 8.19、图 8.20)和时间序列,以及一维和二维波谱、有效波高和周期、平均波向和传播方向、一维和二维波谱源项、轨道近底运动的均方根、耗散、波致力(基

①详见 https://swanmodel.sourceforge.io/。

于辐射应力梯度)、波增水、衍射参数等方式组织输出。

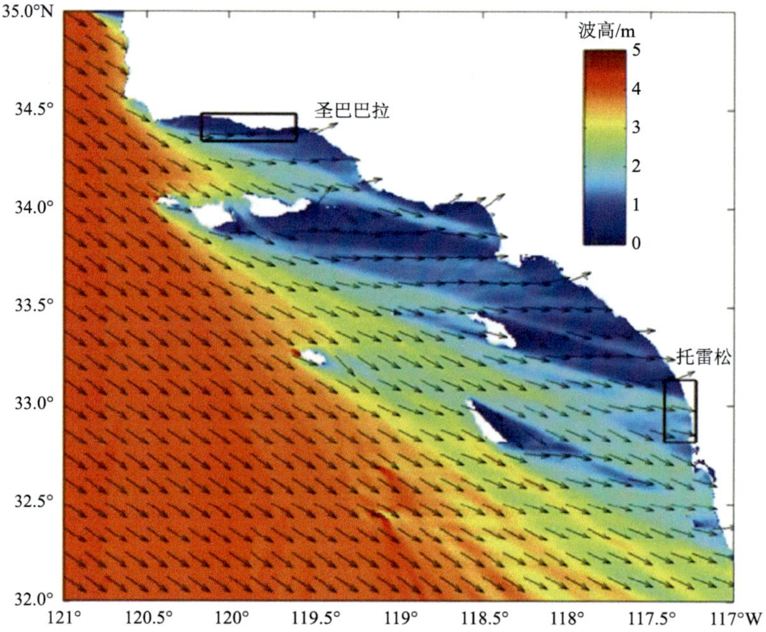

图 8.19　SWAN 模型输出的南加州海湾波高和波向示例(波高为 4 m,周期为 12 s,波向为 30°)
(来源:佛罗里达大学)

(2)缓坡模型

缓坡方程(MSE)模型最初是为了描述波在低梯度海床上的传播而开发的。MSE 模型通常用于海岸工程,因为它可以很好地描述由于海岸线或结构造成的波浪衍射和折射的影响(Berkhoff,1972)。缓坡方程是一种深度平均方程,在 $x-y$ 域(2DH)内,适用于深水和浅水的单色波(Lin,2008)。

这些方程有多种形式,包括破碎影响、波浪非线性、波流相互作用和海底摩擦。它们计算的是波幅或波高,但如果有恒定的水深,缓坡方程就会简化为波浪衍射的亥姆霍兹(Helmholtz)方程。MSE 模型首先由 Berkhoff(1972)提出,假定波浪是线性的,坡度是平缓的,得到以下主要方程,通过包括摩擦耗散和波浪破碎的影响而得到改进

$$\nabla(CC_g\nabla\hat{\eta})+\left(\frac{C_g}{C}\sigma^2+i\sigma w+iC_g\sigma\gamma\right)\hat{\eta}=0 \tag{8.23}$$

式中:C 是波速;C_g 是波群速度;$\hat{\eta}$ 是复杂波面函数;σ 是波的频率;w 是摩擦系数;γ 是破波参数。然后用下式得到摩擦力

$$w=\left(\frac{2n\sigma}{k}\right)\left[\frac{2f_r}{3\pi}\frac{ak^2}{2kh+\sinh(2kh)\sinh(kh)}\right] \tag{8.24}$$

式中:n 是曼宁耗散系数;k 是波数;a 是波幅;f_r 是与底部粗糙度有关的雷诺摩擦系数;h 是水深。

对于破波参数,通常使用下式

$$\gamma=\frac{0.15}{h}\left(1-\frac{0.4^2h^2}{4\sigma^2}\right) \tag{8.25}$$

最初的 MSE 模型有局限性,因为它只适用于线性波和平缓的底部地形。此外,该方程不

包含能量耗散,但近年来在数值上有了进步,包括能量耗散和底坡较陡的弱非线性波。缓坡方程已经有了不同的形式,可以分别用双曲(Dingemans, 1997)、椭圆(Berkhoff, 1972)和抛物线(Lin, 2008)的形式来描述缓坡方程。

波浪变形的实际应用通常需要模拟定向随机波;因此,可以应用不同波频成分的叠加原理。一般来说,波谱条件下的 MSE 模型需要在近海边界输入入射的定向随机波浪。二维输入谱被离散成有限数量的频率和方向。

对于抛物线方法,所有波浪成分的振幅演化是同时计算的。根据对所有分量的计算,并假设有 Rayleigh 分布,可以计算出每个网格点的统计量,如有效波高。图 8.20 是用抛物线近似法计算谱波条件下的缓坡方程得到的一个近海岸波浪传播的例子。

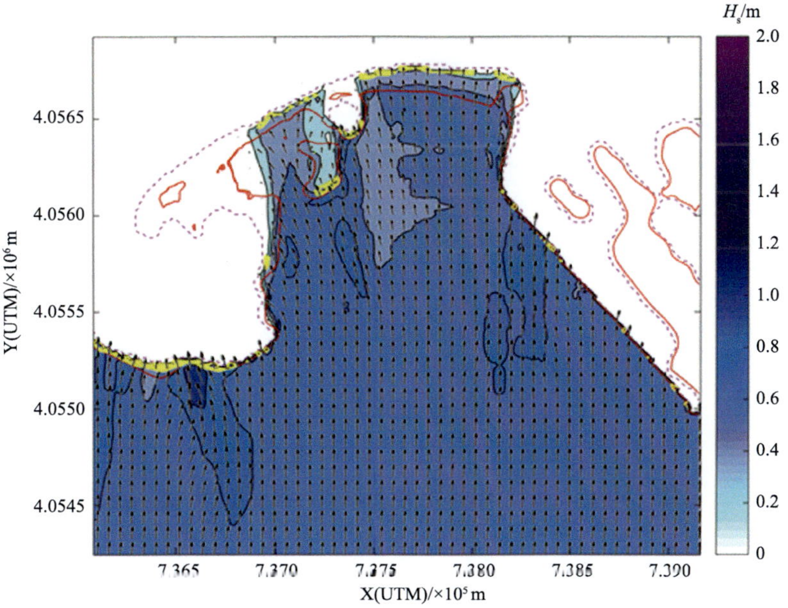

图 8.20 使用基于抛物线的缓坡模型(REF-DIFF,OLUCA 模型)计算西班牙加的斯洛斯-盖勒内斯海滩的有效波高传播图(来源:坎塔布里亚大学)

当波浪反射与波浪传播和变形有关时(即在海湾、港湾、遮蔽区等范围内),模型应基于缓坡方程的椭圆近似方法(Berkhoff,1972;Madsen et al.,1987;Tsay et al.,1989)。这种方法允许工程师在穿透性波浪作用下,获得反射(全部或部分)波浪的能量响应。

椭圆缓坡模型求解了扩展的缓坡方程,再现了波浪在接近海岸地区和进入港口时控制波浪动力的主要过程(图 8.21):几何折射、浅水变形、障碍物的衍射以及全部或部分反射。模型中还提供了辐射条件和自由无限的流出条件。它还考虑了完整的波谱频率分布和波能谱的定向扩散。

除了上述机制外,非线性波还可以通过加入随振幅变化的波色散来模拟,这已被证明在某些情况下是很重要的(Kirby et al.,1983)。

这种用于港口扰动和波浪传播的实用方法可以用以下的商业和非商业模型来评估:CG-WAVE、ARTEMIS MIKE21、PHAROS 和 MSP。

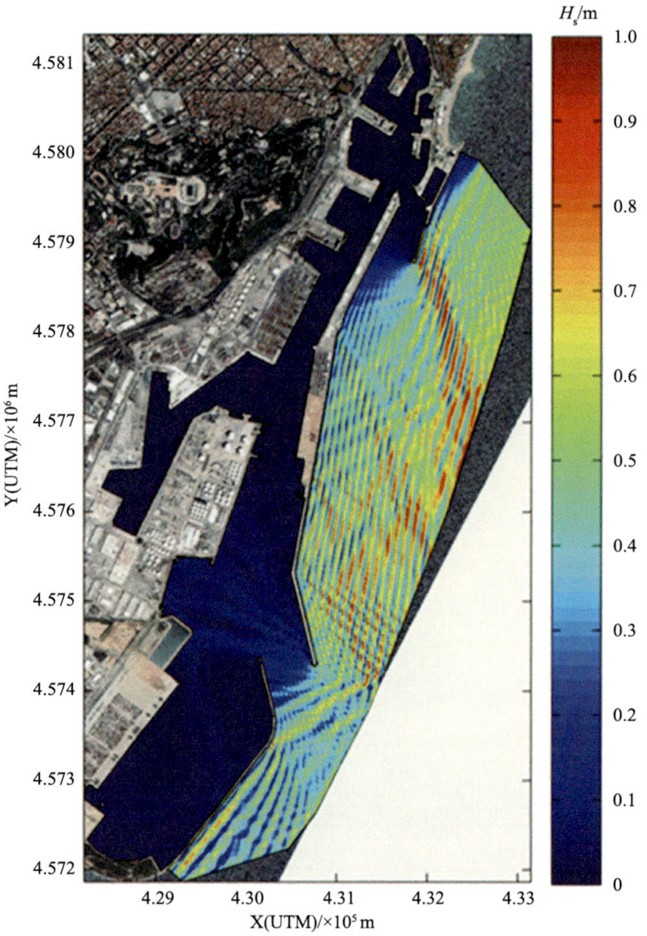

图 8.21　巴塞罗那港内的有效波高图，采用基于椭圆形缓坡模型(MSP 模型)计算
(来源：坎塔布里亚大学和西班牙国家港口局)

(3)相位解析模型(SWE、NSWE 和 BE)

浅水方程(SWE)是在水波进入非常浅的领域时应用的。粒子基本上是水平运动，垂直加速度可以忽略不计。在这种情况下，波的传播可以用浅水方程来描述(Holthuijsen，2007)。这些方程是由纳维-斯托克斯方程的深度平均化得出的，假设水平长度尺度远远大于垂直长度尺度。剖面在深度上是均匀的，垂直部分非常小。利用质量守恒，可以证明垂直速度很小，而利用动量方程，垂直压力梯度是静水压。因此，速度剖面在深度上是均匀的，垂直分量非常小，这就是 SWE 也被称为“长波方程”的原因，因为它们只适用于远大于底部深度的波。

在忽略科氏力、摩擦力和黏性力的情况下，SWE 的公式为

$$\frac{\partial \eta}{\partial t}+\frac{\partial(\eta u)}{\partial x}+\frac{\partial(\eta v)}{\partial y}=0 \tag{8.26}$$

$$\frac{\partial(\eta u)}{\partial t}+\frac{\partial}{\partial x}\left(\eta u^2+\frac{1}{2}g\eta^2\right)+\frac{\partial(\eta u v)}{\partial y}=0 \tag{8.27}$$

$$\frac{\partial(\eta v)}{\partial t}+\frac{\partial}{\partial y}\left(\eta v^2+\frac{1}{2}g\eta^2\right)+\frac{\partial(\eta u v)}{\partial x}=0 \tag{8.28}$$

式中：η是总的流体柱高度；(u,v)是二维矢量，是流体在 x、y 二维域中的水平速度。式(8.26)由质量守恒导出，式(8.27)和式(8.28)由动量守恒导出。

为了表示海浪的频率和物理行为，需要在原来的 SWE 中进行改进，包括非线性项和弥散函数。解决这个问题的方法是非线性浅水方程(NSWE)，作为一个非流体静力学的波流解模型。它可用于预测从近海到海滩的分散表面波的变形，解决破波带和冲流带的动力学问题，海湾和港口的波浪传播和搅动，以及通常在沿海洪水中发现的快速变化的浅水流动(如堤坝断裂、海啸和洪水波、沿海水域的密度流)，以及大规模海洋环流、潮汐和风暴潮(通常由原始 SWE 模型求解)。

主要的控制方程考虑了在笛卡尔坐标系(x,y)中表示的区域上的二维水波运动。深度平均的、非静力的、自由表面的流动可以用 NSWE 来描述，包括质量和动量的守恒。这些方程由以下几项给出

$$\frac{\partial \zeta}{\partial t}+\frac{\partial (hu)}{\partial x}+\frac{\partial (hv)}{\partial y}=0 \tag{8.29}$$

$$\frac{\partial u}{\partial t}+u\frac{\partial u}{\partial x}+v\frac{\partial u}{\partial y}+g\frac{\partial \zeta}{\partial x}+\frac{1}{h}\int_{-d}^{\zeta}+\frac{\partial q}{\partial x}\mathrm{d}z+C_{\mathrm{f}}\frac{u\sqrt{u^2+v^2}}{h}=\frac{1}{h}\left(\frac{\partial h\tau_{x,x}}{\partial x}+\frac{\partial h\tau_{x,y}}{\partial v}\right) \tag{8.30}$$

$$\frac{\partial v}{\partial t}+u\frac{\partial v}{\partial x}+v\frac{\partial v}{\partial y}+g\frac{\partial \zeta}{\partial y}+\frac{1}{h}\int_{-d}^{\zeta}+\frac{\partial q}{\partial y}\mathrm{d}z+C_{\mathrm{f}}\frac{u\sqrt{u^2+v^2}}{h}=\frac{1}{h}\left(\frac{\partial h\tau_{y,x}}{\partial x}+\frac{\partial h\tau_{y,y}}{\partial v}\right) \tag{8.31}$$

式中：t 是时间；ζ 是自由表面的高程；d 是水深；$h=d+\zeta$；u 和 v 为深度平均流速；q 为非静水压力；g 为重力加速度；C_{f} 底部摩擦系数；τ 是水平湍流应力项。

近岸波浪模拟模型(SWASH)是全球最新的① NSWE 模型之一(Zijlema et al.，2011)。它是模拟沿海水域由波浪、潮汐、浮力和风力驱动的非稳态、非静力、自由表面、旋转流动和输运现象的数值工具。它为描述从深水到海滩、港口或海港的波浪变化，以及快速变化的流动和沿海海域、河口、湖泊和河流的密度流的复杂变化提供了一般基础。SWASH 是一个高效和稳健的模型，可应用于复杂环境中表层波和浅水流动的大范围时间和空间尺度(图 8.22)。该模型还可用于解决浅海、沿海水域、河口、礁石、河流和湖泊中的波浪变形、浮力流以及动量、盐度、热量和悬浮沉积物的湍流交换动力学问题。

SWASH 可以在深度平均模式或多层模式下运行，其中计算域被划分为固定数量的垂直地形跟随层。SWASH 通过增加层数而不是像 BE 型波浪模型那样增加自变量的导数阶数来改善其频率分散性。

BE 方程可以作为 NSWE 的替代方案，因为深浅水之间的区域也可以用 BE 模型很好地描述。在 BE 模型中，假设速度的水平分量在水体中是恒定的，速度的垂直分量在深度上几乎是线性变化的(2DH 假设)。本质上，这些方程是对垂直加速度进行修正的浅水方程，三阶导数是拉普拉斯方程的结果，迫使速度势函数的垂直速度以水平速度分布来表示。这些方程可以很容易地扩展到两个水平维度。

研究人员引入了许多不同的 BE 方程的实现方法，创建了 BE 模型，应用于深水中的传播

①详见 https://swash.sourceforge.io/。

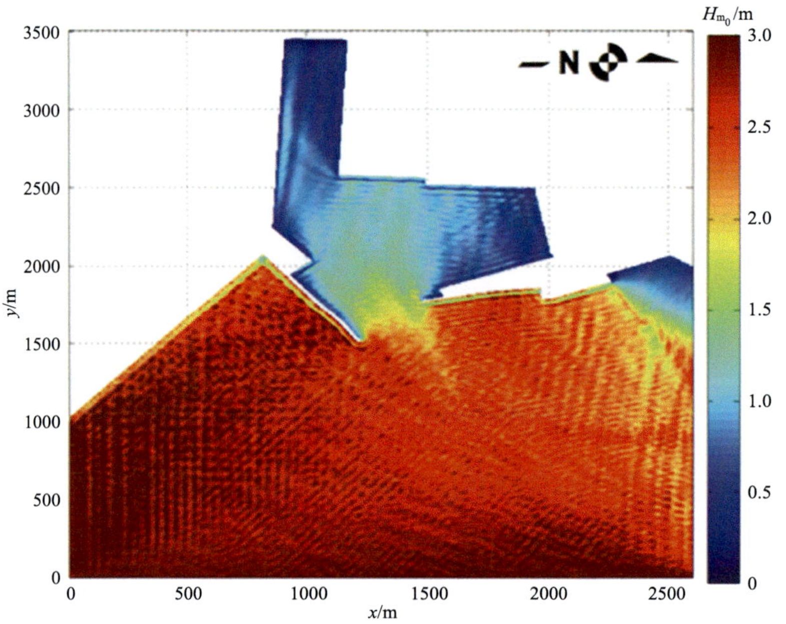

图 8.22　SWASH 模型的塞浦路斯利马索尔港波浪结果(平均波高的空间分布)(Van der Ven et al. ,2018)

和波浪破碎过程(Brocini,2013)。绝大多数 BE 方程模型(用于完全非线性方法)可以表示如下

$$\eta_t = -\nabla \cdot [(h+\varepsilon\eta)(\mathbf{V}+\mu^2 M] + O(\mu^4) \tag{8.32}$$

$$\mathbf{V}_t + \frac{\epsilon}{2}\nabla(\mathbf{V}^2) = -\nabla\eta - \mu^2\left[\frac{1}{2}z_\alpha^2\nabla\nabla\cdot\mathbf{V}_t + z_\alpha\nabla\nabla\cdot(h\mathbf{V}_t)\right] + \epsilon\mu^2\nabla(D_1+\epsilon D_2+\epsilon^2 D_3)$$
$$+O(\mu^4)+N+E \tag{8.33}$$

与

$$M = \left[\frac{1}{2}z_\alpha^2 - \frac{1}{6}(h^2 - \epsilon h\eta + \epsilon^2\eta^2)\right]\nabla\nabla\cdot\mathbf{V} + \left[z_\alpha + \frac{1}{2}(h-\epsilon\eta)\right]\nabla\nabla\cdot(h\mathbf{V}) \tag{8.34}$$

$$D_1 = \eta\nabla\cdot(h\mathbf{V}_t) - \frac{1}{2}z_\alpha^2\mathbf{V}\cdot\nabla\nabla V - z_\alpha\mathbf{V}\cdot\nabla\nabla\cdot(h\mathbf{V}) - \frac{1}{2}(\nabla\cdot(h\mathbf{V}))^2 \tag{8.35}$$

$$D_2 = \frac{1}{2}\eta^2\nabla\cdot\mathbf{V}_t + \eta\mathbf{V}\cdot\nabla\nabla\cdot(h\mathbf{V}) - \eta\nabla\cdot(h\mathbf{V})\nabla\cdot\mathbf{V} \tag{8.36}$$

$$D_3 = \frac{1}{2}\eta^2[\mathbf{V}\cdot\nabla\nabla\cdot\mathbf{V} - (\nabla\cdot\mathbf{V})^2] \tag{8.37}$$

式中：t 是时间；h 是平衡深度；η 是自由表面的高程；$\mathbf{V}$ 是水平速度；∇ 是 2DH 梯度算子；N 和 E 分别是底部阻力和扩散(人工)。

与此同时，基于 BE 模型存在一组类似的方程，并应用于深水和浅水之间的区域。对于这种方法，主要的假设是速度的水平分量在水体中是恒定的，而速度的垂直分量随着深度几乎是线性变化的。

最完整的 BE 模型之一，全非线性 BE 波浪模型(FUNWAVE)的总变差减小(VTD)版本，即 FUNWAVE-TVD 模型(Fengyan et al. , 2012)，是由美国特拉华大学的应用海岸研究中心开发的。它包括几个方面的改进：①更完整的全非线性 BE 方程组；②MUSCLE-TVD 有限体积方案与自适应龙格-库塔时间步进；③冲击捕捉破波方案；④方案采用 HLL 构建方法的干湿移动边界条件；⑤使用消息传递接口(MPI)方法进行代码并行化。开发 FUNWAVE-TVD 的原因是需要对区域和沿海尺度的海啸波、沿海淹没和内港尺度的波浪传播进行建模(图 8.23)。FUNWAVE 是一个开源的模型，可供公众使用①。

如果允许由一级波动方程项的差异引起的截断误差增大并与描述弱色散效应的项相当，则 BE 方程的数值解可能会被严重破坏。在网格间距和时间步长上，求解底层非线性 SWE 所涉及的所有误差都降至 4 阶。由于模型中的非线性相互作用，在程序运行时将产生高次谐波。这些超谐波可能具有非常短的波长，经典的 BE 模型是无效的。出于这个原因，可以使用 Shapiro(1970)提出的数值滤波器。

图 8.23 西班牙桑坦德海滩和桑坦德湾内外区的 FUNWAVE-TVD 的自由表面快照
(来源：坎塔布里亚大学)

总之，BE 和 NSWE 两种建模方法在其各自的物理区域都是首选的解决方案。BE 模型在非线性和弥散性都很重要的地方，通常是在波浪破碎之前；而 NSWE 模型在非线性占主导地位的地方，从破波带中部到内部的向岸方向，尽管应该注意到这些区域可能有很大的重叠。因此，NSWE 模型从破波带向岸工作很好，自然地模拟了波浪破碎和移动的海岸线，发现它们的主要弱点是没有频散，所以在深水区，波浪会以浅水区的波速错误地传播，从而再次破浪，这在这个区域是不正常和不正确的。

(4)二维和三维波浪结构相互作用模型

CFD 利用数值方法来研究流体流动、热传导和化学反应。因此，在波浪传播和结构相互

①详见 https://fengyanshi.github.io/build/html/index.html。

作用问题中，CFD 一词主要是指在所有三维(3D)中解决完全非线性纳维-斯托克斯方程的计算机代码。

CFD 是工业和研究应用中最先进的技术，尽管其计算成本通常很高，需要使用高性能计算机。在波浪传播和波浪与结构相互作用领域，两个最常用的 CFD 程序是：IH2VOF(二维方法，源自 COBRAS 原始模型)和 OpenFOAM(三维方法)；这两个代码在许多海洋工程应用中也得到了充分的验证。

作为经典的欧拉方法，两个模型都是基于雷诺平均的纳维-斯托克斯方程(RANS)。这些方程代表了流动的连续体特性。通过对纳维-斯托克斯方程的平均化，得到了更多最新的体积平均的雷诺平均纳维-斯托克斯(VARANS)方程。VARANS 方程可以有不同的项，这取决于应用的假设；例如，它们包括一个多孔介质内的 k-ω 湍流模型闭合，这使它们成为沿海工程最合适的公式，因为 VARANS 方程的优点很多。解算过程在时间和空间上都产生了非常详细的解。压力和速度场是按单元获得的，甚至在多孔区内部也是如此，因此整个三维流动结构都得到了求解。此外，非线性是方程中固有的，因此也考虑到了不同过程之间的所有复杂的相互作用。最后，多孔区域内的湍流作用也可以很容易地纳入封闭模型。

IH2VOF 模型(Lara et al.，2006)求解振荡流体的二维 RANS 方程和多孔介质的 VARANS 方程。这个二维模型可以模拟发生在波浪和潜堤之间相互作用中最相关的水动力近场过程。它考虑了由于瞬态非线性波引起的波反射、传输、越浪和破碎，包括任何种类的几何形状和层数的流体域和可渗透区域的湍流。这个模型在不同的波浪条件和防波堤配置下得到了高度验证，与所有研究的量值、自由表面位移、多孔结构内部压力和速度场都达到了高度一致。

IH2VOF 是基于将瞬时速度场和压力场分解为平均分量和湍流分量，κ-ε 是湍流动能 κ 及其耗散率 ε 的方程。这允许模拟任何类型的海岸结构(如碎石堆、垂直或混合防波堤)。自由表面的运动是由流体体积法(VOF)跟踪的，仅对水和空隙这一相进行自由表面运动跟踪。为了复制浸泡在网格中的固体，而不是将其视为锯齿形，该模型采用了切割单元法。这种技术的主要目的是在模拟中使用正交结构的网格以节省计算成本。

IH2VOF 包括一套完整的波浪生成边界条件，涵盖了大多数水深范围。这些条件包括一个狄利克雷(Dirichlet)边界条件和一个移动边界方法，它们与一个主动吸波系统相联系，以避免平均水位的上升和搅动。一个内部源函数也可以用来产生波浪，但它必须与消散区连接起来。

RANS 方程(清水流体区域)被重新定义如下

$$\frac{\partial(\theta u_i)}{\partial x_i}=0 \tag{8.38}$$

$$\frac{\partial(\theta u_i)}{\partial t}+\theta u_j\frac{\partial(\theta u_i)}{\partial x_i}=-\frac{\theta}{\rho}\frac{\partial p}{\partial x_i}+\rho g i+\frac{\theta}{\rho}\frac{\partial(\tau_{i,j})}{\partial x_i}+f_{\mathrm{b}} \tag{8.39}$$

式中：θ 是开放函数[0,1]；u 是流速；p 是压力；ρ 是流体密度；g 是重力加速度；$\tau_{i,j}$ 是黏性应力和雷诺应力之和，f_{b} 是仅作用于局部单元固体边界的虚拟边界力。

一般来说，IH2VOF 应用在精细的波浪和结构相互作用(碎石堆防波堤、垂直结构和海滩)中，并考虑真实的破浪和多孔介质相互作用(图 8.24)。

一般的 VARANS 方程包括质量守恒(式(8.39))、动量守恒(式(8.40))和流体体积

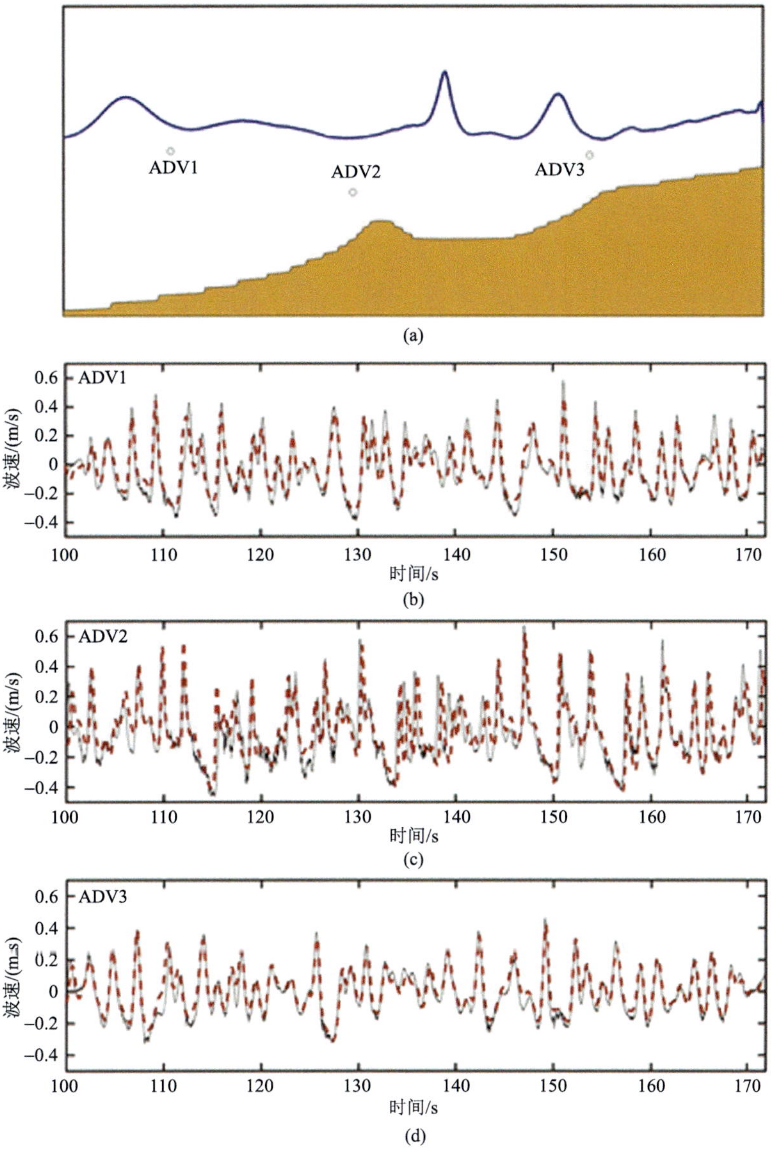

图 8.24　不规则波向真实剖面海滩的传播，自由表面快照和波速与现场测量结果的验证（来源：墨西哥国立大学）
(a)真实海滩剖面和观测点图；(b)观测点 ADV1 波速随时间变化图；(c)观测点 ADV2 波速随时间变化图；(d)观测点 ADV3 波速随时间变化图

VOF 函数平流方程（式(8.41)），即

$$\frac{\partial}{\partial x_i}\frac{u_i}{n}=0 \tag{8.40}$$

$$\frac{\partial}{\partial t}u_i+u_j\frac{\partial}{\partial x_i}\frac{u_i}{n}=-\frac{n}{\rho}\frac{\partial}{\partial x_i}p+ngi+n\frac{\partial}{\partial X_i}\left(v\frac{\partial}{\partial x_i}\frac{u_i}{n}\right)-au_i-bu_i\mid u_i\mid-c\frac{\partial}{\partial t}u_i \tag{8.41}$$

$$\frac{\alpha_1}{\partial t}+\frac{\partial}{\partial x_i}\frac{u_i}{n}\alpha_1=u_i \tag{8.42}$$

式中：x 是横坐标；u 是扩展的平均达西速度；n 是孔隙率（孔隙体积占总体积的比例）；t 是时间；x_i 是单元 i 的位置；u_i 是单元 i 的流速；ρ 是密度；p 是压力；g 是重力加速度；ν 是运动黏度；a、b 是通过实验确定的系数；$c = 0.34(1-n)/n$；α_1 是 VOF 函数指标（每个单元的单位体积的水量）。

OpenFOAM（Higuera et al.，2014a，2014b）是一个软件包，已被广泛用于工业生产和学术研究领域。它作为一个开放源的 CFD 工具箱免费发布[①]，包括了广泛的功能。IHFOAM 2.0 是原软件在沿海应用方面的扩展，新开发了三维数值两相流求解器，专门用于模拟沿海、近海和水利工程过程。它包含一个先进的多物理学模型，在业界被广泛使用。广泛的边界条件集合，处理波浪的产生和边界的主动吸收，对海岸和港口工程有很高的实际应用价值（图 8.25），这使得 IHFOAM 2.0 与其他求解器不同。Maza 等（2016）研究并提出了使用 IHFOAM 进行基于自然的海岸保护解决方案。

图 8.25　不规则波与自然保护层相互作用的自由表面快照（用 IHFOAM 2.0 计算出来的树片）
（来源：坎塔布里亚大学）

8.4.2　离散方法

在水波求解问题中使用了各种离散化方法，下面对每一种方法进行简要介绍（其他参考资料见 5.4.2.4 和 7.2.3.5 节）。

- FDM 也许是最常用和最简单的数值求解偏微分方程（PDE）的方法。该方法根据相邻点的值来确定某一点的流动变量的值。数值域形成一个网格。流体的控制方程在域中的每一点都以其微分形式被考虑，用函数的节点值近似代替偏导数来求解。这种方法被推荐用于结构化网格和低阶方程方案。
- 用于求解偏微分方程的 FEM 采用了变分方法来最小化近似解的误差，与 Galerkin 方法类似。FEM 被用于结构力学，但这种技术是为计算流体力学的应用而开发的，被引入普通

①详见 https://www.openfoam.com/。

的波浪传播和搅动模型中。FEM 技术与 FDM 类似，是基于将连续体计算域细分为单元的概念，形成三角形或四边形的非结构元素或曲线单元的网格（图 8.26）。因此，该方法可以处理具有极大几何复杂性的问题，如港口周长的定义、节点在区域相关部分的集中等。

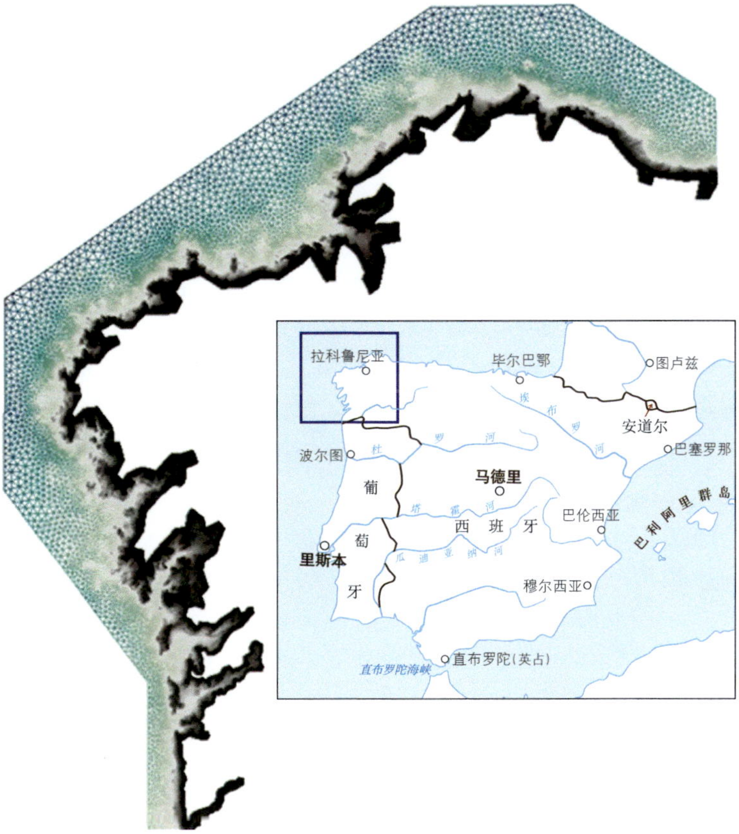

图 8.26　基于不规则大小三角形的 FEM 的 SWAN 模型应用于西班牙加利西亚地区
（来源：坎塔布里亚大学）

FEM 使用的是变分法，这在实践中意味着假设解具有一个规定的形式，并属于一个函数空间。函数空间由不同的函数组成，如线性函数和二次函数。不同的函数连接节点，这些节点可以是元素的顶点、中间侧点、中间元素点等。因此，区域的几何表示对数值模拟的结果起着关键作用。原始的 PDE 并不能被 FEM 所求解。相反，求解是通过 PDE 的积分形式进行局部近似。残差的内积和权重函数的积分被构建。该积分被设为 0，并使用试验函数来最小化残差。最一般的积分形式是由加权残差公式得到的。这个过程消除了 PDE 的所有空间导数，因此可以考虑瞬态问题的微分型边界条件和稳态问题的代数型边界条件，因此微分方程变成了代数方程。每个网格节点只有一个方程被求解，其中有一个变量是未知的。同样的变量在相邻的单元也是未知的。

- FVM 通过将 PDE 转化为围绕控制体积（计算域的细分）的代数方程来解决 PDE。变量在每个控制体的中心计算。在考虑邻近控制体的情况下，采用一般插值方法推导控制体表面的变量值。FVM 有两个主要优点：①它能够适应任何类型的网格，使其适用于高度复杂的区域；②根据定义，它是守恒的，因为共享边界的控制体具有相同的表面积分，描述对流和扩散通量。FVMs 在数值波浪传播界非常流行，在自由表面流模拟中很成功，特别是当涉及高度非线性过程时，如波浪破碎。

8.5 数据同化系统

在波浪预报系统中，数据同化在提供海况的最佳描述方面起着关键作用，同时也能纠正与大气系统的风强迫有关的不确定性。自 20 世纪 90 年代初以来，随着高度计任务的到来，如先驱者拓扑实验和波塞冬，使用有效波高(SWH)的同化方法已被实施在 WAM 模型中(Janssen et al.，1989；Bauer et al.，1992；Lionello et al.，1992)。基本上，该方案使用最优插值法通过对第一个 SWH 猜测与来自高度计的猜测的加权修正。将高度计 SWH 的校正分散到其他网格点的相关模型本质上是一个高斯函数，取决于观测和模型位置之间的距离，以及一个相关长度，它可以随波浪动态而变化(Greenslade et al.，2004)。SWH 的同化通过对风浪和涌浪分量的能量和频率尺度引入适当的重新调整比例系数来修正二维波谱，同时也更新本地的强迫风速。重新调整系数针对两类波谱进行计算：①风浪频谱，其重新调整系数来自风速和持续时间的增长关系；②涌浪频谱，其假设波陡是守恒的。目前，SWH 的信息非常丰富(图 8.27)，因为它由八个卫星任务提供(Jason-3、Saral/Altika、Cryosat-2、Sentinel-3A、Sentinel-3B、CFOSAT 、HY2B、Sentinel-6MF)。这确保了对开阔海域的良好覆盖，正在发展为对沿海地区的良好覆盖。

一种变分技术也被用于区域波浪预报(Saulter et al.，2020)，以同化来自高度计的 SWH。这个方案是同化代码 NEMOVAR 对波浪同化的一种改进。

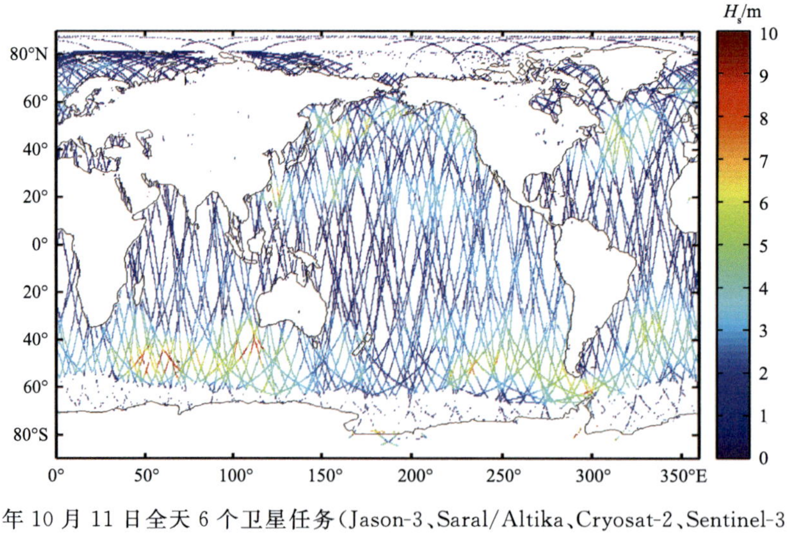

图 8.27　2021 年 10 月 11 日全天 6 个卫星任务(Jason-3、Saral/Altika、Cryosat-2、Sentinel-3A、Sentinel-3B，CFOSAT)的测高雷达观测到的 SWH(Aouf et al.，2021)

自 2002 年 ERS-1、ERS-2 和 ENVISAT 卫星发射以来，波浪的观测有了更详细的信息(Hasselmann et al.，2013)，其特点是定向波谱可以描述不同的主导波列(图 8.28)。这些观测数据的同化需要几个步骤，在 20 世纪 90 年代末就已经开始。该方法的基础是同化从波谱划分方案中得出的波浪系统，其工作原理是倒置集水区(Hasselmann et al.，1997；Voorrips et al.，1997；Breivik et al.，1998；Aouf et al.，2006)。不同的波浪系统是由其平均能量、频率和方向来描述的。使用最优插值法对平均参数进行同化，遵循交叉分配程序，将观察到的和模拟的波浪系统联系起来。根据从最优插值法获得的平均参数，通过调整和重塑模型波谱来重建分析的波谱。

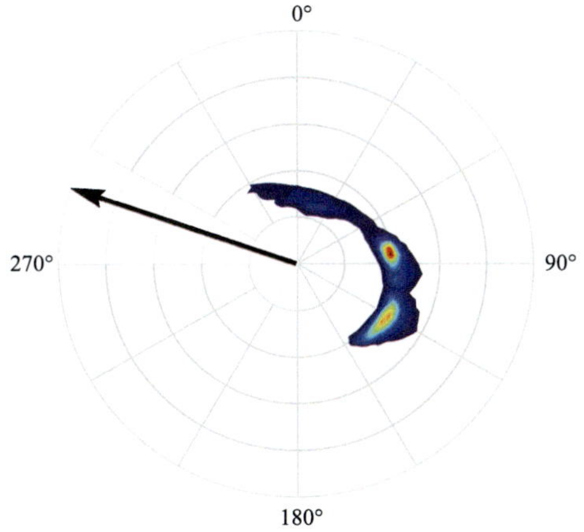

图 8.28　Sentinel-1 的合成孔径雷达观测到的定向波谱图(Derkani et al.，2021)

来自 ERS、ENVISAT 和 Sentinel-1 卫星的 SAR 提供了定向波谱，但在方位角方向探测波长大于 150 m 的波时受到限制。这种波谱对描述能量和波数分量的几个波列非常有用。MFWAM 开始通过使用最优插值法来吸收波的分区参数，如波数分量。这为长涌浪传播提供了显著的改进，同化影响在预报期间至少有 3 d 保持有效。图 8.29 显示了来自 ENVISAT 的分区波数分量同化对平均波周期的影响。不同的异常值与来自南大洋的波浪轨迹传播密切相关。

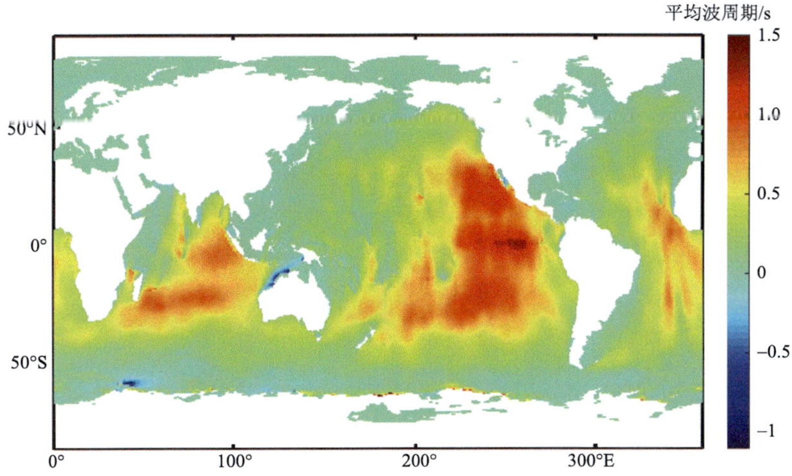

图 8.29　2010 年 9—12 月，MFWAM 模型在同化 ENVISAT SAR 分区的波数分量和不同化的情况下平均波周期差异(正值、负值分别为模型的高估和低估)(Aouf et al.，2021)

未来的波浪预报系统将能够同化波高和由分区表示的波向分量。这些同化系统的影响确保了 3 d 预报中可靠的综合波浪参数。卫星波浪数据的处理正在迅速发展；在 Wang 等(2021)最近的一项研究中，显示了通过使用深度学习技术检索散射计扫面上的 SWH。有了这种类型的波浪数据，需要同化的数据量大大增加，这使模型的修正在 200 km 的距离上保持一致。图 8.30 是一个从 CFOSAT 任务中获得的宽刈幅 SWH 的例子。宽刈幅 SWH 的同化，改善了风暴产生的海况的初始条件，例如在南大洋，同时也增强了对沿海地区的影响。此外，随着波浪模型空间分辨率的提高，高度计提供了更好的波高采样，如 5 Hz 采样频率（约 1 km 分辨率），能够正确描述小尺度的变化，如波浪—海流相互作用。

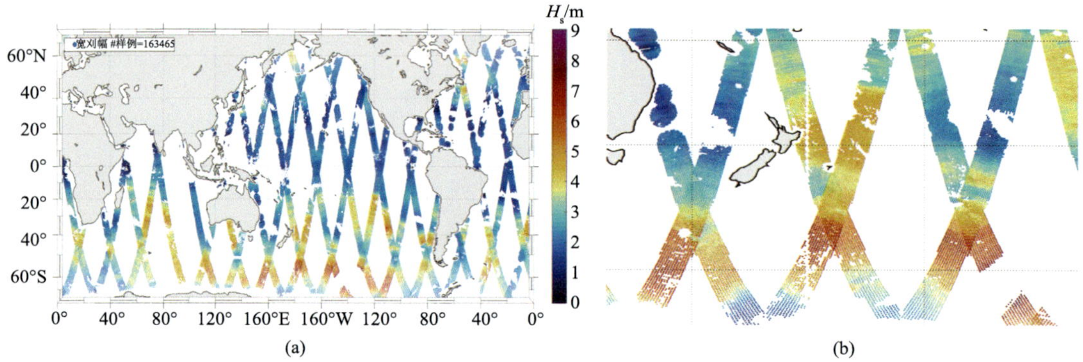

图 8.30　来自 CFOSAT 任务的宽刈幅 SWH（Wang et al.，2021）
（a）全球视图；（b）聚焦于西南太平洋的高 SWH 放大图

8.6　集合建模

预报本身就具有不确定性。一些不确定性是由于现实世界过程的模型参数化错误造成的，而其他一些不确定性可以归因于观测错误。然而，大量的不确定性也是由于分析和预报开始时的环境条件状态之间的微小差异而引起的。这些差异在较长的准备时间内会导致预报和实际状态之间更大的差异，这取决于背景气象条件的稳定性。预报的一种方法是试图量化不确定性，并将预报视为从可能条件的概率分布中取样，而不是单一的“确定性”结果。随着计算资源的不断增加，使模拟中心能够在运行波浪 EPS 的基础上采用概率预测的方法。

EPS 的目的是为预报员提供一个与特定预报相关的模型和气候不确定性的衡量标准。与不稳定的条件相比，集合表明在规定良好和稳定的天气条件下预测的不确定性较低，因为在不稳定的条件下，目前的天气状态可能分析得很差，天气系统的发展也更加动态。作为一个强迫-消散的系统，波浪预报的不确定性主要由驱动大气数据的变化决定。因此，对基于数据同化的复杂 EPS 的需求是有限的，它使用扰动的初始条件来产生集合成员的起始条件，如集合天气预报。在 ECMWF（Molteni et al.，1996；Saetra et al.，2004）、NCEP（Chen，2006）和 FNMOC（Alves et al.，2013）等中心，已经为全球中期预报（提前 1～4 周）开发了开拓性的应用。英国气象组织（Bunney et al.，2015）、意大利气象局（Pezzutto et al.，2016）和澳大利亚气象局（Zieger et al.，2018）正在对短期区域集合系统进行研究，这些系统对预测初始化时的不确定性有更高的要求。

集合提供的数据（图 8.31、图 8.32）允许在解释和发布预报时采用不止一种方法。例如：①可以确定某个成员，并用于确定地描述替代的预测情景；②可以利用集合扩展的动态变化来估计与集合得出的确定产品相关的不确定性；③也可以直接使用关于特定结果的概率信息（例如，波高超过某个操作阈值的概率）。对方法的选择需要对终端用户的要求和集合体的性能有一个了解。

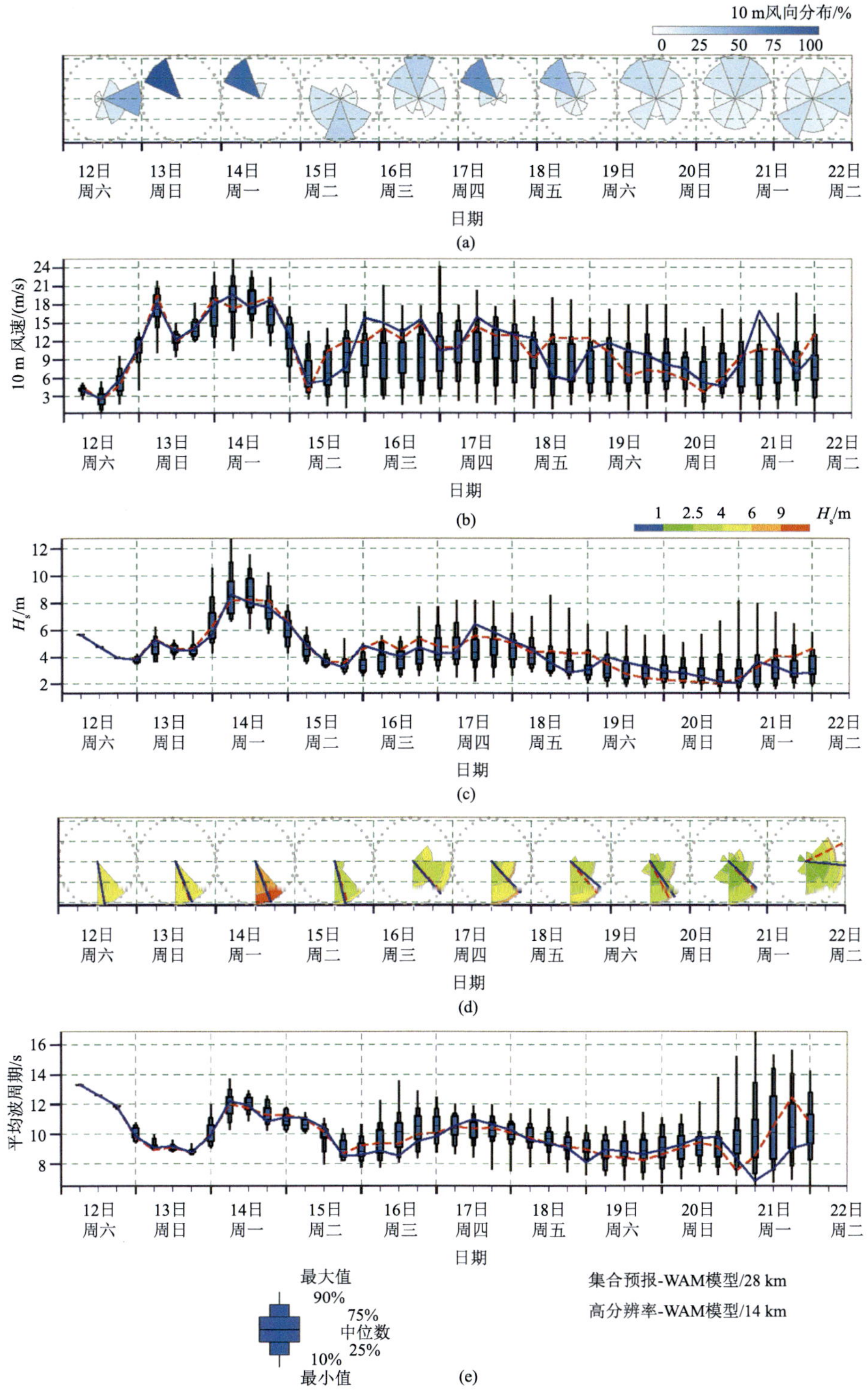

图 8.31 2019 年 1 月 ECMWF 的点时间序列集合波浪预报产品(高分辨率确定性模型和集合控制分别用蓝线和红线进行叠加)(WMO,2020)

(a)10 m 风向分布;(b)10 m 风速;(c)SWH;(d)平均波向(海洋学公约);(e)平均波周期

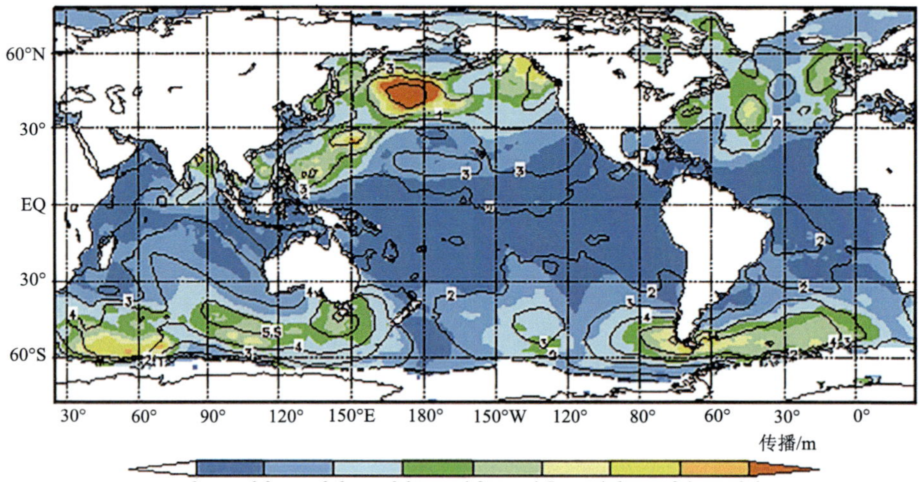

(a)

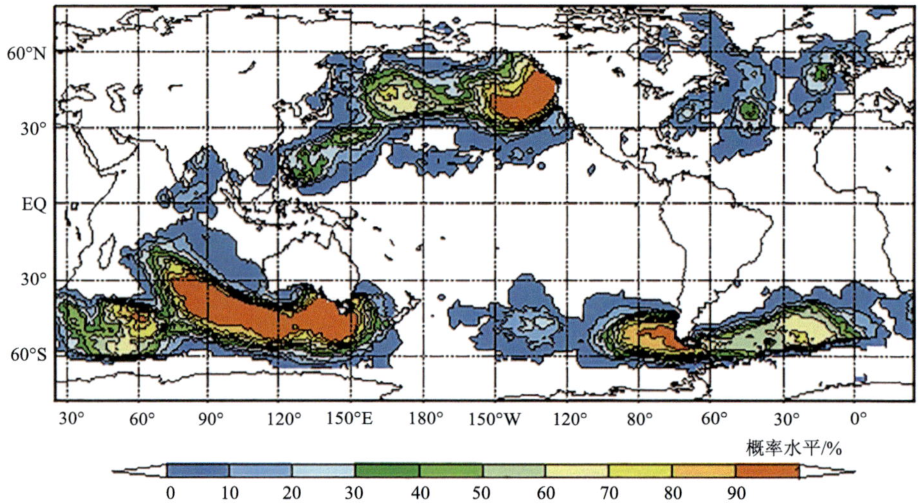

(b)

图 8.32　2016 年 11 月 6 日集合预报图

(a)SWH 集合平均(等值线)和传播(阴影);(b)SWH 超过 4 m 的概率(WMO,2020)

然而,一个规范的集合应该显示出良好的可靠性关系。同样,一个好的集合将显示出EPS 预报的传播与集合控制或者平均预报与观测的误差之间有很强的关联性。所有这些行为都从根本上依赖于基础模型的质量。在图 8.33 的例子中,显示出当基础偏差被纠正时,短期集合预报的可靠性会受到很大影响。在评估超过阈值的概率时,推荐的做法是评估超过阈值的概率和数量。例如,90%的集合体成员 SWH 超过阈值 1 m 的预报,应该比概率为 90%但阈值只超过 10~20 mm 的预报给予更强的置信度。

集合预测的一个方面可能会有特别的应用,就是在长期的集合预测中识别低概率、高影响"危险"海况的发生(Petroliagis et al.,2012)。在极端情况下,基础模型的准确性可能比日常预报更值得怀疑,但这可以通过使用背景模型气候学来缓解。Lalaurette(2003)描述了 ECM-WF 对风、温度和降水参数的极端天气预报指数(EFI)方法,将其中预报成员与模型气候进行

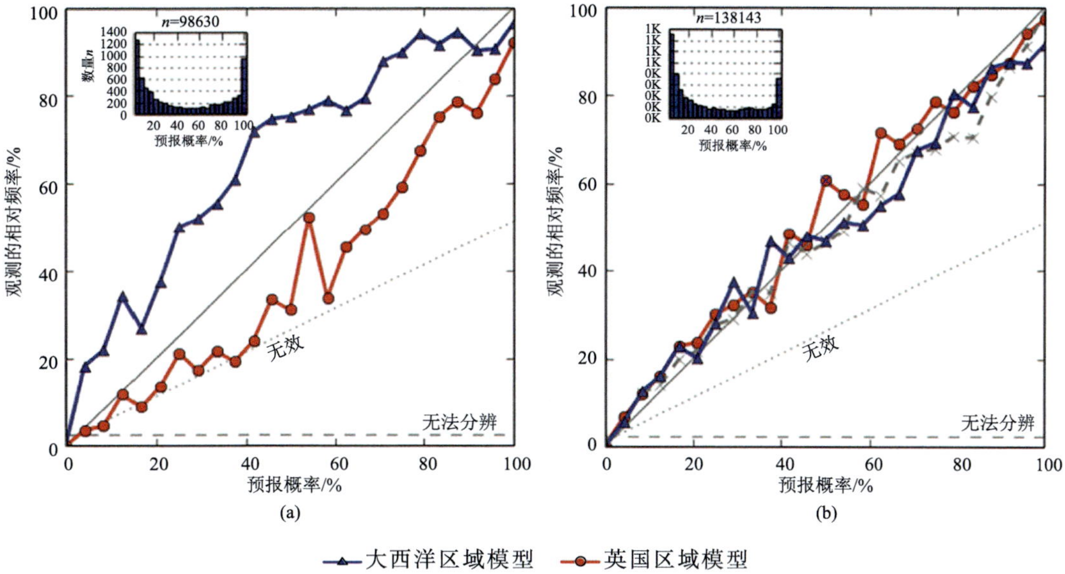

图 8.33　在预测范围为 2 d 的情况下，两个波浪 EPS 对 6 m 以上的大浪的预报可靠性图，当预报概率和后续的观测频率相似时（数据落在 1∶1 线上），认为预报是可靠的，在这个例子中，对预报进行偏差校正的效果是显著的；右图(b)中代表偏差校正后的预报线比左图(a)中的原始预测线更接近1∶1 线）(WMO,2020)

(a)6 m 超越可信度图（北海）；(b) H_s＞6 m 可信度图（北海）

比较。这种 EFI 也被扩展到波浪上。图 8.34 显示了一个例子，其中，图 8.34(a)的数字是 SWH 的 EFI（范围为−1～1），挪威海的数值接近于 1。图 8.34(b)的数字是当天波高分布的第 99 个百分位数。因此，EFI 表明，模型预报的波高在 4 m 以上，这种情况在一年中的那个时候是不常见。

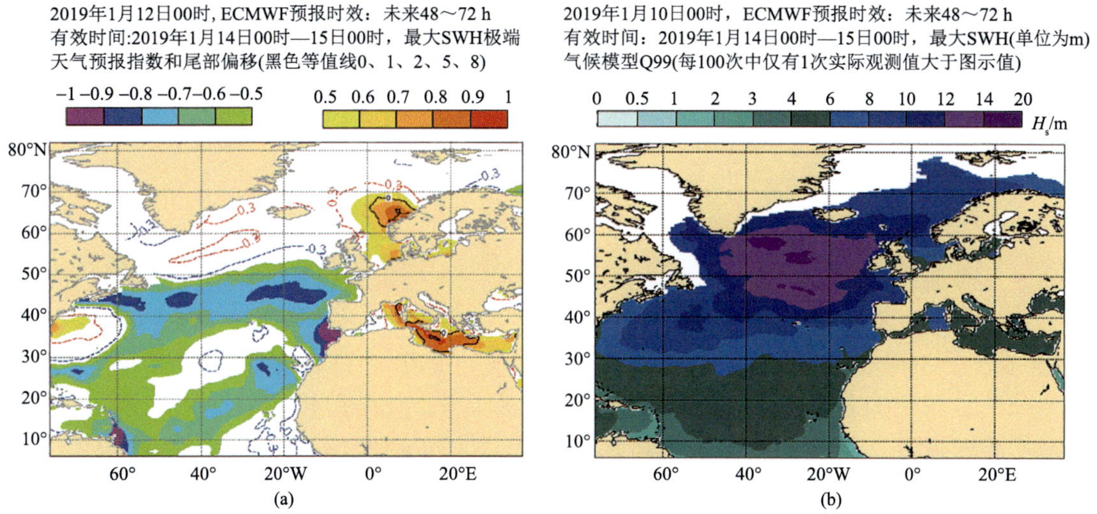

图 8.34　极端天气预报指数(a)和来自模型的长期气候模型(b)相关的第 99 个百分位数的 SWH(WMO, 2020)

一个计算成本更低的完整集合系统是所谓的“穷人的集合”(Ebert，2001)，它结合了几个业务中心的一些独立模型预报。有了这样一组预报，也可以促进“共识预报”，其中根据过去预报的表现进行加权和偏差修正，以产生“最佳共识预报”，通常比任何单独的模型预报都要好(Durrant et al. ,2009)。

下面给出一个例子，说明在应急情况和波浪淹没预警框架下使用波浪集合的好处。图 8.35(b)显示了成员之间对风暴事件产生的强波区位置的高度不确定性。对风暴的传播有不同的结果。一些成员，包括确定性预报，在 102 h 预报(06 时)时估计布列塔尼海岸的 SWH 为 10 m，如图 8.35(a)所示。事实上，这种情况下的波浪淹没警报是在晚上触发的。可以看出，大约 20%的成员考虑了在分析点附近出现 SWH 超过 10 m 的概率。不确定性也与风暴在南北轴上的位置有关。

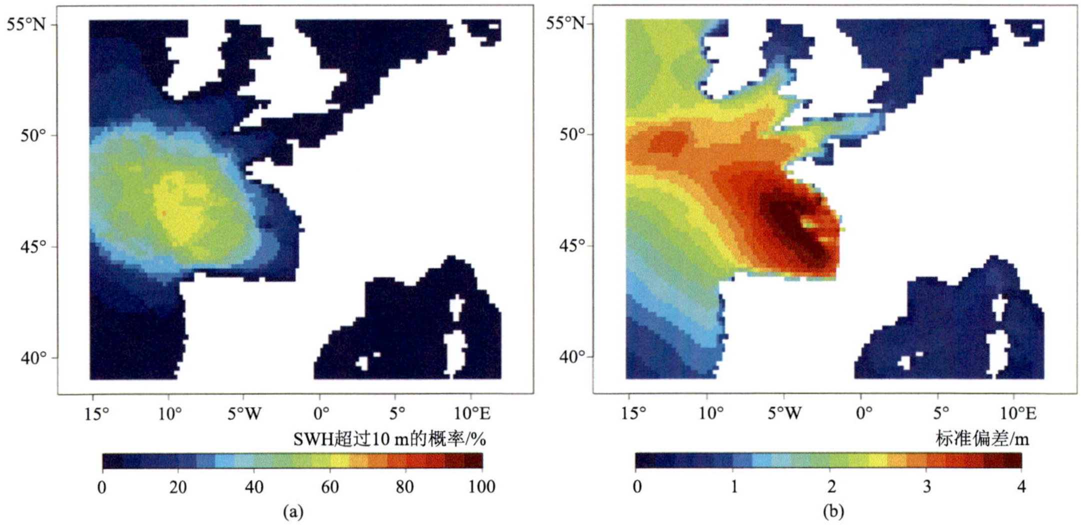

图 8.35 波浪集合系统预报概率图和成员偏差图(来源：A. Dalphinet，MeteoFrance)
(a)波浪集合系统在 102 h 的预测中 SWH 超过 10 m 的概率(2021 年 1 月 30 日 06 时)；
(b)集合成员之间 SWH 的标准偏差

8.7 验证和校准策略

对于所有业务化海洋预报系统来说，波浪模型的验证取决于衡量标准、采样策略和待验证参数的选择。模型不确定性的验证和衡量包括：描述模型和观测条件之间的差异及其统计特性；评估模型在准确预测特定海洋状况下对用户决策的价值；提供长期的性能和测量模型变化的影响和(或)调查模型描述特定海洋过程或条件的能力。与任何统计分析一样，构建验证应回答的问题或假设，并确保所提供的衡量标准适合受众的专业知识是很有帮助的。

对于验证来说，适用于模型和观测的采样策略是基础。采样应考虑与要验证的数据有关的空间和时间上的相关性。这些相关性将取决于验证环境，例如，在开阔的海洋中，海浪场可能在几百千米和几小时的范围内有很好的相关性，而在沿海环境中，波浪条件中的潮汐成分相关性很强，范围可能缩小到几十千米，周期可能小于 1 h(Saulter et al. ,2020)。数据之间的相关程度会影响到考虑稳定统计验证所需的样本量。如果模型和观测所代表的尺度有很大的不同,就会影响验证。现场观测往往在相当于 5～20 km 的范围内取样,这取决于主要的波浪周期,而 1 Hz 高度计对 SWH 的观测空间轨迹在轨道方向为 6～7 km,直径为 2～10 km,随海况而增加(因为反向散射随着波浪的增大和波长的延长而增加)。一般来说,可以认为波浪模型的尺度是波浪或强迫大气模型水平网格和整合时间步长的 3～4 倍(Janssen et al. ,2007)。建议定义一个有代表性的基准尺度,以便与按该尺度处理的数据进行比较,并提供描述该处理的元数据和指标。传递数据的局限性也很重要,例如,在可用的观测和处理方法不能扩展到像沿海地区这样模型领域的情况下。

现有的基准性能指标标准可以通过 ECMWF 建立的世界气象组织波浪预报验证领导中心(WMO/LC-WFVC)(Bidlot,2016)和哥白尼海洋服务的产品质量面板找到。图 8.36(a)显示了在 WMO/LC-WFV 框架下不同业务中心提供的 SWH 监测的分散指数的例子。正如哥白尼海洋服务全球波浪再分析(图 8.36b)所示,测高仪的优点是覆盖所有海盆,可以监测波浪模型误差的空间变化。

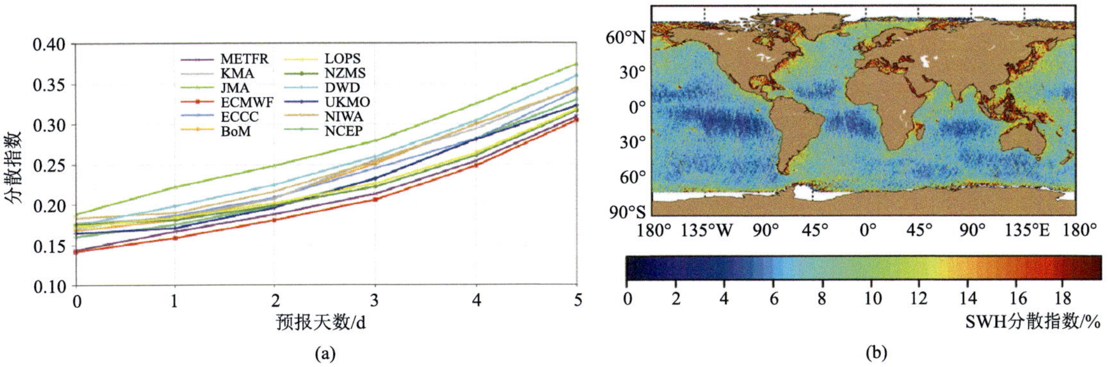

图 8.36　预测的 SWH 分散指数图

(a)2021 年 6—8 月,与波浪浮标相比,预测中 SWH 的分散指数变化,颜色代表业务中心名称(NHem 温带(纬度 20.0°～90.0°,经度－180.0°～180.0°))(来源:WMO/LC-WFV);(b)2013—2018 年,WAVERYS 与高度计 HY2A 的分散指数对比(来源:CMEMS-GLO-QUID-001-032①)

随着集合预报系统使用的增加和波浪、大气和海洋模型水平尺度的缩小,标准将继续发展。然而,利用预报中的不确定性指标可以更好地描述模型的性能,这些不确定性可以来自集合(Pezzutto et al. ,2016),也可以利用观测点周围空间邻域的变化(Ebert,2008;Mittermaier et al. ,2017)。对于长期监测,一个重要的集合预测指标是累积排名概率得分(Hersbach,2000),它可以直接与确定性预测的平均绝对误差进行比较,因此能够衡量从低分辨率或确定性系统过渡到高分辨率或集合模型的好处。

波浪观测数据主要是由现场来源和通过卫星任务和高频雷达进行的遥感提供的 SWH 测量数据。SWH 数据是波浪模型的主要健康指标,描述了表层海洋的波浪能量,作为对大气提供动量的反馈,并通过波浪扩散重新分配。SWH 通常是用户和决策者感兴趣的海况主要参数(另见第 4 章)。然而,为了正确验证波浪模型在过程层面的性能,还应该使用描述波浪能量

①详见 https://catalogue. marine. copernicus. eu/documents/QUID/CMEMS-GLO-QUID-001-028. pdf。

二维频率分布的进一步观测参数。目前只有通过现场测量才能获得海洋表面波在频率(周期)域的全谱覆盖。需要注意了解特定平台对波浪作用的响应所带来的限制,这决定了高频率的截断,以及由现场数据使用"前五"方法(由频谱的前五个傅立叶系数组成)得出的方向谱(Swail et al.,2010)与从模型和遥感产生的全频率方向分布之间的区别。遥感数据受到频率(波长)截断限制的强烈影响,例如,合成孔径雷达会捕捉到长周期的波浪,但不会捕捉到短风浪。从验证的角度来看,要想在整个定向波谱上获得足够的数据样本,以便在多个频率和方向上进行稳定的统计分析是很困难的,因此,比较波高、周期和方向在波谱的少数分区区域的综合情况往往是更为可取的(Ardhuin et al.,2010)。由于波浪模型受到来自大气强迫中的不确定性的强烈影响(Cavaleri et al.,2018),当在过程层面评估波浪模型时,建议将波浪参数与当时的风速或应力一起验证。

验证过程中的一个有用工具是波浪玫瑰图分析。图 8.37 显示了哥白尼海洋服务 WAVERYS 和 NOAA 国家数据浮标中心(NDBC)在美国夏威夷瓦胡岛部署的 51202 浮标的定向波特性的比较。

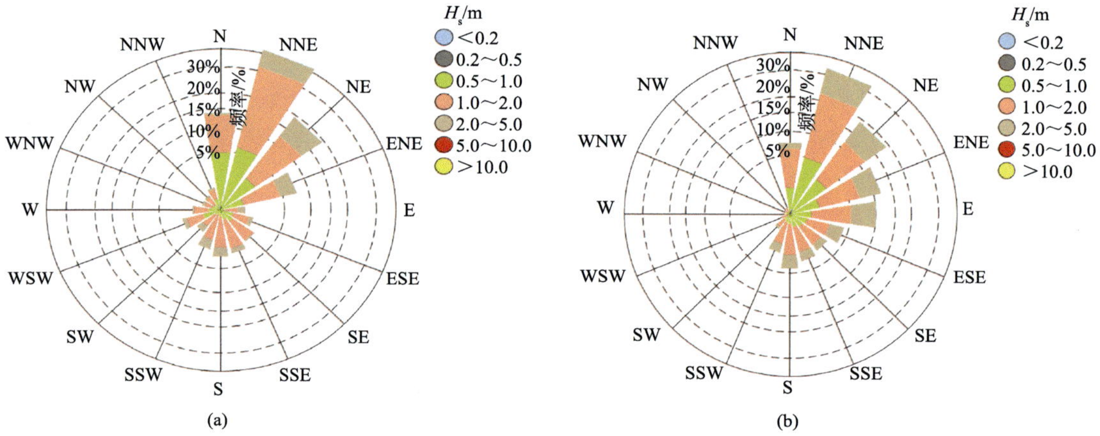

图 8.37　波浪玫瑰图比较

(a)哥白尼海洋服务;(b)NDBC 在美国夏威夷部署的 51202 浮标

8.8　输出和后期处理

8.8.1　最终交付的波浪模型的结果后处理

波浪模型在每个网格点提供二维波谱 $F(f,\theta)$,描述波能如何作为频率 f 和传播方向 θ 的函数分布。为了简化对波浪条件的研究,积分参数是由 $F(f,\theta)$ 的加权积分得出。n 为阶矩,m_n 定义为以下积分

$$m_n = \iint f^n F(f,\theta)\,\mathrm{d}f\,\mathrm{d}\theta \tag{8.43}$$

在所有频率和方向上进行积分,或者当频谱被分割成风浪和涌浪或被分割成主要分量时,在一个频谱子域上进行积分。风浪成分受风的作用,波相速度小于海洋表面的风速。剩下的部分被认为是涌浪。以 WAM 模型为例,当满足以下近似条件时,频谱能量受风的作用

$$1.2 \times 28\left(\frac{u^*}{C}\right)\cos(\theta-\varphi) > 1 \tag{8.44}$$

式中：u^* 是摩擦速度；C 是由波的线性理论得出的相位速度；φ 是风向。因此，对于风浪和涌浪，只需对 $F(f,\theta)$ 中满足或不满足式(8.43)的各自分量进行积分，就可以计算出积分参数。

(1)有效波高

波能是 0th 阶的矩 m_0，有效波高用符号 H_s 表示，定义如下(快照见图 8.38)

$$H_s = 4\sqrt{m_0} \tag{8.45}$$

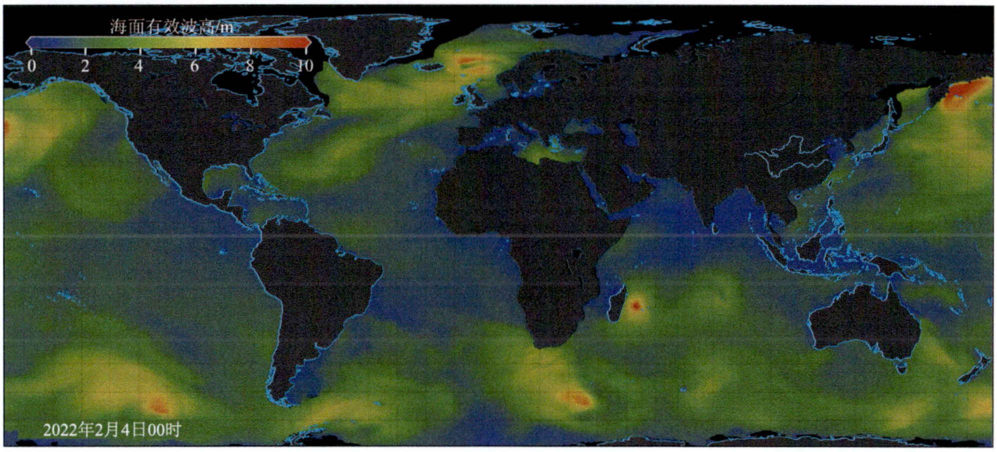

图 8.38　2022 年 2 月 4 日 00 时哥白尼海洋服务全球波浪系统的海面 SWH 快照

(2)平均周期

平均周期(图 8.39 中的快照)有几种表示方法。最常用的是 Tm_{-1}，它基于－1 阶矩，即

$$Tm_{-1} = \frac{m_{-1}}{m_0} \tag{8.46}$$

Tm_{-1} 通常也被称为能量平均波周期。通过考虑 H_s，可以用来确定深水中单位波峰长度的波能通量，也表示为单位波峰长度的波功率 P。

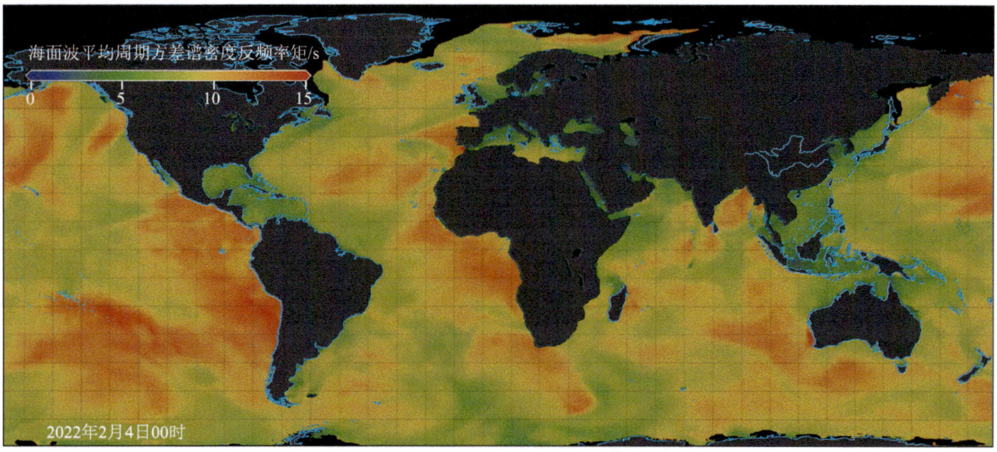

图 8.39　2022 年 2 月 4 日 00 时哥白尼海洋服务全球波浪系统的平均周期 Tm_{-1}
(海面波平均周期方差谱密度反频率矩)的快照

为了分析波场的不同方面，可以使用其他矩来定义平均周期。周期可以根据一阶矩 Tm_1 给出

$$Tm_1 = \frac{m_0}{m_1} \tag{8.47}$$

式中：Tm_1 是平均频率的倒数。它可以用来估计深海中斯托克斯漂移的幅度，并根据二阶矩 Tm_2 给出周期

$$Tm_2 = \frac{m_0}{m_2} \tag{8.48}$$

式中：Tm_2 也被称为跨零平均波浪周期，因为它相当于用跨零方法从海面高程的观测中确定的平均周期。

(3)谱峰周期

谱峰周期是针对全海域的，可以表示为一维波谱 $F(F)$ 在方向上积分的倒数峰值频率。还有一种计算谱峰频率的方法，它是由二维波谱 $F(f,\theta)$ 的离散最大值周围的抛物线拟合得到的。

(4)平均波浪方向

平均波向是通过对波谱 $F(f,\theta)$ 的加权来定义的。它的表达方式为

$$<\theta>= \arctan\frac{S_1}{C_1} \tag{8.49}$$

式中：S_1 是 $\sin(\theta)\times F(f,\theta)$ 在频率和方向上的积分，而 C_1 是 $\cos(\theta)\times F(f,\theta)$ 在 f 和 θ 上的积分。

(5)传播方向

波浪方向传播给出了整个海面的方向分布信息，也适用于不同的波浪成分。它的表达式为

$$s_\theta = \sqrt{2(1-M)} \tag{8.50}$$

式中：M 是 I/m_0；I 是 $\cos(\theta-<\theta>)\times F(f,\theta)$ 对 f 和 θ 的积分；$<\theta>$ 是平均方向，可以计算出风浪和涌浪成分的方向传播。

(6)表面斯托克斯漂移

斯托克斯漂移影响到海洋上层的湍流，并对海洋环流，特别是朗缪尔(Langmuir)环流的能量来源做出贡献。表面斯托克斯漂移 U_s 是通过以下关系从深水中的波谱计算出来的

$$\boldsymbol{U}_s = \frac{16\pi^3}{g}\iint f^3 \cdot \boldsymbol{k} \cdot F(f,\theta)\mathrm{d}f\mathrm{d}\theta \tag{8.51}$$

积分包括在所有频率和方向上。$\boldsymbol{k}$ 是波分量方向上的单位矢量。在高频范围内，使用菲利普斯谱形，并考虑最后一个频率区间的谱水平。图 8.40 显示了斯托克斯漂移幅度与海面 10 m 高度风速的比值。

(7)分割波谱

一般来说，波浪预报员首先分析描述整个海洋的全波谱的综合参数。然后，他们通过检查代表风浪和涌浪的不同主导波列来完善其分析。大多数波浪模型包括一个分区程序，其目的是分离由波谱中的能量峰值所代表的不同波浪系统。最常用的分割程序是由 Hanson 等(2002)改编的，是基于从图像处理中得到灵感的分水岭方法。该方法在对风浪和涌浪波谱进行分割后，识别波谱中的能量峰值，并从峰值到极限分离出一个与能量增加相对应的能量递减分区。在波谱中可以检测到几个分区或波浪系统，它们按其波高的递减顺序进行分类。图 8.41 显示了一个分区的例子，其中检测到三个分区，有两个涌浪和一个风浪。每个分区的平均

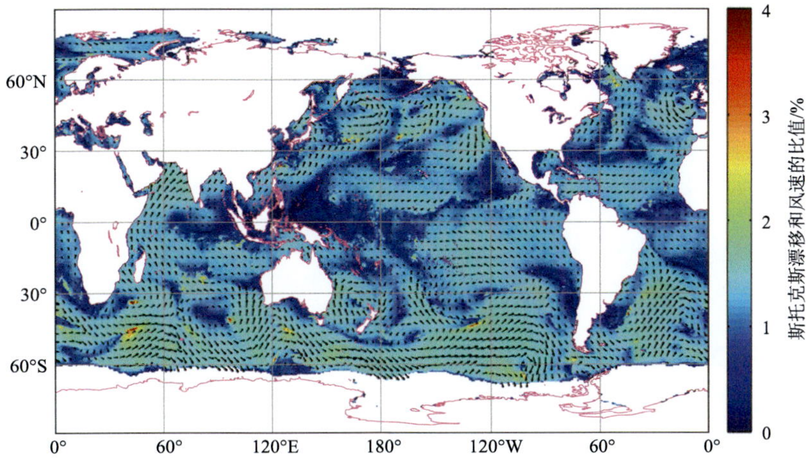

图 8.40　2021 年 6 月 20 日 21 时，哥白尼海洋服务全球波浪系统的表面斯托克斯漂移和风速之间的比值，箭头显示斯托克斯漂移方向

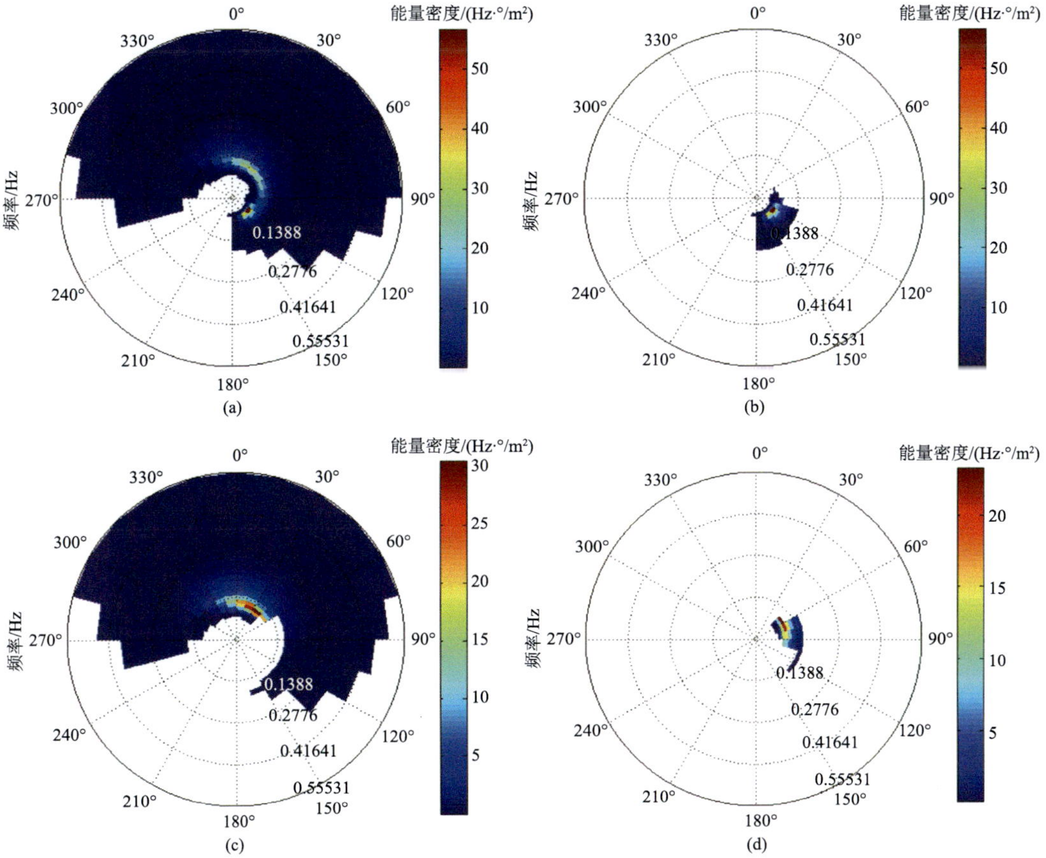

图 8.41　风浪和涌浪波谱图

(a)“威望号”油轮事故地点的全波谱(Trulsen et al.,2015)；(b)涌浪分区－1，向东南方向传播的能量最大；(c)向东北方向传播的风浪分区－2；(d)向东-北-东方向传播的涌浪分区－3（来源：哥白尼海洋服务）

高度、周期和方向都可以计算出来。

(8)波能通量

深海中每单位波峰长度的波能通量可以通过使用波浪周期 Tm_{-1} 和 H_s 计算出来

$$P=\frac{\rho_w \cdot g^2}{64\pi}Tm_{-1}H_s^2 \tag{8.52}$$

式中：ρ_w是水的密度；g 是重力加速度。

波能通量可以通过整合每个波谱成分的通量来表示

$$P=2\pi g\iint C_g \cdot F(f,\theta)\mathrm{d}f\mathrm{d}\theta \tag{8.53}$$

式中：C_g是深水中的波群速度。

8.8.2 常见的输出变量

波浪产生和传播的数值模型可以提供不同的变量，用于多年期和预测系统。表 8.1 列出了由数值提供的常用变量，这些变量可能对用户及希望建立未来波浪 OOFS 和多年期系统的开发者具有特殊意义。

表 8.1 常见的波浪变量

	变量名称	符号	单位
常见变量名称（通常由第三代频谱波模型和（或）缓坡模型近似值给出）	有效波高	H_s	m
	谱峰周期	T_p	s
	平均波周期	T_m	s
	平均和谱峰波向	θ	°N
	完整的波谱矩阵	S	m²/Hz/°N
	波浪分区的平均参数（H_s、T_m、T_p 和 D_{ir}）：2 个涌浪和 1 个风浪	H_{s_i}，T_{p_i}，D_{ir_i}	m，s，°N
	最大波高	H_{max}	m
	最大波周期	T_{max}	m
	斯托克斯漂移的经向分量	U_s	m/s
	斯托克斯漂移的纬向分量	V_s	m/s
	波浪的拖曳力系数	C_d	
	对海洋的标准化应力	T_{auoc}	
	均方波陡	mss	m
高级变量名称（通常由相位解析模型和 CFD 方法给出）	点和大面的自由表面时间序列	η	m
	波浪破碎引起的海流	$U-V$	m/s
	瞬时波浪增水	R_u	m
	瞬时波浪越浪量	q	m³/s/m
	次重力波振荡	ηIG	m
	多方向的波谱矩阵（波动）	S	m²/Hz/°N
	结构物上的瞬时波压力	P	N/m²
	结构物上的瞬时力	F	N
	瞬时波生流	$u-v$	m/s

8.9 清单

本节的目的是提供一份在国际层面上运行的准实时和多年期海浪预报系统的初步清单。表 8.2 和表 8.3 提供了每个具体系统的规模、系统名称(制作者)、地区、网格类型和分辨率、实施的数值工具和数据同化的详细情况等信息,并提供了直接链接(若存在)到系统产品和其他相关信息的网站地址。

8.9.1 准实时海浪预报系统清单

表 8.2 列出了目前从全球到区域尺度提供最先进的准实时产品的海浪预报业务化系统。

另外,目前全球和区域海浪预报的贡献者包括:欧洲中期天气预报中心(英国)、英国气象局、美国舰队数值气象与海洋学中心、加拿大环境与气候变化部、美国国家环境预测中心、法国气象局、德国联邦气象所、澳大利亚气象局、法国海洋水文与海洋运输管理局、日本气象厅、韩国气象局、西班牙国家港口局、丹麦气象研究所、新西兰国家水与大气研究所、挪威气象研究所、阿根廷海军水文测量与气象服务局、中国国家海洋环境预报中心。

8.9.2 多年期海浪预报系统清单(再分析、后报)

全球和区域多年期海浪预报系统的初步清单(再分析、后报)见表 8.3。

表 8.2　全球(G)和区域(R)准实时海浪预报系统的初步清单

规模	系统名称(制作者)	地区	网格类型和分辨率	波浪模型核心	用于同化的数据	产品	网址
G	全球海浪预报系统(国家海洋环境预报中心,中国)	全球海洋	全球 10 km,西北太平洋 6 km	FVWAM	无	SWH、MWT、VMDR 的逐小时瞬时值	http://www.oceanguide.org.cn/IndexHome
G	全球波浪预报系统(法国气象局)	全球海洋	常规网格,0.083°—0.083°、9 km,1 层(表层)	MFWAM	来自卫星的 SWH	SWH、MWT、VMDR、VSDXY、WW、SW1、SW2 的 3 h 瞬时值	https://marine.copernicus.eu
R	北极波浪预报系统(挪威气象局)	北极地区	3 km,1 层(表层)	WAM	无	SWH、MWT、VMDR、VSDXY、WW、SW1、SW2 的逐小时瞬时值	https://marine.copernicus.eu
R	波罗的海波浪预报系统(芬兰 FMI 公司)	波罗的海地区	2 km,1 层(表层)	WAM	无	SWH、MWT、VMDR、VSDXY、WW、SW1、SW2 的逐小时瞬时值	https://marine.copernicus.eu
R	欧洲西北大陆架海浪预报系统(英国气象局)	欧洲西北大陆架海域	0.014°—0.03°,1 层(表层)	WW3	无	SWH、MWT、VMDR、VSDXY、WW、SW1、SW2 的逐小时瞬时值	https://marine.copernicus.eu
R	伊比利亚—比斯开—爱尔兰地区海浪预报系统(西班牙国家港口管理局)	爱尔兰—比斯开—伊比利亚大陆架海域	0.05°×0.05°,1 层(表层)	MFWAM	来自卫星的 SWH	SWH、MWT、VMDR、VSDXY、WW、SW1、SW2 的逐小时瞬时值	https://marine.copernicus.eu
R	地中海波浪预报系统(希腊海洋研究中心)	地中海	0.042°—0.042°、5 km;1 层(表层)	WAM	来自卫星的 SWH	SWH、MWT、VMDR、VSDXY、WW、SW1、SW2 的逐小时瞬时值	https://marine.copernicus.eu
R	黑海波浪预报系统(德国 HEREON 公司)	黑海	0.025°—0.025°、3 km;不分层(表层)	WAM	无	SWH、MWT、VMDR、VSDXY、WW、SW1、SW2 的逐小时瞬时值	https://marine.copernicus.eu
R	桑坦德湾入口处的高分辨率波浪和潮流预报系统(西班牙)	西班牙桑坦德	10×10 km,10 m 分层(表层)	ROMS(SWAN-椭圆缓坡和潮流模型)	现场测量、浮标和雷达	SWH、MWT、VMDR、VSDXY、WW、SW1、SW2 和潮流的瞬时值	https://nowcastsdr.ihcantabria.com/
R	港务局的本地波浪预报系统(SAPO)	西班牙	常规网格,0.1°—0.1°,1 层(表层)	SAPO	现场测量、沿海浮标	SWH、MWT、VMDR、VSDXY、WW、SW1、SW2 的逐小时瞬时值	https://portus.puertos.es/index.html?locale=en#/

续表

规模	系统名称(制作者)	地区	网格类型和分辨率	波浪模型核心	用于同化的数据	产品	网址
R	海洋研究所波浪预报	爱尔兰	常规网格 0.025°(约 1.5 km)	SWAN	无	SWH、TP、VMDR、SW2 的逐小时瞬时值	http://www. marine. ie/Home/site-area/data-services/marine-forecasts/wave-forecasts
R	AUSWAVE(澳大利亚波浪模型)	澳大利亚	AUSWAVE-G 全球(78°S—78°N,0°—359°E) AWAVE-R 区域(60°S—12°N,69°—180°E)	WW3	无	sig_wav_ht、pk_wav_per、pk_wav_dir、mn_dir_wnd_sea 的逐小时瞬时值(用于 SW1、SW2、SW3 和 WND)	http://www. bom. gov. au/nwp/doc/auswave/data. shtml
R	NOAA/NWS 海洋天气预报	美国	区域 0.1°左右	WW3	近海浮标	海洋、热带和海啸服务	https://www. weather. gov/marine/
G	NOMADS NOAA 业务化模型存档和分发系统	全球	常规网格(全球 0.251°—0.5°,区域约 11 km)	WW3	近海浮标	SWH、MWT、VMDR、VSDXY、WW、SW1、SW2 的逐小时瞬时值	https://nomads. ncep. noaa. gov/
R	CARICOOS 近岸波浪预报模型	波多黎各和维尔京群岛	1 km 网格到 200 m 和 10 m 网格	SWAN	无	SWH、MWT、VMDR、VSDXY、WW、SW1、SW2 的逐小时瞬时值	https://www. caricoos. org/waves/forecast/SWAN/PRVI/hsig

注:表格变量缩写意义如下:SWH:海面有效波高,MWT:海面平均波周期,VMDR:海面波向,VSDXY:海面波浪斯托克斯漂流,WW:风浪,SW1:海面主要涌浪,SW2:海面次要涌浪,TP:谱峰周期,表 8.3 变量缩写意义同此。表中第一行全球海浪预报系统(国家海洋环境预报中心,中国)信息为在原版基础上补充的内容。

表 8.3　全球(G)和区域(R)多年期海浪预报系统的初步清单(再分析、后报)

规模	系统名称(制作者)	地区	网格类型和分辨率	波浪模型核心	用于同化的数据	可用的时间序列	产品	网址
G	全球海浪再分析(法国麦卡托海洋国际公司)	全球海洋	0.2°×0.2°	MFWAM	SWH(海浪高度)	1993—2021 年	SWH、MWT、VMDR、VSDXY、WW、SW1、SW2 的 3 h 瞬时值	https://marine.copernicus.eu
R	北极海浪后报(挪威气象局)	北极海	3 km ×3 km	WAM	无		SWH、MWT、VMDR、VSDXY、WW、SW1、SW2 的逐小时瞬时值	https://marine.copernicus.eu
R	波罗的海海浪预测(芬兰气象研究所)	波罗的海	2 km×2 km	WAM	无	1993 年 1 月 1 日—2020 年 12 月 31 日	SWH、MWT、VMDR、VSDXY、WW、SW1、SW2 的逐小时瞬时值	https://marine.copernicus.eu
R	地中海海浪再分析(希腊海洋研究中心)	地中海	0.042°×0.042°	WAM	SWH	1993 年 1 月 1 日至今	SWH、MWT、VMDR、VSDXY、WW、SW1、SW2 的逐小时瞬时值	https://marine.copernicus.eu
R	大西洋—伊比利亚—比斯开—爱尔兰海浪再分析(西班牙气象局)	爱尔兰—比斯开—伊比利亚大陆架海域	0.05°×0.05°	MFWAM	SWH	1993 年 1 月 1 日—2020 年 12 月 31 日	SWH、MWT、VMDR、VSDXY、WW、SW1、SW2 的逐小时瞬时值	https://marine.copernicus.eu
R	大西洋—欧洲西北大陆架波浪物理再分析	欧洲西北大陆架海域	0.017°×0.017°	WW3	无	1980 年 1 月 1 日至今	SWH、MWT、VMDR、VSDXY、WW、SW1、SW2 的 3 h 瞬时值	https://marine.copernicus.eu
R	黑海波浪再分析(德国 HEREON 公司)	黑海	0.037°×0.028°	WAM	SWH	1979 年 1 月 1 日至今	SWH、MWT、VMDR、VSDXY、WW、SW1、SW2 的逐小时瞬时值	https://marine.copernicus.eu

续表

规模	系统名称(制作者)	地区	网格类型和分辨率	波浪模型核心	用于同化的数据	可用的时间序列	产品	网址
G	来自哥白尼气候数据服务的全球海浪再分析 ERA5	全球	0.5°×0.5°	ECWAM	SWH	1980年至今	逐小时	https://climate.copernicus.eu/climate-reanalysis
G	全球波浪再分析 CFSR	全球	0.5°×0.5°	WW3	无	1979—2017年		https://polar.ncep.noaa.gov/waves/hindcasts/
G	全球波浪再分析 CAWCR (CSIRO)	全球	0.4°×0.4°	WW3	无	1979—2010年		https://data.csiro.au/collection/csiro:39819

参考文献

Álvarez-Fanjul, E., García-Sotillo, M., Pérez Gómez, B., García Valdecasas, J. M., Pérez Rubio, S., Rodríguez Dapena, A., et al. (2018). Operational oceanography at the service of the ports. In: "New Frontiers in Operational Oceanography", Editors: E. Chassignet, A. Pascual, J. Tintoré, and J. Verron (Cambridge: GODAE OceanView), 729-736, https://doi.org/10.17125/gov2018.ch27

Alves, J.-H.G.M., Wittmann, P., Sestak, M., Schauer, J., Stripling, S., Bernier, N.B., Mclean, J., Chao, Y., Chawla, A., Tolman, H., Nelson, G., and Klotz, S. (2013). The NCEP–FNMOC combined wave ensemble product: expanding benefits of inter-agency probabilistic forecasts to the oceanic environment. *Bulletin of the American Meteorological Society,* 94(12), 1893-1905, https://doi.org/10.1175/BAMS-D-12-00032.1

Aouf, L., Hauser, D., Law-Chune, S., Chapron, B., Dalphinet, A., and Tourain, C. (2021). New directional wave observations from CFOSAT: impact on ocean/wave coupling in the Southern Ocean. EGU General Assembly 2021, online, 19-30 Apr 2021, EGU21-7412, https://doi.org/10.5194/egusphere-egu21-7412

Aouf, L., Lefèvre, J., and Hauser, D. (2006). Assimilation of Directional Wave Spectra in the Wave Model WAM: An Impact Study from Synthetic Observations in Preparation for the SWIMSAT Satellite Mission. *Journal of Atmospheric and Oceanic Technology,* 23(3), 448-463, https://doi.org/10.1175/JTECH1861.1

Aouf, L., Danièle, H., Céline, T., Bertrand, C. (2018). On the Assimilation of Multi-Source of Directional Wave Spectra from Sentinel-1A and 1B, and CFOSAT in the Wave Model MFWAM: Toward an Operational Use in CMEMS-MFC. IGARSS 2018 - 2018 IEEE International Geoscience and Remote Sensing Symposium, 2018, pp. 5663-5666, doi: 10.1109/IGARSS.2018.8517731

Ardhuin, F., Otero, M., Merrifield, S., Grouazel, A., and Terril, E. (2020). Ice breakup controls dissipation of wind waves across Southern Ocean sea ice. *Geophysical Research Letters,* 47, e2020GL087699. https://doi.org/10.1029/2020GL087699

Ardhuin, F., Rogers, E., Babanin, A., Filipot, J.-F., Magne, R., Roland, A., van der Westhuysen, A., Queffeulou, P., Lefevre, J.-M., Aouf, L., Collard, F. (2010). Semi-empirical dissipation source functions for ocean waves. Part I: definitions, calibration and validations. *Journal of Physical Oceanography,* 40, 1917-1941, https://doi.org/10.1175/2010JPO4324.1

Babanin, A.V. (2011). Breaking and Dissipation of Ocean Surface Waves. Cambridge University Press, 480 p.

Babanin, A.V. (2018). Change of regime of air-sea dynamics in extreme Metocean conditions. Proceedings of the ASME 2018 37th International Conference on Ocean, Offshore and Arctic Engineering OMAE2018, June 17-22, 2018, Madrid, Spain, paper 77484, 6 p.

Babanin, A.V., Onorato, M., and Qiao, F. (2012). Surface waves and wave-coupled effects in lower atmosphere and upper ocean. *Journal of Geophysical Research: Ocean,* 117(C11), https://doi.org/10.1029/2012JC007932

Babanin, A.V., van der Westhuysen, A., Chalikov, D., and Rogers, W.E. (2017). Advanced wave modelling including wave-current interaction. In "The Sea: The Science of Ocean Prediction", Eds. Nadia Pinardi, Pierre F. J. Lermusiaux, Kenneth H. Brink and Ruth Preller, *Journal of Marine Research,* 75, 239-262.

Barstow, S., Mørk, G., Lønseth, L., and Schjølberg, P.. (2004). Use of satellite wave data in the world waves project. Gayana (Concepción), 68(2, Supl.TIProc), 40-47, http://dx.doi.org/10.4067/S0717-65382004000200007

Battjes, J.A., and Janssen, P.A.E..M. (1978). Energy Loss and Setup Due to Breaking in Random Waves. Proceedings of 16th Coastal Engineering Conference, Hamburg, Germany, 569-587.

Bauer, E., Hasselmann, S., Hasselmann, K. and Graber, H. C. (1992). Validation and assimilation of Seasat altimeter wave heights using the WAM wave model. *Journal of Geophysical Research: Ocean*, C97, 12671-12682, https://doi.org/10.1029/92JC01056

Berkhoff, J. C. (1972). Computation of combined refraction-diffraction. 13th International Conference on Coastal Engineering, (pp. 471-490). ASCE.

Beven J. (2019). Hurricane Pablo tropical cyclone report, NHC-NOAA.

Bidlot J. R. (2016). Twenty-one years of wave forecast verification. ECMWF Newsletter, 150, 2016.

Booij, N., Ris, R., and Holthuijsen, Leo. (1999). A third-generation wave model for coastal regions, Part I, Model description and validation. *Journal of Geophysical Research: Ocean*, 104. 7649-7656, https://doi.org/10.1029/98JC02622

Breivik, L-A., Reistad, M., Schyberg, H., Sunde, J., Krogstad, H. E., and Johnsen, H. (1998). Assimilation of ERS SAR wave spectra in an operational wave model. *Journal of Geophysical Research: Ocean*, 103, 7887-7900, https://doi.org/10.1029/97JC02728

Breivik, Ø., Gusdal, Y., Furevik, B.R., Aarnes, O.J., Reistand, M. (2009). Nearshore wave forecasting and hindcasting by dynamical and statistical downscaling. *Journal of Marine Systems*, 78, S235-S243, https://doi.org/10.1016/j.jmarsys.2009.01.025

Breivik, Ø., Mogensen, K., Bidlot, J.-R., Balmaseda, M. A., and Janssen, P. A. E. M. (2015), Surface wave effects in the NEMO ocean model: Forced and coupled experiments. *Journal of Geophysical Research: Ocean*, 120, 2973-2992, https://doi.org/10.1002/2014JC010565

Brocchini, M. (2013). A reasoned overview on Boussinesq-type models: the interplay between physics, mathematics and numerics. *Proceedings of the Royal Society A Mathematical, Physics and Engineering Science*, 469, https://doi.org/10.1098/rspa.2013.0496

Browne, M., Castelle, B., Strauss, D., Tomlinson, R., Blumenstein, M., Lane, C. (2007). Near-shore swell estimation from a global wind-wave model: spectral process, linear and artificial neural network models. *Coastal Engineering*, 54, 445-460, https://doi.org/10.1016/j.coastaleng.2006.11.007

Bunney, C., and Saulter, A. (2015). An ensemble forecast system for prediction of Atlantic-UK wind waves. *Ocean Modelling*, 96(1), 103-116, doi: 10.1016/j.ocemod.2015.07.005

Dean, R. G., Dalrymple, R. A. (1991). Water wave mechanics for engineers and scientists (Advanced series on ocean engineering - Volume 2), Singapore World Scientific Publishing.

Camus, P., Mendez, F., Medina, R. (2011). A hybrid efficient method to downscale wave climate to coastal areas. *Coastal Engineering*, 58(9), 851-862, https://doi.org/10.1016/j.coastaleng.2011.05.007

Camus, P., Mendez, F.J., Medina, R., Tomas, A., Izaguirre, C. (2013). High resolution downscaled ocean waves (DOW) reanalysis in coastal areas. *Coastal Engineering*, 72, 56-68, https://doi.org/10.1016/j.coastaleng.2012.09.002

Cavaleri, L., Alves, J.-H.G.M., Ardhuin, F., Babanin, A., Banner, M., Belibassakis, K., Benoit, M., Donelan, M., Groeneweg, J., Herbers, T.H.C., Hwang, P., Janssen, P.A.E.M., Janssen, T., Lavrenov, I.V., Magne, R., Monbaliu, J., Onorato, M., Polnikov, V., Resio, D., Rogers, W.E., Sheremet, A., McKee Smith, J., Tolman, H.L., van Vledder, G., Wolf, J., Young, I. (2007). Wave modeling - the state of the art. *Progress in Oceanography*, 75(4), 603-674, https://doi.org/10.1016/j.pocean.2007.05.005

Cavaleri, L., Abdalla, S., Benetazzo, A., Bertotti, L., Bidlot, J.-R., Breivik, Ø., Carniel, S., Jensen, R.E., Portilla-Yandun, J., Rogers, W.E., Roland, A., Sanchez-Arcilla, A., Smith, J.M., Staneva, J., Toledo, Y., van Vledder, G.Ph., and van der Westhuysen, A.J. (2018). Wave modelling in coastal and inner seas. *Progress in Oceanography*, 167, 164-233, https://doi.org/10.1016/j.pocean.2018.03.010

CERC, (1984). Shore Protection Manual. Department of the Army US. Army Corps of Engineers, Washington DC.

Chalikov, D. (2016). Numerical Modeling of Sea Waves. Springer, 330 p.

Chelton, D. B., and McCabe, P. J. (1985). A review of satellite altimeter measurement of sea surface wind speed: with a proposed new algorithm. *Journal of Geophysical Research: Oceans*, 90(3), 4707-4720, https://doi.org/10.1029/JC090iC03p04707

Chen, H.S. (2006). Ensemble Prediction of Ocean Waves at NCEP. Proceedings of 28th Ocean Engineering Conference, Taiwan.

Climate Change Initiative Coastal Sea Level Team (The). (2020). Coastal sea level anomalies and associated trends from Jason satellite altimetry over 2002-2018. *Scientific Data*, 7, 357, https://doi.org/10.1038/s41597-020-00694-w

Dean, R. G., and Dalrymple, R. A. (1991). Water wave mechanics for engineers and scientists. In: "Advanced Series on Ocean Engineering: Volume 2" by R.G. Dean and R.A. Dalrymple, World Scientific Publishing Co Pte Ltd, https://doi.org/10.1142/1232

Derkani, M. H., Alberello, A., Nelli, F., Bennetts, L.G., Hessner, K. G., MacHutchon, K., Reichert, L., Aouf, L., Khan, S., Toffoli, A. (2021). Wind, waves, and surface currents in the Southern Ocean: observations from the Antarctic Circumnavigation Expedition. *Earth System Science Data*, 13, 1189-1209, https://doi.org/10.5194/essd-13-1189-2021

Dingemanns, M. (1997). Waterwave propagation over uneven bottoms. *Advanced Series on Ocean Engineering*, 13(2), 967.

Donelan, M., Haus, B.K., Reul, N., Plant, W., Stiassnie, M., Graber, H.C., Brown, O., Saltzman, E. (2004). On the limiting aerodynamic roughness of the ocean in very strong winds. Geophysical Research Letters, 31(18), https://doi.org/10.1029/2004GL019460

Durrant, T.H., Woodcock F., and Greenslade, D.J.M. (2009). Consensus forecasts of modelled wave parameters. *Weather and Forecasting*, 24, 492-503, https://doi.org/10.1175/2008WAF2222143.1

Ebert, E. (2001). Ability of a poor man's ensemble to predict the probability and distribution of precipitation. *Monthly Weather Review*, 129(10), 2461–2480, https://doi.org/10.1175/1520-0493(2001)129<2461:AOAPMS>2.0.CO;2

Ebert, E.E. (2008). Fuzzy verification of high resolution gridded forecasts: A review and proposed framework. *Meteorological Applications*, 15, 51-64, https://doi.org/10.1002/met.25

Eckart, C. (1952). The propagation of gravity waves from deep to shallow water. *Circular 20, National Bureau of Standards*, 165-173.

Edson, J.B., Jampana, V., Weller, R.A., Bigorre, S.P., Plueddemann, A.J., Fairall, C.W., Miller, S.D., Mahrt, L., Vickers, D., and Hersbach, H. (2013). On the exchange of momentum over the open ocean. *Journal of Physical Oceanography*, 43(8), 1589-1610, https://doi.org/10.1175/JPO-D-12-0173.1

Fengyan, S., Kirby, J. T., Tehranirad, B., Harris, J. C., and Grilli, S. (2012). FUNWAVE-TVD: Fully Nonlinear Boussinesq Wave Model with TVD Solver. Documentation and User's Manual (Version 2.0). Center for Applied Coastal Research, University of Delaware, Newark, DE. Available at: https://www1.udel.edu/kirby/papers/shi-etal-cacr-11-04-version2.0.pdf

Gaslikova, L., Weisse, R. (2006). Estimating near-shore wave statistics from regional hindcasts using downscaling techniques. *Ocean Dynamics*, 56, 26-35, https://doi.org/10.1007/s10236-005-0041-2

Greenslade, D.J.M. and Young, I.R. (2004). Background errors in a global wave model determined from altimeter data. *Journal of Geophysical Research: Oceans*, 109(C9), https://doi.org/10.1029/2004JC002324

González-Marco, D., Sierra, J. P., Ybarra, O. F., Sánchez-Arcilla, A. (2008). Implications of long waves in harbour management: The Gijón port case study. *Ocean & Coastal Management*, 51(2), 180-201, https://doi.org/10.1016/j.ocecoaman.2007.04.001

Groeneweg, J., Ledden, M., Zijlema, M. (2007). Wave transformation in front of the Dutch Coast. Proceedings of the Coastal Engineering Conference, 552-564, https://doi.org/10.1142/9789812709554_0048

Gulev, S. K., Grigorieva, V., Sterl, A., and Woolf, D. (2003). Assessment of the reliability of wave observations from voluntary observing ships: Insights from the validation of a global wind wave climatology based on voluntary observing ship data. *Journal of Geophysical Research: Oceans*, 108(C7), https://doi.org/10.1029/2002JC001437

Hanley, K.E., Belcher, S.E., and Sullivan, P.P. (2010). A global climatology of wind-wave interaction. *Journal of Physical Oceanography*, 40, 1263-1282, https://doi.org/10.1175/2010JPO4377.1

Hanson, J. L., Phillips, O. M. (2001). Automated Analysis of Ocean Surface Directional Wave Spectra. *Journal of Atmospheric and Oceanic Technology*, 18(2), 277-293, https://doi.org/10.1175/1520-0426(2001)018<0277:AAOOSD>2.0.CO;2

Hansom, J. et al. (2015). Extreme Waves: Causes, Characteristics and Impact on Coastal Environments and Society January 2015. In: "Coastal and Marine Hazards, Risks, and Disasters", Edition: Hazards and Disasters Series, Elsevier Major Reference Works, Chapter 11: Extreme Waves: Causes, Characteristics and Impact on Coastal Environments and Society. Publisher: Elsevier; Editors: Ellis, J and Sherman, D. J.

Hasselmann, K. (1962). On the non-linear energy transfer in a gravity-wave spectrum part 1. General theory. *Journal of Fluid Mechanics*, 12 (4), 481-500.

Hasselmann, K., Barnett, T. P., Bouws, E., Carlson, H., Cartwright, D. E., Enke, K., Ewing, J. A.,Gienapp, H., Hasselmann, D. E., Kruseman, P., Meerburg, A., M¨uller, P., Olbers, D. J., Richter, K., Sell, W. and Walden, H. (1973). Measurements of wind-wave growth and swell decay during the Joint North Sea Wave Project (JONSWAP). *Hydraulic Engineering Reports,*. Available at: https://repository.tudelft.nl/islandora/object/uuid%3Af204e188-13b9-49d8-a6dc-4fb7c20562fc

Hasselmann, K., Hasselmann, K., Bauer, E., Janssen, P., Komen, G., Bertotti, L., Lionello, P., Guillaume, A., Cardone, V., Greenwood, J., Reistad, M., Zambresky, L., Ewing, J. (1988). The WAM model - a third generation ocean wave prediction model. *Journal of Physical Oceanography,* 18, 1775-1810.

Hasselmann, S., Hasselmann, K., Allender, J. H., and Barnett, T. P. (1985). Computations and parameterizations of the nonlinear energy transfer in a gravity wave spectrum, II, Parameterizations of the nonlinear energy transfer for application in wave models. *Journal of Physical Oceanography,* 15, 1378-1391.

Hasselmann, K. (1997). Multi-pattern fingerprint method for detection and attribution of climate change. *Climate Dynamics,* 13, 601-611, https://doi.org/10.1007/s003820050185

Hasselmann, K., Chapron, B., Aouf, L., Ardhuin, F., Collard, F., Engen, G., Hasselmann, S., Heimbach, P., Janssen, P., Johnsen, H., et al. (2013). The ERS SAR wave mode: A breakthrough in global ocean wave observations. In: "ERS Missions: 20 Years of Observing Earth", 1st ed.; Fletcher, K., Ed.; European Space Agency: Noordwijk, The Netherlands, 2013; pp. 165-198.

Herman, A., Kaiser, R., Niemeyer, H.D. (2009). Wind-wave variability in shallow tidal sea - spectral modelling combined with neural network methods. *Coastal Engineering,* 56(7), 759-772, https://doi.org/10.1016/j.coastaleng.2009.02.007

Hersbach H. (2000). Decomposition of the continuous ranked probability score for ensemble prediction systems. *Weather and Forecasting,* 5(15), 1697-1709, https://doi.org/10.1175/WAF-D-16-0164.1

Hewitt, J. E, Cummings, V. J., Elis, J. I., Funnell, G., Norkko, A., Talley, T.S., Thrush, S.F. (2003). The role of waves in the colonisation of terrestrial sediments deposited in the marine environment. *Journal of Experimental Marine Biology and Ecology,* 290, 19-47, https://doi.org/10.1016/S0022-0981(03)00051-0

Higuera, P., Lara, L. J., Losada, I.J. (2014a). Three-dimensional interaction of waves and porous coastal structures using OpenFOAM®. Part I: Formulation and validation. *Coastal Engineering,* 83, 243-258, https://doi.org/10.1016/j.coastaleng.2013.08.010

Higuera, P., Lara, L. J., Losada, I.J. (2014b). Three-dimensional interaction of waves and porous coastal structures using OpenFOAM®. Part II: Application. *Coastal Engineering,* 83, 259-270, https://doi.org/10.1016/j.coastaleng.2013.09.002

Holthuijsen, L.H. (2007). Waves in Oceanic and Coastal Waters. Cambridge University Press, https://doi.org/10.1017/CBO9780511618536

Iafrati, A., Babanin, A.V., Onorato, M. (2013). Modulational instability, wave breaking and formation of large scale dipoles. *Physical Review Letters,* 110, 184504, :https://doi.org/10.1103/PhysRevLett.110.184504

Janssen, P.A.E.M (1989). Wave-induced stress and the drag of air flow over sea waves. *Journal of Physical Oceanography,* 19(6), 745-754, https://doi.org/10.1175/1520-0485(1989)019<0745:WISATD>2.0.CO;2

Janssen, P.A.E.M (1991). Quasi-linear theory of wind wave generation applied to wave forecasting. *Journal of Physical Oceanography,* 21, 1631-1642.

Janssen, P.A.E.M. (2004). The Interaction of Ocean Waves and Wind. Cambridge University Press, 308 p.

Janssen, P.A.E.M. (2012). Ocean wave effects on the daily cycle in SST. *Journal of Geophysical Research: Oceans,* 117, C00J32, https://doi.org/10.1029/2012JC007943

Janssen, P.A.E.M., Lionello, P., Reistad, M. and Hollingsworth, A. (1989). Hindcasts and data assimilation studies with the WAM model during the Seasat period. *Journal of Geophysical Research: Oceans,* C94, 973-993.

Janssen, P.A.E.M., Abdalla, S., Hersbach, H., Bidlot, J.R. (2007). Error estimation of buoy, satellite, and model wave height data. Journal of Atmospheric and Oceanic Technology, 24:1665-1677, https://doi.org/10.1175/JTECH2069.1

Kalra, R., Deo, M.C., Kumar, R., Agarwal, V.K. (2005). Artificial neural network to translate offshore satellite waves to data to coastal locations. *Ocean Engineering,* 32, 1917-1932, https://doi.org/10.1016/j.oceaneng.2005.01.007

Kirby, J., Dalrymple, R. (1983). Propagation of weakly nonlinear surface waves in the presence of varying depth and current. In: Proceedings of the 20th Congress, Int. Assoc. Hydraul. Res.(IAHR), Moscow, 1983, Paper S.1.5.3, pp. 198-202.

Komen, G.J., Hasselmann, K., and Hasselmann, S. (1984). On the existence of a fully developed windsea spectrum. *Journal of Physical Oceanography,* 14, 1271-1285.

Koutitas, C. G. (1990). Mathematical models in coastal engineering. *Applied Ocean Research,* 12(1), 52, https://doi.org/10.1016/S0141-1187(05)80022-7

Kudryavtsev, V.N., Makin, V.K., and Meirink, J.F. (2001). Simplified model of air flow above the waves. *Boundary Layer Meteorology,* 100, 63-90, https://doi.org/10.1023/A:1018914113697

Lalaurette, F. (2003). Early detection of abnormal weather conditions using a probabilistic extreme forecast index. *Quarterly Journal of the Royal Meteorological Society,* 129, 3037-3057, https://doi.org/10.1256/qj.02.152

Lara, J.L., Garcia, N., Losada, I.J. (2006). RANS modelling applied to random wave interaction with submerged permeable structures. *Coastal Engineering,* 53(5-6), 395-417, https://doi.org/10.1016/j.coastaleng.2005.11.003

Law Chune, S., Aouf, L. (2018). Wave effects in global ocean modeling: parametrizations vs. forcing from a wave model. *Ocean Dynamics,* 68, 1739-1758, https://doi.org/10.1007/s10236-018-1220-2

Le Traon, P.Y., Reppucci, A., Alvarez Fanjul, E., Aouf, L., Behrens, A., Belmonte, M., Bentamy, A., Bertino, L., Brando, V.E., Kreiner, M.B., Benkiran, M., Carval, T., Ciliberti, S.A., Claustre, H., Clementi, E., Coppini, G., Cossarini, G., De Alfonso Alonso-Muñoyerro, M., Delamarche, A., Dibarboure, G., Dinessen, F., Drevillon, M., Drillet, Y., Faugere, Y., Fernández, V., Fleming, A., Garcia-Hermosa, M.I., Sotillo, M.G., Garric, G., Gasparin, F., Giordan, C., Gehlen, M., Gregoire, M.L., Guinehut, S., Hamon, M., Harris, C., Hernandez, F., Hinkler, J.B., Hoyer, J., Karvonen, J., Kay, S., King, R., Lavergne, T., Lemieux-Dudon, B., Lima, L., Mao, C., Martin, M.J., Masina, S., Melet, A., Buongiorno Nardelli, B., Nolan, G., Pascual, A., Pistoia, J., Palazov, A., Piolle, J.F., Pujol, M.I., Pequignet, A.C., Peneva, E., Pérez Gómez, B., Petit de la Villeon, L., Pinardi, N., Pisano, A., Pouliquen, S., Reid, R., Remy, E., Santoleri, R., Siddorn, J., She, J., Staneva, J., Stoffelen, A., Tonani, M., Vandenbulcke, L., von Schuckmann, K., Volpe, G., Wettre, C.. and Zacharioudaki, A. (2019). From Observation to Information and Users: The Copernicus Marine Service Perspective. Frontiers in Marine Science, 6, 23, https://doi.org/10.3389/fmars.2019.00234

Lin, P. (2008). Numerical modeling of water waves (1st ed.). New York: Taylor and Francis.

Lionello, P., Gunther, H., and Janssen, P.A.E M. (1992). Assimilation of altimeter data in a global third generation wave model. *Journal of Geophysical Research: Oceans,* C97, 14453-14474, https://doi.org/10.1029/92JC01055

Madsen, P. A., and Larsen, J. (1987). An efficient finite-difference approach to the mild-slope equation. Coastal Engineering, 11, 329-351, https://doi.org/10.1016/0378-3839(87)90032-9

Marti F., Cazenave, A., Birol, F., Passaro, M., Léger, F., Niño, F., Almar, R., Benveniste, J., Legeais, J.F. (2021). Altimetry-based sea level trends along the coasts of Western Africa. *Advances in Space Research,* 68(2), 504-522, https://doi.org/10.1016/j.asr.2019.05.033

Maza, M., Lara, J. L., Losada, I. J. (2016). Solitary wave attenuation by vegetation patches. *Advances in Water Resources,* 98, 159-172, https://doi.org/10.1016/j.advwatres.2016.10.021

McCowan, J. (1894). On the Highest Waves of a Permanent Type. *Philosophical Magazine,* Edinburgh 38, 351-358.

Losada, I.J., Lara, J.L., Guanche, R., Gonzalez-Ondina, J.M. (2008). Numerical analysis of wave overtopping of rubble mound breakwaters. Coastal Engineering, 55, 47-62, https://doi.org/10.1016/j.coastaleng.2007.06.003

Mitsuyasu, H. (1970). On the growth of the spectrum of wind-generated waves. *Coastal Engineering in Japan,* 13(1), 1-14, https://doi.org/10.1080/05785634.1970.11924105

Mittermaier M. P., Csima, G. (2017). Ensemble versus deterministic Performance at kilometric scale. *Weather and Forecasting,* 32(5), https://doi.org/10.1175/WAF-D-16-0164.1

Molteni, F., Buizza, R., Palmer, T.N., Petroliagis, T. (1996). The ECMWF ensemble prediction system: methodology and validation. *Quarterly Journal of the Royal Meteorological Society,* 122(529), 73-119, https://doi.org/10.1002/qj.49712252905

Munk, W. H. (1950). Origin and generation of waves. *Coastal Engineering Proceedings,* 1, https://doi.org/10.9753/icce.v1.1

National Centers for Environmental Prediction (2012). Output fields from the NOAA WAVEWATCH III® wave model monthly hindcasts. NOAA National Centers for Environmental Information. Dataset.

Parkinson, C. L., and Cavalieri, D. J. (2012). Antarctic Sea ice variability and trends, 1979-2010. *The Cryosphere,* 6, 881–889, https://doi.org/10.5194/tc-6-881-2012

Pérez, B., Álvarez Fanjul, E., Pérez, S., de Alfonso, M., Vela, J. (2013). Use of tide gauge data in operational oceanography and sea level hazard warning systems, *Journal of Operational Oceanography,* 6(2), 1-18, https://doi.org/10.1080/1755876X.2013.11020147

Perez, J., Menendez, M., and Losada, I. J. (2017). GOW2: A global wave hindcast for coastal applications. *Coastal Engineering,* 124, 1-11, https://doi.org/10.1016/j.coastaleng.2017.03.005

Petroliagis, T.I., and Pinson, P. (2012). Early warnings of extreme winds using the ECMWF Extreme Forecast Index. *Meteorological Applications*, 21(2), 171-185, https://doi.org/10.1002/met.1339

Pezzutto P., Saulter A., Cavaleri L., Bunney, C., Marcucci, F., Sebastianelli, S. (2016). Performance comparison of meso-scale ensemble wave forecasting systems for Mediterranean Sea states. *Ocean Modelling*, 104, 171-186, https://doi.org/10.1016/j.ocemod.2016.06.002

Rascle N., Ardhuin, F., Queffeulou, P., Croizé-Fillon, D. (2008). A global wave parameter database for geophysical applications. Part 1: Wave-current–turbulence interaction parameters for the open ocean based on traditional parameterizations. *Ocean Modelling*, 25(3-4), 154-171, doi:10.1016/j.ocemod.2008.07.006

Reguero, B.G., Menéndez, M., Méndez, F.J., Mínguez, R., Losada, I.J. (2012). A global Ocean Wave (GOW) calibrated reanalysis from 1948 onwards. *Coastal Engineering*, 65, 38-55, https://doi.org/10.1016/j.coastaleng.2012.03.003

Ribal, A., Young, I.R. (2019). 33 years of globally calibrated wave height and wind speed data based on altimeter observations. *Scientific Data*, 6, 77, https://doi.org/10.1038/s41597-019-0083-9

Rusu, L., Pilar, P., Guedes Soares, C. (2008). Hindcast of the wave conditions along the west Iberian coast. *Coastal Engineering*, 55(11), 906-919, https://doi.org/10.1016/j.coastaleng.2008.02.029

Saetra, O., and Bidlot, J.-R. (2004). Potential benefit of using probabilistic forecasts for waves and marine winds based on the ECMWF ensemble prediction system. *Weather and Forecasting*, 19(4), 673-689, https://doi.org/10.1175/1520-0434(2004)019<0673:PBOUPF>2.0.CO;2

Saha, S., Moorthi, S., Pan, H.-L., Wu, X., Wang, J., Nadiga, S., ... Goldberg, M. (2010). The NCEP Climate Forecast System Reanalysis. *Bulletin of the American Meteorological Society*, 91(8), 1015-1057, https://doi.org/10.1175/2010BAMS3001.1

Saulter A. N., Bunney, C., King, R., Water, J. (2020). An Application of NEMOVAR for Regional Wave Model Data Assimilation, Frontiers in Marine Science, 7, 579834, https://doi.org/10.3389/fmars.2020.579834

Shapiro, R. (1970). Smoothing filtering and boundary effects. *Reviews of Geophysics*, 8(2), 359-387, https://doi.org/10.1029/RG008i002p00359

State of the Global Climate 2020 (WMO-No. 1264).

Staneva, J., Alari, V., Breivik, Ø. et al. (2017). Effects of wave-induced forcing on a circulation model of the North Sea. *Ocean Dynamics*, 67, 81-101, https://doi.org/10.1007/s10236-016-1009-0

Staneva, J., Grayek, S., Behrens, A., and Günther, H. (2021). GCOAST: skill assessments of coupling wave and circulation models (NEMO-WAM). Journal of Physics: Conference Series, 1730, 012071. doi:10.1088/1742-6596/1730/1/012071

Stansby, P., Zhou, J., Kuang, C., Walkden, M., Hall, J., Dickson, M. (2007). Long-term prediction of nearshore wave climate with an application to cliff erosion. In: McKee Smith, Jane (Ed.), Proc. of International Conference Coastal Engineering, ASCE, pp. 616-627.

Stopa, J.E. (2018). Wind forcing calibration and wave hindcast comparison using multiple reanalysis and merged satellite wind datasets. *Ocean Modelling*, 127, 55-69, https://doi.org/10.1016/j.ocemod.2018.04.008

Swail, V., Jensen, R., Lee, B., Turton, J., Thomas, J., Gulev, S., Yelland, M., Etala, P., Meldrum, D., Birkemeier, W., Burnett, W., Warren, G. (2010). Wave Measurements, Needs and Developments for the Next Decade. Proceedings of OceanObs'09: Sustained Ocean Observations and Information for Society Conference (Volume 2), Venice, Italy, 21-25 September 2009 (J. Hall, D.E. Harrison and D. Stammer, eds.). ESA Publication WPP-306.

Thomson, J., Ackley, S., Girard-Ardhuin, F., Ardhuin, F., Babanin, A.V., Boutin, G., Brozena, J., Cheng, S., Collins, C., Doble, M., Fairall, C., Guest, P., Gebhardt, C., Gemmrich, J., Graber, H.C., Holt, B., Lehner, S., Lund, B., Meylan, M.H., Maksym, T., Montiel, F., Perrie, W., Persson, O., Rainville, L., Rogers, W.E., Shen, H., Shen, H., Squire, V., Stammerjohn, S., Stopa, J., Smith, M.M., Sutherland, P., Wadhams, P. (2018). Overview of the Arctic Sea State and Boundary Layer Physics Program. *Journal of Geophysical Research: Oceans*, 123(12), 8674-8687, https://doi.org/10.1002/2018JC013766

Tolman, H. L. (1989). The numerical model WAVEWATCH: a third generation model for the hindcasting of wind waves on tides in shelf seas. *Communications on Hydraulic and Geotechnical Engineering*, Delft Univ. of Techn., ISSN 0169-6548, Rep. no. 89-2, 72 pp.

Tolman, H.L. (2010). WAVEWATCH III development best practices. Camp Springs.

Tolman H.L., and the WAVEWATCH III® Development Group (2014). User Manual and System Documentation of WAVEWATCH III® version 4.18. Technical Note 316, NOAA/NWS/NCEP/MMAB. Available at: https://polar.ncep.noaa.gov/waves/wavewatch/manual.v4.18.pdf

Thomas, A., Mendez, F. J., and Losada, I. J. (2008). A method for spatial calibration of wave hindcast data bases. *Continental Shelf Research*, 28(3), 391-398, https://doi.org/10.1016/j.csr.2007.09.009

Trulsen, K. C., Nieto Borge, J., Gramstad, O., Aouf, L., and Lefèvre, J.-M. (2015). Crossing sea state and rogue wave probability during the Prestige accident. *Journal of Geophysical Research: Oceans*, 120, 7113-7136, https://doi.org/10.1002/2015JC011161

.Tsagareli, K.N., Babanin, A.V., Walker, D.J., and Young, I.R. (2010). Numerical investigation of spectral evolution of wind waves. Part 1. Wind input source function. *Journal of Physical Oceanography*, 40(4), 656-666, https://doi.org/10.1175/2009JPO4370.1

Tsay, T. K., Zhu, W., and Liu, P. L.-F. (1989) A finite element model for wave refraction, diffraction, reflection and dissipation. *Applied Ocean Research*, 11, 33-38, https://doi.org/10.1016/0141-1187(89)90005-9

Van der Meer, J., Allsop, W., Bruce, T., Rouck, J., Kortenhaus, A., Pullen, T., Schüttrumpf, H., Troch, P., Zanuttigh, B. (2016). EurOtop: Manual on wave overtopping of sea defences and related structures - An overtopping manual largely based on European research, but for worldwide application, 2nd edition.

Van der Ven, P., Reijmerink, B., Van der Hout, A., De Jong, M. (2018). Comparison of Validation Studies of Wave - Penetration Models using Open Benchmark Datasets of Deltares, PIANC World Congress 2018, At Panama City, Panama.

Veron, F. (2015). Ocean spray. Annual Review of Fluid Mechanics, 47, 507-538, https://doi.org/10.1146/annurev-fluid-010814-014651

Visbeck, M. (2018). Ocean science research is key for a sustainable future. *Nature Communication*, 9, 690, https://doi.org/10.1038/s41467-018-03158-3

Voorrips, A. C., Makin V. K., and Hasselmann S. (1997). Assimilation of wave spectra from pitch-and-roll buoys in a North Sea wave model. *Journal of Geophysical Research: Oceans*, 102, 5829-5849, https://doi.org/10.1029/96JC03242

WAMDI group (The) (1988). The WAM Model - A Third Generation Ocean Wave Prediction Model. *Journal of Physical Oceanography*, 18, 1775-1810, https://doi.org/10.1175/1520-0485(1988)018<1775:TWMTGO>2.0.CO;2

Wang, J. K., Aouf, L., Dalphinet, A., Zhang, Y. G., Xu, Y., Hauser, D., Liu, J. Q. (2021). The Wide Swath Significant Wave Height: An Innovative Reconstruction of Significant Wave Heights From CFOSAT's SWIM and Scatterometer Using Deep Learning. *Geophysical Research Lettera*, 48(6), https://doi.org/10.1029/2020GL091276

Wilby, R. and Dessai, S. (2010). Robust adaptation to climate change. *Weather*, 65, 180-185, https://doi.org/10.1002/wea.543

Young, I.R. (1999). Wind Generated Ocean Waves, Elsevier, Amsterdam, 288 p.

Zakharov, V.E. (1968). Stability of periodic waves of finite amplitude on the surface of a deep fluid. *Journal of Applied Mechanics and Technical Physics*, 9(2), 190-194

Zieger, S., Greenslade, D.J.M., and Kepert, J.D. (2018). Wave ensemble forecast system for tropical cyclones in the Australian region. *Ocean Dynamics*, 68(4-5):603-625, https://doi.org/10.1007/s10236-018-1145-9

Zijlema, M. (2009). Parallel, unstructured mesh implementation for SWAN. Proceedings of the Coastal Engineering Conference. 470-482, https://doi.org/10.1142/9789814277426_0040

Zijlema, M., Stelling, G., and Smit, P. (2011). SWASH: An operational public domain code for simulating wave fields and rapidly varied flows in coastal waters. *Coastal Engineering*, 58, 992-1012, https://doi.org/10.1016/j.coastaleng.2011.05.015

第 9 章
生物地球化学模型

海洋生物地球化学(BGC)是研究海洋中的基本化学元素(如碳、氮、氧和磷)及其与海洋生物相互作用的学科。生物地球化学循环是由浮游生物和其他生物的物理运输、化学反应、吸收和转化所驱动的,它们构成海洋食物网的基础。

在过去的几十年里,由于海洋环境发生了与海洋生物地球化学循环改变密切相关的重大变化,人们对这门跨学科科学的兴趣大大增加。这些变化包括酸化、珊瑚白化、富营养化、脱氧、有害藻类大量繁殖、浮游生物的状态转变、入侵物种以及其他恶化水质和影响整个海洋生态系统的过程。

监测和预报海洋的生物地球化学和生态系统要素,也被称为"绿色海洋",对于更好地了解海洋健康和生态系统功能的现状和变化至关重要。这种业务系统提供的指标对科学家、工业界(如渔业和水产养殖业)、决策者和环境机构预测事件、管理海洋生物资源很有用,并可以支持应对环境变化的决策过程。

本章介绍了组成 OOFS 的"绿色海洋"要素。9.1 节阐述了"绿色海洋"的目标、应用和受益者,并介绍了海洋生物地球化学模拟的基本理论知识。9.2 节详细介绍和讨论了生物地球化学 OOFS 的每个组成部分,以指导生物地球化学方面的新预报员,还提到了几个业务系统的例子,最后介绍了较高营养层次的建模。

9.1 生物地球化学模型概述

9.1.1 目标、应用和受益者

人类活动,主要是化石燃料的燃烧、水泥生产和氮基肥料的工业生产,正在导致海洋变暖、酸化、脱氧和沿海富营养化等,从而给海洋生态系统带来日益增加和复杂的压力(图 9.1)。

同时,海洋是二氧化碳的主要储存库,二氧化碳是最重要的人为温室气体。这有助于缓解全球变暖,但这种碳汇的规模可能会减少。我们能否量化这些现象并预测其未来的走向,取决于对海洋中碳、氧和营养物质的生物地球化学循环及它们如何变化的机制理解。

BGC 即研究元素循环及其与环境和生物体的相互作用,是处于海洋物理学、化学和生物学交叉点的多学科科学,并与大气和陆地科学以及社会科学和环境政策相交叉。作为一个例

---

* 本章主编:Elodie Gutknecht;编写成员:Laurent Bertino, Pierre Brasseur, Stefano Ciavatta, Gianpiero Cossarini, Katja Fennel, David Ford, Marilaure Gregoire, Diane Lavoie, Patrick Lehodey。

图 9.1 海洋生态系统面临的威胁(过去几十年里观察到的海洋环境的变化和改变包括酸化、珊瑚白化、富营养化、脱氧、有害藻类繁殖、浮游生物状态的改变、入侵物种等)

子,图 9.2 说明了海洋中复杂的碳循环以及生物、化学和物理过程之间的相互作用。

海洋 BGC 模型描述了从细菌到中型浮游动物的海洋食物链的基础,并将碳(C)、氮(N)、氧(O_2)、磷(P)和硅(Si)的循环耦合起来。他们主要关注浮游生物,根据其功能特征对浮游生物多样性进行分类,即所谓的浮游生物功能类型(PFT)。处于较高营养级的物种,如鱼类和海洋哺乳动物,在元素循环中发挥的作用较小,因此它们在 BGC 模型中一般没有明确的表现,但它们对于关注海洋生物的生态学、生物学的生态系统模型非常重要。由于 BGC 和生态系统模式有时是不明确的,因为他们在对低营养级的表述上可能存在重叠。具体的建模方法,如拉格朗日模型、栖息地模型或食物网模型,用于连接 BGC 和高营养层次(如鱼类)。

运行准确的 OOFS,需要从(亚)中尺度到大尺度的持续的、系统的和准实时(NRT)的观测,以便对海洋模型进行初始化、参数化和验证。在业务化海洋学中,NRT 信息是指对现状的描述,延迟时间为几分钟到几天。

在过去的几十年里,海洋物理学的预报有了很大的提高,达到了很高的预测水平(详见第 5 章)。管理物理动力学的演化方程是以物理规律为基础的,模型的参数化已经相当完善,而

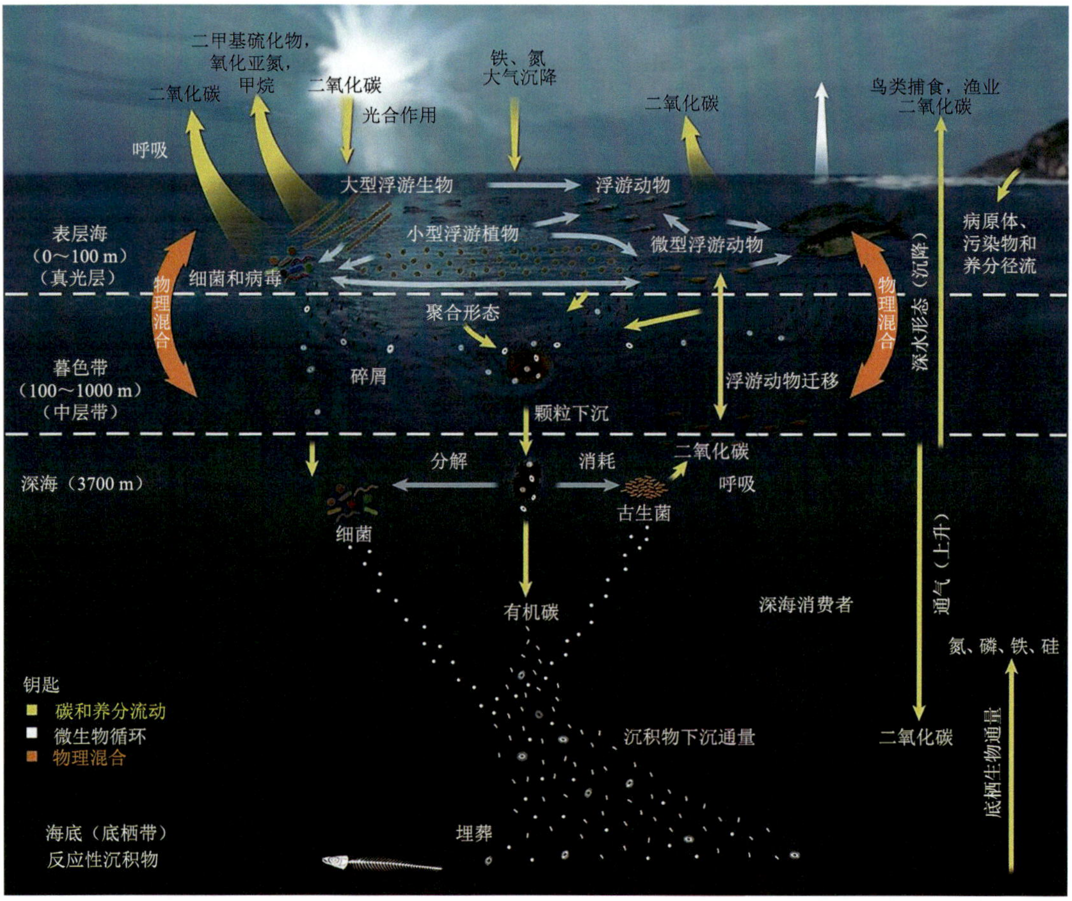

图 9.2　海洋食物链中的碳循环，浮游植物通过光合作用吸收二氧化碳，并被浮游动物所消耗。浮游动物是许多小型和大型水生生物的最初猎物。因此，碳在食物网中被进一步转移到更高层次的捕食者。不同的机制促成了碳向深海的输出和储存。海洋中的碳循环是复杂的，受到生物、化学和物理过程的影响（来源：橡树岭国家实验室，网址：https://www.ornl.gov/）

对温度、盐度和海平面高度的大量观测，为通过数据同化来提高模型预测提供了途径。对“绿色海洋”的预报是最近才发展起来的，但它还没有达到同样的成熟度，在大多数情况下，它被纳入现有的物理性 OOFS。生态系统模型的建立仍然是经验性的，现场的生物和 BGC 数据的稀缺性严重限制了约束其参数化的能力，也限制了通过强大的数据模型比较和数据同化来提高其性能的能力。在 NRT 中，数据的稀缺性更为严重，这限制了数据同化仅能使用从卫星遥感反射率反演得到的表层叶绿素 a(Chla)浓度数据(Fennel et al.，2019)。

现场机器人平台的出现与高分辨率的“绿色海洋”卫星产品相结合，有可能改善这一不足。例如，高光谱卫星在提供 PFT 的表面信息、检测有害藻华和海底生境测绘方面是值得期待的，而机器人平台的提升将为以前所未有的详细程度绘制(深)海底地图提供巨大的机会。海洋机器人技术、图像分析、机器学习、新传感器的开发，以及机器人平台和卫星传感器的协调结合，将构成我们对海洋生态系统知识的重大突破。所有这些信息将需要被整合到预报模型中，并产生高质量的绿色海洋再分析数据，以支持生产附加值产品和创新服务。海洋 OSSE 可以帮助设计对用户生成最大影响的新观测生物和生物地球化学系统，然而它们的发展仍然不足，应予以鼓励(Le Traon et al.，2019)。

最终，BGC OOFS系统服务于主要的环境和社会问题，包括海洋在全球碳循环中的作用，以及物理化学海洋环境中的自然变化和人为压力因素对生态系统和人类活动的影响。其应用范围包括多年的回顾性模拟(即"再分析")、当前条件的业务分析(即"临近预报")、短期和季节性预测(即"预报")、情景模拟和气候变化预测。这些综合系统不仅对更好地了解海洋中关键的生物地球化学和生态系统过程的现状及其变化情况至关重要，而且还可以为利益相关者、决策者和环境机构提供海洋健康指标，以便为海洋生物及其栖息地以及人类健康采取适当的缓解、适应、养护和保护措施。

"一个可预测的海洋，使社会有能力了解当前和未来的海洋状况，预报变化和对人类福祉和生计的影响"是"联合国海洋科学促进可持续发展十年"的预期成果(Ryabinin et al.，2019)，也得到可持续发展目标14(水下生物)、8(体面的工作和经济增长)和9(工业、创新和基础设施)的支持。

9.1.2 基本理论背景

9.1.2.1 生物地球化学模型

浮游生物(包括浮游植物和浮游动物)是被潮汐和海流带动的生物，或者是不善于游泳逆流而行的生物。它们构成了海洋生态系统的基础，是模拟元素通过海水和浮游生物循环的BGC模型的核心组成部分。

大多数模型采取NPZD方法模拟：

- 营养物质(Nutrients)：生物体生长所需的物质；
- 浮游植物(Phytoplankton)：微型藻类，通过光合作用从阳光中获取能量；
- 浮游动物(Zooplankton)：通过吃其他生物体获得能量的浮游动物；
- 碎屑(Detritus)：死亡和排泄的有机物。

根据模型的复杂性，每一个要素都由一个或多个状态变量来表示。状态变量不是考虑单个生物体，而是代表诸如氮或碳等元素的浓度。它们通常被称为示踪剂，因为它们是通过海洋动力学来运输和扩散的。

与物理要素模型一样，BGC模型是在覆盖感兴趣区域的网格上离散的，需要为每个状态变量提供合适的初始和边界条件。在每个网格点，状态变量C的演变由方程给出

$$\frac{\partial C}{\partial t} = -\boldsymbol{\nabla} \cdot (C\boldsymbol{U}) + D^{C} + \mathrm{SMS}(C) \tag{9.1}$$

式中：$\boldsymbol{\nabla} \cdot (C\boldsymbol{U})$和$D^{C}$是相当于物理要素模型中温度和盐度的平流和扩散项(请参考本书第5章)；$\boldsymbol{\nabla}$是广义的导数向量算子；t是时间；$\boldsymbol{U}$是矢量速度；D^{C}是示踪剂的小尺度物理参数化。SMS(C)代表示踪剂C的源-汇项，代表模型模拟的BGC过程。每个一维水柱通常是独立处理的，横向的相互作用仅限于平流和扩散。大多数BGC模型都是质量守恒的。

与物理要素模型的Navier-Stokes方程(见第5章)不同，没有一套定义生物行为的已知规律。相反，经验关系被用来描述观察到的过程，如生长和死亡。

通常在NPZD模型中模拟的基本源-汇项(图9.3)如下。

- 浮游植物生长或初级生产：通过光合作用创造有机物。它是浮游植物浓度、营养物质供

应和光照供应的一个函数。它也可以由温度来调节。

- 摄食:浮游动物吃浮游植物和碎屑。
- 死亡:因自然原因死亡,如病毒、较高营养级(鱼类和海洋哺乳动物)的捕食等。
- 杂乱进食:浮游动物吃食效率低下,一部分有机物进入营养物质或碎屑池,而不是被浮游动物摄取。
- 再矿化:细菌分解碎屑中的有机物,将其转化为营养物质。
- 下沉:由于重力作用,碎屑通过水柱下沉。

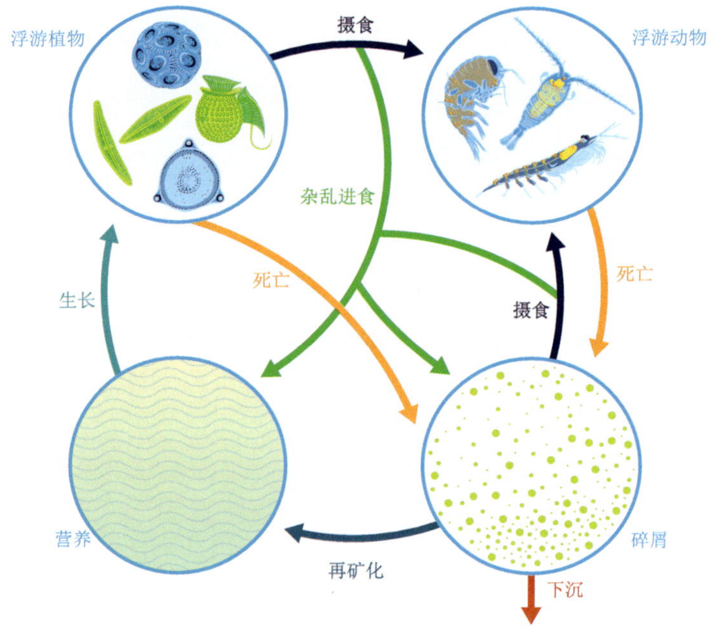

图 9.3 一个基本的 NPZD 模型示意图(考虑四个状态变量,每个部分一个)

在这种情况下,浮游植物(P)、浮游动物(Z)、碎屑(D)和营养物质(N)的微分方程如下

$$\frac{\partial P}{\partial t} = \mu_p P - G_p Z - m_p P \tag{9.2}$$

浮游植物的进化取决于初级生产、摄食和死亡

$$\frac{\partial Z}{\partial t} = (\alpha_D + \alpha_N)(G_P + G_D)Z - m_z Z \tag{9.3}$$

浮游动物的进化取决于摄食和死亡

$$\frac{\partial D}{\partial t} = m_p P + m_z Z - G_D Z + (1 - \alpha_D)(G_P + G_D)Z - \mathrm{rem}_D D - w_D D \tag{9.4}$$

碎屑的演变取决于死亡率、摄食、杂乱进食、再矿化和下沉

$$\frac{\partial N}{\partial t} = \mu_p P + (1 + \alpha_N)(G_P V + G_D V)Z + \mathrm{rem}_D D \tag{9.5}$$

式中:μ_P 是浮游植物因光合作用的生长率;m_P 和 m_z 是浮游植物和浮游动物的死亡率;G_P 和 G_D 是浮游动物对浮游植物和碎屑的摄食率;α_D 和 α_N 代表摄食的效率;$(1-\alpha_D)$ 和 $(1-\alpha_N)$ 是

浮游动物吃食的非同化部分，返回到碎屑和营养物质中；rem_D 是碎屑的再矿化率；w_D 是碎屑的沉降速度。

营养物质的演变取决于初级生产、杂乱进食和再矿化。

不同的模型所使用不同精度的方程，上面给出的是常见的例子。其他过程也经常被考虑，特别是呼吸、分泌和排放，这些都会造成有机物的损失。当然，在更复杂的模型中还可以包括其他过程。

这些过程可以用不同的数学形式来模拟，其参数值往往是不确定的，可以进行调整。下沉率和死亡率通常是单一参数（线性函数），而浮游植物的生长率需要多个参数。μ_P 通常是营养物质、光照和温度的函数

$$\mu_P = \mu_{P\max} f(T) f(I) f(N) \tag{9.6}$$

式中：$\mu_{P\max}$ 是最大的生长速率；$f(T)$ 是温度效应；$f(I)$ 和 $f(N)$ 是由光照和营养物质引起的限制项。这些项的计算方法各不相同，但通常 NPZD 模型使用米氏（Michaelis-Menten）动力学来描述浮游植物生长速率的营养限制

$$f(N) = \frac{N}{K + N} \tag{9.7}$$

式中：K 是被称为营养物质吸收的半饱和常数；N 是营养物质浓度。如果营养物质充足，那么 $\frac{N}{(K+N)} \approx 1$，浮游植物的生长不受营养物质的限制。

NPZD 模型的状态变量代表一个给定化学元素的浓度，通常是氮，而其他元素（如碳）的浓度是通过碳、氮和磷之间的恒定化学计量得出的，即 Redfield 比率为 106∶16∶1（Redfield，1934）。

更复杂的模型包括每个部分的额外变量。浮游植物可以被分成 PFT，将在生态系统中发挥类似功能的物种组合在一起（Le Quéré et al.，2005）。PFT 通常基于生物体的大小。将硅藻分离出来也很常见，硅藻形成硅酸盐外壳，在碳的下沉中发挥着重要作用。在模型中，PFT 通过不同的特征参数来区分，如浮游植物的最大生长速度、摄食和营养适应性。浮游动物也可以被分成不同的功能类型，同样也是以大小为依据，有不同的摄食偏好。请注意，目前的范例忽略了一个事实，即许多浮游生物是混合营养体：它们既进行光合作用，又吃其他生物（Flynn et al.，2013；Glibert et al.，2019）。

还可以引入可变的化学计量（元素比例）。然后每个 PFT 由每个元素的单独状态变量描述，如氮、碳和磷。

Chla 经常被纳入 BGC 模型，因为它是浮游植物的主要光合作用色素，测量它在水中的浓度被用作浮游植物生物量的指标。Chla 可以表示为与碳生物量的恒定比率，也可以表示为取决于营养物质、光照水平和温度的可变比率（Geider et al.，1997）。

大多数模型将溶解的无机氮作为一种营养物质，包括硝酸盐和铵。磷酸盐和铁也可以被模拟，如果硅藻是一种 PFT 的话，还可以模拟硅酸盐。来自河流和大气的营养物质输入也可以被指定。碎屑可以被分成不同的尺寸、不同的下沉速率和不同的元素。一些模型明确地模拟了细菌和病毒，而不仅仅是对其影响进行参数化。

除了 NPZD 变量外，模型还可以包括其他相关过程，如氧和碳循环。碳循环通常由状态变量溶解无机碳（DIC）和总碱度表示，后者是海水中和酸的能力。从这些变量和其他变量中，

可以计算出诸如 pH 值和海-气 CO_2 通量等数量(Zeebe et al. ,2001)。

BGC 模型与高级营养级模型或生态系统模型密切相关。后者需要基础生物地球化学,而 BGC 模型至少需要对生态系统进行一些参数化,即明确表示海洋的部分生物成分(如浮游植物、浮游动物),将浮游动物的死亡率作为一个封闭项,对鱼类和顶级捕食者等较高营养级对浮游动物的捕食进行参数化(见第 9.2.8 节)。

增加 BGC 模型的复杂性意味着不太重要的过程被忽略或合并,但也增加了与近似公式有关的不确定性。对最佳结构和复杂程度没有达成共识,这将根据不同的目的而变化(Fulton et al. ,2003)。增加额外的变量也会增加计算成本,因为每个状态变量的传输计算(平流和扩散)和 BGC 模型的状态变量的非线性函数计算是分开的。在操作方面,模型的复杂性和计算成本之间的平衡是至关重要的,必须仔细评估。BGC 模型应尽可能地简单,也应尽可能地复杂,以回答具体问题。

9.1.2.2 模型校准

如前所述,生物地球化学模型是基于经验关系来描述生物过程的动态的。观测数据对于调节、调整或修订配方至关重要,即使模型结果与观察到的无机和有机量的分布和通量相匹配。模型校准可以“手工”进行,即通过调整生物地球化学模型的某些参数,直到模型显示出与观察到的示踪场“良好”拟合,或者使用客观的优化方法(Kriest et al. ,2020)。由此产生的生物地球化学参数集往往与所使用的物理要素模型得出的海洋环流、混合和通气密切相关,并有其特殊性和默认值。

9.1.2.3 物理-生物地球化学模型耦合

海洋物理对 BGC 模型变量进行对流和扩散,从而重新分配无机和有机量。此外,一些 BGC 过程取决于物理条件,如温度或盐度,这对碳循环尤其关键。因此,物理条件和 BGC 之间存在着非常紧密的联系,这使得 BGC 模型密切依赖于物理要素模型。

垂直运动是非常关键的,可将营养丰富的深海营养物质带入最上层,提供给光合作用和海洋生物。以下两个关键层共同调节浮游植物的生产。

- 混合层是指与大气相互作用的海洋上层。它被认为是通过对流、湍流过程混合和均匀的,由风、表面热通量或改变盐度的过程产生。混合层越深,浮游植物被混合得越深,这将使它们远离光合作用所需的光线。深度混合还能补充近表面的营养物质储存。
- 真光层是指从表面向下到辐照度为表面辐照度的 1%水层。真光层越深,光合作用和浮游植物生产就越深。它从浑浊的河口的几米延伸到公海的大约 200 m。

混合层可以在真光层内发展(在分层情况下),也可以在更大的厚度上发展到几百米(在充分混合的情况下)。这两个关键层之间的相互作用控制了浮游生物对阳光的暴露和对营养物质的暴露,从而调节了浮游植物的生产(图 9.4)。确切的机制仍有争议。更多细节请参考 Ford 等(2018)。

反过来,浮游植物的丰度可能反馈给物理要素,其通过吸收表层的辐射,从而影响渗透到水体中的热量(Lengaigne et al. ,2007)。

9.1.2.4 从开阔海域到沿海生态系统

对于开阔海域和沿海生态系统,通常需要考虑不同的因素。在开阔的海洋中,季节性周期是相当明确的,而且是反复出现的(图 9.5)。温度和太阳辐射的季节性增长推动了浮游植物

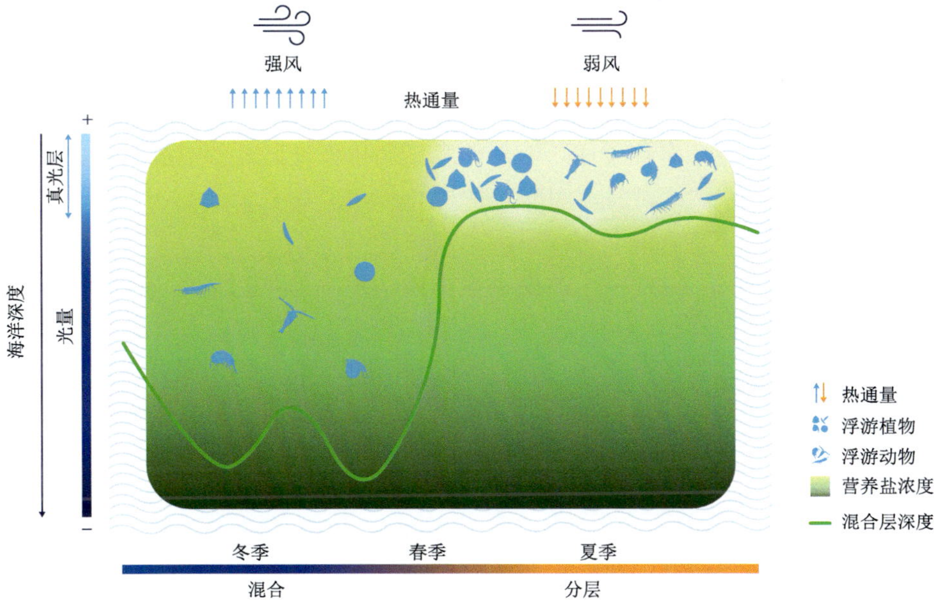

图 9.4　混合层深度(黄线)和上层海洋真光层(浅蓝色区域)对浮游植物大量繁殖的相互作用示意图 (Dall'Olmo et al.,2016)

的春季暴发。峰值持续几周到几个月,直到营养限制和摄食导致暴发崩溃。在夏末或秋季可能会出现第二个生物量高峰。

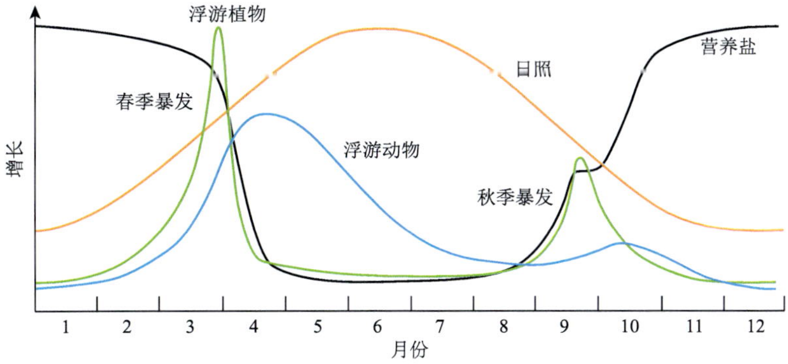

图 9.5　浮游植物相对于阳光、营养物质和浮游动物变化的季节性周期
(来源:2004 Pearson Prentice Hall, Inc)

相比之下,沿海生态系统可能非常复杂,会出现不同来源的暴发,因此需要增加模型的复杂性。对河流输入的正确描述也变得更加重要。此外,第 9.1.2.1 节中的方程式是针对浮游(水柱)生态系统的。在浅水区,如陆架海,将底栖(海床)生态系统纳入 BGC 模型变得非常重要。这就需要增加额外的变量,尽管这些变量不需要平流或扩散。最后,沿海水域通常是浑浊的,应将沉积物和有色溶解有机物对光的影响,以及因此对初级生产的影响包括在内。为此,有时会使用专门的光学模型(Gregg et al.,2016)。

9.1.2.5　海洋生物地球化学的潜在可预测性

海洋生物地球化学的潜在可预测性因其规模和数量的不同而有很大的差异。很多变化是由物理要素驱动的，混合和分层的变化会影响光照和营养物质，从而影响初级生产。当这些物理变化可以被预测时，例如，随着气候变暖而产生的分层变化以及与厄尔尼诺南方涛动等现象有关的年际变化，相关的海洋生物地球化学的大规模变化也可以被预测到。同样，随着大气中CO_2浓度的增加，可以预测海洋碳循环和酸化的变化。当考虑局部地区和(或)较短的时间尺度时，物理和生物地球化学要素都变得难以准确预测。

此外，各种生物地球化学量的变化速度非常不同。浮游植物对光照和营养供应的变化反应迅速，在一天内浓度可以翻倍(Laws，2013)。浮游动物对这些变化的反应会稍微滞后一些。同时，营养物质浓度通常会变化得更慢，而碳循环的变化更慢，尽管表面浓度(营养物质和碳)会迅速变化，例如在风暴期间。这些不同的变化率对可预测性的规模有影响。

为了准确预测，必须使用数据同化法对模型进行初始化(见第9.2.5节)。在季节性到10年的时间尺度上，可预测性是由物理要素主导的，必须对其进行准确的初始化和模拟。在较短的时间范围内，物理要素仍然很重要，但必须正确地初始化营养物质浓度，因为这将有助于确定初级生产力。对于短期预测，应初始化浮游植物的浓度，尽管浮游植物变量的记忆可能短至几天，因为它们会对营养物质和混合的变化做出反应。还需要准确的模型构想和参数化，否则模型将对数据同化做出不正确的反应。

9.2　生物地球化学预报和多年期系统

用于业务化海洋学的“绿色”海洋模型，其构建方式与“蓝色”模型相同。业务化套件遵循几乎相同的结构(见图4.1)，信息流从海洋观测数据到增强初始信息的终端用户产品。每个组成部分都包括研究阶段、开发阶段和运行阶段。本章主要讨论最后一个阶段，即系统的运行阶段。

建模组成包括BGC模型、数据同化和集合建模，用于分析和预测BGC状况。数据包括上游数据，如物理条件、大气强迫、在界面(大气、陆地和海底)提供的化合物的外部输入、来自卫星的观测数据，以及通过数据同化方法纳入系统的现场观测数据。这些数据还被用于验证任务：预测精度的准实时评价和模型系统的延迟模式评价。最后，模型输出和终端用户产品的准备要遵守一定的格式、单位、名称等标准，以便交付给用户和存档。

9.2.1　结构特征

在这一节中，我们将介绍专门用于生产海洋生物地球化学和海洋生态系统信息的OOFS的主要结构特征。由于目前大多数描述“绿色海洋”的系统都没有“蓝色海洋”的系统先进，因此本节提出的“理想”设计包括一些仍处于研究或开发阶段的功能。然而，在未来的系统建设中，应该牢记这些特点。

9.2.1.1　物理、光学和生物地球化学成分

正如第9.1.2节所介绍的，BGC数量的时空演变是由物理场通过水平和垂直平流、横向扩散和垂直混合驱动的。垂直运动特别重要，因为它们向有光的上层海洋提供营养物质，使光

合作用得以发生。

因此，对光合作用的限制，需要对光谱辐照度在上层海洋的穿透力进行精细的描述，因为它在水体中被吸收和散射。光的穿透曾经由非常简单的光学方案来控制，但现在越来越多地由嵌入物理-生物地球化学模型系统的先进的生物光学模块来控制，以计算光合作用活动，并与关键的观测数据相联系，如来自海洋水色任务的光谱辐照度。营养链中生态系统变量的演变，是由物理学、光学和生物地球化学通过初级生产推动的，它是整个海洋生态系统的基础（见第 9.2.8 节）。

物理场可以来自 BGC 模型套件独立生成的海洋动力学模拟（再分析、临近预报或预报）。然而，物理场必须反映生物地球化学的基本动力学特性，如正确的混合率、正确的垂直速度统计、与中尺度结构和锋面位置的正确相位（Berline et al.，2007）。

尽管可能存在一些从生物学到物理学的反馈，如自我遮蔽（Hernandez et al.，2017）或浮游植物的热量释放，但其影响一般仅限于对上层海洋热量预算和相关的温跃层垂直结构进行适度改变。因此，物理和 BGC 建模部分通常通过“单向”耦合联系起来，形成连续的模型操作（图 9.6）。由于采用了“单向”近似，耦合可以采用“在线”模式，即物理和生物地球化学模型在每个时间步长上同时运行：首先进行物理模型的时间更新，然后再用于生物地球化学要素的更新。另外，可以用“离线”模式实现耦合，即事先计算物理学，并以较低的频率（如每天、每周）存储，然后用作生物模型的输入（Ford et al.，2018）。

这种系统在计算资源方面通常比较经济。然而，在垂直黏度和扩散系数方面，“离线”耦合方法的实用性可能会受到质疑，因为与“离线”物理场的存储速率相比，垂直黏度和扩散系数的变化时间尺度通常很短（小时级）。在包括数据同化的综合视角下，这可能是一个问题。同化系统的耦合策略所涉及的迫切问题仍然是社会各界长期研究的主题（Fennel et al.，2019）。

具有侧向开边界的区域模型也需要在边界处获得模型状态变量值。一种方便的方法是从全球再分析或数据集的固定数据或气候学数据推算，但更可靠的方法是将高分辨率区域海洋模型嵌套到更大区域（通常是低分辨率）的模型中（图 9.6）。至于物理学和生物地球化学之间的耦合，空间嵌套之间的耦合可以是“单向”的，内部模型对外部模型没有影响；也可以是“双向”的，内部模型向外部模型提供信息。单向耦合主要用于 BGC 运行系统，原因是它提供了 BGC 模型与物理模型在“在线”或“离线”模式下运行的可能性，而双向嵌套本质上要求物理模

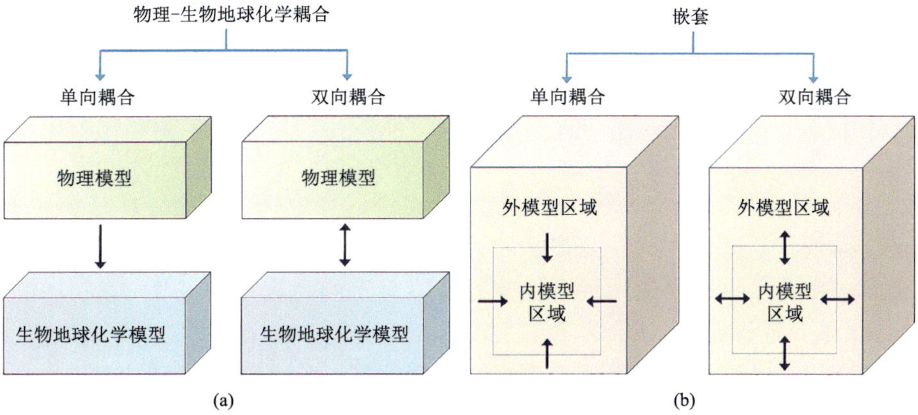

图 9.6　物理-生物地球化学耦合(a)和嵌套(b)的示意图

型和 BGC 之间“在线”耦合，使得这种耦合系统的运行更加复杂和耗时。

为了合理地表示生物学，需要对上层海洋的垂直离散化进行具体设计。物理和生物变量的强烈垂直梯度，通常要求水平层之间的垂直间隔为 1 m。关于水平网格，物理学和生物学并不总是需要使用相同的数值网格。在一些系统中，采用保留解析动力学基本特征的粗化方法，以较低的分辨率提供给生物方程，同时节省数值资源（Berthet et al.，2019；Bricaud et al.，2020）。

9.2.1.2 不确定因素的传播

不同建模步骤中涉及的离散方程的正向积分导致结果从根本上说是不确定的。有必要对这种不确定性进行量化，以便为用户提供决策所需的有用信息，并将预报结果与未来的观测结果合并，这在本质上也是不确定的。

生物地球化学、生态系统模型中可能的不确定性来源主要如下：

- 状态变量的初始条件；
- 与强迫有关的外部数据，如向下辐射、云量等；
- 用于约束生物地球化学、生态系统变量演变方程的输入物理数据，如海流、温度、垂直涡流黏度等；
- 光学、BGC 和生态系统过程表征中涉及的参数；
- 数值方案和数值近似（如粗化或离线积分）；
- 未解析的子网格尺度过程，可能会由于非线性的结果而引起整体效应。

这些不确定性可以被启发式地量化，也可以通过在模型方程中引入随机参数化来明确考虑，正如 Garnier 等（2016）所建议的那样。然后，可以产生多个正向积分，以产生集合，这些集合提供合理解决方案的近似值。然后由不同的集合成员产生预测的先验概率分布样本（Santana-Falcon et al.，2020）。因此，前向积分模块（图 4.1 中称为步骤 2“预报”）应设计成可以并行或顺序调用 n 次（n 取值几十到几百）。关于集合建模的更多细节，请参考第 9.2.4 节。

9.2.1.3 BGC 数据的特征

生物地球化学变量往往具有非高斯统计特性。这可以用这些变量的性质来解释（一般来说，浓度反复取值接近于 0，而生物量可以变化几个数量级），这与所涉及的过程的非线性有关。在验证时需要特别注意非高斯特性，使用基于对数转换的数据或非参数指标，对模型变量和观测数据进行比较（详情请参考第 9.2.6 节）。此外，适用于大型系统的同化方法，如集合卡尔曼滤波器，通常适用于高斯分布：因此，有必要在集合正向积分的输出和观测更新步骤之间插入一个所谓的变形变换——一个将变量分布的量值与标准高斯分布相匹配的函数。这可以通过不同的方式实现：事先规定一个给定的变换（如对数正态或截断高斯），或者按照 Simon 等（2009，2012）以及 Brankart 等（2012）的建议，从集合信息中构建变换。在分析步骤结束时，必须应用反变换来完成同化周期并准备新的初始化。

另一个问题来自生物地球化学数据在空间和时间上的高度不均一性分布，其中大部分数据来自卫星（海洋水色）和相当分散的 BGC-Argo 剖面浮标。因此，这些观测数据所捕获的空间尺度非常不同，在分析阶段，需要在生物地球化学数据同化系统中特别注意定位。正如 Tissier 等（2019）所提出的，在傅里叶空间的转换可以证明有利于进行这一步骤。因此，专门用于生物地球化学的操作链的架构应包括在转换空间中执行观测更新的步骤。

9.2.2 输入数据：可用来源和数据处理

本节提供了用于驱动和验证生物地球化学预报系统数据的一般描述和技术信息。OOFS 的不同阶段都需要观测数据，具体内容如下：

- 首先使用数据来建立模型配置：初始和侧向条件、物理强迫、大气表面强迫和外部输入；
- 数据对于校准 BGC 过程的构想至关重要，即使模型的结果与观察到的分布和通量相匹配；
- 然后用数据来评估模型的产品质量；
- 最后，利用数据同化方法将观测信息纳入数值模型，以改善预测的模式状态。

9.2.2.1 物理条件

需要的场包括海流、温度、盐度、垂直扩散系数(K_z)和海洋上混合层深度(MLD)。它们由物理模型提供给 BGC 模型，该模型以“在线”或“离线”模式与之耦合(详见第 9.2.1 节)。平流和扩散程序通常与物理模型共享。第 9.2.9 节列出了物理-BGC 耦合系统的清单。

9.2.2.2 观测数据

用于测量海洋 BGC 的海洋观测平台包括船舶、锚泊和遥感观测。Chai 等(2020)对过去一个世纪平台的演变和多样化作了很好的概述，如图 9.7 所示。在传统的观测系统中，卫星代表了一场革命，为海面变量提供了连续的时空覆盖。最近，自主移动平台通过水柱测量海洋变量。它们覆盖了广泛的空间和时间尺度，填补了观测空白。

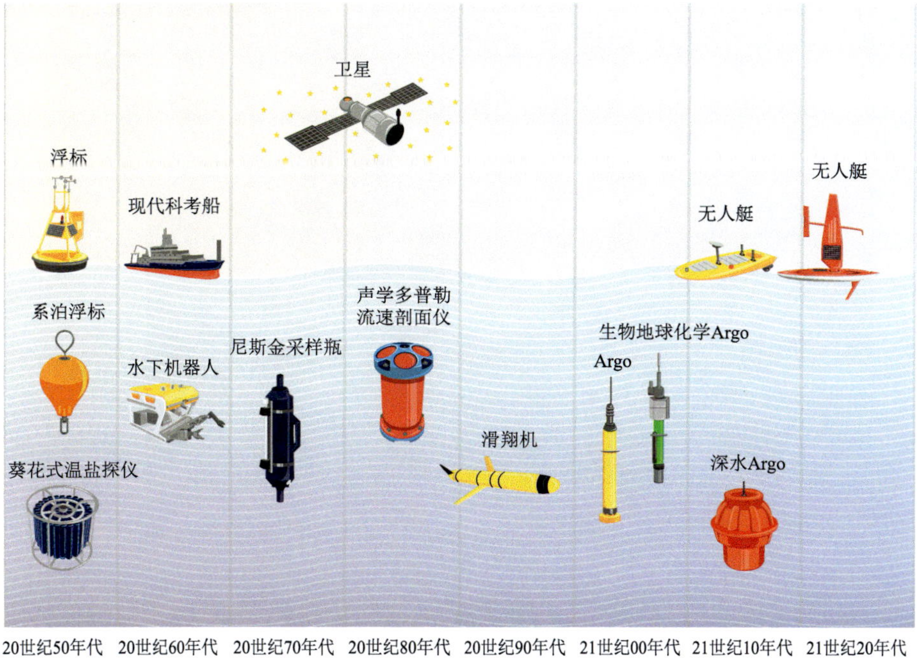

图 9.7 测量海洋生物地球化学的海洋观测平台年表(Chai et al.，2020)

(1)遥感观测

遥感获得的接近实时的 Chla 数据对整个海洋有很好的空间覆盖，并对全球和区域绘图产品的时间序列进行了再处理。它们可以通过哥白尼海洋服务①(Le Traon et al.,2017)等业务服务获得。图 9.8 介绍了一些 Chla 产品及其空间覆盖范围。图 9.9 说明了可用的长时间序列。遥感得出的 PFT 和光学特性也开始在同一门户上发布。

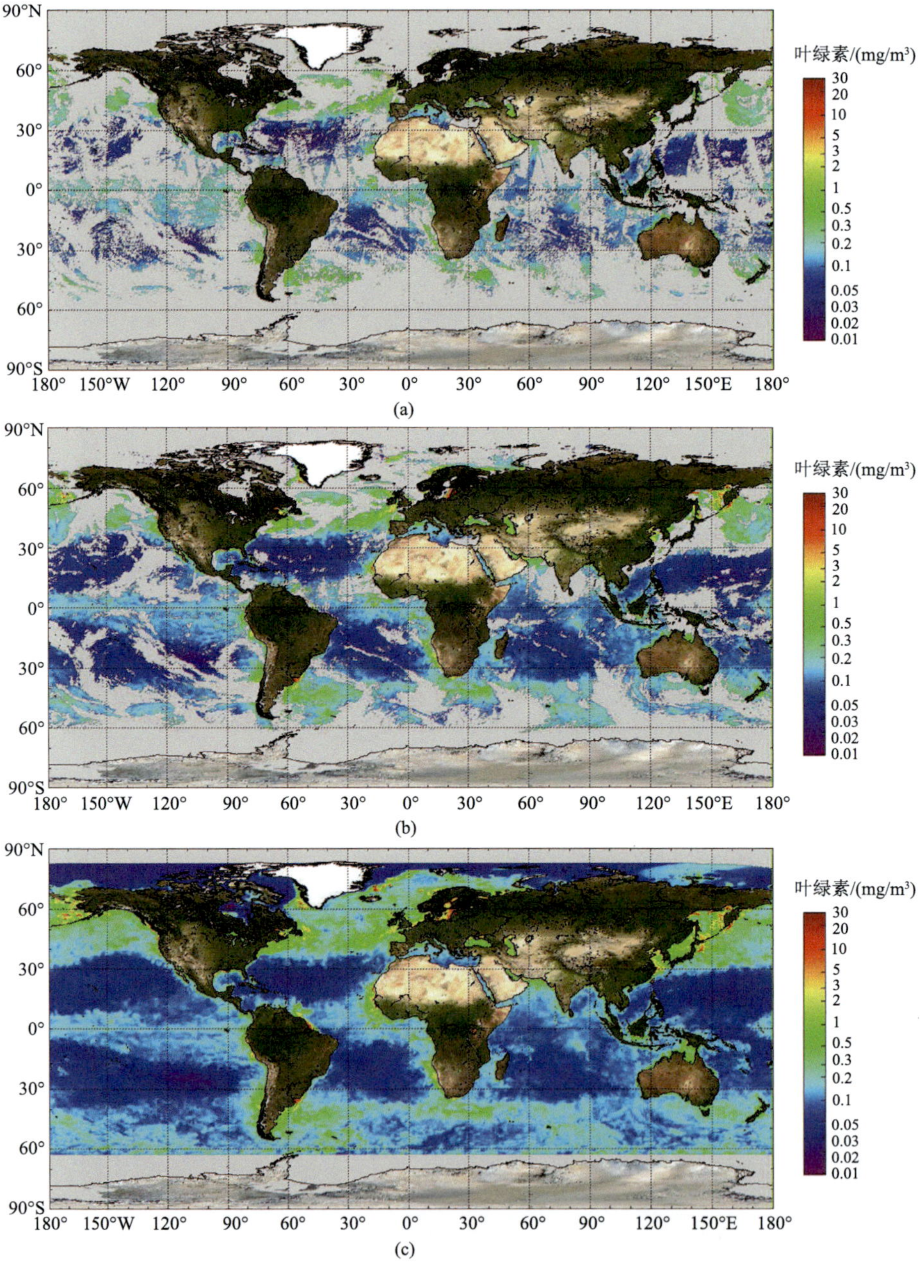

图 9.8　哥白尼海洋服务中提供的叶绿素海洋水色全球多传感器产品的例子
(2019 年 5 月 1 日的每日产品)
(a) OC-CCI 产品;(b) Copernicus-GlobColour level 3 产品;
(c) Copernicus-GlobColour “无云”(插值)产品(Garnesson et al.,2021)

①详见 https://marine.copernicus.eu/。

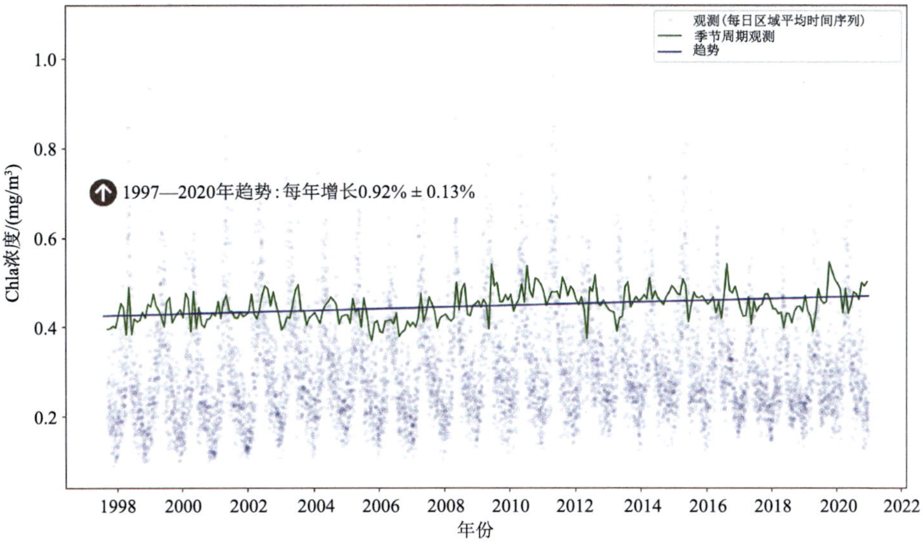

图 9.9 1997—2020 年北大西洋卫星 Chla 的时间序列和趋势
(来源:哥白尼海洋服务①)

(2)现场观测

哥白尼海洋服务收集和分发来自各种平台的现场观测数据,包括人工 CTD-O_2 测量、BGC-Argo 剖面浮标、ferrybox 系统、滑翔机和系泊浮标,由 EuroGOOS、SeaDataNet、美国国家海洋数据中心(NODCs)和 JCOMM 等全球系统收集。提供两种类型的产品:①用于预报活动的,在采集后 24 h 内自动进行质量控制的 NRT 产品;②用于再分析活动的再处理(或多年)产品。可用的主要生物地球化学变量是溶解氧浓度、营养物质(硝酸盐、硅酸盐和磷酸盐)浓度、Chla 浓度、荧光和 pH 值。1990—2020 年再处理产品的所有叶绿素、氧气、硝酸盐和磷酸盐样品的空间分布如图 9.10 所示。

应特别注意自主机器人水下航行器。Argo 剖面浮标随海流自由漂流,通过水柱测量海洋变量,最深可达 2000 m,而滑翔机可以通过编程沿着预定的路径取样,因此前者更适合在开放的海洋中使用,后者更适合在沿海和浅海的不同深度进行观测。漂浮和滑翔机在垂直循环后,一旦到达海面就将数据传输到轨道卫星上,为业务中心提供连续监测和实时数据。

国际 BGC-Argo 计划通过建立一个全球性的、全深度的、多学科的海洋观测网络,在全球海洋中以前观测稀少的区域获取剖面,从而使海洋生物地球化学发生革命性的变化(Russell et al.,2014)。他们测量氧气、Chla、硝酸盐、pH 值、悬浮颗粒和下沉式辐照度。自 2012 年部署以来,1623 个浮标已经获得了约 25 万个剖面(图 9.11),主要部分是氧气。我们的目标是让 1000 个活跃的剖面浮标同时测量上述 6 个基本变量(Biogeochemical-Argo Planning Group,2016;Chai et al.,2020)。目前,全世界有 410 个浮标在运行(图 9.12)。图 9.13 列出了一个时间序列的例子。BGC-Argo 数据通过两个全球数据集结中心(法国 Coriolis 和美国全球海

① 详见 https://marine.copernicus.eu/access-data/ocean-monitoring-indicators/north-atlantic-ocean-chlorophyll-time-series-and-trend。

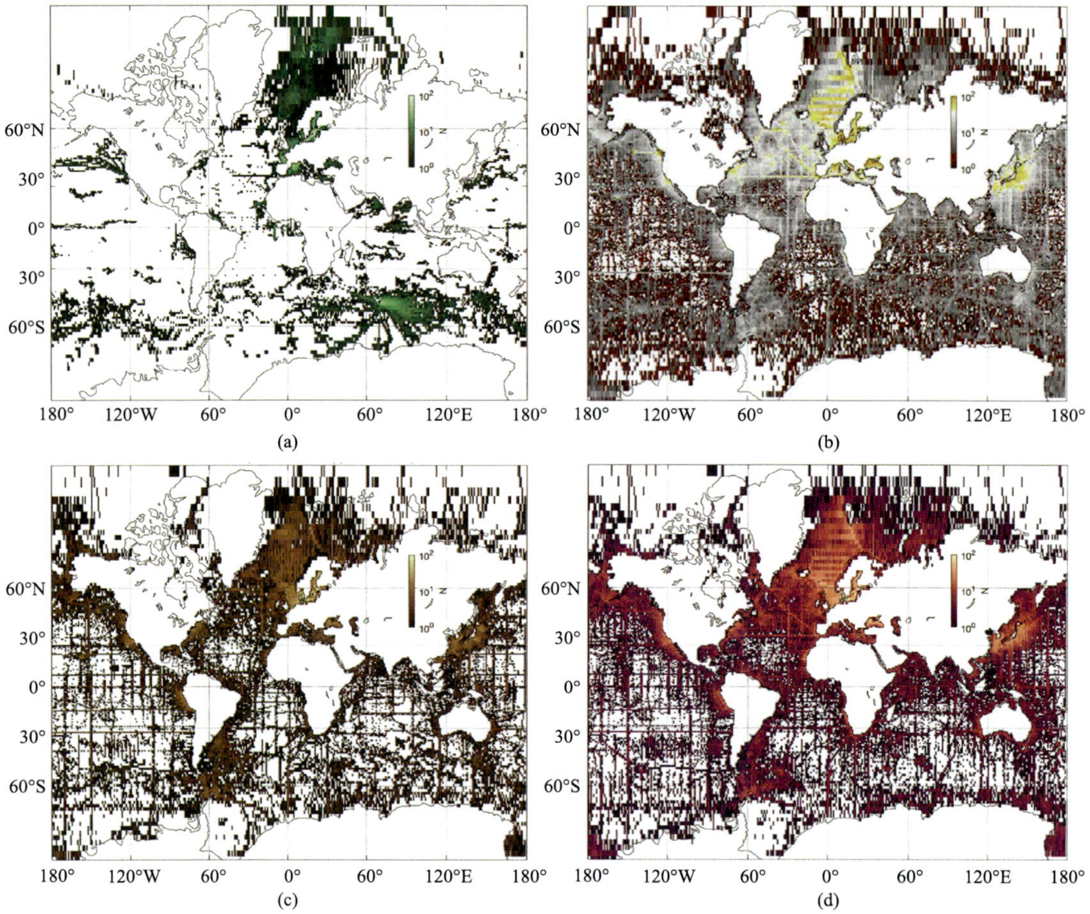

图 9.10 1990—2020 年叶绿素(a)、氧气(b)、硝酸盐(c)和磷酸盐(d)的空间覆盖率，以 1°×1°单元内 100 m 水深的剖面数量(N)显示(Jaccard et al.，2021)，为了更清楚地显示差距，颜色由深(低采样)到浅(高采样)，白色表示没有采样

洋资料同化试验(US-GODAE))(Argo，2022)①在自动质量控制后以近乎实时的形式公开，并在收集后 6 个月内以科学质量控制的形式公开延迟模式数。这些数据还可以通过哥白尼海洋服务获得②。

9.2.2.3 气候学、数据库和地图集

数据库和地图集是格式统一、质量控制、可公开获得的海洋表面或垂直剖面数据的集合。气候学是由数据库和地图集产生的地图数据产品，代表了某一数量分布的年度、季节或月度的平均特征。它们可用于为海洋 BGC 模型创建初始和(或)边界条件，评估数值模拟，并证实卫星数据。

2020 年，全球海洋数据分析项目(GLODAP)的第二个主要版本发布在统一的 1°经纬度网格上，提供了氧气、磷酸盐、硝酸盐、硅酸盐、溶解无机碳、总碱度和 pH 值等海洋生物地球化学

①详见 https://www.seanoe.org/data/00311/42182/。

②详见 https://marine.copernicus.eu/。

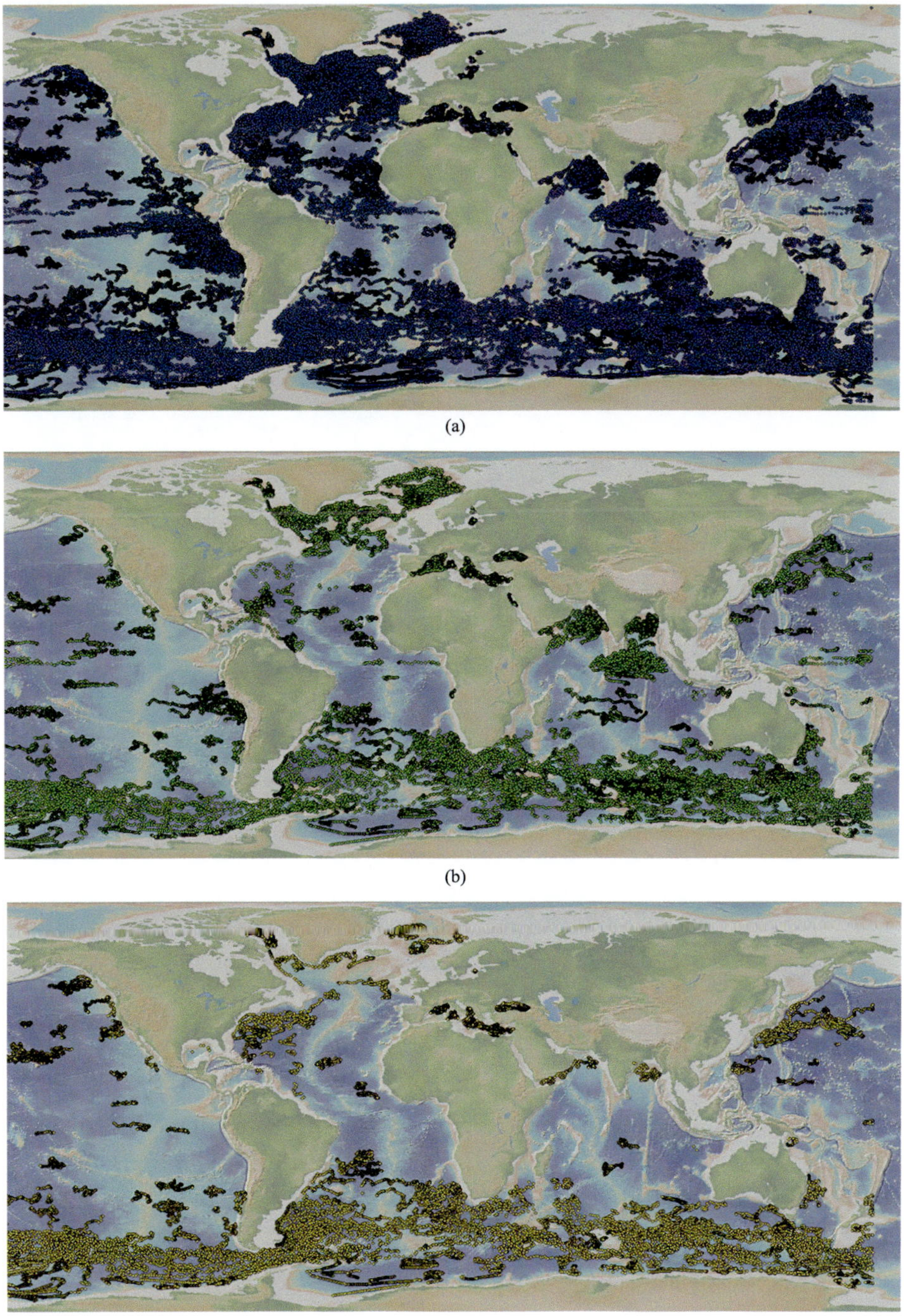

图 9.11　从 BGC-Argo 计划开始的氧气(a)、Chla(b)和硝酸盐(c)的空间覆盖情况
(截至 2021 年 10 月,已经获得了 230202 个氧气剖面、94947 个 Chla 剖面和 49939 个硝酸盐剖面)
(来源:T. Carval,使用哥白尼海洋服务数据的个人通信)

变量的气候学资料。该产品在 Olsen 等(2020)中得到了描述,并在网页 https://www.glodap.info 上公开。

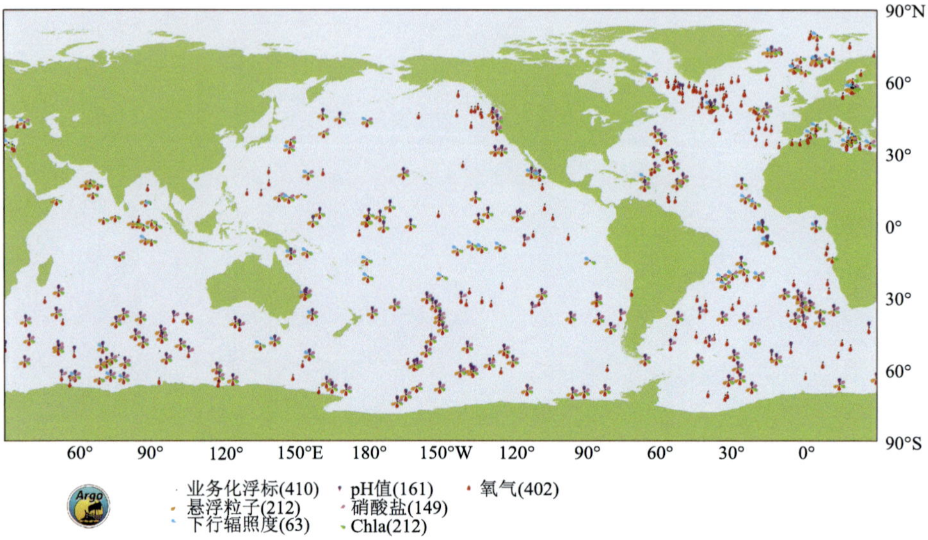

图 9.12　2021 年 8 月运行中的 BGC-Argo 浮标的位置

（来源：www. ocean-ops. org）

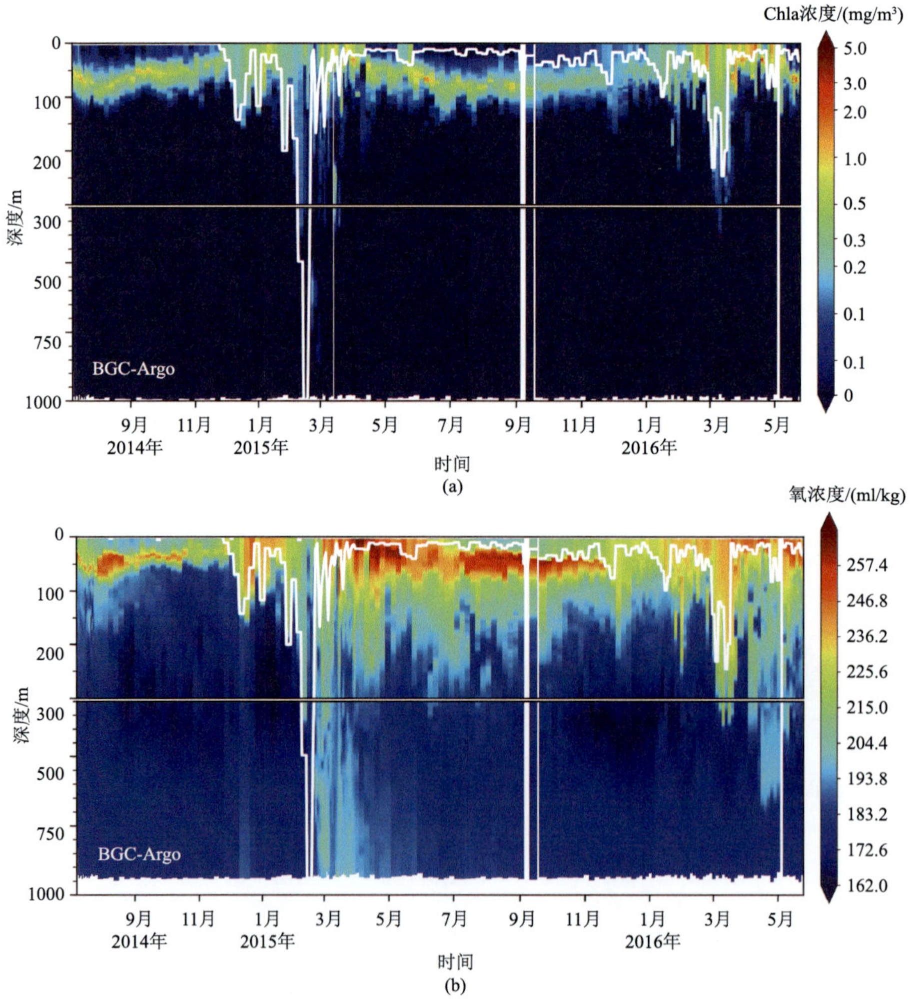

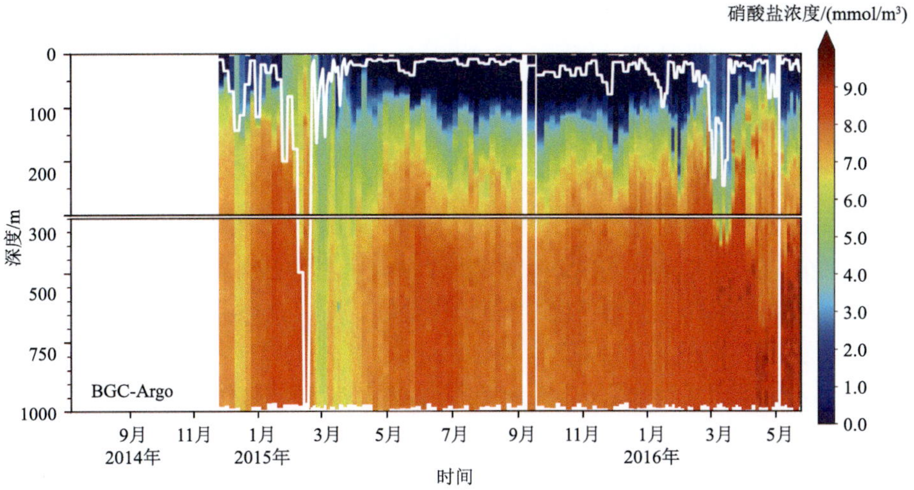

(c)

图 9.13　东北大西洋沿 BGC-Argo 浮标轨迹的 Chla(a)、氧气(b)和硝酸盐(c)浓度的时间演变

2018 年交付的最新版 WOA① 提供了 1°经纬度网格上的氧气和常量营养素(硝酸盐、硅酸盐和磷酸盐)的年度、季节和月度气候学数据(图 9.14)。Garcia 等(2018a,2018b)对此进行了描述,并在 https://www.ncei.noaa.gov/products/world-ocean-atlas 公开。它基于 Boyer 等(2018)中描述的 WOD 的最新主要版本。

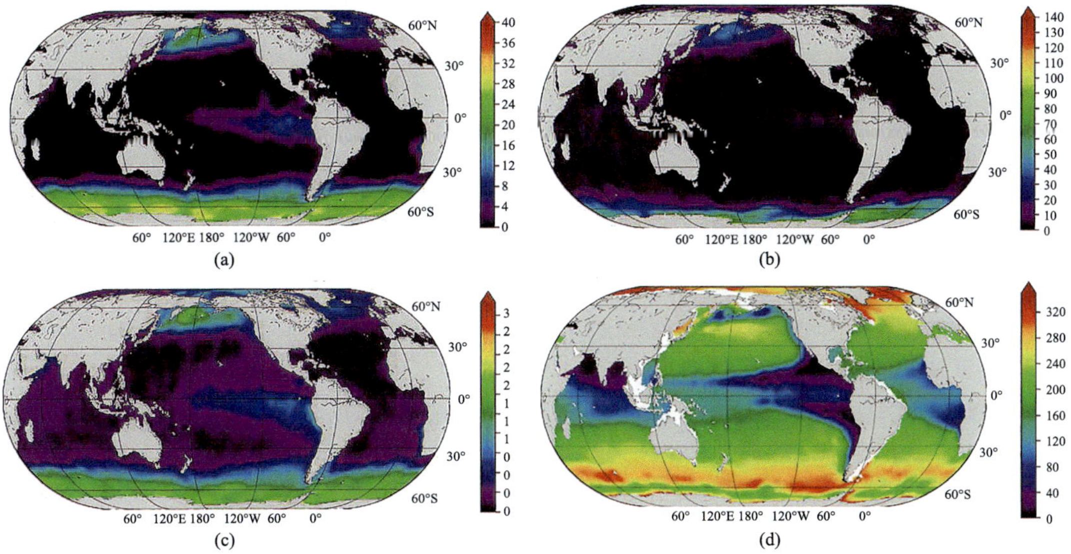

图 9.14　海面上的硝酸盐(a)、硅酸盐(b)和磷酸盐(c)浓度以及 200 m 深处的溶解氧(d)浓度,单位是 mmol/m³(来自 WOA 气候学)

① 详见 https://www.ncei.noaa.gov/products/world-ocean-atlas。

表层海洋二氧化碳图集(SOCAT)提供了表层海洋二氧化碳逸出度(fCO_2)的观测数据①。最新的SOCAT(2020版)拥有从1957年到2020年全球海洋和沿海海域的2820万个观测数据。

EMODnet门户网站提供欧洲海域海洋化学数据的时间和空间分布②。

9.2.2.4 大气层表面强迫

大气层表面条件驱动着生物地球化学的数量和过程,如光合作用和气体元素(O_2、C)的海-气交换。典型的表面数据输入包括风、太阳辐射和蒸发-降水通量。它们可以通过哥白尼气候变化服务③,从运行中的天气预测系统中获得。

9.2.2.5 外部输入

碳和营养物质的外部输入是通过观测或模型提供给海洋生物地球化学系统的。尽管这些输入目前在现有系统中被简化了(来自气候学),但最佳的解决方案是将海洋业务系统与大气和陆地业务系统连接起来。目前正在讨论哥白尼海洋服务与哥白尼大气和陆地服务④之间的联系。

9.2.2.6 单位

应特别注意BGC数量的单位,因为不同的科学团体之间没有标准化。模型数据通常以国际单位规定的单位归档,但仪器经常不以国际单位测量数据,因此必须进行转换。例如,海水中的溶解氧浓度可以用许多不同的单位(如mg/L、ml/L、μmol/L、μmol/kg、$mmol/m^3$、μM),而国际单位是摩尔/立方米(符号mol/m^3)。

值得注意的是其中的相等关系:

$$\mu mol/L = mmol/m^3 = \mu M$$

$$1\ L = 1 \times 10^{-3}\ m^3 \approx 1.025\ kg$$

还有转换关系:

$$\mu g/L = \mu mol/L \times MW$$

$$\mu l/L = \mu mol/L \times MV$$

$$g/L \approx g/kg \times 1.025$$

要将海水中的某一量从浓度(单位为mol)转换为质量(单位为g),请乘以质量(单位为g/mol);从浓度(单位为mol)转换为体积分数(单位为L),请乘以体积(单位为L/mol);表示单位质量(单位为g)转换为体积(单位为L),请乘以密度(单位为kg/L)。1.025是海水密度的一个近似值,但也是一般值。

9.2.3 建模部分

9.2.3.1 数值和离散化选择

海洋生物地球化学模型描述了基本元素(如C、N、O_2、P、Si)在较低营养级(通常从细菌到

---

①详见https://www.socat.info/。

②详见https://emodnet.eu/en/chemistry。

③详见https://climate.copernicus.eu/。

④详见https://atmosphere.copernicus.eu/和https://land.copernicus.eu/。

中浮游动物)的循环。它们的复杂性(即状态变量和过程的数量)取决于所关注的科学问题、可用于参数化和实施的信息以及调查的时间和空间尺度。BGC 模型由一组演化方程(如微分方程)组成,表达了每个模型组成部分(如状态变量)的质量平衡。这些质量平衡方程包括与生物地球化学过程(如光合作用、呼吸作用和硝化作用)、营养相互作用(如捕食)、物理过程在空间三个方向的平流运输(如主流运输)和扩散(即在菲克扩散定律模型上设置参数的未解决过程)有关的局部源和汇。与物理要素模型一样,生物地球化学模型不能用分析法求解,需要用数值模型进行积分。必须定义一个数值网格,网格单元的大小将定义可以解决的空间尺度(通常假设所求解的过程的长度尺度等于网格大小的两倍)。考虑到由于光场的快速消亡,垂直尺度的变化比水平尺度的变化小得多,垂直网格的大小在上层通常是米级的。必须仔细选择时间步长和时间积分的数值格式,以避免产生负的浓度。这些选择可能与它所耦合的物理要素模型相同,也可能不同。第 5 章介绍了数值和离散化技术,第 9.2.1 节讨论了生物地球化学的特征。

这些过程是否能在模型中得到求解,将取决于用于求解数值的网格分辨率。图 9.15 显示了特定生物地球化学过程的时间和空间尺度,图中红色表示生物地球化学模型所模拟的主要过程。

区域和全球尺度模型能够捕捉到中尺度的信号,其时间尺度为 1 个月,空间尺度为 50~100 km。沿海地区的模型必须解决每天和(亚)中尺度的高频信号,但在这个阶段,它们能够解决周至月尺度的系统动态。

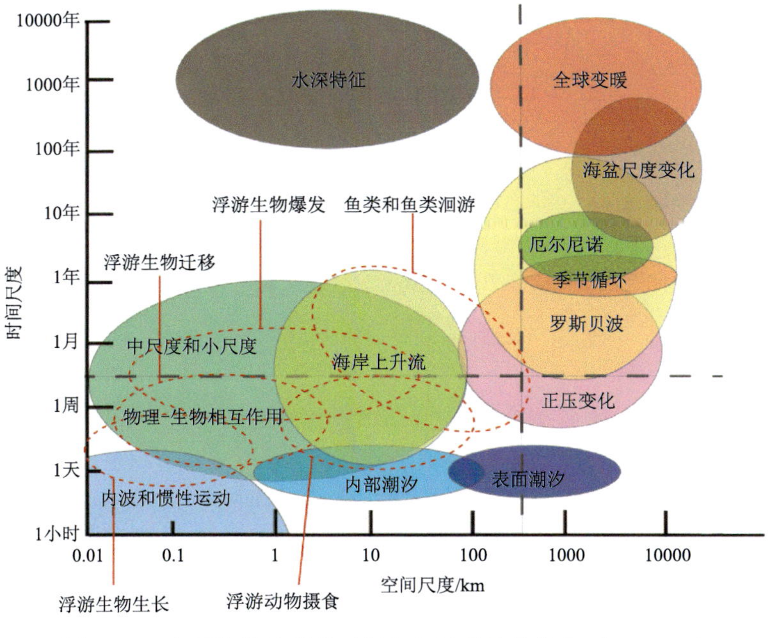

图 9.15　主要海洋过程的时间和空间重叠尺度(Dickey,1991)

9.2.3.2　不同的生物地球化学模型

在海洋生物地球化学中,其特殊性主要在于环境、生态系统和过程的多样性。因此,对 BGC 模型的选择将取决于研究者的研究领域和感兴趣的主题。

海洋生物地球化学和海洋食物网中较低营养级的模型通常属于 NPZD 型(详见第 9.1.2

节)，它根据浮游生物在生态系统中的功能，通过明确表示少数浮游生物群体来解决群落结构问题。另一种方法是让群落结构从广泛的可能性中产生出来。例如，DARWIN 模型(Follows et al.，2007)包括大量(几十或几百个)PFT，其生理特征是随机确定的(参数是随机规定的)，允许最适者在最终的生态系统中出现。

OOFS 中最常用的一些模型如下。

- 哈德利中心海洋碳循环模型(HadOCC)(Palmer et al.，2001)；
- 生态系统动力学、养分利用、固存和酸化模型(MEDUSA)(Yool et al.，2013)；
- 碳与生态系统研究的浮游相互作用方案(PISCES)(Aumont et al.，2015)，它的开发由双鱼座社区聚集了 8 个国际研究机构或实验室，该模型被嵌入 NEMO 和 CROCO 建模系统，并可以从中下载①；
- 欧洲区域海洋生态系统模型(ERSEM)(Baretta et al.，1995；Butenschön et al.，2016)，其开发由普利茅斯海洋实验室牵头，代码可在 https://www.pml.ac.uk/Modelling/Home 获取；
- 生物地球化学通量模型(BFM)(Vichi et al.，2015)，它的开发由一个五人组成的联合体领导，代码可在 https://bfm-community.github.io/www.bfm-community.eu/获取；
- 挪威生态模型(NORWECOM)(Skogen，1993；Skogen et al.，1998)，该模型是几个挪威机构合作的结果，更多信息见 http://www.ii.uib.no/～morten/norwecom.html；
- 生态系统模型(ECOSMO)(Daewel et al.，2013)是由 Heron 开发的，南森中心和其他合作者也提供了帮助，详见 https://www.hereon.de/institutes/coastal_systems_analysis_modeling/matter_transport_ecosystem_dynamics/models/index.php.en；
- 生态区域海洋模型(ERGOM)(Neumann，2000)，它是在德国的莱布尼茨波罗的海研究所(IOW)开发的；
- 低氧和底栖生物影响区生物地球化学模型(BAMHBI)(Grégoire et al.，2008；Grégoire et al.，2010；Capet et al.，2016)；
- 瑞典海岸和海洋生物地球化学模型(SCOBI)，在 Eilola 等(2009)和 Almroth-Rosell 等(2015)中有所描述。

通常，这些模型是不同的国家和国际研究或学术机构和实验室之间合作的结果，以正式或非正式的联合体组织。它们是由几个运营商共享的。在大多数情况下，代码是开源许可的。

已开发的模型可应用于区域、陆架海、海盆或全球海洋尺度。复杂程度因应用不同而不同(生物地球化学循环或生态学应用)。这些模型在主要元素的生物地球化学循环、营养物质的数量、自养和异养 PFT 的数量、过程制定的复杂性以及对底栖生物部分的考虑上有所不同。关于这些模型的详细描述，请参考 Gehlen 等(2015)。

在不同的物理和生物地球化学模型之间进行切换的实际能力，是比较模型和顺利升级不可或缺的。水生生物地球化学模型框架(FABM)②提供了这种能力，它已被用于 NEMO 和 HYCOM，以及其他用 Fortran 编程的海洋、湖泊模型中。

---

①详见 http://www.nemo-ocean.eu 和 https://www.croco-ocean.org。

②详见 https://bolding-bruggeman.com/portfolio/fabm/。

9.2.3.3 连接海洋-地球系统

有几种模式被用于一系列环境，但对开阔海域、区域和沿岸海域需要有不同的考虑。从开阔海域到近海，往往伴随着模型空间分辨率和复杂性的提高。

沿海生态系统的区域模型可能非常复杂。它们的动态变化基本上是由开阔海域和空气-沉积物-陆地界面的边界条件所驱动。对海洋来说，大气、河流和沉积物是碳和生物活性营养物质的重要来源，如氮、磷、铁和硅酸盐。模型的性能会受到这些边界条件质量的影响。海岸线和地形对于触发高频物理过程也很重要。

需要仔细考虑沿海生态系统与周围系统的联系(图 9.16)，包括如下几方面。

- 与陆地的联系。河流与海洋交换淡水及无机和有机物质。近几十年来，沿海海洋生态系统发生了很大的改变。河流排放物中的大量营养物质是由于人类在陆地上的活动(如农业、森林砍伐、废物排放等)造成的。这种输入对沿海生态系统的研究至关重要。
- 与大气的联系。大气的传输和沉积是进入海洋化合物(如二氧化碳、氮、氧、铁和磷)的来源，影响着海洋生物地球化学(如营养物质的来源、对 pH 值的影响等)(Krishnamurthy et al.,2010)。
- 与海底的联系。沉积物和海洋之间的交换可以用一种非常基本的方式来表示：它们包括非生物有机物质的沉积、再悬浮和沉积物中无机营养物质的释放。但是为了使方法更加可靠，应该使用一个额外的模块，明确表示成岩作用、底栖生态系统，以及生物扰动、扩散、对上层沉积物的生物灌溉作用和沉积物输运。有时可以利用气候学等方法实现与波浪的耦合。
- 与开阔海域的联系。由于开阔海域和沿岸生态系统之间存在着质量、通量和物质的相互交换，因此它们之间有着密切的联系。了解清楚开边界条件，对沿岸模拟至关重要。
- 在北冰洋的海冰覆盖区域，海冰藻类占初级生产的 4%～26%(Spindler,1994;Gradinger,2009;Dupont,2012)。

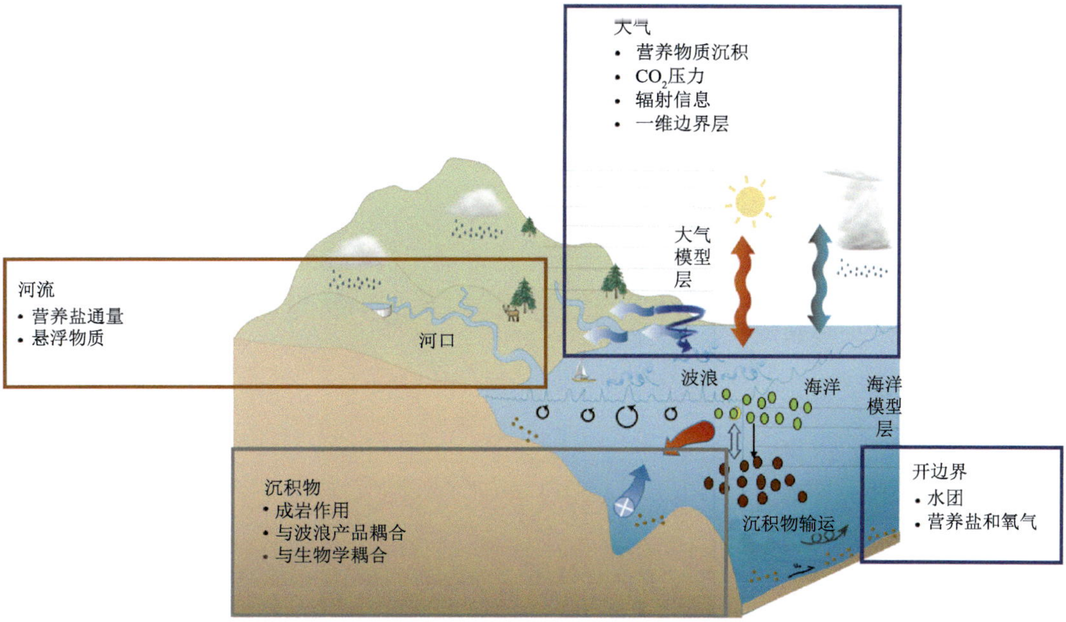

图 9.16 界面间的联系(Warner et al.,2010)

在目前的 OOFS 中，上述的连接并不总能得到最佳的实现。河流、大气和沉积物的交换往往是用气候学或简化的交换方式来引入的。目前正在开发更精细的相互作用，包括额外的数值模块或年际观测数据，在未来系统的建设中应考虑与周围系统的联系。

9.2.4 集合建模

预报系统从字面上看，是为了在对当前条件有一定了解的情况下，给出对未来条件的预期。期望也是一个被审慎命名的统计量，由所有可能结果的平均值定义；例如，下周（时间 t_1）某一地点的预期初级产量可以表示为同一时间和地点所有可能值的平均值 $<x(t_1)> = \int x(t_1)\mathrm{d}x$。如果我们把下周的初级产量作为今天初级产量的函数 $x_1 = f(x_0)$，函数 $f()$ 隐含地包括了目前初级产量以外的所有其他变量，如营养物质、太阳活动、海流等。我们得到一个新的预测值表达式（用 $<.>$ 表示预期值）$<x(t_1)> = \int \mathrm{f}(x(t_0))\mathrm{d}x$。不幸的是，函数 f() 不是一个线性函数，因为它代表了 Michaelis-Menten 方程（见第 9.1.2.1 节），经过时间积分后变成了指数：如果今天浮游生物的浓度增加了一倍，那么在乘法增长的时期，你可能期望下周的浮游生物增加两倍以上。这意味着不能将上述积分和 f() 函数互换，即使 $x_1 = \mathrm{f}(x_0)$ 为真，$<x_1> = \mathrm{f}(<x_0>)$ 一般为假，并将不可避免地产生一个有偏差的期望：过高或过低，取决于 f() 函数的凸性。

这个问题的一个一般解决方法是使用模拟的集合。假设只有有限的 N 个可能的结果，$<x(t_1)>$ 就变成了算术平均数，而不是积分：$<x(t_1)> \cong 1/N \sum(x^n(t_1))$，$x^n$ 是集合的一个成员。如果样本是这样的，当 N 趋向于无穷大时，算术平均数将收敛于积分。

但是，既然只有一个现实，为什么要考虑不同的可能结果呢？重点是要管理不确定性，在生物地球化学模拟中，不确定性的来源比物理或波浪模型更多，特别是对海洋物理的依赖性很强。在第 9.2.2 节所列的输入数据源中，对生物地球化学模型结果有影响的不确定因素如下。

- 季节性的再分层是至关重要的。太浅的混合层会将生物体限制在表面附近，使它们暴露在比应有的更强的光线下，夸大了暴发的动态。太浅的混合层会使温度升高太多，人为地使生长条件有利。春季混合层的较晚的浅化将导致模拟中的暴发延迟，在与观测结果比较时导致表面 Chla 的较大误差。
- 对冬季混合的良好表述也是物理要素模型的一个理想特征，因为它使深层营养物质更接近于表面，并使它们可用于初级生产。
- 海洋温度影响着微生物的生长，所以模拟的温度要准确。
- 通过洋流将营养物质从河流运送到大洋，或将任何生物物质从一个大洋区域运送到另一个大洋区域，都需要精确的洋流模拟。
- 光照的可用性是海洋生态系统的基础。到达海洋表面的光量（即有多少光被大气、云、水或海冰衰减了）是不确定的。
- 生物地球化学模型的初始条件通常是基于非常稀缺的营养物质气候学，在非常长的模拟过程中，一些错误的数值可能会留在模型中。
- 来自河流和大气沉积的营养物质输入也是高度不确定的。

以上都是外在的误差来源，可以通过随机扰动生物地球化学模型的各种输入来说明：下行短波辐射的扰动将说明光照条件的不确定性，如果模型是离线耦合，物理要素模型输出的集合也将说明物理变量的误差。在“在线”耦合的情况下，混合层深度也可以通过增加表面风和表面热通量的扰动来改变。产生二维或三维随机扰动的方法有很多：Natvik 和 Evensen(2003)及其后的工作中使用了光谱法，但也可以使用大气集合预测系统或大气再分析数据的经验模式分解。目标是产生一个模拟集合，其成员由于收到的输入随机扰动而相互间略有不同。

9.2.1 节中也提到了内在的误差来源。其中，BGC 模型的参数不能很确定地知道，也可以是随机的。为了做到这一点，我们需要想象它们的概率分布，包括它们的最小和最大值。随机参数可以是固定的全局值或在空间中连续变化的值(Simon et al.，2015)，或根据指定的区域(如朗赫斯特区域)(Doron et al.，2011)离散地变化。时间变化的参数也是有意义的，因为它们可能反映了被忽视的过程，如人口转移。为此，Garnier 等(2016)建议采用自动回归过程。

其他内在的误差源可能难以控制，例如模型的数值平流方案或其他模型偏差引起的噪声。如果这些不是太严重，最好是通过夸大其他可以控制的误差幅度来模拟这些不可控的误差，例如增加风强迫中的噪声水平(外在误差)来补偿模型混合方案中的偏差(内在的)。然而，如果可能的话，首选的应该是在其根源上纠正偏差。

对所应用的扰动进行跟踪是很有意义的，这样就可以通过对输入参数的敏感性来解释集合体成员之间的差异。相反，Garnier 等(2016)还直接扰动了生物地球化学示踪剂的浓度，在这种情况下，集合体成员之间的差异不能再仅仅归因于输入参数。

因此，集合模拟是获得无偏期望的一种方式，定义为一阶统计矩，但它也提供了其他高阶统计。对数据同化至关重要的一个统计量是方差-协方差矩阵，一个二阶统计量。特别是，基于集合的统计数据可以提供观测值和未观测到的模型变量之间的所有经验交叉协方差，这是所有数据同化方法的一个基本要素(Carrassi et al.，2018)。

然而，从集合中估计的方差和协方差对异常值很敏感，在集合表现不佳的情况下，可能会出现错误的估计。图 9.17 用一个合成例子说明了这一点。图 9.17a 显示了两个独立的高斯变量 x 和 y 的散点图，正如预期的那样，这两个变量显示了低的相关性。图 9.17b 中这些数值的指数显示了一种负相关关系，这是由于随机高值的指数拉伸造成的，这对于解释和同化都是不可取的。图 9.17c 说明，相关关系对引入一个离群点可能非常敏感。图 9.17d 显示，成群的集合可以使相关性人为地变高，基本上使两百个成员等同于一个只有两个成员的集合。

9.2.5 数据同化系统

将生物地球化学数据同化到海洋模型中的目的是估计真实海洋生态系统中生物地球化学量的“真实”值。这些数量要么是海洋的关键“状态”(如浮游植物生物量)，要么是体现生态系统功能的“参数”(如浮游植物的最大生长速度)。它们是通过合并模型猜测和现场观测(例如模型预测和浮游植物生物量的卫星观测)来估计的。这种合并对模型和观测的误差进行加权，寻找与它们相近的“真实”值。业务化海洋学旨在估计这些“真实”的生物地球化学量，以评估过去海洋生物地球化学的趋势(在海洋生物地球化学再分析中)，或在未来预测中为生物地球化学模型的预测设定初始值。

本书第 4 章对数据同化背后的理论和方法进行了详尽的描述，而本章的前几节对生物地球化学模型的组成部分进行了描述。下一节将综合介绍这些成分如何在现代业务化生物地球化学系统中进行组合。Fennel 等(2019)和 Ford 等(2018)最近发表了对该主题的全面综述。

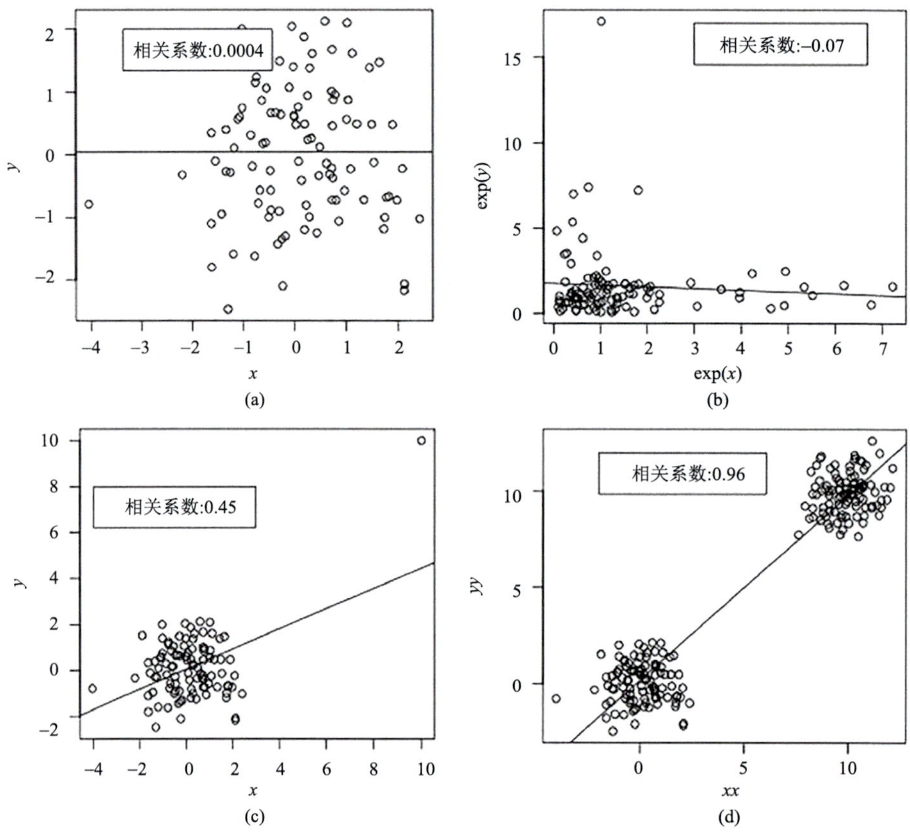

图 9.17　散点图显示了大小为 100 的各种类型的集合的二阶统计量

(a)两个独立的随机高斯变量 x 和 y;(b)变量 x 和 y 的指数;

(c)与(a)相同,但在(10,10)处增加一个离群点;(d)独立高斯变量的混合,偏移量为 10

9.2.5.1　生物地球化学状态和参数估计

大多数现代 BGC OOFS 应用 DA 来改善模型对生物地球化学状态变量的模拟,而不是生物地球化学参数(Fennel et al.,2019)。造成这种偏差的主要原因是模型状态变量和生态系统指标之间的直接联系,这些指标使政策、管理和"蓝色增长部门"的终端用户感兴趣。例如,哥白尼海洋服务的 MFC 提供营养物质、浮游植物生物量和氧气浓度(与沿海生产力和富营养化有关)以及水的酸度(pH 值与海洋酸化和气候变化有关)的同化再分析和预报。所有这些状态变量都与可持续发展目标 14(水下生物)有关,也是海洋政策的目标(如欧盟海洋战略框架指令)。

然而,BGC DA 系统所针对的变量不一定被同化到模型中。事实上,上述大多数中心只同化海洋水色叶绿素,作为浮游植物生物量的代表,而没有同化 pH。假设一个非同化变量,因为它与同化变量有关,可以被修正到它的真实值,例如,通过光合作用、呼吸作用改变水体中的 DIC 浓度和碱度,从而改善 pH 值与浮游植物生物量的关系,影响 pCO_2 和 pH 值。在使用多变量同化方法时,这些对非同化变量的修正可以直接发生在同化分析步骤中(Ciavatta et al.,2011)。它们也可以在生态系统过程的模型模拟中间接发生:原则上,对浮游植物生物量的改进估计应能更好地量化海-气 CO_2 通量,从而对 pH 值产生影响。然而,非同化变量的改进是一个强有力的假设，需要通过与独立数据集的比较进行彻底验证(见第 9.2.6 节)。

一些业务中心使用 BGC DA 来估计生物地球化学模型参数，单独或与模型状态变量同时进行(如在多变量分析配置中)。例如，北极 MFC 估算了浮游植物生长和死亡的速率，这改善了浮游植物生物量的模拟，而浮游植物生物量是业务系统的一个目标变量(Simon et al.，2015)。这些参数可以作为时间和空间的变量进行估算，以在某种程度上代表真实系统的变异性，这些变异性无法在模型的机械的方程中表述。例如，在生物地球化学模型中表现的浮游植物物种的变异性，往往被强制分为几个功能组。在实践中，一个给定的生物地球化学参数的时空变化往往被表示为一个随机变量，具有预定义的统计分布。它的波动是通过模型预测和现场观测的状态变量之间的成本函数的最小化来计算的，这与参数有关并被同化到模型中。用于参数估计的 BGC DA 具有巨大的潜力，可以提高我们对海洋生态系统的理解，改善其模型表现，以及对目标变量的操作预测。然而，这也是一个挑战，主要是由于数据的稀缺性，以定义参数变异性的现实统计分布，并评估估计参数波动的可靠性。Schartau 等(2017)对这些机会和挑战进行了极好的回顾。

9.2.5.2 同化的观测产品

大多数现代 BGC OOFS 都将海洋水色 Chla 浓度同化到其模型系统中(Fennel et al.，2019)。这是因为这种卫星产品有如下特征：①量化生物地球化学模型的核心部分(浮游植物)的生物量；②提供的数据通常是同步的(约 100 km)、高分辨率(约 100 m)和频繁的(大约每天)；③有及时和免费的访问(例如通过哥白尼海洋服务)[①]。关于海洋水色在生物地球化学建模和同化中的应用，在 IOCCG(国际海洋色彩协调小组)的报告中进行了详尽的讨论(IOCCG，2020)。这里值得一提的是，在 Ishizaka (1990)对海洋水色进行了开创性的同化之后，通过同化全球海洋(Nerger et al.，2008)、大洋流域(Fontana et al.，2013)以及沿海和陆架海生态系统(Ciavatta et al.，2016)中的海洋水色 Chla 总量来进行生物地球化学再分析。最近的贡献包括 Ford 等(2017)通过同化 1997—2012 年不同的海洋水色产品得到的十年期全球海洋生态系统再分析资料，以及 Gregg 等(2019)通过同化 1998—2015 年的海洋水色估计全球初级生产趋势。除了从海洋水色中同化总的 Chla(Hu et al.，2012)，创新的应用还同化了表面海洋水色产品：光谱漫反射衰减系数(Ciavatta et al.，2014)、大小分化的 Chla 和颗粒有机碳(POC)(Xiao et al.，2014)、遥感反射率(Jones et al.，2016)及浮游植物功能型 Chla 和光谱吸收(Ciavatta et al.，2018，2019；Skakala et al.，2018，2020；Pradhan et al.，2020)。来自志愿船的 CO_2 (pCO_2)表面数据被用于全球海洋中海-气 CO_2 通量的再分析(While et al.，2012)。

海洋内部的生物地球化学数据很稀少，但它们可以用来约束对海洋生态系统的运作极为重要的垂直梯度。例如，通过吸收固定站点的营养物质、氧气和 pCO_2 的垂直观测，改善了生物地球化学模拟(Allen et al.，2003；Torres et al.，2006；Gharamti et al.，2017)。观测全球海洋生物地球化学的自主水下航行器和浮标越来越多，这是发展业务化海洋学的一个机会(另见第 9.2.2 节)。对水体中这些数据的同化，可以补充海洋表面的海洋水色同化。例如，Kaufman(2017)同化了滑翔机的 Chla 和 POC 数据，而 Skakala 等(2021a)在欧洲西北大陆架海域的一个业务模式中，将滑翔机 Chla 和氧气数据与海洋水色数据一起同化。最近，BGC-Argo

---

①详见 https://marine.copernicus.eu/。

浮标数据的同化使区域海洋的水下生物地球化学模拟得到改善(Verdy et al.,2017;Wang et al.,2020),同样改善了全球海洋的模拟(Carroll et al.,2020)。OSSE 分析显示,通过将计划中的 1000 个 BGC-Argo 船队的同化与海洋水色同化相结合,采用变分数据同化方法(Ford,2021)和随机集合方法(Germineaud et al.,2019),有可能改善海洋生物地球化学模拟。地中海 MFC 率先将 BGC-Argo 浮标同化用于业务化海洋学(Cossarini et al.,2019)。与单纯的海洋水色同化相比,这一应用在预测水下浮游植物动力学和生物地球化学方面显示出显著优势。报告还指出了目前在操作中使用 BGC-Argo 浮子数据的主要挑战:①准实时质量控制数据的可用性;②目前可用的浮标数量相对较少,这意味着其同化的影响在空间上受到限制;③同化的浮标和卫星数据之间的潜在偏差(例如,通过遥感敏感反射和现场荧光观测得出的 Chla 浓度)。

9.2.5.3 生物地球化学数据同化方法

本书第 5 章介绍了数据同化方法的一般理论和应用。对于生物地球化学数据的同化,目前的业务系统采用两种方法(Fennel et al.,2019;Moore et al.,2019)。

其一是集合方法,利用海洋模型模拟或状态的集合来表示物理和生物地球化学状态变量的演变及其不确定性。

其二是变分方法,通过最小化观测值和变量的模型估计值之间的差异来修正模型模拟,使之接近观测值。

混合集合、变分同化方法已成功应用于物理海洋模型(Storto et al.,2018),目前正在为哥白尼海洋服务业务系统中的生物地球化学数据同化而开发[①]。

对于生物地球化学数据的同化,没有"最佳"方法。选择主要取决于以下几点:①同化模拟的目标变量(或参数);②被同化的数据;③计算资源,这在使用具有大量变量的生物地球化学模型时可能成为一个主要问题。例如,如果目标变量(如硝酸盐)与同化变量(如海洋水色 Chla 浓度)不同,集合方法可能更可取,因为人们可以利用考虑动态模型误差协方差的多变量分析。如果需要考虑 CPU 的数量,并有足够的关于模型误差协方差的信息,高效的变分方法可能是最好的选择。

就集合方法而言,自从最初的 EnKF(Evensen, 1994)问世以来,已经开发了不同特色的滤波器(Vetra-Carvalho et al.,2018),并应用于生物地球化学业务系统(Fennel et al.,2019)。例如,北冰洋的再分析系统(Simon et al.,2015)和大堡礁的业务系统(Jones et al.,2016)都使用了 DEnKF(Sakov et al.,2008)。在波罗的海 MFC 中,应用本地误差子空间变换卡尔曼滤波(ESTKF)的工作正在进行(Nerger et al.,2012),而全球 MFC 则是基于 SEEK(Pham et al.,1998)。然而,模型状态集合的传播意味着高计算成本。为了确保 EnKFs 在可承受的集合规模(即 10~200)下有足够的表现,已经采用了"本地化"这样的实际调整方法(Houtekamer et al.,1998)。本地化方法对模型的模拟进行修正,使其朝着观测点周围的方向发展。"周围多少"(即定位尺度)也取决于被观测变量的空间变异性。

一些业务中心使用的生物地球化学变分方法的例子包括:使用 NEMOVar(Mogensen et al.,2009;Waters et al.,2015)的欧洲西北大陆架海域三维变分同化系统(Skakala et al.,2018)和使用 3D-VarBio 的地中海系统(Teruzzi et al.,2014,2019);加州环流系统(CCS)的四维变分系

①详见欧盟 H2020 SEAMLESS 项目:https://seamlessproject.org/。

统(Song et al.,2016)。在上述所有情况下,同化的变量是海洋水色 Chla 浓度,但有限数量的其他模型变量也通过功能链接进行更新,如浮游植物细胞的背景 Chla 与营养物质的比率。

生物地球化学数据同化方法的一个特殊问题是生物地球化学变量分布的非高斯性(Campbell,1995),这与生态系统过程的非线性有关。事实上,大多数传统方法都假定这些分布是高斯分布。使用浓度的对数,特别是 Chla 同化(Nerger et al.,2007)和高斯变形(Bertino et al.,2003),已被证明可以在数据同化前使分布更接近高斯,从而处理这一问题。这种方法目前在哥白尼海洋服务的业务系统中得到利用,例如在欧洲西北大陆架海域、北极和全球海洋中心(Simon et al.,2015;Skakala et al.,2018;Lamouroux et al.,待发表)。

9.2.5.4 当前的挑战和机遇

最先进的业务中心正在使用 BGC DA 为其用户提供更好的模型输出产品。由于目前的研究和开发正在解决下面描述的 BGC DA 的挑战和机遇,预计这种使用将在未来进一步扩大(另见 Fennel 等(2019 年)及欧盟 H2020 SEAMLESS 项目(www.seamlessproject.org),该项目专门用于推进业务化生物地球化学数据同化系统)。

在应用任何 BGC DA 方法之前,需要尽可能地改进手中的物理-生物地球化学模型,例如通过实施最相关的过程、改进参数化、验证方程以及使用实验室和现场数据进行模拟。事实上,生物地球化学数据同化不能修复(实际上可能会恶化)应用生态系统模型的任何系统缺陷(Ciavatta et al.,2011)。

预计,来自不断扩大的现场自主观测系统(如公海上的 BGC-Argo 浮标和陆架海及沿海地区的滑翔机)的数据,以及传统的表层海洋水色数据的综合同化,将有可能更好地约束更多的模型变量和业务模型的参数(Cossarini et al.,2019;Skakala et al.,2021a)。

在目前的应用中,将物理数据同化到生态系统模型中,会破坏物理平衡和与生物地球化学场的一致性,导致生物地球化学模拟的恶化(Anderson et al.,2000)。在赤道海洋模型中,温度和盐度剖面或海面高度的同化会扰乱压力梯度和风应力之间的平衡,产生无法观测到的海流和虚假的垂直速度(Waters et al.,2017;Park et al.,2018)。反过来,这可能导致不真实的营养物质上涌和水柱的过度循环,恶化生物地球化学模型产品(如氧气和初级生产)。物理和生物地球化学数据的联合同化是解决上述问题的一个有前途的方法,并保持物理和生物地球化学模拟的一致性(Anderson et al.,2000;Ourmières et al.,2009;Song et al.,2016;Yu et al.,2018)。使用生物光学模块,在"双向"耦合相互作用中提供从生物学到海洋物理学的反馈,预期模型在模拟和同化步骤的操作系统中会保持更好的这种一致性(Skakala et al.,2021b)。随着在海洋中安装多变量传感器的 BGC-Argo 浮标和滑翔机数量的增加,物理和生物地球化学数据的综合同化机会也在增加(Skakala et al.,2020)。

计算能力的稳步扩展将有利于使用集合方法(包括混合集合-变分方法)来更好地表示生物地球化学模型误差的动态变化。然而,这种演变应伴随着使用新的随机集合生成方法,这些方法可以代表实际的模型不确定性(Santana-Falcon et al.,2020),并仔细考虑潜在的非线性、非高斯性问题,这些问题会削弱传统数据同化方法的适用性。为了解决这些问题,新的 DA 方法,如粒子过滤器(van Leeuwen,2010)已被应用于物理-生物地球化学耦合模型(Mattern et al.,2013),并可能在未来用于业务系统。

最后,人工智能和机器学习方法将支持地球物理模型的数据同化,并可能成为未来业务化的生物地球化学数据同化系统的相关组成部分(Mattern et al.,2012)。

9.2.6 验证策略

验证方法是建立在 GODAE OceanPredict 定义的四类指标之上的(图 4.28),用于监测海洋分析和预报的质量(第 5.7 节),并被更广泛的生物地球化学界所使用和支持。这些指标在空间和时间上收集了完整的统计数据和比较,以正确评估海洋模型输出的一致性、代表性、准确性、性能和稳健性。它们的分类如下(更详细的描述见 Hernandez 等(2009)和本书第 4 章)。

- 第 1 类:指标标准旨在提供一个总的概述,它们通常是空间地图或垂直剖面。
- 第 2 类:指标对应于模型域的虚拟锚定点或剖面。
- 第 3 类:指标是从其他量衍生出的,如积分量。
- 第 4 类:指标是模型与观测匹配的产品。

基于这种方法,生物地球化学业务系统的验证策略包括两个阶段:①预报精度的准实时评估;②模型系统的延迟模式评估。

9.2.6.1 近乎实时的评估

NRT 验证的目的是提供有关预报质量的信息,并依赖于 NRT 观测的可用性(例如来自卫星和自主水下传感器的数据,如 BGC-Argo 浮标、BGC-滑翔机和装有生物地球化学传感器的系泊装置)。当观测数据在分析和预报周期的序列中被(不)同化时,验证被定义为半独立(独立)。事实上,来自连续记录的传感器的观测数据,即使尚未被同化,也与来自同一传感器的已被同化的观测数据有一定程度的相关性。

预报验证通常基于预报模型输出和观测的时间和空间匹配(GODAE 第 4 级指标),以及统计技能指标的计算,如平均差异(也称为平均失配或偏差)、平均绝对差异、均方根差(RMSD)、相关指数和模型效率(Stow et al.,2009)。预报的技巧性可以从持续性(即与前一天的预报比较)或与参考气候学的技巧性能进行比较。技巧统计通常针对各种预测长度(即未来的天数)进行报告。

下面的图介绍了两个例子。图 9.18 显示了欧洲西北大陆架海域系统 6 d 预报的表面 Chla 浓度模型估计值与卫星观测值进行比较分析。在春季和夏季,连续的每日预报值与卫星产品迅速背离,突出了生产期间数据同化的强大作用。在冬季,卫星覆盖率下降,海洋水色误差增加,引起了负的预报偏差。

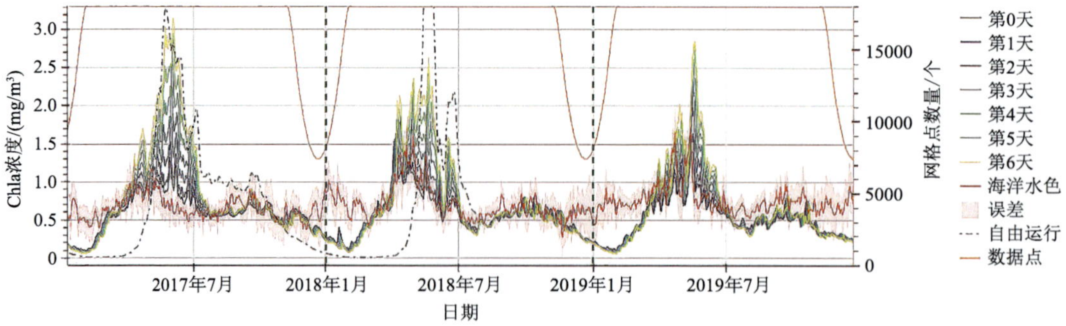

图 9.18 欧洲西北大陆架海域平均表面 Chla 浓度的时间序列(McEwan et al.,2021),第 0 天为分析日,同化了卫星观测 Chla 浓度,第 1—6 天为预报日

图 9.19 显示了北冰洋第 1 个和第 6 个预报日的统计数据。模型中春季暴发的开始时间明显推迟，但从 5 月中旬开始，模型结果与观测结果接近。随着预报期长度的增加，质量几乎没有变化，但在春季暴发期间（时间序列的前几周），在预报范围为 1 d 的情况下，偏差明显变小，这表明在这个阶段，模型无法支持同化事件后浓度的增加。

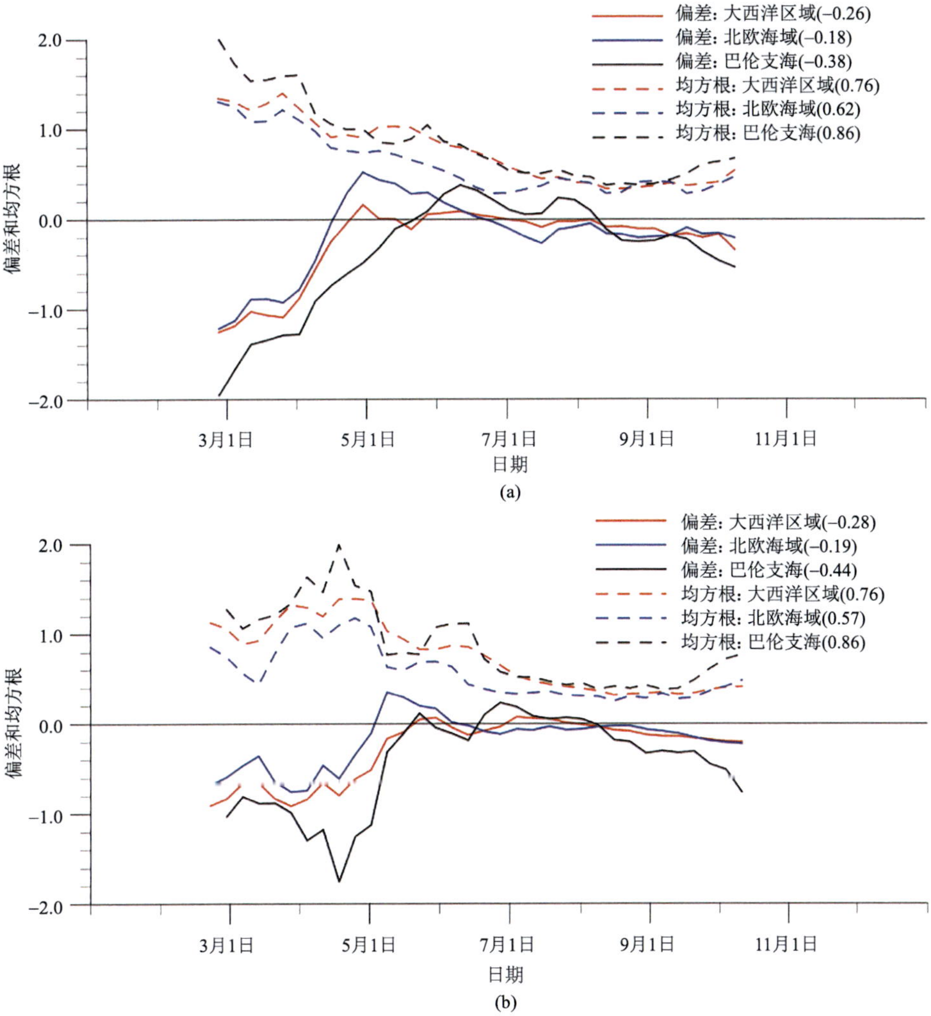

图 9.19　2019 年北冰洋预报日为第 1 天(a)和第 6 天(b)北冰洋模型系统与海洋水色卫星之间的偏差和 RMS(均方根)差异的时间序列，给出了各地区的统计数字，应用了 log10 转换(Melsom et al.，2021)

另一类指标可用于评估预报系统再现特定事件的能力，如藻类大量繁殖。在这种情况下，技能指标是基于具有阈值（即大于或小于 Chla 浓度的给定值）的二元判别器测试和“是”或“否”的决定。例如，接受者操作特性曲线（ROC）（Brown et al.，2006）比较两个独立的信息集（即预报和观测）与一个阈值的关系。对于每一对“是”或“否”的决定，有四种可能的结果，要么是“正确且肯定”，要么是“正确且否定”，以及“错误且肯定”和“错误且否定”两种失败情况。这种度量的结果被绘制成列联表（Stow et al.，2009）。

图 9.20 列出了使用 ROC 来描述 Chla 事件的一个例子，使用的是地中海系统。阈值被定义为表面浓度的第 75 个百分位数，用于识别 Chla 表面浓度的发生情况。

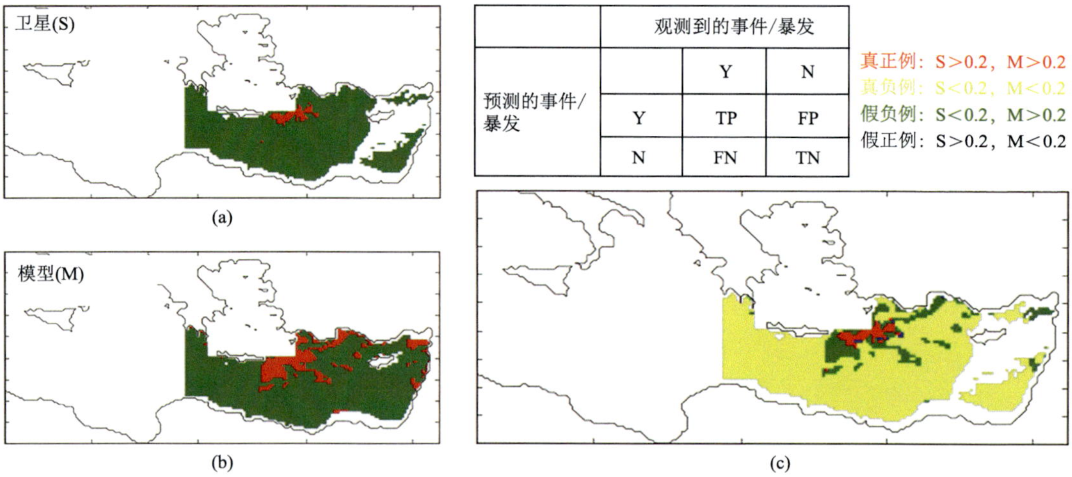

真正例(TP)(观测和预测模型都为有事件)　真负例(TN)(观测和预测模型都为无事件)

假正例(FP)(预测有事件但没有观测到)　假负例(FN)(观测有事件但没有预测到)

图 9.20　卫星观测和模型预测的 Chla 浓度对比结果图，地表 Chla 浓度高于阈值（定义为地表浓度的第 75 个百分位数）时为红色，低于阈值时为绿色（由 G. Cossarini 提供）

(a)卫星观测；(b)模型预测结果；(c)卫星观测和模型预测结果对比

由于生物地球化学变量通常不是高斯分布（例如地表 Chla 分布类似于对数正态密度分布），预报技能性能指标可以在对数转换的数据上计算，或者使用非参数统计，例如用误差（即模型减去观测）的中位数代替偏差，用错位的四分位数代替 RMSD，用斯皮尔曼(Spearman)相关代替皮尔逊(Pearson)相关。然而，虽然数据转换（如对数转换）保留了指标统计稳健性，但它导致的度量值可能难以被用户理解，从而降低了验证信息的效益(Hernandez et al.，2009)。

实时技能统计数据在网页上报告，并持续更新（例如哥白尼海洋服务的验证面板：https://pqd.mercator-ocean.fr/）。事实上，验证指标的时间序列可以监测运行中的生物地球化学系统的质量，并对模型输出的质量下降发出警报。在延迟模式验证中规定的预报产品名义质量的可能偏差，可能是由于模型未能捕获特定事件、上游输入数据（如同化观测）的劣化、模型的内部偏差，也可能是由于可用观测数据数量的逐日波动。

9.2.6.2　延迟模式评估

DM 验证对模型再现海洋生物地球化学空间和时间尺度变化的能力进行了更全面和详细的评估。考虑到用户的需求和要求，DM 验证评估了模型结果的可靠性，衡量了模型系统在未来发展中的优势和劣势，并定义了可以比较预报技能表现的名义质量水平(Hernandez et al.，2018)。

(1)常见的图形表示法

模型性能评估的结果一般以各种图形表示方式提供，可以相互补充，最常见的表示方式如下。

- 空间地图代表了特定变量的空间分布，突出了模型再现全球模型、空间梯度和海域间差异的能力。预测值和观测值之间的偏差图和 RMSD 图确定了模型的高不确定性和低不确定性区域。

• 散点图以一对数值(即模型与观测图中的点)的形式比较预测值和观测值。如果这些点是彩色的,就可以显示一个额外的信息。散点图对于显示预测值和观察值之间的关系很有用。

• 垂直剖面比较了预测值和观测值的垂直结构:表面值、垂直梯度和深层含量。剖面图的形状给出了工作中的物理和生物地球化学动态的指示。

• 时间序列图表示预测值与观测值作为时间函数的变化。这种表示方法可以分析模型是否掌握了时间动态(如季节性变化、年际变化或趋势)。

• 霍夫默勒(Hovmöller)图是经度、纬度和深度与时间的关系图,显示了变量的演变。它们比时间序列图更强大,因为它们提供了一个额外的维度,可以研究模型如何随时间重现空间或垂直动态。

• 泰勒(Taylor)图同时显示了三个指标的模型-观测技能信息(Taylor,2001):①Pearson相关系数;②RMSD;③标准差(SD)。RMSD 和 SD 通常被归一化(RMSD 和模型 SD 除以观测值的 SD),以便在一个图中表示所有不同单位的指标(归一化泰勒图)。模型和观测值之间的皮尔逊相关系数是由方位角给出的。归一化的 SD 与原点的径向距离成正比。归一化的 RMSD 与参考点的距离成正比。观测参考点沿 x 轴表示,对应于归一化 SD 和相关系数等于 1。这种图用于比较不同的模型版本,或在一个紧凑的图中总结不同变量的模型性能(Jolliff et al.,2009)。

(2)对不同系统版本的评估

在持续改进原则的框架下,任何升级的和新的业务化生物地球化学系统的版本,都应在模型特性(如增加新的模拟变量和过程)和结果质量方面比以前的版本有进步。模型架构和上游输入数据的更新,有助于减少系统在标准技能性能框架方面的不确定性,从而进行版本比较。图 9.21 和 9.22 显示了如何用指标来比较一个系统的不同版本。

图 9.21 使用区域平均时间序列(GODAE 第 4 级指标)比较了欧洲西北大陆架海域系统两个模型版本的日表面 Chla 浓度。新产品(图 9.21 中的 V11)受到数据同化的制约,而以前的产品(图 9.21 中的 V10)则没有。新版本显示在生长季节与卫星有更好的匹配,夏季峰值较低,春季暴发较早,尽管各地区之间存在差异。

在图 9.22 中,泰勒图总结了爱尔兰—比斯开—伊比利亚 MFC 不同系统版本的质量改进。Chla、营养物质、氧和碳变量与海洋水色、WOA 和 GLODAP(GODAE 第 4 级指标)进行了比较。该系统的进化表明,几乎所有的变量都有改进,特别是与碳有关的变量。这种改进是由于在最新版本的系统中,初始和边界条件更加真实。

(3)空间和时间评价

DM 验证通常是为测试中、长期模拟的预业务化系统而建立的,使用的是质量更高的观测数据集。它们可以包括与 NRT 验证相同的观测数据,但其特点是具有更高的质量检查(如再处理的海洋水色产品)和额外数量的历史现场数据集(如世界海洋数据库、SOCAT、EMODnet 数据集),由于延迟模式的质量检查,在其采集完一定时间后才可使用。

来自遥感的 Chla 浓度是 BGC OOFS 的一个主要数据集。它被广泛用于 DM 验证,以验证空间和时间结构。图 9.23 显示了来自模型和卫星观测的 Chla 浓度的年平均分布(即 GODAE 第 1 级指标)。大尺度结构呈现出良好的一致性,即 Longhurst(1998)的主要生物地理区域,包括少营养涡旋(海盆中心的低水平叶绿素)、南极环极流、热带区、东部边界上升流,都得到了良好的再现。正如散点图(图 9.24)所突出显示的那样,在区域空间尺度上的差异是沿着

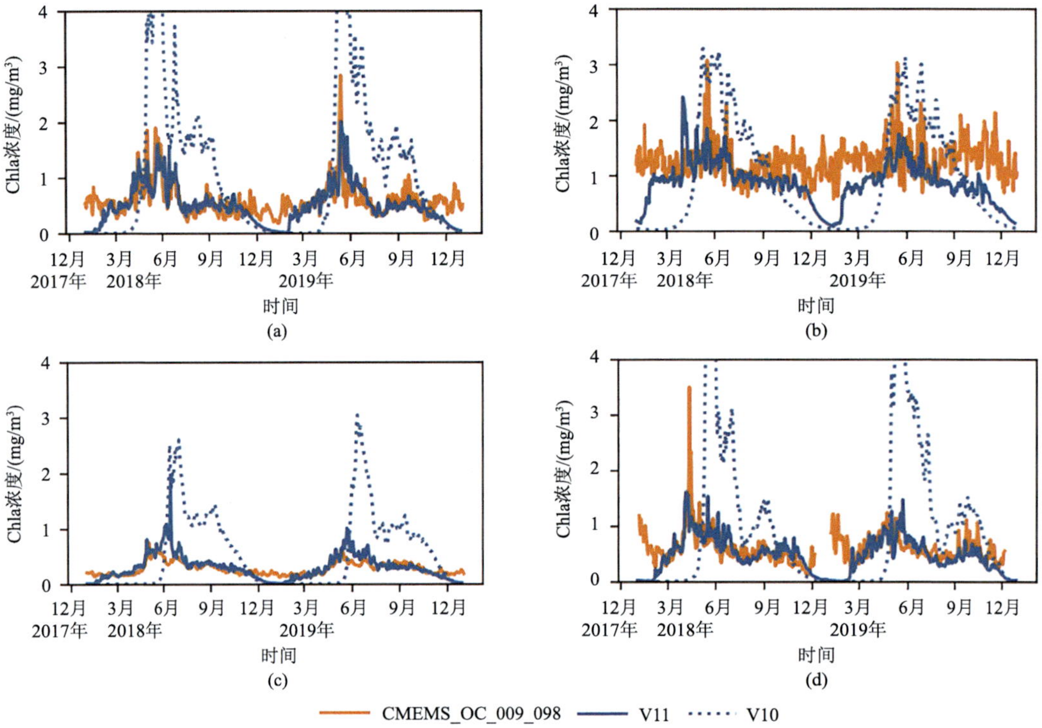

图 9.21 来自新产品(V11)、以前的版本(V10)和海洋水色卫星(McEwan et al.,2021)的欧洲西北大陆架海域各区域日表层 Chla 浓度时间序列

(a)西北航道;(b)爱尔兰海;(c)外陆架;(d)挪威海沟

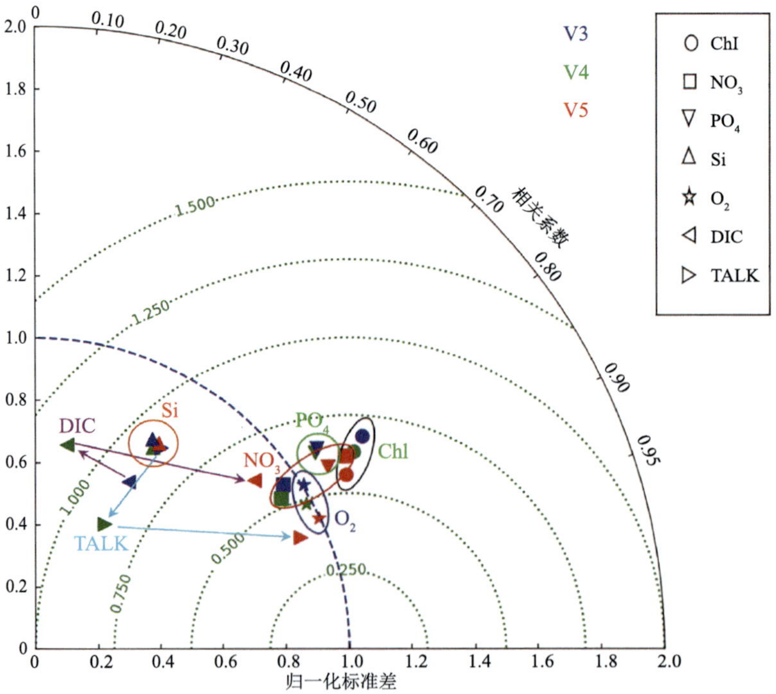

图 9.22 泰勒图总结了爱尔兰—比斯开—伊比利亚 MFC(哥白尼海洋服务的一部分)业务系统的质量改进

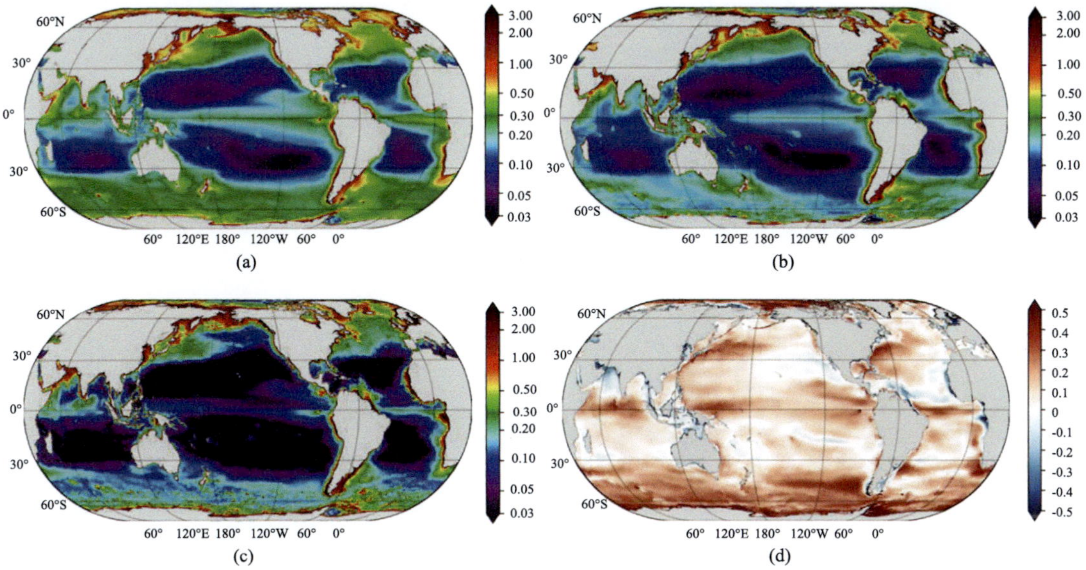

图 9.23　2009—2018 年表层 Chla 浓度的年平均数(单位为 mg/m³)

(a)模型;(b)L4 卫星观测数据;(c)模型和卫星观测之间的 RMSD;

(d)模型和观测之间的对数偏差(即对数的平均差)(Lamouroux et al. ,2019)

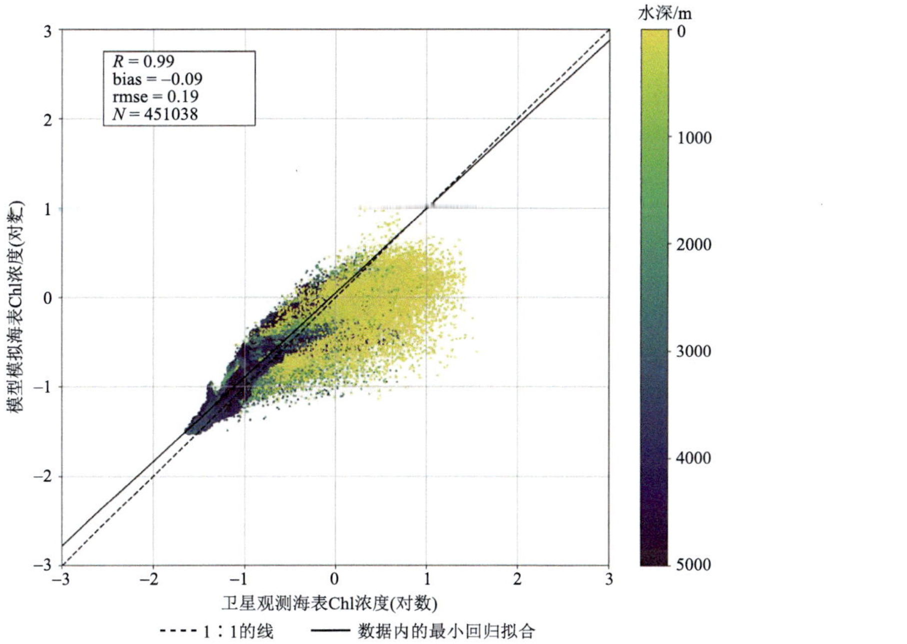

图 9.24　2018 年模型模拟和卫星观测的不同水深平均海表 Chl 浓度对比,相关系数 R、偏差、rmse 和点的数量 N 是在 log 10 转换的空间上计算的(Lamouroux et al. ,2019)

赤道带、南部高纬度地区和沿海地区的。点的分布表明,在开阔海域(水深高于 1000 m)有很好的估计,而在浅水区(水深低于 1000 m)有低估。

季节性周期和年际变化可以用霍夫莫勒图来分析。图 9.25 显示了哥白尼海洋服务全球海洋系统中北大西洋的 Chla 浓度变化的季节性周期。重现的主要特征是：①春季混合层富含营养物质，出现大量繁殖（光照限制）；②夏季混合层较薄，营养物质非常贫乏，导致 Chla 浓度下降（营养物质限制）；③秋季混合层加深，营养物质在真光层运输，出现二次营养丰富；④冬季繁殖较弱（光照限制）；⑤副热带环流延伸有明显的季节性周期（冬季回缩，夏季延伸）。该模型也很好地再现了低营养化大洋的南部边界（即 30°—40°N 之间的区域）的年际变化情况。

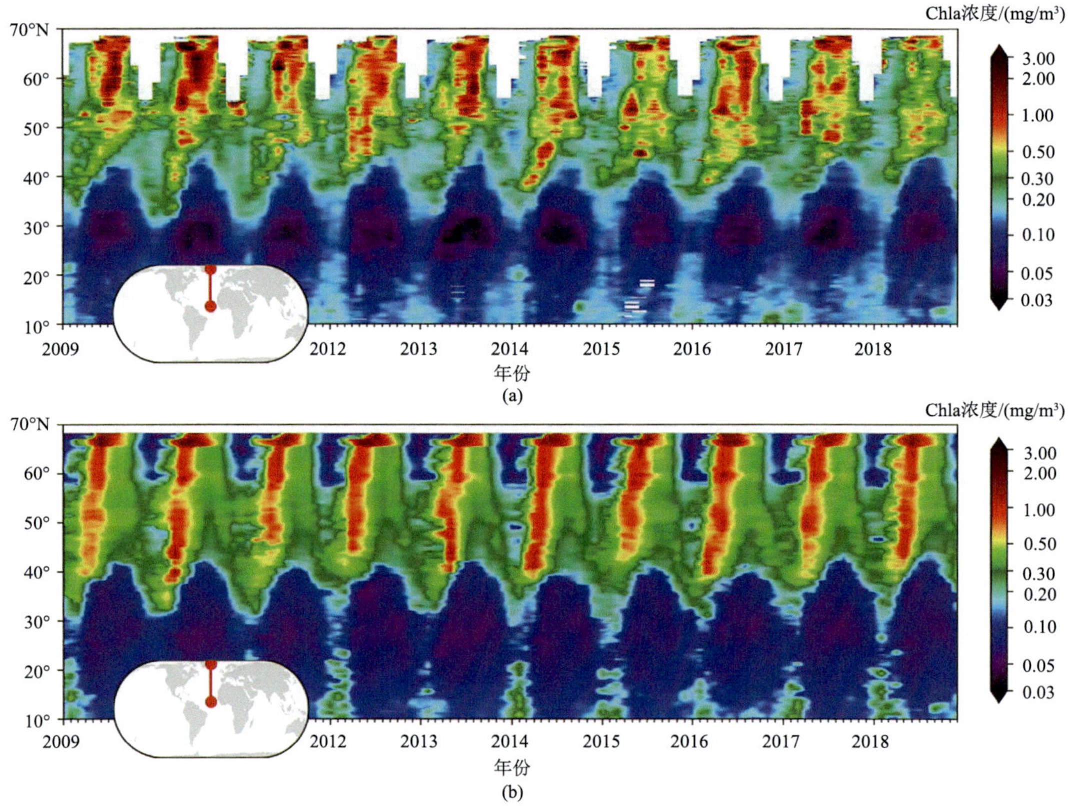

图 9.25　2009—2018 年用月平均上表面 Chla 浓度计算场的霍夫莫勒图（纬度与时间的关系）（Lamouroux et al.，2019）

（a）观测的 Chla 浓度（北大西洋西经 90°线）；（b）模拟的 Chla 浓度（北大西洋西经 90°线）

长期的海洋监测站是研究 BGC 时间和空间尺度变化以及评估 BGC 和生态系统模型的宝贵平台。一个例子是位于北大西洋副热带涡流马尾藻海的百慕大大西洋时间序列研究（BATS）。图 9.26 比较了该站的 Chla 浓度模型和测量结果。模型很好地预测了表面以下的 Chla 浓度最大值，其浓度略高于 BATS 的数据。该模型捕捉到了季节性周期，在冬季混合层加深时出现了大量繁殖。在夏季，混合层的生产受到更多限制，主要是由于有机物质的局部再矿化（再生生产）。

在收集的历史现场观测数据中也有大量变量（如营养物质，包括硝酸盐、磷酸盐、铵、硅酸盐、铁；碳酸盐系统变量，包括溶解无机碳、碱度、pH 值、pCO_2、浮游植物的生物量和光学量），有助于丰富包含生物地球化学模型多个特征的状态验证框架。

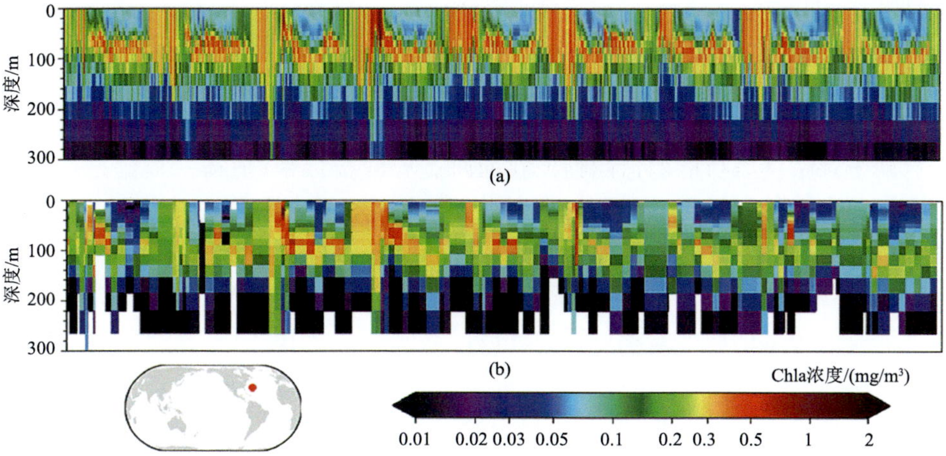

图 9.26　2008—2017 年，BATS 站的 0～300 m Chla 浓度的霍夫莫勒图（深度与时间的关系）（Lamouroux et al.，2019））

（a）模型；（b）BATS 站的采样瓶数据

图 9.27 显示了西北地中海次级海盆的模型平均垂直剖面与参考 EMODnet 气候剖面之间的多变量 GODAE 第 1 级定量比较。模型再现了剖面的平均值和形状，模拟的剖面在气候学剖面的变化范围内。

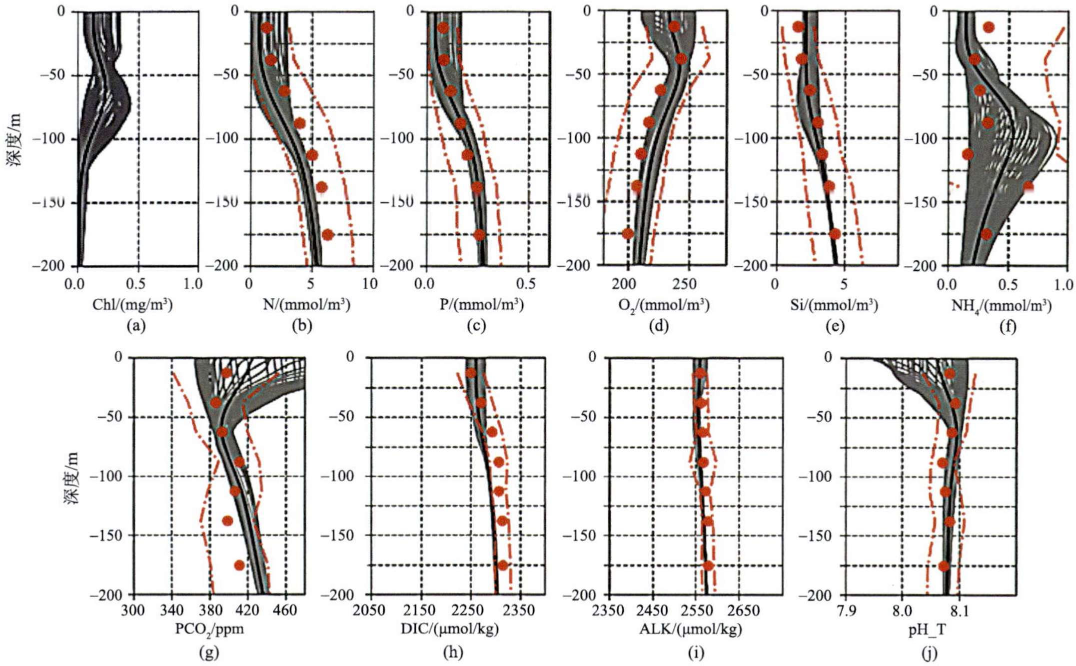

图 9.27　2019 年西北地中海次级海盆模型运行的每周（灰线）和每年（黑线）垂直剖面图（哥白尼海洋服务的一部分）与从 EmodNET 数据集检索或得出的营养物质、溶解氧和碳变量的气候剖面图（红点代表平均值，虚线代表标准偏差）的比较（Salon et al.，2019；Feudale et al.，2021）

（a）Chl；（b）NO_3；（c）PO_4；（d）O_2；（e）SiO_2；（f）MH_4；（g）PCO_2；（h）DIC；（i）ALK；（j）pH_T

(4)面向过程的评价

除了已经提到的直接技能误差计算(如偏差、RMSD)和模型评估(如模型和观测图之间的空间相关性)之外,DM验证还通过面向过程的指标(即从描述特定过程结果的状态变量中导出的数量)和理论推导量(如化学计量指标N∶P、DOC∶POC、Chla∶POC)来丰富模型验证,这些指标有助于评估模型功能的适用性。在面向过程的指标中,值得一提的是那些源于不断增加的可用的BGC-Argo浮标和滑翔机剖面数据的指标。衡量标准是基于几个特殊的生物地球化学特征的深度、斜率和振幅,如深层Chla浓度最大值、硝酸盐锋面和最小氧气区。它们与生物碳泵、海-气CO_2通量、海洋pH值、溶解氧浓度有关,并提供了一个创新的框架,用于评估模型重现形成可变垂直剖面的物理(如垂直混合)和生物地球化学(如浮游植物生长与营养物质吸收)过程相互作用的能力(Salon et al.,2019;Mignot et al.,2021)。

这些指标目前用于DM验证,但也可以很容易地用于NRT验证,方法是将预报技能与运行前定义的季节性基准进行比较,从而突出可能的异常。例如,Salon等(2019)使用这些指标来评估地中海的系统(图9.28),而Mignot等(2021)应用这些指标来评估全球海洋系统(图9.29和图9.30),两者都是哥白尼海洋服务的一部分。

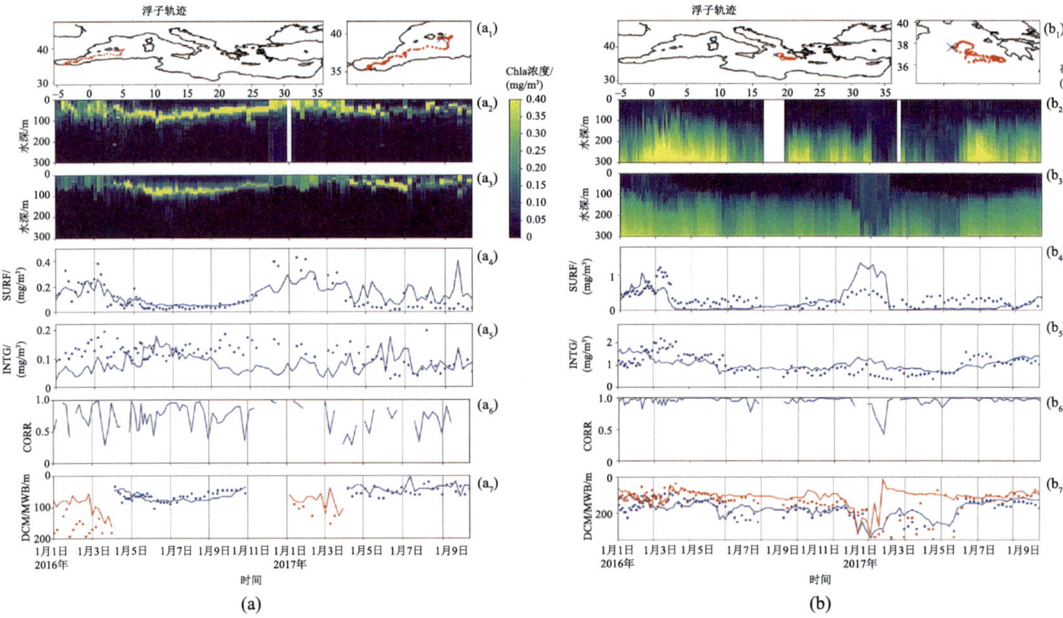

图9.28　地中海两个BGC-Argo浮标Chla(a)浓度和硝酸盐(b)浓度的时间演变

(a_1)和(b_1)为BGC-Argo浮标的轨迹;(a_2)和(b_2)为漂浮物数据中的霍夫莫勒图(深度与时间的关系);(a_3)和(b_3)是模型输出与漂浮物位置相匹配;(a_4)和(b_4)为表面浓度;(a_5)和(b5)为0～200 m垂直平均浓度;(a_6)和(b_6)为垂直剖面之间的相关关系;(a_7)为深层Chla最大深度(蓝色)和冬季混合层暴发的深度(红色),(b_7)为硝酸盐锋面的深度(2种计算方法)(Salon et al.,2019);(a_4)—(a_7)和(b_4)—(b_7)为模型(实线)和浮标数据(圆点)的指标)

图9.28显示了垂直剖面的时间演变与观测结果以及地中海相应浮标轨迹上的几个定量指标的吻合情况。在西地中海,冬季垂直混合暴发的时间序列、开始、时间演变和DCM的深度(通常在分层季节建立)是一致的(图9.28a_{1-7})。通过Chla剖面、硝酸盐含量和基于硝酸盐

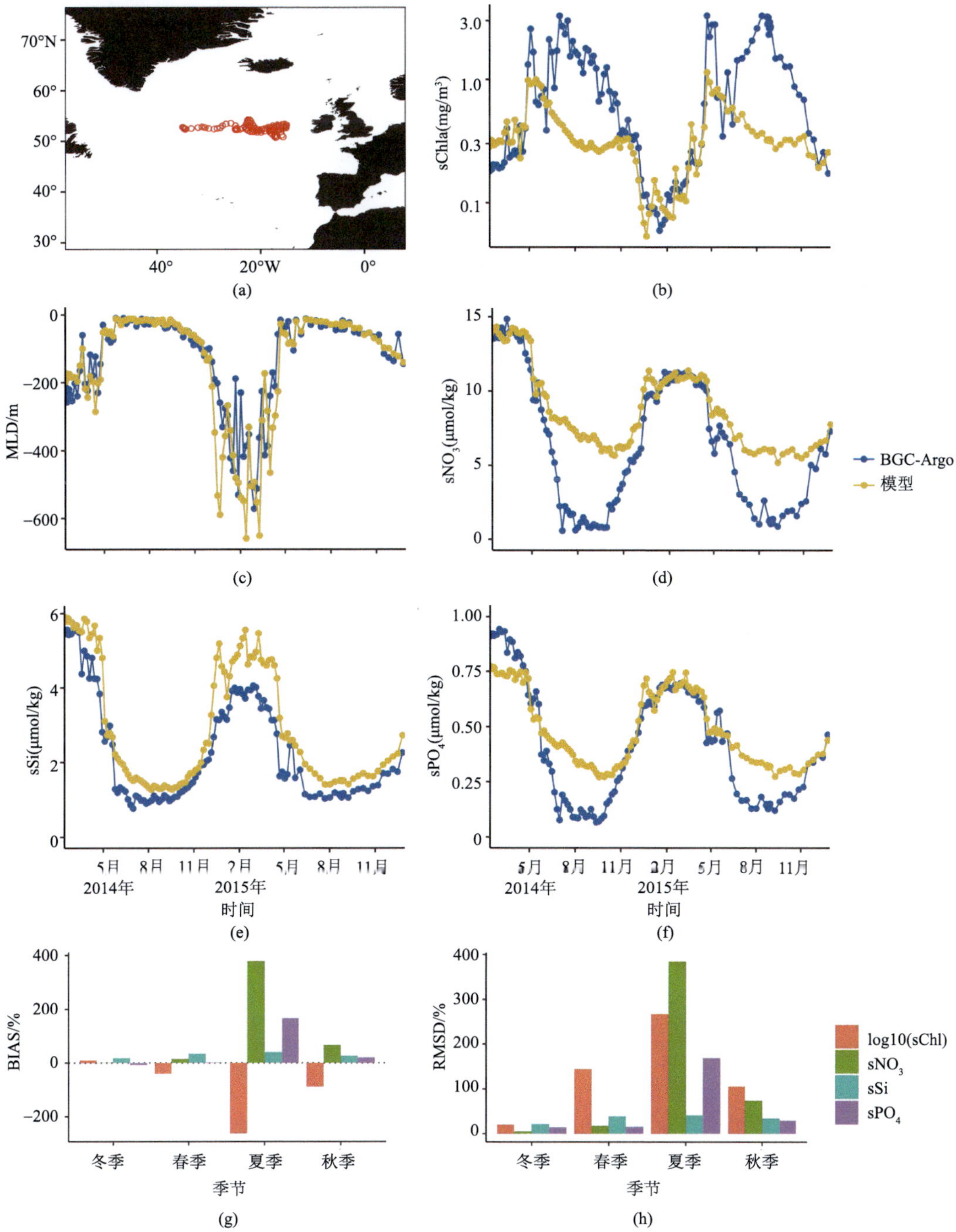

图 9.29　BGC-Argo 浮标观测与哥白尼海洋服务系统预测结果对比图(Mignot et al.,2021)
(a)位于北大西洋的 BGC-Argo 浮标的轨迹,从 BGC-Argo(蓝色)和模型模拟(黄色)得出的时间序列
(b)表面 Chla;(c)混合层深度;(d)NO_3;(e)Si;(f)PO_4;(g)季节性偏差百分比;
(h)对于每个指标 RMSD 百分比

的指标分析完成(图 9.28b_{1-7}),可以评估关键的物理-生物地球化学耦合过程(即水柱营养物质含量、硝酸盐层以及冬季混合和夏季分层对硝酸盐剖面形状的影响)。硝酸盐剖面的形

状(即相关值)、0～200 m层平均值和硝酸盐层深度的时间演变在东地中海选定的浮标上是一致的。

图 9.29 比较了“春季暴发”期间北大西洋的 MLD、表面叶绿素 a(sChla)、NO_3、Si 和 PO_4 的季节性时间序列,这些数据来自 BGC-Argo 浮标的观测和哥白尼海洋服务的全球海洋系统。每个指标的偏差百分比和 RMSD 百分比也被表示出来。该模型再现了表面 Chla 和营养物质的季节性周期,即最小值、最大值和暴发开始的时间,冬季 Chla 最小值和冬季营养物质最大值。然而,夏季的技能指标恶化,模型低估了 Chla 的最大值,高估了 NO_3 和 PO_4 的最小值。

泰勒图总结了全球系统在 22 个指标方面的技能(Mignot et al.,2021),可以快速评估模型模拟的优势和劣势(图 9.30)。例如,全球模型擅长再现氧水平、营养物质循环和 DIC,但对 Chla、POC、$spCO_2$ 和 spH 的描述需要改进。

最后,DM 验证可以通过额外的过程和系统验证来丰富(Hipsey et al.,2020)。目的是评估模型性能,模拟通量和转化率,这些通量和转化率驱动着模型状态变量的变化,并验证那些通过建立模型结构和构想的选择无法直接预测的突发属性。测量现场通量的时间和空间变化是很困难的,而且非常耗费资源,因此衡量标准的列表仍然限于少数通量,如初级生产率、营养物质吸收率、摄食率和有机颗粒沉降率。然而,通过让用户了解模型构建中更多过程的不确定性,可以提高对生物地球化学业务化模型基本功能的普遍信心和适用性。

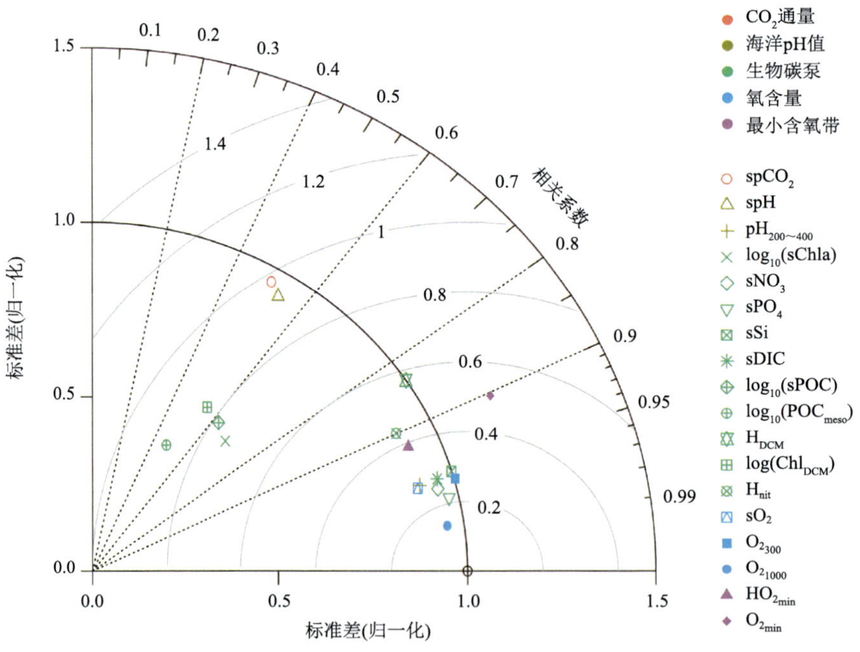

图 9.30 使用泰勒图比较 BGC-Argo 浮标的观测值和 22 个指标的模型值(符号对应于指标,颜色代表与之相关的 BGC 过程)(Mignot et al.,2021)

9.2.7 输出

本节的目的是基于 BGC OOFS 提供关于传播产品和提供服务的建议和指南。这些建议来自一些业务化海洋学服务中心获得的经验,这些中心提供数值产品,并通过服务台收集用户的需求，服务台是一个专门回答和管理任何用户要求的机构。产品和服务，如生产、准备和以满足用户需求的形式向用户提供业务化海洋预报，是业务化海洋预报系统的最终目标。

9.2.7.1 数据格式

继物理海洋学家社区之后，生物地球化学社区也广泛采用了 NetCDF 格式①和 CF 元数据公约②作为标准名称和单位。这些标准被大多数业务化海洋学者采用(例如在 GODAE OceanView 内)，包括操作海洋数值预测系统的团队，以及大多数提供基于海洋观测服务的团队。

9.2.7.2 标准产品

BGC OOFS 应该为用户提供可靠的、方便的、有价值的海洋信息(过去、现在和预报)。每个系统运营商应努力确保在延迟模式和实时基础上产生以下常见的变量(括号内为其缩写或公式)。

- 硝酸盐(NO_3)浓度
- 磷酸盐(PO_4)浓度
- 溶解氧(O_2)浓度
- 叶绿素 a(Chla)浓度
  - 浮游植物(PHYC)浓度(以碳表示)
  - 生物量的净初级生产(以碳表示)(NPP)

除上述标准产品外，运营商还应该提供模型中得到体现的以下产品。

  - 硅酸盐(Si)浓度
  - 铁(Fe)浓度
  - 铵(NH_4)浓度
  - 浮游生物(ZOOP)浓度(以碳、质量或摩尔表示)
- PFT 叶绿素 a 浓度(PFT)
  - 溶解的无机碳(DIC)浓度
  - 总碱度(TALK)
  - 酸碱度(pH)
- 表面 pCO_2($spCO_2$)
- 海-气 CO_2 通量(fCO_2)
  - 光漫反射衰减系数(Kd)
  - 光合作用光子通量(PAR)
- 真光层深度(ZEU)
- 海水透明度(ZSD)

模型数据通常以国际单位制(SI)规定的单位存档，海水中的浓度单位为 mol/m^3。

9.2.7.3 数据存储

模拟的预测和诊断变量的二维或三维浓度被即时保存，或在特定的时间段(每天、每周、每

①详见 https://www.unidata.ucar.edu/software/netcdf/。
②详见 https://cfconventions.org/。

月等)进行平均。必须强调的是,存储输出结果需要大量的计算机磁盘空间,特别是对于可以产生大量变量或衍生数量的生物地球化学模型。这一点应在建立业务系统之前加以考虑。

9.2.7.4 其他终端用户产品

其他数据和信息,称为“终端用户产品”,可以从标准产品中得到,或在标准产品之外得到,目的是为水质监测、污染控制(富营养化现象)、食物网指标等建立海洋环境的指标。

9.2.7.5 应用

科学界已经确定了评估海洋现状和未来可能状况的关键变量和指标,如 EOV(来自 GOOS 专家小组)或 OMI(来自哥白尼海洋服务)。对氧气、Chla、初级生产、营养物质、pH 值和海-气 CO_2 通量进行监测,以跟踪海洋健康和变化,并为决策者提供建议。这些指标也为基于生态系统的鱼类管理、可持续水产养殖和渔业研究提供重要信息。在过去几年中,BGC 模型产品的用户数量一直在稳步增长(图 9.31),凸显了人们对 BGC 日益浓厚的兴趣。

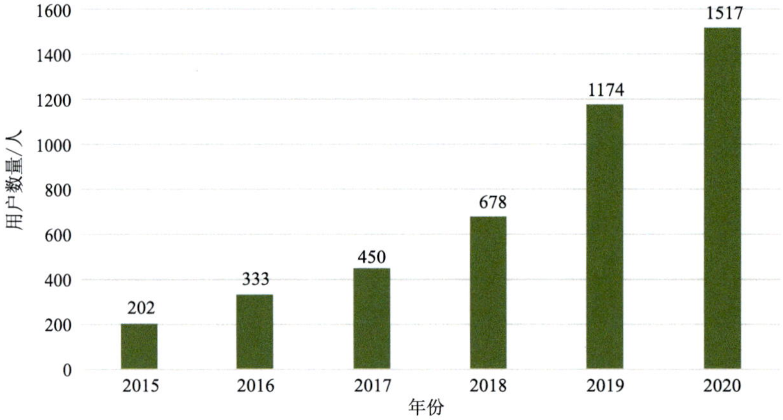

图 9.31 过去几年,哥白尼海洋服务的 BGC 模型产品的用户数量变化(由服务台提供)

9.2.8 较高营养级的建模

海洋生物学家、生态学家和渔业科学家的研究经常使用一组环境变量来解释对一个感兴趣的物种的现有观测数据,并做出预测。经常收集的信息的例子包括:地理参考的渔业捕捞数据或从声学角度得出的某一鱼种的丰度,对鱼卵、幼虫或幼体的科学采样,对大型鱼类、海鸟、海龟或海洋哺乳动物个体的卫星追踪,或简单的视觉观察(鲸鱼)。这些研究是基于利用环境变量开发的统计或机理模型的输出与观测到的变量之间的相关性,即所研究的物种在特定发育阶段的存在或丰度。由于这些关系是通过在一个非常动态的环境中收集的观测数据来定义的,在时间和空间上有多种变异源,因此必须使用与观测数据同地的环境变量。然而,由于观测的局限性,海洋科学家往往不得不将他们的数据集汇总到粗略的分辨率上,例如在大的地理范围内按季节或年份汇总,或者将他们的分析限制在卫星衍生的海洋变量上,例如 SST(自 20 世纪 80 年代初开始)、SSH(自 1992 年开始)和海面 Chla 浓度(自 1998 年开始)。这些卫星衍生变量的提供,使人们对海洋物种的生态学和种群动力学的认识有了很大进步。然而,在使用这些变量方面仍有一些不足,因为:①卫星只测量海洋表面;②海面 Chla 是初级生产的替代物，它不一定与以浮游生物或较大生物为食的上层营养级动物（如微型自游生物）密切相关。此外，在这些生物的发育阶段（从几天到几个月不等），初级生产与这些动物之间的空间和时间相关性可能会丧失。

建模工具有可能填补这些空白，通过模拟海洋食物网，将初级生产、浮游生物和微型自游生物作为支持高营养水平（HTL）的基本变量。如第 9.1.1 节所述，BGC 和 HTL 模型通常是独立的模型，因为它们关注不同的过程，但 BGC 模型可以为 HTL 模型提供输入，而且有 BGC-HTL 耦合模型的例子（Libralato et al.，2009；Rose et al.，2015；Aumont et al.，2018；Diaz et al.，2019）。然而，目前这种联系（在线、离线耦合）既不直接，也没有得到充分的研究。因此，HTL 模型目前还必须依靠其他输入来源，如卫星和原地数据收集。

下文将讨论 BGC 和 HTL 建模之间的联系、挑战和期望。

9.2.8.1 基本变量

初级生产、浮游动物和微型自游生物是开发管理和保护海洋资源及其生物多样性应用的基本生态系统变量。初级生产是低、中营养级功能群的能量来源。浮游动物是初级生产者（主要是浮游植物）和海洋食物网中营养级的微型自游生物之间的重要纽带，也是许多中型水层物种和一些专门的大型捕食者（例如须鲸）的纽带。微型自游生物的尺寸范围在 1～10 cm，包括许多鱼类、甲壳类和头足类的物种，以及许多大型鱼类的早期生命阶段。长期居住在中下层深度（300～400 m 及 300 m 以下）的微型自游生物以沉在水体中的有机物为食。所有的微型自游生物，包括暂时占据这一营养级和尺寸范围的物种，都是较大的海洋物种的饲料，这些物种已经发展出各种技能来探测和捕食它们。

因此，初级生产、浮游动物和微型自游生物是研究驱动鱼类繁殖机制以及海洋捕食者运动和迁移的关键输入。

9.2.8.2 卫星衍生和现场观测

（1）初级生产

为了确定哪些机制控制着大型海洋开发利用或保护物种的分布、繁殖和数量，海洋科学家需要对环境进行三维描述，而不仅仅是像卫星提供的表面观测。深层 Chla 浓度最大值的存在（例如在热带水域和北极）很好地说明了表层和次表层之间缺乏充分的联系。这个问题的可能解决办法是，根据一些经验模型外推卫星观测数据，这些模型是在表层 Chla 浓度和关键变量（SST 和太阳辐射）的基础上估计垂直综合初级生产量或净初级生产量。这个产品为监测海洋生产力提供了一个重要的基础。然而，各种缺陷仍然存在，对浅水区和北极地区有需要注意的事项，同时在解决持续多云地区的问题上也存在困难。然而，初级生产力也可以由 BGC 模型提供，与基于卫星的估计相比，它提供了更好的三维视野，尽管 BGC 模型的改进（特别是由于使用了数据同化）是有前景的，但这种解决方案仍然很少使用。

（2）浮游动物

浮游动物无疑是一个变量，在幼虫繁殖、鱼类栖息地、中小型中上层物种以及须鲸的动态方面，已经开发了最先进的应用。尽管在海上进行了数十年的采样工作，浮游动物的观测仍然局限于来自海洋观测站的少数有价值的长时间序列数据，以及整合收集到的所有可用数据得到的部分全球气候数据，这体现了数据标准化的巨大努力（Moriarty et al.，2013）。因此，只有数值模型才能提供生态学家和渔业科学家所需要的浮游动物分布图。

(3)微型自游生物

微型自游生物,包括了大量的中层生物,是全球海洋生态系统运作的最大未知数之一。这是了解其捕食者生态学的一个重要空白,在资源管理和保护方面引起人们很大的兴趣。近年来,气候变化、深海碳储存以及中层生物(和浮游动物)的昼夜垂直迁移的作用已成为主要的科学问题。

但是,与浮游动物相比,在全球范围内随着时间的推移,观测数据的匮乏给更高营养级的建模者带来了真正的问题。传统的微型自游生物取样方法是用拖网捕捞。许多研究只是对物种的定性描述,通常是与声学采样结合使用,以支持将声学信号外推为对生物量的估计。然而,基于声学采样的生物量,特别是用单一的频率,很容易出现一到两个数量级的偏差,这是因为一些生物体的共振(反向散射)非常强,例如含有气泡的胶质生物(Proud et al.,2018),或者相反,尽管生物量大,但共振非常弱,例如没有鱼鳔的鱼(Dornan et al.,2019;Escobar-Flores et al.,2019)。在没有足够的数据覆盖的情况下,相对简单的建模方法被用来在食物网模型中模拟这些功能组,这些方法依靠全能尺度关系、第一宏观生态学原理或营养级之间的通量。

9.2.8.3 浮游动物和中营养层的模型

(1)复杂的 BGC 模型

提高 BGC 模型中初级生产的分辨率有助于获得更好的浮游动物预测,尽管两者之间的关系并不是那么直接。原因是在模型中,浮游动物部分被作为生物地球化学循环的封闭项。为了弥补生物地球化学模型中缺乏浮游动物被更高营养级捕食的情况,使用了一个死亡率迅速增加的死亡函数(二次项),以避免在高生物量水平下的数值不稳定。高死亡率在温暖的热带水域是符合实际的,但对于浮游动物寿命更长的寒冷水域来说就不那么现实了,实际情况是高生物量在秋季持续存在。低估浮游动物的生物量,就会对浮游植物的死亡率产生连带影响。为了解决生物地球化学模型中的这一问题,增加以浮游动物为食的营养级可能会有所帮助,例如微型自游生物作为中间营养级,或者用尺寸谱的方法简化整个上层食物网的表示(Zhou et al.,2010)。胶质生物也越来越被认为是海洋生物地球化学循环中的一个关键群体,因为它们需要被包括在浮游动物死亡情况的说明中。最近的一个进展是在生物地球化学模型 PLANKTOM 中引入了水母功能组(Wright et al.,2021),表明它可以对浮游动物以及通过营养级联对其他群体产生很大的直接影响。然而,由于缺乏这些物种的数据,生理速率的参数化及微型自游生物和水母碳生物量的验证受到限制。此外,增加中营养级区段仍会增加 BGC 模型的复杂性,而 BGC 模型已经很复杂了,包括几十个变量。

(2)具有运输功能的空间显式模型

复杂程度较低、更容易参数化的模型是补充更复杂的 BGC 模型的有用方法,可以更快地进行测试研究,例如对过程和新的功能群进行测试,输出提供有用的中间基准。这些模型不包括所有详细的生物地球化学循环,而是集中在食物网功能群、尺寸谱或目标物种。与较低营养级的联系可以简单地采用初级生产和每个功能组之间的能量传递系数。降低复杂度的一个关键优势是,无论是在全球还是在区域层面,都可以利用现有的观测资料,更方便地实施定量方法来估计参数。然而,这类模型仍然模拟通过洋流输送,要么基于平流-扩散方程,如海洋环流和 BGC 模型(Maury et al.,2007;Lehodey et al.,2010),要么采用相邻网格单元和地理框之间的平均传输(Audzijonyte et al.,2019)。也可以使用拉格朗日个体行为模型(IBM)方法模拟运输,这些方法跟踪个体或元个体,其特征是个体状态变量(重量、长度、能量储存、生命阶段等)和行为规则。然而,由于计算成本,这种方法通常仍限于区域层面或单一物种(DeAngelis et al.,1992;Carlotti et al.,1998;Miller et al.,1998;Huse et al.,2018)。

(3)生态系统食物网和尺寸谱模型

其他建模方法旨在表示生态系统食物网,以探讨渔业活动与被开发、兼捕或受保护物种之间的相互作用(Christensen et al.,2004)。浮游动物和中营养级通常由食物网中相互作用的少数功能组来定义。困难来自随着食物网模型中功能组和物种的增加,参数的数量迅速增加。众多群体、物种(有时是物种的生命阶段)之间的联系网络越来越复杂,这是以牺牲空间描述为代价的。少数方法将这种复杂性与半空间显式表示相结合,即通过地理区域或不同大小的单元之间的批量传输(Audzijonyte et al.,2019)。尺寸谱是一种极大简化海洋生态系统观察的方法。

基于体型尺寸的生态系统建模是一种经典的方法,用于预测海洋消费者的生物量分布和尺寸结构(Blanchard et al.,2017)。Jennings 等(2015)在全球范围内开发了这种方法。该模型预测了从初级生产者到消费者的能量通量的速率和大小,这取决于初级生产、转移效率、捕食者和猎物的体重以及温度。生物量是在水体中估算的,没有考虑水平运输或垂直结构,中层群落也没有明确的模型。Maury 等(2007)开发了一个类似的尺寸—频谱方法,但也考虑了空间动力学和昼夜垂直迁移的影响。Aumont 等(2018)将后者的模型与物理-生物地球化学模型完全耦合,允许探索水层生态系统中较低和较高营养级之间的双向相互作用。Petrik 等(2019,2020)提出了另一种方法,即像 De Roos 等(2008)那样将尺寸谱离散为几个阶段性结构的功能组。他们在每个空间网格单元的人口统计系统受到垂直积分温度、垂直积分浮游生物生物量浓度和死亡损失、底层温度以及碎屑通量的离线驱动,但没有输运或鱼类运动。

没有简单的解决方案来模拟端到端的海洋生态系统(Fulton, 2010),只能采用各种方法来反映所调查的不同科学问题。对目标物种的分类表示和种群动态(包括输运、繁殖和迁移)的更多细节要求,给计算、参数估计和不确定性分析带来了重大问题,如果该模型必须支持管理和政策决策,这可能是一个关键问题。由于这些原因,为了制定渔获量配额和(或)努力量以及养护措施的管理建议,区域渔业管理组织大多依靠适用于主要目标物种和渔业的标准种群评估模型方法。这些模型自 20 世纪 60 年代以来一直在使用,可以整合多种信息来源,估计单一物种的种群动态和渔业的关键参数(Maunder et al.,2013)。然而,它们将环境变化视为噪声,使用标准化方法从渔业数据中去除,或作为随机信号整合到预测的繁殖过程中,因此它们不能用于预测中长期变化(例如气候变化对渔业的影响)。

9.2.8.4 业务化海洋学的贡献

通过同化现场和卫星数据来改进 BGC 模型,是一种具有良好效果和进展快速的方法。由于数据同化的作用,业务化海洋学中用于预测和预报海洋物理和初级生产的物理和生物地球化学模型越来越精确。因此,越来越多的海洋生物学家、生态学家和渔业科学家使用这些模型。生物地球化学模型的输出结果,对于探索 20 世纪 70 年代末开始的卫星时代之前的历史时期,也是至关重要的(图 9.7)。BGC 模型所产生的信息还可以用于开发海洋生态系统的季节性预测、海洋动物种群动态,以及利用地球系统模型进行长期预测来探索气候变化的影响。许多 BGC 模型还提供溶解氧浓度和 pH 值,这些都是对鱼类生境进行建模的有用变量。最后,最近在业务化海洋学方面取得的进展,有助于全面改进所有类型的浮游动物、微型自游生物和生态系统模型。

哥白尼海洋服务提供了一个基于模型的全球浮游动物和微型自游生物产品(Lehodey et al.,2010 和 2015)。该模型仅用 11 个参数,模拟了全球海洋中浮游动物的 1 个功能群和微型自游生物的 6 个功能群,其水体垂直结构简化为 3 层(上层、中上层和中下层),可以考虑垂直迁移和非迁移的中层行为。这些功能组由初级生产、透光深度、温度和水平流驱动,发育时间和死亡率与水温有关。由于参数数量有限,可以实施定量方法,通过寻找观测和预测之间的最佳拟合度来估计其最佳值(Lehodey et al.,2015)。然而,直接生物量观测的稀缺性和将声学回声探测仪的信号转换为生物量的困难,仍然是一个需要进一步发展的问题。特别是需要在声学模型方面取得进展(Jech et al.,2015)。

9.2.8.5　应用

哥白尼海洋服务所输出的浮游动物和微型自游生物,已被证明是与物理和生物地球化学变量一起,是模拟大型海洋保护物种,如海洋哺乳动物和海龟的摄食栖息地、摄食行为和迁移的有用变量(Abecassis et al.,2013;Lambert et al.,2014;Chambault et al.,2016;Roberts et al.,2016;Green et al.,2020;Pérez-Jorge et al.,2020;Romagosa et al.,2020,2021)。这些应用有助于提出海洋空间管理措施(如海洋保护区和迁移走廊)、海上活动规划(如海上能源、军事演习和试验以及航行路线),以及限制渔业与受保护物种相互作用的实时操作工具所需的科学建议(Howell et al.,2008;Hobday et al.,2010;Hazen et al.,2018)。浮游动物和微型自游生物变量的组合已被用于南极磷虾种群的机理模型,包括成虾成功产卵所需的食物条件和捕食卵的捕食者密度(Green et al.,2021)。

最后,目标物种的空间显式种群动态可以由这些变量驱动,以研究繁殖、自然死亡以及与鱼类的摄食行为和产卵洄游有关的运动(Lehodey et al.,2008;Dueri et al.,2012;Hernandez et al.,2014;Scutt Phillips et al.,2018;Senina et al.,2019)。这些模型与整合各种地理参考数据来源(即捕获量、捕获大小频率、标签数据、幼虫密度和声学生物量丰度)的定量方法相结合,为评估被开发种群的状况提供了新的工具(Senina et al.,2008,2020;Dragon et al.,2018),测试空间管理方案(Sibert et al.,2012),开发实时监测应用(Lehodey et al.,2017),并随着 IPCC 气候情景预测季节性到长期变化(Lehodey et al.,2013;Dueri et al.,2014;Bell et al.,2013,2021)。

9.2.9　清单

Brasseur 等(2009)讨论了业务化海洋学的第一个绿色海洋应用,耦合生物地球化学模型和现有 GODAE 系统的同化组件。几年后,Gehlen 等(2015)和 Fennel 等(2019)讨论了海洋生物地球化学和生态系统分析和预测工具的现状和未来前景,并介绍了以预业务化或业务化模式部署的全球和区域物理-生物地球化学系统的代表性例子。目前,有一些预报系统已全面业务化,即由一个业务中心维持,并严格承诺定期提供预报。

表 9.1 和表 9.2 提供了基于上述文献的准实时和多年期 BGC 业务预报系统的初步清单,并与作为 OceanPredict 工作团队之一的海洋生态系统分析与预测课题组(MEAP-TT)合作完成。清单含有每个系统的一般信息,包括规模(从全球到沿海尺度)、系统名称(制作者)、覆盖面积、分辨率、PHY-BCG 模型、BGC 数据同化(方法和数据)、产品目录,以及读者可以进一步查阅产品细节的网址。

表 9.1　全球(G)-区域(R)-沿海(C)准实时 BGC 业务预报系统的初步清单

规模	系统名称(制作者)	覆盖面积	分辨率	PHY-BGC 模型	BGC 数据同化(方法和数据)	产品	网址
G	全球海洋 BGC 系统(MOI,法国)	全球海洋	1/4°	PISCES 与 NEMO 的离线耦合(1/12°降至 1/4°),频率为每天一次	SEEK 方法,使用 OC 卫星数据中的总 Chla	Chla、NO_3、PO_4、Si、Fe、O_2、pHYC、NPP、$spCO_2$、pH,10 d 预报,每周更新	https://marine.copernicus.eu
R	西北欧大陆架海域 BGC 系统(英国气象局,英国)	欧洲西北大陆架海域	约 7 km	ERSEM 与 NEMO 在线耦合	3D-Var NEMOVAR 方法,使用 OC 卫星数据的总 Chla	Chla、NO_3、PO_4、O_2、PHYC、NPP、$spCO_2$、pH、Kd,6 d 预报,每日更新	https://marine.copernicus.eu
R	TOPAZ5-ECOSMO 北冰洋系统(挪威气象研究所,挪威;南森环境和遥感中心,挪威)	北极地区	6 km	ECOSMO 生物模型与 HYCOM 海洋物理模型的在线耦合	使用逼近方法从 OC 卫星数据中同化 Chla,并应用 Uitz 等(2006)描述的算法将水体的表面观测数据向下投影	Chla、NO_3、PO_4、Si、O_2、PHYC、ZOOC、NPP、$spCO_2$、DIC、pH、Kd,10 d 预报,每天更新	https://marine.copernicus.eu
R	波罗的海系统(瑞典气象和水文研究所,瑞典)	波罗的海	1 n mile	ERGOM 与 NEMO 在线耦合	—	Chla、NO_3、PO_4、NH_4、O_2、$spCO_2$、pH、NPP、ZSD,6 d 预报,每天更新两次	https://marine.copernicus.eu
R	伊比利亚—比斯开—爱尔兰系统(MOI,法国麦卡托海洋国际和联合团体)	伊比利亚—比斯开—爱尔兰大陆架	1/36°	NEMO-PISCES 在线耦合模型;嵌套在全球 MFC 的 PHY 和 BGC 解决方案中	没有同化	Chla、NO_3、NH_4、PO_4、Si、Fe、O_2、PHYC、NPP、$spCO_2$、DIC、pH、ZEU,10 d 预报,每周更新一次	https://marine.copernicus.eu
R	MedBFM3 模型系统(CMCC(欧洲地中海气候变化中心),意大利;OGS,意大利)	地中海	1/24°	BFM v5 模型与 NEMO 的离线耦合	3D-Var-BIO 方法,使用来自卫星的 Chla 和来自 BGC-Argo 的 Chla 和硝酸盐垂直剖面	Chla、PHYC、ZOOC、NO_3、NH_4、PO_4、Si、O_2、$spCO_2$、pH、fCO_2、ALK、DIC、NPP,10 d 预报,每日更新	https://marine.copernicus.eu
R	西北太平洋及中国近海海洋生态环境要素预报系统(NMEFC,中国)	西北太平洋及中国近海	1/24°	ROMS 海洋模型与 CoSiNE 在线耦合	—	Chla、NO_3、PO_4、O_2、Si、pH,5 d 预报,每日更新	—

续表

规模	系统名称(制作者)	覆盖面积	分辨率	PHY-BGC 模型	BGC 数据同化(方法和数据)	产品	网址
R	黑海系统(比利时列日大学)	黑海	约 3 km	BAMHBI,在线与 NEMO 耦合	“海洋同化工具包”(OAK)(Vandenbulcke et al.,2015),用于同化来自卫星的表面 Chla	Chla、PHYC、NO_3、PO_4、Si、NH_4、O_2、$spCO_2$、pH、fCO_2、ALK、DIC、NPP、Kd、PAR,10 d 预报,每日产生	https://marine.copernicus.eu
R	POSEIDON 系统(HCMR,希腊)	地中海	1/10°	ERSEM-II 模型,与 POM 在线耦合	没有同化	Chla、PHYC、ZOOC、BACC、NO_3、NH_4、PO4,4 d 预报,每日更新	https://www.poseidon.hcmr.gr
C	J-SCOPE 预报系统(JISAO 的季节性海岸海洋预测生态系统,由美国 NOAA 资助)	加州海流系统	1/10°	ROMS 海洋模型与 BGC 模型耦合	—	SST 和 BGC 变量的季节性预报	http://www.nanoos.org/products/j-scope/home.php
C	有害藻类繁殖监测系统(国家沿海海洋科学中心,由美国 NOAA 组建)	美国沿海和湖泊地区	—	—	—	每日预报	https://coastalscience.noaa.gov/research/stressor-impacts-mitigation/hab-monitoring-system/
C	大堡礁(气象局等)	大堡礁	—	CSIRO eReefs 建模套件	—	几天的预报	https://ereefs.org.au/ereefs
C	切萨皮克湾	切萨皮克湾	600 m	ChesROMS-ECB	—	物理和 BGC 变量的临近预报和几天的预报(聚焦 O_2、酸化指标、T、S)	www.vims.edu/hypoxia;https://oceansmap.maracoos.org/chesapeake-bay/

注:表中西北太平洋及中国近海海洋生态环境要素预报系统(NMEFC,中国)信息为在原版基础上补充的内容。

表 9.2 全球(G)和区域(R)多年期 BGC 业务预报系统的初步清单

规模	系统名称(制作者)	覆盖面积	分辨率	PHY-BGC 模型	BGC 数据同化(方法和数据)	产品	网址
G	全球海洋 BGC 系统(MOI,法国)	全球海洋	1/4°	PISCES,与 NEMO 以每天的频率进行离线耦合	没有同化	Chla、NO_3、PO_4、Si、Fe、O_2、PHYC、NPP、$spCO_2$、pH,1993 年起	https://marine. copernicus. eu
G	全球海洋低、中营养级产品(CLS,法国)	全球海洋	1/12°	SEAPODYM 动态人口模型的 LMTL 组件,由 NEMO、来自卫星的 NPP 和 PISCES 离线驱动	没有同化	1998 年起,浮游动物生物量的二维场和六组微型自游生物量的二维场	https://www. cls. fr/
R	西北欧大陆架海域 BGC 系统(英国气象局,英国)	欧洲西北大陆架海域	约 7 km	ERSEM,与 NEMO 在线耦合	3D-Var NEMOVAR 方法,使用 OC 卫星数据的表面 PFT Chla	Chla、PFTs、PHYC、NO_3、PO_4、O_2、$spCO_2$、pH、NPP、Kd,1993 年起	https://marine. copernicus. eu
R	TOPAZ-ECOSMO 再分析系统(南森环境与遥感中心,挪威)	北极地区	25 km	ECOSMO 生物模型与 HYCOM 海洋物理模型在线耦合	使用集合卡尔曼平滑(EnKS)方法,对所有 BGC 数据进行高斯变形后,从 OC 卫星和现场营养剖面同化海表 Chla。在延迟模式下,EnKS 优于 EnKF	Chla、NO_3、PO_4、O_2、PHYC、ZOOC、Kd,2007 年起	https://marine. copernicus. eu
R	波罗的海系统(瑞典气象和水文研究所,瑞典)	波罗的海	1 n mile	SCOBI 与 NEMO 耦合	使用氧气和营养物质的 LSEIK 数据同化方案	Chla、NO3、NH4、PO_4、O_2,1993 年起	https://marine. copernicus. eu
R	伊比利亚—比斯开—爱尔兰系统(MOI,法国)	爱尔兰—比斯开—伊比利亚大陆架	1/12°	NEMO-PISCES 在线耦合模型;嵌套在全球 MFC 的 PHY 和 BGC 解决方案中	没有同化	Chla、NO_3、NH_4、PO_4、Si、Fe、O_2、PHYC、NPP、$spCO_2$、DIC、pH、ZEU,1993 年起	https://marine. copernicus. eu

续表

规模	系统名称(制作者)	覆盖面积	分辨率	PHY-BGC 模型	BGC 数据同化(方法和数据)	产品	网址
R	MedBFM3 模型系统(OGS,意大利)	地中海	1/24°	BFM v5 模型,与 NEMO 离线耦合	3D-Var-BIO 方法,使用海表 Chla	Chla、PHYC、ZOOC、NO_3、NH_4、PO_4、Si、O_2、$spCO_2$、pH、fCO_2、ALK、DIC、NPP,1999 年起	https://marine. copernicus. eu
R	黑海系统(比利时 Liege 大学)	黑海	约 3 km	BAMHBI 模型,与 NEMO 在线耦合	没有同化	Chla、PHYC、O_2、NO_3、PO_4、$spCO_2$、pH、fCO_2、ALK、DIC、NPP,1992 年起	https://marine. copernicus. eu
R	中国海多尺度海洋模拟系统(CMOMS)	中国海	约 3 km	ROMS 海洋模型与 BGC 模型耦合	没有同化	Chla、PHYC、ZOOC、NO_3、NH_4、PO_4、O_2、$spCO_2$、pH、ALK、DIC、小碎屑、大碎屑、陆地 POM 和陆地 DOM,1992 年起	https://ocean. ust. hk:8443/SiteMapApi/new/index. jsp

参考文献

Abecassis, M., Senina, I., Lehodey, P., Gaspar, P., Parker, D., Balazs, G., Polovina, J. (2013). A Model of Loggerhead Sea Turtle (Caretta caretta) Habitat and Movement in the Oceanic North Pacific. *PLoS ONE*, 8(9), e73274, https://doi.org/10.1371/journal.pone.0073274

Allen, J. I., M. Eknes, and G. Evensen. (2003). An Ensemble Kalman Filter with a complex marine ecosystem model: hindcasting phytoplankton in the Cretan Sea. *Annales Geophysicae*, 21(1), 399-411, https://doi.org/10.5194/angeo-21-399-2003

Almroth-Rosell, E., Eilola, K., Kuznetsov, Hall, I.P.O.J., and Meier, H.E.M. (2015). A new approach to model oxygen dependent benthic phosphate fluxes in the Baltic Sea. *Journal of Marine Systems*, 144, 127-141, https://doi.org/10.1016/j.jmarsys.2014.11.007

Anderson, L.A., Robinson, A.R., Lozano, C.J. (2000). Physical and biological modeling in the Gulf Stream region: I. Data assimilation methodology. *Deep Sea Research Part I: Oceanographic Research Papers*, 47, 1787-1827, https://doi.org/10.1016/S0967-0637(00)00019-4

Audzijonyte, A., Pethybridge, H., Porobic, J., Gorton, R., Kaplan, I., Fulton, E.A. (2019). Atlantis: A spatially explicit end-to-end marine ecosystem model with dynamically integrated physics, ecology and socio-economic modules. *Methods in Ecology and Evolution*, 10, 1814-1819, https://doi.org/10.1111/2041-210X.13272

Aumont, O., Ethé, C., Tagliabue, A., Bopp, L., and Gehlen, M. (2015). PISCES-v2: an ocean biogeochemical model for carbon and ecosystem studies. *Geoscientific Model Development*, 8, 2465-2513, https://doi.org/10.5194/gmd-8-2465-2015

Aumont O., Maury O., Lefort S., Bopp L. (2018). Evaluating the Potential Impacts of the Diurnal Vertical Migration by Marine Organisms on Marine Biogeochemistry. *Global Biogeochemical cycles*, 32 (11), 1622-1643, https://doi.org/10.1029/2018GB005886

Baretta, J. W., Ebenhöh, W., and Ruardij, P. (1995). The European regional seas ecosystem model, a complex marine ecosystem model. *Netherlands Journal of Sea Research*, 33, 233-246, https://doi.org/10.1016/0077-7579(95)90047-0

Bell, J.D., Ganachaud, A., Gehrke, P.C., Griffiths, S.P., Hobday, A.J., Hoegh-Guldberg, O., Johnson, J.E., Le Borgne, R., Lehodey, P., Lough, J.M., Matear, R.J., Pickering, T.D., Pratchett, M.S., Sen Gupta, A., Senina, I. and Waycott, M. (2013). Mixed response of tropical Pacific fisheries and aquaculture will respond differently to climate change. Nature Climate Change, 3, 591-599, https://doi.org/10.1038/nclimate1838

Bell, J.D., Senina, I., Adams, T., Aumont, O., Calmettes, B., Clark, S., Dessert, M., Hampton, J., Hanich, Q., Harden-Davies, H., Gehlen, M., Gorgues, T., Holmes, G., Lehodey, P., Lengaigne, M., Mansfield, B., Menkes, C., Nicol, S., Pasisi, C., Pilling, G., Ota, Y., Reid, C., Ronneberg, E., Sen Gupta, A., Seto, K., Smith, N., Taei, S., Tsamenyi, M., Williams, P. (2021). Pathways to sustaining tuna-dependent Pacific Island economies during climate change. *Nature Sustainability*, 4, 900-910, https://doi.org/10.1038/s41893-021-00745-z

Berline, L., Brankart, J.M., Brasseur, P., Ourmières, Y., and Verron, J. (2007). Improving the physics of a coupled physical–biogeochemical model of the North Atlantic through data assimilation: Impact on the ecosystem. *Journal of Marine Systems*, 64(1-4), 153-172, https://doi.org/10.1016/j.jmarsys.2006.03.007

Berthet, S., Séférian, R., Bricaud, C.,Chevallier, M., Voldoire, A., and Ethé, C. (2019). Evaluation of an online grid-coarsening algorithm in a global eddy-admitting ocean biogeochemical model. *Journal of Advances in Modeling Earth Systems*, 11, 1759-1783, https://doi.org/10.1029/2019MS001644

Bertino, L., Evensen, G., and Wackernagel, H. (2003). Sequential data assimilation techniques in oceanography. *International Statistical Review*, 71(2), 223-241, https://doi.org/10.1111/j.1751-5823.2003.tb00194.x

Biogeochemical-Argo Planning Group (2016). The Scientific Rationale, Design andImplementation Plan for a Biogeochemical-Argo Float Array. https://doi.org/10.13155/46601

Blanchard, J.L., Heneghan, R.F., Everett, J.D., Trebilco, R., Richardson, A.J. (2017). From bacteria to whales: Using function size spectra to model marine ecosystems. *Trends in Ecology and Evolution*, 32(3), 174-186, https://doi.org/10.1016/j.tree.2016.12.003

Boyer, T.P., Baranova, O.K., Coleman, C., Garcia, H.E., Grodsky, A., Locarnini, R.A., Mishonov, A.V., Paver, C.R., Reagan, J.R., Seidov, D., Smolyar, I.V., Weathers, K., Zweng, M.M. (2018). World Ocean Database 2018. A.V. Mishonov, Technical Ed., NOAA Atlas NESDIS 87, https://www.ncei.noaa.gov/products/world-ocean-database

Brankart, J.-M., Testut, C.-E., Béal, D., Doron, M., Fontana, C., Meinvielle, M., and Brasseur, P. (2012). Towards an improved description of oceanographic uncertainties : effect of local anamorphic transformations on spatial correlations. *Ocean Science*, 8, 121-142, https://doi.org/10.5194/os-8-121-2012

Brasseur, P., Gruber, N., Barciela, R., Brander, K., Doron, M., El Moussaoui, A., Hobday, M. Huret, A.J., Kremeur, A.-S., Lehodey, P., and others. (2009). Integrating biogeochemistry and ecology into ocean data assimilation systems. *Oceanography*, 22(3), 206-215, https://doi.org/10.5670/oceanog.2009.80

Bricaud, C., Le Sommer, J., Madec, G., Calone, C., Deshayes, J., Éthé, C., Chanut, J., Lévy, M. (2020). Multigrid algorithm for passive tracer transport in the NEMO ocean circulation model: a case study with the NEMO OGCM (version 3.6). *Geoscientific Model Development*, 13(11), 5465-5483, https://doi.org/10.5194/gmd-13-5465-2020

Brown, C. D., and Davis, H. T. (2006). Receiver operating characteristics curves and related decision measures: A tutorial. *Chemometrics and Intelligent Laboratory Systems*, 80(1), 24-38 https://doi.org/10.1016/j.chemolab.2005.05.004

Butenschön, M., Clark, J., Aldridge, J. N., Allen, J. I., Artioli, Y., Blackford, J., Bruggeman, J., Cazenave, P., Ciavatta, S., Kay, S., Lessin, G., van Leeuwen, S., van der Molen, J., de Mora, L., Polimene, L., Sailley, S., Stephens, N., and Torres, R. (2016). ERSEM 15.06: a generic model for marine biogeochemistry and the ecosystem dynamics of the lower trophic levels. *Geoscientific Model Development*, 9, 1293-1339, https://doi.org/10.5194/gmd-9-1293-2016

Campbell, J. (1995). The lognormal distribution as a model for bio-optical variability in the sea. *Journal of Geophysical Research: Oceans*, 100, C7, 13237-13254, https://doi.org/10.1029/95JC00458

Capet, A., Meysman, F. J. R., Akoumianaki, I., Soetaert, K., and Grégoire, M. (2016). Integrating sediment biogeochemistry into 3-D oceanic models: A study of benthic-pelagic coupling in the Black Sea. *Ocean Modelling*, 101, 83-100, https://doi.org/10.1016/j.ocemod.2016.03.006

Carlotti, F., Wolf, K.U. (1998). A Lagrangian ensemble model of Calanus finmarchicus coupled with a 1-D ecosystem model. *Fisheries Oceanography*, 7, 191-204, https://doi.org/10.1046/j.1365-2419.1998.00085.x

Carrassi, A., Bocquet, M., Bertino, L., and Evensen, G. (2018). Data assimilation in the geosciences: An overview of methods, issues, and perspectives. *Wiley Interdisciplinary Reviews: Climate Change*, e535, https://doi.org/10.1002/wcc.535

Carroll, D., Menemenlis, D., Adkins, J.F., Bowman, K.W., Brix, H., Dutkiewicz, S., Fenty, I., Gierach, M.M., Hill, C., Jahn, O., and Landschützer, P. (2020). The ECCO-Darwin data-assimilative global ocean biogeochemistry model: Estimates of seasonal to multidecadal surface ocean pCO2 and air-sea CO2 flux. *Journal of Advances in Modeling Earth Systems*, 7(3-4), 191-204, https://doi.org/10.1029/2019MS001888

Chai, F., Johnson, K., Claustre, H., Xing, X., Wang, Y., Boss, E., Riser, S., Fennel, K., Schofield, O., Sutton, A. (2020). Monitoring ocean biogeochemistry with autonomous platforms. *Nature Reviews Earth & Environment*, 1, 315-326, https://doi.org/10.1038/s43017-020-0053-y

Chambault P., de Thoisy B., Heerah K., Conchon A., Barrioz S., Dos Reis V., Berzins R., Kelle L., Picard B., Roquet F., Le Maho Y., Chevallier D. (2016). The influence of oceanographic features on the foraging behavior of the olive ridley sea turtle Lepidochelys olivacea along the Guiana coast. *Progress in Oceanography*, 142: 58-71, https://doi.org/10.1016/j.pocean.2016.01.006

Christensen, V., and Walters, C. (2004). Ecopath With Ecosim: Methods, Capabilities and Limitations. *Ecological Modelling*, 172, 109-139, https://doi.org/10.1016/j.ecolmodel.2003.09.003

Ciavatta, S., Torres, R., Saux-Picart, S. and Allen, J.I. (2011). Can ocean color assimilation improve biogeochemical hindcasts in shelf seas? *Journal of Geophysical Research: Oceans*, 116(C12), https://doi.org/10.1029/2011JC007219

Ciavatta, S., Torres, R., Martinez-Vicente, V., Smyth, T., Dall'Olmo, G., Polimene, L., and Allen, J. I. (2014). Assimilation of remotely-sensed optical properties to improve marine biogeochemistry modelling. *Progress in Oceanography*, 127, 74-95, https://doi.org/10.1016/j.pocean.2014.06.002

Ciavatta, S., Kay, S., Saux-Picart, S., Butenschön, M. and Allen, J.I. (2016). Decadal reanalysis of biogeochemical indicators and fluxes in the North West European shelf-sea ecosystem. *Journal of Geophysical Research: Oceans*, 121(3), 1824-1845, https://doi.org/10.1002/2015JC011496

Ciavatta, S., Brewin, R. J. W., Skákala, J., Polimene, L., de Mora, L., Artioli, Y., and Allen, J. I. (2018). Assimilation of ocean-color plankton functional types to improve marine ecosystem simulations. *Journal of Geophysical Research: Oceans*, 123, 834-854, https://doi.org/10.1002/2017JC013490

Ciavatta, S., Kay, S., Brewin, R.J., Cox, R., Di Cicco, A., Nencioli, F., Polimene, L., Sammartino, M., Santoleri, R., Skakala, J. and Tsapakis, M. (2019). Ecoregions in the Mediterranean Sea through the reanalysis of phytoplankton functional types and carbon fluxes. *Journal of Geophysical Research: Oceans*, 124(10), 6737-6759, https://doi.org/10.1029/2019JC015128

Cossarini, G., Mariotti, L., Feudale, L., Mignot, A., Salon, S., Taillandier, V., Teruzzi, A., D'Ortenzio, F. (2019). Towards operational 3D-Var assimilation of chlorophyll Biogeochemical-Argo float data into a biogeochemical model of the Mediterranean Sea. *Ocean Modelling*, 133, 112-128, https://doi.org/10.1016/j.ocemod.2018.11.005

Daewel, U., and Schrum, C. (2013). Simulating long-term dynamics of the coupled North Sea and Baltic Sea ecosystem with ECOSMO II: Model description and validation. *Journal of Marine Systems*, 119-120, 30-49, https://doi.org/10.1016/j.jmarsys.2013.03.008

Dall'Olmo, G., Dingle, J., Polimene, L., Brewin, R.J.W., Claustre, H. (2016). Substantial energy input to the mesopelagic ecosystem from the seasonal mixed-layer pump. *Nature Geoscience*, 9, 820-823, https://doi.org/10.1038/ngeo2818

De Roos, A.M., Schellekens, T., Van Kooten, T., Van De Wolfshaar, K., Claessen, D., Persson, L. (2008). Simplifying a physiologically structured population model to a stage-structured biomass model. *Theoretical Population Biology*, 73, 47-62, https://doi.org/10.1016/j.tpb.2007.09.004

DeAngelis, D.L., Gross, L.J. (1992). Individual-based Models and Approaches in Ecology. Chapman & Hall, London.

Diaz, F., D Bănaru, P. Verley and Y.-J. Shin (2019). Implementation of an end-to-end model of the Gulf of Lions ecosystem (NW Mediterranean Sea). II. Investigating the effects of high trophic levels on nutrients and plankton dynamics and associated feedbacks. *Ecological Modelling*, 405, 51-68, https://doi.org/10.1016/j.ecolmodel.2019.05.004

Dickey, T.D. (1991). The emergence of concurrent high-resolution physical and bio-optical measurements in the upper ocean and their applications. *Reviews on Geophysics*, 29(3), 383- 413, https://doi.org/10.1029/91RG00578

Dornan, T., Fielding, S., Saunders, R.A., Genner, M.J. (2019). Swimbladder morphology masks Southern Ocean mesopelagic fish biomass. *Proceedings of the Royal Society B Biological Science*, 286(1903), http://dx.doi.org/10.1098/rspb.2019.0353

Doron, M., Brasseur, P., Brankart, J.M. (2011). Stochastic estimation of biogeochemical parameters of a 3d ocean coupled physical-biogeochemical model: twin experiments. *Journal of Marine Systems*, 87, 194-207, https://doi.org/10.1016/j.jmarsys.2013.02.007

Dragon A-C., Senina, Hintzen N.T., Lehodey P. (2018). Modelling South Pacific Jack Mackerel spatial population dynamics and fisheries. *Fisheries Oceanography*, 27(2), 97-113, https://doi.org/10.1111/fog.12234

Dueri S., Faugeras B., Maury O. (2012). Modelling the skipjack tuna dynamics in the Indian Ocean with APECOSM-E: Part 1. Model formulation. *Ecological Modelling*, 245, 41-54, https://doi.org/10.1016/j.ecolmodel.2012.02.008

Dueri, S., Bopp, L., Maury, O. (2014). Projecting the impacts of climate change on skipjack tuna abundance and spatial distribution. *Global Change Biology*, 20(3): 742-753, https://doi.org/10.1111/gcb.12460

Dupont, F. (2012). Impact of sea-ice biology on overall primary production in a biophysical model of the pan-Arctic Ocean. Journal of Geophysical Research: Oceans, 117(C8), https://doi.org/10.1029/2011JC006983

Eilola, K., Meier, H.E.M., Almroth, E. (2009). On the dynamics of oxygen, phosphorus and cyanobacteria in the baltic sea: A model study. *Journal of Marine Systems*, 75, 163-184, https://doi.org/10.1016/j.jmarsys.2008.08.009

Escobar-Flores, P.C., O'Driscoll, R.L., Montgomery, J.C. (2018). Spatial and temporal distribution patterns of acoustic backscatter in the New Zealand sector of the Southern Ocean. *Marine Ecology Progress Series*, 592, 19-35, https://doi.org/10.3354/meps12489

Evensen, G. (1994). Sequential data assimilation with a nonlinear quasi-geostrophic model using Monte Carlo methods to forecast error statistics. *Journal of Geophysical Research: Oceans*, 99(C5), 10143-10162, https://doi.org/10.1029/94JC00572

Fennel, K., Gehlen, M., Brasseur, P., Brown, C. W., Ciavatta, S., Cossarini, G., Crise, A., Edwards, C. A., Ford, D., Friedrichs, M. A. M., Grégoire, M., Jones, E., Kim, H.-C., Lamouroux, J., Murtugudde, R., Perruche, C. and the GODAE OceanView Marine Ecosystem Analysis and Prediction Task Team (2019). Advancing marine biogeochemical and ecosystem reanalyses and forecasts as tools for monitoring and managing ecosystem health. Frontiers in Marine Science, 6, 89, https://doi.org/10.3389/fmars.2019.00089

Feudale, L., Teruzzi, A., Salon, S., Bolzon, G., Lazzari, P., Coidessa, G., Di Biagio, V., Cossarini, G. (2021). Product Quality Document For the Mediterranean Sea Production Centre, MEDSEA_ANALYSISFORECAST_BGC_006_014, https://doi.org/10.25423/cmcc/medsea_analysisforecast_bgc_006_014_medbfm3

Flynn, K. J., Stoecker, D. K., Mitra, A., Raven, J. A., Glibert, P. M. Hansen, P. J., Granéli, E., and Burkholder, J. M. (2013). Misuse of the phytoplankton-zooplankton dichotomy: the need to assign organisms as mixotrophs within plankton functional types. *Journal of Plankton Research*, 35, 3-11, https://doi.org/10.1093/plankt/fbs062

Follows, M. J., Dutkiewicz, S., Grant, S., and Chisholm, S. W. (2007). Emergent biogeography of microbial communities in a model ocean. *Science*, 315(5820), 1843-1846. https://doi.org/10.1126/science.1138544

Fontana, C., Brasseur, P., and Brankart, J. M. (2013). Toward a multivariate reanalysis of the North Atlantic Ocean biogeochemistry during 1998–2006 based on the assimilation of SeaWiFS chlorophyll data. *Ocean Science*, 9(1), 37-56, https://doi.org/10.5194/os-9-37-2013

Ford, D., and Barciela, R. (2017). Global marine biogeochemical reanalyses assimilating two different sets of merged ocean colour products. *Remote Sensing of Environment*, 203, 40-54, https://doi.org/10.1016/j.rse.2017.03.040

Ford, D., Key, S., McEwan, R., Totterdell, I. and Gehlen, M. (2018). Marine biogeochemical modelling and data assimilation for operational forecasting, reanalysis, and climate research. *New Frontiers in Operational Oceanography*, 625-652, https://doi.org/10.17125/gov2018.ch22

Ford, D. (2021). Assimilating synthetic Biogeochemical-Argo and ocean colour observations into a global ocean model to inform observing system design. *Biogeosciences*, 18(2), 509-534, https://doi.org/10.5194/bg-18-509-2021

Fulton, E.A. (2010). Approaches to end-to-end ecosystem models. *Journal of Marine Systems* 81, 171-183, https://doi.org/10.1016/j.jmarsys.2009.12.012

Fulton, E., Smith, A., Johnson, C. (2003). Effect of Complexity of Marine Ecosystem Models. *Marine Ecology Progress Series*, 253:1-16, doi:10.3354/meps253001

Garcia, H.E., Weathers, K., Paver, C.R., Smolyar, I., Boyer, T.P., Locarnini, R.A., Zweng, M.M, Mishonov, A.V., Baranova, O.K., Seidov, D., and Reagan, J.R. (2018a). World Ocean Atlas 2018, Volume 3: Dissolved Oxygen, Apparent Oxygen Utilization, and Oxygen Saturation. A. Mishonov Technical Ed.; NOAA Atlas NESDIS 83, 38pp.

Garcia, H.E., Weathers, K., Paver, C.R., Smolyar, I., Boyer, T.P., Locarnini, R.A., Zweng, M.M, Mishonov, A.V., Baranova, O.K., Seidov, D., and Reagan, J.R. (2018b). World Ocean Atlas 2018, Volume 4: Dissolved Inorganic Nutrients (phosphate, nitrate and nitrate+nitrite, silicate). A. Mishonov Technical Ed.; NOAA Atlas NESDIS 84, 35pp.

Garnesson, P., Mangin, A., and Bretagnon M. (2021). Quality Information Document, Ocean Colour Production Centre, Satellite Observation Copernicus-GlobColour Products, https://catalogue.marine.copernicus.eu/documents/QUID/CMEMS-OC-QUID-009-030-032-033-037-081-082-083-085-086-098.pdf

Garnier, F., Brankart, J. M., Brasseur, P. and Cosme, E. (2016). Stochastic parameterizations of biogeochemical uncertainties in a 1/4° NEMO/PISCES model for probabilistic comparisons with ocean color data. *Journal of Marine Systems*, 155, 59-72, https://doi.org/10.1016/j.jmarsys.2015.10.012

Gehlen, M., Barciela, R., Bertino, L., Brasseur, P., Butenschön, M., Chai, F., Crise, A., Drillet, Y., Ford, D., Lavoie, D., Lehodey, P., Perruche, C., Samuelsen, A., and Simon, E. (2015). Building the capacity for forecasting marine biogeochemistry and ecosystems: recent advances and future developments. *Journal of Operational Oceanography*, 8:sup1, s168-s187, https://doi.org/10.1080/1755876X.2015.1022350

Geider, R.J., MacIntyre, H.L., and Kana, T.M. (1997). Dynamic model of phytoplankton growth and acclimation: responses of the balanced growth rate and the chlorophyll a: carbon ratio to light, nutrient-limitation and temperature. *Marine Ecology Progress Series*, 148, 187-200, https://doi.org/10.3354/meps148187

Germineaud, C., Brankart, J.M., and Brasseur, P. (2019). An ensemble-based probabilistic score approach to compare observation scenarios: an application to biogeochemical-Argo deployments. *Journal of Atmospheric and Oceanic Technology*, 36(12), 2307-2326, https://doi.org/10.1175/JTECH-D-19-0002.1

Gharamti, M.E., Tjiputra, J., Bethke, I., Samuelsen, A., Skjelvan, I., Bentsen, M., Bertino, L. (2017). Ensemble data assimilation for ocean biogeochemical state and parameter estimation at different sites. *Ocean Modelling*, 112, 65-89, https://doi.org/10.1016/j.ocemod.2017.02.006

Glibert, P., Mitra, A., Flynn, K., Hansen, P., Jeong, H., and Stoecker, D. (2019). Plants Are Not Animals and Animals Are Not Plants, Right? Wrong! Tiny Creatures in the Ocean Can Be Both at Once! *Frontiers for Young Minds*, 7:48, https://doi.org/10.3389/frym.2019.00048

Gradinger, R. (2009). Sea-ice algae: Major contributors to primary production and algal biomass in the Chukchi and Beaufort Seas during May/June 2002. *Deep Sea Research Part II: Topical Studies in Oceanography*, 56, 1201-1212, https://doi.org/10.1016/j.dsr2.2008.10.016

Green, D.B., Bestley, S., Corney, S.P., Trebilco, R., Lehodey, P., and Hindell, M.A. (2021). Modeling Antarctic krill circumpolar spawning habitat quality to identify regions with potential to support high larval production. *Geophysical Research Letters*, 48, e2020GL091206, https://doi.org/10.1029/2020GL091206

Green, D.B., Bestley, S., Trebilco, R., Corney, S.P., Lehodey, P., McMahon, C.R., Guinet, C., and Hindell, M.A. (2020). Modelled mid-trophic pelagic prey fields improve understanding of marine predator foraging behaviour. *Ecography*, https://doi.org/10.1111/ecog.04939

Gregg, W.W., and Rousseaux, C.S. (2016). Directional and spectral irradiance in ocean models: effects on simulated global phytoplankton, nutrients, and primary production. *Frontiers in Marine Science*, 3, 240, http://dx.doi.org/10.1088/1748-9326/ab4667

Gregg, W.W., and Rousseaux, C.S. (2019). Global ocean primary production trends in the modern ocean color satellite record (1998-2015). *Environmental Research Letters*, 14(12), 124011, https://doi:10.1088/1748-9326/ab4667

Grégoire, M., Raick, C., and Soetaert, K. (2008). Numerical modelling of the central black sea ecosystem functioning during the eutrophication phase. *Progress in Oceanography*, 76, 286-333, https://doi.org/10.1016/j.pocean.2008.01.002

Grégoire, M., Soetaert, K. (2010). Carbon, nitrogen, oxygen and sulfide budgets in the Black Sea: a biogeochemical model of the whole water column coupling the oxic and anoxic parts. *Ecological Modelling*, 221(19), 2287-2301.

Hazen, E. L., Scales, K.L., Maxwell, S.M., Briscoe, D.K., Welch, H., Bograd, S.J., Bailey, H., Benson, S.R., Eguchi, T., Dewar, H., Kohin, S., Costa, D.P., Crowder, L.B., Lewison R.L. (2018). A dynamic ocean management tool to reduce bycatch and support sustainable fisheries.Science Advances, 4(5), DOI: 10.1126/sciadv.aar3001

Hernandez, F., Bertino, L., Brassington, G., Chassignet, E., Cummings, J., Davidson, F., Drevillon, M., Garric, G., Kamachi, M., Lellouche, J.M., Mahdon, R., Martin, M.J,, Ratsimandresy, A., and Regnier, C. (2009). Validation and Inter-comparison studies within GODAE. *Oceanography*, 22(3): 128-143, https://doi.org/10.5670/oceanog.2009.71

Hernandez, F., Smith, G., Baetens, K., Cossarini, G., Garcia-Hermosa, I., Drevillon, M., von Schuckman, K. (2018). Measuring performances, skill and accuracy in operational oceanography: New challenges and approaches. In: "New Frontiers in Operational Oceanography", E. Chassignet, A. Pascual, J. Tintoré, and J. Verron, Eds., GODAE OceanView, 759-796, DOI: 10.17125/gov2018.ch29

Hernandez, O., Lehodey, P., Senina, I., Echevin, V., Ayon, P., Bertrand, A., Gaspar, P. (2014). Understanding mechanisms that control fish spawning and larval recruitment: Parameter optimization of an Eulerian model (SEAPODYM-SP) with Peruvian anchovy and sardine eggs and larvae data. *Progress in Oceanography*, 123, 105-122, http://dx.doi.org/10.1016/j.pocean.2014.03.001

Hipsey, M.R., Gal, G., Arhonditsis, G.B., Carey, C.C., Elliott, J.A., Frassl, M. A., ... & Robson, B.J. (2020). A system of metrics for the assessment and improvement of aquatic ecosystem models. *Environmental Modelling & Software*, 128, 104697, https://doi.org/10.1016/j.envsoft.2020.104697

Hobday, A.J., Hartog, J.R., Timmiss, T., Fielding, J. (2010). Dynamic spatial zoning to manage southern bluefin tuna (Thunnus maccoyii) capture in a multi-species longline fishery. *Fisheries Oceanography*, 19(3), 243-253, https://doi.org/10.1111/j.1365-2419.2010.00540.x

Houtekamer, P. L., and Mitchell, H. L. (1998). Data Assimilation Using an Ensemble Kalman Filter Technique. *Monthly Weather Review*, 126(3), 796-811, https://doi.org/10.1175/1520-0493(1998)126<0796:DAUAEK>2.0.CO;2

Howell, E.A., Kobayashi, D.R., Parker, D.M., Balazs, G.H., Polovina, J.J. (2008). TurtleWatch: a tool to aid in the bycatch reduction of loggerhead turtles Caretta caretta in the Hawaii-based pelagic longline fishery. *Endangered Species Research*, 5:267-278, https://doi.org/10.3354/esr00096

Hu, J., Fennel, K., Mattern, J.P. and Wilkin, J. (2012). Data assimilation with a local Ensemble Kalman Filter applied to a three-dimensional biological model of the Middle Atlantic Bight. *Journal of Marine Systems*, 94, 145-156, https://doi.org/10.1016/j.jmarsys.2011.11.016

Huse, G., Melle, W., Skogen, M.D., Hjøllo, S.S., Svendsen, E., and Budgell, W.P. (2018). Modeling Emergent Life Histories of Copepods. Frontiers in Ecology and Evolution, 6(23), https://doi.org/10.3389/fevo.2018.00023

IOCCG. (2020). Synergy between Ocean Colour and Biogeochemical/Ecosystem Models. Dutkiewicz, S. (ed.), IOCCG Report Series, No. 19, International Ocean Colour Coordinating Group, Dartmouth, Canada, http://dx.doi.org/10.25607/OBP-711

Ishizaka, J. (1990). Coupling of coastal zone color scanner data to a physical-biological model of the southeastern US continental shelf ecosystem: 2. An Eulerian model. *Journal of Geophysical Research: Oceans*, 95(C11), 20183-20199, https://doi.org/10.1029/JC095iC11p20183

Jaccard, P., Hjermann, D. Ø., Ruohola, J., Marty, S., Kristiansen, T., Sørensen, K., Kaitala, S., Mangin, A., Pouliquen, S., et al. (2021). Quality Information Document For Global Ocean Reprocessed in-situ Observations of Biogeochemical Products INSITU_GLO_BGC_REP_OBSERVATIONS_013_046, http://doi.org/10.13155/54846, https://catalogue.marine.copernicus.eu/documents/QUID/CMEMS-INS-QUID-013-046.pdf

Jech, J.M., Horne, J.K., Chu, D., Demer, D.A., Francis, D.T.I., Gorska, N., Jones, B., Lavery, A.C., Stanton, T.K., Macaulay, G.J., Reeder, D.B., Sawada, K. (2015). Comparisons among ten models of acoustic backscattering used in aquatic ecosystems. *The Journal of the Acoustical Society of America*, 138: 3742, https://doi.org/10.1121/1.4937607

Jennings, S., and Collingridge, K. (2015). Predicting Consumer Biomass, Size-Structure, Production, Catch Potential, Responses to Fishing and Associated Uncertainties in the World's Marine Ecosystems. *PLoS ONE*, 10(7), e0133794. https://doi.org/10.1371/journal.pone.0133794

Jolliff, J.K., Kindle, J.C., Shulman, I., Penta, B., Friedrichs, M.A.M., Helber, R.W., and Arnone, R. (2009). Summary diagrams for coupled hydrodynamic-ecosystem model skill assessment. *Journal of Marine Systems*, 76, 64-82, https://doi.org/10.1016/j.jmarsys.2008.05.014

Jones, E.M., Baird, M.E., Mongin, M., Parslow, J., Skerratt, J., Lovell, J., Margvelashvili, N., Matear, R.J., Wild-Allen, K., Robson, B. and Rizwi, F. (2016). Use of remote-sensing reflectance to constrain a data assimilating marine biogeochemical model of the Great Barrier Reef. *Biogeosciences*, 13(23), 6441, https://doi.org/10.5194/bg-13-6441-2016

Kaufman, D.E. (2017). Using High-Resolution Glider Data and Biogeochemical Modeling to Investigate Phytoplankton Variability in the Ross Sea. Dissertations, Theses, and Masters Projects, William & Mary, Paper 1499449869, http://dx.doi.org/10.21220/M2BK8V

Kriest, I., Kähler, P., Koeve, W., Kvale, K., Sauerland, V., and Oschlies, A. (2020). One size fits all? Calibrating an ocean biogeochemistry model for different circulations. *Biogeosciences*, 17, 3057-3082, https://doi.org/10.5194/bg-17-3057-2020

Krishnamurthy, A., Moore, J. K., Mahowald, N., Luo, C., and Zender, C.S. (2010). Impacts of atmospheric nutrient inputs on marine biogeochemistry. *Journal of Geophysical Research: Biogeosciences*, 115(G1), https://doi.org/10.1029/2009JG001115

Lambert, C., Mannocci, L., Lehodey, P., Ridoux, V. (2014). Predicting Cetacean Habitats from Their Energetic Needs and the distribution of Their Prey in Two Contrasted Tropical Regions. PLoS ONE, 9(8), e105958, https://doi.org/10.1371/journal.pone.0105958

Lamouroux, J., Perruche, C., Mignot, A., Paul, J., Szczypta, C. (2019). Quality Information Document For Global Biogeochemical Analysis and Forecast Product, https://catalogue.marine.copernicus.eu/documents/QUID/CMEMS-GLO-QUID-001-028.pdf

Lamouroux, J., Perruche, C., Mignot, A., Gutknecht, E., Ruggiero, G., Evaluation of the CMEMS global biogeochemical simulation, with assimilation of satellite Chla concentrations, in prep.

Laws, E.A. (2013). Evaluation of In Situ Phytoplankton Growth Rates: A Synthesis of Data from Varied Approaches. *Annual Review of Marine Science*, 5(1), 247-268, https://doi.org/10.1146/annurev-marine-121211-172258

Le Quéré, C., Harrison, S. P., Prentice, I. C., Buitenhuis, E. T., Aumont, O., Bopp, L., Claustre, H., Cotrim Da Cunha, L., Geider, R., Giraud, X., Klaas, C., Kohfeld, K. E., Legendre, L., Manizza, M., Platt, T., Rivkin, R. B., Sathyendranath, S., Uitz, J., Watson, A. J., and Wolf?Gladrow, D. (2005). Ecosystem dynamics based on plankton functional types for global ocean biogeochemistry models. *Global Change Biology*, 11, 2016-2040, https://doi.org/10.1111/j.1365-2486.2005.1004.x

Le Traon et al. (2017). The Copernicus marine environmental monitoring service: main scientific achievements and future prospects. Special Issue Mercator Océan International #56. Available at: https://marine.copernicus.eu/it/node/594

Le Traon, P. Y., Reppucci, A., Fanjul, E. A., Aouf, L., Behrens, A., Belmonte, M., Bentamy, A., Bertino, L., Brando, V. E., Kreiner, M. B., Benkiran, M., Carval, T., Ciliberti, S. A., Claustre, H., Clementi, E., Coppini, G., Cossarini, G., De Alfonso Alonso- Muñoyerro, M., Delamarche, A., Dibarboure, G., Dinessen, F., Drevillon, M., Drillet, Y., Faugere, Y., Fernández, V., Fleming, A., Garcia-Hermosa, M. I., Sotillo, M. G., Garric, G., Gasparin, F., Giordan, C., Gehlen, M., Grégoire, M., Guinehut, S., Hamon, M., Harris, C., Hernandez, F., Hinkler, J. B., Hoyer, J., Karvonen, J., Kay, S., King, R., Lavergne, T., Lemieux-Dudon, B., Lima, L., Mao, C., Martin, M. J., Masina, S., Melet, A., Nardelli, B. B., Nolan, G., Pascual, A., Pistoia, J., Palazov, A., Piolle, J. F., Pujol, M. I., Pequignet, A. C., Peneva, E., Gómez, B. P., de la Villeon, L. P., Pinardi, N., Pisano, A., Pouliquen, S., Reid, R., Remy, E., Santoleri, R., Siddorn, J., She, J., Staneva, J., Stoffelen, A., Tonani, M., Vandenbulcke, L., von Schuckmann, K., Volpe, G., Wettre, C., and Zacharioudaki, A. (2019). From observation to information and users: The Copernicus Marine Service Perspective. *Frontiers in Marine Science*, https://doi.org/10.3389/fmars.2019.00234

Lehodey, P., Senina, I., Murtugudde, R. (2008). A Spatial Ecosystem And Populations Dynamics Model (SEAPODYM) - Modelling of tuna and tuna-like populations. *Progress in Oceanography*, 78, 304-318, https://doi.org/10.1016/j.pocean.2008.06.004

Lehodey, P., Senina, I., Wibawa, T.A., Titaud, O., Calmettes, B., Tranchant, B., and Gaspar, P. (2017). Operational modelling of bigeye tuna (Thunnus obesus) spatial dynamics in the Indonesian region. *Marine Pollution Bulletin*, 131, 19-32, https://doi.org/10.1016/j.marpolbul.2017.08.020

Lehodey, P., Conchon, A., Senina, I., Domokos, R., Calmettes, B., Jouanno, J., Hernandez, O., and Kloser, R. (2015). Optimization of a micronekton model with acoustic data. *ICES Journal of Marine Science*, 72(5), 1399-1412, https://doi.org/10.1093/icesjms/fsu233

Lehodey, P., Murtugudde, R., and Senina, I. (2010). Bridging the gap from ocean models to population dynamics of large marine predators: A model of mid-trophic functional groups. Progress in Oceanography, 84, 69-84.

Lehodey, P., Senina, I., Calmettes, B, Hampton, J, Nicol S. (2013). Modelling the impact of climate change on Pacific skipjack tuna population and fisheries. Climatic Change, 119 (1): 95-109, DOI 10.1007/s10584-012-0595-1

Lengaigne, M., Menkes, C., Aumont, O., Gorgues, T., Bopp, L., André, J. M., and Madec, G. (2007). Influence of the oceanic biology on the tropical Pacific climate in a coupled general circulation model. *Climate Dynamics*, 28(5), 503-516. https://doi.org/10.1007/s00382-006-0200-2

Libralato, S., and Solidoro, C. (2009). Bridging biogeochemical and food web models for an End-to-End representation of marine ecosystem dynamics: The Venice lagoon case study. *Ecological Modelling*, 220(21), 2960-2971, https://doi.org/10.1016/j.ecolmodel.2009.08.017

Longhurst, A. (1998). Ecological geography in the sea. Academic Press.

Mattern, J. P., Fennel, K., and Dowd, M. (2012). Estimating time-dependent parameters for a biological ocean model using an emulator approach. *Journal of Marine Systems*, 96, 32-47, https://doi.org/10.1016/j.jmarsys.2012.01.015

Mattern, J.P., Dowd, M. and Fennel, K. (2013). Particle filter-based data assimilation for a three-dimensional biological ocean model and satellite observations. *Journal of Geophysical Research: Oceans*, 118(5), 2746-2760, https://doi.org/10.1002/jgrc.20213

Maunder, M.N., Punt, A.E. (2013). A review of integrated analysis in fisheries stock assessment. *Fisheries Research*, 142, 61-74, https://doi.org/10.1016/j.fishres.2012.07.025

Maury, O., Faugeras, B., Shin, Y.-J., Poggiale, J.-C., Ben Ari, T., and Marsac, F. (2007). Modeling environmental effects on the size-structured energy flow through marine ecosystems. Part 1: The model. *Progress in Oceanography*, 74(4), 479-499, https://doi.org/10.1016/j.pocean.2007.05.002

McEwan, R., S. Kay, D. Ford (2021). Quality Information Document For the Atlantic - European North West Shelf Production Centre, https://catalogue.marine.copernicus.eu/documents/QUID/CMEMS-NWS-QUID-004-002.pdf, https://doi.org/10.48670/moi-00056

Melsom, A. and Ç. Yumruktepe (2021), Quality Information Document For the Arctic Production Centre, https://catalogue.marine.copernicus.eu/documents/QUID/CMEMS-ARC-QUID-002-004.pdf, https://doi.org/10.48670/moi-00003

Mignot, A., Claustre, H., Cossarini, G., D'Ortenzio, F., Gutknecht, E., Lamouroux, J., Lazzari, P., Perruche, C., Salon, S., Sauzède, R., Taillandier, V., Teruzzi, A. (2021). Defining BGC-Argo-based metrics of ocean health and biogeochemical functioning for the evaluation of global ocean models. *Biogeosciences*, https://doi.org/10.5194/bg-2021-2

Miller, C.B., Lynch, D.R., Carlotti, F., Gentleman, W., Lewis, C.V.W. (1998). Coupling of an individual-based population dynamic model of Calanus finmarchicus to a circulation model for the Georges Bank region. *Fisheries Oceanography*, 7(3-4), 219-234, https://doi.org/10.1046/j.1365-2419.1998.00072.x

Mogensen, K.S., Balmaseda, M.A., Weaver, A., Martin, M.J., Vidard, A. (2009). NEMOVAR: A variational data assimilation system for the NEMO ocean model. ECMWF Newsl., 120, 17-21.

Moore, A. M., Martin, M. J., Akella, S., Arango, H. G., Balmaseda, M., Bertino, L., ... and Weaver, A. T. (2019). Synthesis of ocean observations using data assimilation for operational, real-time and reanalysis systems: A more complete picture of the state of the ocean. Frontiers in Marine Science, 6:90, https://doi.org/10.3389/fmars.2019.00090

Moriarty, R., and O'Brien, T. (2013). Distribution of mesozooplankton biomass in the global ocean. *Earth System Science Data*, 5(1), 45-55, https://doi.org/10.5194/essd-5-45-2013

Natvik, L., and Evensen, G. (2003). Assimilation of ocean colour data into a biochemical model of the North Atlantic. Part 1: Data assimilation experiments. *Journal of Marine Systems*, 41, 127-153, https://doi.org/10.1016/S0924-7963(03)00016-2

Nerger, L. and Gregg, W.W. (2007). Assimilation of SeaWiFS data into a global ocean-biogeochemical model using a local SEIK filter. *Journal of Marine Systems*, 68, 237-254, https://doi.org/10.1016/j.jmarsys.2006.11.009

Nerger, L., and Gregg, W.W. (2008). Improving assimilation of SeaWiFS data by the application of bias correction with a local SEIK filter. *Journal of Marine Systems*, 73, 87-102, https://doi.org/10.1016/j.jmarsys.2007.09.007

Nerger, L., Janjić, T., Schröter, J., and Hiller, W. (2012). A Unification of Ensemble Square Root Kalman Filters. *Monthly Weather Review*, 140(7), 2335-2345, https://doi.org/10.1175/MWR-D-11-00102.1

Neumann, T. (2000). Towards a 3D-ecosystem model of the Baltic Sea. *Journal of Marine Systems*, 25(3), 405-419, https://doi.org/10.1016/S0924-7963(00)00030-0

Olsen, A., Lange, N., Key, R. M., Tanhua, T., Bittig, H. C., Kozyr, A., Àlvarez, M., Azetsu-Scott, K., Becker, S., Brown, P. J., Carter, B. R., Cotrim da Cunha, L., Feely, R. A., van Heuven, S., Hoppema, M., Ishii, M., Jeansson, E., Jutterström, S., Landa, C. S., Lauvset, S. K., Michaelis, P., Murata, A., Pérez, F. F., Pfeil, B., Schirnick, C., Steinfeldt, R., Suzuki, T., Tilbrook, B., Velo, A., Wanninkhof, R. and Woosley, R. J. (2020). GLODAPv2.2020 - the second update of GLODAPv2. *Earth System Science Data*, https://doi.org/10.5194/essd-12-3653-2020

Ourmières, Y., Brasseur, P., Lévy, M., Brankart, J.M. and Verron, J. (2009). On the key role of nutrient data to constrain a coupled physical-biogeochemical assimilative model of the North Atlantic Ocean. *Journal of Marine Systems*, 75(1-2), 100-115, https://doi.org/10.1016/j.jmarsys.2008.08.003

Palmer, J. R., and Totterdell, I. J. (2001). Production and export in a global ocean ecosystem model. *Deep Sea Research Part I: Oceanographic Research Papers*, 48(5), 1169-1198, https://doi.org/10.1016/S0967-0637(00)00080-7

Park, J.-Y., Stock, C. A., Yang, X., Dunne, J. P., Rosati, A., John, J., et al. (2018). Modeling global ocean biogeochemistry with physical data assimilation: A pragmatic solution to the equatorial instability. *Journal of Advances in Modeling Earth Systems*, 10, 891- 906, https://doi.org/10.1002/2017MS001223

Pérez-Jorge, S., Tobeña, M., Prieto, R., Vandeperre, F., Calmettes, B., Lehodey, P., Silva, M.A. (2020). Environmental drivers of large-scale movements of baleen whales in the mid-North Atlantic Ocean. *Diversity and Distributions*, 26(6), 683-698, https://doi.org/10.1111/ddi.13038

Petrik, C.M., Stock, C.A., Andersen, K.H., van Denderen, P.D., and Watson, J.R. (2019). Bottom-up drivers of global patterns of demersal, forage, and pelagic fishes. *Progress in Oceanography*, 176:102124, https://doi.org/10.1016/j.pocean.2019.102124

Petrik, C.M., Stock, C.A., Andersen, K.H., van Denderen, P.D., and Watson, J.R. (2020). Large pelagic fish are most sensitive to climate change despite pelagification of ocean foodwebs. *Frontiers in Marine Science*, 7, 588482, https://doi.org/10.3389/fmars.2020.588482

Pham, D.T., Verron, J., Roubaud, M.C. (1998). A singular evolutive extended Kalman filter for data assimilation in oceanography. *Journal of Marine Systems*, 16(3-4): 323-340, https://doi.org/10.1016/S0924-7963(97)00109-7

Pradhan, H.K., Völker, C., Losa, S.N., Bracher, A., and Nerger, L. (2020). Global assimilation of ocean-color data of phytoplankton functional types: Impact of different data sets. *Journal of Geophysical Research: Oceans*, 125, e2019JC015586, https://doi.org/10.1029/2019JC015586

Proud, R., Handegard, N. O., Kloser, R. J., Cox, M. J., and Brierley, A. S. (2018). From siphonophores to deep scattering layers:Uncertainty ranges for the estimation of global mesopelagic fish biomass. *ICES Journal of Marine Science*, 76, 718-733, https://doi.org/10.1093/icesjms/fsy037

Redfield, A.C. (1934). On the proportions of organic derivatives in sea water and their relation to the composition of plankton. James Johnson Memorial Volume, R. J. Daniel, Ed., University Press of Liverpool, 177-192.

Roberts, J. J., Best, B. D., Mannocci, L., Fujioka, E., Halpin, P. N., Palka, D. L., ... Lockhart, G. G. (2016). Habitat-based cetacean density models for the U.S. Atlantic and Gulf of Mexico. *Nature Scientific Reports*, 6, 22615, https://doi.org/10.1038/srep22615

Romagosa M., Lucas C., Pérez-Jorge S., Tobeña M., Lehodey P., Reis J., Cascão I., Lammers M. O., Caldeira R. M. A., Silva M. A. (2020). Differences in regional oceanography and prey biomass influence the presence of foraging odontocetes at two Atlantic seamounts. *Marine Mammal Science*, 36: 158-179, https://doi.org/10.1111/mms.12626

Romagosa, M., Pérez-Jorge, S., Cascão, I., Mouriño, H., Lehodey, P., Marques, T.A, Silva, M.A. (2021). Food talk: 40-Hz fin whale calls are associated with prey availability. *Proceedings of the Royal Society B Biological Sciences*, 288(1954), https://doi.org/10.1098/rspb.2021.1156

Rose, K.A., Fiechter, J., Curchitser, E.N., Hedstrom, K., Bernal, M., Creekmore, S., Haynie, A.C., Ito, S., Lluch-Cota, S.E., Megrey, B.A., Edwards, C.A., Checkley, D.M., Koslow, T., Mcclatchie, S., Werner, F.E., Maccall, A.D., and Agostini, V.N. (2015). Demonstration of a fully-coupled end-to-end model for small pelagic fish using sardine and anchovy in the California Current. *Progress in Oceanography*, 138, 348-380, https://doi.org/10.1016/j.pocean.2015.01.012

Russell, J., Sarmiento, J., Cullen, H., Hotinski, R., Johnson, K.S., Riser, S.C., et al. (2014). The Southern Ocean Carbon and Climate Observations and Modeling Program (SOCCOM). Ocean Carbon Biogeochem. News. Available at https://web.whoi.edu/ocb/wp-content/uploads/sites/43/2016/12/OCB_NEWS_FALL14.pdf

Ryabinin, V., Barbière, J., Haugan, P., Kullenberg, G., Smith, N., McLean, C., Troisi, A., Fischer, A., Aricò, S., Aarup, T., Pissierssens, P., Visbeck, M., Enevoldsen, H.O., Rigaud, J. (2019). The UN Decade of Ocean Science for Sustainable Development, *Frontiers in Marine Science*, 6,470, https://doi.org/10.3389/fmars.2019.00470

Sakov, P., and Oke, P.R. (2008). A deterministic formulation of the ensemble Kalman filter: an alternative to ensemble square root filters. *Tellus* A, 60, 361-371, https://doi.org/10.1111/j.1600-0870.2007.00299.x

Salon, S., Cossarini, G., Bolzon, G., Feudale, L., Lazzari, P., Teruzzi, A., Solidoro, C., Crise, A. (2019). Novel metrics based on Biogeochemical Argo data to improve the model uncertainty evaluation of the CMEMS Mediterranean marine ecosystem forecasts. *Ocean Science*, 15, 997-1022, https://doi.org/10.5194/os-15-997-2019

Santana-Falcon, Y., Brasseur, P., Brankart, J.M., and Garnier, F. (2020). Assimilation of chlorophyll data into a stochastic ensemble simulation for the North Atlantic ocean, *Ocean Science*, 16, 1297-1315, https://doi.org/10.5194/os-16-1297-2020

Schartau, M., Wallhead, P., Hemmings, J., Löptien, U., Kriest, I., Krishna, S., Ward, B. A., Slawig, T., and Oschlies, A. (2017). Reviews and syntheses: parameter identification in marine planktonic ecosystem modelling. *Biogeosciences*, 14, 1647-1701, https://doi.org/10.5194/bg-14-1647-2017

Scutt Phillips, J., Sen Gupta, A., Senina, I., van Sebille, E., Lange, M., Lehodey, P., Hampton, J., Nicol, S. (2018). An individual-based model of skipjack tuna (Katsuwonus pelamis) movement in the tropical Pacific Ocean. *Progress in Oceanography*, 164, 63-74, https://doi.org/10.1016/j.pocean.2018.04.007

Senina, I., Lehodey, P., Hampton, J., Sibert, J. (2019). Quantitative modelling of the spatial dynamics of South Pacific and Atlantic albacore tuna populations. *Deep Sea Research Part II: Topical Studies in Oceanography*, 175, 104667, https://doi.org/10.1016/j.dsr2.2019.104667

Senina, I., Lehodey, P., Sibert, J., Hampton, J. (2020). Improving predictions of a spatially explicit fish population dynamics model using tagging data. *Canadian Journal of Aquatic and Fisheries Sciences*, 77(3), 576-593, https://doi.org/10.1139/cjfas-2018-0470

Senina, I., Sibert, J., and Lehodey, P. (2008). Parameter estimation for basin-scale ecosystem-linked population models of large pelagic predators: Application to skipjack tuna. *Progress in Oceanography*, 78, 319-335, https://doi.org/10.1016/j.pocean.2008.06.003

Sibert, J., Senina, I., Lehodey, P., Hampton, J. (2012). Shifting from marine reserves to maritime zoning for conservation of Pacific bigeye tuna (Thunnus obesus). *Proceedings of the National Academy of Sciences*, 109(44): 18221-18225.

Simon, E. and Bertino, L. (2009). Application of the Gaussian anamorphosis to assimilation in a 3-D coupled physical-ecosystem model of the North Atlantic with the EnKF: a twin experiment. *Ocean Science*, 5(4), 495-510, https://doi.org/10.5194/os-5-495-2009

Simon, E. Bertino, L. (2012). Gaussian anamorphosis extension of the DEnKF for combined state parameter estimation: Application to a 1D ocean ecosystem model. *Journal of Marine Systems*, 89(1), 1-18, https://doi.org/10.1016/j.jmarsys.2011.07.007

Simon, E., Samuelsen, A., Bertino, L. and Mouysset, S. (2015). Experiences in multiyear combined state-parameter estimation with an ecosystem model of the North Atlantic and Arctic Oceans using the Ensemble Kalman Filter. *Journal of Marine Systems*, 152, 1–17, https://doi.org/10.1016/j.jmarsys.2015.07.004

Skákala, J., Ford, D., Brewin, R. J. W., McEwan, R., Kay, S., Taylor, B., Mora, L., and Ciavatta, S. (2018). The assimilation of phytoplankton functional types for operational forecasting in the northwest European shelf. *Journal of Geophysical Research: Oceans*, 123, 5230-5247, https://doi.org/10.1029/2018JC014153

Skakala, J., Bruggeman, J., Brewin, R.J., Ford, D.A. and Ciavatta, S. (2020). Improved representation of underwater light field and its impact on ecosystem dynamics: A study in the North Sea. *Journal of Geophysical Research: Oceans*, 125(7), e2020JC016122, https://doi.org/10.1029/2020JC016122

Skákala, J., Ford, D., Bruggeman, J., Hull, T., Kaiser, J., King, R.R., Loveday, B., Palmer, M.R., Smyth, T., Williams, C.A. and Ciavatta, S. (2021a). Towards a multi-platform assimilative system for North Sea biogeochemistry. *Journal of Geophysical Research: Oceans*, 126(4), e2020JC016649, https://doi.org/10.1029/2020JC016649

Skakala, J., Bruggeman, J., Ford, D.A., Wakelin, S.L., Akpınar, A., Hull, T., Kaiser, J., Loveday, B.R., Williams, C.A.J. and Ciavatta, S. (2021b). Improved consistency between the modelling of ocean optics, biogeochemistry and physics, and its impact on the North-West European Shelf seas. *Earth and Space Science Open Archive ESSOAr*, https://doi.org/10.1002/essoar.10506737.2

Skogen, M.D. (1993). A User's guide to NORWECOM (the NORWegian ECOlogical Model system). Technical report 6, Inst.of Marine Research, Division of Marine Env., Pb 1870, N-5024 Bergen, Norway.

Skogen, M.D. and Søiland, H. (1998). A User's guide to NORWECOM v2.0 (the NORWegian ECOlogical Model system). Tech.rep. Fisken og Havet 18, Inst. of Marine Research, Pb.1870, N-5024 Bergen. Norway.

Song, H., Edwards, C.A., Moore, A.M., and Fiechter, J. (2016). Data assimilation in a coupled physical-biogeochemical model of the California current system using an incremental lognormal 4-dimensional variational approach: part 3 - Assimilation in a realistic context using satellite and in situ observations. Ocean Modelling, 106, 1531-145, https://doi.org/10.1016/j.ocemod.2016.04.001

Spindler, M. (1994). Notes on the biology of sea ice in the Arctic and Antarctic. *Polar Biology*, 14, 319-324, https://doi.org/10.1007/BF00238447

Storto, A., Oddo, P., Cipollone, A., Mirouze, I. and Lemieux-Dudon, B. (2018). Extending an oceanographic variational scheme to allow for affordable hybrid and four-dimensional data assimilation. *Ocean Modelling*, 128,.67-86, https://doi.org/10.1016/j.ocemod.2018.06.005

Stow, C. A., Jolliff, J., McGillicuddy Jr, D. J., Doney, S. C., Allen, J. I., Friedrichs, M. A., Wallhead, P., 2009. Skill assessment for coupled biological/physical models of marine systems. *Journal of Marine Systems*, 76(1-2), 4-15, https://doi.org/10.1016/j.jmarsys.2008.03.011

Taylor, K.E. (2001). Summarizing multiple aspects of model performance in a single diagram. *Journal of Geophysical Research: Atmospheres*, 106(D7), 7183-7192, https://doi.org/10.1029/2000JD900719

Teruzzi, A, Di Cerbo, P, Cossarini, G, Pascolo, E, Salon, S. (2019). Parallel implementation of a data assimilation scheme for operational oceanography: The case of the MedBFM model system. *Computers & Geosciences*, 124, 103-114, https://doi.org/10.1016/j.cageo.2019.01.003

Teruzzi, A., Dobricic, S., Solidoro, C., and Cossarini, G. (2014). A 3-D variational assimilation scheme in coupled transport-biogeochemical models: Forecast of Mediterranean biogeochemical properties. *Journal of Geophysical Research: Oceans*, 119, 200-217, https://doi.org/10.1002/2013JC009277

Tissier, A.-S., Brankart, J.M., Testut, C.E., Ruggiero, G., Cosme, E., and Brasseur, P. (2019). A multiscale ocean data assimilation approach combining spatial and spectral localization. *Ocean Science*, 15, 443-457, https://doi.org/10.5194/os-15-443-2019

Torres, R., Allen, J.I. and Figueiras, F.G. (2006). Sequential data assimilation in an upwelling influenced estuary. *Journal of Marine Systems*, 60(3-4), 317-329, https://doi.org/10.1016/j.jmarsys.2006.02.001

Uitz, J., Claustre, H., Morel, A., and Hooker, S. B. (2006). Vertical distribution of phytoplankton communities in open ocean: An assessment based on surface chlorophyll. *Journal of Geophysical Research: Oceans*, 111(C8), https://doi.org/10.1029/2005JC003207

van Leeuwen, P.J. (2010). Nonlinear data assimilation in geosciences: an extremely efficient particle filter. *Quarterly Journal of the Royal Meteorological Society*, 136(653), 1991-1999, https://doi.org/10.1002/qj.699

Vandenbulcke, L., and Barth, A. (2015). A stochastic operational system of the Black Sea: Tech. and validation. *Ocean Modelling*, 93, 7-21.

Verdy, A., and Mazloff, M.R. (2017). A data assimilating model for estimating Southern Ocean biogeochemistry. *Journal of Geophysical Research: Oceans*, 122(9), 6968-6988, https://doi.org/10.1016/j.ocemod.2015.07.010

Vetra-Carvalho, S., Van Leeuwen, P.J., Nerger, L., Barth, A., Altaf, M.U., Brasseur, P., Kirchgessner, P. and Beckers, J.M. (2018). State-of-the-art stochastic data assimilation methods for high-dimensional non-Gaussian problems. *Tellus A: Dynamic Meteorology and Oceanography*, 70(1), 1-43, https://doi.org/10.1080/16000870.2018.1445364

Vichi, M., Cossarini, G., Gutierrez Mlot, E., Lazzari, P., Lovato, T., Mattia, G., Masina, S., McKiver, W., Pinardi, N., Solidoro, C., Zavatarelli, M. (2015). The Biogeochemical Flux Model (BFM): Equation Description and User Manual. BFM version 5.1. BFM Report series N.1, March 2015, Bologna, Italy, pp. 89.

Wang, B., Fennel, K., Yu, L. and Gordon, C. (2020). Assessing the value of biogeochemical Argo profiles versus ocean color observations for biogeochemical model optimization in the Gulf of Mexico. *Biogeosciences*, 17(15), 4059-4074, https://doi.org/10.5194/bg-17-4059-2020

Warner, J.C., Armstrong, B., He, R., Zambon, J.B. (2010). Development of a Coupled Ocean–Atmosphere–Wave–Sediment Transport (COAWST) Modeling System. *Ocean Modelling*, 35(3), 230-244, https://doi.org/10.1016/j.ocemod.2010.07.010

Waters, J., Lea, D.J., Martin, M.J., Mirouze, I., Weaver, A. and While, J. (2015). Implementing a variational data assimilation system in an operational 1/4 degree global ocean model. *Quarterly Journal of the Royal Meteorological Society*, 141(687), 333-349, https://doi.org/10.1002/qj.2388

Waters, J., Bell, M. J., Martin, M. J., and Lea, D. J. (2017). Reducing ocean model imbalances in the equatorial region caused by data assimilation. *Quarterly Journal of the Royal Meteorological Society, 143(702), 195-208.*

While, J., Totterdell, I. and Martin, M. (2012). Assimilation of pCO2 data into a global coupled physical-biogeochemical ocean model. *Journal of Geophysical Research: Oceans*, 117(C3), https://doi.org/10.1029/2010JC006815

Wright, R.M., Le Quéré, C., Buitenhui, E., Pitois, S., Gibbons, M. (2021). Role of jellyfish in the plankton ecosystem revealed using a global ocean biogeochemical model. *Biogeosciences*, 18, 1291-1320, https://doi.org/10.5194/bg-18-1291-2021

Xiao, Y., and M.A.M. Friedrichs (2014). Using biogeochemical data assimilation to assess the relative skill of multiple ecosystem models: effects of increasing the complexity of the planktonic food web. *Biogeosciences*, 11(11), 3015-3030, https://doi.org/10.5194/bg-11-3015-2014

Yool, A., Popova, E. E., and Anderson, T. R. (2013). MEDUSA-2.0: an intermediate complexity biogeochemical model of the marine carbon cycle for climate change and ocean acidification studies. *Geoscientific Model Development*, 6, 1767-1811, https://doi.org/10.5194/gmd-6-1767-2013

Yu, L., Fennel, K., Bertino, L., El Gharamti, M., and Thompson, K. R. (2018). Insights on multivariate updates of physical and biogeochemical ocean variables using an Ensemble Kalman Filter and an idealized model of upwelling. *Ocean Modelling*, 126, 13-28, doi:10.1016/j.ocemod.2018.04.005

Zeebe, R., and Wolf-Gladrow, D. (2001). CO2 in Seawater: Equilibrium, Kinetics, Isotopes. Elsevier Oceanography Book Series, 65, 346 pp, Amsterdam.

Zhou M., Carlotti F., Zhu Y. (2010). A size-spectrum zooplankton closure model for ecosystem modelling. *Journal of Plankton Research*, 32(8), 1147-1165, https://doi.org/10.1093/plankt/fbq054

第 10 章
耦合预测:集成大气-波浪-海洋的预测

10.1 耦合预测的介绍

在对地球系统各组成部分进行数值模拟的早期,每个组成部分都被单独处理。图 10.1 显示了独立运行的两个系统,即海洋和大气:一个系统的输出被用来“强迫”另一个系统。海洋和大气之间的交界面被认为是一种现象,必须独立于这两种介质进行建模。

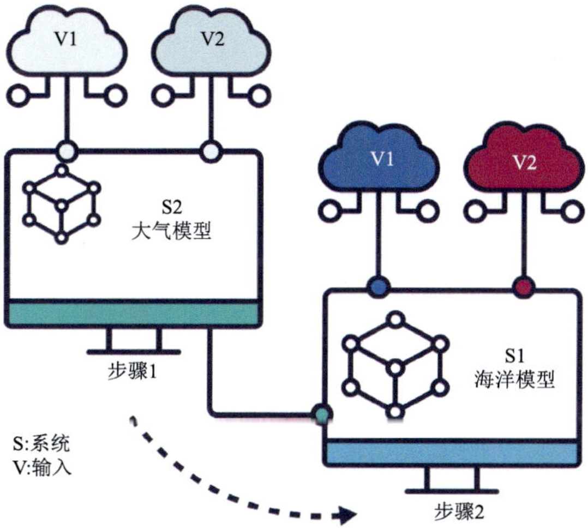

图 10.1 传统的模拟平台,其特点是系统(S),如海洋模型和大气模型,以及每个系统的输入(V)

这种对地球系统相互作用的表示方式在某种意义上是任意的。随着模型复杂性的增加,人们试图将各部分更紧密地结合起来,特别是在气候模拟领域。天气预报的时间尺度是几天到几周(Lorenz,1967),由于新的预报会定期被初始化(通常是每天),过度的发散性从未被认为是一个问题。因此,保持早期的数值天气预报模型的稳定性并不是优先考虑的问题。为避免模型漂移而使热量、水汽或动量守恒的问题,只有在气候模型的长积分出现时才开始显现出来。很明显,对大气的长期气候积分也需要考虑(缓慢)变化对海洋的影响,特别是由于各种气候组成以非线性方式相互作用。这会产生反馈循环,可以从根本上改变每个气候组成部分的状态。数值天气预报模型也需要在大气层顶部闭合能量收支(或者在气候变化的情况下,正确

---

* 本章主编:John Siddorn;编写成员:Øyvind Breivik, Natacha B. Bernier, Kai H. Christensen, Stephen G. Penny, Keguang Wang。

反映这种不平衡),这促进了首次尝试将海洋和大气模型耦合在一起。漂浮在海洋上的冰和地面上的土壤也与海洋和大气分离。后者最先被纳入更复杂的模型中,发展了第一批耦合模型。

图 10.2 显示了可以通过一种叫作耦合器"机制"进行相互作用的系统的概念性表示。图 10.3 则更详细、更真实地展示了这种耦合过程。

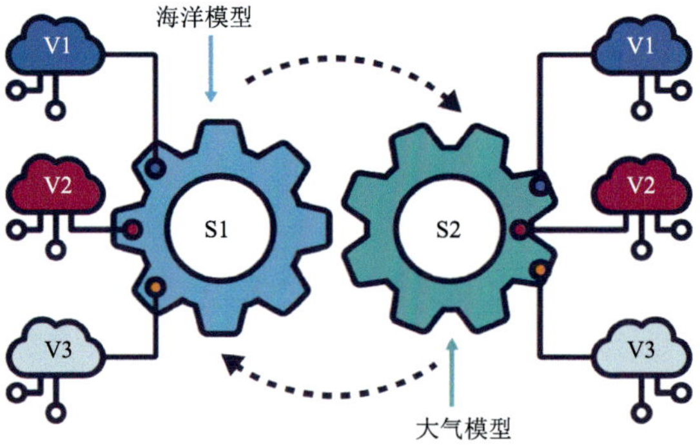

图 10.2　耦合建模平台,系统(S)通过被称为"耦合器"的接口代码相互通信

(来自 ETOOFS 手册,可在 https://www.mercator-ocean.eu/en/oofs-guide/获取)

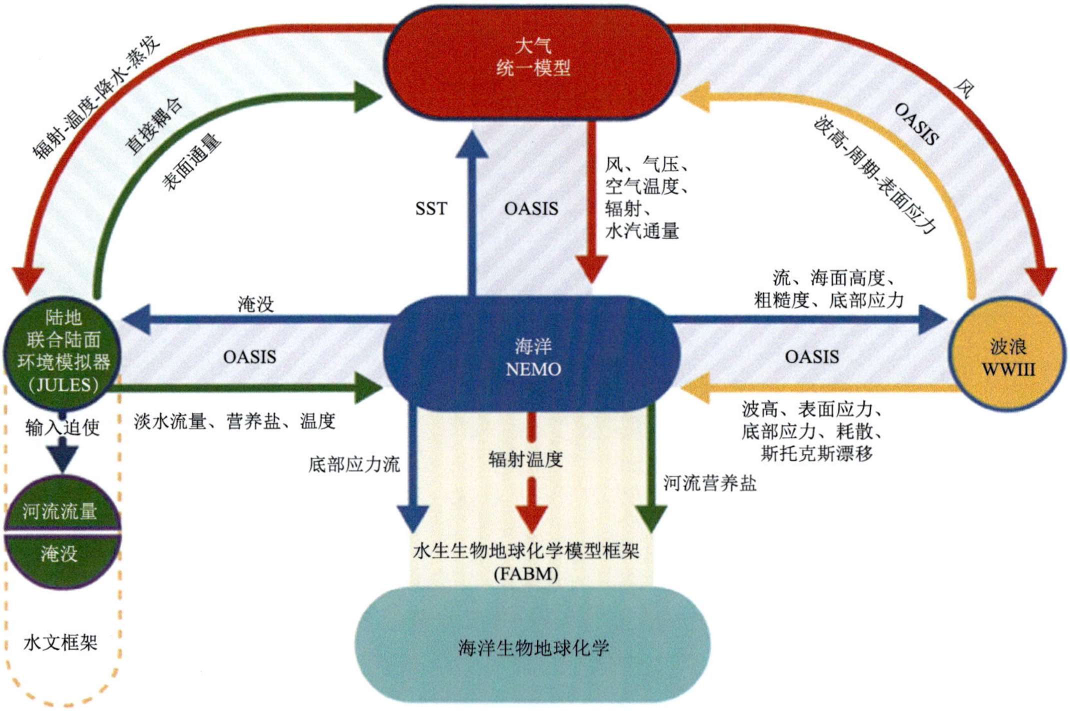

图 10.3　组成部分(海洋、波浪等)、模型(NEMO、WWIII 等)及它们之间的耦合交换示意图(Lewis et al., 2019)(注意使用了耦合器 OASIS,在 JULES 和河流模型之间使用输入强迫,在 JULES 和 UM 之间直接耦合,在 NEMO 和 ERSEM 系统之间直接强迫。一个相对简单的耦合系统(无冰),包括 6 种不同的模型和 4 种不同的方法来耦合它们之间的关系)

在 NWP 历史上,很早就注意到了高技巧制作天气预报的理论挑战。例如,Lorenz(1963)

指出了对初始条件的敏感依赖现象。这意味着我们目前对大气或海洋的最佳猜测的微小变化可能会导致预测的巨大变化。因此，高技巧的天气预测被限制在 1～2 周的有限时间范围内。然而，这种观点倾向于关注同步尺度的大气动力学。当大气的数值模型与海洋和其他地球系统组成部分的数值模型耦合时，新的时间尺度被引入系统中。在这种多尺度系统中，快速增长的误差往往与快速演变但在较小尺度上饱和的过程有关（Harlim et al.，2005），而较慢增长或衰减的误差往往与较大尺度的振荡有关（Penland et al.，1995；Penland et al.，1998；Vannitsem et al.，2020）。

DA 是将来自数值模型的信息与从现实世界观测的结果相结合的过程。在业务中心，DA 系统通常是为地球系统的每个组成部分独立构建的。在早期的耦合预报制作工作中，当应用数据同化来提供初始条件时，各组成部分仍然是分离的（Saha et al.，2006，2010，2014；Zhang et al.，2007），这种方法现在被称为弱耦合数据同化（WCDA）。而最近，人们开始尝试将整个耦合的地球系统视为一个整体状态，并据此进行更新。这种更加集成的方法允许观测数据跨越领域边界（例如海-气界面）产生直接影响，因此被称为强耦合数据同化（SCDA）。还有一些方法介于两者之间，如 ECMWF 的耦合再分析（CERA）系统，它将不同的 DA 系统应用于大气和海洋，但仍允许通过移动的 6～12 h 时间窗口的迭代循环来影响整个海-气交界面（Laloyaux et al.，2018）。

除了这些理论上的考虑，转化到耦合预测还涉及许多技术上的复杂问题。许多中心已经为各个地球组成部分（如大气、海洋、陆地、波浪等）独立开发了监测和预测工具。基于其发展的历史背景和计算能力的限制，这是很自然的，但它在机构内部和机构之间形成了一种基础条件，增加了统一预测系统工作的复杂性。主要的预测中心正在通过统一模型和数据同化的软件基础结构，以及提供增加每个系统组成部分的开发团队之间互动的机会，向综合方面发展。模型输出和观测数据集的数据格式在地球系统的各个领域还没有完全标准化，因此，在实现无缝集成之前，还需要进一步的工作。

一个非常重要的实际限制，必定会限制耦合预测的研究和发展，就是它对计算资源的极端要求。表现最好的大气预测和海洋预测的应用已经被推到了资源消耗的极限。由于认识到耦合系统在低分辨率和高分辨率下的表现是非常不同的，但是很少有机构拥有必要的资源来探索在相关分辨率下的耦合预测的未解之谜，以利于业务预测。由于这个原因，目前正在努力寻找方法，以突破循环数据同化和预报系统中计算需求的瓶颈。

10.2 耦合过程

10.2.1 波浪及其在大气-海洋交换中的作用

波浪被称为气候系统的齿轮箱（Semedo et al.，2011）。这个比喻强调了波浪场在大气和海洋内部之间的中介作用。海面需要自己的数值模型，这似乎令人惊讶。其他组成部分（大气、海洋、海冰、陆地表面）都有真实的内容，即它们各自代表了地球系统的一个三维组成。相比之下，波浪模型是对两种介质即大气和海洋之间的表面的表示（图 10.4）。然而，这种分割有很好的实际理由。如果我们能获得无限的计算能力，我们可以用接近科尔莫戈罗夫的微尺度的网格分辨率来建立海洋和大气模型。这将意味着纳维-斯托克斯方程可以在被称为直接数值模拟(DNS)的近似极限中得到解决(Moin et al.,1998)。在这种情况下,(液态)海洋可能会与(气态)大气相互作用,在它们的界面上会形成一个波浪形的表面,如果有足够强的动量通量(主要是从大气到海洋),当波浪开始破裂时,会形成液滴和气泡。计算上的现实与此相去甚远。目前,如果我们把自己限制在小的领域内,我们可以用水平方向上几十米的网格单元来模拟海洋和大气,而在风的影响下形成的波浪,其波长在几米到几百米之间,因此无法与庞大的海洋特性作为整体来解决。

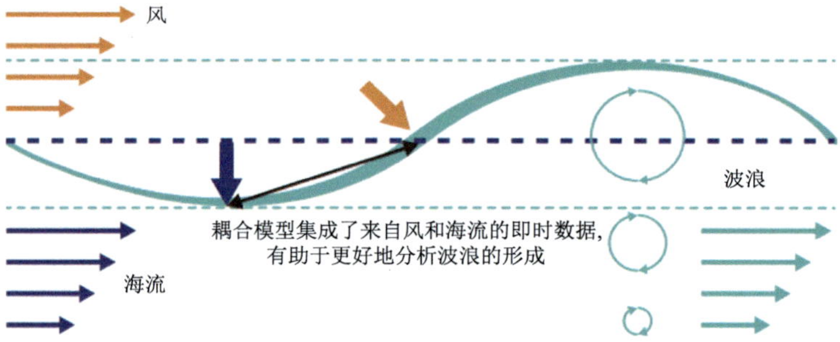

图 10.4　AWO 耦合模型示意图

(来自 ETOOFS 手册,可在 https://www.mercator-ocean.eu/en/oofs-guide/获取)

波浪生消过程决定了海洋和大气之间的质量和动量通量。波浪在风的影响下增长时,变得更加陡峭。在这个阶段,波浪更汹涌。所有这些都意味着大气和海洋之间的动量通量受到波浪存在的影响(Janssen et al.,2004;Breivik et al.,2015)。波浪和大气之间也有非常重要的反馈。随着波浪的增长,海面变得更加粗糙,减缓了近海风速,增加了从大气到波浪场的动量通量,这具有阻止低压系统加深的作用,对热带低压的形成和发展很重要(Janssen,1991,2004),而且对热带气旋的演变也很重要(下文将进一步讨论)。

波浪对海-气相互作用的一个次要影响是通过其向海洋内部传递动量和湍流动能的能力(图 10.4)。随着波浪的增长,它们吸收了原本会直接用于形成洋流的动量。当波浪破碎时,它们会将这一动量分离出来,同时将湍流动能汇入海洋(Janssen et al.,2004;Rascle et al.,2006;Ardhuin et al.,2008,2009)。这导致动量和动能在时间和空间上的重新分配(Ardhuin et al.,2006;Breivik et al.,2015;Staneva et al.,2017;Wu et al.,2019),并对近岸过程产生深远影响(Uchiyama et al.,2010;Kumar et al.,2012),在近岸,波浪与海流的相互作用非常强烈。同样清楚的是,在开阔的海洋条件下,混合层深度部分取决于波浪活动,部分由 Langmuir 湍流维持(McWilliams et al.,1997;Fan et al.,2014;Li et al.,2016,2017;Li et al.,2017;Ali et al.,2019)。因此,波浪导致的混合层增强对海面温度很重要,这有助于确定空气-海洋热通量,从而构成大气和海洋之间的重要反馈机制。

10.2.2　陆地-海洋交换

陆地-海洋的相互作用发生在广泛的空间和时间尺度上。陆地的存在改变了沿海地区的天气,例如海风造成的风速和风向的日常变化,因此,大气在陆地和海洋之间提供了一个间接的联系。这种间接耦合的另一个例子是大尺度天气系统可以影响河水的运输途径(Osadchiev temporal scales,2020)。

陆地、海洋和大气之间的物理耦合,其强度和重要性不一定相等,我们经常观察到一种滞后的反应。河流的径流取决于潜在的非常大的流域区的降水,在特定的降水事件和淡水排放到沿海海洋之间有明显的滞后。这种滞后性在温带和极地地区尤其明显,因为那里的降水在一年中的部分时间里以雪的形式积累。这反映在最先进的耦合模型中,因为很少有系统将海洋与陆地耦合在一起,而是选择大气作为二者之间的联系。

10.2.3 跨越海冰的海-气交换

在高纬度地区,大气-海洋交换由于海冰的存在而改变。海冰的厚度可达几米,对来自大气和海洋的作用力都很敏感,大气、海洋和海冰是紧密耦合的。地球物理学规模的海冰基本上是大小和厚度不同的浮冰的混合物,而且还具有筏状和脊状的复杂性。准确描述海冰的机械行为是非常具有挑战性的,尽管在大尺度上将海冰作为塑性物质建模早已是一种成功的方法(Coon et al.,1974;Hibler,1979;Hunke et al.,1997;Girard et al.,2011)。在中到高的模型分辨率下(≤10 km),这种模型可以产生小尺度的特征,如冰间水道(Hutchings et al.,2005;Wang et al.,2009;Girard et al.,2011;Spreen et al.,2017)。这种薄冰盖的热含量非常小,在夏季很容易融化,导致海冰范围的季节性变化很大。

在大部分浮冰区,大气和海洋之间的热力学和动力相互作用被大大抑制。在冬季,通过冰间水道的大气-海洋热流比通过厚冰的热流大两个数量级(Maykut,1978)。在动力学上,浮冰表现为一个低通滤波器,大气和海的表面应力作用于冰盖,从而驱动海冰的平流和变形,而波浪通常被抑制。海冰边缘区(MIZ)是一个高度复杂的区域,由不同尺寸和形状的浮冰组成。传播到 MIZ 的波能可导致海冰快速破裂。海冰中的波浪衰减与传给海冰的能量大小直接相关,这是一个活跃的研究领域,目前还不完全清楚 MIZ 是如何衰减波能的(Doble et al.,2013;Williams et al.,2013;Kohout et al.,2014;Sutherland et al.,2016;Ardhuin et al.,2016;Rabault et al.,2020)。

陆地冰是一个特殊的区域,大气-海洋的相互作用几乎停止了。它一般出现在冬季,经常出现在浅水区,脊状冰在海床上接地(Mahoney et al.,2014),或者出现在岛屿相互靠近的地方(Divine et al.,2003)。模拟研究表明,接地脊基引起的底应力的增加和冰的抗拉强度增强,可以改善对陆地冰演变的模拟(Lemieux et al.,2016),但是在一些北极大陆架海域,持续时间需要进一步改善。

在耦合模型中,一个关键的考虑因素是:将海冰直接与大气耦合,还是只通过海洋模型进行耦合?在最近的一些耦合模型中,特别是在高分辨率的短期大气、海洋和海冰预报中,耦合的时间步长已经减少到 1 h 或更短,例如挪威气象研究所的海洋-冰耦合模型 METROMS(Naughten et al.,2018),或英国气象组织的大气-冰耦合模型(Ridley et al.,2018)。在这些情况下,使用大气时间步长或海洋时间步长的差别一般可以忽略不计。

10.2.4 风暴和其他极端事件中海-气交换的重要性

在热带气旋的发展过程中,海-气交换真正发挥了作用。一般来说,海面温度必须超过 26.5 ℃才能维持气旋的生长(Emanuel, 1986)。然而,海洋温度必须超过这个临界值的深度也很重要。当气旋在海面上移动时,埃克曼输送将导致发散,垂直埃克曼抽吸最终会将较冷的水引向海面。如果气旋移动得足够慢,将最终导致气旋消散(Mogensen et al.,2017)。因此,必须包括一个对大气强迫做出响应的海洋模型分量。

极地低气压的性质明显没有热带气旋那么极端，但它们对海面温度有同样的依赖性（Rasmussen et al.，2003）。当风吹开海冰时，大气被（相对）温暖的海洋表面迅速加热。在适当的大气条件下（Kolstad，2015），这可能导致极地低气压的形成。这些是小规模的强烈气旋，通常伴有强风。如果气旋相对静止，浅层的暖水可以通过埃克曼抽吸与冷水混合。由于海洋温度是维持旋风的关键，水的混合有时足以抑制极地低气压的进一步成长。

陆地、海洋和大气之间瞬时耦合的例子还包括热带气旋登陆期间的沿海淹没（Lee et al.，2019）。在这些情况下，大量的降水导致当地河流水位暴涨，这往往与大范围风暴潮同时发生。其结果是海面高度迅速抬升，可能对沿海基础设施造成大范围破坏，特别是在与巨浪和强风结合时，影响尤为严重。

10.3 耦合的预期效益

海洋-大气耦合预测系统在提供季节性可预测方面的重要性是众所周知的（Kim et al.，2012）。季节性预测系统的可预测性来源，就其性质而言，往往是由遥相关驱动的耦合系统，这些遥相关是气候模式的功能，如北大西洋涛动和厄尔尼诺-南方涛动，具有地理上的深远影响。然而，随着时间尺度的缩短，这些耦合气候模式的主导地位对大气-海洋系统的可预测性变得不那么重要，完全耦合系统的优势与计算成本或所需技术和科学的复杂性相比变得不太明显。大气和风浪模型之间的耦合于 1998 年首次在 ECMWF 投入业务使用。基于 Janssen（1991）的理论工作，该方法有助于改善全球范围内中尺度的大气和海面波浪预报。通常方法是利用大气条件强迫海洋（Takano et al.，1973）（在本节中称为“强迫”），并使用通量的批量参数化（Large et al.，2009），这种方法在计算和结构上远比耦合方法容易和低成本。然而，关键的边界层过程（详见第 9.1 节）没有被考虑在内，因此大气边界层和上层海洋之间的反馈没有被体现。了解这些过程可能有多重要是有必要的，同时应考虑到耦合模型可能因正反馈导致预报漂移而出现的系统误差（Hyder et al.，2018）。

海洋预报系统的分辨率越来越高，可以解决海岸线、水深和涡流尺度过程。随着网格分辨率的提高，耦合对模式预测的影响变得更加重要（Janssen et al.，2004），因此，耦合对海洋预测的好处问题，现在也许比以往任何时候都更有意义。少量但越来越多的文献证明了在较短的时间范围内耦合对海洋预测的好处（Brassington et al.，2015；Allard et al.，2010；Lewis et al.，2018，2019）。

在短期海洋预报中，对耦合预测相较于不耦合预测的优势，我们的理解还处于初级阶段。尽管先进系统的未来显然是趋向于耦合的，因为这样能更好地体现多个过程，但由于参数化的存在，不耦合的预测模型同样具有可行性，因此决不应被轻易放弃。最近的海洋预测科学会议强调了需要仔细评估海洋和大气成分如何相互作用和影响（Vinayachandran et al.，2020）。在月度或更短的时间尺度上，需要评估运行耦合系统的益处与复杂性及计算成本，同时考虑科学效益和服务效益。如果完全耦合不可行，且服务不依赖于大气和海洋信息，那么中等复杂度的耦合或许是一个合适的选择。Lemarié 等（2021）给出了一个大气边界层方法的实例，该方法在显著简化计算并降低成本的同时，提供了耦合的一些优势。

由于多灾种预测方法的不断推进，耦合框架的潜在优势不断得到加强。多种来源的自然灾害可能结合在一起或同时发生(Lewis et al.,2015)。巨浪、风暴潮、强风和极端降水都是有可能同时发生的灾害，并通过耦合反馈机制相互影响(例如通过风暴潮漫堤现象)。预测这些耦合反馈的耦合系统可以通过预警和指南，在预测范围和一致性方面提高可操作性。

当考虑在多灾种框架中提供服务时，应将耦合提供的有利条件与科学效益一起考虑。一个结合了整个水循环的耦合系统——包括一致的降水、河流径流、波浪、海流和风暴潮预报——可以在一个联合概率框架内为用户提供相互一致的产品。这对风暴潮预报尤为重要，因为沿海社区或工业可能同时遇到河流大流量和局部强降水事件，以及越浪和极端的风暴潮的影响。从服务的角度来看，提供概率框架是很有吸引力的，在这个框架中，事件的时间和强度被持续结合，并进行适当的互动；这些服务越来越依赖概率信息进行决策。一个关注度不高但似乎很可能被证明很重要的领域，是地球系统各组成部分之间的反馈对集合离散度的影响，以及因此对概率信息的质量的影响。

海洋现象可根据其性质进行有效的分类，这决定了海洋预测技术的时间尺度，以及海洋-大气耦合模型是否有优势。有些现象对大气层的强迫有很强的依赖性和快速响应，可以被认为是强迫-消散系统。这类现象包括：表面波、对海洋边界层的表面加热和风的响应，以及风暴潮。这些系统在很大程度上取决于大气模型的预测能力，因此，与大气耦合的益处可以成为海洋系统预测能力的主导因素。耦合的优势及其对可预测性的影响通常集中在对大气的益处上(Brunet et al.,2010；Belcher et al.,2015)。海洋耦合对热带气象的影响在热带气旋(Bender et al.,2000；Mogensen et al.,2017；Smith et al.,2018；Neetu et al.,2019)、季风(Fu,2007)和麦登-朱利安震荡(Bernie et al.,2008；Shelly et al.,2014；Seo et al.,2014)中得到了充分证明，耦合系统的可预测性得到了改善。也有越来越多的证据表明，海洋对中纬度地区有重要的局部(对短期预报很重要)和非局部(随着预报时效的延长变得越来越重要)影响(Minobe et al.,2008)。

在文献中，关于大气参数的耦合改进对海洋服务的影响量化程度有限，但这是一个越来越多的研究领域。Guiavarc'h 等(2019)探讨了耦合(大气-海洋)系统对短期海洋预报能力的影响，结果显示在短期 SST 可预测性方面有益处，但对其他参数的影响不一。鉴于他们使用的研究系统处于相对早期的发展阶段，而且大气的分辨率明显低于类似的强迫系统，这些结果是令人鼓舞的。

尽管将波浪-海洋交界进行耦合以改进风暴潮和波浪预报的重要性已有充分证明(Wolf, 2008; Lewis et al., 2018)，但大多数风暴潮和波浪预报系统在很大程度上仍然是独立的。除了大气强迫外，洋流在改变波浪特性方面也起着重要作用。涡旋、锋面和涡丝等结构，其长度尺度为数十至数百千米，广泛存在于世界各大洋中，可能是这些尺度上有效波高变化的主要来源。Ardhuin 等(2017)提出了一个令人信服的理由，说明海洋表层洋流与波浪模型进行耦合的重要性，这有助于在世界大洋中充分表达波浪高度变化。由于波浪模型与海洋模型进行耦合，陆架海环境中的波浪预报得到改进(Allard et al., 2012; Wahle et al., 2017; Lewis et al., 2018)。此外，对海洋洋流和其他海洋参数的预报也得到了改善，包括由于斯托克斯漂移效应引起的上升流(Wu et al., 2019)。Fan 等(2009)表明，在飓风中，由于与风的耦合作用，海面波浪场的时间和空间变化尤为强烈，同时海洋洋流和近海面温度也产生了显著的额外反馈。

考虑到海洋表层海流和风之间的反馈，海洋涡旋动能会受到抑制(Oerder et al.,2018; Jullien et al.,2020)。随着海洋模型越来越清晰地解决中尺度问题，可能有过度预测涡旋活动的倾向。在非耦合系统中，可以选择使用相对风速(考虑到涡流和其他洋流的相互作用)来计算风应力。然而，在这些系统中，没有海洋涡旋对大气风应力曲线的影响（由于非耦合大气模拟系统中缺乏海洋涡旋），因此对风应力的反馈导致了对涡旋的过度阻尼。一个完全耦合的系统将合理分配风和海流之间的反馈，使涡流和风场能够合理地协同演变。风和海流之间的这种耦合也可以导致大尺度的升级，例如，Renault 等（2016）的研究表明，海流/风的反馈通过其涡流抑制效应，解决了墨西哥湾流路径中长期存在的偏差。

海洋热浪的重要性最近已得到认可（Holbrook et al.，2019）。它们是由海洋表面的异常加热引起的高影响事件；其可预测性取决于海-气耦合现象（Jacox，2019）。在温度尺度的另一端，Pellerin 等（2004）的研究表明，由于沿海海冰覆盖的快速变化（即沿海冰间湖的形成），耦合现象也可以在海冰覆盖的海域产生强烈的影响，甚至短至次日的影响。海冰是相对温暖潮湿的海洋和寒冷干燥的大气之间的屏障，海冰覆盖的变化可以对热量和水分通量产生巨大的影响。耦合的重要性在极地地区也得到了认可（Jung et al.，2006）。

沿海地区尤其受到耦合过程的影响，包括海洋和大气之间的耦合以及与河流和河口洪水的耦合。Røed 等（2007）强调了淡水排放对海洋环流的影响，Dzwonkowski 等（2017）则更广泛地强调了对沿海海洋环境的影响。由于其规模（时间和空间）和复杂性，来自陆地表面经由河口和潟湖的洪水输入，在海洋预测系统中的描述通常较差。准确模拟营养物质的输入是非常困难的，因为它受到土地利用和社会因素的强烈影响，因此相关的浮游生物反应也变得更加复杂。虽然这个问题从根本上说不是一个耦合问题，但通过更好地明确河流-河口-海洋的相互作用，仍可以改善沿海环境输入状况。

10.4 基于耦合框架的海洋信息服务

在过去的几十年里，业务化海洋学经历了快速转型，并逐渐成为之前主要关注天气的业务中心的核心系统的一部分。现在有足够的观测数据来提高海洋状态的估算精度，包括中尺度变化、冰盖或波浪系统的波谱等。弱耦合数据同化技术的发展、利用跨域误差协方差探索强耦合数据同化（Sluka et al.，2016）、同化日益增长的观测资料的能力、地球系统各组成部分物理和动力学的改进，以及计算能力的迅速提升，不断推动着预报和再分析产品质量的提升。因此，可用于产品和服务的信息量在不断加大，海洋和海洋服务的质量和数量也在迅速增加。如今，海洋服务对于任何拥有沿海资源的国家而言都是至关重要的，这一点已经得到了广泛认可。

在 20 世纪 90 年代末和 21 世纪初，业务化海洋服务仅限于波浪、潮汐和涌浪等少数几个海洋气象变量。如今，许多业务中心建立了耦合系统，并不断努力提高分辨率以更好地反映当地情况，各种新的服务随之不断涌现。现在，服务提供者能收到来自很多预报系统提供的信息，用户则可收到各种产品，这是一种普遍现象。在接下来的小节中，将讨论应遵循的几个步骤，以从大量可生成的数值产品中筛选出最合适的，从而使服务的需求为中心，采用适合目的的且易于获取的方式提供。我们将通过几个简单的例子来展示如何将所有数值知识整合在一起，提供信息丰富且针对不同用户群体量身定制的预测和服务。

10.4.1 确定服务需求

在评估服务需求时，包括是否使用耦合或强迫系统，第一步是明确界定服务差距以及如何利用现有能力来解决这个问题。第二步是确定项目完成所需的足够资源。维持及时和准确的服务需要许多能力:①可靠和足够的计算资源,包括电信、带宽和存储,以及操作和维护 IT 基础设施的工作人员;②安装、优化、运行、验证和审核数值系统的物理科学家;③制作预报的物理科学家;④能够发布和解释预报的预报员;⑤在极端条件下维持这种服务的能力(如在强热带气旋期间);⑥多年来应对 IT 基础设施的变化、系统的复杂化、数据量的增加等挑战的能力。然而,永远不应该忘记的是,无论最先进的预测能力和复杂性如何,只有在及时到达用户手中时才有价值。

对于那些选择采用主要业务中心提供的数据驱动区域系统的国家来说,快速下载所需数据以运行区域系统和及时发布区域预报的能力也是关键。还应确保有足够的本地专业知识来监测、维护和解决区域系统的任何问题。

在推出新的或改进的预报服务时,另一个重要步骤是确定用户群体(如海洋工程师、海洋运输业、搜索和救援行动、渔业和水产养殖业、沿海社区)并了解他们的需求。还应牢记,在每个群体中,需求可能会有相当大的变化,而且需求会随着时间的推移而变化,因此应定期对其进行评估。关于用户需求的更多细节,见 4.8 节。

10.4.2 确定所需信息

本节以搜索救援以及风暴潮个案为例,说明如何选择最佳解决问题的建模工具,还用来说明如何使用符合目的的方法确定最适合提供服务的数字系统。

需要漂移预测的海上搜救事件就是说明所需选择的一个服务示例。对漂流物体轨迹的预测需要了解潮汐、涡流、惯性振荡、风和波浪的知识。此类事件通常发生在大风和大浪的条件下,如本书 8.1 节所述,正是在这种条件下,潮汐、波浪、海洋和大气之间的相互作用最为重要。这表明,与独立使用海洋、波浪和大气预测系统相比,耦合预测更有价值(Davidson et al.,2009)。如前所述,集合对于系统各个组成部分不确定性的采样至关重要。在对墨西哥湾溢油事件的全面回顾中,Barker 等(2020)提出了大气-波浪-海洋耦合系统对于有效应对漏油事件的重要性。所有考虑因素都指向使用集合大气-波浪-海洋耦合系统,这些系统通过跟踪系统进行后处理,能够考虑各种物体的特征,如水中的人或漂移中的船只。然而,耦合系统的模拟成本(时间和计算机资源)需要与优化搜索模式的需求相平衡,而快速运行集合模拟以提供搜索区域的概率可以帮助优化搜索模式。与搜救和救援类似的案例是对石油泄漏的反应或对核碎片的追踪,这也需要模型来预测颗粒物的扩散,但还需要考虑其他化学原因引起的过程,如归趋行为。

风暴潮是这里用来说明如何选择最佳建模工具的另一个例子。当地社区通常有具体明确的问题,如:“会有多少水,持续多久?”“水会到达我的街道和我的房子吗?”“水会损坏我的财产吗?”“水是否会侵蚀我的土地或我房子所在的峭壁?”地方当局和灾害管理机构可能会有进一步的考虑,例如:“最可能和最坏的情况是什么?”“我们应该在什么时候考虑疏散,选择什么路线?”“哪些关键的基础设施可能面临风险?”然而,服务的性质将取决于当地情况。例如,考虑一个生活在高纬度地区的社区。在极地低气压的情况下,冰层会迅速消退,使海岸线长时间暴露在大浪中。在这些地区,波浪-冰的相互作用会导致沿岸发生快速的变化,应首选冰-海洋-波浪-大气耦合系统,以便对低气压的演变、快速变化的海洋条件进行准确预测,并向沿海社区发出警告。而受热带气旋影响的地方将需要一个更侧重于预测海洋-大气相互作用的系统,以支持路径和强度预测。然而,尽管要使用的适合的数值指导可能有一些差异,以海岸总水位为基础的预测理念仍然存在,因此,考虑用户导向的问题尤为重要。用户群体很少关心技术问题,例如模型是否是耦合的，或者风暴潮部分是正压还是斜压。他们关心的是，科学家们提出了最能解决他们关心的问题的组合。他们希望得到一个适合的服务。潮汐、风暴潮、波浪、侵蚀、水动力和大气的模拟可能都是需要的，但要决定它们是否应该耦合，就必须了解这是否能改善上述用户问题所确定的具体预测。

提前了解即将发生的事件的风险，对于制定缓解措施是很有用的。几天到几周的展望是特别有意义的，也是对即将发生的风险的早期识别，因为集合系统与此有关。在早期阶段，重点应该是识别风险和不确定性，并以明确的方式进行沟通。随着高影响事件的临近（如未来几天），可以用提高分辨率来取代集合系统，这样风险预测就会变成基于影响的预测（如对房屋的损害、汽车被冲走的风险、切断疏散路线的风险等）。这应该让科学家们明白，对于用户来说，波浪、风暴潮、潮汐和其他现象只有在影响他们所关心的地区时才有意义。这进一步强调了用于评估模型和预测的指标的重要性。当涉及风暴潮时，如果错过了总的水位峰值，即便均方根误差较小，从而更好地代表平均状态也是没有用的。因此，依靠一个过于复杂的海洋系统，导致总水位预测的能力几乎没有增加是没有用的。同样，如果一个复杂的系统不能在足够长的时间内以足够的分辨率运行，或有足够的集合成员对不确定因素进行采样，那么它就不适合使用。此外，还应该在业务中心的资源（总是有限的）范围内考虑耦合问题。

最后，无论数值系统是在本地还是远程运行，无论产生这种预测所需的所有系统是否是耦合的，未来的道路应该是，预报员是提供附加值的专家，要考虑到公众的观点（例如，在情景中放置一个特定的预期极端情况，与以前的极端情况进行比较，解释预测风险中可能存在的细微差异等）。因此，预报员最终面向用户，根据当地实际和历史情况，给出具有附加价值的预报产品。

参考文献

Ali, A., Christensen, K., Breivik, O., Malila, M., Raj, R., Bertino, L., Chassignet, E., Bakhoday-Paskyabi M. (2019). A comparison of Langmuir turbulence parameterizations and key wave effects in a numerical model of the North Atlantic and Arctic Oceans. *Ocean Modelling*, 137, pp 76-97, https://doi.org/10.1016/j.ocemod.2019.02.005

Allard, R. A., Campbell, T. J. , Smith, T. A., Jensen, T. G., Chen, S., Cummings, J. A., Chen, S., Doyle, J., Xiaodong, H., Small, R.J., Carrol, S.N. (2010). Validation Test Report for the Coupled Ocean Atmosphere Mesoscale Prediction System (COAMPS) Version 5.0 NRL/MR/7322-10-9283. Stennis Space Center, MS: Oceanography Division, Naval Research Laboratory, 172 pp.

Allard, R. A., Travis, A. S., Jensen, T. G., Chu, P. Y., Rogers, E., and Campell, T. J. (2012). Validation Test Report for the Coupled Ocean / Atmosphere Mesoscale Prediction System (COAMPS) Version 5.0: Ocean / Wave Component Validation. Naval Research Lab Tech Report, (NRL/MR/7320--12-9423).

Ardhuin, F., Rascle, N., Belibassakis, K. (2008). Explicit wave-averaged primitive equations using a generalized Lagrangian mean. *Ocean Modelling*, 20(1), 35-60, https://doi.org/10.1016/j.ocemod.2007.07.001

Ardhuin, F., Marie, L., Rascle, N., Forget, P., Roland, A. (2009). Observation and estimation of Lagrangian, Stokes and Eulerian currents induced by wind and waves at the sea surface. *Journal of Physical Oceanography*, 39, 2820-2838, https://doi.org/10.1175/2009JPO4169.1

Ardhuin, F., and Jenkins A., (2006). On the Interaction of Surface Waves and Upper Ocean Turbulence. *Journal of Physical Oceanography*, 36, 551-557, https://doi.org/10.1175/JPO2862.1

Ardhuin, F., Sutherland, P., Doble, M., Wadhams, P. (2016). Ocean waves across the Arctic: Attenuation due to dissipation dominates over scattering for periods longer than 19 s. *Geophysical Research Letters*, 43(11), 5775-5783, https://doi.org/10.1002/2016GL068204

Ardhuin, F., Gille, S. T., Menemenlis, D., Rocha, C. B., Rascle, N., Chapron, B., Gula, J., Molemaker, J. (2017). Small-scale open ocean currents have large effects on wind wave heights. *Journal of Geophysical Research: Oceans*, 122(6), 4500–4517. https://doi.org/10.1002/2016JC012413

Barker, C. H., Kourafalou, V. H., Beegle-Krause, C. J., Boufadel, M., Bourassa, M. A., Buschang, S. G., Androulidakis, Y., Chassignet, E.P., Dagestad, K.-F., Danmeier, D.G., Dissanayake, A.L., Galt, J.A., Jacobs, G., Marcotte, G., Özgökmen, T., Pinardi, N., Schiller, R.V., Socolofsky, S.A., Thrift-Viveros, D., D., Zhang, A., Zheng, Y. (2020). Progress in operational modeling in support of oil spill response. *Journal of Marine Science and Engineering*, 8(9), 1-55, https://doi.org/10.3390/jmse8090668

Belcher, S.E., Hewitt, H.T., Beljaars, A., Brun, E., Fox-Kemper, B., Lemieux, J.F., Smith, G., and Valcke, S. (2015). Ocean-Waves-Sea Ice- Atmosphere Interactions. In: Brunet, G., Jones, S. and Ruti, P. (eds.) "Seamless prediction of the Earth system: from minutes to months", WMO, 1156. World Meteorological Organisation, Geneva, pp. 155-170.

Bender, M. A., and Ginis, I. (2000). Real-Case Simulations of Hurricane–Ocean Interaction Using A High-Resolution Coupled Model: Effects on Hurricane Intensity. *Monthly Weather Review*, 128(4), 917-946, https://doi.org/10.1175/1520-0493(2000)128<0917:RCSOHO>2.0.CO;2

Bernie, D. J., Guilyardi, E., Madec, G., Slingo, J. M., Woolnough, S. J., and Cole, J. (2008). Impact of resolving the diurnal cycle in an ocean-atmosphere GCM. Part 2: A diurnally coupled CGCM. *Climate Dynamics*, 31(7-8), 909-925, https://doi.org/10.1007/s00382-008-0429-z

Brassington, G. B., Martin, M. J., Tolman, H. L., Akella, S., Balmeseda, M., Chambers, C. R. S., Chassignet, T., Cummings, J.A., Drillet, Y., Jansen, P.A.E.M., Laloyaux, P., Lea, D., Mehra, A., Mirouze, I., Ritchie, H., Samson, G., Sandery, P.A., Smith, G.C., Suarez, M., and Todling, R. (2015). Progress and challenges in short- to medium-range coupled prediction. *Journal of Operational Oceanography*, 8, s239-s258, https://doi.org/10.1080/1755876x.2015.1049875

Breivik, Ø., Mogensen, K., Bidlot, J.-R., Balmaseda, M.A., Janssen, P.A. (2015). Surface Wave Effects in the NEMO Ocean Model: Forced and Coupled Experiments. *Journal of Geophysical Research: Oceans*, 120, 2973-2992, https://doi.org/10.1002/2014JC010565

Brunet, G., Keenan, T., Onvlee, J., Béland, M., Parsons, D., and Mailhot, J. (2010). The next generation of regional prediction systems for weather, water and environmental applications. CAS XV Vision paper (Agenda item 8.2).

Coon, M. D., Maykut, G. A., Pritchard, R. S., Rothrock, D. A., and Thorndike A. S. (1974). Modeling the pack ice as an elastic-plastic material. AIDJEX Bull. 24, pp. 1-106, Univ. of Wash., Seattle, Washington.

Davidson, F.J.M., Allen, A., Brassington, G.B., Breivik, Ø., Daniel, P., Kamachi, M., Sato, S., King, B., Lefevre, F., Sutton, M., and Kaneko, H. (2009). Applications of GODAE ocean current forecasts to search and rescue and ship routing. *Oceanography*, 22(3), 176-181, https://doi.org/10.5670/oceanog.2009.76

Divine, D., Korsnes, R., and Makshtas, A. P. (2003). Variability and climate sensitivity of fast ice extent in the north-eastern Kara Sea. *Polar Research*, 22, 27-34, https://doi.org/10.3402/polar.v22i1.6440

Doble, M. J., and Bidlot, J.-R. (2013). Wave buoy measurements at the Antarctic sea ice edge compared with an enhanced ECMWF WAM: Progress towards global waves-in-ice modelling. *Ocean Modelling*, 70, 166-173, https://doi.org/10.1016/j.ocemod.2013.05.012

Dzwonkowski, B., Greer, A.T., Briseno-Avena, C., Krause, J.W., Soto, I.M., Hernandez, F.J., Deary, A.L., Wiggert, J.D., Joung, D., Fitzpatrick, P.J., O'Brien, S.J., Dykstra, S.L., Lau, Y., Cambazoglu, M.K., Lockridge, G., Howden, S.D.,

Shiller, A.M., Graham, W.M. (2017). Estuarine influence on biogeochemical properties of the Alabama shelf during the fall season. *Continental Shelf Research*, 140, 96-109, https://doi.org/10.1016/j.csr.2017.05.001

Emanuel, K.A. (1986). An Air-Sea Interaction Theory for Tropical Cyclones. Part I: Steady-State Maintenance. *Journal of the Atmospheric Sciences*, 43(6), 585-605, https://doi.org/10.1175/1520-0469(1986)043<0585:AASITF>2.0.CO;2

Fan, Y., Ginis, I., and Hara, T. (2009). The effect of wind-wave-current interaction on air-sea momentum fluxes and ocean response in tropical cyclones. *Journal of Physical Oceanography*, 39(4), 1019-1034, https://doi.org/10.1175/2008JPO4066.1

Fan, Y., and Griffies, S.M. (2014). Impacts of parameterized Langmuir turbulence and non-breaking wave mixing in global climate simulations. *Journal of Climate*, 27, 4752-4775, https://doi.org/10.1175/JCLI-D-13-00583.1

Fu, L.L. (2007). Intraseasonal variability of the equatorial Indian ocean observed from sea surface height, wind, and temperature data. *Journal of Physical Oceanography*, 37(2), 188-202, https://doi.org/10.1175/JPO3006.1

Girard, L., Bouillon, S., Weiss, J., Amitrano, D., Fichefet, T., and Legat, V. (2011). A new modeling framework for sea-ice mechanics based on elasto-brittle rheology. *Annals of Glaciology*, 52(57), 123-132, https://doi.org/10.3189/172756411795931499

Guiavarc'h, C., Roberts-Jones, J., Harris, C., Lea, D. J., Ryan, A., and Ascione, I. (2019). Assessment of ocean analysis and forecast from an atmosphere–ocean coupled data assimilation operational system. *Ocean Science*, 15(5), 1307-1326, https://doi.org/10.5194/os-15-1307-2019

Harlim, J., Oczkowski, M., Yorke, J. A., Kalnay, E., and Hunt, B.R. (2005). Convex Error Growth Patterns in a Global Weather Model. *Physical Review Letters*, 94, 228501, https://doi.org/10.1103/PhysRevLett.94.228501

Hibler, W. D. III (1979). A dynamic thermodynamic sea ice model. *Journal of Physical Oceanography*, 9, 815-846, https://doi.org/10.1175/1520-0485(1979)009<0815:ADTSIM>2.0.CO;2

Holbrook, N. J., Scannell, H. A., Sen Gupta, A., Benthuysen, J. A., Feng, M., Oliver, E. C. J., Alexander, L.V., Burrows, M.T., Donat, M.G., Hobday, A.J., Moore, P.J., Perkins-Kirkpatrick, S.E., Smale, D.A., Straub, S.C., Wernberg, T. (2019). A global assessment of marine heatwaves and their drivers. *Nature Communications*, 10(1), 1-13, https://doi.org/10.1038/s41467-019-10206-z

Hunke, E. C., and Dukowicz, J. K. (1997). An elastic-viscous-plastic model for sea ice dynamics. *Journal of Physical Oceanography*, 27(9), 1849-1867, https://doi.org/10.1175/1520-0485(1997)027<1849:AEVPMF>2.0.CO;2

Hutchings, J. K., Heil, P., and Hibler, W. D. III (2005). Modeling linear kinematic features in sea ice. *Monthly Weather Review*, 133, 3481-3497, https://doi.org/10.1175/MWR3045.1

Hyder, P., Edwards, J.M., Allan, R., Hewitt, H.T., Bracegirdle, T.J., Gregory, J.M., Wood, R.A., Meijers, A.J.S., Mulcahy, J., Field, P., Furtado, K., Bodas-Salcedo, A., Williams, K.D., Copsey, D., Josey, S.A., Liu, C., Roberts, C.D., Sanchez, C., Ridley, J., Thorpe, L., Hardiman, S.C., Mayer, M., Berry, D.I., Belcher, S.E. (2018). Critical Southern Ocean climate model biases traced to atmospheric model cloud errors. *Nature Communications*, 9, 3625, https://doi.org/10.1038/s41467-018-05634-2

Jacox, M. G. (2019). Marine heatwaves in a changing climate. *Nature*, 571, 485-487. https://doi.org/10.1038/d41586-019-02196-1

Janssen, P.A.E.M. (1991). Quasi-linear theory of wind wave generation applied to wave forecasting. *Journal of Physical Oceanography*, 21, 1631-1642.

Janssen, P. (2004). The interaction of ocean waves and wind. Cambridge University Press, Cambridge, UK.

Janssen, P., Saetra, O., Wettre, C., Hersbach, H., Bidlot, J. (2004). Impact of the sea state on the atmosphere and ocean. *Annales Hydrographiques 6e série*, 772, 3-23.

Jullien, S., Masson, S., Oerder, V., Samson, G., Colas, F., and Renault, L. (2020). Impact of ocean-atmosphere current feedback on ocean mesoscale activity: Regional variations and sensitivity to model resolution. *Journal of Climate*, 33(7), 2585-2602, https://doi.org/10.1175/JCLI-D-19-0484.1

Jung, T., and Vitart, F. (2006). Short-Range and Medium-Range Weather Forecasting in the Extratropics during Wintertime with and without an Interactive Ocean. *Monthly Weather Review*, 134(7), 1972-1986, https://doi.org/10.1175/MWR3206.1

Kim, H. M., Webster, P. J., and Curry, J. A. (2012). Seasonal prediction skill of ECMWF System 4 and NCEP CFSv2 retrospective forecast for the Northern Hemisphere Winter. *Climate Dynamics*, 39(12), 2957-2973, https://doi.org/10.1007/s00382-012-1364-6

Kohout, A., Williams, M.J.M., Dean, S.M., Meylan, M.H. (2014). Storm-induced sea-ice breakup and the implications for ice extent. *Nature*, 509(7502), 604-607, https://doi.org/10.1038/nature13262

Kolstad, E. (2015). Extreme small-scale wind episodes over the Barents Sea: When, where and why? *Climate Dynamics*, 1-14, https://doi.org/10.1007/s00382-014-2462-4

Kumar, N., Voulgaris, G., Warner, J.C., Olabarrieta, M. (2012). Implementation of the vortex force formalism in the coupled ocean-atmosphere-wave-sediment transport (COAWST) modeling system for inner shelf and surf zone applications. *Ocean Modelling*, 47, 65-95, https://doi.org/10.1016/j.ocemod.2012.01.003

Laloyaux, P., de Boisseson, E., Balmaseda, M., Bidlot, J. R., Broennimann, S., Buizza, R., Dalhgren, P., Dee, D., Haimberger, L., Hersbach, H., Kosaka, Y., Martin, M., Poli, P., Rayner, N., Rustemeier, E., Schepers, D. (2018). CERA-20C: A Coupled Reanalysis of the Twentieth Century. *Journal of Advances in Modeling Earth Systems*, 10(5), 1172-1195. https://doi.org/10.1029/2018MS001273

Large, W. G., and Yeager, S. G. (2009). The global climatology of an interannually varying air - Sea flux data set. *Climate Dynamics*, 33(2-3), 341-364, https://doi.org/10.1007/s00382-008-0441-3

Lee, C., Hwang, S., Do, K., and Son, S. (2019). Increasing flood risk due to river runoff in the estuarine area during a storm landfall. *Estuarine, Coastal and Shelf Science*, 221, 104-118, https://doi.org/10.1016/j.ecss.2019.03.021

Lemarié, F., Samson, G., Redelsperger, J.-L., Giordani, H., Brivoal, T., and Madec, G. (2021). A simplified atmospheric boundary layer model for an improved representation of air-sea interactions in eddying oceanic models: implementation and first evaluation in NEMO(4.0). *Geoscientific Model Development*, 14, 543-572, https://doi.org/10.5194/gmd-14-543-2021

Lemieux, J.-F., Dupont, F., Blain, P., Roy, F., Smith, G. C., and Flato, G. M. (2016). Improving the simulation of landfast ice by combining tensile strength and a parameterization for grounded ridges. *Journal of Geophysical Research: Oceans*, 121, 7354-7368, https://doi.org/10.1002/2016JC012006

Lewis, H., Mittermaier, M., Mylne, K., Norman, K., Scaife, A., Neal, R., ... Pilling, C. (2015). From months to minutes - exploring the value of high-resolution rainfall observation and prediction during the UK winter storms of 2013/2014. *Meteorological Applications*, 22(1), 90-104, https://doi.org/10.1002/met.1493

Lewis, H. W., Castillo Sanchez, J. M., Siddorn, J., King, R. R., Tonani, M., Saulter, A., Sykes, P., Pequignet, A.C., Weedon, G.P., Palmer, T., Staneva, J., Bricheno, L. (2018). Can wave coupling improve operational regional ocean forecasts for the North-West European Shelf? *Ocean Science*, 15, 669-690, https://doi.org/10.5194/os-15-669-2019

Lewis, H. W., Castillo Sanchez, J. M., Arnold, A., Fallmann, J., Saulter, A., Graham, J., Bush, M., Siddorn, J., Tamzin, P., Adrian, L., Edwards, J., Bricheno, L., Martinez-de la Torre, A., Clark, J. (2019). The UKC3 regional coupled environmental prediction system. *Geoscientific Model Development*, 12(6), 2357-2400, https://doi.org/10.5194/gmd-12-2357-2019

Li, Q., Webb, A., Fox-Kemper, B., Craig, A., Danabasoglu, G., Large, W.G., Vertenstein, M. (2016). Langmuir mixing effects on global climate: WAVEWATCH III in CESM. *Ocean Modeling*, 103, 145-160, https://doi.org/10.1016/j.ocemod.2015.07.020

Li, Q., and Fox-Kemper, B. (2017). Assessing the Effects of Langmuir Turbulence on the Entrainment Buoyancy Flux in the Ocean Surface Boundary Layer. *Journal of Physical Oceanography*, 47(12), 2863-2886, https://doi.org/10.1175/JPO-D-17-0085.1

Li, Q., Fox-Kemper, B., Breivik, O., Webb, A. (2017). Statistical Models of Global Langmuir Mixing. *Ocean Modelling*, 113, 95-114, https://doi.org/10.1016/j.ocemod.2017.03.016

Lorenz, E.N. (1963). Deterministic nonperiodic flow. *Journal of the Atmospheric Sciences*, 20, 130-141

Lorenz, E.N. (1967). The nature and theory of the general circulation of the atmosphere. *World Meteorological Organization*, 218. Available at; https://library.wmo.int/doc_num.php?explnum_id=10889

Mahoney, A. R., Eicken, H., Gaylord, A.G., and Gens, R. (2014). Landfast sea ice extent in the Chukchi and Beaufort Seas: The annual cycle and decadal variability. *Cold Regions Science and Technology*, 103, 41-56, https://doi.org/10.1016/j.coldregions.2014.03.003

Maykut, G. A. (1978). Energy exchange over young sea ice in the central Arctic. *Journal of Geophysical Research: Oceans*, 83(C7), 3646-3658, https://doi.org/10.1029/JC083iC07p03646

McWilliams, J.C., Sullivan, P.P., and Moeng, C.-H. (1997). Langmuir turbulence in the ocean. *Journal of Fluid Mechanics*, 334, 1-30, https://doi.org/10.1017/S0022112096004375

Minobe, S., Kuwano-Yoshida, A., Komori, N., Xie, S. P., and Small, R. J. (2008). Influence of the Gulf Stream on the troposphere. *Nature*, 452(7184), 206-209, https://doi.org/10.1038/nature06690

Mogensen, K. S., Magnusson, L., Bidlot, J-R. (2017). Tropical cyclone sensitivity to ocean coupling in the ECMWF coupled model. *Journal of Geophysical Research: Oceans*, 122(5), 4392-4412, https://doi.org/10.1002/2017JC012753

Moin, P. and Mahesh, K. (1998). Direct numerical simulation: A Tool in Turbulence Research. Annual Review of Fluid Mechanics, 30(1), 539-578, https://doi.org/10.1146/annurev.fluid.30.1.539

Naughten, K. A., Meissner, K. J., Galton-Fenzi, B. K., England, M. H., Timmermann, R., Hellmer, H. H., Hattermann, T., and Debernard, J. B. (2018). Intercomparison of Antarctic ice-shelf, ocean, and sea-ice interactions simulated by MetROMS-iceshelf and FESOM 1.4. *Geoscientific Model Development*, 11(4), 1257-1292, https://doi.org/10.5194/GMD-11-1257-2018

Neetu, S., Lengaigne, M., Vialard, J., Samson, G., Masson, S., Krishnamohan, K. S., and Suresh, I. (2019). Pre-monsoon/Postmonsoon Bay of Bengal Tropical Cyclones Intensity: Role of Air-Sea Coupling and Large-Scale Background State. *Geophysical Research Letters*, 2019, 46(4), 2149-2157.

Oerder, V., Colas, F., Echevin, V., Masson, S., and Lemarié, F. (2018). Impacts of the Mesoscale Ocean-Atmosphere Coupling on the Peru-Chile Ocean Dynamics: The Current-Induced Wind Stress Modulation. *Journal of Geophysical Research: Oceans*, 123(2), 812-833, https://doi.org/10.1002/2017JC013294

Osadchiev, A. A., Pisareva, M. N., Spivak, E. A., Shchuka, S. A., and Semiletov, I. P. (2020). Freshwater transport between the Kara, Laptev, and East-Siberian seas. Scientific Reports, 10(1), 1-14, https://doi.org/10.1038/s41598-020-70096-w

Pellerin, P., Ritchie, H., Saucier, F. J., Roy, F., Desjardins, S., Valin, M., and Lee, V. (2004). Impact of a two-way coupling between an atmospheric and an ocean-ice model over the Gulf of St. Lawrence. *Monthly Weather Review*, 132, 1379-1398, https://doi.org/10.1175/1520-0493(2004)132<1379:IOATCB>2.0.CO;2

Penland, C., and Matrosova, L. (1998). Prediction of tropical Atlantic sea surface temperatures using Linear Inverse Modeling. *Journal of Climate*, 11, 483-496, https://doi.org/10.1175/1520-0442(1998)011<0483:POTASS>2.0.CO;2

Penland, C., and Sardeshmukh, P. D. (1995). The optimal growth of tropical sea surface temperature anomalies. *Journal of Climate*, 8, 1999-2024.

Rabault, J., Sutherland, G., Gundersen, O., Jensen, A., Marchenko, A., Breivik, O. (2020). An Open Source, Versatile, Affordable Waves in Ice Instrument for Scientific Measurements in the Polar Regions. *Cold Regions Science and Technology*, 170, 11, https://doi.org/10.1016/j.coldregions.2019.102955

Rascle, N., Ardhuin, F., Terray, E. (2006). Drift and mixing under the ocean surface: A coherent one-dimensional description with application to unstratified conditions. *Journal of Geophysical Research*, 111(C3), 16, https://doi.org/10.1029/2005JC003004

Rasmussen, E.A., Turner (2003). Polar lows: mesoscale weather systems in the polar regions, Cambridge University Press.

Renault, L., Molemaker, M. J., Gula, J., Masson, S., and McWilliams, J. C. (2016) Control and Stabilization of the Gulf Stream by Oceanic Current Interaction with the Atmosphere. *Journal of Physical Oceanography*, 46, 3439-3453, https://doi.org/10.1175/JPO-D-16-0115.1

Ridley, J. K., Blockley, E.W., Keen, A.B., Rae, J.G.L., West, A.E., and Schroeder, D. (2018). The sea ice model component of HadGEM3-GC3.1. *Geoscientific Model Development*, 11(2), 713-723, https://doi.org/10.5194/gmd-11-713-2018

Røed, L.P., and Albretsen, J. (2007). The impact of freshwater discharges on the ocean circulation in the Skagerrak/northern North Sea area Part I: Model validation. *Ocean Dynamics*, 57(4-5), 269-285, https://doi.org/10.1007/s10236-007-0122-5

Saha, S., Nadiga, S., Thiaw, C., Wang, J., Zhang, Q., Van den Dool, H.M., Pan, H.-L., Moorthi, S., Behringer, D., Stokes, D., Peña, M., Lord, S., White, G., Ebisuzaki, W., Peng, P., Xie, P. (2006). The NCEP Climate Forecast System. *Journal of Climate*, 19, 3483-3517, https://doi.org/10.1175/JCLI3812.1

Saha, S., Moorthi, S., Pan, H.-L., Wu, X., Wang, J., Nadiga, S., Tripp, P., Kistler, R., Woollen, J., Behringer, D., Liu, H., Stokes, D., Grumbine, R., Gayno, G., Wang, J., Hou, Y.-T., Chuang, H., Juang, H.-M.H., Sela, J., Iredell, M., Treadon, R., Kleist, D., Delst, P.V., Keyser, D., Derber, J., Ek, M., Meng, J., Wei, H., Yang, R., Lord, S., van den Dool, H., Kumar, A., Wang, W., Long, C., Chelliah, M., Xue, Y., Huang, B., Schemm, J.-K., Ebisuzaki, W., Lin, R., Xie, P., Chen, Y., Han, Y., Cucurull, L., Reynolds, R.W., Rutledge, G., Goldberg, M. (2010). The NCEP Climate Forecast System Reanalysis. *Bulletin of the American Meteorological Society*, 91, 1015-1057, https://doi.org/10.1175/2010BAMS3001.1

Saha, S., Moorthi, S., Wu, X., Wang, J., Nadiga, S., Tripp, P., Behringer, D., Hou, Y.-T., Chuang, H., Iredell, M., Ek, M., Meng, J., Yang, R., Peña Mendez, M., van den Dool, H., Zhang, Q., Wang, W., Chen, M., and Becker, E. (2014). The NCEP Climate Forecast System Version 2. *Journal of Climate*, 27, 2185-2208, https://doi.org/10.1175/JCLI-D-12-00823.1

Semedo, A., Suvselj, K., Rutgersson, A., Sterl, A. (2011). A global view on the wind sea and swell climate and variability from ERA-40. *Journal of Climate*, 24(5), 1461-1479, https://doi.org/10.1175/2010JCLI3718.1

Seo, H., Subramanian, A. C., Miller, A. J., and Cavanaugh, N. R. (2014). Coupled impacts of the diurnal cycle of sea surface temperature on the Madden-Julian oscillation. *Journal of Climate*, 27(22), 8422-8443, https://doi.org/10.1175/JCLI-D-14-00141.1

Shelly, A., Xavier, P., Copsey, D., Johns, T., Rodriguez, J.M., Milton, S., and Klingaman, N. (2014). Coupled versus uncoupled hindcast simulations of the Madden-Julian Oscillation in the Year of Tropical Convection. *Geophysical Research Letters*, 41, 5670-5677, https://doi.org/10.1002/2013GL059062

Sluka, T., Penny, S.G., Kalnay, E. and Miyoshi, T. (2016). Assimilating atmospheric observations into the ocean using strongly coupled ensemble data assimilation. *Geophysical Research Letters*, 43(2), 752-759, https://doi.org/10.1002/2015GL067238

Smith, G. C., Bélanger, J. M., Roy, F., Pellerin, P., Ritchie, H., Onu, K., Roch, M., Zadra, A., Surcel Colan, D., Winter, B., Fontecilla, J.S., Deacu, D. (2018). Impact of coupling with an ice-ocean model on global medium-range NWP forecast skill. *Monthly Weather Review*, 146(4), 1157-1180, https://doi.org/10.1175/MWR-D-17-0157.1

Spreen, G., Kwok, R., Menemenlis, D., and Nguyen, A. T. (2017). Sea-ice deformation in a coupled ocean-sea-ice model and in satellite remote sensing data. *The Cryosphere*, 11, 1553-1573, https://doi.org/10.5194/tc-11-1553-2017

Staneva, J., Alari, V., Breivik, O., Bidlot, J.-R., Mogensen, K. (2017). Effects of wave-induced forcing on a circulation model of the North Sea. *Ocean Dynamics*, 67, 81-101, https://doi.org/10.1007/s10236-016-1009-0

Sutherland, G., and Rabault, J. (2016). Observations of wave dispersion and attenuation in landfast ice. *Journal of Geophysical Research: Oceans*, 121(3), 1984-1997, https://doi.org/10.1002/2015JC011446

Takano, K., Mintz, Y., Han, Y.-J. (1973). Numerical simulation of the world ocean circulation. Paper presented at the 2nd Conference on Numerical Prediction. Am. Meteorol. Soc. (1973), Monterey, CA (unpublished).

Uchiyama, Y., McWilliams, J. C., Shchepetkin, A. F. (2010). Wave-current interaction in an oceanic circulation model with a vortex-force formalism: Application to the surf zone. *Ocean Modelling*, 34(1), 16-35, https://doi.org/10.1016/j.ocemod.2010.04.002

Vannitsem, S., and Duan, W. (2020). On the use of near-neutral Backward Lyapunov Vectors to get reliable ensemble forecasts in coupled ocean–atmosphere systems. *Climate Dynamics*, 55, 1125-1139, https://doi.org/10.1007/s00382-020-05313-3

Vinayachandran, P. N., Davidson, F., and Chassignet, E. P. (2020). Toward Joint Assessments, Modern Capabilities, and New Links for Ocean Prediction Systems. *Bulletin of the American Meteorological Society*, 101(4), E485-E487, https://doi.org/10.1175/bams-d-19-0276.1

Wahle, K., Staneva, J., Koch, W., Fenoglio-Marc, L., Ho-Hagemann, H. T. M., and Stanev, E. V. (2017). An atmosphere-wave regional coupled model: Improving predictions of wave heights and surface winds in the southern North Sea. *Ocean Science*, 13(2), 289-301, https://doi.org/10.5194/os-13-289-2017

Wang, K., and Wang, C. (2009). Modeling linear kinematic features in pack ice. *Journal of Geophysical Research: Oceans*, 114(C12), https://doi.org/10.1029/2008JC005217

Williams, T.D., Bennetts, L.G., Squire, V.A., Dumont, D., Bertino, L. (2013). Wave-ice interactions in the marginal ice zone. Part 1: Theoretical foundations. *Ocean Modelling*, 71, 81-91, https://doi.org/10.1016/j.ocemod.2013.05.010

Wolf, J. (2008). Coupled wave and surge modelling and implications for coastal flooding. *Advances in Geosciences*, 17, 19-22, https://doi.org/10.5194/adgeo-17-19-2008

Wu, L., Rutgersson, A., Breivik, O. (2019). Ocean-wave-atmosphere interaction processes in a fully coupled modelling system. *Journal of Advances in Modeling Earth Systems*, 11, 3852-3874, https://doi.org/10.1029/2019MS001761

Wu, L., Staneva, J., Breivik, Ø., Rutgersson, A., Nurser, A. J. G., Clementi, E., and Madec, G. (2019). Wave effects on coastal upwelling and water level. *Ocean Modelling*, 101405, https://doi.org/10.1016/J.OCEMOD.2019.101405

Zhang, S., Harrison, M. J., Rosati, A., and Wittenberg, A. T. (2007). System Design and Evaluation of Coupled Ensemble Data Assimilation for Global Oceanic Climate Studies. *Monthly Weather Review*, 135(10), https://doi.org/10.1175/MWR3466.1

第 11 章
下游应用：从数据到产品

11.1 下游产品的需求

11.1.1 蓝色经济

海洋对于全球社会和经济的重要性体现在蓝色经济的背景和框架中，同时与可持续发展目标 14：水下生物（SDG14）①密切相关。海洋是地球上最大的单一自然资产，包含了地球上 97％的水和地球上约 99％的可居住空间，为人类带来了无数好处。海洋是我们每一次呼吸的氧气的来源。它满足了人类 15％的蛋白质需求。它吸收了 30％的二氧化碳排放和 90％的温室气体所含有的多余热量，从而帮助减缓气候变化。在航运业上，它是约 90％的国际贸易货物的“高速公路”。如果海洋是一个国家，每年有几万亿美元的经济活动，按国内生产总值（GDP）计算，它将在名单上排名第七。海洋也是数以亿计的工作岗位的来源，如渔业、水产养殖业、航运、旅游业、能源生产等。它也是世界上约 30％的石油和天然气资源的来源，但如果向低碳发展道路的必要过渡能够成功，这一比例将会改变。世界上数以百万计的最贫穷的人严重依赖海洋和沿海资源来维持生计和生活。小规模渔业捕捞的海产品约占世界总量的一半，但每吨鱼创造的就业机会是工业渔业的 44 倍。

根据联合国开发计划署的水和海洋治理计划，蓝色经济是一种可持续的海洋经济模式，是人类可持续发展的整体概念化和实现自然的下一步②。同时，还有一个重要的方面是与蓝色经济可能对海洋产生的影响有关。欧盟委员会表示，所有蓝色经济部门，包括渔业、水产养殖业、沿海旅游业、海上运输、港口活动和造船业，都必须减少对环境和气候的影响③。应对气候和生物多样性危机需要健康的海洋和对海洋资源的可持续利用，以及发明化石燃料和传统食品生产的替代品。

向可持续的蓝色经济转型需要在创新技术领域投资。波浪和潮汐能源、海藻生产、渔业管理、海洋生态系统的恢复等，将在蓝色经济中创造新的绿色就业机会和商业机遇。

---

* 本章主编：Giovani Coppini；编写成员：Enrique Alvarez Fanjul，José Chambel Leitão，Laurence Crosnier，Pierre Daniel，Tomasz Dabrowski，Svitlana Liubartseva，Gianandrea Mannarini，Glen Nolan。

①详见 https://sdgs.un.org/goals/goal14。

②详见 https://www.undp.org/blog/blue-economy-sustainable-ocean-economic-paradigm?utm_source=EN&utm_medium=GSR&utm_content=US_UNDP_PaidSearch_Brand_English&utm_campaign=CENTRAL&c_src=CENTRAL&?c_src2=GSR&gclid=Cj0KCQiAweaNBhDEARIsAJ5hwbdEFafpkIcJuzISsldLg4UzxIkqOhAo6 MClAj-SwEBvBA_ZHi10o_8IaAn_0EALw_wcB。

③详见 https://ec.europa.eu/commission/presscorner/detail/en/ip_21_2341。

业务化海洋学提供的下游服务应能促进和支持这一转型,在全世界范围内实现更可持续的蓝色经济。

11.1.2 应用和服务

如今,通过应对多项可持续发展目标以及社会和科学挑战的解决方案(服务和产品),业务化海洋学已为许多用户所使用。从全球到区域范围的海洋学产品是由国家和国际预报中心制作的。然后,这些产品被降维到次区域尺度,经过转化,并通过海洋产品价值链提供给用户、私营公司、公共用户、利益相关者和公民,其中包括开发特定解决方案、先进的可视化、使用多通道的技术平台、具体的模型和算法。第 2 章中的图 2.1 显示了海洋价值链示意图:预报中心管理海洋核心服务,它产生的信息(如预报产品)通过中央信息系统管理的专用接口传递给中间用户。随后,这些信息由开发人员进一步处理,并转化为多个下游服务,这些下游服务使用定制的终端用户信息,向终端用户提供新的信息。

为了促进服务提供者和用户之间的对话,明确需求和必要条件,并共同开发和测试应用程序与解决方案,已经采取了重要的步骤。如哥白尼用户推广计划、国际倡议 Geo Blue Planet、全球海洋观测系统区域联盟的下游工作、政府间海洋学委员会和世界气象组织的工作组等合作框架,都在支持蓝色经济的发展。

私营部门在业务系统的发展中一直发挥着重要作用,在过去只有公共机构覆盖的领域提供业务服务。一些企业每天都受海况影响,有时还会因极端事件而中断作业。如果采用适当的安全标准,准确可靠的海洋学和气象学预测可以提高企业的生产力。

公共部门主要致力于保护生命和财产安全。通常不足以保护海上的经济活动,在这种情况下,需要定期获取监测和预测信息,并反映局地尺度的过程。下游应用在解决(并适应)终端用户需求方面发挥着关键作用,同时也为公共部门过去在全球尺度的建模和监测方面的投资提供了合理性。

下游应用的大部分发展是由国际资助和少数国家推动的。在一些地区,终端用户对此类应用的支付意愿非常低。有必要改进这些应用,但也有必要在现有应用上推广和传播信息。主要原因是,必须为企业实现合理的成本/效益关系,才能有市场驱动的下游业务服务需求。

因此,最重要的是展示近年来不同应用领域的研究和技术发展(如先进的可视化、多通道技术平台的使用、特定模型和算法的开发),以及为用户提供更准确和友好的应用。

为支持海洋应用产品和服务的互操作性和一致的格式,以及质量评估,已经制定了国际标准并应进一步巩固。通过向公众传播实用海洋学知识,下游应用是促进海洋知识普及的一个重要组成部分。下游应用的经济可持续性和市场开发是填补业务化海洋学附加值服务和产品全面可持续发展的空白的一个关键方面。

改善生产商和用户之间的对话以确定需求,以及共同开发和测试应用,也是至关重要的。为了以最佳方式定制下游产品,让终端用户参与分析和评估过程是至关重要的。

不同的部门均应努力收集和提升世界生产商的应用软件,如:①渔业和水产养殖业;②旅游和体育活动;③海岸带综合管理(ICAM)和海洋空间规划(MSP);④运输和港口服务;⑤海洋数字服务;⑥海洋安全技术;⑦气候变化和对海洋环境的人为影响;⑧海洋能源。

为了实现这一目标,要求生产商管理和促进国际标准的采用,以支持海洋应用产品和服务的互操作性和共同格式,以及质量评估。促进下游应用的市场发展,以及与其他国际和国家倡议(如 EuroGOOS、Geo Blue Planet、IOC、WMO)进行联络并收集意见是最基本的。

考虑到“海洋十年”的实施,本章将讨论以下应用领域的关键挑战、最佳方法、相关的应用实例,以及目前的先进能力和未来挑战:①海洋状态感知(网页和其他传播机制);②溢油观测和预测;③港口;④航程规划;⑤渔业和水产养殖。

11.2 先进的下游系统的例子

11.2.1 海洋状态感知(网页和其他传播机制)

传播服务为用户提供相关环境信息的数据库,并设置其格式以支持海洋和海事活动。这些服务包括收集和验证现有信息,并为用户制作新的地理定位的产品信息。向中间和终端用户提供数据库之间的数据共享机制,从而促进与现有服务的整合。

私人和公共用户访问数据库的机制是传播服务的一个困境,因为它可能限制服务的可获得性。用户应该能够通过互联网、使用台式机或移动电话访问应用程序中的信息。

这些问题相当关键,因为有关海洋和沿海地区的信息目前分散在不同的、没有联系的、知之甚少的和不可获取的系统中。因此,必须开发能够扩大可用性的系统,改善信息共享,并促进数据的获取。公共和私人用户得到开放和免费访问机制的支持,包括大规模(如 FTP、THREDDS、P2P)和系统通信服务(如网络服务、分块服务)。

11.2.1.1 哥白尼海洋服务 MyOcean 浏览器

哥白尼海洋服务机构的 MyOcean Viewer① 允许用户打开大部分在线目录,提供多投影地图、随时间变化的图表以及高度和(或)距离信息。利用来自卫星和现场观测的信息,哥白尼海洋环境监测服务(CMEMS)每天提供最先进的分析和预测,使用户能够观测、了解和预测海洋环境状态(图 11.1)。哥白尼海洋服务 MyOcean Viewer 是由 Lobelia Earth 开发的。基础地图层包含夏威夷大学和 NOAA 提供的全球一致性、分层、高分辨率地理数据库(GSHHG)数据集的信息。

网络和移动应用的一个例子是 MED-JELLY,这是一个用于观察水母的智能手机应用。MED-JELLY 告知用户马耳他群岛不同沙滩的设施和天气状况,以及在地中海可能遇到的不同水母种类的信息,以及如何处理它们的蜇伤(Micallef et al.,2014)。该应用程序还提供了在马耳他各海滩遇到水母物种的概率估计。该应用程序可在地中海地区使用,免费提供给安卓(Android)和 ios 系统②。

11.2.1.2 海洋条件

用于海洋状态感知的网络服务的一个例子是 SeaConditions③。这是一项提供天气预报的服务,包括有关海洋学和海况预报(海面温度、海流、有效波浪高度和方向、波浪周期、海平面高度)、气象预报(大气温度、平均海平面气压、降水、云层和 10 m 高度风)、水深测量、Chla 和海水透明度的卫星观测。预报的时间为 5 d,以最先进的气象学、海洋学和波浪模型为基础,可以

①详见 https://myocean.marine.copernicus.eu/。

②详见 http://jellyrisk.eu。

③详见 https://www.sea-conditions.com。

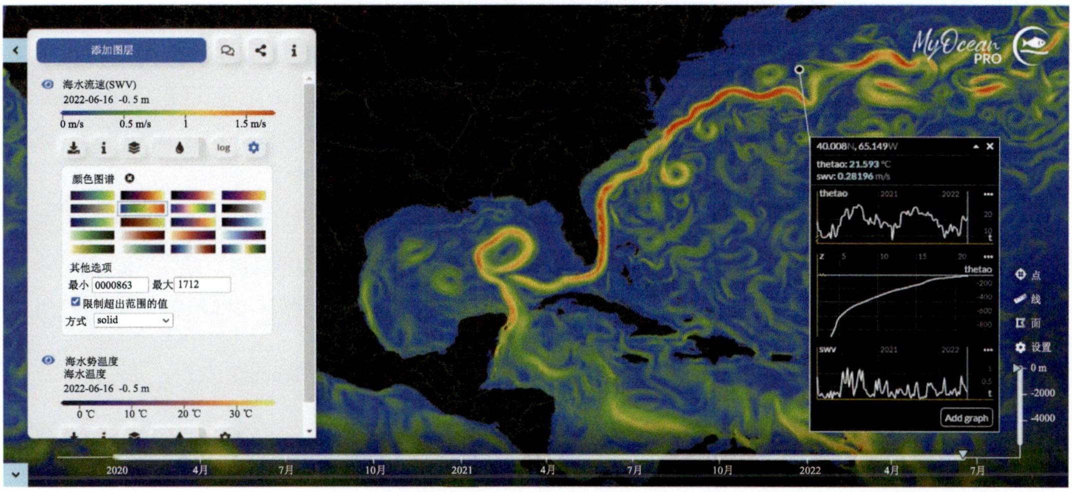

图 11.1　MyOcean Viewer 网络应用程序的屏幕截图信息示例,包括全球海洋海水流速的可视化和特定位置的时间序列/时间深度图(来源:https://myocean.marine.copernicus.eu/)

获得高质量的数据(图 11.2 用中文呈现了 SeaConditions 网络服务页面的信息)。SeaConditions 包括来自哥白尼海洋服务(包括卫星数据)和 ECMWF 的数据。

SeaConditions 覆盖了地中海:有商业和免费版本,可在网上使用,也可在手机上下载(Google Play 和 Apple Store),其用户超过 100000 人。

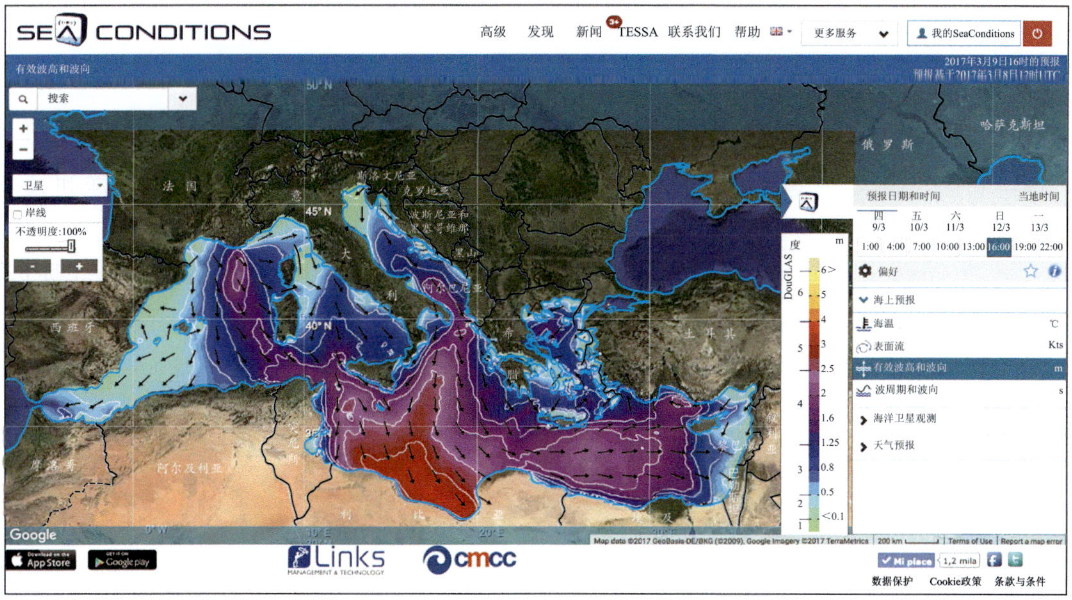

图 11.2　地中海的 SeaConditions 网络服务

11.2.1.3 海洋分析师

Marine-Analyst① 是一个用于搜索、查看、处理、传输、宣传和传播来自众多数据源的海洋空间数据的平台(图 11.3)。它于 2020 年 10 月推出,由哥白尼分布式信息和分析系统(DIAS)的 WEkEO② 提供维护。Marine-Analyst.eu 使用户能够访问欧洲任意选定位置的数据和关键分析。它提供了一个个人操作平台,每个用户都可以获取所选数据集创建的报告。该平台能够为任意位置生成所需的数据分析,从而应对多学科的挑战,例如:

- 海洋空间规划:它代表了协调决策的解决方案,通过将海城作为一个整体来考虑或对其进行分区,包括其生态功能和可以支持的活动,例如根据基本生物物理海洋参数(如 Chla 和 Kd)进行分区(来自哥白尼海洋服务),以及人类活动清单(来自 EMODnet)等(2020 年布雷斯特海洋黑客的海洋空间规划挑战(MSP))。
- 气候变化:应对气候变化不仅需要更先进的科学,同时向记者、感兴趣的公民和广大公众提供相关信息也是至关重要的。Marine-Analyst 促进了信息的获取和公开透明的分析,例如海面温度趋势和异常(来自哥白尼海洋服务)、海岸侵蚀(来自 EMODnet)、2019 年海洋黑客的项目“我所在海滩的气候变化挑战”。

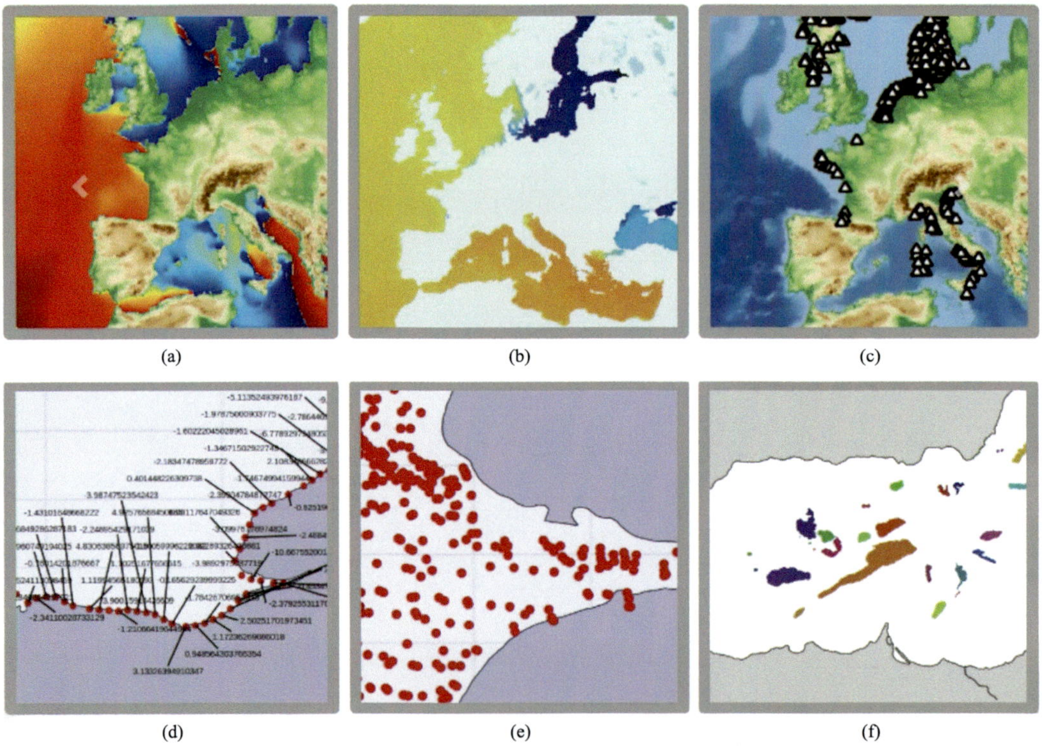

图 11.3 可从 Marine-Analyst.eu 应用程序访问的数据实例

(a)每日海面波浪;(b)每日海水盐度;(c)三丁基锡站点;(d)海岸演变(侵蚀);(e)数据索引(钻孔);(f)海底火山

---

①详见 http://marine-analyst.eu/。

②详见 https://www.wekeo.eu/。

• 海洋保护区:保护区管理者受益于简化的各种信息,包括管理海洋保护区的关键信息,如海洋保护区公告(来自哥白尼海洋服务,预测产品)、船舶密度分层聚类和统计分析(来自EMODnet)、2021 年蓝色创新黑客的“航运交通对环境的影响”。

11.2.1.4 NOAA 海平面上升浏览器

NOAA 为海洋数据提供了地图浏览器和应用程序,如海平面上升——地图浏览器[①],该工具既能够可视化沿海洪水或海面升高(最多超过平均高潮位 10 英尺,约 3.048 m)对社区的影响,还提供了未来洪水可能影响当地地标的模拟图片,以及与水深、水系连通性、洪水频率、社会经济脆弱性、湿地流失和迁移以及制图置信度有关的数据。该浏览器显示了除五大湖以外的美国沿海地区的情况。这些地图是基于详细的高程地图以及局部和区域潮汐变化而制作的。通过使用一些特定地点的真实照片,浏览器能够展示“现实世界”中特定海平面上升的影响(图 11.4)。

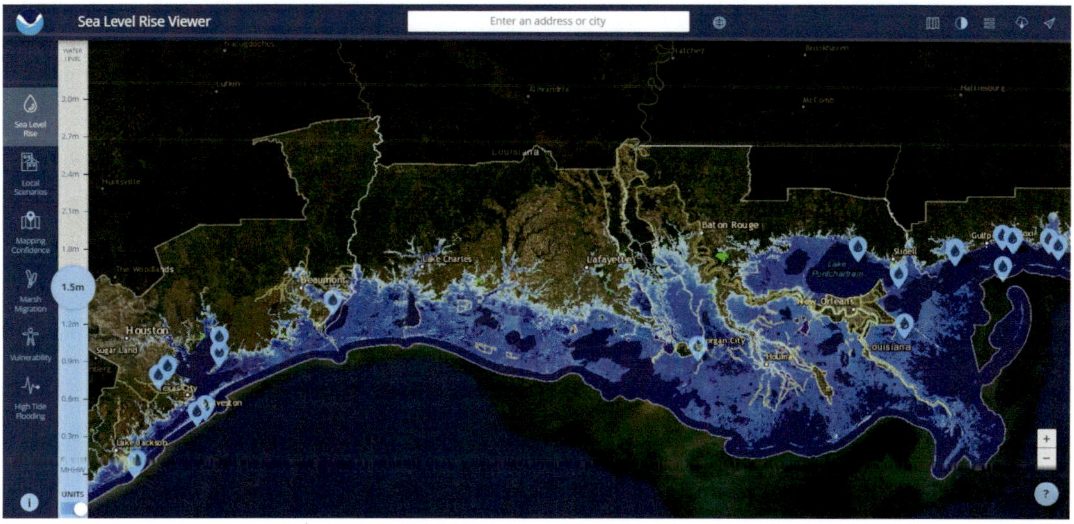

图 11.4 NOAA 浏览器示例

11.2.2 溢油预报

在过去十余年中,为了支持溢油应急响应中的关键组成部分——业务化溢油建模,人们已经做出了大量努力。最先进的系统能够实现全天候不间断运行,符合稳健性、准确性标准,满足性能和动态服务提供方面的实时要求。这些系统例子包括 OSCAR(Aamo et al.,1997)、GNOME(Zelenke et al.,2012)、OilMap(Spaulding et al.,1992)、MOTHY(Daniel,1996)、MEDSLIK-II(De Dominicis et al.,2013)、COSMoS(Marcotte et al.,2016)和 Open Drift(Dagestad et al.,2018)。溢油模型可以从预测海面及上层油膜输运,到全面模拟三维油膜及其相关气体的运动,包括侵入层形成和高压物理效应。

集成的溢油模型与最新的气象海洋监测和预报系统相结合,定期提供海洋环流、风和波浪的场数据。哥白尼海洋服务为大多数欧洲系统提供此类数据。这些信息不仅可以计算溢油漂

①详见 https://www.climate.gov/maps-data/dataset/sea-level-rise-map-viewer。

流，而且还有助于模拟油转化过程以及与沿海和海底沉积物的相互作用。其结果通常用油质量平衡时间序列来表示，描述原溢油中预计会有多少部分保持漂浮、蒸发、分散在水体中、冲上岸或沉淀。

在溢油事故期间，溢油检测/监测单位和业务模型之间的紧密协调对于启动溢油预测、实地验证和快速决策至关重要。利用溢油事故期间开展的观测来检验业务化溢油模型的预测能力是难得的机会。这种综合研究已在许多区域的溢油事件中开展：2002 年大西洋西班牙海岸的“威望号”(Prestige)邮轮事故(Castanedo et al.，2006；Daniel，2010)、2003 年波罗的海的“富山海”沉船事故(De Carolis et al.，2013)、2006 年黎巴嫩危机(Coppini et al.，2011)、2007 年刻赤海峡溢油事件(Ivanov，2010)、2010 年墨西哥湾“深水地平线”溢油事件(Liu et al.，2013)、2017 年爱琴海的“阿吉亚佐尼二号”漏油事件(Coppini et al.，2018)、2018 年中国东海的“桑吉”轮溢油灾难(Qiao et al.，2019)、2018 年利古里亚海的乌利塞-弗吉尼亚溢油事件(Liubartseva et al.，2020a；Daniel et al.，2021)、2019 年比斯开湾的“格兰德·阿美利加”号事件(Daniel et al.，2020)。

由于溢油输运主要受洋流控制，石油泄漏模拟的准确性关键取决于所使用的流体力学模型的分辨率。为了解决沿海尺度的过程，目前正在开发从高分辨率水动力学转换到超精细尺度的降尺度技术，其分辨率约为 100 m。例如，Sorgente 等(2020)在地中海西部和中部开发了一个针对意大利海岸警卫队的溢油紧急情况的业务决策支持系统。降尺度技术的进展促进了港口和口岸地区的业务化溢油建模，如意大利南部的塔兰托港(Liubartseva et al.，2020b)和西班牙的塔拉戈纳港(Morell et al.，2020)。在这三个例子中，MEDSLIK-Ⅱ 溢油模型以不同的配置被应用。以下各小节介绍了两个溢油预报应用实例。

11.2.2.1 MOTHY

MOTHY 是一个双系统，由一个能最佳表征表层海流的海洋模型和一个浮油或物体模型(图 11.5)组成。它在全球范围内运行，并且可由位于图卢兹的法国国家气象中心①的海洋预报服务部门全天候不间断随时运行。该中心提供气象-海洋支持服务和漂移预报，以协助负责海洋意外污染事故和搜救行动。溢油预报系统是通过将法国水污染事故文献研究实验中心(Cedre)②在石油化学方面的专业知识与法国气象局在天气和海洋预报以及建模方面的专业知识相结合而开发的，以提供由法国气象局维护的稳定的业务服务。该系统在 Cedre 的要求下运行，以支持溢油响应行动，并在海上救援协调中心的要求下运行，以支持搜救行动。

MOTHY 自 1994 年开始运行，并在“埃里卡”号邮轮事件(1999 年 12 月)③、“威望号”邮轮事件(2002 年 11 月)④和“格兰德·阿美利加”号事件(2019 年 3 月)⑤等危机期间得到了广泛使用。该系统每周启动约 20 次，用于实际的漏油事件或搜救行动。其中，寻找物体或人员的任务几乎占到了应用总数的 3/4。

该模型会定期得到更新和改进。MOTHY 包括一个具有可回溯拉格朗日模型。三维版

①详见 https://meteofrance.com/。
②详见 http://wwz.cedre.fr/en。
③详见 http://wwz.cedre.fr/en/Resources/Spills/Spills/Erika。
④详见 http://wwz.cedre.fr/en/Resources/Spills/Spills/Prestige。
⑤详见 http://wwz.cedre.fr/en/Resources/Spills/Spills/Grande-America。

本考虑到了垂直浮力和湍流驱动的运动。该系统包含以下 3 个组成部分：

- 石油或任何像浮油一样漂移的物质，包括植物油或少数化学品；
- 货物集装箱；
- 搜救目标。

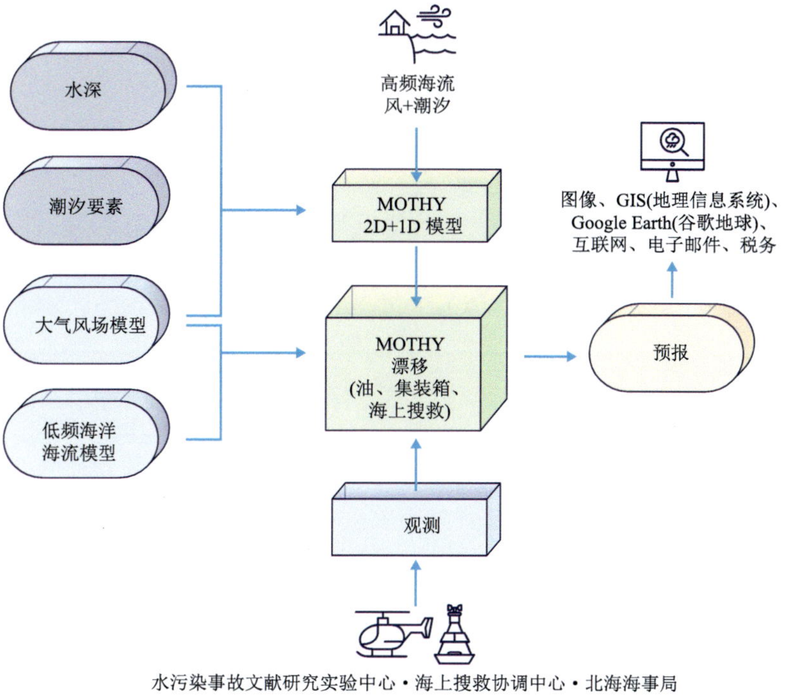

静态数据； 存储在 Météo-France 数据库中的数据集

图 11.5 MOTHY 系统的总体图包括所有 Météo-France/ECMWF 大气模型和 Copernicus Marine 海洋模型

漂移预测主要依赖可靠且及时获取观测和预测的环境数据。从这一点来看，法国气象局配备了最先进的大气模型：

- 应用于气象预报业务研究的业务化操作系统（AROME）有限区域模型覆盖了整个法国海岸线，在法国海域周围分辨率为 1.3 km，在法国海外属地周围分辨率为 2.5 km；
- 应用于业务研究、区域尺度预测的业务化操作系统（ARPEGE）①全球模型，采用可变网状（根据地区不同，分辨率为 1/10 °或 1/2 °），以法国为中心，用于欧洲海域和近大西洋的天气预报；
- ECMWF 的 IFS②全球模型在研发模式下的分辨率为 1/8 °，GFS 全球预报系统在研发模式下的分辨率为 1/4 °。

海洋模型：

- 麦卡托海洋国际③的全球海洋系统，分辨率为 1/12 °；

①详见 http://www.umr-cnrm.fr/gmap/nwp/nwpreport.pdf。

②详见 https://www.ecmwf.int/。

③详见 https://www.mercator-ocean.eu/。

• 区域预报系统伊比利亚—比斯开—爱尔兰（IBI）分辨率为 0.028°×0.028°，MedFS 分辨率为 0.042°×0.042°，大西洋—欧洲西北大陆架（NWS）分辨率为 0.014°×0.03°；

• 新喀里多尼亚的半隐式跨尺度水科学集成系统模型（ModelSCHISM），分辨率为 1/200 °。

计算表面和次表面的三维溢油漂移的 MOTHY 模型是一个"超级粒子"模型。根据指定的位置、持续时间和释放速度，在每个时间步长的时间里都会有超级粒子被释放。

MOTHY 由法国气象局的海洋预报服务运营，对法国当局和某些外国气象部门是免费的，作为其公共服务任务的一部分。在申请一个账户后，用户可以在 Noos-Drift 在线平台上自由地进行海峡—北海的建模①。

11.2.2.2 WITOIL

WITOIL（Where Is The Oil）是一个多模型石油泄漏预测服务系统，提供对全球海洋、欧洲区域海洋和选定沿海地区的实际或假设石油泄漏的运输和转化情况的预测（图 11.6）。作为一个互动系统，WITOIL 要求输入有关大气风、海面温度和海流的数据。

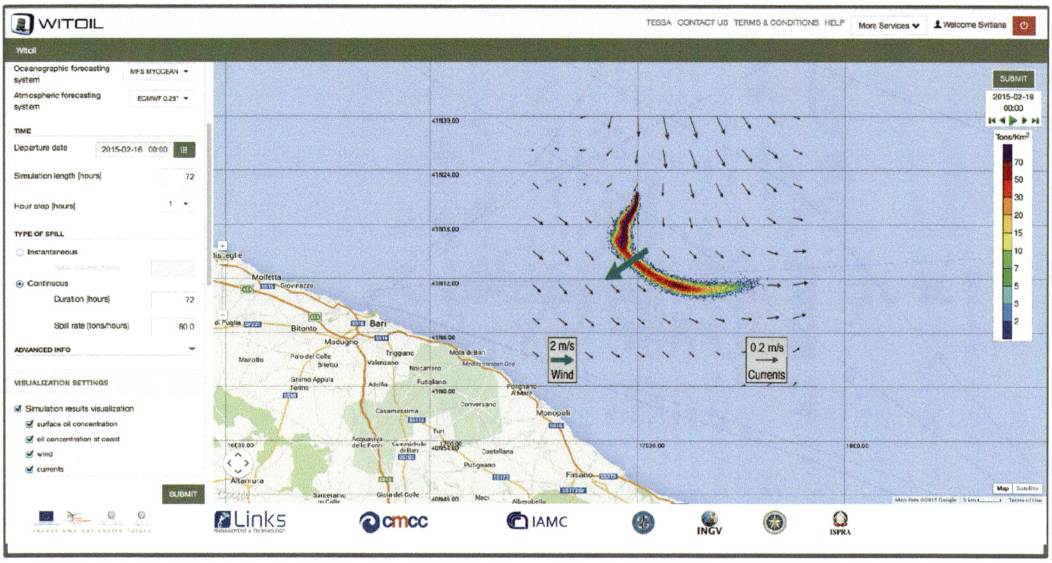

图 11.6 WITOIL 溢油预报应用程序的用户界面和结果实例

WITOIL 为用户提供海面和海岸线上石油浓度的空间-时间分布。输出包括通过网络浏览器提供的图形和动画以及可下载的产品（包括海洋和大气场数据以及浮油模拟输出）。此外，WITOIL 提供了一个可互操作的服务，可以从任何 GIS 中访问并集成。

WITOIL 应用中使用的数据有：①意大利空军提供的 ECMWF 的大气风速风向数据，分辨率为 1/10 °。数据包括：每 6 小时一次的分析数据：预测前 3 天每小时的数据，接下来 3 天每 3 小时的数据，最后 4 天每 6 小时的数据。②洋流和 SST 数据由哥白尼海洋服务提供。

具体而言，WITOIL 中使用了如下领域和海洋产品。

①全球海洋 1/12 °（来自哥白尼海洋服务）和 1/16 °（来自 CMCC）的全球海洋预报系统）产品；

②地中海：使用哥白尼海洋服务提供的水平分辨率为 1/24 °的 MedFS 产品；

①详见 https://odnature.naturalsciences.be/noosdrift/api/home/。

③黑海:使用哥白尼海洋服务提供的水平分辨率为 1/40 °的黑海预报系统(BSFS)产品;

④波罗的海:使用哥白尼海洋服务的波罗的海预报系统,水平分辨率为 0.028°×0.017°;

⑤南亚得里亚海和北爱奥尼亚海沿海区域:使用 CMCC 南亚得里亚海—北爱奥尼亚预报系统(SANIFS)①、基于浅水水动力学有限元模型(SHYFEM)非结构网格海洋模型,在沿海地区达到 10～100 m 的水平分辨率;

⑥波斯湾的多个区域:使用基于 SHYFEM 的 CMCC 海洋预报系统,在沿海地区达到 10～100 m 的水平分辨率。

免费访问的 WITOIL 版本是一个基于网络的应用程序,网址是 http://www.witoil.com/,可用于地中海区域,提供英语、意大利语、法语、西班牙语、阿拉伯语、希腊语和俄语支持。高级的多模式 WITOIL 版本可应要求提供:witoil@cmcc.it。

多个系统协同工作,为最近的一次石油泄漏事件提供了信息支持。2020 年 7 月 25 日,毛里求斯印度洋东南海岸的埃斯尼角附近,MV Wakashio 号货轮撞上暗礁并搁浅。8 月 6 日上午,一个燃油箱发生漏油,随后进行了抽油作业,并于 8 月 12 日完成。8 月 16 日,该船断裂成两截。8 月 19 日,船的前半部分被拖离海岸约 20 km,于 8 月 24 日沉没(图 11.7)。

在毛里求斯当局向法国提出援助请求后,留尼汪岛行政长官启动了一个危机处理小组。法国气象局随后参与了石油漂移的预测工作(Daniel et al.,2021)。此外,CMCC 和 MOI 也使用 WITOIL 制作了溢油模拟和预测产品,并将其发送给相关部门。

图 11.7　近期溢油紧急事件:2020 年 8 月发生在毛里求斯

11.2.3　港口

港口与海上运输有关的活动,包括商业和旅游,对沿海国家具有重要的经济价值。港口可

①详见 http://sanifs.cmcc.it。

能会遭遇非常严重的环境问题，对港口活动的安全产生影响，港口同时也通过压载水造成外来物种的聚集和扩散。

11.2.3.1 西班牙港口的 SAMOA 服务

西班牙大约 85%的进口和 60%的出口是通过港口进行的，这些数字凸显了港口在其国民经济中的重要作用。港口受到主要气象和海洋极端事件的影响，特别是风、浪和海平面的影响。这些现象影响着港口从设计到运营的所有阶段的设施。为了应对这些复杂的需求，西班牙国家公园和港口局共同资助了 SAMOA 计划。

SAMOA 在一个特定的可视化工具中完全集成了一系列综合产品，由港口的管理员管理。它还包括一个通过电子邮件和短信发送的警报系统，可由港口社区用户自由配置。此外，一套扩展的应用程序，如溢油模型和空气污染监测工具，已经完全集成到该系统中。

该系统的主要功能是：①提供信息，以支持基于知识的基础设施运营（例如预测因极端事件导致的港口关闭）；②导航辅助；③更安全和更有效的港口运营（例如受风影响的起重机操作和规划滚装船操作）；④处理港口内部的石油泄漏；⑤控制水和大气质量。

SAMOA 在很大程度上依赖于以前已有的西班牙国家港口局监测网络（25 个浮标、8 个高频雷达和 40 个验潮仪），它被用来检测和填补空白，改善港口气象站的覆盖范围，并通过连续的 GNSS 来控制验潮仪。

SAMOA 波浪模块用来提供西班牙 10 个特别关注的港口内的震荡（港口内部的有效波高）的 3 d 预报，包括阿尔梅里亚（两个港口）、希洪、拉斯帕尔马斯（三个港口）、马拉加和圣克鲁斯德特内里费（三个港口）。在 SAMOA 之前，西班牙国家港口局运行了一个业务化波浪预报系统，能够使用 SWAN 模型提供港湾入口处的波浪预报。由于 SAMOA 的开发，这一预报现在已经以极高的分辨率（2 m）被降尺度应用到港口内部的波浪预报。

SAMOA 环流部分每天对地中海（巴塞罗那、塔拉戈纳、阿尔梅里亚）、伊比利亚大西洋（毕尔巴鄂、费罗尔）和加那利群岛（拉斯帕尔马斯、特内里费、拉戈梅拉和圣克鲁斯—德拉帕尔马）的九个西班牙港口的三维海流和其他海洋学变量，如温度、盐度和海平面进行短期（3 d）预报。SAMOA 环流部分使用的三维水动力模型是 ROMS（Shchepetkin et al.，2005）。

SAMOA 模型的输出数据可以通过西班牙国家港口局的区域和全球环境数据服务的线程架构（THREDDS）目录自由获取（THREDDS 是一个使用多种远程数据访问协议的网络服务器，旨在为科学目的提供数据和元数据访问）。同样，部分产品也通过网络界面①，提供免费访问。此外，还为港口管理部门开发了一个专用工具——管理控制平台（CMA）（图 11.8 用中文呈现了其信息），用于充分利用所有 SAMOA 产品，目前已在 46 个港口开展应用。由 Nologin 海洋气象系统公司②开发的 CMA 基于一个网络界面③，可以方便地访问 SAMOA 系统产生的所有信息，包括实时和预测模式。用户可以为应用程序内的所有空间点（模型点和测量站）定义阈值，用于触发警报。CMA 还能够为每个预测点创建自定义的 PDF 报告。此外，还开发了一个用户友好的溢油模型和一个大气扩散模型，并已集成到了 CMA 中。获准使用该工具的港口管理人员可以定义允许用户使用的权限级别。例如，一些用户可以获得可视化的权限，但

①详见 https://portus.puertos.es/index.html?locale=en#/。

②详见 https://www.nologin.es/en/nowsystems。

③详见 http://cma.puertos.es。

可能无法访问溢油模型。CMA 也被用来配置个性化的警报系统,定义要触发的点和警报,以及接收方法(电子邮件或短信)。警报可以被定义为参数、条件和(或)阈值的组合,如用户所希望的多种组合。阿尔赫西拉斯港是一个很好的例子,说明如何使用 CMA 工具,该港口有 500 个用户,包括港口内的公司,都在使用该工具。

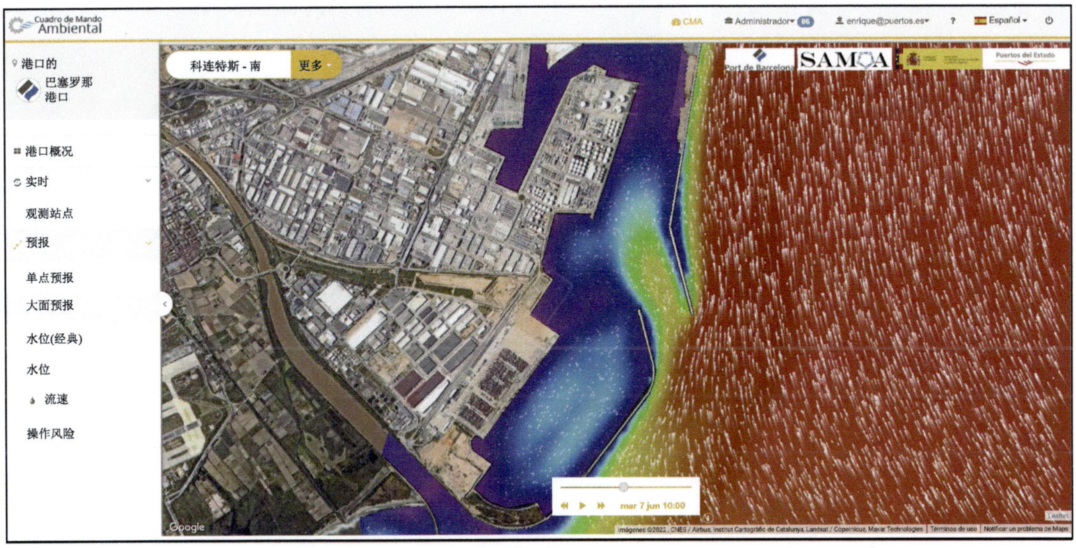

(a)

(b)

图 11.8　SAMOA 可视化工具,显示巴塞罗那港的环流(a)和阿尔赫西拉斯港的实时测量(b)

在 SAMOA 项目取得成功的基础上,SAMOA 2 项目现已进入实施的最后阶段。第二阶段将包括新的组成,如越浪预报和极高分辨率的风场预报(2 m)。到 2022 年 SAMOA 2 项目完成,该系统包括以下组件:实施 CMA 的 44 个港口(覆盖全国系统中的 44 个)、20 个 1 km 分辨率的大气预报系统、21 个波浪预报系统、31 个环流系统、19 个新建气象站、8 个 GNSS 系统、15 个极高风速预报系统,以及其他附加模块。目前,正在研究如何利用这些新模型来开展进一步探索,例如波浪与海流的相互作用等。

随着新系统的建立，西班牙港口系统面临的最重要的挑战将是采用必要的方法，正确利用所有新的可用工具。虽然有些港口非常积极，已经很好地利用了新的信息，但其他港口仍然无法充分地利用。为了缩小这一差距，将发起一些倡议，使业务化海洋学成为港口管理业务的核心部分，这可能是 SAMOA 最重要的成果。

11.2.3.2 AQUASAFE 平台

AQUASAFE 平台①旨在提高海运业务的管理效率，提供实时信息并与预测和诊断工具相结合。该平台已在所有葡萄牙港口和巴西桑托斯港运行。它还被用来为水产养殖、内陆航行、灌溉和水务设施等提供支持服务。

测量数据（来自传感器、遥感等）和模型数据（气象学、流体动力学、波浪等）被集成到一个平台上，该平台在时间、空间和维度上对所有数据进行同步，从而方便且可靠地提供实时和预报信息。该平台的整体架构如图 11.9 所示。

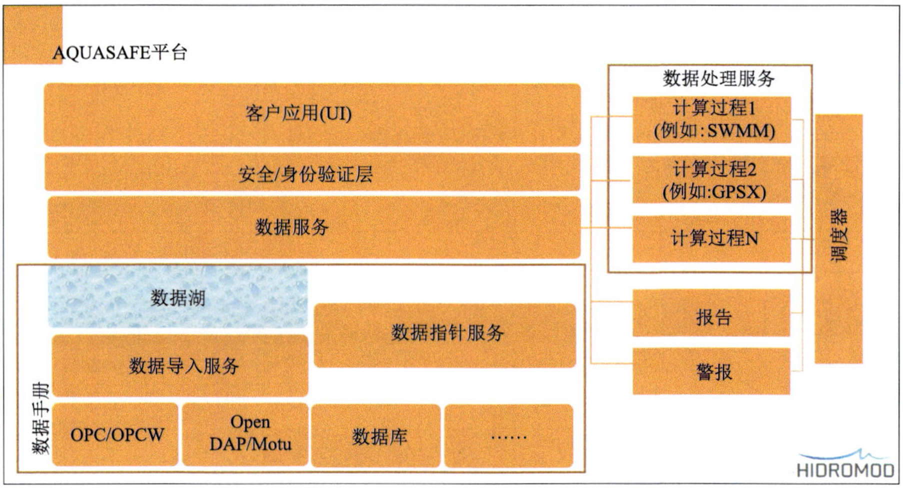

图 11.9 AQUASAFE 平台的整体架构

AQUASAFE 采用微服务、云原生的架构。该平台的每个组件（数据下载、数据格式化、模型执行等）都是以完全隔离的方式实现的，有利于其维护和扩展。它还使用了 Docker 容器技术，每个组件都具有可移植性和一致性，并可以快速实例化。

客户端应用程序（用户界面）通过一个先进的认证层连接到数据服务。数据服务层管理数据采集（从外部系统获取数据到平台并存储）和处理服务（执行计算产生新数据）。它还管理着报告和警报。数据处理服务、报告和警报是通过一个通用的调度器处理的。

借助此系统，港口业务可以有更高的效率和更好的安全性，因为它改善了集装箱船的紧凑的日程安排或液化天然气（LNG）船的严格安全要求与各个码头操作天气限制之间的匹配。因此，对包括港口在内的物流链的影响是非常积极的。

在这种情况下，国际航运会议常设协会（PIANC）的海事航行委员会第 54 工作组提出了一系列“关于使用水文/气象信息进行航道和港口盆地作业的建议，包括确定作业限制”（PI-

①详见 https://hidromod.com/? s=aquasafe。

ANC,2012)。AQUASAFE 平台就是根据这些建议开发的。

AQUASAFE 实施的业务系统中使用的流体动力学和波浪传播建模方法，是基于将全球模型降尺度到区域尺度，以准确预报海平面、海流或波浪等参数(图 11.10 用中文呈现了其信息)。气象预报也采用了类似的方法，但通常由专业从事气象学的机构或公司提供数据(如 MeteoGalicia)。

这种降尺度方法也蕴含在一些建模系统的概念中，如大气模型(WRF)或近岸波浪模型(SWAN)。

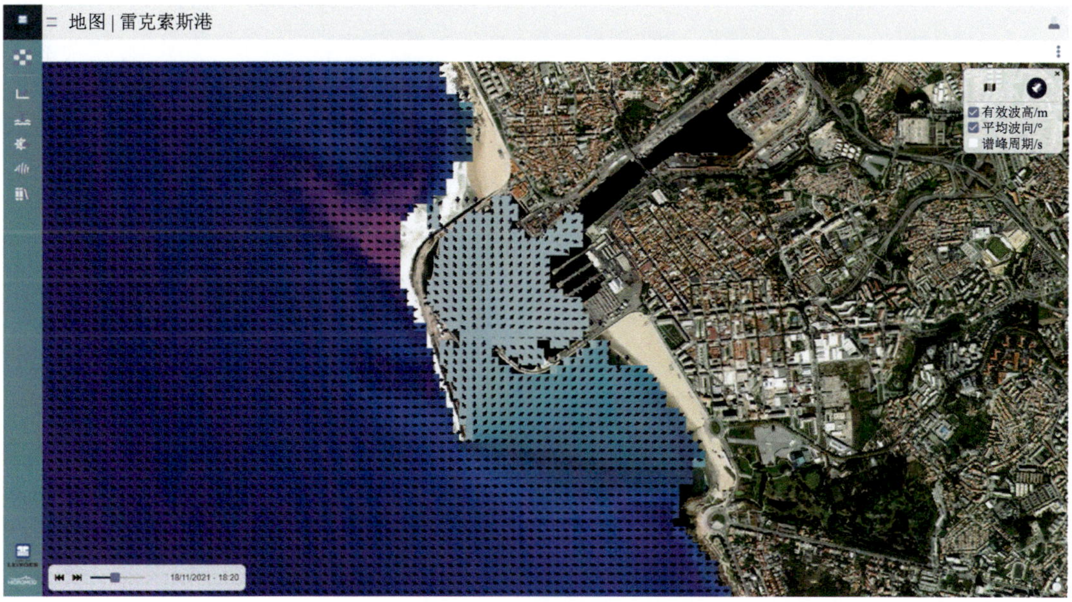

图 11.10　AQUASAFE 平台：葡萄牙雷克索斯港波浪模型

11.2.4　航行计划

航运推动了全球商业的发展，根据联合国贸易和发展会议的数据，大约 80% 的国际货物贸易量是通过海运进行的[1]。这种巨大的努力成果也伴随着显著的环境影响。根据国际海事组织的第四次温室气体研究，2018 年航运占全球人为二氧化碳排放量的近 3%。集装箱船、散货船和油轮是世界船队中最大的排放者。就每艘船的排放量，邮轮也因其碳足迹而显得尤为突出。

目前，国际海事组织(IMO)[2]和欧盟层面[3]都在讨论各种措施，以减少航运的温室气体排放。在短期内(即当前 10 年)，通过设计和操作措施的结合，旧船和新船都有可能实现更高效的运营。在操作方面，可以考虑限速和航行计划。速度限制导致排放的减少，但代价是更长的航行时间，对于运送不易腐烂的货物是可行的。然而，对于所有类型的船舶，可以通过航行计划或气象导航来提高限速的环境效益。这里的措辞可能指的是支持定义航行路线的不同系统。有可能在以下方面进行区分。

---

①详见 https://unctad.org/topic/transport-and-trade-logistics/review-of-maritime-transport。

②详见 https://www.imo.org/en/MediaCentre/MeetingSummaries/Pages/MEPC76meetingsummary.aspx。

③详见 https://eur-lex.europa.eu/legal-content/EN/TXT/?uri=CELEX%3A52021DC0550。

- 战略/战术规划。前者是指为追求某种效益而对船主的船队进行优化部署，而后者则是指在特定停靠港之间规划具体航线。

- 全局/局部优化。前者是指在航行中优化一些综合指标（如航程的温室气体排放总量），而后者是指局部限制船舶行为（如风、浪或低于特定阈值的船舶运动）。

- 单一/多目标化。在前一种情况下，优化目标（如排放量、持续时间、成本和舒适度）是单一的，一次只关注一个；而在后一种情况下，可以处理多个相互冲突的目标（通常利用某种数学折中方法实现）。

- 确定性/随机性。在前一种情况下，一种算法被用来为给定的边界条件提供完全相同的解决方案（通常可以证明其最优性），而在后一种情况下，随机方法（如遗传学方法）被用来加快计算速度，代价是失去完全的最优性和可重复性。

在上述分类法的大多数项目中，航行计划与天气和海洋状态（包括观测到的和预测到的）有关，用于限制航行选择或确定航线的优化目标。最近，IMO 和 WMO 的一个联合研讨会①，强调航线优化可以帮助船舶提高运营效率，同时减少排放，而在极端的海洋条件下，它对航行安全尤为重要。不同国家的多个研究机构开发了航行规划工具，如（非详尽列表）：瑞典（Li et al.，2021）、葡萄牙（Vettor et al.，2016）、波兰（Krata et al.，2018）、意大利（Mannarini et al.，2016a）、韩国（Lee et al.，2018）。对船舶航线模型分类的尝试可以在 Zis 等（2020）的研究中找到。

最后，在促进温室气体减排方面，航行规划有望为实现联合国可持续发展目标②的多个目标做出贡献，特别是可持续发展目标的第 12.2、12.4 和 13 项。

VISIR 是由 CMCC 和博洛尼亚大学自 2012 年起开发的航行规划模型。它可以被定义为一个用于船舶航线规划的策略性、全局优化、单一目标、确定性的模型系统。它基于精确的图形搜索方法（Dijkstra 算法），并经过修改以处理动态环境场。由于在准备图的过程中采用了遮蔽程序法，它具备海岸线和海底感知能力，被用于地中海（Mannarini et al.，2016）和大西洋（Mannarini et al.，2019）的摩托艇和帆船路线规划。迄今为止，VISIR 已与哥白尼海洋服务的波浪和流场分析及预报数据，以及 ECMWF 或高分辨率雷达卫星 COSMO－ME 的风场数据结合使用（Mannarini et al.，2015）。

在其第一个版本中，VISIR 只计算最短距离和最短时间的航线。从第二版开始，最低二氧化碳排放路线算法也被嵌入 VISIR 中。VISIR-1 使用极坐标来表示帆船在水中的速度（STW），取决于风的大小和方向（Mannarini et al.，2015），而波浪场则用于机动船的航线规划（Mannarini et al.，2016）。VISIR-1.b 利用海面流来校正因海流阻力和漂移引起的 STW（Mannarini et al.，2019）。从 VISIR-1.b 开始，由于底层图的连接性更高，路线的角度分辨率得到提高。虽然所有的 VISIR-1 版本都是基于机动船在静水和波浪中附加阻力的参数化，但 VISIR-2 可以选择利用来自船舶模拟器的渡船响应模型。这允许纳入风浪攻角，更准确地表示波浪中的被动减速，以及燃料消耗和二氧化碳排放（Mannarini et al.，2021）。

VISIR 的路径规划部分的验证是通过分析基准（Mannarini et al.，2019）和模型相互比较（Mannarini et al.，2019）开展的。

VISIR 是一个开源模型，其更新通常是在同行评议出版物的文档中发布。表 11.1 为 VI-

①详见 https://library.wmo.int/doc_num.php?explnum_id=10305。

②详见 https://sdgs.un.org/goals。

SIR 各模型版本特征的概述①。到目前为止,仅发布了 1.a 和 1.b 版本,这些版本是用 Matlab 编写的。然而,目前正在开发的模型版本是用 Python 编写的。VISIR-2 为亚得里亚海的渡船提供运营服务,可在 https://gutta-visir.eu 查看。

图 11.11 显示了最新版本 VISIR 的最佳航线的例子。

表 11.1 VISIR 各模型版本特征概述

版本	发布年份	语言	船舶模型	预报场	角度分辨率	目标
1.a	2016 年	Matlab	阻力的半经验参数化	波浪(高度、周期)	26.6°	距离、时间
1.b	2019 年	Matlab	阻力的半经验参数化	波浪(高度、周期)和海流	7.1°或更好	距离、时间
2.a	2021 年后	Python	阻力的半经验参数化或拟合船舶模拟器的反应	波浪(高度、方向)和海流	14.0°或更好	距离、时间、CO_2 排放

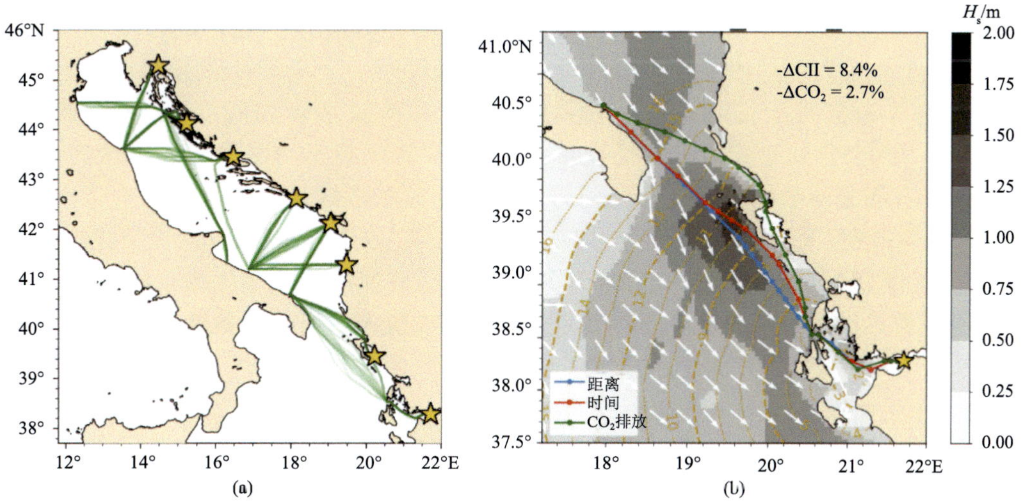

图 11.11 通过 VISIR-2 计算得出的 125 m 渡轮的最佳航线

(a)2021 年 5 月 25—28 日每隔 3 小时出发的 25 个时段内,针对 3 种发动机负荷值(最大发动机功率的 70%、85%或 100%)下的东行 CO_2 排放最优航线集合;(b)从希腊帕特拉斯到意大利布林迪西的最短距离(蓝色线)、最短时间(红色线)和最低 CO_2 排放(绿色线)的航线,出发时间为 2021 年 5 月 26 日 18 时,发动机负荷为 70%,同时标明了相对于最短航线在 CO_2 排放和 CII(碳强度)方面的节省比例

11.2.5 渔业和水产养殖

新技术正在不断发展,用于管理和监测渔业、评价和保护鱼类资源、提升可持续水产养殖的环保标准、减少废物和提高安全性、发展直接销售鱼类产品的商业平台以及以创新方式追踪产品。还需考虑渔业和水产养殖产品的特征分析,目的是使产品多样化并创新传统做法。信息技术可以协助开发支持渔业经济的可持续发展的重要系统,可帮助渔民保证产品质量,并获得有关海洋状况和捕捞模式的信息。在下面的小节中,将介绍三个使用海洋学产品进行鱼类

① 文献资料可以在 http://www.visir-model.net/获取。

资源评估及渔业和水产养殖管理的实例。

11.2.5.1 蓝鳍金枪鱼

巴利阿里群岛近海观测与预报系统(SOCIB)和西班牙海洋学研究所(IEO)开发了一个生境模型,用于预测大西洋蓝鳍金枪鱼在西地中海的产卵分布。幼虫位置的观测数据被纳入生境模型的预测系统,系统由哥白尼海洋服务的业务化海洋学产品如卫星测高仪和叶绿素,以及用于预测蓝鳍金枪鱼生境的流体力学模型 SSS 和 SST 进行驱动(Alvarez-Berastegui,2016; Ingram,2018)。应用中使用了 MedFS 的分析、卫星数据和预测,OC、SST 的现场数据,以及国际大西洋金枪鱼资源保护委员会(ICCAT)设定的总可捕量①。

11.2.5.2 有害藻华预警系统

有害藻华预警系统为欧洲大西洋沿岸的水产养殖业提供近乎实时的预测信息,它对减轻有害藻华(HABs)的影响至关重要。该系统最初是在欧盟第七研发框架计划(FP7)Asimuth 项目(Cusack et al.,2016)中开发的,随后在地平线 2020(H2020)AtlantOS 项目(Cusack et al.,2018)和跨大西洋地区 PRIMROSE② 项目中得到了进一步发展。该预警系统自 2013 年起在爱尔兰海洋研究所运行,随后由 IEO 在西班牙和挪威水研究所(NIVA)在挪威部署。HAB 信息以每周公告的形式向广大受众传播,并附有易于解释的图件和解释性文字。EOV 用于开发 HAB 周报的数据产品,包括:浮游植物生物量和多样性、海面温度、海洋水色、海洋表面应力、海面高度、次表层温度、表层海流、次表层海流、表层海水盐度、次表层盐度和海洋表面热通量。制作 HAB 公报所需的其他 EOV 是一些浮游植物物种产生的生物毒素和(或)藻毒素,这些毒素可以在贝类中积累。数值模型、卫星数据和现场数据被整合并经过专家解读后,才会被纳入每周公报。

11.2.5.3 天气窗口工具

天气窗口工具为短期波浪预报提供了一个用户友好的界面。它是由爱尔兰海洋研究所在 AtlantOS 框架内开发的(Dale et al.,2018),目前在 MyCOAST(跨大西洋地区)项目中进一步开发,以涵盖欧洲大西洋沿岸的更多地点。提供"协调一致的"沿海观测站和预报模型是该工具可转移到其他地方的前提条件。为此,MyCOAST 项目开发了一个基于 NcML(NetCDF 标记语言)的观测和预报系统的数据标准化指南③。该工具的用户从下拉菜单中选择一个地点,输入用户认为在该地点的特定现场活动安全的截止波高,并选择最长一周的时间段(受波浪预报时间限制)。随后会显示两张图:①有效波高时间序列,标注截止高度,安全日期和时间以绿色显示;②波浪周期和方向作为补充信息。图 11.12 是该工具的截图信息。

11.2.5.4 水产养殖地点的选择

水产养殖选址是水产养殖作业的关键因素,包括离岸水产养殖,正确的选址是作业经济可持续性、动物福利和产品质量的先决条件。可以在观测和建模系统的基础上确定离岸水产养殖的合适地点。为响应行业要求,在 AtlantOS 框架内进行了这项服务的相关演示(Dale et al.,2017)。GIS 方法被采用,因为它提供了一种组织、处理和分析不同数据类型和数据模型

①应用的描述可在 http://www.socib.es/index.php? seccion=detalle_noticia&id_noticia=191 找到。

②详见 https://www.shellfish-safety.eu/。

③详见 https://www.unidata.ucar.edu/software/netcdf-java/v4.6/ncml/Tutorial.html。

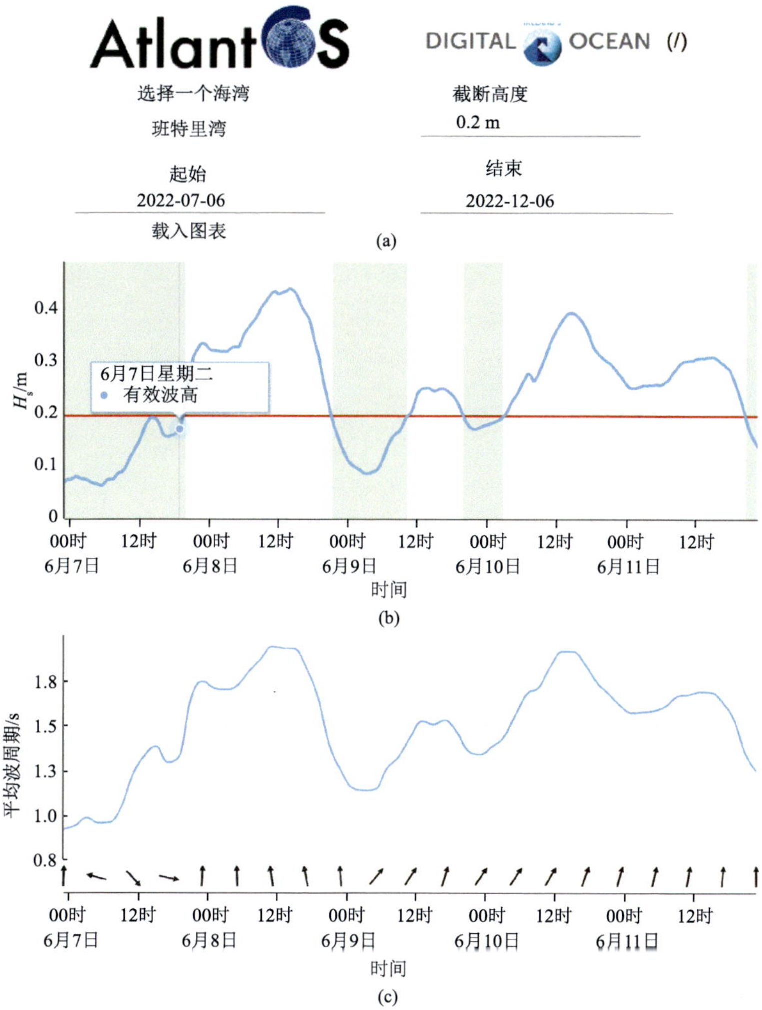

图 11.12　天气窗口工具(来源:https://www.digitalocean.ie)
(a)天气窗口;(b)有效波高;(c)平均波周期和波向(去向)

的方式,并能进行空间多标准评价。一个地点需要满足一系列标准,才能适合离岸水产养殖。这些标准如表 11.2 所示,与物理因素有关,如温度、波浪和海流,以及法律或行政因素,如与船舶航线、海洋保护区、离岸风力发电场的距离等。图 11.13 显示了使用 GIS 进行水产养殖选址的概念模型。

表 11.2　用于水产养殖选址的物理变量清单(Dale et al.,2017)

物理	生物地球化学	生物学与生态系统
海况*	氧气	浮游植物生物量和多样性
海洋表面应力	营养物质	浮游动物生物量与多样性
海冰	无机碳	鱼类丰富度与分布
海表面高度	瞬态示踪剂	海龟、鸟类、海洋哺乳动物的丰富度与分布
海面温度	悬浮颗粒物	活珊瑚

续表

物理	生物地球化学	生物学与生态系统
次表层温度	一氧化二氮	●海草覆盖
●海表流	碳同位素（℃）	红树林覆盖
次表层流	溶解有机碳	●大型藻类冠层
●表层海水盐度	●海洋水色	
次表层盐度		
海面热通量		

注：① * 波高对于选址至关重要。

②表中绿色表示成熟，黄色表示试点，蓝色表示概念，橘色点表示对选址有用。

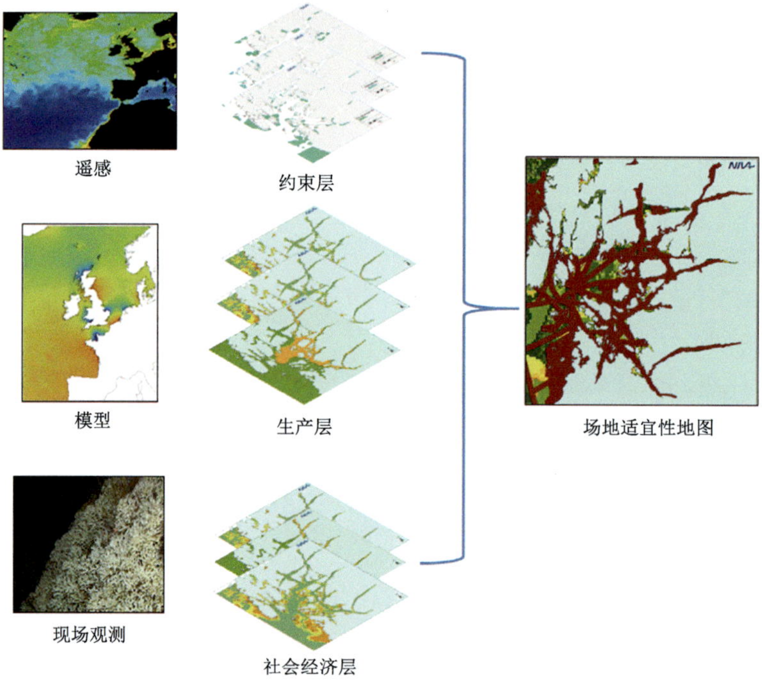

图 11.13　使用 GIS 进行水产养殖选址的概念模型(Dale et al. ,2017)

参考文献

Aamo, O.E., Reed, M., Lewis, A. (1997). Regional contingency planning using the OSCAR Oil Spill Contingency and Response Model. In Proceedings of the 20th Arctic and Marine Oil Spill Program (AMOP) Technical Seminar, Vancouver, BC, Canada, 11-13 June 1997.

Alvarez-Berastegui, D., Hidalgo, M., Tugores, M.P., Reglero, P., Aparicio-González, A., Ciannelli, L., Juza, M., Mourre, B., Pascual, A., Lopez-Jurado, J.L., García, A., Rodríguez, J.M., Tintoré, J., Alemany, F. (2016). Pelagic seascape ecology for operational fisheries oceanography: modelling and predicting spawning distribution of Atlantic bluefin tuna in Western Mediterranean. *ICES Journal of Marine Science*, 73(7), 1851-1862, https://doi.org/10.1093/icesjms/fsw041

Castanedo, S., Medina, R., Losada, I.J., Vidal, C., Mèndes, F.J., Osario, A., Juanes, J.A., Puente, A. (2006). The Prestige oil spill in Cantabria (Bay of Biscay). Part I: operational forecasting system for quick response, risk assessment and protection of natural resources. *Journal of Coastal Research,* 22, 1474-1489, https://doi.org/10.2112/04-0364.1

Coppini, G., De Dominicis, M., Zodiatis, G., Lardner, R., Pinardi, N., Santoleri, R., Colella, S., Bignami, F., Hayes, D.R., Soloviev, D., Georgiou, G., Kallos, G. (2011). Hindcast of oil spill pollution during the Lebanon Crisis, July-August 2006. *Marine Pollution Bulletin,* 62, 140-153, https://doi.org/10.1016/j.marpolbul.2010.08.021

Coppini, G., Gonzalez, G., Perivoliotis, L., Smaoui, M., Liubartseva, S., Bourma, E., Lecci, R., Cretì, S. (2018). MONGOOS-REMPEC operational experience during Agia Zoni II oil spill, September 2017. EGU General Assembly 2018, 8-13 April 2018, EGU2018-6745-1.

Cusack, C., Dabrowski, T., Lyons, K., Berry, A., Westbrook, G., Nolan, G., Silke, J. (2016). Harmful Algal Bloom warning system for SW Ireland. Part II: ASIMUTH-tailored model products, observations. *Harmful Algae,* 53, 86-101, https://doi.org/10.1016/j.hal.2015.11.013

Cusack, C., Silke, J., Ruiz-Villarreal, M., Eikrem, W., Dale, T., Moejes, F., Maguire, J., Chamberlain, T., Dabrowski, T., Gerritsen, H., Hynes, P., Leadbetter, A., Lyons, K., O'Rourke, E., Smyth, D., Miguez, B. M., Marty, S., McFadden, Y. and O'Toole, D. (2018). Harmful Algal Bloom Bulletins. *AtlantOS Deliverable,* D8.6, AtlantOS, 36 pp., doi:10.3289/AtlantOS_D8.6

Dagestad, K.F., Röhrs, J., Breivik, Ø., Ådlandsvik, B. (2018). OpenDrift v1.0: a generic framework for trajectory modelling. *Geoscientific Model Development,* 11, 1405-1420, https://doi.org/10.5194/gmd-11-1405-2018

Dale, T., Cusack, C. and Ruiz, M. (2017) Aquaculture site selection Report. AtlantOS Deliverable, D8.2, AtlantOS, 39 pp., doi:10.3289/AtlantOS_D8.2

Dale, T., Cusack, C., Ruiz Villarreal, M., Leadbetter, A., Lyons, K., Burke, N., Smyth, D., Dabrowski, T., O'Rourke, E. and Gonzalez-Nuevo, G. (2018). Aquaculture operation Bulletin: Weather window nowcast/forecast Bulletin tool for offshore aquaculture operators. AtlantOS Deliverable, D8.8, AtlantOS, 18 pp., doi:10.3289/AtlantOS_D8.8

Daniel, P. (1996). Operational forecasting of oil spill drift at Météo-France. *Spill Science & Technology Bulletin,* 3, 53-64, https://doi.org/10.1016/S1353-2561(96)00030-8

Daniel P. (2010). Drift forecasts for the Erika and Prestige oil spills. Practical Applications in Engineering, 27(4), https://doi.org/10.1002/9781118557792.ch27

Daniel, P., Drevillon, M., Levier, B., Gouriou, V. (2020). Relevant CMEMS products to predict oil slick drift in the Grande America accident. EGU General Assembly 2020, Online, 4-8 May 2020, EGU2020-13905.

Daniel, P., and Virasami, R. (2021). Oil spill management and salvage in the Indian Ocean. WMO Bulletin, 70(1), 109-110. More information available at: https://public.wmo.int/en/resources/bulletin/Products_and_services/Oil_spill_Indian_Ocean

Daniel P., Paradis, D., Gouriou, V., Le Roux, A., Garreau, P., Le Roux, J.-F., and Louazel, S. (2021). Forecast of oil slick drift from Ulysse/CSL Virginia and Grande America accidents. International Oil Spill Conference Proceedings 2021, 1, 1141410. Available at: https://archimer.ifremer.fr/doc/00742/85421/

De Carolis, G., Adamo, M., Pasquariello, G., De Padova, D., Mossa, M. (2013). Quantitative characterization of marine oil slick by satellite near-infrared imagery and oil drift modelling: the Fun Shai Hai case study. *International Journal of Remote Sensing*, 34, 1838-1854, https://doi.org/10.1080/01431161.2012.727494

De Dominicis, M., Pinardi, N., Zodiatis, G., Lardner, R. (2013). MEDSLIK-II, a Lagrangian marine surface oil spill model for short-term forecasting - Part 1: Theory. *Geoscientific Model Development*, 6, 1851-1869, https://doi.org/10.5194/gmd-6-1851-2013

Ingram, G.W. Jr. (2018). Annual Indices of Bluefin Tuna (Thunnus Thynnus) Spawning Biomass in the Gulf of Mexico (1977-2016). *Collective Volumes of Scientific Papers ICCAT*, 74(6), 2571-2771.

Ivanov, A.Y. (2010). The oil spill from a shipwreck in Kerch Strait: radar monitoring and numerical modelling. *International Journal of Remote Sensing*, 31, 4853-4868, https://doi.org/10.1080/01431161.2010.485215

Krata, P., and Szlapczynska, J. (2017). Ship weather routing optimization with dynamic constraints based on reliable synchronous roll prediction. *Ocean Engineering*, 150, 124-137, https://doi.org/10.1016/j.oceaneng.2017.12.049

Lee, S.-M., Roh, M.-I., Kim, K.-S., Jung, H., and Park, J.J. (2018). Method for a simultaneous determination of the path and the speed for ship route planning problems. *Ocean Engineering*, 157, 301-312, https://doi.org/10.1016/j.oceaneng.2018.03.068

Li, Z., Ryan, C., Huang, L., Ding, L., Ringsberg, J.W., and Giles, T. (2021). A comparison of two ship performance models against full-scale measurements on a cargo ship on the Northern Sea Route. *Ships and Offshore Structures*, 16, 237-244, https://doi.org/10.1080/17445302.2021.1926146

Liu, Y., MacFadyen, A., Zhen-Gang, J., Weisberg, R. H. (2013). Monitoring and Modeling the Deepwater Horizon Oil Spill: A Record Breaking Enterprise. American Geophysical Union, 271 pp., ISBN: 978-1-118-66675-3

Liubartseva, S., Smaoui, M., Coppini, G., Gonzalez, G., Lecci, R., Creti, S., Federico, I. (2020a). Model-based reconstruction of the Ulysse-Virginia oil spill October-November 2018. *Marine Pollution Bulletin*, 154, 111002, https://doi.org/10.1016/j.marpolbul.2020.111002

Liubartseva, S., Federico, I., Coppini, G., Lecci, R. (2020b). Oil spill modeling for the Port of Taranto (SE Italy). EGU General Assembly 2020, Online, 4-8 May 2020, EGU2020-2946.

Mannarini, G., Lecci, R., and Coppini, G. (2015). Introducing sailboats into ship routing system visir. In "2015 6th International Conference on Information, Intelligence, Systems and Applications (IISA)", IEEE, 15723531, 1-6, https://doi.org/10.1109/IISA.2015.7387962

Mannarini, G., Pinardi, N., Coppini, G., Oddo, P., and Iafrati, A. (2016). VISIR-I: small vessels - least-time nautical routes using wave forecasts. *Geoscientific Model Development*, 9(4), 1597-1625, https://doi.org/10.5194/gmd-9-1597-2016

Mannarini, G., and Carelli, L. (2019). VISIR-1.b: ocean surface gravity waves and currents for energy-efficient navigation. *Geoscientific Model Development*, 12(8), 3449-3480, https://doi.org/10.5194/gmd-12-3449-2019

Mannarini, G., Subramani, D., Lermusiaux, P., and Pinardi, N. (2019). Graph-Search and Differential Equations for Time-Optimal Vessel Route Planning in Dynamic Ocean Waves. *IEEE Transactions on Intelligent Transportation Systems*, 21(8), 3581-3593, https://ieeexplore.ieee.org/document/8815853

Mannarini, G., Carelli, L., Orović, J., Martinkus, C.P., and Coppini, G. (2021). Towards Least-CO2 Ferry Routes in the Adriatic Sea. Journal of Marine Science and Engineering, 9(2), doi:10.1109/TITS.2019.2935614

Marcotte, G., Bourgouin, P., Mercier, G., Gauthier, J.-P., Pellerin, P., Smith, G., Onu, K., Brown, C.E. (2016). Canadian Oil Spill Modelling Suite: An overview. In "Proceedings of the 39th Arctic and Marine Oil Spill Program (AMOP) Technical Seminar", Halifax, NS, Canada, 7-9 June 2016.

Micallef, L., Deidun, A., Cutajar, D., Gauci, A. (2014). The development of the MED-JELLY smartphone application in the Maltese islands. MED-JELLYRISK Conference and Training Seminar: Addressing Jellyfish Blooms to Safeguard Coastal Economic Activities Research, Innovation, Management and Education, St. Julian's. 29.

Morell Villalonga, M., Espino Infantes, M., Grifoll Colls, M., Mestres Ridge, M. (2020). Environmental management system for the analysis of oil spill risk using probabilistic simulations. Application at Tarragona Monobuoy. *Journal of Marine Science and Engineering,* 8(4), 277, https://doi.org/10.3390/jmse8040277

PIANC. (2012). PIANC-CODEPEC VIII. Proceedings of the Eighth International Conference on Coastal and Port Engineering in Developing Countries. IIT Madras, Chennai, India, 20-24 February 2012, https://www.pianc.org/uploads/publications/Proceedings-Congresses/proceedings-copedec/PIANC-COPEDEC-VIII-2012.pdf

Qiao, F., Wang, G., Yin, L., Zeng, K., Zhang, Y., Zhang, M., Xiao, B., Jiang, S., Chen, H., Chen, G. (2019). Modelling oil trajectories and potentially contaminated areas from the Sanchi oil spill. *Science of The Total Environment,* 685, 856-866, https://doi.org/10.1016/j.scitotenv.2019.06.255

Shchepetkin, A.F., and McWilliams, J.C. (2005). The regional oceanic modeling system (ROMS): a split-explicit, free-surface, topography-following-coordinate oceanic model. *Ocean Modelling,* 9(4), 347-404, https://doi.org/10.1016/j.ocemod.2004.08.002

Sorgente, R., La Guardia, D., Ribotti, A., Arrigo, M., Signa, A., Pessini, F., Oliva, G., Pes, A., Perilli, A., Di Maio, A. (2020). An operational supporting system for oil spill emergencies addressed to the Italian Coast Guard. *Journal of Marine Science and Engineering,* 8, 1035, https://doi.org/10.3390/jmse8121035

Spaulding, M.L., Howlett, E., Anderson, E., Jayko, K. (1992). OILMAP: A global approach to spill modeling (EC/EPS–93-01710), Canada.

Vettor, R., and Guedes Soares, C. (2016). Development of a ship weather routing system. *Ocean Engineering,* 123, 1-14, https://doi.org/10.1016/j.oceaneng.2016.06.035

Zelenke, B., O'Connor, C., Barker, C., Beegle-Krause, C.J., Eclipse, L. (2012). General NOAA Operational Modeling Environment (GNOME) Technical Documentation. U.S. Dept. of Commerce: Washington, DC, USA, NOAA Technical Memorandum OR&R; Emergency Response Division; NOAA: Seattle, WA, USA.

Zis, T.P., Psaraftis, H.N., and Ding, L. (2020). Ship weather routing: A taxonomy and survey. *Ocean Engineering,* 213, 107697, https://doi.org/10.1016/j.oceaneng.2020.107697

第 12 章
海洋预测的挑战和未来展望

12.1 简介

海洋预测研究、能力、适用性、可用性、成熟度和用户接受度从 20 世纪 90 年代末的一个初步构想开始，虽然是渐进式的，但一直在不断发展。如今，海洋预测的能力和成熟度已经超越了最初的设想，为推动社会效益的发展奠定了坚实的基础。在未来的十年里，海洋预测系统将继续逐步与天气预测系统相媲美，其意义在于无处不在的应用，保护生命、影响经济，以及对环境监管的支持。建立一个包含标准和最佳实践的完整业务化海洋学价值链框架，将有助于进一步利用预测系统为所有国家带来蓝色经济增长，同时也支持健康海洋。这将通过数字平台提高海洋预测知识、能力建设、应用和服务，进一步提高对海洋环境的认识和理解(见图 4.1)。

在此，我们概述了未来十年内海洋预测和其他业务化海洋学支持部分的预期进展。一个基本的主题是将海洋预测系统整合到业务化海洋学、无缝隙环境预测和蓝色经济的大背景中。这需要一个透明的标准和最佳实践的框架方法，使所有的国家，特别是那些资源最少的国家能够参与并受益。

本章将介绍下一代业务化海洋预测系统的主要驱动力，涵盖从全球到沿海尺度的观测系统(第 12.2 节)到数值模型的演变(第 12.3 节)、数据同化(第 12.4 节)和预测的集合系统(第 12.5 节)，从不断发展的人工智能技术来理解物理过程(第 12.6 节)到无缝隙预测(第 12.7 节)和海洋数字孪生(第 12.8 节)，也包括质量评估的演变(第 12.9 节)。最后重点介绍了哥白尼海洋服务(第 12.10 节)和“联合国海洋科学促进可持续发展十年”推动的国际倡议(第 12.11 节)等最先进服务的计划发展。

12.2 海洋预测参与观测系统演变

海洋分析和预报的质量高度依赖于观测资料同化以约束海洋预报系统的海洋环流。随着预报系统向更加真实的方向发展，得以表示更大范围的海洋过程和尺度，这将由有效制约不同尺度的海洋变率的“适应性”现场和卫星观测来支撑。海洋预报中心和海洋观测之间的密切合作，对促进这种发展至关重要。有效沟通可以确保从现在到未来的观测信息得到最佳利用，它

---

* 本章主编：Fraser Davidson；编写成员：Enrique Alvarez Fanjul，Alain Arnaud，Stefania Ciliberti，Marie Drevillon，Ronan Fablet，Yosuke Fujii，Isabel Garcia-Hermosa，Marcos Garcia Sotillo，Stéphanie Guinehut，Emma Heslop，Villy Kourafalou，Julien Le Sommer，Matt Martin，Andrew M. Moore，Nadia Pinardi，Elizabeth Remy，Paul Sandery，Jun She，Joaquin Tintorè。

使预报中心能够了解观测的使用情况，并报告其对分析和预报的影响。从长远来看，这也为海洋预报中心提供了更多的机会，有助于促进海洋观测系统设计的发展，以更好地满足需求，并使未来业务系统的能力得到提升。让预报中心参与设计和评价全球海洋观测系统①的未来影响，已开始被公认为是观测和预报界的最佳做法。

在这样的背景下，OOFS 严格依赖于准实时观测的有效性，以用于同化和验证的目的。预报产品的准确性在很大程度上受到同化观测数据质量的影响，因此，社区的努力方向是为预报员提供高质量的空间和时间采样数据。Le Traon 等(2019)提供了哥白尼海洋服务的观测网络发展战略，以及 OOFS 在支持海洋安全、海洋资源、海洋和沿海环境、天气、季节性预报和气候方面的需求。根据这份文件，主要的优先事项如下。

- 对于卫星数据
  - 保证哨兵卫星目前在下游沿海应用的业务能力，以及“冷卫星”在极地地区监测海冰厚度和海平面能力的连续性。
  - 为未来的 OOFS 和服务开发新的宽幅测高能力。
  - 发展微波任务，改善海面温度、海冰漂移、海冰厚度和表层海水盐度的空间覆盖范围。
  - 加强从空间观测表层海水盐度和洋流的研发工作。
- 对于现场数据
  - 在全球范围内，未来的主要挑战是：①提高生物地球化学测量的覆盖率；②加强深层温度和盐度的测量；③开展现场流速观测、海冰观测和开阔海域波浪测量。
  - 在区域范围内，主要的优先事项是填补大陆架-沿海观测网络中多种变量的观测空白，以提高监测和预报能力。

哥白尼海洋服务为卫星和现场观测提供具体的战略文件②，以支持监测和预报活动。全球海洋观测系统确定 2030 年战略目标如下。

- 通过加强与预报中心的联系，加深参与和影响。
- 提供一个综合的、适用的观测系统，能够支持和扩展观测系统的实施，并确保按照 FAIR 原则进行数据管理。
- 通过支持观测技术的创新和扩展系统观测来了解对海洋的影响，建立未来的观测网络。

12.2.1 当前海洋观测系统面临的挑战

目前海洋观测系统面临的主要挑战包括：①非业务化海洋学界(如环境、渔业、研究和工业部门)进行的大部分海洋观测没有用于业务化预报；各部门进行的海洋观测具有不同的监测和数据收集标准，在协调不同部门的观测方面做的工作很少；②在次表面、海底、地质和生物观测方面存在技术瓶颈和重大数据缺口。

为建立综合统一的海洋观测系统以支持无缝隙信息服务，建议从三个维度开展工作，如图 12.1 所示。第一个维度是通过打破机构和部门壁垒，使现有观测资料的价值最大化(She et al.，2019)，适合多部门使用。这可以通过对业务性和非业务性海洋观测群体进行多维度的整合来实现，包括业务监测、环境监测、渔业监测、研究监测、社会(公民和非政府组织)监测

---

①详见 https://www.goosocean.org/。

②详见 https://marine.copernicus.eu/about/observation-requirements。

和其他部门的监测（工业和社会经济）。观测结果应该是“一次采集，多次使用”（Martín Míguez et al.，2019）。鉴于公共或个人监测主体的任务，当前的海洋观测是单独开展的，以适应各自部门观测需求，不同的监测社区几乎没有共享观测数据。在设计国家和区域范围内的多维整合时，应采用统一的标准。业务化自主平台是整合、统一海洋观测的有效框架，值得大力推荐。

第二个维度是开发、部署和利用大型自主的、具有成本效益的创新传感器网络，以填补水下和新型观测空白，例如海洋垃圾、生物变量和水下噪声。水下通信技术、水下机器人技术和ML/AI的突破相结合，可能会有效改善水下监测的能力，特别是对污染物、生物地球化学和生物变量的监测。还需要进行适应性观测，以描述支撑海洋地球系统可预测性的关键过程。

第三个维度是设计和优化现有的海洋观测，以填补过程和敏感区域特征方面的观测空白，这对多部门的可预测性和适应性至关重要。监测能力必须建立在现场、遥感、模型、同化和ML/AI工具的综合系统之上。可以设计这样一个系统的采样方案去优化综合监测能力，以便最有效地利用观测来减少地球系统预测的不确定性。应该注意的是，应该确定并包括专门的观测，以解决统一的海洋系统模型（UOM）中的具体预测问题（She et al.，2016）。

图 12.1　综合观测，通过在三个维度上整合观测数据，发挥海洋观测的价值：满足目标、参数和设备（She et al.，2019）

12.2.2　观测系统评估

目前，基于海洋预报系统的观测系统评估（OS-Eval）往往不是协同进行的。最常用的评估技术是用真实的或模拟的观测资料进行数据排除实验（如 OSE 和 OSSE）。虽然只有已经存在真实观测的观测平台可以被评估，但模拟观测可以让我们评估未来平台的影响或观测网络的发展。影响评估方法将在未来发展为基于集合和伴随方法的更复杂的技术，也可能是人工智能。考虑到 BGC 应用和包括海洋部分在内的地球系统预测正逐渐变得越来越重要，为这些应用开发合适的评估方法也是必不可少的。提高分析/预测的准确性和开发能够同化新型观测数据的方法，将提高对各种平台进行公平评估的能力。为了通过调节系统的依赖性来提高结果的稳健性，需要对观测影响进行多系统评估和定期更新评估以跟踪系统发展。

加强建模/数据同化专家与观测/网络专家之间的沟通和协调，对于合理设计和解读 OS-Eval，特别是提取有关海洋观测系统控制不同时间和空间尺度过程能力的令人信服的信息，将是至关重要的。期望通过提供关于海洋观测对海洋预测系统影响的定期报告加强这种交流。还应注意的是，OS-Eval 活动需要专门的基础设施和资源。因此，与国际合作伙伴（如 OceanPredict、GOOS/ROOS、WMO、IOC 等）的合作对于在海洋观测网络和海洋预测系统之间建立一个实质性的价值链至关重要。

OS-Eval 活动需要专门的基础设施和资源，必须加强业务中心和气候中心的能力，以评估目前和未来观测的影响，不仅要指导观测系统机构，而且要改进观测在模型中的使用。

观测网络不能单独考虑，而应与其他现场和卫星网络相辅相成地进行评估。应该对观测平台的数据与其他现有的和计划中的现场和卫星观测的协同作用进行评估，这将是必要的，因为模型预测需要在大尺度范围内受到约束，而单个平台无法提供这种约束。通过卫星和现场观测的最优利用来提高海洋的可预测性是一个具有战略意义的重要研究课题，了解并能够展示和示范目前和未来的观测系统在改善海洋预测（以及一般的环境预测）方面的影响，对于证明和维持对观测系统的长期投资非常重要。从这些工作中得到的反馈，可以使观测小组明确在技术以及地理覆盖的密度和范围方面应如何投入资源。

为了最好地展示对观测系统的评估，应从应用价值方面制定预测影响指标，以满足：①用户和应用需求；②观测系统需求。在用户和应用方面，可以使用世界气象组织的 RRR（预报对用户和应用影响报告）等，即从对用户或应用的影响角度来衡量观测对预报系统的影响。这可能需要对预测输出进行进一步的后期处理，以便将预测影响转化为终端用户直接使用的信息。例如，在海上搜救行动中，可能需要了解观测系统对漂流预测的影响，并量化它能在确保高探测概率的同时，会缩小多少海上搜索区域。还需要展示观测系统对各种应用的影响，并深入了解减少或增加观测次数所产生的影响。此外，在制定支持观测系统需求的指标时，需要涵盖观测的多种用途（包括气候、海洋服务和健康等方面）。

还应制定实时影响评估方法，以监测和报告业务化海洋预报中心对不同同化观测网络的使用和影响。这将有助于发现观测网络变化带来的影响，并采取应对措施。

在接下来的小节中，将介绍观测站的发展计划，即 Argo 和卫星观测，这将推动下一代的 OOFS。

12.2.3 Argo 发展计划

国际计划 Argo① 是目前收集“来自海洋内部的信息”的主要全球计划，该计划使用一组随洋流漂流的自动仪器，在海面和中层水之间上下移动。在第 4 章中，可以看到目前 Argo 在 OOFS 的运行能力的概述。2020 年后的 Argo 设计可在 https://argo.ucsd.edu/argo-beyond-2020/查询，包括如下主要目标。

- 提高极地海冰区和边缘海域的观测能力。
- 提高关键地区的观测分辨率，如中尺度噪声较大的西部边界海流，以及需要高时间分辨率的赤道地区。
- 启动生物地球化学和深部区域变量观测的新任务。

下一代 Argo 计划还着眼于验证和部署测量海洋湍流和小规模混合的新传感器，这对改进海洋观测系统、数值模型、数据同化方案和验证预报产品至关重要。

---

①详见 https://argo.ucsd.edu/。

观测网络的扩展需要在观测方和预报中心之间维护和改进数据管理系统，以确保互操作性和对不断增长的数据流入的开放访问(Roemmich et al. ,2019)。

12.2.4 卫星任务的下一阶段

卫星观测和现场观测是全球海洋观测系统的关键组成部分。本书第 4 章对用于建立海洋观测系统的数据类型进行了总体概述，下一代预报系统也将利用观测网中的新技术，卫星测量将在监测冰冻圈、沿海地区和内陆水域方面发挥重要作用，以提高海洋服务的质量。国际测高小组最近发表了一份关于未来 25 年测高测量进展的文章(International Altimetry Team, 2021)；根据这项工作，测高技术对业务化海洋学以及更广泛的地球系统科学和业务进展中的主要需求是：

- 通过多平台现场测量、多卫星和合成孔径雷达以及合成孔径雷达干涉测高，增加卫星测量的覆盖面，以支持对从较小的中尺度到亚中尺度的海洋动力学的理解。
- 在远程数据的指导下，设计临时实验进行现场数据收集。
- 通过现场和高分辨率的海面高度测量，对垂直环流进行评估。
- 保证当前业务测量的连续性。
- 通过比较验潮站、全球导航卫星系统定位与测高观测，估算区域海平面趋势的不确定性。
- 通过使用高分辨率合成孔径雷达测高仪、带有全球导航卫星系统定位的验潮仪和开发全球导航卫星系统反射仪(最后一项在提供海平面变化测量方面很有前景)，改进沿海的海平面记录。
- 利用先进的技术提高测高产品的空间分辨率，如基于 SARIn 的“刈幅模式”处理以及极地海洋上的完全聚焦 SAR 技术。
- 通过使用更高分辨率的测高仪(如 SWOT)，同时辅以更大的测高卫星群，包括宽幅和传统测高仪、多普勒波浪和海流散射计以及集成高度仪，不仅实现了空间分辨率的提升，更显著增强了时间分辨率。

为了支持业务化海洋学和海洋应用，哥白尼海洋服务部起草了一份文件[①]，描述了哥白尼卫星组件发展的主要需求。该文件重点强调了采用多传感器和多任务方法收集 SST、SSS、OC、海流、风和波浪测量数据，这将对未来的高分辨率开阔海域、沿海模型和海洋/波浪耦合模型产生影响。该文件还认识到需要提高空间和时间分辨率，以更好地监测和预报精细化的海洋物理和生物地球化学状态，并改进对沿海地区和迅速变化的极地地区的监测。

12.3 数值模型计划的发展，包括适应新的高性能计算系统

海洋模型是 OOFS 的支柱之一。本书第 4 章提供了当前建模能力的概况，而第 5—10 章则深入探讨了理论方面的内容，但仍有一个主要问题需要回答：未来的 OOFS 对海洋模型有何期待？Fox-Kemper 等(2019)对海洋模型的挑战与前景进行了广泛回顾，涉及许多亟待解决的科学问题和议题。特别是，发展核心模型以应对适当的时空尺度、准确表示物理过程及快速运行，是提高预测能力及重建过去蓝色、绿色和白色海洋的基础。这些都是为了改进未来

①详见 https://marine.copernicus.eu/sites/default/files/media/pdf/2020-10/CMEMS-requirements-satellites.pdf。

OOFS 所必须应对的挑战。

Le Sommer 等(2018)研究表明,由于计算机能力的提高和物理参数化的改进,业务化海洋学的海洋建模的发展与解决次中尺度的物理过程(Chassignet et al.,2021)以及在全球范围内描述内波和内潮(Shriver et al.,2012)密切相关。提高空间和时间分辨率并不是解决高质量业务化产品的唯一途径:现代地球科学模型的模块化是解决建模复杂性的关键(Le Sommer et al.,2018)。

下一代 OOFS 的建模复杂性和模块化有一个计算成本,一旦我们考虑到数值学的发展,就需要考虑这个成本。高性能计算的发展是建立 OOFS 的另一个支柱;要解决的科学问题也需要面对技术挑战。Le Sommer 等(2018)强调了目前建模能力的主要限制不是由于处理器的计算速度,而是对内存的访问和输入/输出的延迟。打破这种限制需要对开发方式进行深入的研究,但海洋建模人员和计算机科学家之间的持续合作也是关键。

图形处理单元(GPU)的使用正在逐步加速地球系统的大气和海洋建模。这种向现代大型超级计算机的过渡需要重新设计数值代码和 HPC 优化/并行化策略。在海洋学界,代码已经逐渐被移植到 CPU/GPU 异构架构上:例如,Xu 等(2015)提供了第一个在 GPU 架构上移植 POM 的例子,重点关注内存访问优化策略、新的通信设计、边界优化重叠方法和 I/O 优化,与单个 CPU 核心相比,实现了超过 400 倍的速度提升,并将耗能降低至原有水平的 1/7。Liu 等(2019)提供了在多处理器系统 Sunway sw26010 上首次并行实现和优化 ROMS 的情况,结果显示,相较于原始 ROMS,优化后的热点程序的速度可以提高 3.69 倍。这些例子说明了如何利用未来的复杂计算结构来加速海洋模型的运行,使业务系统受益于新技术,并在数值模拟方面开辟新的领域。

不断增长的应用需求推动了从千兆级到百万兆级的计算能力发展:在不久的将来,更大的数据集、更多的参数、更多的计算、更多的并行需求和更大的功耗成为可能。这些改进与气候和海洋建模的发展密切相关,其目的是发展更好地代表现实世界的系统,其特点是在空间和时间上的多物理和多尺度的相互作用,为预测科学开辟新的可能性。

因此,超大规模计算是在最佳模型分辨率下建立全球气候系统的下一个前沿领域,它需要高水平的性能能力,但仍在特定的功率预算之内。业务化中心需要考虑异构计算资源:异构计算旨在将每个应用的要求与 CPU/GPU 架构的优势相匹配(Mittal et al.,2015)。不同硬件组件之间的协作框架是一个开放的研究领域,其目的如下。

- 将用 CPU 或 GPU 适合的语言编写的大规模代码移植到异构计算系统中,将成本和出错率降到最低。
- 设计新的合适的数据访问策略,以充分利用融合后的 CPU-GPU 系统的优势。
- 减少使用像 Fortran 这样比较经典的编程语言,而使用像 Python 这样比较现代的计算语言。
- 提高数据分析能力。
- 减少能源消耗,实现绿色计算。

12.4 海洋数据同化在业务化海洋预报中的未来发展

新兴的观测技术推动了数据同化系统的发展。业务化海洋数据同化系统在不断发展改进的数据同化方法的应用，它们使用更高分辨率和更复杂的模型，使用新的和即将使用的观测技术，以及使用新的数据同化软件和计算机硬件基础设施。以下是未来十年数据同化在业务预报系统中的发展方面的总结。

在数据同化方法方面，最直接的发展是集合方法和变分方法的合并。借鉴这两种方法的优点，一些预报中心正在开发"混合"方法。在变分方法中使用的静态或参数化的背景误差协方差和来自集合体的流量相关估计被结合起来。NWP 的经验表明，混合方法比纯粹的变分方法或纯粹的集合方法表现得更好(Lorenc et al.，2018)；全球和区域海洋预报系统正在努力应用这种方法，这些努力可能会在未来几年内达到一定的成熟度。目前正在积极研究更复杂的数据方法，它不依赖于预测误差具有无偏高斯分布的假设(如粒子过滤器)(van Leeuwen et al.，2015)，以处理生物地球化学变量等。另一个不断发展的方法学领域是将机器学习应用于数据同化(Bonavita et al.，2021)，特别是在模型误差估计、模型参数估计和预报误差协方差统计估计方面。

随着计算机资源的增加，海洋模型的分辨率也在不断提高。数据同化系统需要不断发展，以确保它们能够处理模型中更大的尺度范围。模型的复杂性也在增加，包括海洋模型本身和正在使用的不同类型的耦合模型。将数据同化方法应用于海洋/海冰模型、物理-生物地球化学模型、声学-物理模型以及包括许多不同地球系统组成部分的更完整的地球系统模型，是一个活跃的研究领域(Penny et al.，2019)。短时间尺度的业务化海洋、海冰和大气预报模型越来越多地被耦合在一起，有效初始化这些系统所需的数据同化方法也在开发之中。大多数业务化耦合天气预报系统目前还没有使用强耦合的数据同化方法，即海洋观测可以直接影响大气分析，反之亦然，但预计在未来十年内将会开发和应用。

多个新的社区数据同化软件系统也正在开发所需的数据同化软件基础设施，包括 DART (Anderson et al.，2009)、OOPS、JEDI、EnKF-C(Sakov，2014)和 PDAF(Nerger et al.，2020)。运行预报系统所需的计算机硬件也在不断发展，出现了不同的架构，如 GPU。随着数值代码的发展，它们将在未来十年内成为业务预报系统强有力的计算候选者。社区软件系统为业务预报小组之间及业务小组与研究小组之间提供了更多合作的机会。

12.5 集合预测系统的未来

世界各地的海洋、天气、季节和气候数值预报系统正向着耦合的集合数据同化预报系统的方向发展(Brassington et al.，2015；Barton，2021；Buizza，2021；Frolov，2021；Fujii et al.，2021；Komaromi，2021)，包括更好地覆盖海洋、大气、海冰、陆地和生物地球化学等地球物理领域的相互关系(Sandery et al.，2020；O'Kane et al.，2021)。预报系统也越来越多地应用于更精细的时空尺度。

集合预测系统可以很好地满足对耦合模型和降尺度模型中预测误差的概率分布进行量化的需求，以及预测的可靠性和准确性的需求，例如使用 EnKF 的系统(Sandery et al.，2020；O'Kane et al.，2021；Sun et al.，2020；Minamide et al.，2022)。

集合预测系统能够综合模型和观测结果，从而获得可用于提供地球物理变量最佳估算并量化其不确定性的动态变化的数据(Sandery et al.，2019)(图 12.2)。在预测中，不确定性的量化将与预测本身一样重要，为可靠性和对地球物理环境中快速增长的扰动提供指导。如本章其他小节所述，集合预测的进步还将与模型、观测、数据同化、计算机资源和技术的改进相结合。

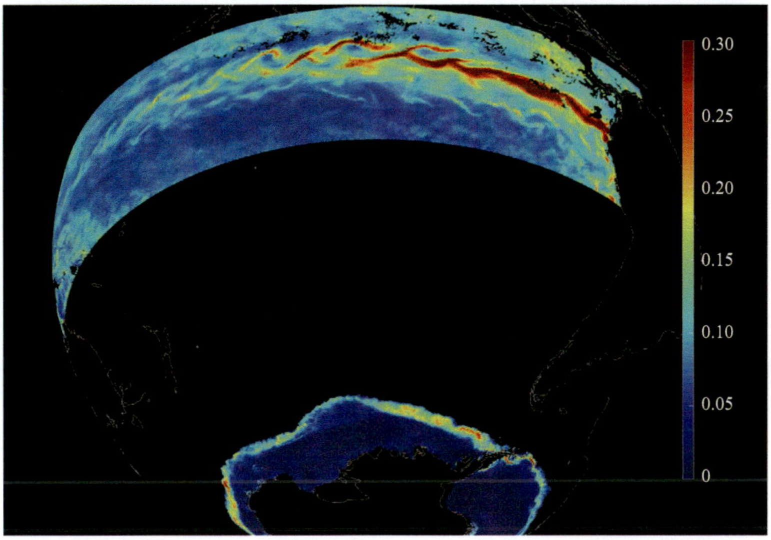

图 12.2 量化系统不确定性的动态变化，该图显示了 2017 年 9 月 28 日（在观测空间中）SST（单位为 K）和海冰密集度的预报集合扩散，该系统由 96 个成员组成，水平分辨率为 0.1°，称为 ACCESS-OM2-EnKF-C（Sakov，2014；Kiss et al.，2020）。SST 扩散与不确定性有关：热带不稳定波和海冰扩散的预报动态状态显示，每年这个时候的预报不确定性在某些地区是最大的

与此相关的是对更精细尺度的预测能力的损失（Jacobs et al.，2021）。使用耦合数据同化和更精细的空间分辨率的预测系统将需要更大的集合体，更频繁、更有代表性和更准确的观测，以及更好的数据同化方法。集合预测系统的进步将有助于扩大可预测范围。业务化集合系统将在模型误差和强非线性的情况下采用改进的数据同化方法，如迭代 EnKF（Sakov et al.，2017）、混合协方差方法（Kotsuki et al.，2022），以及水汽、云、降水、海冰和浮游植物浓度等非线性观测的同化（Bishop，2016；Posselt et al.，2018）。

集合预测与机器学习和人工智能的结合，也将在预测中发挥越来越大的作用（Brajard et al.，2021；Weyn et al.，2021）。在某些情况下，具有降阶低维和数据驱动的可微分仿真器的前向模型（Maulik et al.，2021）将能够取代完整的非线性模型，以减少计算成本，并协助搜索适合特定预测的初始条件、模式、参数化和集合扰动。集合预测系统将被用于识别导致状况转换的初始状态、强迫和动力（O′Kane et al.，2019；Quinn et al.，2020）以及极端事件的预测（Hawcroft et al.，2021）。

受不确定性、网格分辨率影响，以及需要联合状态和参数估计的模型偏差来源的影响，对预测模型参数的了解仍然很有限（Kitsios et al.，2021）。通过这种方法，某些地球物理过程的可预测性可能会得到改善（Zhang et al.，2017）。未来的集合预测系统将采用模型参数进行优化，使集合平均值的偏差最小，但又能充分代表参数在集合中的误差概率分布（Gao et al.，2021）。耦合模型预测将能够在状态和参数空间中进行优化。对于全球观测网络，模型误差最小化将是多变量的，并在整个地球物理领域同时进行（Sandery et al.，2020）。

集合预测系统将在未来的观测系统设计中发挥越来越大的作用（Sandery et al.，2019，2020）。耦合集合预测通过跨域协方差提供对未观测变量的了解，未来应用将提供改进的再分析产品，利用优化设计的观测系统，对碳、海冰量、气海通量、海洋热储存和传输进行更严格的约束。

集合预测系统将采用非结构网格模型，提高海岸线分辨率，以便对沿海和河流、湖泊和河口环流过程进行细化的水动力和生物地球化学预报（Herzfeld et al.，2020）。根据地球物理不稳定性增长最快的区域调整网格分辨率，如热带气旋、海啸和风暴潮预报（Beisiegel et al.，2021）也将作为集合预测系统运行。

系统的不断发展，提高了预报误差协方差估计的准确性，将提供更成熟的耦合降尺度分析和预报。随着观测系统的进步，利用集合预测系统可以对海冰、波浪、海流、海平面、温度、生物地球化学以及含有沉积物、污染物的河流羽流进行相对更高分辨率的监测和集合预测。通过获得未来更高分辨率的海洋现场和卫星数据，可以预测海洋亚中尺度环流和近场海流，用于搜索和救援、船舶航向、安全和娱乐。随着科学、技术、网络和连通性的提高，将用户提供的观测数据实时同化到集合预测系统中以提高局地预测能力成为可能。

12.6 人工智能在海洋预报系统的机遇

人工智能的最新发展为业务化海洋学和海洋预报系统提供了许多有趣的机遇。事实上，业务预报系统不仅基于观测数据，也基于算法。这些算法收集并编码了我们对物理系统及其动力学的理解，以及对观测网络和相关不确定性的理解，还反映了我们对评估海洋数据产品相关标准方面的共同认识。正如许多依靠算法的活动一样，人工智能的出现，特别是深度学习的出现，开启了许多新的可能性，因此也是我们社区日益关注的主题。

机器学习（ML）一般是指用于建立算法的所有方法，这些算法的组成部分和参数不是预先定义的，而是根据一个给定的目标进行训练。这个领域包含了大量不同的方法、算法和训练策略。它是一个广泛而快速发展的研究领域，包括但不限于深度学习。ML 还与不断发展的技术环境和软件生态系统密切相关。这些技术使得研究人员和工程师以非常通用和模块化的方式从基本构件组装为复杂的算法，与许多学科的最先进方法相比，具有许多有趣的性能。

人工智能的应用目前很流行，但喧嚣之外，人工智能和机器学习可以帮助我们克服目前海洋预报系统的一些局限性。海洋模型和数据同化方法是目前海洋预报系统的科学基础，它们确实面临着重要的挑战。在空间分辨率越来越高的情况下，使用完整海洋模型进行大规模集合模拟的计算难度越来越大。我们仍然不知道如何在我们的系统中充分地利用异构计算架构。我们没有一个强大的、即插即用的框架来适应新的定制应用程序的复杂性。虽然我们的系统在不断改进，但也变得越来越难以修改和维护。正如在下面的小节中所述，AI 和 ML 可以很好地帮助我们克服这些限制，甚至可能深刻影响我们的操作系统的结构。

12.6.1 机器学习对海洋预报流程的预期贡献

机器学习长期以来一直被用于海洋科学和业务化海洋学中。然而，到目前为止，这些应用大多局限于预测系统上游的数据检索算法（遥感、质量控制），或下游应用中的数据处理和分析（数据挖掘、数据融合）。在这种情况下，ML 算法基本上被看作是没有多少物理基础的黑盒子。随着基于物理学的机器学习和可微分编程的出现，这种看法从根本上得到了更新，现在可以将物理科学、科学计算、不确定性量化和机器学习联系起来（Carleo et al.，2019）。

如果我们采用以数据为中心的观点，海洋预报系统确实可以被描述为在连续的流程中一系列独立的数据处理步骤（见图 4.1）。这些流程包括收集过去的观测数据，通过数据同化重建海洋的现状，用基于物理学的模型进行预报，最终进行后处理并向用户发布。数据在流程的每一步都在用算法处理。现在很明显，现代机器学习有可能影响业务化海洋学和海洋预报系统的数据处理流程的每一步。

如上所述，许多应用可以在海洋预报系统核心引擎的上游或下游。核心引擎上游的典型应用例如，用于减轻观测噪声、检索参数（Malmgren-Hansen，2021），或用于数据质量控制（Castelao，2021）的算法。因此，ML 可以用来检测 Argo 剖面中的异常值（Maze et al.，2017）。核心预测引擎下游用途的范围可能会更广。在这里，ML 有望帮助设计定制服务，解决关键挑战（Persello et al.，2022），例如改进对拉格朗日漂移的预测或探测异常的极端事件。

然而，可能更难察觉的是，机器学习是如何很快影响海洋预报系统的核心引擎的，并最终影响到对用户的所有服务。机器学习和可微分编程确实在计算流体力学方面开辟了许多机会（Vinuesa et al.，2021），同时在许多领域深入革新了逆向方法（Cranmer et al.，2020）。这些最新进展可以被用来改进海洋模型，例如更好地考虑未解决的过程（Brunton et al.，2020；Zanna et al.，2021）。还可以帮助改进数据同化方案（Bonavita et al.，2020），甚至可能取代完整的反演流程（Fablet et al.，2021）。

这些最新进展为设计和训练我们的核心预测引擎提供了可能性，使其复杂性和性能可以针对特定的应用进行优化，最终提高我们满足用户需求多样性的能力。

12.6.2 设计完全可训练的海洋预报系统核心引擎

当前海洋预报系统的核心引擎基于两种仍然相当独立的对象，即海洋环流模型和数据同化方法。海洋模型、数据同化方法及其在预报系统中的应用正在不断改进。但是由于技术、组织及历史原因，我们的核心预报引擎在设计和结构上仍然相当固定。例如，在开发海洋模型时，一般没有考虑它们将如何与数据同化相结合。因此，无法保证我们系统的整体设计在特定情境下的最优性和适用性。

机器学习与科学计算交叉领域的最新发展，为我们根据预定目标优化核心预测引擎的设计提供了可能。事实上，除了改进海洋模型或数据同化方案的特定组成部分之外，预测系统中机器学习的真正优势是能够用端到端策略优化整个流程。这里的“端到端”指的是根据衡量整个流程性能的指标来优化处理流程的组成部分的能力。端到端策略最终可以设计出适合的、以用户为中心的过程链和产品。

要实现这一潜力，显然有一些技术条件。如果核心预测引擎已经由独立的模块组成，并具有强大和稳定的接口，那么将可训练的组件整合到核心预测引擎中确实是非常方便的。因此，有必要逐步发展，使系统更加模块化和可组合化。此外，如果我们想利用端到端的策略，核心引擎应该是完全可区分的，这将允许把预测中的失误反推到引擎参数的增量上。这只有在核心引擎用高级可微编程语言或编程框架编写的情况下才有可能。

这样的先决条件起初可能令人生畏，但逐渐向模块化的、可组合和可区分的核心引擎发展也会带来重要的附带好处。首先，这种重新设计核心引擎的努力，实际上可能为利用即将可用的计算架构提供一个可行的策略，从 GPU 开始（Kochkov et al.，2021）。它还可以简化我们对引擎的维护，例如开发辅助模型（Hatfield et al.，2021），因此加快了从研究到运行（R2O）的进程。另一个好处也是对不确定性的内置处理，这要归功于最近在概率编程（van de Meent et al.，2021）和贝叶斯机器学习方面的进展①。

12.6.3 利用轻量级仿真器实现以用户为中心的海洋数字孪生

再往前看，可以猜测未来的海洋数字孪生最终会是什么样子。人工智能的整合确实可能逐渐改变海洋预报系统的基本模式。虽然目前的系统基本上实现了具有预定复杂程度的“单核心引擎”，但未来的系统可能基于核心引擎的集合，为特定用户的具体需求而定制。这些定制的核心引擎将以通用和以用户为中心的方式实例化核心方法和构建模块，向用户提供适合目的的工具和产品。

无论数字孪生最终采取什么形式，一个关键的方法将是能够以较低的成本和可控的复杂性来训练现有系统的仿真器。如上所述，为了充分利用人工智能和 ML 的潜力，我们的核心预测引擎将需要逐步发展。这种转变尤其可以利用深度可微分仿真器（DDE），它们提供了预先存在算法的近似值（Kasim et al.，2021），并且可以被整合到数据同化计划中（Nonnenmacher et al.，2021）。因此，DDE 提供了一个很好的解决方案，可以利用现有的专业知识和工具，同时受益于人工智能科学和技术的进步。

总之，我们看起来正处于海洋预报系统发展的一个令人兴奋的开始阶段，这可能会深刻改变向用户提供的整个服务。将人工智能整合到海洋预报系统中，需要对构成其基础的算法进行逐步但深刻的改变。这种转变将利用海洋预报中心在海洋物理学、观测网络和用户需求方面的丰富专业知识。它还需要发展和培养与更广泛的人工智能技术和科学界的新合作，并受益于采用开放的科学实践。

12.7 无缝预测

Palmer 等（2008）用“无缝”来指代跨越天气和气候时间尺度的预测，例如，从几天到几十年的预测。世界气象组织在其文件《地球系统的无缝预测：从几分钟到几个月》（WMO，2015）中进一步发展了这一概念，主要关注天气部分，但也开始考虑其对海洋的重要性。在欧洲全球海洋观测系统内，这一概念已得到扩展，以促进下一代海洋服务，作为一个具有高分辨率的整体，能够在空间上无缝地预测全球海洋和沿海地区及河口（She et al.，2021）。为了实现无缝预测的目标，海洋数值模型需要向以下方向发展（Chassignet et al.，2021；Fox-Kemper et al.，2019）。

- 通过高分辨率的空间网格或采用可变分辨率和多尺度方法建模，使用嵌套和区域降尺度模型开展模拟。
- 新的参数化和改进现有的参数化（如海-气相互作用参数化、湍流和混合、内潮、垂直对流、沿海河口与开阔海域的交会）。
- 更直接地模拟海平面变化和潮汐。

无缝也与耦合有关，因为全球海洋-大气-陆地-冰耦合模拟系统被用于从年代际到季节时间尺度的气候变化预测和研究（Hewitt et al.，2017）。海洋动力学、生物地球化学、天气模拟

---

①详见 https://jorisbaan.nl/2021/03/02/introduction-to-bayesian-deep-learning.html。

和水文学方面数值学的整体进步，为耦合系统解决从区域到沿海的短期尺度预测问题提供了新的技术。

为了建立无缝的海洋信息服务，应建立综合统一的海洋观测系统和无缝统一的模型和预报系统。综合海洋观测意味着将多个部门以多种手段——遥感、机器人和现场——对所有子系统进行的海洋观测整合起来，同时对监测方案和数据管理进行统一设计，使观测结果在与无缝模型结合后，能够适应用户的需要。此外，海洋观测应具有成本效益和可持续性。

无缝模型可以基于数学方程或统计和人工智能算法，模拟或仿真海洋物理-化学-地质-生物系统。目前的预测能力在达到无缝预测方面仍有很大差距。接下来的小节将从空间、时间和系统的系统三个方面讨论无缝建模能力的发展。无缝海洋地球系统预测模型应以 UOM 为基础，并包括大气模型。开发 UOM 已被确定为 EuroGOOS 四个研究重点之一（She et al.，2016）。

12.7.1　优化利用建模队伍和模型整合

应该制定 UOM 建模框架，以集中全球的努力来实现联合代码开发。海洋模拟界的一个显著特点是，模型种类繁多，但每个模型的研究力量却非常有限。EuroGOOS① 对海洋环流模型的不完全调查显示，欧盟国家使用 32 个海洋模型进行业务化和（或）海洋气候模拟，其中 24 个是欧盟开发的，8 个来自美国。欧洲有 20 个海洋环流模型被用于业务化预报（Capet et al.，2020）。在美国，目前至少有 10 个海洋模型被用于业务化预报。如果将这一数字扩展到其他国家（即澳大利亚、加拿大、中国和日本）开发和使用的海洋环流模型，那么正在使用的海洋模型的数量可能是巨大的。众所周知，要保持海洋模型的先进性，需要大量的人员。然而，每个海洋建模小组只有非常有限的人员来开发海洋模型。即使通过联合或社区模型开发的方式对少数模型有所改善，但对大多数模型来说，海洋模型开发人员的数量仍然远远不够。因此，有必要优化使用海洋模型的工作队伍，只关注有限的几个模型。未来的 UOM 可以使一个模型具有多种坐标和参数化的选项，从而具有不同模型的模拟能力。

应在国家、区域（如全球海洋资源评估）和全球范围内协调建模人员的最优分配，以便在不同范围内的 UOM 都能够得到很好的解决，并巩固足够数量的模型开发人员。然而，在国家层面上并不总是能够拥有足够数量的模型开发人员，因为只有在海洋科学方面有大量投资的国家才有这种能力。而在区域或全球层面上，更容易拥有足够数量的开发人员。事实上，大多数有效的模型合作都是在区域层面进行的。由于行政和政治上的障碍，在全球共同开发模型方面可能不太活跃。强烈建议加强 UOM 发展的全球合作。

12.7.2　开发多时间尺度的无缝 UOM

海洋地球系统的可预报性具有多尺度的特点，与其子系统的时空尺度以及相互作用有关，可分为基于强迫的可预报性、自约束子系统可预报性和耦合系统可预报性。对于大气系统，根据高分辨率的全球预报模型实验，确定性预报的自约束可预测性的上限是两周。更长尺度的可预报性与阻塞事件有关，时间尺度从几周到几年不等，如马登-朱利安振荡（MJO）、太平洋-北美型（PNA）、北大西洋振荡（NAO）、北极振荡（AO）、厄尔尼诺-南方涛动（ENSO）、准两年振

①详见 https://eurogoos.eu/models/。

荡(QBO),它依赖于大气和海洋-冰系统以及太阳辐射之间的相互作用。众所周知,表层海洋主要由强迫因素的可预测性所决定,即波浪、海冰和海平面在同步尺度上的变化主要由天气条件决定。海表下的海洋和海冰可以储存强迫信号,并以"较慢"的速度释放它们来影响大气。这在海洋-冰-大气耦合系统中产生了更长的可预测性。MJO、PNA、NAO、AO 和 ENSO 都是在这样一个耦合系统中产生的现象。正如 Brian Hoskins 在 2011 年 WMO 讲座中所说的那样:"由较长的时间尺度和外部条件提供的背景,以及在无缝天气气候预测问题中每个时间尺度范围内发生的现象,使人们有望在所有时间尺度上获得一些预测能力。"①

目前的耦合系统模型仍不能成功地预测这些长时间尺度过程。UOM 的开发是现阶段提高地球系统可预测性的一个关键,因为它将提供深入的知识,以及模拟海洋-冰系统过滤、吸收、将大气信号转变成慢动作信号,然后反馈给大气的过程。

为了在较长时间尺度的可预测性方面取得突破,必须考虑到以下几点:①海洋地球系统预测是一个概率预测问题;②与确定性预测相比,多模型集合显示了更多的大气预测能力;③较短尺度的现象虽然受到较长尺度现象的制约,但也是较长尺度的统计强迫因素,因此不应仅仅作为噪声处理;④太阳辐射、火山爆发以及海洋和大气中污染物的变化都会影响系统的内在信号,因此均应包括在内。UOM 在开发中应当解决这些问题。

12.7.3 空间和海洋系统中的地理配置和无缝 UOM

为了协调 UOM 的发展,还应该确定适当的地理尺度,以便满足科学要求和合作需要。预计可以有三种类型的预报 UOM:①全球尺度的耦合 UOM,目的是对地球系统进行较长时间尺度的预报,其分辨率不一定很高,但应能使用短时间尺度过程作为统计强迫;②全球和区域尺度的耦合模型,目的是在"可预见的"时间内,如 1 个月内,产生精细的预报,对其来说,高分辨率很重要;③"可触摸的"时空尺度,即空间上的内陆水-河口-海岸-区域海,以及时间上的几天。还应注意的是,当边界处的预报被很好地定义时,较小尺度的 UOM 可以很容易地用于长期预报应用。

耦合 UOM 将主要为全球和区域尺度开发,以解决从月到季的较长尺度。对于区域尺度的耦合 UOM,地理覆盖范围应足够大,以反映大气-海洋耦合的影响。耦合 UOM 的分辨率在全球范围内可以是几千米(中尺度分辨率),在区域范围内可以是几百米到几千米,以分辨亚中尺度涡流和连接海盆的狭窄海峡。因此,对于区域尺度的耦合 UOM,灵活的网格和高性能计算是两个基本要求。对于一个区域尺度来说,可能有不止一个耦合的 UOM。

需要高分辨率来提供空间上的无缝预测。例如,连接两个大水体的狭窄海峡和群岛水域可能需要 100～1000 m 的分辨率;内陆水域-河口-海岸-开阔海的连续衔接,对于污染物输送模拟、营养循环和碳循环模拟至关重要,也需要类似的模型分辨率。在处理河流入海口、洪水影响、水力发电、污染物传输障碍、海岸淹没、洪水-风暴潮耦合事件和港口管理时,可能需要更高的分辨率(10～100 m)。因此,空间上的无缝 UOM 应该有灵活的网格,可以是非结构化的网格,也可以是动态的双向嵌套网格。

12.7.4 短期、中期和长期发展

从短期到中期(3～5 年)的角度来看,目标是建立一个 UOM 框架,并不断改进海洋地球

①详见 https://public.wmo.int/en/bulletin/predictability-beyond-deterministic-limit。

系统模型的预测能力，预测范围为 10 d 到 1 个月。研究应重点关注：①建立 UOM 全球合作框架，以统一、协调和进一步推动现有的 UOM 开发工作；②设计 UOM 概念、框架和多种配置，以适应不同尺度，考虑国际合作和最佳应用的分享，人力资源最佳利用，UOM 发展规模，代码的可移植性、可迁移性、可扩展性、灵活性、可解析性以及改善模型的冗余性；③改进模型的物理过程描述，使每个 UOM 子模型能有效地模拟子系统的主要特征；④研究在新兴模拟领域建立预报能力的可能性，如 SPM、海洋垃圾、水下噪声和渔业等，同时在这些领域发展原型预报业务化模型；⑤通过代码现代化改进高性能计算；⑥改进 UOM 子系统的耦合性；⑦开发具有灵活网格和与流域及全球尺度模型接口的高分辨率模型，同时完善沿海过程以支持下游应用。

长期(10 年)来看，我们的目标是提高对气候、物理和生物地球化学系统从月到季的预测能力，建立和提高对 SPM、海洋垃圾、水下噪声和渔业等新领域的预测能力。对于季节性和更长尺度的地球系统预测(ESP)，将开发包括大气-海洋-波浪-冰耦合和海洋-光学-SPM-生物地球化学耦合的 UOM 用于集合预测。还将对 UOM 代码进行优化，以实现高效的异构并行计算。

12.8 数字海洋的业务化预报和设想

海洋数字孪生(DTO)是一个高度精确的海洋模型，用于监测和预测环境变化、人类影响和脆弱性，在一个可公开访问和互操作的数据空间的支持下，可作为知情决策的中心枢纽发挥作用(图 12.3)[①]。这种信息系统由一个或多个海洋系统状态和随时间演变的数字副本组成，这些数字副本受到现有观测和物理规律的约束，需要集成一套模型或软件，将数字世界与物理资产配对，并将传感器的信息输入这套模型或软件。

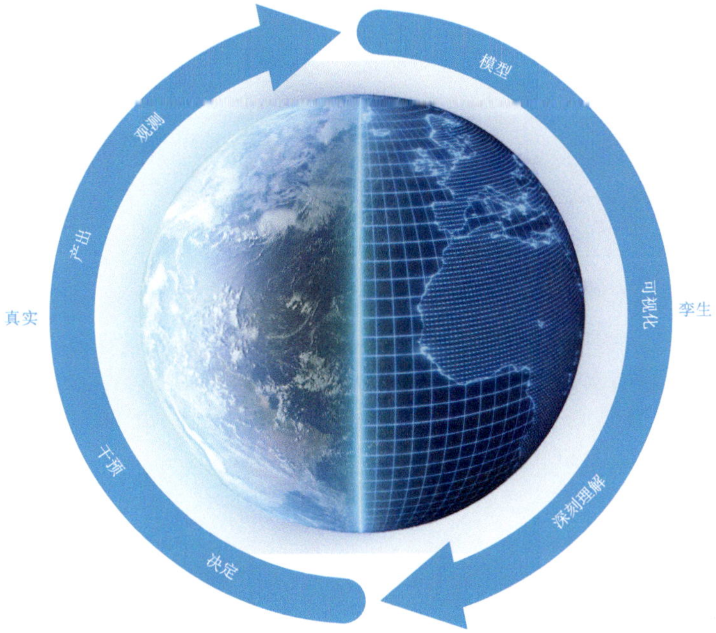

图 12.3　DTO 示意图

①详见 https://digitaltwinocean.mercator-ocean.eu/。

DTO旨在提供一个整体的和具有成本效益的解决方案，以整合所有与海洋有关的信息来源，如现场数据和卫星信息，结合物联网技术、公众科学、最先进的海洋建模以及人工智能和高性能计算资源，形成一个数字的、一致的、高分辨率的、多维的和接近实时的海洋状态描述，将具有访问、操作、分析和可视化海洋信息的共享能力。DTO平台将使科学家、公民、政府和行业共同承担起监测、保护和改善海洋和沿海栖息地的责任，同时在蓝色经济（旅游、渔业、水产养殖、运输、可再生能源等）的框架内采取行动和可持续措施，为健康和富饶的海洋做出贡献。

12.8.1 建设一个开放的DTO服务平台

为了妥善解决数字孪生的建设问题，需要在数字孪生信息系统的各个方面取得突破，包括信息的完整性和质量、信息的获取和干预，以及底层支持基础设施、工具和服务。正在欧洲一级开发的DTO的业务试点将包括生产新的高质量信息，将人类系统纳入预测问题，并利用信息理论和数字技术的进步。集成不同学科模型的模拟组合，通过高分辨率观测确定的空间相关性及由数据驱动的对未知和缺失约束过程的学习，将使DTO减少对海洋状态、变化和影响的估计和预测的不确定性。

提高信息质量需要在计算的复杂性方面有一个阶梯式的变化。这意味着要有足够的基础设施，包括支持非常高的计算吞吐量、并发和超大规模硬件。然而，重要的是要隐蔽这种复杂性，以便用户可以运行和配置相关的工作流程并访问信息，而不需要专家干预。此外，基础模型和数据要科学可靠。

这将需要一个多层次的软件框架，其中模拟、观测数据获取和后处理等任务被视为在联邦计算基础设施上执行的对象，将标准化元数据输入虚拟数据存储库，并从其中基于机器学习的大量工具包中提取可以以任何可能方式操作的信息。其结果应该是提供按需的、方便获取的建模和模拟产品、数据和流程或建模和模拟即服务（MSaaS）。

12.8.2 底层架构

实现这种数字孪生海洋试点业务化服务的多层次框架包括3个相互关联的主要结构要素（图12.4）。

- 一个DTO数据访问层，将正在进行的项目和现有基础设施的成果和工具与新的开发结合起来，以数据采集为目标，并将数据协调到数据池中，以便后续在DTO引擎中使用。
- DTO引擎包含一组建模功能，包括按需建模和假设情景建模，以物理一致的方式填补空间和时间上的观测空白，以及以观测驱动的对未知和缺失约束过程的学习，这将降低估计和预测的不确定性。

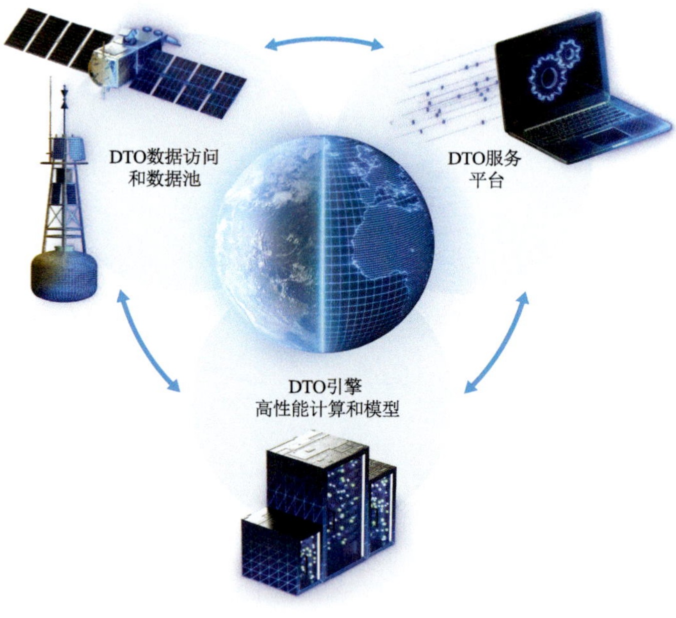

图12.4 DTO架构

• 一个 DTO 交互服务层，提供工具、库和接口，以简化工作流程的运行和配置，以及信息的访问，包括分析和可视化。

12.9 中间和终端用户的质量评估

如第 4 章所述，产品质量(PQ)评估是任何业务化海洋学中心的一个基本服务内容。就气候和短期预报服务而言，海洋模型(物理和生物地球化学)的验证是一个关键问题。尽管这些服务在提供定期更新质量信息方面不断取得进展，但在评估模型解决问题的业务能力方面仍然存在差距和不足。对不确定性进行适当的实时量化，并以用户可直接理解和有用的方式进行量化，这仍然是一个挑战。Capet 等(2020)在对欧洲海域的业务化模型的能力进行审查时指出，只有 20%的沿海业务化模型服务能够与预报产品一起提供动态不确定性。在业务化模型验证过程中的这种不足，可能主要与缺乏对当地海洋观测网络的实时访问有关。

这一不足似乎在具有区域或全球重点的核心服务中得到了部分缓解。在这些服务中，PQ 过程似乎因以下原因而受到青睐：①范围更广(服务不仅涉及预报模型，还涉及监测部分和观测数据产品)；②数据使用更加综合(例如通过海洋分析和再分析产品中的数据同化)；③空间覆盖更广(允许使用更多的观测数据源来验证模型预测)。哥白尼海洋服务是这些核心综合服务之一，其近年来建立了一些模型评估和向终端用户提供 PQ 信息的标准。这项服务及其在 PQ 过程方面的发展路线图，可以说明对未来业务化海洋学产品的验证和质量信息发展的主要预期。

正如 Sotillo 等(2021)所述，哥白尼海洋服务确保：

• 根据适当的指标评估每个产品的科学质量的标准化流程。

• 产品质量信息定期更新，可从一个名为“PQ-Dashboard”的中央网站获取①。

• 每个哥白尼海洋服务产品都有具体的 PQ 文件，通过定期更新的质量总结来完成，包括符合预期目的的信息，并逐步向可经同行评审的技术报告发展。

在此基础上，哥白尼海洋服务产品质量战略计划②，确定了哥白尼-2 服务阶段(2022—2028 年)的发展、挑战和机遇。越来越多的海洋观测数据的获取应能促进和支持新的发展，并最终提高与海洋学产品相关的信息质量。下面的小节展开讨论该计划将开展的三条工作主线，并在图 12.5 中显示：未来的观测、未来的业务化海洋学中心发展以及未来的质量信息。这些主线是未来模型验证和质量评估技术发展的方向。

12.9.1 改进质量评估的新观测

使用新的卫星产品(例如来自下一个哨兵卫星任务或宽刈幅测高)将能够显著扩大数据覆盖范围并提高分辨率，这不仅能提升数据质量，还能为各种业务化海洋学产品提供更多的验证机会。BGC-Argo 和 Deep Argo 任务及网络的持续，对于在采样仍然严重不足的区域和变量上提供高质量信息至关重要。Argo 覆盖范围可能扩展至沿海地区，这对其重要的社会经济影响及对沿海模型的评估也至关重要。从这个意义上说，在研发项目的框架下有一些正在进行

①详见 https://pqd.mercator-ocean.fr/。

②详见 https://marine.copernicus.eu/about/service-evolution-strategy。

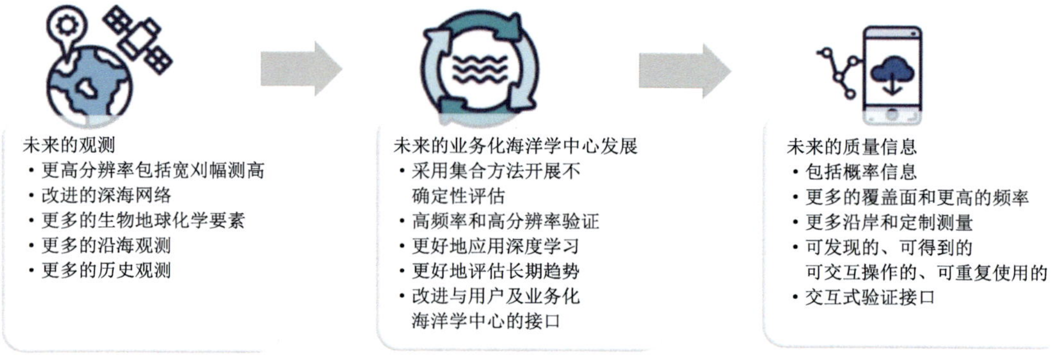

图 12.5　新的观测使业务化海洋学中心有了新的发展，这也将得益于不断增长的计算资源和先进的人工智能和大数据技术，这将使质量信息得到显著改善，提高其相关性和更新频率

的倡议（如欧洲 Argo RISE H2020 项目），以测试 Argo 在大陆架上延伸中的应用，主要是欧洲边缘海域的浅水区域。

此外，业务化海洋学中心应通过以下方式提高对现有观测产品和网络的有效利用。

• 升级 PQ 流程，以正确评估高频率数据集。PQ 指标通常是每天计算的。然而目前以及将来在更大程度上，一些以更高频率（即每 15 分钟）交付的 NRT 模型产品数据集将需要一个专门的评估。

• 加强天气尺度的水团评估：目前，只进行了部分采样。为了改善上层海洋的特性描述，有必要扩大现有观测平台的使用范围（即更多的顺路船测量、表层多要素连续自动测定系统/船载监测系统数据、新的滑翔机应用、海洋哺乳动物）。在 2000 m 以下，人们对水团分布仍然知之甚少，而历史数据也不能保证现有气候学的可靠性。还需要考虑深海浮子和深海观测，以支持全球预测评估。

• 推广使用来自特定多平台活动的数据（特别是在热点地区）：在同一水域的常规和周期性监测活动对于气候监测和周期模型评估是必要的（即沿海峡的滑翔机定期任务）；温度和盐度数据外，也非常需要海流测量（包括拉格朗日和欧拉观测）。

• 确保方便获得历史观测数据：有大量来自调查研究的数据，要么没有，要么只能在业务目录中获得。这些独立的数据（在未被同化的意义上）对于评估模型的性能可能是至关重要的。逐步整合这类数据对预报员来说是有利的，可以预见其“发现”会越来越多。对这些数据源的访问应该是自动化的，减少数据损失，并恢复数据收集的投资。在哥白尼海洋服务、EMODnet、欧洲全球海洋观测系统联盟或其他网络的背景下，业务化海洋中心和数据提供者必须将各种倡议和努力联系起来，以便更好地整合现有的海洋观测系统以及预期的新仪器/观测，这是至关重要的。

12.9.2　质量评估技术的预期发展

使用集合数据同化方法和基于模型集合的预测系统的预期增加，应该可以显著提高使用概率评分对模型产品不确定性的量化、误差传播的评估，以及模型系统误差和吸引子的评估。越来越多的高分辨率观测将被用于表征所有观测尺度的模型的能力，而先进的统计技术（如深度学习）应有助于提高不同类型的观测之间及观测和模型之间的交叉验证能力。

海洋环流模型的误差特别是垂直输送和混合的误差，严重影响生物地球化学耦合模型的求解。因此，监测物理强迫关键参数的误差，应能说明误差（产生原因）和其对生物地球化学求解的影响。混合层深度变量就是一个典型的例子，因为它对生物地球化学过程产生影响。

在未来，对模型降尺度的质量评估由于集成系统的进步将会变得容易（根据监测不确定性沿价值链“传播”的想法）。降尺度的附加值（更高的分辨率和更好地表示海洋过程）需要通过全球、区域和沿岸模型之间更系统的比较来评估。为了这个目标，模型评估需要替代/创新的验证指标，以避免在比较不同分辨率模型时的双重惩罚（Ebert，2009）。要为预测提供更多相关的技能评分，在非常高的分辨率下实施新的方法来验证和相互比较新的物理和生物地球化学模型产品。

最后，越来越需要确定和了解海洋参数的长期趋势及其在区域到沿海范围内的影响。这种信号的验证对物理参数来说具有挑战性，对生物地球化学参数来说更是如此，如碳、氧和海洋酸化，这些参数在区域和全球范围内都具有很大的意义。改进验证方法并尽可能增加参考观测的数量是至关重要的。

12.9.3 质量信息沟通改进

对区域适合目的性评估的需求越来越大，特别是在沿海地区。质量信息的内容必须根据用户的需求而变化。目前的海洋预测产品质量指标监测，必须辅之以面向过程（和用户）的指标，以及对不确定性的更好量化。用多产品（模型和观测）相互比较的概率评分和稳健性评估，应该有助于满足许多用户的要求。面向应用的指标，如拉格朗日漂移指标或“面向事件”的指标（如基于阈值的分类评分）的使用也应得到普及。

预报部门之间的合作必须继续，以商定国际验证标准。预报服务机构和用户之间的合作便于引入新的面向用户的衡量标准，以作为当地的案例研究和验证“基准”。

正如 Peng 等（2021a，2021b）所倡议的那样，业务化海洋学中心将必须发展高层次的质量信息汇总和高分辨率的不确定性估计，并按照 FAIR 原则与产品一起交付。

高层次的质量总结，如产品“成熟度”，将指导用户为特定用途选择最合适的产品，而与产品一起提供的不确定性信息将使人们能够获得量身定做的产品质量信息，作为许多海洋学应用的宝贵补充。

12.10 哥白尼海洋服务产品和服务的未来发展

哥白尼海洋服务的第一个运行阶段（2014—2021 年）已经成功地发展了一个致力于海洋信息的服务链，包括整个欧洲的承诺生产商，并为全球的专家用户提供服务。哥白尼海洋服务将制定一个雄心勃勃的 7 年计划（哥白尼-2（2022—2028 年）），分阶段实施，以满足日益增多的用户和政策（如欧盟绿色协议）需求。其目标是充分接受新的数字服务的能力，实施下一代蓝色、白色、绿色海洋的监测和预报。

哥白尼海洋服务的产品和服务是通过最先进的、以用户为导向的、科学和技术方法来提供的，这促使我们对新发展的想法和相关能力持开放态度。除了保证服务的连续性，哥白尼海洋服务也在不断发展，以确保其服务和产品保持先进的水平，并满足与所有海洋和海事部门相关的现有和新用户及政策需求：海事安全、沿海环境监测、贸易和海洋导航、渔业、水产养殖、海洋可再生能源、海洋保护和生物多样性、海洋健康、气候和气候适应、娱乐、教育、科学和创新。

考虑到欧洲政策的优先事项(绿色交易、共同渔业政策、海洋战略框架指令和生物多样性公约),已经计划对现有产品进行以下重大改进,并推出受益于科技进步的新产品,以确保服务的连续性,使服务保持最先进的水平和有国际竞争力,并符合预期目标。

• 对蓝色海洋进行高分辨率的监测、模拟和预报,将当前系统的水平分辨率至少提高 3 倍(如全球 1/36 °、区域 1/108 °)。还将采用波浪、海冰、大气、生物地球化学和河流的耦合和相互作用,以改进海洋预报。来自 SWOT 宽幅测高仪任务提供的新高分辨率海平面观测数据,以及 Sentine-1、HPMC、CRISTAL 和 CIMR 任务的新的海洋地形、海面温度、表层海水盐度等观测数据,将被纳入观测产品。这些改进将影响不同的哥白尼海洋服务领域及其关键应用:海上安全和安保、海上运输、污染监测和海上作业及沿海地区监测和预测。

• 基于模式集合的概率预报和延长(1 个月)预报,可以更好地描述海洋分析和预报中模式不确定性。数据同化技术将向更多元的模式发展,以一种更广泛和一致的方式约束海洋环境中的不同的无生命部分(物理学、海冰和生物地球化学)。还将实施海洋/大气耦合数据同化。概率预报将有助于早期预警系统,并通过更好地描述与所提供信息相关的置信度来支持基于业务产品的决策。

• 对全球和欧洲区域海洋的 20 世纪海面温度物理和生物地球化学数据进行再分析,同化历史上的现场观测数据(如 20 世纪上半叶的海面温度和潮位观测,以及 1950 年以来的海面温度和表层海水盐度剖面)。这些再分析的目的是更好地评估海洋过去在应对气候变化方面的演变,并更好地监测与海洋有关的基本海洋变量和基本气候变量。

• 通过提升海冰模型,改进与大气和水文的耦合(河流排放和营养负荷),提高分辨率,将预测范围从一周延长到一个月,以及为改进预测不确定性而进行的集合预测,使北冰洋监测、模拟和预测发生逐步变化。提供冰山预报作为对海冰服务的补充。改进的海冰探测卫星产品和泛北极冰图将使服务更加完善。这些发展将满足用户在海冰和冰山发生地区的海洋运输(如船舶常规)和海洋安全、海洋资源(渔业和保护)以及北极地区气候变化影响方面的需求。

• 二氧化碳的空气/海洋通量监测和模拟,包括全球和区域范围的先进模拟/数据同化系统,以及误差估计。可预见的发展还包括对来自 BGC-Argo 阵列的新的现场观测的处理和质量控制,以及改进基于观测的神经网络方法的产品。这些发展是哥白尼人为二氧化碳服务和蓝碳监测的需要。

• 海岸带监测和预报,要提高沿海系统与哥白尼海洋服务上游系统之间的联系和共同生产的能力。通过使用标准化的方法将水文模型(河流径流)与全球、区域和沿海海洋模型耦合起来,将确保一致性和河流-海洋的连续性。将提供标准化的淡水、营养物质、颗粒物和溶解物的河流排放的时间序列(过去、现在、预测)。海岸带地区的监测也将通过卫星观测得到加强——基于哨兵卫星(特别是 Sentinel-1、Sentinel-2、Sentinel-3 和 Sentinel-6)和其他任务——用于探测近岸水深和海岸线位置及其演变、高分辨率风、光谱波信息、塑料碎片,监测海洋垃圾、生态系统、水质和海面温度。鉴于沿海地区巨大的社会、经济和生物价值,这些改进将有助于更广泛地应用(沿海地区管理、气候适应、沿海模拟、水产养殖和渔业、导航和航运、海洋可再生能源、溢油管理和搜索与救援),支持各种政策和应对气候变化的适应能力。

• 海洋生物监测和预报,主要是改进数值模型,使其代表的过程(如底栖/中上层耦合,河流输入)更加准确,先进的数据同化技术(如结合状态和参数估计),以及将近表层海洋的光学特性与生物量联系起来的新模块，以更好地结合海洋水色和来自现场的次表层数据，如 BGC-Argo。端到端的生态系统模型也将包括在内，以便沿着食物网将低营养级（如浮游生物）与中营养级（如微孔生物）以及高营养级（如捕食鱼类和海洋哺乳动物）联系起来。通过改进开阔海域和沿岸海域的生物地球化学和海洋生物现场（如光学和声学传感器）和卫星（如 S2、S3 和高光谱）观测的收集、处理、质量控制和特征分析，海洋生物监测也将得到加强。这些产品将支持国际和欧盟在生物多样性、可持续食品资源开发、水质、总体碳权益核算中的蓝碳评估等方面的目标。

- 开展气候变化下从全球到区域尺度（气候情景的降尺度）海洋环境（包括物理学、生物地球化学和海洋生态系统）及其对主要鱼类资源相关影响的长期预测。这些产品将支持气候评估，为适应和减轻气候风险（如沿海洪水、风暴潮等）做出决策。
- 加强数字服务，具备在线云处理能力，用先进的分析和科学计算软件（如人工智能工具箱）操作和处理数据，获取哨兵卫星 1 级和 2 级数据、海洋数据（如来自 EMODnet、SAF 等），并与 HPC 计算节点连接。这将巩固哥白尼海洋服务作为业务化和数字海洋服务的一站式平台的地位。

一份介绍哥白尼海洋服务研究与开发优先事项发展战略的文件①，已由科学技术咨询委员会（STAC）准备，并由 MOI 审查。该文件详细说明了哥白尼海洋服务的未来预期产品和服务以及所需的发展。这是一份灵活的文件，因为它根据用户和政策需求的反馈、哥白尼海洋服务社区内外取得的科学发展状况以及高层次的哥白尼海洋服务发展战略定期更新。

12.11 联合国海洋科学促进可持续发展十年

在 21 世纪初，海洋科学在很大程度上已经具备了诊断问题的能力。然而，要提供与可持续发展直接相关的解决方案，其能力还需要大幅提升。

世界需要一场大规模的、资源充足的行动来改变海洋科学，赋予不同学科、地域、世代和性别的利益相关方权利和参与能力，并持续足够长的时间，以实现所需的持久变化。2016 年，联合国教科文组织海洋学委员会提出了这一行动的概念②。2017 年 12 月，这项工作在联合国大会第 72 届会议宣布 2021—2030 年为联合国海洋科学促进可持续发展十年（简称“海洋十年”）时掀起了高潮。联合国大会呼吁海洋学委员会与会员国、联合国合作伙伴和各利益攸关方团体协商，制定“海洋十年”实施计划。

2021 年，联合国启动了“海洋十年”（2021—2030 年）③，其目的是“支持扭转海洋健康下降周期的努力，并将全世界的海洋利益攸关方聚集在一个共同的框架下，确保海洋科学能够充分支持各国为海洋的可持续发展创造更好的条件”。在这个框架中，政府间海洋学委员会发挥着重要的作用：它协调“海洋十年”的计划和准备工作，确定方案的贡献，并实施“十年”。

“海洋十年”的愿景是“构建我们需要的科学，打造我们所希望的海洋”。其使命是“推动形

①详见 https://marine.copernicus.eu/sites/default/files/media/pdf/2021-09/CMEMS%20Service_evolution_strategy_RD_priorities_v5-June-2021.pdf。

②详见 https://ioc.unesco.org/。

③详见 https://www.oceandecade.org。

成变革性的海洋科学解决方案，促进可持续发展，连接人类和海洋”。

本书第 2.4 节列举了“海洋十年”实施计划结束时“我们想要的海洋”应该是什么样子的七项成果。

这十年将通过“行动”来实施。“行动”是未来十年在全球范围内为实现“海洋十年”愿景而采取的切实举措。这些行动将由众多的支持者来实施，包括研究机构和大学、政府、联合国机构、政府间组织、其他国际和区域组织、商业和工业、慈善和企业基金会、非政府组织、教育工作者、社区团体或个人。行动可以通过推动各种活动、捐款、具体计划或项目来实施。

“海洋十年”将涉及世界各地大量的合作伙伴和参与人员，因此不能对其进行严格的管理，一个简单而有效的组织协调机构将管理日常活动的实施。设在海洋学委员会秘书处的协调科(DCU)将是协调“海洋十年”行动的中心。各国政府或合作伙伴将成立“海洋十年”协调办公室和协作中心(DCC)——被称为分散的协调机构——它们将分布在世界不同的地区。这些机构将帮助协调国家、区域和全球倡议之间的努力，分享通过“海洋十年”获得的知识和工具，在潜在的十年伙伴之间建立联系，并跟踪和报告“海洋十年”的影响。一个协作中心将致力于海洋预测①。

以下各小节描述了将与 OOFS 相联系的行动和合作中心的一些例子。

12.11.1 “海洋十年”合作中心

DCC 是“海洋十年”行动与教科文组织海委会秘书处 DCU 之间的主要衔接部门。MOI 被选为 DCC 海洋预测的主办方。它将：

- 提供一个交流与合作的中心，将“海洋十年”计划与“海洋十年”以外的海洋预测活动、研究机构和组织联系起来。
- 建立一个全球性的技术和组织结构，在“海洋十年”计划和其他国家、地区和国际合作伙伴所产生的创新基础上，建立一个全球海洋数据处理、建模和预测系统的试点。

致力于海洋预测的 DCC 将确保“海洋十年”多个计划的努力结合起来，以实现“海洋十年”的目标，并通过一个协调的全球网络，共享信息和服务，将创新成果纳入实用的海洋预测系统。

12.11.2 沿海预测(CoastPredict)计划

意大利博洛尼亚大学被选为另一个专题 DCC，该专题将关注气候变化中的沿海恢复力。同一所大学还在领衔海岸预测计划，该计划在 2021 年 6 月被批准纳入“海洋十年”计划。

CoastPredict 是与全球海洋观测系统共同设计的 3 个计划之一，其目的是使全球沿海海洋观测和预报部门②发生革命性变化。沿海预测计划的高水平目标是：

①一个可预测的全球沿海海洋；

②升级到符合目的的海洋学信息基础设施；

③共同设计和实施一个综合沿海海洋观测和预报系统，该系统遵循最佳实践和标准，设计为一个全球框架并在当地实施。

---

①详见 https://www.oceandecade.org/news/decade-collaborative-centres-to-provide-focused-regional-and-thematic-support-for-decade-actions/。

②详见 https://www.coastpredict.org/。

全球沿海海洋是 CoastPredict 所追求的变革性科学的核心概念。CoastPredict 将重新定义全球沿海海洋的概念,该概念最初由 Robinson 等(2006)描述如下("海洋"系列第 10—14 卷中提出的概念):"沿海海洋——从河口向内陆延伸至受咸水影响的河流流域,以及从冲浪区向海延伸到大陆架和斜坡,在这里大陆起源的水域与开阔的海洋洋流相遇。"

根据这一概念,所有沿海海洋地区都是一个相互联系的区域,大气、陆地、冰、水文、沿海生态系统、开阔海和人类在多种空间和时间尺度上相互作用,需要用适当的观测和降尺度方法来解决,包括考虑不确定性。

CoastPredict 持久的影响将是观测系统的新科学,以及发展尽可能延伸到未来的可靠的预测新方法,以解决与利益攸关方共同确定的问题。此外,它还将提高规划 R2O 实践活动的能力,一套为所有人制定的新的沿海观测和模拟标准。这将与本组织携手合作,升级全球海洋信息基础设施,以便利用标准和最佳做法公开和自由获取沿海信息。

CoastPredict 将借助如下之前的三个主要国际倡议。

(1)全球海洋观测系统沿海观测小组(即 COOP 和后续的 PICO)

COOP 始于 2000 年,目的是确定沿海地区的综合观测和预报战略。其主要成果之一建议应通过规模经济来确保全球观测、数据通信、数据管理和数据分析/预报网络。另一个重要的 COOP/PICO 成果是初步确定了沿海地区需要监测和预报的共同变量。然而,PICO 的工作没有继续下去,因为国际海洋观测网络没有得到充分地组织,技术仍有待发展,尚无法进行生物地球化学、生物多样性和其他海洋环境变量的数据收集。此外,沿海地区的卫星观测系统仍在开发之中(沿海海洋水色除外)。

(2)OceanPredict 及其 COSS-TT

OceanPredict 组织了全球海洋观测的吸收合并工作,以发展全球和区域预报系统。此外,OceanPredict/COSS-TT 确定了沿海海洋和大陆架海域的海洋分析、再分析和预报的国际质量控制标准。COSS-TT 促进了 OceanPredict 大尺度产品的使用,实现了海洋与沿海预报的无缝对接,确定了沿海/大陆架地区降尺度、数据同化和阵列设计的最先进方法。COSS-TT 的工作重点是推动科学发展以支持沿海预报,是 CoastPredict 的骨干力量之一。

(3)JCOMM

从 2000 年到 2019 年,JCOMM 协调了多个海洋观测网络,特别是 GLOSS 验潮网络和高频雷达网络。此外,该组织还着手为发展中国家的气象部门开发波浪和风暴潮沿海服务,同时协调开展了海洋环境应急服务的建设工作。然而,由 JOMM 主导的这种工作,并没有与不断发展的海洋学研究团体 OceanPredict 和 COSS-TT 充分结合和联系。虽然观测系统和大尺度海洋预报系统目前在全球海洋观测系统中得到了协调,但沿海降尺度和预报研究的发展目前还没有与沿海服务相联系。

所有这些活动在一定程度上是相互脱节的,并没有形成一个全球性的国际网络,将分散的科学界聚集在一起,推进全球沿海海洋的研究。使得"沿海预测"等以科学为中心的计划变得紧迫且可实现的新进展是:①业务化海洋学已经实现了从全球到区域范围,为沿海降尺度提供了开放和免费的数据;②在观测方面取得了重大技术进步,从卫星到现场机器人再到人工智能的使用,使得对沿海海洋的监测变得切实可行。CoastPredict 将利用这一改变规则的海洋学框架,扩展沿海预测能力,包括陆地-水循环(河流、地下水和过渡水域),并首次通过河口和河流将沿海海洋与"城市海洋"(沿海城市内部和周围的水域)相结合。

CoastPredict 将通过几个项目来实施，重点在如下 6 个领域。

- 重点领域 1：针对短期沿海预测和早期预警的综合观测和建模。这一领域将有助于实现“海洋十年”挑战 6“提高社区对海洋灾害的恢复能力”：加强对所有地球物理、生态、生物、天气、气候和与人类活动相关的海洋和沿海灾害的多重灾害早期预警服务，并将提高社区灾备和恢复能力作为主要方向①。
- 重点领域 2：未来沿海海洋气候：地球系统的观测和建模。该领域将为挑战 5“开启基于海洋的气候变化解决方案”做出贡献：加强对海洋-气候关系的理解，形成知识和解决方案，以缓解、适应和建立对所有地域和所有规模的气候变化影响的恢复力，并改善包括海洋、气候和天气预测在内的服务。
- 重点领域 3：沿海综合管理的解决方案。该领域将为挑战 8“创建一个海洋的数字代表”做出贡献：通过多个利益攸关方的合作，开发一个全面的海洋数字表示，包括动态的海洋地图，以免费和开放访问的方式为探索、发现和可视化过去、现在和未来的海洋状况提供支持，满足不同利益攸关方的需求。
- 重点领域 4：沿海海洋和人类健康。这一领域与具体的“海洋十年”挑战并不直接对应，但它与“海洋十年”的所有挑战都是交叉的。
- 重点领域 5：在开放和自由交流的国际交换基础设施中整合沿海信息。这一领域将为挑战 7“扩展全球海洋观测系统”做出贡献：确保在所有海洋流域建立可持续的海洋观测系统，向所有用户提供可获得的、及时的、可操作的数据和信息。
- 重点领域 6：公平的沿海海洋能力建设。这一领域将为挑战 9“人人享有技能、知识和技术”做出贡献：确保全面的能力发展和公平地获取海洋科学各方面的数据、信息、知识和技术，并为所有利益相关者服务。

12.11.3 ForeSea 计划

ForeSea 由 OceanPredict② 主办，这是一个协调和改善全球与区域海洋分析和预测系统的科学计划。ForeSea 旨在建立下一代海洋预测系统，在国际层面实现科学界和机构之间的强有力协调③。其主要目标包括：

- 提高海洋预测系统的科学性、效率、实用性和影响力；
- 建立一个从观测到终端用户的无缝海洋信息价值链，能够支持经济和社会发展。

ForeSea④侧重于两个主题：

①推动形成变革性的海洋预测科学解决方案，促进可持续发展，连接人类与海洋预测；

②提升影响力与相关性：提升科学能力，实现我们想要的海洋。

这些主题通过多个项目得以发展。在第一个主题中，它们涵盖了从将海洋灾害预测与社会经济预测相结合以支持政策和管理，到最大化观测的影响和价值；从能力建设和培训，到为数字海洋做出贡献。在第二个主题中，它们涵盖了从在天气和气候预测中使用先进的海洋预

---

①详见 https://www.oceandecade.org/challenges/。

②详见 https://oceanpredict.org/。

③详见 https://oceanpredict.org/foresea/。

④详见 https://oceanpredict.org/foresea/foresea-planned-activities/。

测技术到耦合系统(与 CoastPredict 合作),从使用 ESM 到开发具有耦合组件的有限 ESM 区域以提高模型可预测性(与 CoastPredict 协作)。

预期成果是很可观的①,因为 ForeSea 应该为以下方面做出贡献。

• 一个业务化的海洋学信息价值链,经过验证/认证的信息和知识可以自由交换,使从开阔海洋到沿海地区的所有业务化海洋学组成部分能够有效地协同工作。

• 一个从开阔海到沿海地区的持续优化的海洋观测系统,以可控的成本提供最大的信息效益;一个海洋信息传递系统,在正确的时间为做出海洋决策提供正确的信息,以支持人类安全和环境安全,以及高效和可持续的蓝色经济。

• 提升海洋预测系统的扩展范围预报能力。

• 更好地评估和预测海洋状态(包括可靠的不确定性估计)和海洋对地球系统其他组成部分(如大气、海冰、波浪、海洋生态系统、河口等)预测的影响。

• 一个了解海洋知识的社会和全球经济。

• 协调业务化海洋学价值链的所有要素的能力建设,以维持海洋预测的制作和交付。

• 展示预测对沿海社区的影响和价值。

• 有效利用海洋预测技术进行天气和气候预测。

为了促进预期成果的实现,ForeSea 通过 OceanPredict 与 GOOS、WMO、IOC、JCOMM、Argo、GHRSST、GEO 和 GEO Blue Planet 建立了联系。

参考文献

Anderson, J., Hoar, T. J., Raeder, K., Liu, H., Collins, N., Torn, R., et al. (2009). The data assimilation research test bed: a community facility. *Bulletin of the American Meteorological Society*, 90, 1283-1296, https://doi.org/10.1175/2009BAMS2618.1

Barton, N., Metzger, E.J., Reynolds, C.A., Ruston, B., Rowley, C., Smedstad, O.M., Ridout, J.A., Wallcraft, A., Frolov, S., Hogan, P. and Janiga, M.A. (2021). The Navy's Earth System Prediction Capability: A new global coupled atmosphere-ocean-sea ice prediction system designed for daily to subseasonal forecasting. *Earth and Space Science*, 8(4), e2020EA001199, https://doi.org/10.1029/2020EA001199

Beisiegel, N., Castro, C.E., and Behrens, J. (2021). Metrics for Performance Quantification of Adaptive Mesh Refinement. *Journal of Scientific Computing*, 87(1), 1-24, https://doi.org/10.1007/s10915-021-01423-0

Bishop, C.H. (2016). The GIGG-EnKF: ensemble Kalman filtering for highly skewed non-negative uncertainty distributions. *Quarterly Journal of the Royal Meteorological Society*, 142(696), 1395-1412, https://doi.org/10.1002/qj.2742

Bonavita, M., and Laloyaux, P. (2020). Machine learning for model error inference and correction. *Journal of Advances in Modeling Earth Systems*, 12(12), e2020MS002232, https://doi.org/10.1029/2020MS002232

Bonavita, M., Arcucci, R., Carrassi, A., Dueben, P., Geer, A. J., Le Saux, B., Longépé, N., Mathieu, P., and Raynaud, L. (2021). Machine Learning for Earth System Observation and Prediction. *Bulletin of the American Meteorological Society*, 102(4), E710-E716, https://doi.org/10.1175/BAMS-D-20-0307.1

①详见 https://oceanpredict.org/foresea/foresea-expected-outcomes/。

Brajard, J., Carrassi, A., Bocquet, M. and Bertino, L. (2021). Combining data assimilation and machine learning to infer unresolved scale parametrization. *Philosophical Transactions of the Royal Society A*, 379(2194), https://doi.org/10.1098/rsta.2020.0086

Brassington, G.B., Martin, M.J., Tolman, H.L., Akella, S., Balmeseda, M., Chambers, C.R.S., Chassignet, E., Cummings, J.A., Drillet, Y., Jansen, P.A.E.M. and Laloyaux, P. (2015). Progress and challenges in short-to medium-range coupled prediction. *Journal of Operational Oceanography*, 8(sup2), s239-s258, https://doi.org/10.1080/1755876X.2015.1049875

Brunton, S. L., Noack, B. R., and Koumoutsakos, P. (2020). Machine learning for fluid mechanics. *Annual Review of Fluid Mechanics*, 52(1), 477-508 https://doi.org/10.1146/annurev-fluid-010719-060214

Buizza, R. (2021). Probabilistic view of numerical weather prediction and ensemble prediction. In "Uncertainties in Numerical Weather Prediction", Editors: H. Ólafsson and J.-W. Bao, Elsevier, https://doi.org/10.1016/C2017-0-03301-3

Carleo, G., Cirac, I., Cranmer, K., Daudet, L., Schuld, M., Tishby, N., Vogt-Maranto, L., and Zdeborová, L. (2019). Machine learning and the physical sciences. *Reviews of Modern Physics*, 91(4), 045002, https://doi.org/10.1103/RevModPhys.91.045002

Capet, A., Fernández, V., She, J., Dabrowski, T., Umgiesser, G., Staneva, J., Mészáros, L., Campuzano, F., Ursella, L., Nolan, G., El Serafy, G. (2020). Operational Modeling Capacity in European Seas - An EuroGOOS Perspective and Recommendations for Improvement. *Frontiers in Marine Science*, 7,129, https://doi.org/10.3389/fmars.2020.00129

Castelão, G. P. (2021). A machine learning approach to quality control oceanographic data. *Computers & Geosciences*, 155, 104803, https://doi.org/10.1016/j.cageo.2021.104803

Chassignet, E.P., and Xu, X. (2021). On the Importance of High-Resolution in Large-Scale Ocean Models. *Advances in Atmospheric Sciences*, 38, 1621-1634, https://doi.org/10.1007/s00376-021-0385-7

Cranmer, K., Brehmer, J., and Louppe, G. (2020). The frontier of simulation-based inference. *Proceedings of the National Academy of Sciences*, 117(48), 30055-30062 https://doi.org/10.1073/pnas.1912789117

Ebert, E.E. (2009). Neighborhood verification - a strategy for rewarding close forecasts. Weather and Forecasting 24(6), 1498-1510, https://doi.org/10.1175/2009WAF2222251.1

Fablet, R., Chapron, B., Drumetz, L., Mémin, E., Pannekoucke, O., and Rousseau, F. (2021). Learning variational data assimilation models and solvers. *Journal of Advances in Modeling Earth Systems*, 13(10), e2021MS002572, https://doi.org/10.1029/2021MS002572

Fox-Kemper, B., Adcroft, A., Böning, C.W., Chassignet, E.P., Curchitser, E., Danabasoglu, G., Eden, C., England, M.H., Gerdes, R., Greatbatch, R.J., Griffies, S.M., Hallberg, R.W., Hanert, E., Heimbach, P., Hewitt, E.T., Hill, C.N., Komuro, Y., Legg, S., Le Sommer, J., Masina, S., Marsland, S.J., Penny, S.G., Qiao, F., Ringler, T.D., Treguier, A.M., Tsujino, H., Uotila, P., Yeager, S.G. (2019). Challenges and Prospects in Ocean Circulation Models. *Frontiers in Marine Science*, 6, https://doi.org/10.3389/fmars.2019.00065

Frolov, S., Reynolds, C.A., Alexander, M., Flatau, M., Barton, N.P., Hogan, P. and Rowley, C. (2021). Coupled Ocean-Atmosphere Covariances in Global Ensemble Simulations: Impact of an Eddy-Resolving Ocean. *Monthly Weather Review*, 149(5), 1193-1209, https://doi.org/10.1175/MWR-D-20-0352.1

Fujii, Y., Ishibashi, T., Yasuda, T., Takaya, Y., Kobayashi, C. and Ishikawa, I. (2021). Improvements in tropical precipitation and sea surface air temperature fields in a coupled atmosphere–ocean data assimilation system. *Quarterly Journal of the Royal Meteorological Society*, 147(735), 1317-1343, https://doi.org/10.1002/qj.3973

Gao, Y., Tang, Y., Song, X. and Shen, Z. (2021). Parameter Estimation Based on a Local Ensemble Transform Kalman Filter Applied to El Niño-Southern Oscillation Ensemble Prediction. *Remote Sensing*, 13(19), 3923, https://doi.org/10.3390/rs13193923

Hatfield, S., Chantry, M., Dueben, P., Lopez, P., Geer, A., and Palmer, T. (2021). Building Tangent-Linear and Adjoint Models for Data Assimilation With Neural Networks. *Journal of Advances in Modeling Earth Systems*, 13(9), https://doi.org/10.1029/2021MS002521

Hawcroft, M., Lavender, S., Copsey, D., Milton, S., Rodríguez, J., Tennant, W., Webster, S. and Cowan, T. (2021). The benefits of ensemble prediction for forecasting an extreme event: The Queensland Floods of February 2019. *Monthly Weather Review*, 149(7), 2391-2408, https://doi.org/10.1175/MWR-D-20-0330.1

Herzfeld, M., Engwirda, D., and Rizwi, F. (2020). A coastal unstructured model using Voronoi meshes and C-grid staggering. *Ocean Modelling*, 148, 101599, https://doi.org/10.1016/j.ocemod.2020.101599

Hewitt, C. D., Garrett, N., Newton, P. (2017). Climateurope - Coordinating and supporting Europe's knowledge base to enable better management of climate-related risks. *Climate Services*, 6, 77-79, https://doi.org/10.1016/j.cliser.2017.07.004

International Altimetry Team (2021). Altimetry for the future: Building on 25 years of progress. *Advances in Space Research*, 68, 319-363, https://doi.org/10.1016/j.asr.2021.01.022

Jacobs, G., D'Addezio, J.M., Ngodock, H. and Souopgui, I. (2021). Observation and model resolution implications to ocean prediction. *Ocean Modelling*, 159, 101760, https://doi.org/10.1016/j.ocemod.2021.101760

Kasim, M. F., Watson-Parris, D., Deaconu, L., Oliver, S., Hatfield, P., Froula, D. H., Gregori, G., Jarvis, M., Khatiwala, S., Korenaga, J., Topp-Mugglestone, J., Viezzer, E., and Vinko, S. M. (2021). Building high accuracy emulators for scientific simulations with deep neural architecture search. *Machine Learning: Science and Technology*, 3(1), 015013, https://doi.org/10.1088/2632-2153/ac3ffa

Kiss, A.E., Hogg, A.M., Hannah, N., Boeira Dias, F., Brassington, G.B., Chamberlain, M.A., Chapman, C., Dobrohotoff, P., Domingues, C.M., Duran, E.R. and England, M.H. (2020). ACCESS-OM2 v1.0: A global ocean-sea ice model at three resolutions. Geosci. Model Dev., 13, 401–442, 2020, https://doi.org/10.5194/gmd-13-401-2020

Kitsios, V., Sandery, P., O'Kane, T.J. and Fiedler, R. (2021). Ensemble Kalman filter parameter estimation of ocean optical properties for reduced biases in a coupled general circulation model. *Journal of Advances in Modeling Earth Systems*, 13(2), https://doi.org/10.1029/2020MS002252

Kochkov, D., Smith, J. A., Alieva, A., Wang, Q., Brenner, M. P., and Hoyer, S. (2021). Machine learning–accelerated computational fluid dynamics. *Proceedings of the National Academy of Sciences*, 118(21), e2101784118, https://doi.org/10.1073/pnas.2101784118

Komaromi, W.A., Reinecke, P.A., Doyle, J.D., and Moskaitis, J.R. (2021). The Naval Research Laboratory's Coupled Ocean–Atmosphere Mesoscale Prediction System-Tropical Cyclone Ensemble (COAMPS-TC Ensemble). *Weather and Forecasting*, 36(2), 499-517, https://doi.org/10.1175/WAF-D-20-0038.1

Kotsuki, S., and Bishop, C.H. (2022). Implementing Hybrid Background Error Covariance into the LETKF with Attenuation-based Localization: Experiments with a Simplified AGCM. *Monthly Weather Review*, 150(1), 283-302, https://doi.org/10.1175/MWR-D-21-0174.1

Le Sommer, J., Chassignet, E.P. Wallcraft, A.J. (2018). Ocean circulation modeling for operational oceanography: Current status and future challenges. In "New Frontiers in Operational Oceanography", E. Chassignet, A. Pascual, J. Tintoré, and J. Verron, Eds., GODAE OceanView, 289-306, https://doi.org/10.17125/gov2018.ch12

Le Traon, P.Y., Reppucci, A., Alvarez Fanjul, E., Aouf, L., Behrens, A., Belmonte, M., Bentamy, A., Bertino, L., Brando, V.E., Kreiner, M.B., Benkiran, M., Carval, T., Ciliberti, S.A., Claustre, H., Clementi, E., Coppini, G., Cossarini, G., De Alfonso Alonso-Munoyerro, M., Delamarche, A., Dibarboure, G., Dinessen, F., Drevillon, M., Drillet, Y., Faugere, Y., Fernandez, V., Fleming, A., Garcia-Hermosa M.I., Sotillo, M.G., Garric, G., Gasparin, F., Giordan, C., Gehlen, M., Grégoire, M.L., Guinehut, S., Hamon, M., Harris, C., Hernandez, F., Hinkler, J.B., Hoyer, J., Karvonen, J., Kay, S., King, R., Lavergne, T., Lemieux-Dudon, B., Lima, L., Mao, C., Martin, M.J., Masina, S., Melet, A., Buongiorno Nardelli, B., Nolan, G., Pascual, A., Pistoia, J., Palazov, A., Piolle, J.F., Pujol, M.I., Pequignet, A.C., Peneva, E., Perez Gomez, B., Petit de la Villeon, L., Pinardi, N., Pisano, A., Pouliquen, S., Reid, R., Remy, E., Santoleri, R., Siddorn, J., She, J., Staneva, J., Stoffelen, A., Tonani, M., Vandenbulcke, L., von Schuckmann, K., Volpe, G., Wettre, C., Zacharioudaki, A. (2019) From Observation to Information and Users: The Copernicus Marine Service Perspective. *Frontiers in Marine Science*, 6, 234, https://doi.org/10.3389/fmars.2019.00234

Liu, T., Zhuang, Y., Tian, M., Pan, J., Zeng, T., Guo, Y., Yang, M. (2019). Parallel Implementation and Optimization of Regional Ocean Modeling System (ROMS) Based on Sunway SW26010 Many-core Processor. *IEEE Access*, 7, 146170-146182, doi:10.1109/ACCESS.2019.2944922

Lorenc, A., and Jardak, M. (2018). A comparison of hybrid variational data assimilation methods for global NWP. *Quarterly Journal of the Royal Meteorological Society*, 144(717), 2748-2760, https://doi.org/10.1002/qj.3401

Malmgren-Hansen, D. (2021). Deep learning for high-dimensional parameter retrieval. In: "Deep Learning for the Earth Sciences", G. Camps-Valls, D. Tuia, X. X. Zhu, and M. Reichstein Eds., Wiley, https://doi.org/10.1002/9781119646181.ch16

Martín Míguez, B., Novellino, A., Vinci, M., Claus, S., Calewaert, J.-B., Vallius, H. et al. (2019). The European Marine Observation and Data Network (EMODnet): Visions and Roles of the Gateway to Marine Data in Europe. Frontiers in Marine Science, 6, 313, https://doi.org/10.3389/fmars.2019.00313

Maulik, R., Rao, V., Wang, J., Mengaldo, G., Constantinescu, E., Lusch, B., Balaprakash, P., Foster, I. and Kotamarthi, R. (2021). Efficient high-dimensional variational data assimilation with machine-learned reduced-order models. Geoscientific Model Development, https://doi.org/10.5194/gmd-2021-415

Maze, G., Mercier, H., Fablet, R., Tandeo, P., Lopez Radcenco, M., Lenca, P., Feucher, C., and Le Goff, C. (2017). Coherent heat patterns revealed by unsupervised classification of Argo temperature profiles in the North Atlantic Ocean. *Progress in Oceanography*, 151, 275-292, https://doi.org/10.1016/j.pocean.2016.12.008

Minamide, M., and Posselt, D.J. (2022). Using Ensemble Data Assimilation to Explore the Environmental Controls on the Initiation and Predictability of Moist Convection. *Journal of the Atmospheric Sciences*, 79(4), 1151-1169, https://doi.org/10.1175/JAS-D-21-0140.1

Mittal, S., Vetter, J.S. (2015). A Survey of CPU-GPU Heterogeneous Computing Techniques. *ACM Computing Surveys*, 47(4), 1-35, https://doi.org/10.1145/2788396

Nerger, L., Tang, Q., and Mu, L. (2020). Efficient ensemble data assimilation for coupled models with the Parallel Data Assimilation Framework: example of AWI-CM (AWI-CM-PDAF 1.0). *Geoscientific Model Development*, 13, 4305-4321, https://doi.org/10.5194/gmd-13-4305-2020

Nonnenmacher, M., and Greenberg, D. S. (2021). Deep emulators for differentiation, forecasting, and parametrization in Earth science simulators. *Journal of Advances in Modeling Earth Systems*, 13, e2021MS002554, https://doi.org/10.1029/2021MS002554

O'Kane, T.J., Sandery, P.A., Kitsios, V., Sakov, P., Chamberlain, M.A., Squire, D.T., Collier, M.A., Chapman, C.C., Fiedler, R., Harries, D. and Moore, T.S. (2021). CAFE60v1: A 60-year large ensemble climate reanalysis. Part II: Evaluation. *Journal of Climate*, 34(13), 5171-5194, https://doi.org/10.1175/JCLI-D-20-0518.1

O'Kane, T.J., Sandery, P.A., Monselesan, D.P., Sakov, P., Chamberlain, M.A., Matear, R.J., Collier, M.A., Squire, D.T. and Stevens, L. (2019). Coupled data assimilation and ensemble initialisation with application to multi-year ENSO prediction. *Journal of Climate*, 32(4), 997-1024, https://doi.org/10.1175/JCLI-D-18-0189.1

Palmer, T. N., Doblas-Reyes, F. J., Weisheimer, A., Rodwell, M. J. (2008). Toward Seamless Prediction: Calibration of Climate Change Projections Using Seasonal Forecasts. *Bulletin of the American Meteorological Society*, 89(4), 459-470, https://doi.org/10.1175/BAMS-89-4-459

Peng, G., Downs, R.R., Lacagnina, C., Ramapriyan, H., Ivánová, I., Moroni, D., Wei, Y., Larnicol, G., Wyborn, L., Goldberg, M., Schulz, J., Bastrakova, I., Ganske, A., Bastin, L., Khalsa, S.J.S., Wu, M., Shie, C.-L., Ritchey, N., Jones, D., Habermann, T., Lief, C., Maggio, I., Albani, M., Stall, S., Zhou, L., Drévillon, M., Champion, S., Hou, C.S., Doblas-Reyes, F., Lehnert, K., Robinson, E. and Bugbee, K., (2021a). Call to Action for Global Access to and Harmonization of Quality Information of Individual Earth Science Datasets. *Data Science Journal*, 20(1), 19, http://doi.org/10.5334/dsj-2021-019

Peng, G., Lacagnina, C., Ivánová, I., Downs, R.R., Ramapriyan, H., Ganske, A., Jones, D. et al. (2021b). International Community Guidelines for Sharing and Reusing Quality Information of Individual Earth Science Datasets. AGU Fall Meeting, 1-17 December 2020, https://doi.org/10.1002/essoar.10508481.1

Persello, C., Wegner, J. D., Hänsch, R., Tuia, D., Ghamisi, P., Koeva, M., and Camps-Valls, G. (2022). Deep learning and earth observation to support the sustainable development goals. *IEEE Geoscience and Remote Sensing Magazine*, 2-30, https://doi.org/10.48550/arXiv.2112.11367

Posselt, D.J., Bishop, C.H. (2018). Nonlinear Data Assimilation for Clouds and Precipitation using a Gamma-Inverse Gamma Ensemble Filter. *Quarterly Journal of the Royal Meteorological Society*, 144(716), 2331-2349, https://doi.org/10.1002/qj.3374

Quinn, C., O'Kane, T.J., Kitsios, V. (2020). Application of a local attractor dimension to reduced space strongly coupled data assimilation for chaotic multiscale systems. *Nonlinear Processes in Geophysics*, 27 (1), 51-74, https://doi.org/10.5194/npg-27-51-2020

Robinson A. R., and K. Brink (Eds.). 2006. The Sea. Vols. 10 to 14. Harvard University Press.

Roemmich, D., Alford, M.J., Hervé, C., Johnson, K., King, B., Moum, J., Oke, P., Owens, W.B., Pouliquen, S., Purkey, S., Scanderbeg, M., Suga, T., Wijffels, S., Zilberman, N., Bakker, D., Baringer, M., Belbeoch, M., Bittig, H.C., Boss, E., Calil, P., Carse, F., Carval, T., Chai, F., Conchubhair, D.Ó., d'Ortenzio, F., Dall'Olmo, G., Desbruyeres, D., Fennel, K., Fer, I., Ferrari, R., Forget, G., Freeland, H., Fujiki, T., Gehlen, M., Greenan, B., Hallberg, R., Hibiya, T., Hosoda, S., Jayne, S., Jochum, M., Johnson, G.C., Kang, K., Kolodziejczyk, N., Körtzinger, A., Le Traon, P.-Y., Lenn, Y.-D., Maze, G., Mork, K.A., Morris, T., Nagai T., Nash, J., Garabato, A.N., Olsen, A., Pattabhi, R.R., Prakash, S., Riser, S., Schmechtig, C., Schmid, C., Shroyer, E., Sterl, A., Sutton, P., Talley, L., Tanhua, T., Thierry, V., Thomalla, S., Toole, J., Troisi, A., Trull, T.W., Turton, J., Velez-Belchi, P. J., Walczowski, W., Wang, H., Wanninkhof, R., Waterhouse, A.F., Waterman, S., Watson, A., Wilson, C., Wong, A.P.S., Xu, J., Yasuda, I.(2019). On the Future of Argo: A Global, Full-Depth, Multi-Disciplinary Array. *Frontiers in Marine Science*, 6, https://doi.org/10.3389/fmars.2019.00439

Sakov, P. (2014). EnKF-C User Guide, https://doi.org/10.48550/arXiv.1410.1233

Sakov, P., Haussaire, J.-M., Bocquet, M. (2017). An iterative ensemble Kalman filter in presence of additive model error. *Quarterly Journal of the Royal Meteorological Society*, 144(713), https://doi.org/10.48550/arXiv.1711.06110

Sandery, P., Brassington, G., Colberg, F., Sakov, P., Herzfeld, M., Maes, C., Tuteja, N. (2019). An ocean reanalysis of the western Coral Sea and Great Barrier Reef. *Ocean Modelling*, 144, 101495, http://dx.doi.org/10.1016/j.ocemod.2019.101495

Sandery, P., O'Kane, T., Kitsios, V., and Sakov, P. (2020). Climate model state estimation using variants of EnKF coupled data assimilation. *Monthly Weather Review*, 148(6), 2411-2431, https://doi.org/10.1175/MWR-D-18-0443.1

She, J, Muñiz Piniella, Á, Benedetti-Cecchi, L, Boehme, L, Boero, F, Christensen, A, et al. (2019). An integrated approach to coastal and biological observations. *Frontiers in Marine Science*, 6, 314, https://doi.org/10.3389/fmars.2019.00314

She, J., Allen, I., Buch, E., Crise, A., Johannessen, J.A., Le Traon P.-Y. et al. (2016). Developing European operational oceanography for Blue Growth, climate change adaptation and mitigation, and ecosystem-based management. Ocean Science, 12, 953-976, https://doi.org/10.5194/os-12-953-2016

She, J., Bethers, U., Cardin, V., Christensen, K.H., Dabrowski, T., et al. (2021). Develop EuroGOOS marine climate service with a seamless earth system approach. 9th EuroGOOS International conference, Shom; Ifremer; EuroGOOS AISBL, May 2021, Brest (Virtual), France, 554-561.

Shriver, J. F., Arbic, B. K., Richman, J. G., Ray, R. D., Metzger, E. J., Wallcraft, A. J., Timko, P. G. (2012), An evaluation of the barotropic and internal tides in a high-resolution global ocean circulation model. Journal of Geophysical Research: Oceans, 117(C10), https://doi.org/10.1029/2012JC008170

Sotillo, M.G., Garcia-Hermosa, I., Drévillon, M., Régnier, C., Szczypta, C., Hernandez, F., Melet, A., Le Traon, P-Y. (2021). Communicating CMEMS Product Quality: evolution & achievements along Copernicus-1 (2015-2021). Included in "Special Issue: The Copernicus Marine Service from 2015 to 2021: six years of achievements", by LeTraon et al., *Mercator Océan Journal #57*, https://doi.org/10.48670/moi-cafr-n813

Sun, Y., Bao, W., Valk, K., Brauer, C. C., Sumihar, J., and Weerts, A. H. (2020). Improving forecast skill of lowland hydrological models using ensemble Kalman filter and unscented Kalman filter. *Water Resources Research*, 56, e2020WR027468, https://doi.org/10.1029/2020WR027468

van de Meent, J.-W., Paige, B., Yang, H., AND Wood, F. (2021). An introduction to probabilistic programming, https://doi.org/10.48550/arXiv.1809.10756

van Leeuwen, S., Tett, P., Mills, D., van der Molen, J. (2015). Stratified and non stratified areas in the North Sea: Long-term variability and biological and policy implications. *Journal of Geophysical Research: Oceans*, 120(7), 4670-4686, https://doi.org/10.1002/2014JC010485

Vinuesa, R., and Brunton, S. L. (2021). The potential of machine learning to enhance computational fluid dynamics, https://doi.org/10.48550/arXiv.2110.02085

Weyn, J.A., Durran, D.R., Caruana, R., Cresswell-Clay, N. (2021). Sub-Seasonal Forecasting With a Large Ensemble of Deep-Learning Weather Prediction Models. *Journal of Advances in Modeling Earth Systems*, 13(7), e2021MS002502, https://doi.org/10.1029/2021MS002502

WMO (2015). Seamless prediction of the Earth system: from minutes to months. WMO-No. 1156, ISBN 978-92-63-11156-2.

Xu, S., Huang, X., Oey, L.-Y., Xu, F., Fu, H., Zhang, Y., Yang, G. (2015). POM.gpu-v1.0: a GPU-based Princeton Ocean Model. *Geoscientific Model Development*, 8, 2815-2827, https://doi.org/10.5194/gmd-8-2815-2015

Zanna, L., and Bolton, T. (2021). Deep learning of unresolved turbulent ocean processes in climate models. In: “Deep Learning for the Earth Sciences”, G. Camps-Valls, D. Tuia, X. X. Zhu, and M. Reichstein (Eds.), Wiley https://doi.org/10.1002/9781119646181.ch20

Zhang, L., Delworth, T.L., Jia, L. (2017). Diagnosis of Decadal Predictability of Southern Ocean Sea Surface Temperature in the GFDL CM2.1 Model. *Journal of Climate*, 30(16), 6309-6328, https://doi.org/10.1175/JCLI-D-16-0537.1